市政基础设施工程施工技术资料系列丛书

# 市政基础设施工程 资料表格填写范例

**主编单位** 北京土木建筑学会

北　京
冶金工业出版社
2015

# 内 容 提 要

本书《市政基础设施工程资料表格填写范例》共分为六章,首先讲述了工程资料的重要性、工程资料管理的相关规定以及工程资料的分类与编码等内容。然后分别对基建文件、监理资料、施工资料、验收资料的填写进行了总结与归纳。最后对讲述了工程归档保存过程中的主要流程与工作方法。本书严格按照最新资料管理规程的内容和要求,力求做到全面和实用。

## 图书在版编目(CIP)数据

市政基础设施工程资料表格填写范例 / 北京土木建筑学会主编 . — 北京:冶金工业出版社,2015.11
(市政基础设施工程施工技术资料系列丛书)
ISBN 978-7-5024-7141-5

Ⅰ. ①市… Ⅱ. ①北… Ⅲ. ①基础设施-市政工程-工程施工-资料-表格-说明 Ⅳ. ①TU99

中国版本图书馆 CIP 数据核字 (2015) 第 273092 号

出 版 人 谭学余
地　　址　北京市东城区嵩祝院北巷 39 号　邮编　100009　电话　(010)64027926
网　　址　www.cnmip.com.cn　电子信箱　yjcbs@cnmip.com.cn
责任编辑 肖 放　美术编辑 杨秀秀　版式设计 李连波
责任校对 齐丽香　责任印制 牛晓波
ISBN 978-7-5024-7141-5

冶金工业出版社出版发行;各地新华书店经销;北京百善印刷厂印刷
2015 年 11 月第 1 版,2015 年 11 月第 1 次印刷
787mm×1092mm　1/16;39.75 印张;1054 千字;628 页
**95.00 元**

冶金工业出版社　投稿电话　(010)64027932　投稿信箱　tougao@cnmip.com.cn
冶金工业出版社营销中心　电话　(010)64044283　传真　(010)64027893
冶金书店　地址　北京市东四西大街 46 号(100010)　电话　(010)65289081(兼传真)
冶金工业出版社天猫旗舰店　yjgycbs.tmall.com
(本书如有印装质量问题,本社营销中心负责退换)

# 市政基础设施工程资料表格填写范例
## 编 委 会 名 单

**主编单位：** 北京土木建筑学会

**主要编写人员所在单位：**

中国建筑业协会工程建设质量监督与检测分会

北京万方建知教育科技有限公司

北京筑业志远软件开发有限公司

北京市政建设集团有限责任公司

北京城建集团有限责任公司

北京城建道桥工程有限公司

北京城建地铁地基市政有限公司

北京建工集团有限责任公司

中铁建设集团有限公司

北京住总第六开发建设有限公司

万方图书建筑资料出版中心

**主　　审：** 吴松勤　葛恒岳

**编写人员：**

| | | | | | |
|---|---|---|---|---|---|
| 温丽丹 | 申林虎 | 刘瑞霞 | 张　渝 | 杜永杰 | 谢　旭 |
| 徐宝双 | 姚亚亚 | 张童舟 | 裴　哲 | 赵　伟 | 郭　冲 |
| 刘兴宇 | 陈昱文 | 崔　铮 | 刘建强 | 吕珊珊 | 潘若林 |
| 王　峰 | 王　文 | 郑立波 | 刘福利 | 丛培源 | 肖明武 |
| 欧应辉 | 黄财杰 | 孟东辉 | 曾　方 | 腾　虎 | 梁泰臣 |
| 张义昆 | 于栓根 | 张玉海 | 宋道霞 | 张　勇 | 白志忠 |
| 李连波 | 李达宁 | 叶梦泽 | 杨秀秀 | 付海燕 | 齐丽香 |
| 蔡　芳 | 张凤玉 | 庞灵玲 | 曹养闻 | 王佳林 | 杜　健 |

# 前　言

　　随着我国社会经济的快速发展，工程建设尤其是基础设施建设领域蓬勃发展。国家政府积极推动的"亚洲基础设施投资银行"、"一带一路"等项目及宏伟规划，为市政基础设施工程领域创造了广阔的发展空间和宏伟蓝图。市政基础设施工程建设将获得新的飞跃和长足发展。市政基础设施工程施工资料，是市政基础设施工程在建设过程中，形成的各种形式的信息记录。它既是反映市政基础设施工程质量的客观见证，又是对市政基础设施工程建设项目进行过程检查、竣工验收、质量评定、维修管理的依据，是城市建设档案的重要组成部分。

　　北京土木建筑学会依托为首都北京市政基础设施工程建设领域做出巨大贡献的国家特大型施工企业会员单位、专家学者、经验丰富的一线工程施工技术人员，根据市政基础设施工程现场施工实际以及工程资料表格的填写、收集、整理、组卷和归档的管理工作程序和要求，编制了《市政基础设施工程施工技术资料系列丛书》，包括《市政基础设施工程施工安全技术交底记录》、《市政基础设施工程施工技术交底记录》、《市政基础设施工程施工组织设计与施工方案》和《市政基础设施工程资料表格填写范例》4个分册，丛书自2005年首次出版以来，经过了数次的再版和重印，极大程度地推动了市政基础施工工程资料管理工作的标准化和规范化，深受广大读者和工程技术人员的欢迎。

　　本套丛书编制组按照"结合实际、强化管理、过程控制、合理分类、科学组卷"的指导原则，参照《建设工程文件归档规范》GB 50328－2014、《建设工程监理规程》GB 50319－2013、《市政基础设施工程资料管理规程》DB11/T 808－2011等标准规范和相关地方规定，力求做到科学性、规范性、适用性和可操作性。具有如下特色：

　　1. 理论解析深入：从理论层次深入讲述了各类别市政工程资料的来源、形成过程、归档保存方法等内容，使读者对市政基础设施工程资料的整个流程产生更为清晰的认识。

　　2. 表格丰富全面：书中收录了市政基础设施工程基建文件、监理资料、施工质量检验与验收资料、工程档案表格中的所有常用表格。

　　3. 表格范例详实：依据市政基础设施工程实际施工中对大多数表格提供了详细的表格范例，使读者对表格如何填写有更为深入的理解。

　　4. 填写依据可靠：书中的填写依据全部来源于现行的市政工程国家、行业标准规范的条文或条文说明。

　　本书《市政基础设施工程资料表格填写范例》共分为六章，主要内容为概述、基建文件、监理资料、施工资料、施工质量检验与验收资料及工程档案等。

　　本书在编写过程中，得到了行业相关专家和专业人士的指导，在此一并表示感谢。由于时间关系及编者水平有限，书中难免有疏漏之处，恳请广大读者批评指正。

编　者

2015年11月

# 目　　录

# 第1章 综　述

# 1.1　概　　述

市政基础设施工程是指城市范围内道路、桥梁、给水（含中水）、排水、燃气、供热、各类管（隧）道、轨道交通及厂（场）、站工程。市政基础设施工程在城市基础设施中占着非常重要的地位，具有极其显著的经济效益和社会效益。工程项目的成败，工程质量的优劣，施工周期的长短，与一般工业与民用建筑有着明显区别。

市政基础设施工程项目具有以下特点：

1. 是国家投资或社会法人投资用于社会公益的项目，是基础工程，与人民生活、经济发展息息相关。

2. 工程量大，工期较长，工作内容较多。一个项目中往往是路、沟、桥并举，或在市区进行地下作业。如软土地基处理、路堤路堑、基层路面；开槽埋管、顶管、沉井、深基坑、桩基、钢筋混凝土和预应力混凝土、钢结构等一些项目会同时出现。

3. 不是在全封闭的场地内施工，当地的环境、交通对施工的相互干扰较大。

4. 对季节、气候的依赖性大。

## 1.1.1　市政基础设施工程资料的重要性

1.1.1.1　市政基础设施工程资料是对工程建设项目进行过程检查、竣工验收、质量评定、维修管理的依据，是城市建设档案的重要组成部分。工程资料的验收应与工程竣工验收同步进行，工程资料不符合要求，不得进行工程竣工验收。

1.1.1.2　市政基础设施工程资料是工程质量的客观见证。工程质量在形成过程中应有相应的工程资料作为见证。

1.1.1.3　市政基础设施工程资料实现规范化、标准化管理，可以体现企业的技术水平和管理水平，是展现企业形象的一个窗口，进而提升企业的市场竞争能力，是适应我国工程建设质量管理改革形势的需要。

## 1.1.2　市政基础设施工程资料管理的基本规定

1.1.2.1　工程资料管理应建立岗位责任制，工程资料的收集、整理应有专人负责，资料管理人员应经过相应的培训。

1.1.2.2　工程参建各单位必须确保各自资料的合法、真实、准确、齐全、有效；不得伪造或故意抽撤工程资料。

1.1.2.3　对工程资料的要求应在合同中列明。签订合同或协议时，应对工程资料和工程档案的编制责任、套数、质量和移交期限等提出明确要求。建设单位对施工资料有特殊要求的应在合同中预先约定。合同中对工程资料的要求不应低于本规程规定。

1.1.2.4　工程资料应随工程进度同步收集、整理并按规定移交。工程参建各单位应及时对工程资料进行签字、确认。施工资料中需要进行申报并由有关方进行审查、签认和批准的，负有申报责任的单位应及时申报，负有审查批准责任的单位应认真审查，及时、明确地签署意见。

1.1.2.5　工程资料应为原件。当为复印件时，提供单位应在复印件上加盖单位公章，并应有经办人签字、注明日期。

1.1.2.6　工程资料应字迹清晰，图表整洁。

**1.1.2.7** 工程资料应实行分类管理。

**1.1.2.8** 工程参建各单位负责管理本单位形成的工程资料,并保证工程资料的可追溯性。由多方共同形成的工程资料,各自承担相应的责任。

**1.1.2.9** 工程资料应按合同或协议规定要求及时移交。由建设单位发包的专业施工工程,专业承包单位应按相关规定,将形成的施工资料移交建设单位。由总包单位发包的专业施工工程,分包单位应按相关规定,将形成的施工资料移交总包单位,总包单位汇总后移交建设单位。

**1.1.2.10** 工程资料的形成、收集和整理应采用计算机技术。

**1.1.2.11** 凡向城建档案管理部门移交的工程档案,建设单位应在工程竣工验收前,依法提请城建档案管理部门对工程档案资料进行预验收,取得《建设工程竣工档案预验收意见》,并在工程竣工后六个月内将工程档案移交城建档案管理部门。

**1.1.2.12** 安全资料应符合《建设工程施工现场安全资料管理规程》(CECS266)的规定。电子文件管理应符合《建设电子文件与电子档案管理规范》(CJJ/T117)规定。

## 1.1.3 市政基础设施工程资料的分类与编码

**1.1.3.1** 市政基础设施工程资料的分类

1. 工程资料应按照本规程规定的管理职责和资料性质进行分类,市政基础设施工程资料的分类如下:

(1)基建文件;

(2)监理资料;

(3)施工资料;

(4)竣工图;

(5)立卷、归档等资料。

2. 施工资料宜按下列规定分类:

(1)市政基础设施工程施工资料分类,应根据工程类别和专业项目进行划分。

(2)施工资料宜分为施工管理资料、施工技术资料、工程物资资料、施工测量监测资料、施工记录、施工试验记录及检测报告、施工质量验收资料和工程竣工验收资料等八类。

**1.1.3.2** 市政基础设施工程资料的编码

1. 基建文件由建设单位按资料形成时间的先后,顺序编号。

2. 监理资料由监理单位按资料形成时间的先后,顺序编号。

3. 施工资料编号应按以下规定执行:

(1)分部、子分部工程资料的代号可按照 DB11T 808—2011 附录 C《专业工程分类编码参考表》确定;

(2)施工资料右上角可采用 9 位数编号;9 位数编号是由四组编号组成,每组代表意义各不相同,组与组之间用横线隔开。

(3)施工资料按以下形式编号:

$$××-××-××-×××$$
$$①\quad②\quad③\quad④$$

注:①为分部工程代号(2 位);

②为子分部工程代号(2 位);

③为资料的类别编号(2 位);

④为顺序号(共 3 位),按资料形成时间的先后顺序从 001 开始逐张编号。

4. 工程资料宜按下列规则进行编号：

(1)对按单位工程管理形成的资料,(包含多个分部工程内容,不能体现分部、子分部工程代号的资料;例施工组织设计等)其编号中的分部、子分部工程代号用"00"代替。

(2)同一品种、同一批次的施工物资用在两个分部、子分部工程中时,其资料编号中的分部、子分部工程代号可按物资主要使用部位的分部、子分部工程代号填写;但结构工程用的主要材料应保证可追溯。

(3)不同分部、子分部工程中的同类别资料应分别顺序编号。

(4)施工资料表格编号应填写在表格右上角的编号栏中,编号应与资料内容同步进行。

(5)未附表格或由专业施工单位提供的工程资料(无统一表式的施工资料、质量证明文件)按相关规定,在资料右上角的适当位置进行资料编号。

(6)由施工单位形成的资料,其编号应与施工资料形成同步产生;由施工单位收集的资料,其编号应在收集同时进行编制。

5. 类别与属性相同的施工资料、数量较多时宜建立资料管理目录。管理目录可分为通用管理目录和专用管理目录。

6. 资料管理目录宜按下列要求进行填写：

(1)工程名称:单位或子单位(单体)工程名称;

(2)资料类别:资料项目名称,如工程洽商记录、钢筋连接技术交底等;

(3)序号:按时间形成的先后顺序用阿拉伯数字从1开始依次编写;

(4)内容摘要:用精练语言提示资料内容;

(5)编制单位:资料形成单位名称;

(6)日期:资料形成的时间;

(7)资料编号:施工资料右上角资料编号中的顺序号;

(8)备注:填写需要说明的其他问题。

# 1.2　市政基础设施工程资料管理

## 1.2.1　基建文件管理

1.2.1.1　基建文件应符合下列规定：

1. 基建文件是建设单位从立项申请并依法进行项目申报、审批、开工、竣工及备案全过程所形成的全部资料。按其性质可分为:立项决策、建设用地、勘察设计、招投标及合同、开工、商务、竣工备案及其他文件。

2. 基建文件必须按有关行政主管部门的规定和要求进行申报,并保证相关手续及文件完整、齐全、有效。

3. 基建文件宜按序分类、按文件形成时间编号。

1.2.1.2　基建文件的形成,见图1-1基建文件形成流程图。

1.2.1.3　决策立项文件包括:项目建议书(可行性研究报告)及其批复、有关立项的会议纪要及领导批示、项目评估研究资料及专家建议等。

1.2.1.4　建设用地文件包括:征占用地的批准文件、国有土地使用证、国有土地使用权出让交易文件、规划意见书、建设用地规划许可证等。

1.2.1.5 勘察设计咨询文件包括:工程地质勘察报告、环境检测报告、建设用地钉桩通知单、验线合格文件、审定设计方案通知书、设计图纸及设计计算书、施工图设计文件审查通知书、咨询报告等。

1.2.1.6 招投标及合同文件包括:工程建设招标文件、投标文件、中标通知书及相关合同文件。

1.2.1.7 开工文件包括:建设工程规划许可证、建设工程施工许可证等。

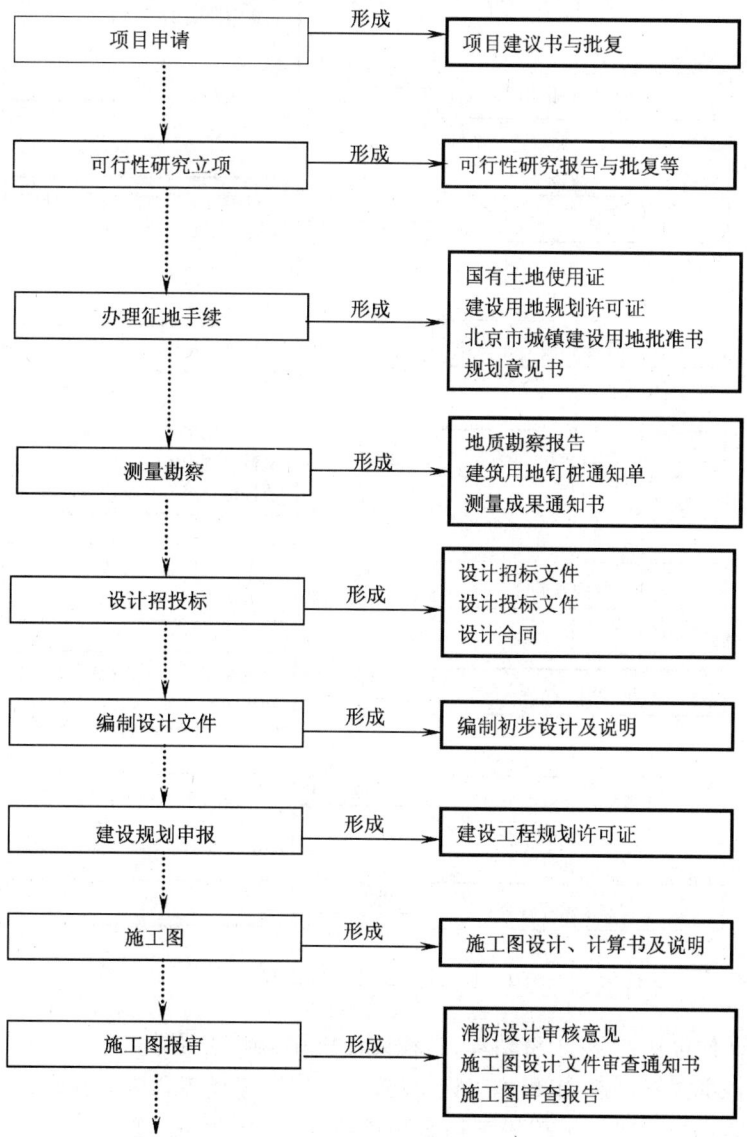

图 1—1 基建文件形成流程图

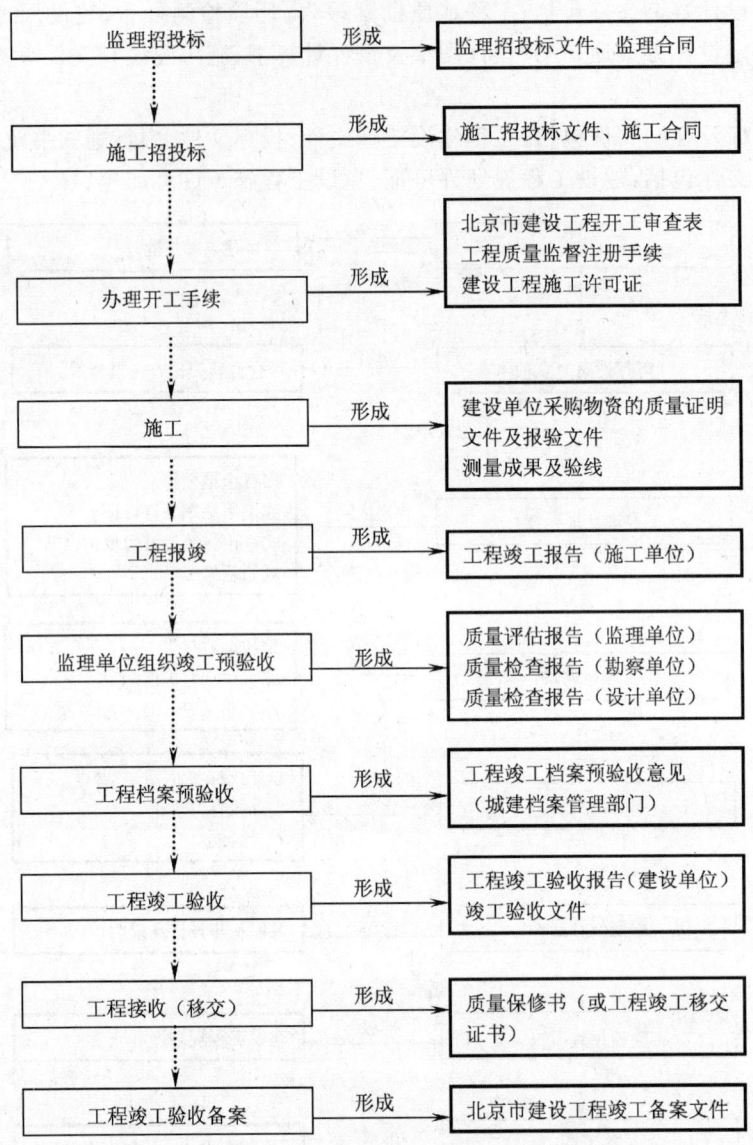

图 1—1　基建文件形成流程图(续)

1.2.1.8　商务文件包括:工程投资估算、工程设计概算、施工图预算、施工预算、工程结算等。

1.2.1.9　竣工备案文件包括:工程施工许可(开工)文件、建设工程竣工验收备案表、政府相关部门有关许可(备案)文件、建设工程竣工档案预验收意见、工程竣工验收报告及其他方面的文件资料。

1.2.1.10　其他文件包括:工程未开工前的原貌及竣工新貌照片、工程开工、施工、竣工的音像资料、物资质量证明文件、建设工程概况表等。

## 1.2.2　监理资料管理

1.2.2.1　监理资料的形成:见图 1—2 监理资料形成框图。

1.2.2.2　监理(建设)单位应在工程开工前确定本工程的见证人员并按有关规定向承担工程检

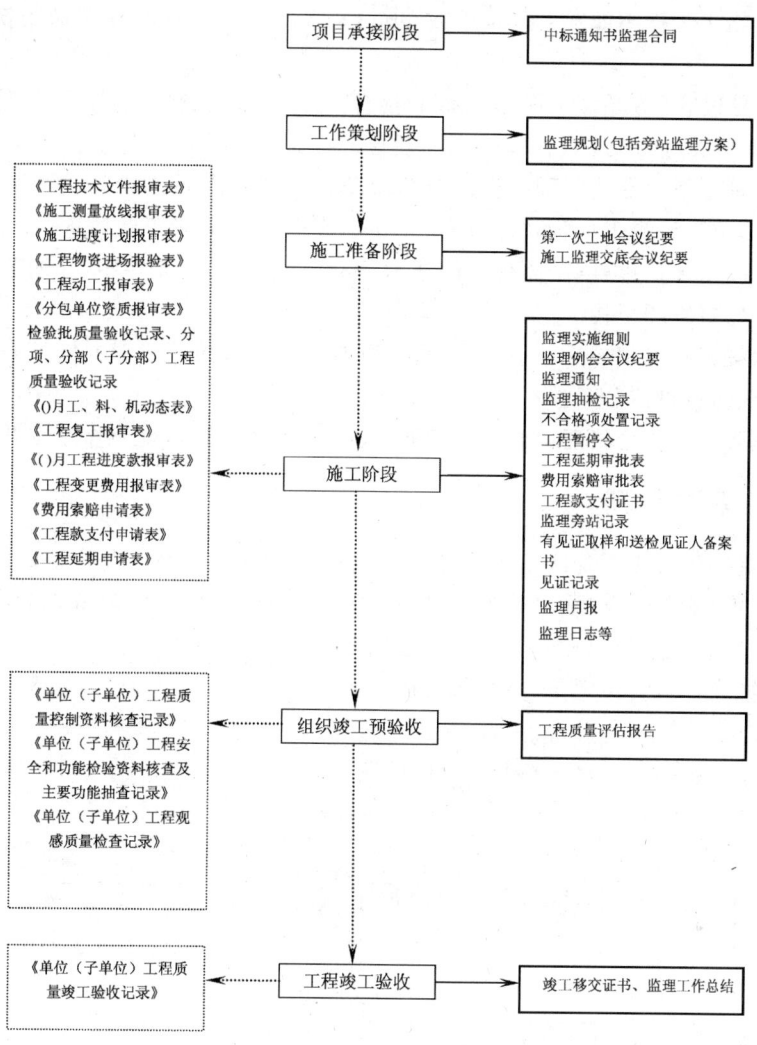

图 1-2 监理资料形成框图

测任务的检测机构和工程质量监督机构提交见证人备案书。见证人应履行见证职责,填写见证记录。

1.2.2.3 监理规划应由总监理工程师组织编制,并经监理单位技术负责人审核批准。

1.2.2.4 监理实施细则应由专业监理工程师根据专业工程特点编制,经总监理工程师审核批准。

1.2.2.5 监理单位应针对工程的重要部位及重要施工工序制定旁站监理方案,明确旁站监理的范围、内容、程序和旁站监理人员职责等。监理人员应根据旁站监理方案实施旁站,在实施旁站监理时应填写旁站监理记录。

1.2.2.6 监理月报应由总监理工程师组织编制并报送建设单位和监理单位。

1.2.2.7 监理会议纪要由项目监理部根据会议记录整理,经总监理工程师审阅,由与会各方代表会签。

1.2.2.8 项目监理部的监理工作日志应由专人负责逐日记载。

1.2.2.9 监理工程师对工程所用物资及施工质量进行随机抽检时,应填写监理抽检记录。

1.2.2.10 监理工程师在监理过程中,发现不合格项应填写不合格项处置记录。

1.2.2.11　工程施工过程中如发生质量事故,项目总监理工程师应记录事故情况并书面报告主管单位。

1.2.2.12　施工总包单位在单位工程完工,经自检合格并达到竣工验收条件后,填写《单位工程竣工预验收报验表》,并附相应的竣工资料(包括分包单位的竣工资料)报项目监理部,申请工程竣工验收。

　　总监理工程师应组织专业监理工程师与总包单位对工程质量进行竣工预验收,合格后总监理工程师签署《单位工程竣工预验收报验表》。在建设单位组织竣工验收前,项目总监理工程师应组织编制工程质量评估报告,经监理单位技术负责人、法定代表人签字,并加盖单位公章后,报建设单位和质量监督管理机构。

1.2.2.13　工程竣工验收完成后,项目总监理工程师及建设单位代表应共同签署竣工移交证书,并加盖监理单位、建设单位公章。

1.2.2.14　工程竣工验收合格后,项目总监理工程师应主持编写监理工作总结并提交建设单位。

## 1.2.3　施工资料管理

1.2.3.1　施工资料的形成按其性质和内容分为:施工管理资料、施工技术资料、工程物资资料、施工测量监测资料、施工记录、施工试验记录及检测报告、施工质量验收资料和工程竣工验收资料等八类。

1.2.3.2　施工技术资料宜按图1-3流程形成:

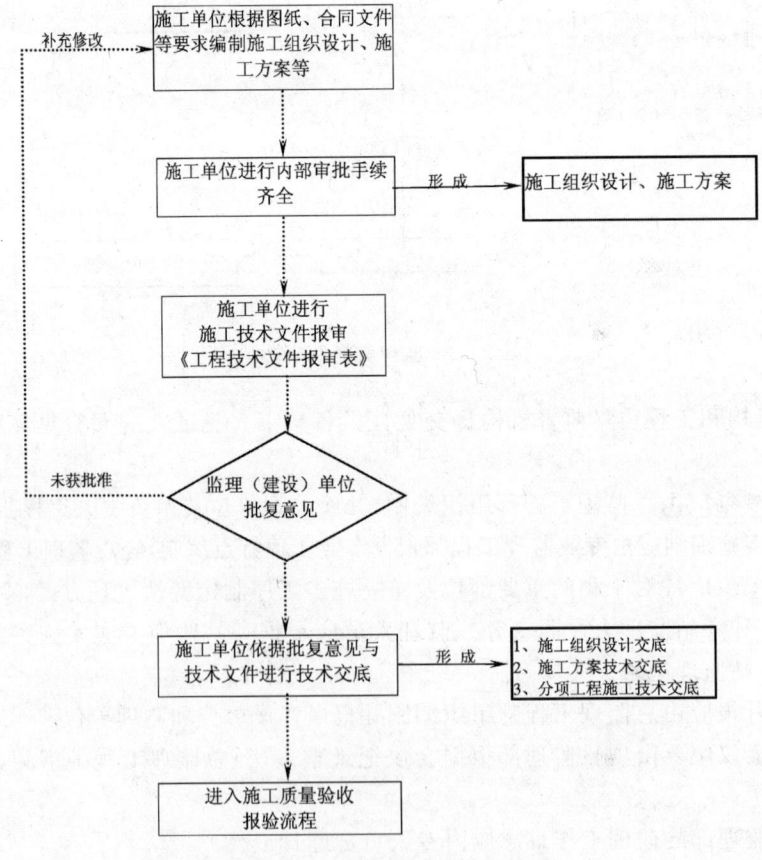

图1-3　施工技术资料形成框图

1.2.3.3　工程物资资料宜按图1-4流程形成:

1.2.3.4 施工测量、施工记录、施工试验、施工质量验收资料宜按图1-5流程形成；

1.2.3.5 工程竣工验收资料宜按图1-6流程形成：

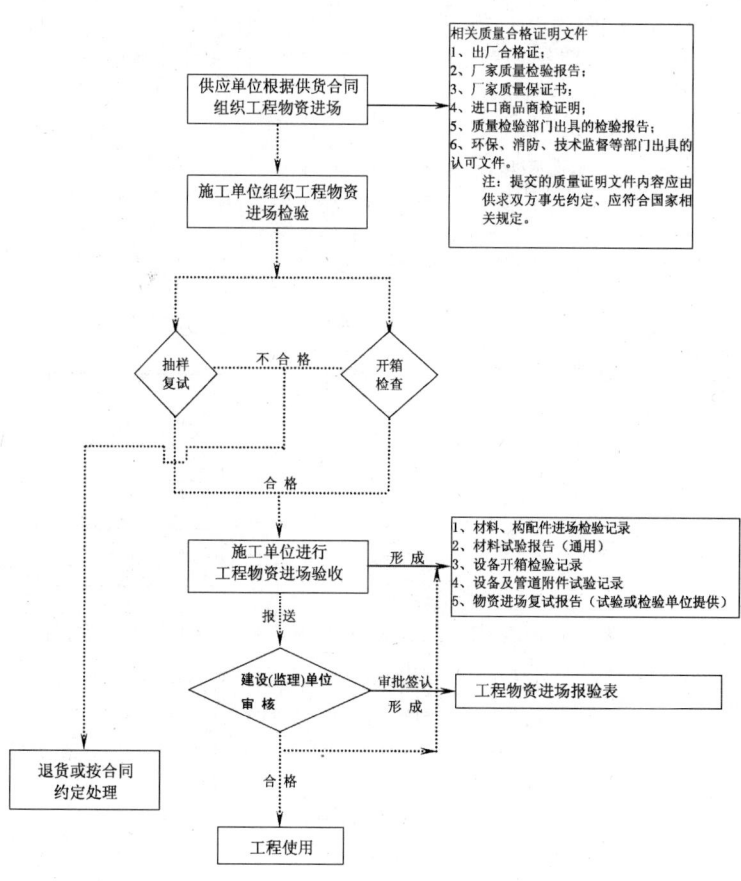

图1-4 工程物资资料形成框图

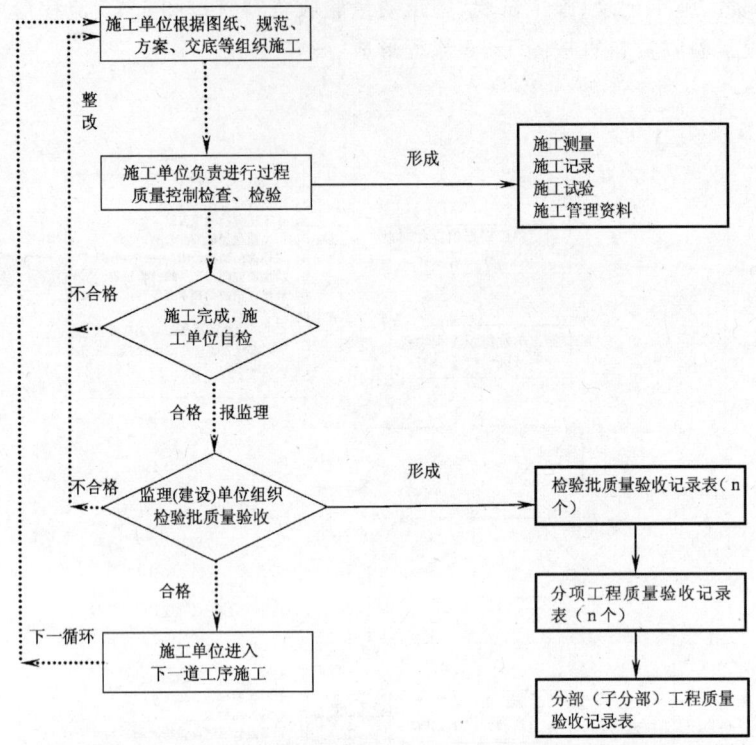

图1-5 施工测量、施工记录、施工试验、施工质量验收资料形成框图

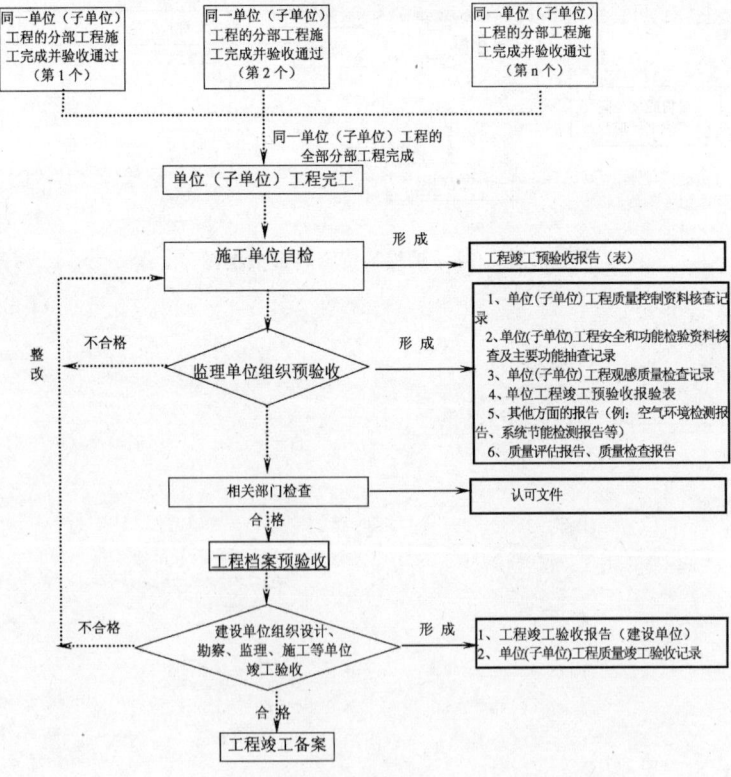

图1-6 工程竣工验收资料形成框图

# 第 2 章 基 建 文 件

# 2.1　基建文件的内容与要求

## 2.1.1　一般规定

2.1.1.1　所有新建、改建、扩建的建设项目,建设单位应按照基本建设程序开展工作,配备专职或兼职城建档案管理员,城建档案管理员要负责及时收集基本建设程序各个环节所形成的文件原件,并按类别、形成时间进行登记、整理、立卷、保管,待工程竣工后按规定进行移交。

2.1.1.2　基建文件涉及到向政府主管部门申报、审批的有关文件,均应按有关政府主管部门的规定要求进行。

## 2.1.2　决策立项文件

2.1.2.1　项目建议书由建设单位编制并申报。

2.1.2.2　对项目建议书的批复文件项目建议书(可行性研究报告)的批复文件,由建设单位的上级部门或国家有关主管部门批。

2.1.2.3　可行性研究报告由建设单位委托有资质的工程咨询单位编制。

2.1.2.4　对可行性报告的批复文件由建设单位的上级部门或有关主管部门批复。

2.1.2.5　关于立项的会议纪要、领导批示关于立项的会议纪要、领导批示,由建设单位或其上级主管单位形成。

2.1.2.6　专家对项目的有关建议文件由建设单位组织。

2.1.2.7　项目评估研究资料建设单位组织形成。

## 2.1.3　建设规划用地、征地、拆迁文件

2.1.3.1　征占用地的批准文件和对使用国有土地的批准意见由行政主管部门批准后形成的文件。

2.1.3.2　拆迁安置意见及批复文件由政府有关部门批准后形成的文件。

2.1.3.3　规划意见书及附图由城乡规划行政主管部门审查后形成的文件。

2.1.3.4　建设用地规划许可证、附件及附图由建设单位向行政主管部门申报、办理。

2.1.3.5　掘路占路建设用地规划许可证等由政府有关部门办理形成。

## 2.1.4　勘察、测绘、设计文件

2.1.4.1　工程地质勘察报告由建设单位委托勘察单位勘察形成。

2.1.4.2　水文地质勘察报告由建设单位委托勘察单位勘察形成。

2.1.4.3　测量交线、交桩通知书由行政主管部门审批后形成的文件。

2.1.4.4　验线合格文件(规划验线合格通知书)由市行政主管部门审批后形成的文件。

2.1.4.5　审定设计批复文件及附图由行政主管部门审批后形成的文件。

2.1.4.6　其他审查(审核)文件由有关单位、相关部门审查(审核)后形成的文件。

## 2.1.5　工程招投标及承包合同文件

2.1.5.1　招投标文件包括下列内容:

1. 勘察招投标文件由建设单位与勘察单位形成。
2. 设计招投标文件由建设单位与设计单位形成。
3. 拆迁招投标文件由建设单位与拆迁单位形成。
4. 施工招投标文件由建设单位与施工单位形成。
5. 监理招投标文件由建设单位与监理单位形成。
6. 厂站设备招投标文件由订货单位与供货单位形成。

2.1.5.2　合同文件包括下列内容,并应进行备案:
1. 勘察合同由建设单位与勘察单位形成。
2. 设计合同由建设单位与设计单位形成。
3. 拆迁合同由建设单位与拆迁单位形成。
4. 施工合同由建设单位与施工单位形成。
5. 监理合同由建设单位与监理单位形成
6. 材料设备采购合同由订货单位与供货单位形成。

## 2.1.6　工程开工文件

2.1.6.1　施工任务批准文件由城乡建设行政主管部门批准后形成的文件。

2.1.6.2　修改工程初步设计通知书(批复)由城乡规划行政主管部门审批后形成的文件。

2.1.6.3　建设工程规划许可证、附件及附图由城乡规划行政主管部门办理。

2.1.6.4　固定资产投资许可证由政府主管部门办理。

2.1.6.5　建设工程施工许可证或开工审批手续由建设行政主管部门办理。

2.1.6.6　工程质量监督注册登记表由建设单位向相应的质量监督机构办理。

## 2.1.7　商务文件

商务文件由建设单位或由建设单位委托工程造价咨询单位(相应专业资质单位)形成。

## 2.1.8　工程竣工文件

2.1.8.1　建设工程竣工档案预验收意见,建设单位在组织竣工验收前应当提请城建档案管理机构对工程档案进行预验收,预验收合格后由城建档案管理机构出具工程档案认可文件。
建设单位在取得工程档案认可文件后,方可组织工程竣工验收。建设行政主管部门在办理工程竣工验收备案时,应当查验工程档案认可文件。

2.1.8.2　工程竣工验收备案表由建设单位在工程竣工验收合格后负责填报,并经建设行政主管部门审验形成。

2.1.8.3　工程竣工验收报告由建设单位形成。工程竣工验收报告的基本内容如下:

1. 工程概况:工程名称,工程地址,主要工程量,建设、勘察、设计、监理、施工单位名称;规划许可证号、施工许可证号、质量监督注册登记号;开工、完工日期。

2. 对勘察、设计、监理、施工单位的评价意见;合同内容执行情况。

3. 工程竣工验收日期,验收程序、内容、组织形式(单位、参加人),验收组对工程竣工验收的意见。

4. 建设单位对工程质量的总体评价。

项目负责人或单位负责人签字,单位盖公章,报告日期。

2.1.8.4 勘察、设计单位质量检查报告由勘察、设计单位形成。质量检查报告的基本内容如下：

1. 勘察单位

(1)勘察报告号；

(2)地基验槽的土质，与勘察报告是否相符；

(3)对于参与验收的工程项目，确认是否满足设计要求的承载力。

2. 设计单位

(1)设计文件号；

(2)对设计文件(图纸、变更、洽商)是否进行检查；是否符合标准要求。

勘察、设计单位质量检查报告应有项目负责人或单位负责人签字；单位盖公章；报告日期。

2.1.8.5 规划、消防、环保、质量技术监督、卫生防疫、人防等部门出具的认可文件或准许使用(备案)文件由各有关主管部门形成。

2.1.8.6 工程质量保修书，市政、公用工程《工程质量保修书》应在合同特殊条款约定下，参照建设行政主管部门的有关规定要求，由发包方与承包方共同约定。内容包括：

1. 工程质量保修范围和内容；

2. 质量保修期；

3. 质量保修责任；

4. 保修费用；

5. 其他。

由发包、承包双方单位盖公章，法定代表人签字。

2.1.8.7 厂站、设备使用说明书由建设单位或施工单位提供。"使用说明书"其性质(归属)同"竣工图"；是建设单位在招标文件和合同文件中应规定承包商(施工单位、含设备供应商)必须提供或应当提供的内容与要求。

## 2.1.9 其它文件

2.1.9.1 合同约定由建设单位采购的材料、构配件和设备的质量证明文件及进场报验文件按合同约定由建设单位采购材料、构配件和设备等物资的，物资质量证明文件和报验文件由建设单位收集、整理，并按约定移交施工单位汇总。

2.1.9.2 工程竣工总结(重点、重大工程)工程竣工总结由建设单位编制，是综合性的总结，简要介绍工程建设的全过程。

凡组织国家或市级工程竣工验收会的工程，可将验收会上的工程竣工文件汇集做为工程竣工总结。工程竣工总结一般应具有下列内容：

1. 基本概况

(1)工程立项的依据和建设目的、意义；

(2)工程资金筹措、产权、管理体制；

(3)工程概况包括工程性质、类别、规模、标准、所处地理位置或桩号、工程数量、概算、预算、决算等；

(4)工程勘察、设计、监理、施工、厂站设备采购招投标情况；

(5)改扩建工程与原工程系统的关系。

2. 设计、施工、监理情况

(1)设计情况：设计单位和设计内容(设计单位全称和全部设计内容)；工程设计特点及采用

新建筑材料；

（2）施工情况：开工、完工日期；竣工验收日期；施工组织、技术措施等情况；施工单位相互协调情况；

（3）监理情况：监理工作组织及执行情况；监理控制；

（4）质量事故及处理情况；

（5）与市政基础设施工程配套的房建、园林、绿化、环保工程等施工情况。

3. 工程质量及经验教训

工程质量鉴定意见和评价，城乡规划、消防、环保、人防、质量技术监督等单位的认可文件，工程建设中的经验及教训，工程遗留问题及处理意见。

4. 其它需要说明的问题。

2.1.9.3　沉降观测记录由建设单位委托有资质的单位进行。

2.1.9.4　工程开工前的原貌、竣工新貌照片由建设单位收集提供。

2.1.9.5　工程开工、施工、竣工的录音录像资料由建设单位收集提供。

2.1.9.6　项目质量管理人员名册留存制度：工程施工过程中，建设单位应组织施工总包、分包、监理、建筑材料供应、工程质量检测等单位涉及工程质量管理的所有责任人编录成册，并注明其各自的质量职责及其经手的工程质量内容。在工程竣工验收完成后，由建设单位将此册汇编进入工程竣工验收资料，并会同其他工程验收文件提交城建档案管理部门备查。

单位类别栏中按建设单位、设计单位、勘察单位、总承包单位、分包单位、监理单位、材料供应单位、质量检测等分类填写；

# 2.2　基建文件表格填写范例

## 2.2.1　工程竣工验收备案表

附件：

<br>

## 北京市工程竣工验收备案文件档案

编号　<u>市政 2015－0156</u>

<br><br><br>

| | |
|---|---|
| **工程名称** | <u>北京××环路道路工程 2#标</u> |
| **建设单位** | <u>北京××公路管理有限公司</u> |
| **施工单位** | <u>北京××市政建设集团有限公司</u> |
| **监理单位** | <u>北京××建设监理公司</u> |
| **监督单位** | <u>北京市市政工程质量监督站</u> |

# 备案档案目录

**工程名称:** 北京××环路道路工程 2#标

| 序 号 | 档 案 内 容 | 张 数 | 页 号 | 备 注 |
|---|---|---|---|---|
| 1 | 北京市建设工程竣工验收备案表 | 5 | | |
| 2 | 竣工验收备案文件 | 64 | | |
| 3 | 北京市工程质量监督报告 | 4 | | |

注:范例用表格与现行表格发生矛盾,以现行表格为准。

编号：市政 2015－0156

# 北京市房屋建筑工程和市政基础
# 设施工程竣工验收备案表

工程名称　北京××环路道路工程 2#标

建设单位　北京××公路管理有限公司

北 京 市 建 设 委 员 会
二〇一五年三月制

第 1 页共 4 页

| 工 程 名 称 | 北京××环路道路工程 2#标 | | |
|---|---|---|---|
| 工 程 地 址 | 北京市××环(××路～××路) | | |
| 规划许可证号 | 2015－规建市政字－0118 | 工程面积或<br>工程造价 | 面积： |
| 施工许可证号 | 00(市政)2015·0889 | | 造价:××万元 |
| 质量监督注册号 | 2015－市政字－0212 | 工程类别 公 用 | 结构类型 |
| 开 工 时 间 | 2015.8.1 | 竣 工 时 间 | 2015.9.8 |

| 单 位 名 称 | 法定代表人 | 联系电话 |
|---|---|---|
| 建设单位:北京××公路管理有限公司 | ××× | |
| 勘察单位:北京××市政工程勘察设计院 | ××× | |
| 设计单位:北京××市政工程设计院 | ××× | |
| 施工单位:北京××市政建设集团有限公司 | ××× | |
| 监理单位:北京××建设监理公司 | ××× | |
| 质量监督机构:北京市市政工程质量监督站 | ××× | |

　　本工程已按《建设工程质量管理条例》第十六条规定进行了竣工验收,并且验收合格。依据《建设工程质量管理条例》第四十九条规定,所需文件已齐备,现报送备案。

建设单位(公章)　　　　　　　　　　法定代表人:×××(签字)
报送时间:　　　　　　　　　　　　　2015 年 9 月 16 日

| 竣工验收意见 | 勘察单位意见 | 　该工程地基为我院勘察,勘察报告编号为 2015－026,经验槽土质情况与勘察报告相符。工程竣工验收合格<br><br>　　法定代表人<br>　　或工程项目负责人　　(签字):××　　　　　　　2015 年 9 月 10 日(单位公章) |
|---|---|---|
| | 设计单位意见 | 　该工程为我院设计,现已施工完毕,经检查施工符合设计图纸和工程洽商要求,工程竣工验收合格<br><br>　　法定代表人<br>　　或工程项目负责人　　(签字):××　　　　　　　2015 年 9 月 10 日(单位公章) |
| | 施工单位意见 | 　此工程已按设计图纸及洽商变更完成施工合同内容,符合国家施工规范及标准要求,工程竣工验收合格<br><br>　　法定代表人<br>　　或工程项目负责人　　(签字):××　　　　　　　2015 年 9 月 10 日(单位公章) |
| | 监理单位意见 | 　本工程立项、施工手续完备,施工符合设计要求,质量达到国家验收标准,经对分项、分部、单位工程的验收,符合竣工条件,工程竣工验收合格<br><br>　　法定代表人<br>　　或工程项目负责人　　(签字):××　　　　　　　2015 年 9 月 10 日(单位公章) |
| | 建设单位意见 | 　该工程经我单位组织勘察、设计、监理、施工单位共同检查,满足设计要求,符合国家质量验收标准,达到竣工条件,工程竣工验收合格<br><br>　　法定代表人<br>　　或工程项目负责人　　(签字):××　　　　　　　2015 年 9 月 10 日(单位公章) |

| | 内　　容 | 份　数 | 备　注 |
|---|---|---|---|
| 竣工验收备案文件清单 | 1. 工程竣工验收报告 | 各 1 | |
| | (1)施工图设计文件审查报告 | 1 | |
| | (2)勘察、设计、施工、工程监理等单位分别签署的质量合格文件及验收人员签署的竣工验收原始文件 | 各 1 | |
| | (3)市政基础设施工程质量检测及功能性试验资料 | 各 1 | |
| | (4)建筑工程室内环境检测报告 | — | |
| | (5)备案机关认为需要提供的有关资料 | 1 | |
| | 2. 规划许可证和规划验收认可文件 | 各 1 | |
| | 3. 工程质量监督注册登记表 | 1 | |
| | 4. 工程施工许可证或开工报告 | 1 | |
| | 5. 消防部门出具的建筑工程消防验收意见书 | — | |
| | 6. 建设工程档案预验收意见 | 1 | |
| | 7. 工程质量保修书或保修合同 | 1 | |
| | 8. 住宅质量保证书 | — | |
| | 9. 住宅使用说明书 | — | |
| | 10.法规、规章规定必须提供的其他文件 | 1 | |
| | | | |

本工程的竣工验收备案文件于 2015 年 9 月 23 日收讫,经验证文件符合要求。

## 备案文件收讫

| 经办人 | ×××　 | 负责人 | ×××　 | 日　期 | 2015.9.23 |
|---|---|---|---|---|---|

备注:

1. 工程参建各方必须依照法律、法规、规章的有关规定承担各自质量责任,严格履行保修义务。

2. 本备案是单位工程(子单位工程或合同标段)竣工验收备案,建设项目总体竣工后,建设单位应当按照有关法律、法规、规章办理其他验收。

3. 供水、供电、供热、供气、绿化、邮电、通讯、安防、卫生防疫等未尽事宜,由建设单位联系相关部门妥善解决。

(备案专用章)

2015 年 9 月 28 日

填表说明:

1. 本表用钢笔、墨笔认真填写清楚,字迹端正,内容真实,不得涂改;签名必须真实有效,公章必须符合法定资格。

2. 所列文件如为复印件应加盖复印单位公章,并注明原件存放处,经办人签名并注明日期。

3. 本表一式二份,一份由建设单位按规定年限保存,一份由备案管理机关存档。

## 2.2.2　建设工程竣工档案预验收意见

### 建设工程竣工档案预验收意见

（市政公用工程）　　城档市政预字［　　］××号

| 工程名称 | ××市××路道路桥梁改扩建及综合市政管线工程 | 管径 | DN 400～DN 1000 |
|---|---|---|---|
| 工程地址 | ××市××路（××路～××路） | 长度 | 1050m |
| 建设单位 | ××路桥集团公司、××自来水集团公司、××燃气集团公司、××城市排水集团公司 | 竣工测量单位 | ××勘察测绘院 |
| 设计单位 | ××市政工程设计研究院 | 规划许可证号 | 2015－规建市政字－0590 |
| 施工单位 | ××市政建设集团有限公司 | 计划竣工验收日期 | 2016 年 9 月 3 日 |
| 监理单位 | ××建设监理公司 | 保证金号或登记号 | |
| 通讯地址 | ××市××区××路 | 邮政编码 | 100000 |
| 建设单位联系人 | ××× | 联系电话 | 89123456 |

**工程竣工档案内容与编制审查意见**

　　根据国务院《建设工程质量管理条例》和建设部《城建档案管理规定》，经检查，本工程竣工档案的基建文件、监理文件、施工文件、工程竣工测量及竣工图已经收集齐全，可以满足竣工档案编制需要。

　　建设单位已正式办理了竣工档案编制的委托合同，并已在城建档案管理部门备案。工程档案应在2016年12月之前向城建档案管理部门移交。

结论：

## 工程档案预验收合格

建设单位：（章）

单位负责人：×××

联系电话：89123456

城建档案管理部门（章）

审查人：×××

## 2.2.3　工程概况表

| 工程概况表：城市管（隧）道工程 | | | 档　号<br>（由档案馆填写） | | |
|---|---|---|---|---|---|
| 工程名称 | | | | | |
| 曾用名 | | | | | |
| 工程地址 | | | | | |
| 开工日期 | 年　月　日 | | 竣工日期 | 年　月　日 | |
| 工程档案登记号 | | | 规划用地许可证号 | | |
| 工程规划许可证号 | | | 工程施工许可证号 | | |
| 监督注册号 | | | | | |
| 建设单位 | | | | | |
| 立项批准单位 | | | | | |
| 监理单位 | | | | | |
| 勘察单位 | | | | | |
| 设计单位 | | | | | |
| 施工单位 | | | | | |
| 竣工测量单位 | | | | | |
| 质量监督单位 | | | | | |
| | | | | | |
| | | | | | |
| 工程概算（万元） | | | 工程决算（万元） | | |

| 单位工程名称 | 起止桩/井号 | 施工单位 | 管线长度<br>（m） | 管　径<br>（mm） | 断面 b×h<br>（mm） | 材　质 |
|---|---|---|---|---|---|---|
| | | | | | | |
| | | | | | | |
| | | | | | | |
| | | | | | | |

备注：

| 审核人 | | 填表人 | |
|---|---|---|---|
| 填表日期 | 年　月　日 | 填表单位 | （公章） |

本表由建设单位填写，城建档案馆保存。

| 工程概况表：城市道路工程（含广场） | | | 档 号（由档案馆填写） | | | |
|---|---|---|---|---|---|---|
| 工程名称 | | | ××高速公路（三环～四环路段）工程1合同段 | | | |
| 曾用名 | | | / | | | |
| 工程地址 | | | ××市××环××桥 | | | |
| 开工日期 | | | 2015年3月25日 | 竣工日期 | | 2015年11月20日 |
| 工程档案登记号 | | | | 规划用地许可证号 | | |
| 工程规划许可证号 | | | | 工程施工许可证号 | | |
| 监督注册号 | | | | | | |
| 建设单位 | | | ××高速公路管理有限责任公司 | | | |
| 立项批准单位 | | | | | | |
| 监理单位 | | | ××建设监理有限责任公司 | | | |
| 勘察单位 | | | ××勘察设计研究院 | | | |
| 设计单位 | | | ××市政设计研究院 | | | |
| 施工单位 | | | ××市政建设集团有限公司 | | | |
| 竣工测量单位 | | | ××勘察测绘院 | | | |
| 质量监督单位 | | | ××建设工程质量监督站 | | | |
| 工程概算（万元） | | | | 工程决算（万元） | | |
| 单位工程名称 | 施工单位 | 长度（km） | 道路红线宽度（m） | 类别 | 路面材料 | 广场占地面积（m²） |
| 2#匝道 | ××市政建设集团有限公司 | 0.27 | 7 | 主路 | 改性沥青混凝土 SMA-16Ⅰ | |
| 辅东2线 | ××市政建设集团有限公司 | 0.2 | 7～9 | 辅路 | 细粒式沥青混凝土 AC-13Ⅰ | |
| | | | | | | |

备注：

| 审 核 人 | ××× | 填 表 人 | ××× |
|---|---|---|---|
| 填表日期 | 2015年12月10日 | 填表单位 | （公章） |

本表由建设单位填写，城建档案馆保存。

| 工程概况表：城市桥梁工程(含涵洞) | | 档　　号<br>(由档案馆填写) | |
|---|---|---|---|
| 工程名称 | ××市××路××桥梁工程 | | |
| 曾用名 | / | | |
| 工程地址 | ××市××路(×环~×环) | | |
| 开工日期 | 2015 年 1 月 25 日 | 竣工日期 | 2015 年 11 月 18 日 |
| 工程档案登记号 | | 规划用地许可证号 | |
| 工程规划许可证号 | | 工程施工许可证号 | |
| 监督注册号 | | | |
| 建设单位 | ××高速公路管理有限责任公司 | | |
| 立项批准单位 | | | |
| 监理单位 | ××建设监理有限责任公司 | | |
| 勘察单位 | ××勘察设计研究院 | | |
| 设计单位 | ××市政设计研究院 | | |
| 施工单位 | ××市政建设集团有限公司 | | |
| 竣工测量单位 | ××勘察测绘院 | | |
| 质量监督单位 | ××建设工程质量监督站 | | |

| 工程概算(万元) | | 工程决算(万元) | | | | |
|---|---|---|---|---|---|---|
| 单位工程名称 | 施工单位 | 主要结构<br>型　式 | 宽度<br>(m) | 荷载等级 | 桥梁面积<br>(m²) | 孔数 |
| 2#匝道桥 | ××城建××公司 | | 7 | | | |
| 坝河桥 | ××城建××公司 | | 5 | | | |
| | | | | | | |
| | | | | | | |

| 桥梁　涵洞　隧道所属路名称 | 2#匝道、辅西 5 线 |
|---|---|
| 地下人行过街道所在路名称 | |

备注：

| 审核人 | ××× | 填表人 | ××× |
|---|---|---|---|
| 填表日期 | 2015 年 12 月 12 日 | 填表单位 | (公章) |

本表由建设单位填写，城建档案馆保存。

| 工程概况表：市政公用厂（场）、站工程 | | 档 号<br>（由档案馆填写） | |
|---|---|---|---|
| 工程名称 | | | |
| 曾用名 | | | |
| 工程地址 | | | |
| 开工日期 | 年 月 日 | 竣工日期 | 年 月 日 |
| 工程档案登记号 | | 规划用地许可证号 | |
| 工程规划许可证号 | | 工程施工许可证号 | |
| 监督注册号 | | 国有土地使用证号 | |
| 建设单位 | | | |
| 立项批准单位 | | | |
| 监理单位 | | | |
| 勘察单位 | | | |
| 设计单位 | | | |
| 施工单位 | | | |
| 竣工测量单位 | | | |
| 质量监督单位 | | | |
| | | | |
| | | | |
| | | | |
| 工程概算（万元） | | 工程决算（万元） | |
| 总占地面积（m²） | | 总建筑面积（m²） | |
| 生产能力 | | | |

| 单位工程名称 | 施工单位 | 规模/面积 | 结构类型 | 层数<br>（地上/地下） |
|---|---|---|---|---|
| | | | | |
| | | | | |
| | | | | |
| | | | | |

备注：

| 审 核 人 | | 填 表 人 | |
|---|---|---|---|
| 填表日期 | 年 月 日 | 填表单位 | （公章） |

本表由建设单位填写，城建档案馆保存。

| 工程概况表：城市轨道交通工程（含地铁） | | | 档　号（由档案馆填写） | | |
|---|---|---|---|---|---|
| 工程名称 | | | | | |
| 曾用名 | | | | | |
| 工程地址 | | | | | |
| 开工日期 | 年　月　日 | | 竣工日期 | | 年　月　日 |
| 工程档案登记号 | | | 规划用地许可证号 | | |
| 工程规划许可证号 | | | 工程施工许可证号 | | |
| 监督注册号 | | | 国有土地使用证号 | | |
| 建设单位 | | | | | |
| 立项批准单位 | | | | | |
| 监理单位 | | | | | |
| 勘察单位 | | | | | |
| 设计单位 | | | | | |
| 施工单位 | | | | | |
| 竣工测量单位 | | | | | |
| 质量监督单位 | | | | | |
| 总　长　度 | | | | | |
| 工程概算(万元) | | | 工程决算(万元) | | |
| 工程起点 | | | 工程止点 | | |
| 线　路 | 客运量 | 开行列数 | 走行公里 | 施工单位 | |
| | | | | | |
| | | | | | |
| | | | | | |
| | | | | | |
| | | | | | |
| 场　站 | 建筑面积(m²) | 高　度(m) | 地下层数 | 地上层数 | 结构类型 / 施工单位 |
| | | | | | |
| | | | | | |
| | | | | | |
| | | | | | |
| | | | | | |
| 审核人 | | | 填表人 | | |
| 填表日期 | 年　月　日 | | 填表单位 | | (公章) |

本表由建设单位填写，城建档案馆保存。

# 第3章 监理资料

# 3.1　监理资料的内容与要求

1. 监理资料包括 4 种：监理管理资料、监理工作记录、竣工验收监理资料、其它资料。监理资料应按《建设工程监理规范》(GB/T50319－2013)的规定及合同要求填写。

2. "监理工作总结"资料宜分为专题总结、阶段总结和竣工总结三种内容。

3. 监理单位签发给各参建单位的各种监理资料（监理用表、通知、决定等），各参建单位应按相关规定保存、归档。

4. 监理单位签发给施工单位的过程控制监理资料，施工单位可根据需要归档保存。

5. 监理单位的监理资料，监理单位可根据《建设工程监理规范》(GB/T50319－2013)的规定及需要归档保存。

# 3.2　监理管理资料

## 3.2.1　监理规划、监理实施细则

监理规划是全面开展监理工作的指导性文件，监理实施细则是监理工作操作性文件。监理规划是依据监理大纲和委托监理合同编制的，在指导项目监理部工作方面起到重要作用。监理规划是编制监理实施细则的重要依据。

### 3.2.1.1　监理规划的编制

1. 监理规划的编制，应针对项目的实际情况，明确项目监理工作的目标，确定具体的监理工作制度、程序、方法和措施，并应具有可操作性。

2. 监理规划编制的程序与依据应符合下列规定：

(1) 监理规划应在签订委托监理合同及收到设计文件后开始编制，完成后必须经监理单位技术负责人审核批准，并应在召开第一次工地会议前报送建设单位。

(2) 监理规划应由总监理工程师主持、专业监理工程师参加编制。

(3) 编制的依据

1) 建设工程的相关法律、法规及项目审批文件。

2) 与建设工程项目有关的标准、设计文件、技术资料。

3) 监理大纲、委托监理合同文件以及与建设工程项目相关的合同文件。

4) 工程地质、水文地质、气象资料、材料供应、勘察、设计、施工能力、交通、能源、市政公用设施等方面的资料。

5) 工程报建的有关批准文件，招、投标文件及国家、地方政府对建设监理的规定，工程造价管理制度。

6) 勘测、设计、施工、质量检验评定等方面的规范、规程、标准等。

3. 监理规划应包括以下主要内容：

(1) 工程项目概况

1) 工程项目特征（工程项目名称、建设地点、建设规模、工程类型、工程特点等）。

2) 工程项目建设实施相关单位名录（建设单位、设计单位、承包单位、主要分包单位等）。

(2) 监理工作的主要依据

(3) 监理范围和目标

1)监理工作范围及工作内容。

2)监理工作目标,包括工期控制目标、工程质量控制目标和工程造价控制目标。

（4）工程进度控制

包括工期控制目标分解、进度控制程序、进度控制要点和控制进度风险的措施等。

（5）工程质量控制

包括质量控制目标的分解、质量控制程序、质量控制要点和控制质量风险的措施等。

（6）工程造价控制

包括造价控制目标的分解、造价控制程序和控制造价风险的措施等。

（7）合同其他事项管理

包括工程变更、索赔管理的管理要点、管理程序以及合同争议的协调方法等。

（8）项目监理部的组织机构

1)组织形式和人员构成。

2)监理人员的职责分工。

3)监理人员进场计划安排。

（9）项目监理部资源配置一览表

（10）监理工作管理制度

1)信息和资料管理制度。

2)监理会议制度。

3)监理工作报告制度。

4)其他监理工作制度。

4.在监理工作实施过程中,如实际情况或条件发生重大变化而需要调整监理规划时,应由总监理工程师组织专业监理工程师研究修改,按原报审程序经过批准后报建设单位。

3.2.1.2　监理实施细则的编制

1.对中型及以上或专业性较强的工程项目,项目监理机构应编制监理实施细则。监理实施细则应符合监理规划的要求,并应结合工程项目的专业特点,做到详细具体、具有可操作性。

2.监理实施细则的编制程序与依据

（1）编制程序

1)监理实施细则应在相应工程施工开始前编制完成,并必须经总监理工程师批准。

2)监理实施细则应由专业监理工程师编制。

（2）编制依据

1)已批准的监理规划。

2)与专业工程相关的标准、设计文件和技术资料。

3)施工组织设计。

3.监理实施细则应包括下列主要内容:

（1）专业工程的特点。

（2）监理工作的流程。

（3）监理工作的控制要点及目标值。

（4）监理工作的方法及措施。

4.在监理工作实施过程中,监理实施细则应根据实际情况进行补充、修改和完善。

3.2.1.3　监理规划、监理实施细则实例（见实例3-1、实例3-2）。

实例 3-1

# 地铁工程监理规划

封面　（略）

## 目　录

一、工程项目概况

（一）工程项目特征

1. 工程项目名称：××市地铁×号线 A 站～E 站土建工程

2. 工程建设地点：××市××区

3. 工程概况：本监理段管辖 4 个施工标段，每个施工标段包含 1 个区间和 1 个车站，具体内容如下：

（1）01 施工标段：A 站～B 站

区间里程为 K2+183～K2+931.1，全长 748.1m。双洞单线线路平均埋深 17m，洞顶埋深 9.8m～12.6m。中部右线右侧处有一施工用竖井，里程为 K2+618，井深 23m，通道长 40m。

B 车站里程为 K2+931.1～K3+099.1，全长 168m，车站有效站台中心里程为 K3+000。车站形式为 12m 双层单柱暗挖岛式站台，总建筑面积 12339.8 $m^2$。车站线路平面为直线，车站顶板覆土厚度 5.85m，轨面标高 21.885m。设 4 个出入口，分别设置于十字路口的四个方向。还设置 2 座风道风井，东南风井、东北风井，井深 24.102m。施工期间兼做施工竖井。

（2）02 施工标段：B 站～C 站

区间里程为 K3+104～K4+794.850，全长 1690.5m。双洞单线穿××桥、××路，在区间设 2 个施工竖井：1# 竖井在××桥下东侧，与区间风井结合为永久结构，井深 25.900m；2# 竖井为临时竖井，在本区间根据全线布局，在 K4+480 799～K4+786.735 段设置停车线及双渡线。设置两处（K3+700 和 K4+450）联络通道。在区间两段距车站 30m 左右，设迂回风道。在 B 站的北端和 C 站南端设置双向防护密闭隔断门。

C 车站里程为 K4+794.850～K4+981.150，全长 186.3m。中心里程为 K4+900，总宽度 23.776m，总建筑面积为 13806 $m^3$。车站还包括 2 座风道风井，西北风井在××公园里，井深 23.721m，东南风井井深 22.725m。施工期间兼做施工竖井和通道。

（3）03 施工标段：C 站～D 站。

区间里程为 K4+981.150～K5+979.190，全长 998.04m。双洞单线在 K5+425 处有一临时施工竖井，井深 25.317m。区间还包含联络通道、迂回风道、风井、与规划七号线的联络节点等。

D 车站里程为 K5+979.190～K6+159.190，全长 180m。车站站台中心里程为 K6+083.390，共设 4 个出入口，车站主体为双层岛三拱两柱结构，预留通道与规划七号线换乘，总建筑面积 12244.2 $m^2$。车站设置两座风井，东北风井井深 24.768m，西南风井井深 26.425m。施工期间兼做施工竖井。

（4）04 施工标段：D 站～E 站。

区间里程为 K6+159.190～K6+840.900，全长 681.71m。双洞单线，在区间 K6+624.53 处设一临时施工竖井，井深 25.609m，通道长 40m。

E 车站里程为 K6+840.900～K7+043.800，全长 202.9m。车站中心里程为 K6+960，总宽度 24.2m，车站顶板覆土，双层结构为 8m～9.3m，单层结构为 13.5m，总建筑面积 14932 $m^2$。车站形式为"端进式"岛式站台，双层岛三拱两柱结构，设置 4 个出入口。本站与既有地铁 2# 环线区间下上相交，又有两条换乘通道，并穿过一条护城河。车站设 2 座风井：东南风井井深 20.750m，西北风井井深 24.756m。

4. 工程类型

本监理标段的施工均属于新奥法施工浅埋暗挖法，区间标准单线单洞断面采用暗挖台阶法。

车站和断面跨度较大处,分别采用暗挖的中隔壁法、侧壁导坑法等施工。采用复合式衬砌、小导管(有些大管棚)、格栅钢筋网、喷混凝土、结构防水、二衬混凝土防水等。

隧道穿越地层的粉质粘土层、粘土层、细中砂层等,从上至下有三层水,分别为上层滞水、潜水、承压水。隧道线路全部位于承压水下。降水为施工的关键工序。

5. 工程特点:

(1) 本监理标段位于××路的地下,地表构筑物较多,有高层建筑、人行天桥、立交桥、铁路、文物设施,人流集中,交通繁忙,施工场地狭窄,施工干扰等。因此必须科学地管理施工,严格监理,才能确保按期、按质完成各项指标。

(2) 资金来源:本项目政府投资 25.02%,自筹资金 8.34%,银行贷款 66.64%。

(3) 工程投资:(单位:人民币)

01 标段土建工程合同投资约××亿元。

02 标段土建工程合同投资约××亿元。

03 标段土建工程合同投资约××亿元。

04 标段土建工程合同投资约××亿元。

(4) 合同工期:计划进场时间为 2015 年 11 月 26 日,计划退场时间为 2015 年 1 月 26 日,监理服务时间为 26 个月。

(5) 地质与地形:地铁×号线南起××区,北至××区,全线地面较为平整,高差不大,地势特点为中部稍高,两端稍低,地面标高在 45.4m～32.9m。沿线主要由第四纪粘性土、矿及砂石类土构成,其下部广泛分布第三纪地层。第四纪地层北厚南薄,北段辛庄路地层厚 218m,南段沙子口地层厚 75m。设计地铁线路轨顶标高最深为 18.78m,约在地面以下 23m,均在第四纪地层中穿过。

(6) 水文:根据勘察资料,地下水位为北高南低,北部地下水埋深一般为 3m～6m,南部地下水埋深一般为 5m～14m,本区段线路所通过的地下水有潜水和承压水,局部有上层滞水。地下水对混凝土无侵蚀性。

(二)工程项目建设实施相关单位名录(表 3-1)

表 3-1　　　　　　　　　　　工程项目建设实施相关单位名录

| 单　位 | 名　称 | 联系人 | 联系电话 |
|---|---|---|---|
| 建设单位 | ×××轨道交通建设管理有限公司 | ××× | |
| 设计单位 | ×××隧道勘察设计院 | ××× | |
| 监理单位 | ×××建设监理公司 | ××× | |
| 承包单位 | ×××建设集团公司 | ××× | |
| 分包单位 | ×××地矿公司 | ××× | |

二、监理工作依据

1. 国家和地方有关工程建设的法律、法规。

2. 国家和地方有关工程建设的技术标准、规范和规程等。

3. 经有关部门批准的工程项目文件和设计文件。

4. 建设单位与监理单位签订的委托监理合同。

5. 建设单位与承包单位签订的施工合同和协议(包括其附件)。

6. 工程建设概(预)算定额、费用定额和有关的建设管理规定。

三、监理范围及目标

(一)监理工作范围及工作内容

1. 监理工作范围

根据监理合同规定,对所辖施工标段的全部工程实施全方位、全过程、全天候监理。监督承包单位全面、完整、良好地履行施工合同。监理服务期自签订合同之日起至办理完工程《竣工移交证书》止。同时,对质量保修期内承包单位本项目的未完成工作、缺陷补修及缺陷调查工作提供监理服务。

2. 监理工作内容

(1)施工质量控制。

(2)施工进度控制。

(3)工程造价控制。

(4)安全控制。

(5)合同管理。

(6)信息管理。

(7)协调管理。

(二)监理工作目标

1. 工期目标

开工日期 2014 年 11 月 26 日,竣工日期 2015 年 1 月 26 日,共计 26 个月。

2. 工程造价控制目标

工程承包合同总造价××亿元,不包括工程变更费用。

3. 工程质量目标控制

单位工程质量等级为合格。

四、工程进度控制

(一)工期控制目标的分解　(略)

(二)工程进度控制程序(图 3—1)

(三)工程进度控制要点

1. 承包单位应根据建设工程合同的约定,按时编制施工总进度计划、季度进度计划、月进度计划,并按时填写《施工进度计划报审表》,报项目监理部审批。

2. 监理工程师应根据本工程的条件及施工队伍的条件,全面分析承包单位编制的施工总进度计划的合理性、可行性。

3. 施工总进度计划应符合施工合同中竣工日期规定,可以用横道图或网络图表示,并应附有文字说明。监理工程师应对网络计划的关键线路进行审查、分析。

4. 对季度及年度进度计划,应要求承包单位同时编写主要工程材料、设备的采购及进场时间等计划安排。

5. 项目监理部应对进度目标进行风险分析,制定防范性对策,确定进度控制方案。

6. 总进度计划经总监理工程师批准实施,并报送建设单位,需要重新修改,应限时要求承包单位重新申报。

(四)控制工程进度风险的措施

1. 监理对进度控制的方法

（1）收集信息

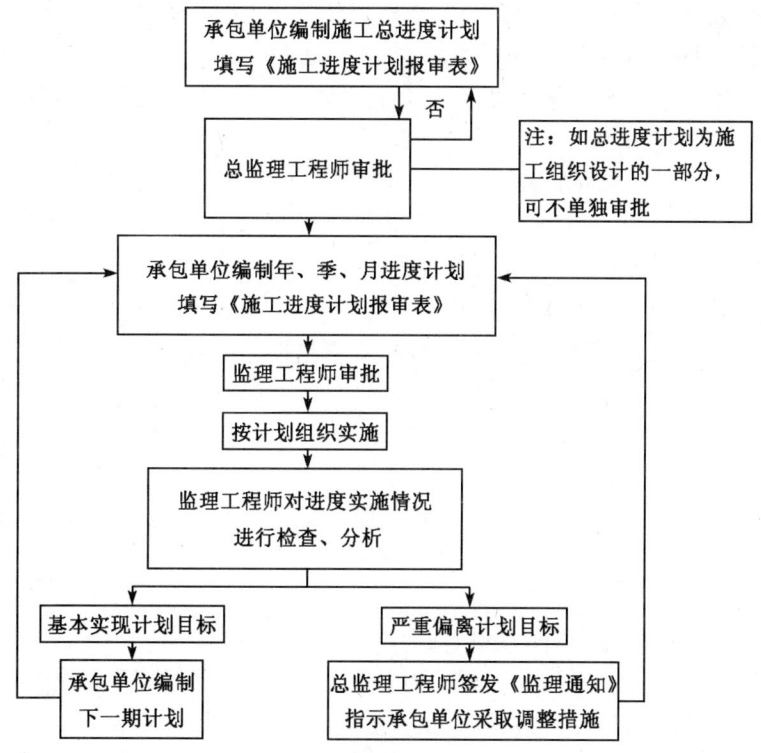

图 3－1　工程进度控制程序图

1）了解工程承包合同中有关进度的承诺和奖罚措施。

2）按合同和施工组织设计的内容,检查承包单位的管理机构及人员配备。

3）根据工程项目找出主要工序,确定施工作业面及决定是否可以采用流水或平行施工。

4）对建设单位的总进度目标和分阶段进度目标要心中有数。

5）掌握承包单位的进度计划和施工组织设计。

6）在施工过程中要了解每天、每周完成的工程量,相应的施工人员、机具数量以及不同作业面的施工情况,每周所进的材料数量、成品和外加工计划执行情况,近阶段及整个施工期的气候变化情况及管线施工配合等情况。

上述信息的取得可以通过现场检查、去厂家检查、与承包单位交谈及要求承包单位书面汇报等。

（2）对进度计划的实施监督

1）项目监理部应依据总进度计划,对承包单位实际进度进行跟踪监督检查,实施动态控制。

2）应按月检查月实际进度,并将与月计划比较的结果进行分析、评价,发现偏离应签发《监理通知》要求承包单位及时采取措施,实现计划进度目标。

3）要求承包单位每月 25 日前填报《（　）月工、料、机动态表》。

（3）工程进度计划的调整

1）发现工程进度严重偏离计划时,总监理工程师应组织监理工程师进行原因分析,召开各方协调会议,研究应采取的措施,并应指令承包单位采取相应调整措施,保证合同约定目标的实现。总监理工程师应在《监理月报》中向建设单位报告工程进度和所采取的控制措施的执行情况，提出合理预防由建设单位原因导致的工程延期及其相关费用索赔的建议。

2）必须延长工期时，应要求承包单位填报《工期延期申请表》，报项目监理部。

3）总监理工程师依据施工合同约定，与建设单位共同签署《工程延期审批表》，要求承包单位据此重新调整工程进度计划。

2. 监理对进度控制所采取的措施

（1）组织措施

1）项目监理部内部先要组织落实、岗位落实。对进度控制的任务，由总监负责，可有一名副总监分管，或设专业监理工程师，除总监和专业监理外，现场监理对进度信息的收集和内业监理对资料整理是必不可少的。要有一套操作程序：控制目标、各岗位职责、过程中如何配合、原始数据的分工收集和整理。

2）项目监理部内部建立工作制度：每周例会、每周内部会议、每月信息汇总、报表、分阶段分析评审制度、制订进度控制需要的表格。

3）项目监理部对承包单位的管理人员和管理制度实行审核，是否有专人管理进度和相应的组织技术准备。

（2）技术措施

进度控制应建立在质量合格的基础上。

1）会审设计图纸时在结构布置、标高、构造方面的差错，较难事先全部看出问题，应该在施工前通过认真学习图纸，进一步发现问题，预先提出，不至于在施工时临时卡壳，影响进度。

2）工程变更的批复，承包单位如由于管线要改变设计，需要实施临设（便道、支撑、支架及施工作业面变化）提出报告，监理要结合现场条件和技术要求及时答复。

3）对现场施工的工艺方法、施工顺序的认定和机具设备的选择，监理首先要考虑技术上可行，满足规范和使用要求，必要时应征得设计同意，其次对施工影响也应综合考虑。

（3）合同措施

对本工程项目监理工程师要注意相互之间及先后开工和最后开工的项目与总工期的关系。

发生对执行计划进度不利的外界影响，监理工程师要及时发现，进行协调，协调的内容一般有：

1）建设单位按期发放施工图纸，交接场地和交桩。

2）建设单位按期落实管线改接、搬迁、交通改道等工作。

3）建设单位按期布置配套施工单位（管线、绿化、整治）进、出场。

4）建设单位及设计单位要及时回复施工单位上报的各种报告、变更、洽商记录。

5）各施工单位之间相互交叉施工的先后进、出场及施工顺序和场地使用。

6）监理工程师按照施工计划及时进行质量检查和隐蔽工程验收。

（4）经济措施

1）进场时，监理在弄清合同条款的基础上，检查承包单位在预付款支付前的各种手续是否完备、材料预付款的支付落实情况。

2）施工过程中，通过验工月报的审核，把握工期关。工期不达标时，进度支付凭证不签发。由于施工单位原因造成工期延误，经过监理指令后，在管理、技术力量、机具设备仍跟不上，又不采取积极措施，进度未见好转，则可暂停支付。

3）协助建设单位在制订节点目标和分部工程工期目标。施工单位按规定工期提前完成适当奖励；未能完成，且是由于施工单位原因延误，则应承担延误损失赔偿，从施工单位的工程款中扣除。

　　4）施工单位延误工期，又不采取补救措施(如接到监理工程师的开工通知，无正当理由推迟开工；在此过程中，无正当理由要求延长工期；施工进度慢，无视监理工程师的警告等)，监理工程师可上报建设单位，对施工单位进行调换或清退，建设单位可按合同条款与施工单位解除合同，施工单位退场后还要承担由此而造成的损失费用。

　　五、工程质量控制

　　(一)工程质量控制目标的分解　　(略)

　　(二)工程质量控制程序

　　1.工程材料、构配件和设备质量控制基本程序(图 3-2)

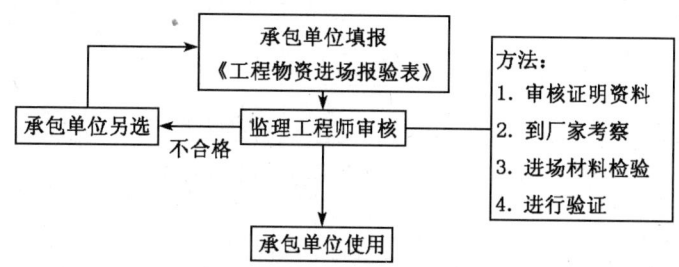

图 3-2　工程物资质量控制程序图

　　2.分包单位资格审查基本程序(图 3-3)

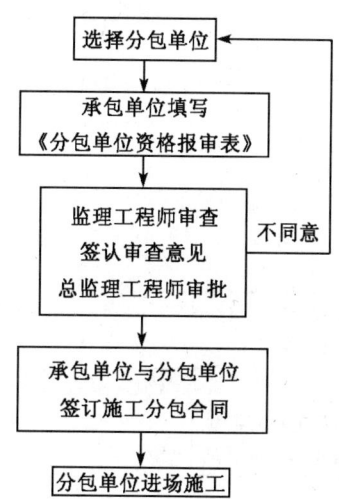

图 3-3　分包单位资格审查程序图

　　3.分项、分部工程签认基本程序(图 3-4)

　　4.单位工程验收基本程序(图 3-5)

　　(三)工程质量控制要点

　　重要的分项分部和工程的关键部位是工程质量控制的两个重点。其中，重要的分部工程是基础、主体结构；重要的分项工程是施工降水、土方开挖、变形量测、钢筋、混凝土、防水工程等；关键部位如锚杆浇浆、格栅制作与安装、防水板的铺设、大体积混凝土的浇筑、联系测量、净空尺寸的控制等。

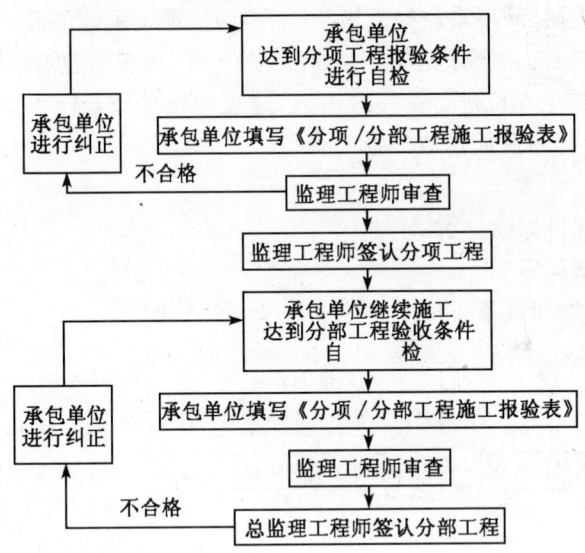

图 3—4　分部、分项工程签认程序图

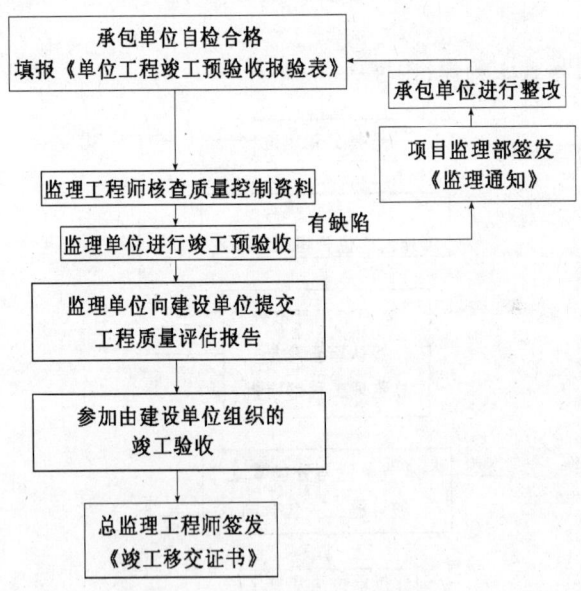

图 3—5　单位工程验收程序图

1. 工程质量的事前控制

（1）核查承包单位的质量管理体系

1）核查承包单位的机构设置、人员配备、职责与分工的落实情况。

2）督促各级专职质量检查人员的配备。

3）查验各级管理人员及专业操作人员的持证情况。

4）检查承包单位质量管理制度是否健全。

（2）审查分包单位和试验室的资质

1）承包单位填写《分包单位资质报审表》，报项目监理部审查。

2）核查分包单位的营业执照、企业资质等级证书、专业许可证、岗位证书等。

3）核查分包单位的业绩。

4）经审查合格，签批《分包单位资质报审表》。

5）查验试验室资质。

（3）查验承包单位的测量放线，要求承包单位填写《施工测量放线报验表》，并附相应测量记录报项目监理部签认。

（4）签认材料的报验

1）要求承包单位应按有关规定对主要材料进行复试，并将复试结果及材料备案资料、出厂质量证明等随《工程物资进场报验表》报项目监理部签认。

2）对新材料、新设备要检查鉴定证明和确认文件。

3）对进场材料按规定进行有见证取样试验。

4）必要时进行平行检验或会同建设单位到材料厂家进行实地考察。

5）审查混凝土、砌筑砂浆配合比申请、混凝土浇灌申请，并应：

①对现场搅拌设备（含计量设备）及现场管理进行检查；

②对预拌混凝土单位资质和生产能力进行考察。

（5）签认构配件、设备报验

1）审查构配件和设备厂家的资质证明及产品合格证明、进口材料和设备商检证明，并要求承包单位按规定进行复试。

2）应参与加工订货厂家的考察、评审，根据合同的约定参与订货合同的拟订和签约工作。

3）应要求承包单位对拟采用的构配件和设备进行检验、测试，合格后，填写《工程物资进场报验表》报项目监理部。

4）监理工程师进行现场检验，签认审查结论。

（6）检查进场的主要施工设备

1）要求承包单位在主要施工设备进场并调试合格后，填写《（　）月工、料、机动态表》报项目监理部。

2）应审查施工现场主要设备的规格、型号是否符合施工组织设计的要求。

3）要求承包单位对需要定期检定的设备（如仪器等）应有检定证明。

（7）审查主要分部（分项）工程施工方案

1）应要求承包单位对某些主要分部（分项）工程或重点部位、关键工序在施工前，将施工工艺、材料使用、劳动力配置、质量保证措施等情况编写专项施工方案，填写《工程技术文件报审表》报项目监理部。

2）当承包单位采用新技术、新工艺时，应审查其提供的鉴定证明和确认文件。

3）应要求承包单位将季节性施工方案（冬施、雨施等），在施工前填写《工程技术文件报审表》报项目监理部。

4）上述方案经监理工程师审核后，由总监理工程师签发审核结论。

5）上述方案未经批准，该分部（分项）工程不得施工。

2．施工过程中的质量控制

（1）应对施工现场有目的的进行巡视检查和旁站。

1）应对巡视过程中发现的问题，及时要求承包单位予以纠正，并记入《监理日志》。

2）应对施工过程的某些关键工序、重点部位进行旁站，并做旁站记录。

3）对所发现的问题可先口头通知承包单位改正，然后应及时签发《监理通知》。

4）承包单位应将整改结果填写《监理通知回复单》，报监理工程师进行复查。

（2）验收隐蔽工程

1）要求承包单位按有关规定对隐蔽工程先进行自检，自检合格，填写《隐蔽工程检查记录》报送项目监理部。

2）应对《隐蔽工程检查记录》的内容到现场进行检测、核查。

3）对隐检不合格的工程，应填写《不合格项处置记录》，要求承包单位整改，合格后再予以复查。

对隐检合格的工程应签认《隐蔽工程检查记录》，并批准进行下一道工序。

（3）分项工程验收

1）要求承包单位在一个分项工程或检验批完成并自检合格后，填写《分项/分部工程施工报验表》报项目监理部。

2）对报验的资料进行审查，并到施工现场进行抽检、核查。

3）签认符合要求的分项（检验批）工程。

4）对不符合要求的分项工程或检验批，填写《不合格项处置记录》，要求承包单位整改。

5）经返工或返修的分项工程或检验批应重新进行验收。

（4）分部工程验收

应要求承包单位在分部工程完成后，填报《分项/分部工程施工报验表》，总监理工程师根据已签认的分项工程质量验收签署验收意见。

3.　工程竣工验收

（1）当工程达到交验条件时，应组织各专业监理工程师对各专业工程的质量情况、使用功能进行全面检查，对发现影响竣工验收的问题签发《监理通知》要求承包单位进行整改。

（2）对需要进行功能试验的项目，应督促承包单位及时进行试验；认真审阅试验报告单，并对重要项目现场监督；必要时应请建设单位及设计单位派代表参加。

（3）项目总监理工程师组织竣工预验收

1）要求承包单位在工程项目自检合格并达到竣工验收条件时，填写《单位工程竣工预验收报验表》，并附相应竣工资料（包括分包单位的竣工资料）报项目监理部，申请竣工预验收。

2）总监理工程师组织项目监理部人员对质量控制资料进行核查，并督促承包单位完善。

3）总监理工程师组织监理工程师和承包单位共同对工程进行检查验收。

4）经验收需要对局部进行修改的，应在修改符合要求后再验收，直至符合合同要求，总监理工程师签署《单位工程竣工预验收报验表》。

5）预验收合格后，监理单位提出质量评估报告，整理监理资料，工程质量评估报告必须经总监理工程师和监理单位技术负责人审核签字。

（4）竣工验收

参加建设单位组织的竣工验收，并提供相关监理资料。对验收中提出的整改问题，项目监理部应要求承包单位进行整改。工程质量符合要求后，由总监理工程师会同参加验收的各方签署竣工验收报告。

（5）竣工验收完成后，由项目总监理工程师和建设单位代表共同签署《竣工移交证书》，并由监理单位、建设单位盖章后，建设单位、监理单位、施工单位、档案馆各存一份。

（四）控制工程质量风险的措施

1. 旁站监督

通过旁站监督及时发现质量事故的苗头和影响质量因素的不利的发展变化、潜在的质量隐患以及出现的质量问题，以便及时进行控制。

2. 测量

通过测量复核控制初期支护净空、隧道净空、结构的收敛变形、地中位移、拱顶下沉的观测，发现偏差，及时纠正，避免发生技术性的错误。

3. 试验

通过试验检测及时发现材料、拌合料配合比、成品的强度等物理力学性能，控制工程质量。

4. 指令文件

运用监理工程师指令控制权的具体形式，对施工单位提出存在问题，提请施工单位注意或提出整改要求，达到控制质量的目的。

5. 规定的质量监控工作程序

按监控程序工作是监理工作的必要的手段和依据，确保工程质量得以控制。

6. 利用支付控制手段

这是国际上较通用的一种手段，因此以支付控制权为保证的手段，来控制工程质量是很重要的一种手段和抗风险措施。

六、工程造价控制

（一）工程造价控制的目标分解　　（略）

（二）工程造价控制程序

1. 工程款支付基本程序（图 3－6）

2. 竣工结算控制的程序（图 3－7）

（三）工程造价控制要点

1. 事前控制

（1）审查标底、招投标文件及施工合同中关于工程造价控制的条款，并熟悉这些条款。

（2）承包单位编制施工总概算，在施工过程中进行动态控制。

（3）承包单位编制年、季、月度资金使用计划，由项目监理部控制其执行。此项资金使用计划应与工程进度计划、材料设备购置计划、索赔及不可预见事件预测所需资金等一致。

（4）从招投标文件、设计图纸、施工合同、材料设备订货合同中找出容易被突破的环节，做出风险分析及减小风险的措施，并据此作为工程造价控制重点。

（5）尽可能减少承包单位的索赔，具体的措施有：

1）按施工合同规定的日期提供施工场地及其他承诺的条件（如拆迁、水电供应、道路交通等）。

2）按施工合同规定的日期提供施工图纸。

3）按施工合同规定的日期、款额支付工程款。

4）按施工合同规定的日期提供合同中规定由建设单位提供的材料、设备。

5）预先处理好扰民问题，避免因此造成干扰引起向承包单位支付赔偿金。

6）尽可能减少工程变更，必须变更时，应于变更实施前与建设单位、承包单位尽早达成工程变更后工程款调整的协议。

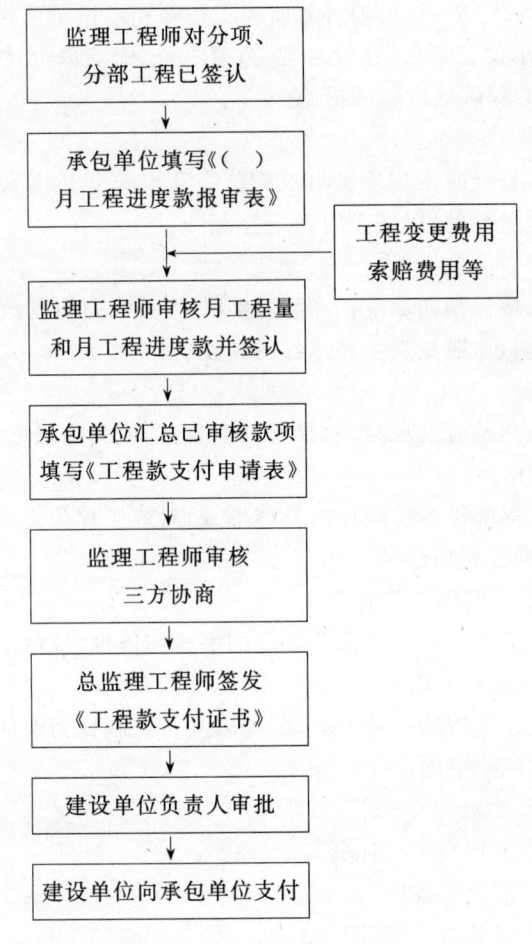

图 3—6　工程款支付程序图

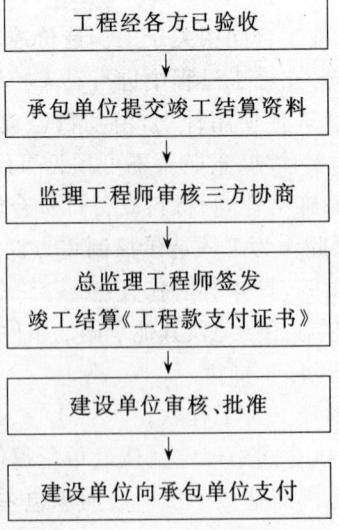

图 3—7　竣工结算控制程序图

2. 事中控制

(1) 控制措施

1) 加强对工程造价动态控制

①按月按时支付工程进度款,工程进度款应与完成的工程量挂钩。

②建立台账以经常进行已支付工程款与投资完成情况的比较、分析与研究,如发现工程款有超支现象,及时采取纠正措施。

③严格控制设计变更、工程洽商,特别是因此而增加了工程造价时更应慎重。

2) 尽量减少发生索赔事件,不发生违约事件。监理工程师应及时收集、整理有关资料,为公正地处理索赔提供证据。

3) 提出降低工程造价的合理化建议,如采用新技术、新工艺、新材料、新设备,在保证工程质量与使用功能的前提下,降低工程造价或缩短工期。

4) 严格对工程款支付申请的签认,监理工程师认真地审核后,由总监理工程师签认。

5) 严格审核设计、施工、材料设备订货等合同中涉及造价控制的条款,加强合同管理,特别应重视施工合同中的有关规定。

(2) 工程量计量

1) 工程量计量工作原则上每月一次,计量周期为上月 26 日至本月 25 日。

2) 承包单位于每月 26 日前,根据工程实际进度及经过监理工程师已签认的《分项/分部工程施工报验表》,将当月完成的工程量报项目监理部请予审核。

3) 监理工程师应对承包单位申报的工程量进行现场核查,核查时应提前通知承包单位派代表共同参加现场计量核查工作,并共同在核查结果上签字。如承包单位不按时派代表参加,即可认为承包单位已同意监理工程师核查结果。总监理工程师对核查结果进行审核后予以签认。

4) 某些特定的分项、分部工程的计量方法,可由项目监理部与建设单位、承包单位共同协商确定。

5) 专业监理工程师应及时建立月完成工程量统计台账,对实际完成量与计划完成量进行比较、分析,制定调整措施。

(3) 工程款支付

1) 工程款的种类

包括:工程预付款、月支付工程款、竣工结算款、保修保留金(保证金)。

2) 工程款的支付

①工程预付款、月支付工程款、合同外项目付款及竣工结算款的支付,承包单位应按施工合同有关条款的规定及双方协商达成的协议,并按工程的实际进度提出申请。申请时应填报《工程款支付申请表》,并附加必要的附件,报送项目监理部审核,经审核批准后由总监理工程师签发《工程款支付证书》,由建设单位支付。

②保修保留金的退还

工程质量保修期满,承包单位完成保修任务,经建设单位、监理单位验收合格并签发《保修完成证书》后,建设单位将保修保留金退还给承包单位。

3) 专业监理工程师应建立工程款支付的统计台账,每月(季、年)对实际完成的工作量与计划完成量进行比较、分析,制定调整措施,并在《监理月报》中向建设单位报告。

3. 事后控制

(1) 审核承包单位提交的工程竣工结算文件,并与建设、承包单位进行协商与协调,取得一致后,由总监理工程师签发《工程款支付证书》,由建设单位支付。

(2)处理好建设单位与承包单位之间的索赔事件,以及其他双方之间尚未解决的经济问题。

(四)控制工程造价风险的措施

1.组织措施

(1)在项目管理机构中落实投资控制人员、任务分工和职能分工。

(2)编制本阶段投资控制工作计划和详细的工作流程。

(3)加强日常工作管理,建立责任制度。

2.经济措施

(1)编制资金使用计划,确定、分析投资控制目标。

(2)进行工程计量,把住工程计量关。

(3)复核《工程款支付申请表》,签发《工程款支付证书》。

(4)在施工过程中进行投资跟踪控制,定期地进行投资实际支出值与计划目标值的比较,发现偏差、分析产生偏差的原因、采取纠偏措施。

(5)对工程施工过程中的投资支出作好分析与预测,经常或定期向业主提交项目控制及存在问题的报告。

3.技术措施

(1)对设计变更进行技术经济比较,严格控制工程变更。

(2)寻找通过设计挖潜节约投资的可能性。

(3)审核承包单位编制的施工组织设计,对主要施工方案进行技术经济分析。

4.合同措施

(1)按合同约定的内容、项目、价款进行控制。

(2)做好工程施工记录,保存各种文件图纸、特别是注有实际施工变更情况的图纸,注意积累素材,为正确处理可能发生的索赔提供依据,参与处理索赔事宜。

(3)参与合同修改、补充工作,着重考虑它对投资控制的影响。

七、工程安全控制

从工程监理的角度出发,安全监理是建设监理工作新的组成部分,是建设管理体制改革中加强安全监理,控制重大伤亡事故的一种新模式。

安全监理关键是做好事前控制,事前控制的关键是做好两项审核:

第一项对施工单位施工组织设计中安全生产措施的审查,并以此为依据,结合工程具体情况编制安全生产监理工作细则,做好事前控制的具体安排。在实施监理过程中,对可能发生安全事故隐患,及时要求施工单位整改;施工单位要根据这一措施计划,进一步编制确保安全生产的作业环境和安全施工措施所需的费用计划,如安全性用具、设备、消防器材等的采购计划。

第二项审核是根据《建设工程安全生产管理条例》(国务院393号令)所提出的对危险性较大分部工程编制专项施工方案中的安全措施审核。

安全监理还应在生产过程中,根据工程具体情况,认真进行安全检查。

八、合同其他事项管理

(一)工程变更的管理要点

1.工程变更无论由何方提出,均须按工程变更的基本程序进行管理。

(1)建设单位提出工程变更,应填写《工程变更单》经项目监理部转签。必要时应委托设计单位编制设计变更文件,并签转项目监理部。

　　(2) 设计单位提出工程变更,应填写《工程变更单》并附设计变更文件,提交建设单位,并签转项目监理部。

　　(3) 承包单位提出的工程变更,应填写《工程变更单》报送项目监理部。项目监理部审查同意后转呈建设单位,需要时由建设单位委托设计单位编制设计变更文件,并签转项目监理部。

　　2. 工程变更记录的内容均应符合合同文件及有关规范、规程和技术标准的规定,并表述准确、图示规范。

　　3. 承包单位只有收到项目监理部签署的《工程变更单》后,方可实施工程变更。

　　4. 有关各方应及时将工程变更的内容反映到施工图纸上。

　　5. 实施工程变更发生增加或减少的费用,由承包单位填写《工程变更费用报审表》报项目监理部。项目监理部进行审核并与承包单位和建设单位协商后,由总监理工程师签认,建设单位批准。

　　6. 工程变更的工程完成后并经项目监理部验收合格后,应按正常的计量和支付程序办理变更工程费用的支付。

　　7. 因工程变更导致合同工期延长时,按工程延期管理的基本程序进行管理。

　　8. 分包单位的工程变更应通过承包单位办理。

　　(二) 费用索赔的管理要点

　　1. 项目监理部的索赔管理的主要任务

　　(1) 加强对导致索赔的原因的预测和防范。

　　(2) 通过有力的合同管理防止或减少干扰事件的发生。

　　(3) 对已发生的干扰事件及时采取措施,以降低它的影响及损失。

　　(4) 随时跟踪索赔事件过程,随时收集与索赔事件有关的资料。参与索赔的处理过程,审核索赔报告,批准合理的索赔或驳回承包单位不合理的索赔要求,使索赔得到圆满的解决。

　　2. 由于合同中约定的下列原因引起的费用增加,承包单位可以提出费用索赔申请:

　　(1) 因下列不可抗力,致使工程、材料或其他财产遭到破坏或损坏所引起的更换和修复所发生的费用:

　　1) 战争、敌对行动、入侵行动等。

　　2) 叛乱、恐怖活动、暴动、政变或内战等。

　　3) 军火、炸药、核放射性污染。

　　4) 自然灾害,如地震、山洪暴发等。

　　(2) 下列有经验的承包单位无法预见的不利自然条件和人为障碍造成施工费用的增加:

　　1) 不利的地质情况或水文情况。

　　2) 遇到不利的地下障碍物(污水管、供水管、通讯、电缆管线等)及其他人为因素等。

　　(3) 非承包单位原因引起的费用增加:

　　1) 延迟提交设计图纸。

　　2) 未按合同约定和经批准的施工进度计划及时提供施工场地而引起承包单位费用的增加。

　　3) 提供的控制桩和放线资料不准确。

　　4) 由于国家法律的更改而引起的费用增加。

　　5) 为特殊运输加固现有道路、桥梁而引起的费用增加。

　　6) 因总监理工程师的命令,全部或部分工程暂停施工所采取妥善保护而导致额外的费用支出。

7）凡合同未明确约定进行检验的材料、设备等，按项目监理部的要求进行检验所支付的费用。

8）项目监理部批准覆盖或掩埋的工程，又要求开挖或穿孔并恢复原状而支付的费用。

9）在施工现场发现文物、古迹、化石，为保护处理而支付的费用。

（4）由于工程变更而引起的费用增加：

1）由于承包单位对项目监理部确定的工程变更价款持有异议。

2）由于某些工程项目的取消，造成承包单位的额外费用。

3．承包单位提出的费用索赔申请只有同时满足下列三项条件，项目监理部才予以受理：

（1）费用索赔事件发生后，承包单位在合同约定的期限内，向项目监理部提交了书面费用索赔意向报告。

（2）承包单位按合同约定，提交了有关费用索赔事件的详细资料和证明材料。

（3）费用索赔事件终止后，承包单位在合同约定的期限内，向项目监理部提交了正式的《费用索赔申请表》。

4．总监理工程师审查后，经与建设单位和承包单位协商，确定批准的赔付金额，并签发《费用索赔审批表》。

5．由于承包单位的原因造成建设单位的额外损失，建设单位向承包单位提出费用索赔时，总监理工程师在审查索赔报告后，应公正地与建设单位和承包单位进行协商，并及时做出答复。

（三）管理的程序

1．工程变更管理的基本程序（图3—8）。

2．工程延期管理的基本程序（图3—9）。

3．费用索赔管理的基本程序（图3—10）。

4．合同争议调解的基本程序（图3—11）。

5．违约处理的基本程序（图3—12）。

6．工程暂停及复工管理的基本程序（图3—13）。

（四）合同争议的协调方法

1．合同争议发生后，争议一方可书面通知项目监理部，请求予以调解。

2．项目监理部收到合同一方或双方书面提出的调解争议的申请后，应在合同约定的期限内进行调查和取证，在与双方协商后做出决定，总监理工程师签发《工作联系单》通知争议双方。

3．在总监理工程师签发《工作联系单》后，如果建设单位或承包单位在合同约定的期限内对项目监理部做出的决定未提出异议，在符合施工合同的前提下，此意见应成为最后的决定，双方应执行。

4．合同一方不同意项目监理部的调解决定时，可按合同中约定的解决争议的最终办法（提请仲裁或诉讼）办理。

5．在仲裁或诉讼过程中，项目监理部有资格、有义务作为证人，公正地向仲裁机关或法院提供与争议有关的证据。

6．在争议调解、仲裁或诉讼期间，除非合同已经终止，项目监理部仍应督促承包单位按照合同继续施工。

九、信息管理

1．及时收集工程费用、进度、质量和合同信息。

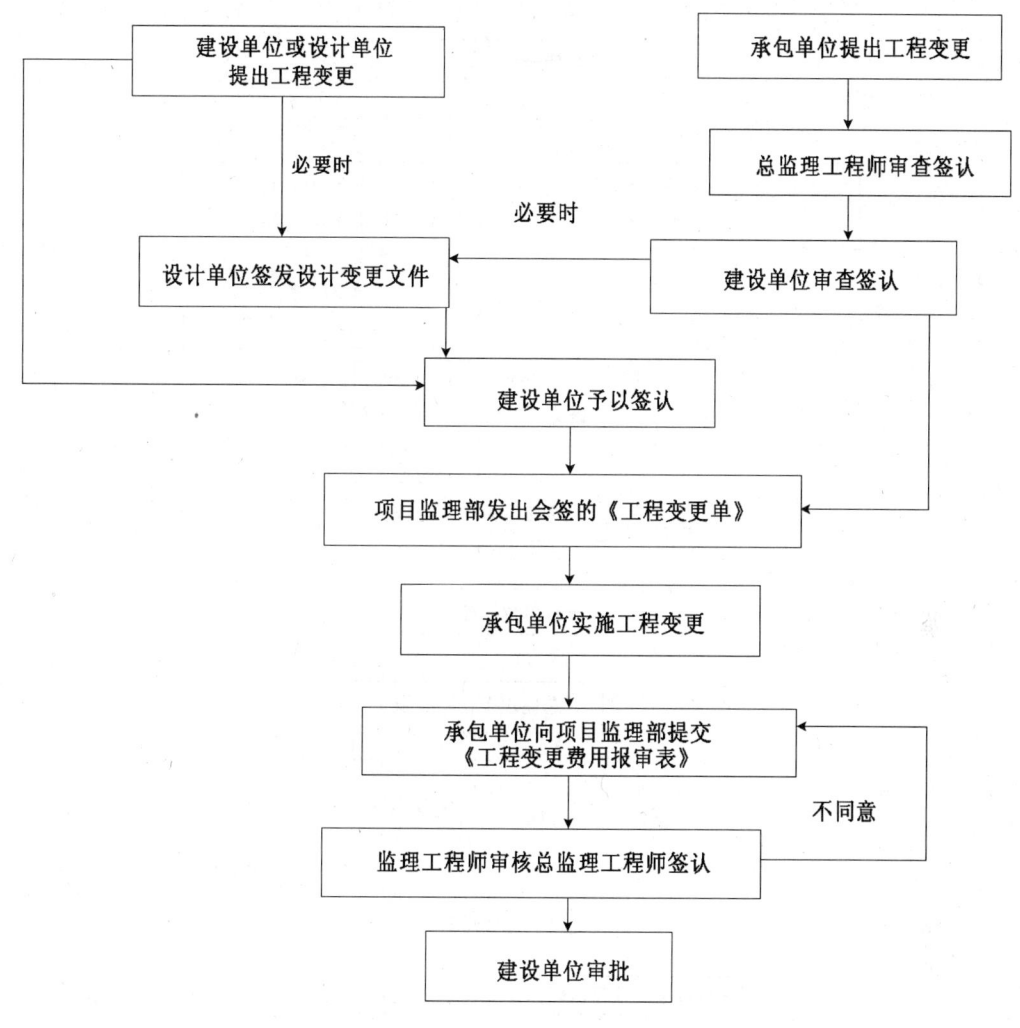

图 3-8　工程变更管理程序图

2. 及时发布监理信息。

十、施工协调

综合平衡、协调参加工程项目建设各方之间的关系是监理单位的重要工作,监理单位应将自己置于协调工作的中心位置而发挥积极作用。整个工程项目的建设过程,都应处于总监理工程师的协调之下。

(一) 项目监理机构内部的协调工作

以总监理工程师为核心,协调项目监理机构各专业、各层次之间的关系。

1. 每日召开项目监理机构内部协调会,全体监理人员参加,交流信息,安排布置工作。

2. 每周一次在监理例会之前召开协调会,统一步调,交流情况,决定监理例会的主要内容及会议召开程序。

3. 在某项专题会议或布置专项工作前召开协调会。

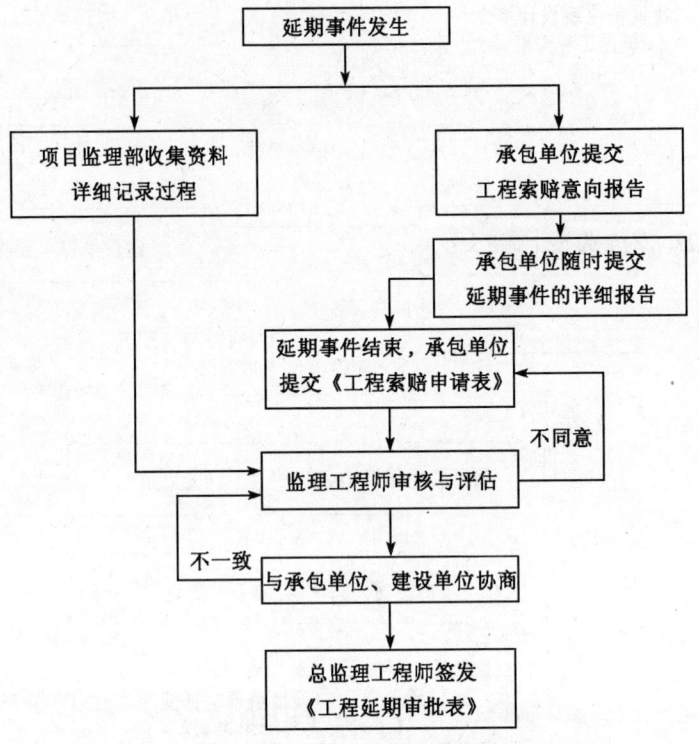

图 3-9 工程延期管理程序图

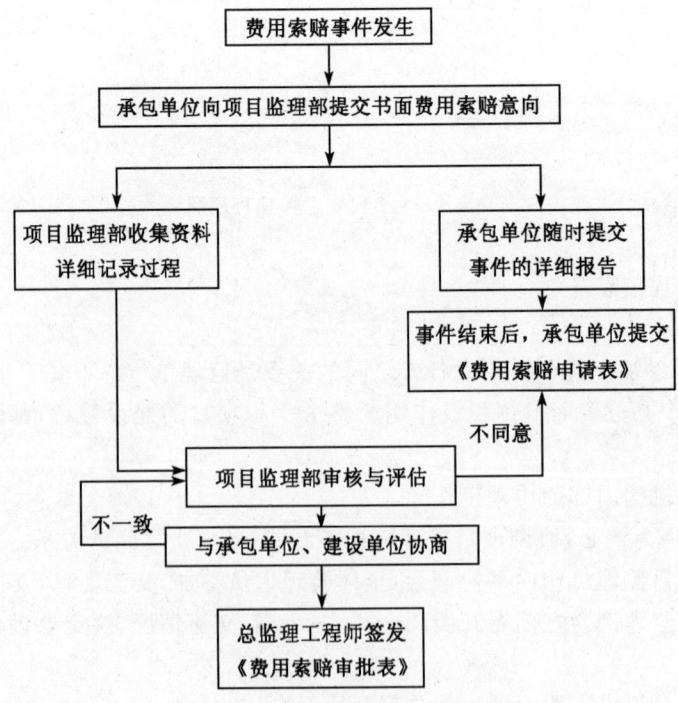

图 3-10 费用索赔管理程序图

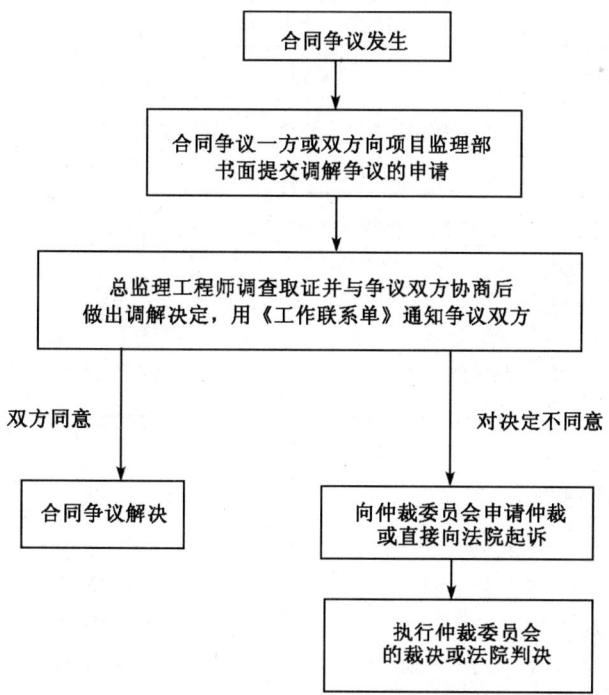

图 3—11　合同争议调解程序图

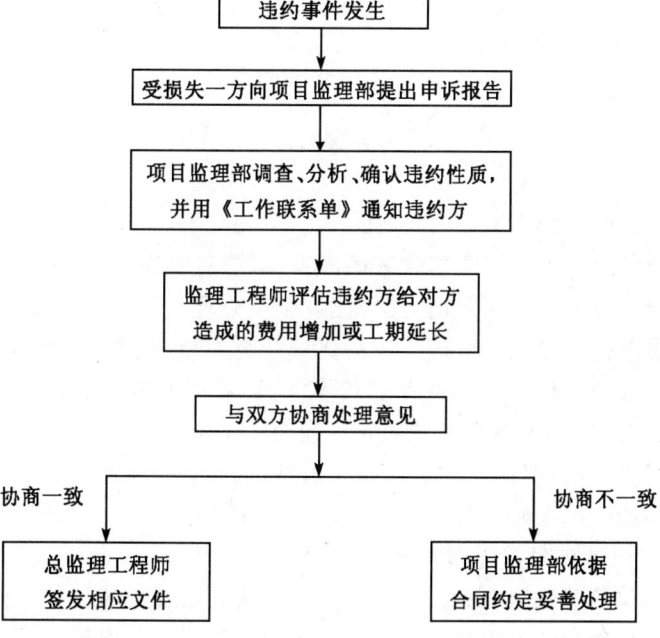

图 3—12　违约处理程序图

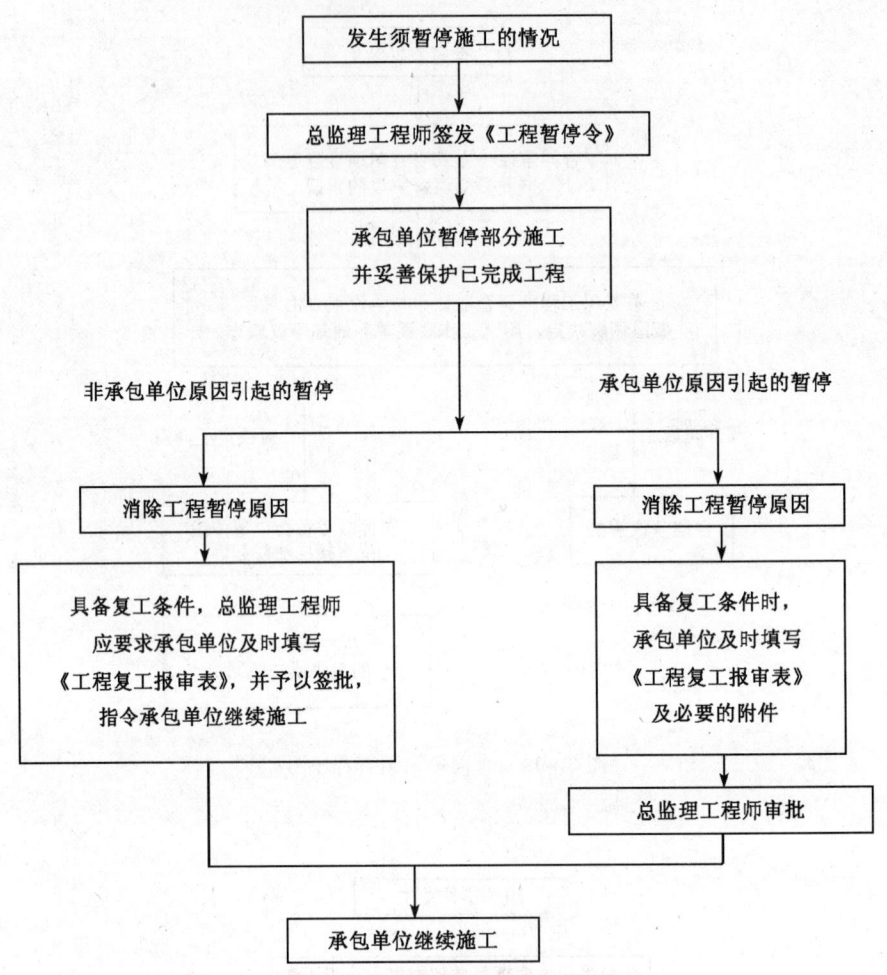

图 3-13　工程暂停及复工管理程序图

（二）与建设单位之间的协调工作

1. 加强与建设单位及其驻施工现场代表的联系，听取对监理工作的意见。

2. 在召开监理例会或专题会议之前，先与建设单位驻施工现场代表进行研究与协调。

3. 必要时与建设单位领导及其驻施工现场代表开碰头会，沟通各方面情况，并做出部署。

4. 邀请建设单位驻施工现场代表及专业技术人员，参加工程质量、安全、消防、文明施工及环保、卫生的现场会或检查会，使建设单位人员获得第一手资料。

5. 每周编写周报，向建设单位及时汇报有关信息。

6. 当建设单位不能听取正确的意见，或坚持不正当的行为时，应采取说服、劝阻的态度；必要时可发出备忘录，以记录在案并明确责任。

7. 处理与承包单位的关系时，保持公正的立场，并应切实保护建设单位的正当权益。

8. 各专业监理工程师与建设单位各专业工程师要加强联系与交流。

（三）与承包单位之间的协调工作

1. 及时了解工程项目各方面的信息，以及当前存在的困难，以支援、协助、解决承包单位的困难为目的，达到实现提前预控的目的。

2. 要站在公正的立场上,维护承包单位的正当权益。

3. 从大局出发,从控制工程项目的总体目标的角度处理与承包单位之间的关系。

4. 比较重大的协调工作必须由总监理工程师出面,必要时可要求建设、承包、监理单位的领导出面进行高一级的协调工作。

5. 为了做好协调工作,监理人员要深入施工现场取得第一手资料,以便预测可能出现的不利局面,采取措施防患于未然。

（四）与设计单位之间的协调工作

1. 协助建设单位、承包单位根据工程进度需要与设计单位协商,制定出施工图出图计划,并催促设计单位保质保量按期出图。

2. 对到场图纸进行盘点检查,避免漏项。

3. 配合建设单位安排施工图会审及设计交底,会审及交底结束后发出文件或修改图。

4. 加强对设计变更的审核管理,并监督承包单位按照设计变更文件施工。

5. 处理质量事故时邀请设计人员参加,并要求提出处理方案或处理措施。

6. 发现施工图中存在问题时,要及时与设计单位联系,并协助设计人员处理好这一问题。

7. 需要时可请勘察、设计人员参加监理例会、专题工地会议及技术研究等有关会议,并倾听他们的意见。

8. 邀请设计单位参加工程验收,并事前做好协调工作。

9. 充分尊重设计人员,了解并力促实现他们的设计意图。

（五）与建设工程质量监督部门之间的协调工作

1. 主动接受质监部门的指导,及时如实地反映情况,充分尊重质监人员的职权与意见。

2. 要利用质监部门对承包单位的威慑作用。

（六）建立合同管理方面的台账,制定计量、支付、变更、索赔、延期等工作程序。

（七）做好工程变更管理工作,发布工程变更指令

1. 增加或减少合同中所包括的任何工作的数量。

2. 削减任何工作项目的内容,但不包括削减的工程由业主或其他承包单位来实施的情况。

3. 改变任何施工工程的性质、质量或类型。

4. 改变工程任何部分的标高、基线、位置和尺寸。

5. 实施工程竣工所必需的任何种类的附加工作。

6. 改变工程任何部分的施工顺序或时间安排。

7. 监理工程师发布变更指令,不应以合同作废或失效为前提。监理工程师发布上述变更指令前应和有关部门协商并报经业主批准。

（八）进行合同执行情况的分析和跟踪管理。

（九）协助处理与项目有关的索赔事宜与合同纠纷。

十一、项目监理部的组织机构

（一）组织形式和人员构成

本工程采用职能式监理组织形式（图 3—14）。

（二）监理人员的职责分工

1. 总监理工程师

（1）对建设工程委托监理合同的实施负全面责任。

（2）负责管理项目监理部的日常工作,并定期向监理单位报告工作。

（3）明确项目监理部人员的分工。

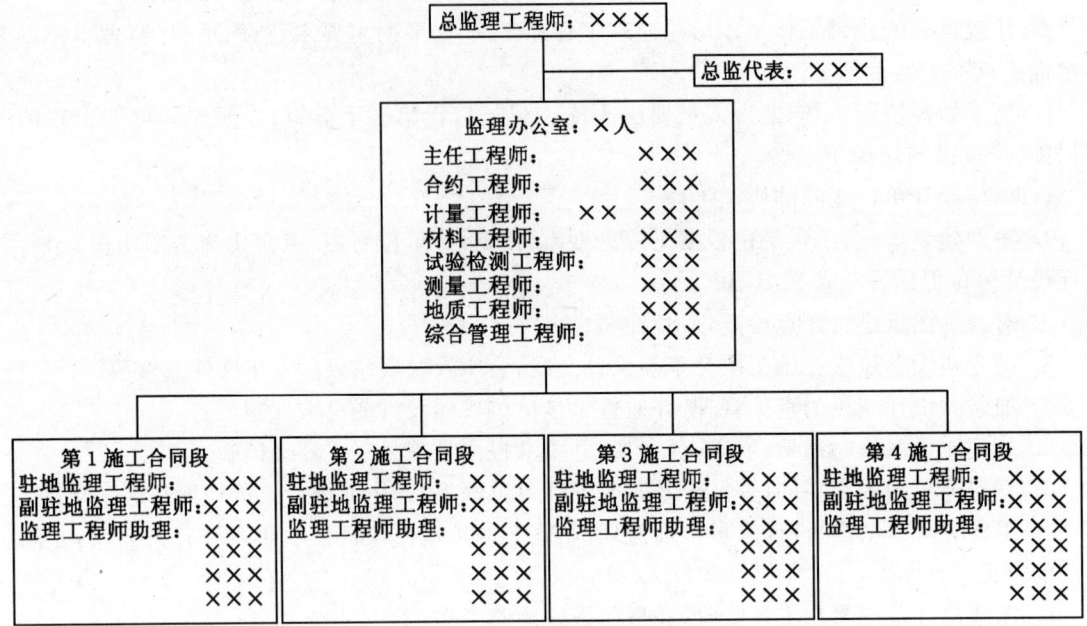

图 3—14　项目监理部组织形式

（4）检查和监督监理人员的工作，根据工程项目的进展情况可进行人员的调配，对不称职的人员进行调换。

（5）主持编写工程项目监理规划和审批监理实施细则。

（6）主持编写并签发监理月报、监理工作阶段报告、专题报告和项目监理工作总结，主持编写工程质量评估报告。

（7）组织整理工程项目的监理资料。

（8）主持监理工作会议，签发项目监理部重要文件和指令。

（9）审定承包单位的动工报告、施工组织设计（施工方案）和进度计划。

（10）审核签认分部工程和单位工程的质量验收记录。

（11）审查承包单位竣工申请，组织监理人员进行竣工预验收，参与工程项目的竣工验收，签署《竣工移交证书》。

（12）主持审查和处理工程变更。

（13）审批承包单位的重要申请和签署工程费用支付证书。

（14）参与工程质量事故的调查。

（15）调解建设单位与承包单位的合同争议，处理索赔，审批工程延期。

（16）指定一名监理工程师负责记录工程项目《监理日志》。

2．总监理工程师代表

（1）按总监理工程师的授权，行使总监理工程师的部分职责和权力。

（2）总监理工程师不得将下列工作委托总监理工程师代表：

1）根据工程项目的进展情况进行监理人员的调配，调换不称职的监理人员；

2）主持编写项目监理规划，审批监理实施细则；

3）签发工程动工/复工报审表、工程暂停令、工程款支付证书、工程项目的竣工验收文件；

4）审核签认竣工结算；

5）调解建设单位与承包单位的合同争议，处理索赔，审批工程延期。

3. 主任工程师

是总监办的技术和质量负责人，负责工程技术、标准和质量要求的贯彻、实施和管理工作。

（1）参加由建设单位组织的设计交底工作，熟悉施工图纸，正确掌握和运用本项目的技术标准、规范和合同条款等资料，有效地进行质量控制，及时处理监理过程中出现的质量问题。

（2）审查承包单位的质量管理体系，检查承包单位的质量控制工作。

（3）审查施工单位的施工组织设计、施工方案和进度计划，并签署意见。

（4）审查工程分包单位的资质，考察材料、构件生产厂家，审批用于永久性工程的材料。

（5）参加监理例会、工地会议、技术方案讨论会、各专业配合会议等，就技术和质量方面提出意见。

（6）审查特殊的施工工艺和技术措施。

（7）调查处理一般性工程质量事故，参与重大质量、安全事故的调查和处理工作。

（8）审核《监理月报》中工程质量的有关内容。

（9）审查工程变更申请，并提出处理意见。

（10）负责总监办内部质量管理工作，针对重要工序和质量通病制订《监理实施细则》，对工程质量进行预控，定期巡查工地，检查现场监理质量控制的落实情况。

（11）协助总监完成竣工验收工作，审查竣工资料，评定工程质量。

（12）完成总监交派的其他工作。

4. 合约工程师

负责合同管理工作，具体处理有关支付、延期、索赔、工程变更等涉及合约的事宜。

（1）熟悉经济合同法及其他国家和地方有关工程建设的法律法规文件。

（2）熟悉本工程施工合同文件及其执行情况。

（3）办理工程变更、索赔和延期事宜，做出变更费用评估报告、费用索赔评估报告、工程延期评估报告等。

（4）负责支付月报的编制，审核监理月报中有关和约和投资控制方面的内容，负责具体数据的提供。

（5）签认《中间计量单》，审查支付月报及原始凭证，审核支付证书。

（6）参加监理例会、工地会议、技术方案讨论会等，就合同管理方面提出意见。

（7）参加工程项目竣工验收及工程质量保修期终止验收工作，在规定时间完成合同管理方面的资料整理工作。

（8）建立合同管理方面的台账，执行支付、变更、索赔、延期等监理程序。

（9）完成工程最终结算工作。

（10）完成总监交派的其他工作。

5. 计量工程师

（1）熟悉施工图纸、工程量清单、预算定额和施工合同中规定的计量规则和有关条款，负责工程量清单的解释和管理工作。

（2）核准工程量清单的项目及数量。

（3）按规定的计量原则和方法进行计量工作,配合测量监理工程师及现场监理工程师做好清单外项目的实测实量工作。

（4）建立计量管理方面的台账。

（5）经常巡视工地,掌握工程进展情况。

（6）完成工程最终结算工作。

（7）完成总监交办的其他工作。

6．测量工程师

（1）审查承包人对控制桩、水准点的引测成果,在《施工测量放线报验表》上签署意见。对联系测量应进行旁站监理。

（2）在施工单位自检的基础上,对已完工分项工程控制点的位置、高程进行复测,以确保符合设计图纸的要求。

（3）按时检定测量仪器,对承包人测量仪器的精度、测量人员的资质进行审查和控制。

（4）配合计量工程师做好有关工程计量工作。

（5）建立测量管理方面的台账,做好有关测量资料的归档工作。

（6）完成总监交派的其他工作。

7．材料工程师

（1）熟悉设计图纸,了解工程所用材料的规格、型号、使用要求等,了解材料和构件生产厂家的信誉情况。

（2）按公司编制的材料管理实施细则进行材料管理,严格把关,保证工程所用材料和构件的可靠性。

（3）负责常用工程材料的审批工作,签署施工单位报送的《工程物资进场报验单》。

（4）对重要材料和构件的生产厂家进行考察,考察其资质、生产能力、工艺水平、质量管理体系、试验室等。

（5）负责现场材料的控制工作,对现场监理人员的材料管理工作进行指导和检查。

（6）建立材料管理台账,负责进场材料的整理及归档工作。

（7）参加大中型混凝土构件和钢制构件的首件验收工作,参加材料生产过程质量控制和产品质量抽查工作。

（8）完成总监交派的其他工作。

8．试验检测工程师

（1）熟悉图纸,掌握本工程中适用的试验项目、技术规范和试验方法,进行施工质量控制。

（2）核查承包人试验室的资质及第三方见证试验室的资质。

（3）审查承包人提供的试验报告,指导其试验检测工作,审查检测和试验数据的有效性和准确性。

（4）按标准、规范和合同规定的试验频率、取样方法和检测要求对工程的原材料、施工成果进行检测和试验。检测和试验不合要求的,不得进行下道工序。

（5）与现场监理工程师配合,及时进行已完工序的现场质量检测工作,检测频率不小于规范及合同规定的要求。

（6）建立检测和试验台账,做好试验检测记录和资料的整理归档工作。

（7）完成总监交派的其他工作。

9．地质工程师

（1）熟悉本段工程地质图纸，掌握工程开挖的工序。

（2）经常巡视开挖工地，了解开挖掌子面的地质和水文情况，与设计文件中的地层进行对照，及时发现地层中与设计不符的情况，与甲方和施工方及时沟通，每开挖前进 10m（或 20m），填写《地铁开挖工作面地质调查记录》。

（3）在施工中代表监理与地矿院联系，完成降水方案的措施，防止突发性的涌水、涌砂或坍塌等不良地质问题的出现。

（4）在施工过程中，积极配合各专业工程师，提出和讨论施工中的有关问题，接受总监办安排的其他工作，并定期向总监汇报工作。

10. 综合管理工程师

在总监领导下，负责监理办公室内部管理工作。

（1）负责总监办信息管理工作，建立监理办与有关方面的信息工作流程，建立各类信息资料台账并对信息工作进行动态控制。

（2）负责监督、检查总监办各项工作计划的执行情况，对监理人员进行工作质量考核。

（3）负责编制监理周报和监理月报。

（4）负责总监办的后勤管理工作，妥善管理由业主提供的交通工具、设备、设施等，待工程竣工后完整归还。

（5）完成总监交办的其他工作。

11. 驻地监理工程师

负责所监理施工标段的现场监理工作，其职责是：

（1）熟悉图纸和技术规范，随时掌握所管辖标段施工的进度、质量情况，发现问题及时向总监报告。

（2）针对本标段工程的特点，编制《监理实施细则》，经总监批准后实施。

（3）初审本标段施工单位的施工组织设计、施工方案，并提出自己的意见。

（4）审核承包人的月进度计划，在工程实施过程中进行动态控制。

（5）审查本标段进场材料、构件、设备的质量证明文件，初审各种混合材料的配比设计，进行现场材料和设备的质量控制工作。

（6）领导驻地监理工程师助理，做好本标段施工过程中的质量控制工作。按时对施工现场进行巡视和检查，按总监办规定对特殊、重要部位工程进行旁站监理。

（7）配合计量工程师及时对已完成的合格工程进行确认和计量。

（8）做好本监理标段分项工程和隐藏工程的验收工作，配合试验和检测工程师做好见证取样和试验检测工作。

（9）对分部工程进行质量验收，签署质量验收单；

（10）参加监理例会和涉及本标段的工作会议，协调本标段中不同施工单位之间的配合。

（11）审查本标段的工程变更、费用索赔、工程延期的申请报告，进行初步评估，并提出证明材料。

（12）负责本标段监理资料收集和整理工作，参与编写《监理月报》。

（13）组织本标段交工验收前的检查，并提出整修意见。

（14）组织本标段监理人员建立健全各种台账和统计图表，认真填写监理日志，组织整理驻地有关竣工资料的编制工作。

（15）按总监办要求每天认真填写监理日记。

（16）完成总监交派的其他工作。

12．驻地监理工程师助理

在驻地监理工程师领导下，进行现场巡视、检验和旁站工作，对关键部位、关键工序的施工质量实行全过程现场跟班的监督活动。

（1）熟悉图纸和技术规范，熟悉施工现场，能对工程质量进行有效的控制。

（2）按监理规范的要求对施工过程质量进行控制，监督承包人对工程实施自检，对每道工序、隐蔽工程、分项工程进行验收，对重点工序和部位进行旁站监理。

（3）按驻地监理工程师的要求建立监理工作所需的台账，对监理过程资料进行分类管理。

（4）对施工单位所报验的材料、设备等进行现场确认。

（5）每日坚持巡视工地，随时掌握工程进度、质量、变更等方面的详细情况，及时反映有关问题：

（6）记好监理日记，做好监理原始资料的保管和整理工作。

（7）做好旁站监理记录，未在旁站监理记录上签字不得进行下道工序施工。

（8）完成驻地监理工程师交派的其他工作。

（三）监理人员守则

1．认真学习和贯彻有关建设监理的政策、法规，以及有关工程建设的法律、法规、政策、标准和规范。

2．认真履行监理合同，根据监理规划及监理实施细则开展工作；对工作严格要求，一丝不苟。

3．严格遵守"守法、诚信、公正、科学"四项准则，自觉抵制不正之风，不准利用职权牟取私利。

4．尊重客观事实，准确反映工程和监理工作情况，及时、妥善处理问题；努力钻研监理业务，坚持科学的工作态度，对工程以科学数据为认定质量的依据。

5．虚心听取被监理单位的意见，及时总结经验教训，不断提高监理工作水平。

6．自觉遵守各项规章制度；树立严格的自我保护意识，熟悉安全技术要求；进入工地遵守安全纪律，佩戴安全帽和有关防护用品。

（四）监理人员进场计划安排

2015 年 11 月 30 日项目监理部的全部人员进驻现场，开始正式的监理工作。

十二、项目监理部资源配置一览表（表 3—2）

表 3—2　　　　　　　　　　项目监理部主要设施及设备清单

| 序号 | 名　称 | 数　量 | 规　格 | 备　注 |
|---|---|---|---|---|
| 1 | 办公及生活用房 | 5 | | 业主提供 |
| 2 | 汽车 | 3 | | 业主提供 2 辆，自备 1 辆 |
| 3 | 电脑 | 5 | | 业主提供 |
| 4 | 复印机 | 1 | | 自备 |
| 5 | 打印机 | 3 | | 自备 |
| 6 | 数码照相机 | 1 | | 自备 |
| 7 | 办公桌、椅子 | 20 | | 业主提供 |
| 8 | 传真机 | 2 | | 自备 |

续表

| 序号 | 名　称 | 数　量 | 规　格 | 备　注 |
|---|---|---|---|---|
| 9 | 电话 | 2 | | 业主提供 |
| 10 | 文件柜 | 5 | | 业主提供 |
| 11 | 床 | 5 | | 单人 |
| 12 | 空调 | 5 | | 总包单位提供 |
| 13 | 计算器 | 12 | | 自备 |
| 14 | 安全帽 | 12 | | 自备 |
| 15 | 全站仪 | 1 | | 总包单位提供 |
| 16 | 水准仪 | 1 | | 自备 |
| 17 | 陀螺经纬仪 | 1 | | 自备 |
| 18 | 其他简略 | | | |

十三、监理工作管理制度

（一）信息和资料管理制度

1. 项目监理部行政文秘负责工程施工有关信息收集、管理、保管。

2. 总监理工程师或总监代表组织定期工地会议或监理工作会议,并整理会议纪要。

3. 专业监理工程师定期或不定期检查施工单位材料、构配件、设备的状况以及工程质量的验收签认,并将有关信息收集后,向总监理工程师或总监代表汇报。

4. 专业监理工程师督促检查施工单位及时整理施工资料,随时向总监理工程师或总监代表报告工作,并准确及时地提供有关资料。

（二）监理会议制度

1. 监理例会制度

（1）在施工合同实施过程中,项目监理部总监理工程师应定期组织与主持由合同有关各方代表参加的监理例会。监理例会是履约各方沟通情况、交流信息、协调处理、研究解决合同履行中存在的各方面问题的主要协调方式。

（2）监理例会应定期组织召开,每周一次。

（3）监理例会参加单位及人员:

1）总监理工程师、总监理工程师代表及有关专业工程监理工程师。

2）承包单位项目经理、技术负责人及有关专业人员。

3）建设单位驻工地代表。

4）根据会议议题需要邀请的设计单位、分包单位或其他有关单位人员。

（4）监理例会的主要议题

1）检查上次例会议决事项的落实情况,分析未完事项的原因;

2）检查工程施工进度计划的完成情况,分析施工进度滞后或超前的原因;

3）确定下一阶段进度目标,研究、落实承包单位实现进度目标的措施;

4）材料、构配件和设备供应情况及存在的质量问题和改进要求;

5）工程的质量和技术方面的有关问题,明确主要改进措施;

6）分包单位的管理及协调问题；

7）工程变更的主要问题；

8）工程量核定及工程款支付中的有关问题；

9）违约、争议、工程延期、费用索赔的意向及处理情况；

10）其他有关事项。

（5）项目监理部应及时收集、汇总有关情况，为开好例会做好下列准备工作：

1）了解上次会议的决定落实情况和存在的问题；

2）准备会议资料，确定有关事项的处理原则和方案；

3）与有关各方通报情况、交换意见，督促其做好准备。

（6）会议纪要的整理

1）监理例会由指定的监理人员记录。

2）会议纪要由项目监理部根据会议记录整理，主要内容包括：

①会议地点及时间；会议主持人；

②与会人员姓名、单位、职务；

③会议的主要内容、议决事项及其负责落实单位、负责人和时限要求；

④其他事项。

3）会议纪要的审签、打印和发送

①会议纪要的内容应准确如实、简明扼要。

②会议纪要应经总监理工程师审阅、由与会各方代表会签。

③会议纪要印发至合同有关各方，并应有签收手续。

4）会议纪要中的议决事项，有关各方应在约定的时限内落实。

2. 专题工地会议

（1）为解决合同实施中的专项问题，总监理工程师根据需要召开专题工地会议。

（2）专题工地会议由总监理工程师或其授权的专业工程监理工程师主持，合同各方与会议专题有关的负责人及专业人员应参加会议。

（3）项目监理部应做好会议记录，并整理会议纪要。

（4）会议纪要应由与会各方代表会签，发至合同有关各方，并应有签收手续。

3. 监理工作会议

（1）时间：每半月一次。

（2）内容：研究监理工作中的问题，传达上级主管部门下达的文件及要求等。

（3）参加人员：由总监理工程师主持，监理工程师、监理员、行政人员。

（三）监理工作报告制度

1. 每月5日前向建设单位及监理公司提供上月《监理月报》一份，报告上月监理工作各方面情况。

2. 在施工过程中，出现严重的质量、安全、进度等方面的问题及时向建设单位报告。

3. 定期或不定期向监理公司汇报监理工作情况。

4. 工地出现各类重大问题，不超时限地向总监、建设单位、质量监督站及有关政府主管部门报告。

5. 对于监理的单位工程达到竣工条件时，在当地工程质量监督部门核验或验收前，均须总监理工程师组织初验，并写出相应的工程质量评估报告，供质量监督部门核验或验收时参考。

实例 3－2

# 地铁工程施工降水监理实施细则

封面　（略）

## 目　录

按照××市地铁×号线监理标段(××站～××站)《监理规划》的要求,依据《建设工程监理规范》(GB 50319),并结合本监理标段工程项目的专业特点,编制本工程监理实施细则。本监理实施细则适用于本监理标段项目监理部所管辖工程的监理工作。

一、监理依据

1．××市地质工程勘察院提供的各施工段"施工降水设计方案"。

2．《建筑与市政降水工程技术规范》(JGJ/T 111－1998)。

3．《地下铁道工程施工及验收规范》(GB 50299－1999)(2003年版)。

4．《设计交底记录》(编号：××)。

二、工程施工降水特点

×××站～×××站降水工程由××市地质工程勘察院进行设计,由××公司施工。施工降水是确保地铁结构工程能顺利施工的辅助工程,属于临时工程范畴,竣工后(即降水工程结束)应予以拆除或适当处理措施。

三、监理工作的流程

1．垂直管井

现场踏勘井位布置→人工探井→钻机钻孔→下井管→测量井深→填滤料

→埋设排水联络管线及电缆→下泵抽水→检查抽水含砂量

2．水平辐射井及母井

现场踏勘井位布置→沉井法下井管→下入工作平台水平钻机→钻机钻水平管→下入钢管滤水管

→埋设排水联络管线及电缆→下泵抽水→检查抽水含砂量

四、监理工作的控制要点

1．工程进度控制要点

对进度计划的控制,按合同工期审查批准进度计划。

2．工程质量控制要点

(1)对进场的工程材料、设备按要求进行报验审批,检查其质量证明文件是否齐全、合格;需要进行外观检查的材料进行外观检查。

(2)观测井内的水位标高变化、检查排水量、排水含砂量等数据是否在规范要求范围之内。抽水含砂量控制:粗砂含量<1/50000,中砂含量<1/20000,细砂含量<1/10000。掌握地下水动态变化,及时采取必要的处理措施。

(3)检查施工方布设沉降监测点。降水开始后每7d监测一次,每监测3次提交1次成果报告。如日沉降量≤0.04mm时,可以改为15d一次,若日沉降量>0.04mm,则需要继续加密监测。

(4)控制目标

通过施工降水以满足洞内达到无水施工。如果有潜水、残留水,应督促承包方查清原因,采取措施,如注浆、截水沟与集水坑明排,或增设洞内轻型井点真空降水措施等。当发现有基底冒水现象时,应及时回填并通知降水设计单位,切勿擅自处理。

3．工程造价控制要点

(1)按施工承包合同的内容、投标报价确定的合同总价进行控制。

(2)工程变更发生的费用的控制。

(3)控制主要材料的市场价格的确定。

（4）控制工程进度款的审批。

**五、监理工作的方法及措施**

**1．工程进度控制的方法及措施**

（1）监理工程师应根据本工程的条件（工程的规模、质量标准、复杂程度、施工的现场条件等）及施工队伍的条件，全面分析承包单位编制的施工进度计划的合理性、可行性。

（2）项目监理部应对进度目标进行风险分析，制定防范性对策，确定进度控制方案。

（3）项目监理部应依据进度计划，对承包单位实际进度进行跟踪监督检查，实施动态控制。

（4）发现工程进度偏离计划时，应指定承包单位采取相应的调整措施，保证合同约定目标的实现。

**2．工程质量控制的方法及措施**

（1）质量控制以事前控制（预防）为主。

（2）应按《监理规划》的要求对施工过程进行检查，及时纠正违规操作，消除质量隐患，跟踪质量问题，验证纠正效果。

（3）应采取必要的检查、测量和试验手段，以验证施工质量。

（4）应对工程的某些关键工序和重点部位施工过程进行旁站。

（5）控制措施

1）现场踏勘布置井位时，需考虑地下管线的位置，错开地下障碍物，与人工探井互相配合，挖探井检查，见到原状土确认无地下管线即可，否则可适当调整井位。降水井轴线距结构外皮距离应在 2.3m～5m 范围内，但间距最大不得超过 12m（限于局部井间距），且降水井总量不得减少。

2）钻孔后检查施工记录，计算下井井管的节数（每节 1m），用吊线锤方法测井深，检查是否达到设计井深。

3）对无砂混凝土管或钢管、母井井管（预制钢筋混凝土管）、填滤料、管线、电缆、水泵等进行现场合格验收。

4）检查砾料的含泥量小于 30%，粒径一般为 2mm～4mm，投入砾料量不小于计算量的 95%。

**3．工程造价控制的方法及措施**

（1）应要求承包单位依据施工图纸、概预算、合同的工程量建立《工程量台账》。

（2）应审核承包单位的资金使用计划，并与建设单位、承包单位协商确定相应工程款支付计划。

（3）总监理工程师应从造价、项目的功能要求、质量和工期等方面审查工程变更的方案，并宜在工程变更前与建设单位、承包单位协商确定工程变更价款或计算价款的原则、方法。

（4）应对工程合同价中政策允许调整的材料、构配件、设备等价格，包括暂估价格、不完全价等进行主动控制。

（5）应根据施工合同有关条款、施工图纸，对工程进行风险分析，找出工程造价最容易突破的部位和易发生费用索赔的因素和部位，并制定防范性对策。

（6）应经常检查工程计量和工程款支付的情况，对实际发生值与计划控制值进行分析、比较，提出造价控制的建议，并应在《监理月报》中向建设单位报告。

（7）应严格执行工程计量和工程款支付的程序和时限要求。

（8）通过《工作联系单》与建设单位、承包单位沟通信息，提出工程造价控制的建议。

## 3.2.2　监理月报

项目监理部每月以《监理月报》的形式向建设单位报告本月的监理工作情况。使建设单位了解工程的基本情况,同时掌握工程进度、质量、投资及施工合同的各项目标完成的监理控制情况。

监理月报的内容包括:工程概况、施工单位项目组织系统、工程进度、工程质量、安全生产管理、文明施工工程计量与工程款支付、材料、构配件与设备情况、合同其他事项的处理情况、天气对施工影响的情况、项目监理部组成与工作统计、本月监理工作小结和下月监理工作重点。

监理月报应由项目总监理工程师组织编制,签署后报送建设单位和监理单位。监理月报的编制周期为上月 26 日到本月 25 日,监理月报报送时间由监理单位和建设单位协商确定,一般应在下月的 5 日前发出。监理月报的封面由项目总监理工程师签字,并加盖项目监理机构公章。监理月报应做到数据准确、重点突出、语言简练,附必要的图表和照片,并应采用 A4 规格纸装订。

监理月报实例(见实例 3－3)。

实例 3—3

# 监 理 月 报

封面　（略）

# 目　录

一、工程概况

1. 工程基本情况

| 工程名称 | ××市地铁×号线土建工程03<sup>#</sup>合同段 | | | | |
|---|---|---|---|---|---|
| 工程地点 | ××市××区 | | | | |
| 工程性质 | 公用工程 | | | | |
| 建设单位 | ××轨道交通建设管理有限公司 | | | | |
| 勘察单位 | ××勘察设计研究院 | | | | |
| 设计单位 | ××设计研究院 | | | | |
| 承包单位 | ××建设集团有限公司 | | | | |
| 监理单位 | ××建设监理公司 | | | | |
| 质监单位 | ××质量监督站 | | | | |
| 开工日期 | 2014年12月28日 | 竣工日期 | 2015年8月31日 | 工期天数 | 975 |
| 质量等级 | 合格 | 合同价款 | 26507万元 | 承包方式 | 中标价 |

工 程 项 目 一 览 表

| 单位工程名称 | 建筑面积 | 结构类型 | 地下层数 | 地上层数 | 总高<br>(m) | 设备<br>安装 | 工程造价<br>(万元) |
|---|---|---|---|---|---|---|---|
| A车站 | 14342m² | 两柱三拱岛式 | 2 | | | | 26507 |
| A站～B站区间 | 1690.85m | 双洞单线 | | | | | |

　　××市地铁×号线A站～B站区间及A车站处于××市三环路以内,沿××路向北穿南二环路、京沪铁路、南护城河以及南护城河桥后,进入××市旧城区。地铁×号线土建工程03<sup>#</sup>标段为一站一区间,区间全长1690.85m,车站全长191.0m,包括停车线、双渡线、设置联络通道及风井等。

　　在A车站设2个施工竖井,分别设置在车站西北角和东南角,2个竖井施工完毕后作为车站风井使用;东南施工竖井场地设置在东南风井及东南出入口处;西北施工竖井场地设置在西侧的××公园内旅游服务部院内空地上;为保证合同工期,根据专家意见在区间又增设1个临时竖井。

　　A站～B站区间3个施工竖井分别设置在K3+695(1<sup>#</sup>竖井)、K4+078(2<sup>#</sup>竖井)、K4+357(3<sup>#</sup>竖井),均为明挖竖井。

　　2. 施工基本情况

　　(1)本期在施形象部位及施工项目

　　本标段设5个竖井施工,2<sup>#</sup>竖井已完成各项工程任务后于4月份封闭。设计单位已经出了2<sup>#</sup>竖井回填施工图,并于本月12日开始进行回填。1<sup>#</sup>竖井工程,本月右线正洞与东风道交叉段拱墙衬砌完毕,风机房与风道交叉段拱墙衬砌完毕,至此,1<sup>#</sup>井标段起点至3<sup>#</sup>井通道,正洞左线除K4+305～K4+315处人防门段一部分未衬砌外,其余全部衬砌完毕;右线全部衬砌完毕。至本月底1<sup>#</sup>井剩余东风道抬高段一段,风机房一段标准段拱墙和人防门段,竖井洞身衬砌。3<sup>#</sup>井进行10—10断面中洞仰拱和拱墙衬砌;右线标准断面拱墙衬砌;6—6断面与1—1、7—7断面接茬段拱墙衬砌;6—6断面与右线标准断面和7—7断面接茬段拱墙衬砌;10—10断面与右线标准断面接茬段拱墙衬砌,10—10 断面与 6—6 断面接茬段拱墙衬砌。到本月 20 日,右线标准断面全部衬砌完毕。到本月底,3# 井剩余竖井通道段左线 11.5m 仰拱和拱墙,右线 12.75m 拱墙,通道本身的衬砌;10—10 断面中洞 4m 长的一模顶拱;左线最北头紧靠车站的隔离柜段 7.8m 和右线最北头紧靠车站的 12.8m 的 2—2 断面拱墙;K4＋305～K4＋315 处左线人防门段部分拱墙衬砌。车站进行左右线侧洞下边墙和中层板、上拱墙衬砌施工,南北两端端头墙下半部分衬砌施工。西北风道底板衬砌施工,到本月 20 日,西北风道底板全部衬砌完毕。东南风道开始进行底板衬砌施工。车站正洞衬砌总体形象进度是:中洞中层板个别洞眼和楼梯,两端端头墙上半部分(中层板以上部分)外,其余衬砌完毕。侧洞底板全部衬砌完毕,侧洞下边墙和中层板共完成 173m,完成 90.5％,上拱墙完成 52.5m,完成 27.5％。西北出入口通道开挖支护本月完成 38.3m,东北出入口本月开挖支护 25.1m,东南出入口本月 10 日在××中学内的明挖段开始施工,到本月底,挖深支护 4.5m。

(2) 区间和车站降水。区间从标段起点 K3＋100 到 3# 竖井的降水井停止了降水,水位没有较大的上升,井里的水泵没有拆除,留到雨季过后视水位情况再定。其余区间和竖井及车站降水井正常进行降水,地下水位控制在暗挖作业面以下。回填渗水井和辐射井同 6 月份数量。

(3) 定期进行了车站收敛量测和区间、车站沉降量测,定期进行了路面和有关建筑物的沉降变形量测。

二、承包单位项目组织系统(图 3—15)

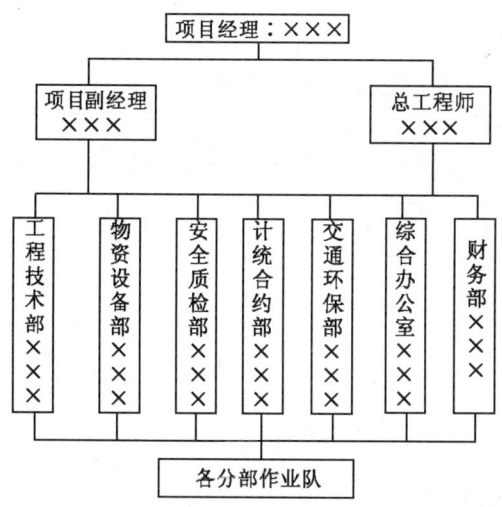

图 3—15　承包单位项目组织系统

三、工程进度

1. 本期完成工程量

(1) 1# 竖井:完成右线与东风道交叉段右线拱墙 13.8m,东风道拱墙 8.8m,风机房与风道交叉段东风道拱墙 2.8m,西风道拱墙 3.4m,风机房拱墙 6.5m,风机房仰拱 3m。完成 K4＋305～K4＋315 人防段拱墙 4.2m。

(2) 3# 竖井:完成折返段 10—10 断面中洞仰拱衬砌 14.3m,顶拱衬砌 12.0m。完成左线仰拱 3.0m,左线拱墙衬砌 14.7m。右线仰拱衬砌 37.6m,右线拱墙衬砌 158.6m。7—7 断面仰拱衬砌 9.6m。

(3) A 车站:完成侧洞左线下边墙和中层板 34m,右线下边墙和中层板 24m,左线侧洞上拱墙衬砌 45m,右线侧洞上拱墙 30m,北头端头墙下半部分(中层板及以下部分)。西北风道底板 9.94m,西北出入口通道开挖支护 38.3m,东北出入口开挖支护 25.1m,东南出入口明挖段明挖支护深 4.5m。

2. 本月实际完成情况与计划进度比较(见表 3-3~表 3-6)。

3. 本月工、料、机动态(参见第 3.2.2.3 条中表 B2-8)

4. 对进度完成情况的分析

本月施工基本正常。

(1) 区间 1# 井本月施工的是右线与东风道交叉段和风机房与风道交叉段,跨度大,断面变相贯线多,工程施工难度大,模板支立费时费工费材料。虽然进度慢,但属于正常情况的施工进度。

(2) 区间 3# 井麦收后,劳力增加较多,右线标准断面段进度较快,到本月 20 日右线标准断面段全部衬砌完。左线折返段施工地段为 2 个或 3 个断面的接茬段,钢筋构造复杂,绑扎安装难度大,特别是立模分块拼接、支撑,工程进度比上月稍有加快。

(3) 车站上拱墙衬砌,凿除混凝土和拆除格栅工作量大,加上原顶纵梁预留的防水板连接费时费工,所以上拱墙的衬砌进度比较慢。下边墙和中层板已衬砌到车站的两头,因不能用大台车模板衬砌,进度也较慢。

(4) 在保证衬砌质量的前提下,应加快进度。

5. 本月采取的措施及效果

(1) 对出现进度偏差及时督促承包单位进行调整投入,采取措施、延长工作时间等。

(2) 在注意控制安全、质量的条件下,给施工单位提供加快进度的工作条件。

(3) 加强各井口监理力度,控制好各施工工序,使其现场工程质量处于受控状态。

6. 本月在施部位工程照片　(略)

四、工程质量

1. 分项工程验收情况(见表 3-7)

2. 分部工程验收情况

本月未发生。

3. 主要施工试验情况(见表 3-8)

4. 工程质量问题

本月工程质量在监理受控范围内,无工程质量事故。

5. 工程质量和安全生产情况分析以及采取的措施和效果

本月施工的主要项目是:区间大部分是交叉段或两个断面以上的接茬段,断面变化复杂,钢筋密度大,模板及支架支立工作量大且不易支牢容易跑模,车站施工的下边墙及中层板特别是端头墙,钢筋密,结构复杂,模板及支架支立工作量大,施工和监理控制重点是衬砌质量。

采取的措施:

(1) 加强各工序质量控制。对初衬基面处理、防水板的铺设认真检查。钢筋绑扎分层检查,绑好一层,检查一层,避免返工。对模板支立,要求支架立好后,先检查支架,合格后才开始安装模板,模板立好后再检查支架和模板并加固支架,使混凝土在浇筑过程中不发生跑模现象。对浇筑混凝土进行全过程旁站。本月浇筑的混凝土无跑模现象,无错台,表面密实、平顺光滑。

表 3—3

**工程实际完成情况与总进度计划比较**

| 序号 | 分部工程名称 | 2004 年 | | | | | | | | | | | | 2005 年 | | | | | | | | | | | |
|---|---|---|---|---|---|---|---|---|---|---|---|---|---|---|---|---|---|---|---|---|---|---|---|---|---|
| 年　月 | | 1 | 2 | 3 | 4 | 5 | 6 | 7 | 8 | 9 | 10 | 11 | 12 | 1 | 2 | 3 | 4 | 5 | 6 | 7 | 8 | 9 | 10 | 11 | 12 |
| 1 | 区间开挖 实际完成 100% | | | | | | | | | | | | | | | | | | | | | | | | |
| 2 | 区间衬砌 实际完成 98% | | | | | | | | | | | | | | | | | | | | | | | | |
| 3 | 车站开挖 实际完成 100% | | | | | | | | | | | | | | | | | | | | | | | | |
| 4 | 车站衬砌 实际完成 83.6% | | | | | | | | | | | | | | | | | | | | | | | | |
| | | | | | | | | | | | | | | | | | | | | | | | | | |
| | | | | | | | | | | | | | | | | | | | | | | | | | |

────────── 计划进度；　　──── 实际进度。

表3—4　　本月实际完成情况与进度计划比较（区间1#竖井）

| 序号 | 任务名称 | 6月 | | | | | 7月 | | | | | | | | | | | | | | | | | | | | | | | | |
|---|---|---|---|---|---|---|---|---|---|---|---|---|---|---|---|---|---|---|---|---|---|---|---|---|---|---|---|---|---|---|---|
| 日期 | | 26 | 27 | 28 | 29 | 30 | 1 | 2 | 3 | 4 | 5 | 6 | 7 | 8 | 9 | 10 | 11 | 12 | 13 | 14 | 15 | 16 | 17 | 18 | 19 | 20 | 21 | 22 | 23 | 24 | 25 |
| 1 | 东侧风道拱墙8.8m 实际完成8.8m | | | | | | | | | | | | | | | | | | | | | | | | | | | | | | |
| 2 | 风机房与风道交叉段拱墙9.5m，实际完成9.5m | | | | | | | | | | | | | | | | | | | | | | | | | | | | | | |
| 3 | 右线与东风道交叉段拱墙8.7m，实际完成8.7m | | | | | | | | | | | | | | | | | | | | | | | | | | | | | | |

——— 计划进度；　　——— 实际进度。

表 3—5　本月实际完成情况与进度计划比较（3#竖井）

| 序号 | 任务名称 | 6月 |  |  |  |  | 7月 |  |  |  |  |  |  |  |  |  |  |  |  |  |  |  |  |  |  |  |  |  |  |  |  |
|---|---|---|---|---|---|---|---|---|---|---|---|---|---|---|---|---|---|---|---|---|---|---|---|---|---|---|---|---|---|---|---|
| 日期 |  | 26 | 27 | 28 | 29 | 30 | 1 | 2 | 3 | 4 | 5 | 6 | 7 | 8 | 9 | 10 | 11 | 12 | 13 | 14 | 15 | 16 | 17 | 18 | 19 | 20 | 21 | 22 | 23 | 24 | 25 |
| 1 | 左线仰拱衬砌3.0m，实际完成3.0m | | | | | | | | | | | | | | | | | | | | | | | | | | | | | | |
| 2 | 左线拱墙衬砌14.7m，实际完成14.7m | | | | | | | | | | | | | | | | | | | | | | | | | | | | | | |
| 3 | 右线拱墙衬砌158m，实际完成158m | | | | | | | | | | | | | | | | | | | | | | | | | | | | | | |
| 4 | 10-10断面中洞顶拱衬砌12.0m，实际完成12.0m | | | | | | | | | | | | | | | | | | | | | | | | | | | | | | |
| 5 | 7-7断面拱墙9.6m，实际完成9.6m | | | | | | | | | | | | | | | | | | | | | | | | | | | | | | |

——计划进度；　——实际进度。

表 3—6

## 本月实际完成情况与进度计划比较(车站及出入口)

| 序号 | 任务名称 | 6月 26 | 27 | 28 | 29 | 30 | 7月 1 | 2 | 3 | 4 | 5 | 6 | 7 | 8 | 9 | 10 | 11 | 12 | 13 | 14 | 15 | 16 | 17 | 18 | 19 | 20 | 21 | 22 | 23 | 24 | 25 |
|---|---|---|---|---|---|---|---|---|---|---|---|---|---|---|---|---|---|---|---|---|---|---|---|---|---|---|---|---|---|---|---|---|
| 1 | 侧洞边墙及中层板 32m,实际完成 29m | | | | | | | | | | | | | | | | | | | | | | | | | | | | | | | |
| 2 | 侧洞拱墙 45m,实际完成 37.5m | | | | | | | | | | | | | | | | | | | | | | | | | | | | | | | |
| 3 | 西风道底板 12m,实际完成 9.94m | | | | | | | | | | | | | | | | | | | | | | | | | | | | | | | |
| 4 | 西北出入口开挖完成 60m,实际完成 38.3m | | | | | | | | | | | | | | | | | | | | | | | | | | | | | | | |
| 5 | 东北出入口开挖完成 15m,实际完成 25.1m | | | | | | | | | | | | | | | | | | | | | | | | | | | | | | | |

━━━ 计划进度; ──── 实际进度。

表 3-7　　　　　　　　　　　　　　　　　分项工程验收情况表

| 序号 | 部　位 | 分项工程名称 | 报验单号 | 验收情况 | |
|---|---|---|---|---|---|
| | | | | 承包单位自评 | 监理单位验收 |
| 1 | 1#竖井二次衬砌 | 基面处理 | ×× | 合格 | 合格 |
| 2 | | 防水板铺设 | ×× | 合格 | 合格 |
| 3 | | 钢筋绑扎 | ×× | 合格 | 合格 |
| 4 | | 模板架立 | ×× | 合格 | 合格 |
| 5 | | 混凝土浇筑 | ×× | 合格 | 合格 |
| 6 | 3#竖井二次衬砌 | 基面处理 | ×× | 合格 | 合格 |
| 7 | | 防水板铺设 | ×× | 合格 | 合格 |
| 8 | | 钢筋绑扎 | ×× | 合格 | 合格 |
| 9 | | 模板架立 | ×× | 合格 | 合格 |
| 10 | | 混凝土浇筑 | ×× | 合格 | 合格 |
| 11 | 车站二次衬砌 | 基面处理 | ×× | 合格 | 合格 |
| 12 | | 防水板铺设 | ×× | 合格 | 合格 |
| 13 | | 钢筋绑扎 | ×× | 合格 | 合格 |
| 14 | | 模板架立 | ×× | 合格 | 合格 |
| 15 | | 混凝土浇筑 | ×× | 合格 | 合格 |
| 16 | 东北出入口 | 初支 | ××. | 合格 | 合格 |
| 17 | 西北出入口 | 初支 | ×× | 合格 | 合格 |

表 3-8　　　　　　　　　　　　　　　　　主要施工试验情况统计表

| 序号 | 试验编号 | 试验内容 | 施工部位 | 试验结论 | 监理结论 |
|---|---|---|---|---|---|
| 1 | 2015-0566… | 混凝土抗压强度 | 区间 | 合格 | 合格 |
| 2 | 2015-0187… | | 车站 | 合格 | 合格 |
| 3 | 2015-0128… | 混凝土抗渗等级 | 区间 | 合格 | 合格 |
| 4 | 2015-0182… | | 车站 | 合格 | 合格 |
| 5 | 2015-0261… | 钢筋原材　拉伸、冷弯 | 区间 | 合格 | 合格 |
| 6 | 2015-1736… | | 车站 | 合格 | 合格 |
| 7 | 2015-0389… | 钢筋焊接　拉伸 | 区间 | 合格 | 合格 |
| 8 | 2015-0410… | | 车站 | 合格 | 合格 |

（2）对原材料进行抽检和见证试验。

（3）督促承包人做好监控测量。

（4）发现质量、安全问题及时要求承包单位进行整改,使质量、安全工作始终处于受控状态下。本月未发生工程质量和安全生产事故。

五、工程计量与工程款支付

1. 工程量审批情况

(1) 审核本月工程完成情况,进行本月计量。

(2) 审核本月计量报审表,批复后报地铁×号线项目管理处。

2. 工程款审批及支付情况

本月完成支付 11 079 490 元。

3. 本月采取的措施及效果

通过严格按合同规定的标准控制工程进度款的审批,达到甲乙双方共同遵守、共同收益的原则,使双方的权益不受损害。

六、材料、构配件与设备情况

1. 采购、供应、进场及质量情况

对进场的水泥、钢材、砂、石按标准规定要求取样试验;预拌混凝土进场查看厂家资质、相关技术资料,如预拌混凝土发货单,并进行坍落度测试。

2. 现场使用的机械设备设专人负责保养、维修和看管,确保机械设备处于完好状态。

七、合同其他事项的处理情况

1. 工程变更情况

审批变更 4 项。

2. 工程延期情况

本月未发生。

3. 费用索赔情况

本月未发生。

4. 安全:本月建设部组织开展城市轨道交通安全检查。地铁×号线项目管理处下发通知,要求监理单位将通知发至承包单位,做好迎接检查的各项准备工作。承包单位接到通知后,对本项目部安全管理体系进行自查,加强安全工作岗位责任制;监理单位督促承包单位做好安全控制工作。03#标段驻地办组织全体监理人员利用晚上时间进行安全教育和培训,学习有关安全工作的法律、法规及相关知识,并进行了考核,进一步提高安全意识,明确安全控制目标。在监理日常工作中,切实做好安全监理工作,按照监理工作要求采取巡视等方法对施工现场存在的不安全行为及违章作业等现象,采用口头提示、发《工作联系单》的方式要求承包单位进行整改。本期无安全事故发生。

八、天气对施工影响的情况(表 3—9)。

表 3—9　　　　　　　　　　　天气情况统计表

| 日　　期 | 星期 | 天气情况 | | | 天气对施工的影响 |
| --- | --- | --- | --- | --- | --- |
| | | 气温(℃) | 风力(级) | 天气 | |
| 6 月 26 日 | 日 | 19～27 | 2～3 | 小雨转多云 | 不影响 |
| 6 月 27 日 | 一 | 21～32 | 2～3 | 多云转雷阵雨 | 不影响 |
| 6 月 28 日 | 二 | 22～31 | 2～3 | 雷阵雨 | 不影响 |
| 6 月 29 日 | 三 | 22～32 | 2～3 | 晴 | 不影响 |

续表

| 日 期 | 星期 | 天气情况 | | | 天气对施工的影响 |
|---|---|---|---|---|---|
| | | 气温(℃) | 风力(级) | 天气 | |
| 6 月 30 日 | 四 | 23～34 | 2～3 | 晴 | 不影响 |
| 7 月 1 日 | 五 | 25～36 | 2～3 | 晴转多云 | 不影响 |
| 7 月 2 日 | 六 | 23～33 | 2～3 | 多云 | 不影响 |
| 7 月 3 日 | 日 | 25～35 | 2～3 | 晴 | 不影响 |
| 7 月 4 日 | 一 | 24～37 | 2～3 | 晴 | 不影响 |
| 7 月 5 日 | 二 | 25～38 | 2～3 | 晴 | 不影响 |
| 7 月 6 日 | 三 | 25～38 | 2～3 | 晴 | 不影响 |
| 7 月 7 日 | 四 | 25～36 | 2～3 | 晴转多云 | 不影响 |
| 7 月 8 日 | 五 | 22～33 | 1～2 | 小雨转多云 | 不影响 |
| 7 月 9 日 | 六 | 33～34 | 2～3 | 多云 | 不影响 |
| 7 月 10 日 | 日 | 22～34 | 2～3 | 雷阵雨 | 不影响 |
| 7 月 11 日 | 一 | 22～33 | 2～3 | 雷阵雨 | 不影响 |
| 7 月 12 日 | 二 | 22～32 | 2～3 | 雷阵雨转阴 | 不影响 |
| 7 月 13 日 | 三 | 22～33 | 1～2 | 阴转雷阵雨 | 不影响 |
| 7 月 14 日 | 四 | 22～32 | 1～2 | 阴 | 不影响 |
| 7 月 15 日 | 五 | 24～31 | 2～3 | 雷阵雨转阴 | 不影响 |
| 7 月 16 日 | 六 | 23～34 | 2～3 | 多云转阴 | 不影响 |
| 7 月 17 日 | 日 | 25～31 | 2～3 | 晴 | 不影响 |
| 7 月 18 日 | 一 | 25～31 | 2～3 | 晴 | 不影响 |
| 7 月 19 日 | 二 | 25～31 | 2～3 | 晴 | 不影响 |
| 7 月 20 日 | 三 | 25～33 | 2～3 | 阴 | 不影响 |
| 7 月 21 日 | 四 | 25～33 | 2～3 | 雷阵雨 | 停工 |
| 7 月 22 日 | 五 | 23～29 | 2～3 | 阴转小雨 | 不影响 |
| 7 月 23 日 | 六 | 22～28 | 2～3 | 阵雨转阴 | 不影响 |
| 7 月 24 日 | 日 | 25～35 | 2～3 | 阴 | 不影响 |
| 7 月 25 日 | 一 | 21～31 | 2～3 | 阴转小雨 | 不影响 |

九、项目监理部组成与工作统计

1. 项目监理部组织系统 （略）

2. 监理工作统计(表 3—10)。

表 3—10　　　　　　　　　　　　监理工作统计

| 序号 | 项目名称 | 单位 | 本年度 | | 总计 |
| --- | --- | --- | --- | --- | --- |
| | | | 本月 | 累计 | |
| 1 | 监理会议 | 次 | 3 | 24 | 98 |
| 2 | 审批施工组织设计(施工方案) | 次 | 1 | 7 | 44 |
| | 提出建议和意见 | 条 | 1 | 5 | 58 |
| 3 | 审批施工进度计划(年、季、月) | 次 | 1 | 7 | 43 |
| | 提出建议和意见 | 条 | 1 | 7 | 25 |
| 4 | 审核施工图纸 | 次 | 0 | 0 | 45 |
| | 提出建议和意见 | 条 | 0 | 0 | 18 |
| 5 | 发出监理通知 | 次 | 1 | 2 | 23 |
| | 内容含 | 条 | 0 | 0 | 19 |
| 6 | 审定分包单位 | 家 | 0 | 0 | 5 |
| 7 | 原材料、构配件审批 | 次 | 2 | 172 | 312 |
| 8 | 设备审批 | 次 | 0 | 10 | 10 |
| 9 | 分项工程质量验收 | 次 | 61(工序) | 279(工序) | 1126(工序) |
| 10 | 分部工程质量验收 | 次 | 0 | 0 | 2 |
| 11 | 不合格工程项目通知 | 次 | 0 | 0 | 0 |
| 12 | 监理抽查复试 | 次 | 0 | 19 | 85 |
| 13 | 监理见证取样 | 次 | 106 | 551 | 1756 |
| 14 | 考察施工单位试验室 | 次 | 0 | 0 | 4 |
| 15 | 考察生产厂家 | 次 | 1 | 1 | 16 |
| 16 | 发出工程部分暂停指令 | 次 | 0 | 0 | 0 |

十、本月监理工作小结和下月监理工作重点

1. 对本期工程进度、质量、工程款支付等方面的综合评价

(1) 在工程进度控制方面:工程进度正常,麦收完后工人陆续回场,劳力增加,3#井右线标准断面段进度比较快。区间工程已到了收尾阶段,工程施工难度大,在保证质量的情况下求进度,因不是工期控制点,不会影响铺轨。车站侧洞上拱端,因破除混凝土和拆除格栅工作量大,进度较慢,车站其他地段衬砌基本正常,3个出入口本月都在开挖支护,进度正常。

(2) 在工程质量控制方面:

1) 施工测量放线报验

本月进行施工测量放线验收×次。经查验,符合有关技术规范、标准。

2) 见证取样

本月进行见证取样共×次,混凝土试块×次,钢筋接头×次,钢筋原材×次。严格按规定的数量和方法进行现场见证取样。

3）混凝土旁站监理

本月按要求对混凝土浇灌进行旁站监理×次,控制了钢筋的位置、混凝土的坍落度及浇灌振捣质量,对混凝土浇灌的过程进行全面控制。

4）分项工程验收

本月进行的分项工程验收×项,所验收的分项工程质量基本上能达到一次验收合格。

5）分部工程验收

本月未发生。

（3）在工程造价控制方面

1）对本月发生的工程变更进行把关,控制不合理的工程变更费用发生。

2）对本月的工程款的报表进行严格审核和审批,做到符合实际情况。

（4）监理例会

本月召开 4 次监理例会,通过监理例会解决的主要问题 10 多个,协调了各方面的工作,确定了每周的工程重点,为做好各项工作提出了指导性意见。

2. 意见和建议

（1）施工单位应全面控制工程的施工质量,不能忽视结构以外的其他分项工程施工质量的控制。

（2）在各分项工程施工质量的控制上要加大力度,对个别不称职的管理人员进行调整。

（3）西北出入口通道过公园东门汽车出口处的开挖,要特别注意洞内开挖人员的安全和汽车出口处路面安全。

3. 下月监理工作重点

（1）工程进度控制

重点控制分部分项工程施工进度。

（2）工程质量控制

重点控制以下工程的施工质量:1# 竖井人防段二次衬砌,车站端墙上半部分二次衬砌,东南、西北风道二次衬砌,车站侧洞上拱墙防水板和二次衬砌,出入口开挖支护监控。

（3）工程造价控制

重点控制对工程变更的审核。

## 3.2.3　监理会议纪要

监理会议纪要应由项目监理部根据会议记录整理,做到记录内容齐全,对会议中提出的问题记录准确,技术用语规范,文字简练明了,并经总监理工程师审阅,由与会各方代表会签。

在施工过程中,总监理工程师应定期主持召开工地例会。会议纪要应由项目监理机构负责起草,并经与会各方代表会签。其格式如下:

编号：

××工程

工地例会纪要

第　期

×××建设监理公司××项目监理部编印（共　页）　　签发：×××

会议时间：××年×月×日（星期　）×时　　会议地点：

会议主持人：×××　　　　　　　　　会议记录人：

出席人员：建设单位：×××、×××

　　　　　监理单位：×××、×××、×××、×××

　　　　　承包单位：×××、×××、×××、×××、×××

　　　　　分包单位：×××、×××

会议主要内容：

一、检查上次例会议定事项的落实情况，分析未完事项原因。

二、检查分析工程项目进度计划完成情况，提出下一阶段进度目标及其落实措施。

三、检查分析工程项目质量情况，针对存在的质量问题提出改进措施。

四、检查工程量核定及工程款支付情况。

五、解决需要协调的有关事项。

六、其他有关事项。

总监理工程师或专业监理工程师应根据需要及时组织专题会议，解决施工过程中的各种专项问题。

## 3.2.4 工程项目监理日志

监理日志是监理资料中重要的组成部分，是监理服务工作量和价值的体现，是工程实施过程中最真实的工作证据。监理日志以项目监理部的监理工作为记载对象，从监理工作开始起至监理工作结束止，应由专人负责逐日记载，记载内容应保持其连续和完整。监理日志应使用统一格式的《监理日志》，每册封面应标明工程名称、册号、记录时间段及建设、设计、施工、监理单位名称，并由总监理工程师签字。监理日志必须及时记录、整理，应做到记录内容齐全、详细、准确，真实反映当天的工程具体情况。技术用语规范，文字简练明了。

3.2.4.1 监理日志填写要求：

1."施工情况"栏：指承包单位参与施工的人员动态。作业内容及部位，使用的主要施工设备、材料等；对主要的分部、分项工程开工、完工作出标记。

2."监理工作记实"栏：指记载当日的下列监理工作内容和有关事项。

（1）监理工作情况巡视检查，监理人员动态。

（2）施工过程旁站监理、见证取样。

（3）分项分部工程等的报验情况及验收结果。

（4）所发监理通知（书面或口头）的主要内容及签发、接收人。

（5）建设单位、施工单位提出的有关事宜及处理意见。

（6）工地会议议定的有关事项及协调确定的有关问题。

（7）异常事件（可能引发索赔的事件）及对施工的影响情况。

(8) 设计人员到工地及处理、交代的有关事宜。

(9) 质量监督人员、有关领导来工地检查、指导工作情况及有关指示。

(10) 其他重要事项。

3.2.4.2　监理日志示例。

| 监 理 日 志 | | 编　号 | ×× × |
|---|---|---|---|
| 工程名称 | ××市地铁×号线××标段(A 站~B 站) | | |
| 监理单位 | ××建设监理公司 | | |

| | 天气状况 | 风力(级) | 最高/最低温度(℃) | 备注 |
|---|---|---|---|---|
| 白天 | 中雨 | 1~2 | 28/22 | |
| 夜间 | | | | |

施工情况：

1. 1#井进行东风道抬高段衬砌施工，风机房人防段衬砌施工，由监理工程师××巡视和检验各工序。

2. 3#井进行 10—10 断面中洞衬砌施工，左线 10—10 断面与标准断面接茬段和 3#井通道右线交叉段衬砌施工。由监理工程师×××巡视和检验各工序。

3. 车站进行左右线侧洞下边墙和中层板、上拱墙衬砌施工，南边端头墙衬砌施工；西北、东北出入口通道开挖支护施工，东南出入口明挖因天气状况暂停工，由监理工程师×××巡视和检验各工序。

监理工作记实：

总监理工程师××、监理工程师××巡视车站工地，发现车站右侧洞中层板上面有三处大的侵限段：里程 K4＋931~K4＋952 段，要求凿除侵限部分，采取加固措施，确保二衬厚度和施工安全。

车站部分施工人员不佩戴安全帽，运土人员坐卷扬机上下运土，严重违反安全操作规程。立即下发《工作联系单》并招开工地会议(下午 3:00 招开至 4:00 结束)，向项目经理和项目总工提出整改要求、进行工作布置。

| 记录人 | ×× × | 日　期 | ××年×月×日　星期× |
|---|---|---|---|

本表由监理单位项目监理机构填写并保存。

## 3.2.5　监理工作总结

　　施工阶段监理工作结束后,监理单位应向建设单位提交项目监理工作总结。

　　监理工作总结的内容包括:工程概况、监理组织机构、监理人员和投入的监理设施、监理合同履行情况、监理工作成效、施工过程中出现的问题及其处理情况和建议、工程照片(必要时)等。监理工作总结应由总监理工程师主持编写并审批。应能客观、公正、真实地反映工程监理的全过程;能对监理效果进行综合描述和正确评价;能反映工程的主要质量状况、结构安全、投资控制及进度目标实现的情况。

# 3.3 监理资料表格填写范例

## 3.3.1 工程技术文件报审资料

<table>
<tr><td colspan="3" align="center">工程技术文件报审表</td><td align="center">编　号</td><td align="center">×××</td></tr>
<tr><td align="center">工 程 名 称</td><td colspan="2" align="center">××市××道路工程</td><td align="center">日　期</td><td align="center">2015 年 3 月 1 日</td></tr>
<tr><td colspan="5">现报上关于＿＿＿＿施工组织设计＿＿＿＿工程技术文件,请予以审定。</td></tr>
<tr><td align="center">序号</td><td align="center">类　别</td><td align="center">编 制 人</td><td align="center">册　数</td><td align="center">页　数</td></tr>
<tr><td align="center">1</td><td align="center">C2</td><td align="center">×××</td><td align="center">1</td><td align="center">×</td></tr>
<tr><td></td><td></td><td></td><td></td><td></td></tr>
<tr><td></td><td></td><td></td><td></td><td></td></tr>
<tr><td></td><td></td><td></td><td></td><td></td></tr>
<tr><td colspan="5">编制单位名称:××市政建设集团有限公司　技术负责人(签字):×××　　申报人(签字):×××</td></tr>
<tr><td colspan="5">施工单位审核意见:<br><br><br>　同意此施工组织设计的编制,报项目监理部审核。<br><br><br>□有 / ☑无 附页</td></tr>
<tr><td colspan="5">施工单位名称:××市政建设集团有限公司　审核人(签字):×××　　审核日期:2015 年 3 月 2 日</td></tr>
<tr><td colspan="5">监理单位审核意见:<br><br><br>　本施工组织设计符合规范和图纸要求,同意按此施工组织设计组织施工。<br><br><br><br>审定结论:　☑同意　　　□修改后再报　　　□重新编制</td></tr>
<tr><td colspan="5">监理单位名称:××建设监理公司　　　总监理工程师(签字):×××　　日期:2015 年 3 月 5 日</td></tr>
</table>

**本表由施工单位填报,建设单位、监理单位、施工单位各存一份。**

## 3.3.2 施工测量放线报审资料

| 施工测量放线报验表 | | 编　号 | ×××|
|---|---|---|---|
| 工　程　名　称 | ××市××道路工程 | 日　期 | 2015 年 4 月 8 日 |

致　　<u>××建设监理公司</u>　　（监理单位）：

我方已完成（部位）　　　<u>填方段路基</u>

（内容）　　　<u>中线、高程、宽度、坡度等</u>　　　的测量放线，经自检合格，请予查验。

附件：1. ☑　放线的依据材料　<u>4</u>　页

2. ☑　放　线　成　果　表　<u>1</u>　页

测量员（签字）：×××　　　岗位证书号：××××

查验人（签字）：×××　　　岗位证书号：××××

施工单位名称：××市政建设集团有限公司　　　技术负责人（签字）：×××

查验结果：

经查验：

1. 放线的依据材料合格有效。

2. 放线结果符合施工图设计尺寸，达到《工程测量规范》精度要求。

查验结论：　　　☑合格　　　□纠错后重报

监理单位名称：××建设监理公司　　　监理工程师（签字）：×××　　　日期：2015 年 4 月 8 日

**本表由施工单位填报，建设单位、监理单位、施工单位各存一份。**

## 3.3.3　工程进度控制报审资料

| 施工进度计划报审表 | | 编　号 | ×××  |
|---|---|---|---|
| **工程名称** | ××市××路桥梁工程 | **日　期** | 2015 年 3 月 25 日 |

致　　　××建设监理公司　　　（监理单位）：

　　现报上　2015　年　2　季　4　月工程施工进度计划，请予以审查和批准。

附件：1. ☑施工进度计划（说明、图表、工程量、工作量、资源配备）

　　　　　1　份

　　　2. ☐

施工单位名称：××市政建设集团有限公司　　　　项目经理（签字）：×××

审查意见：

　　经审查，施工进度计划编制有可行性和合理性，与工程实际情况相符，符合合同工期及总控计划要求，同意按此计划组织施工。

　　　　　　　　　　　　　　　　　　　　　　监理工程师（签字）：×××　　　日期：2015 年 3 月 26 日

审批结论：　☑同意　　　　　☐修改后再报　　　　　☐重新编制

监理单位名称：××建设监理公司　　　　总监理工程师（签字）：×××　　　日期：2015 年 3 月 27 日

本表由施工单位填报，建设单位、监理单位、施工单位各存一份。

| 工程动工报审表 | | 编 号 | ×××× |
|---|---|---|---|
| 工 程 名 称 | ××市××道路改扩建工程 | 日 期 | 2015 年 4 月 1 日 |

致 ___×× 建设监理公司___ (监理单位):

　　根据合同约定,建设单位已取得主管单位审批的施工许可证,我方也完成了开工前的各项准备工作,计划于 _2015_ 年 _4_ 月 _6_ 日开工,请审批。

已完成报审的条件有:

1. ☑ 北京市建设工程施工许可证(复印件)

2. ☑ 施工组织设计(含主要管理人员和特殊工种资格证明)

3. ☑ 施工测量放线

4. ☑ 主要人员、材料、设备进场

5. ☑ 施工现场道路、水、电、通讯等已达到开工条件

6. ☐

施工单位名称:××市政建设集团有限公司　　　　项目经理(签字):×××

审查意见:

　　所报工程动工资料齐全、有效,具备动工条件。

监理工程师(签字):×××　　　　日期:2015 年 4 月 2 日

审批结论:　　　　☑同意　　　　☐不同意

监理单位名称:××建设监理公司　　　总监理工程师(签字):×××　　　日期:2015 年 4 月 3 日

本表由施工单位填报,建设单位、监理单位、施工单位各存一份。

# (7)月工、料、机动态表

| 编　号 | ×××|
|---|---|

| 工　程　名　称 | ××市地铁××号线03标段工程 | 日　期 | 2015 年 7 月 25 日 |
|---|---|---|---|

| 人工 | 工　种 | 电工 | 电焊工 | 起重工 | 隧道工 | 钢筋工 | 木工 | 其他 | 合计 |
|---|---|---|---|---|---|---|---|---|---|
| | 人　数 | 9 | 42 | 6 | 102 | 140 | 21 | 83 | 403 |
| | 持证人数 | 9 | 42 | 6 | | 115 | | | 172 |
| | | | | | | | | | |

| 主要材料 | 名称 | 单位 | 上月库存量 | 本月进场量 | 本月消耗量 | 本月库存量 |
|---|---|---|---|---|---|---|
| | 水泥 | t | 19 | 30 | 19 | 30 |
| | 钢材 | t | 59 | 153 | 10 | 202 |
| | 砂 | m³ | 109 | 93 | 2 | 200 |
| | 石 | m³ | 4 | 96 | 9 | 91 |
| | 预拌混凝土 | m³ | | 2580 | 2580 | |

| 主要机械 | 名称 | 生产厂家 | 规格型号 | 数量 |
|---|---|---|---|---|
| | 钢筋切断机 | 河南南阳 | | 8 台 |
| | 钢筋弯曲机 | 河南郑州 | | 6 台 |
| | 空压机 | 无锡空压机厂 | | 2 台 |
| | 混凝土喷射机 | 郑州康达 | | 2 台 |
| | 电葫芦 | 北京起重设备厂 | | 11 台 |
| | 注浆机 | 法国 TEC 公司 | | 2 台 |
| | 电焊机 | 上海沪工通用 | | 57 台 |

附件：

施工单位名称：××建设集团公司　　　　　　　　　　项目经理(签字)：×××

本表由施工单位于每月 25 日填报,监理单位、施工单位各存一份。工、料、机情况应按不同施工阶段填报主要项目。

| 工程复工报审表 | 编 号 | ×××|
|---|---|---|
| 工 程 名 称      ××市××路燃气工程 | 日 期 | 2015 年 6 月 9 日 |

致 ___×× 建设监理公司___ (监理单位):

___××市××路燃气___ 工程,由总监理工程师签发的第(×)号工程暂停令指出的原因已消除,经检查已具备复工条件,请予审核并批准复工。

**附件:具备复工条件的详细说明**

    1. 1+965.3～2+047 钢管焊口开裂、漏气已按工程变更单(编号:××)要求施工完毕。

    2. 对完成的工程变更单内容自检合格,并报项目监理部签认合格。

施工单位名称:××市政建设集团有限公司      项目经理(签字):×××

**审批意见:**

    1. 施工单位已完成工程变更单所发生的工程项目。

    2. 工程暂停的原因已消除,证据齐全、有效。

审批结论:☑具备复工条件,同意复工。

        □不具备复工条件,暂不同意复工。

监理单位名称:××建设监理公司     总监理工程师(签字):×××     日期:2015 年 6 月 9 日

本表由施工单位填报,建设单位、监理单位、施工单位各存一份。

| 工程延期申请表 | 编　号 | ×××  |
|---|---|---|
| 工程名称　　　××市××路××桥梁工程 | 日　期 | 2015 年 8 月 19 日 |

致　　　××建设监理公司　　　(监理单位):

　　根据合同条款　　　　×　　　　条的规定,由于设计单位提出的工程变更单(编号:××)的要求,对此项整改和施工,造成下道工序拖延施工 3 天　　　　　　的原因,申请工程延期,请批准。

工程延期的依据及工期计算:

　　1. 依据工程变更单(编号:××)和施工图纸(图纸号:××)。

　　2. 整改和增加的施工项目在关键线路上。

　　工期计算:　(略)

合同竣工日期:　2015 年 12 月 15 日

申请延长竣工日期:　2015 年 12 月 18 日

附:证明材料

　　　(略)

施工单位名称:××市政建设集团有限公司　　　　项目经理(签字):×××

本表由施工单位填报,建设单位、监理单位、施工单位各存一份。

| 工程暂停令 | | 编　号 | ××× |
|---|---|---|---|
| 工　程　名　称 | ××市××道路工程 | 日　期 | 2015 年 6 月 7 日 |

致_____××市政建设集团有限公司_____（施工单位）：

　　由于___加筋土挡土墙工程施工有部分挡墙沉陷___原因，现通知你方必须于_2015_年_6_月_8_

日_8_时起，对本工程的___挡墙沉陷___部位（工序）实施暂停施工，并按下述要求做好各项工作：


　　1. 对此挡墙沉陷的部位进行全面检查并做好检查记录。

　　2. 按技术要求进行基槽整修，做到基底平整、夯实、排水畅通。

　　3. 采用适当的排水和防水措施，可封闭渗水部分裂缝，设置地表散水坡等。

　　4. 完成上述内容后填报《工程复工报审表》报项目监理部。


监理单位名称：××建设监理公司　　　　　　总监理工程师（签字）：×××

**本表由监理单位签发，建设单位、监理单位、施工单位各存一份。**

| **工程延期审批表** | | 编　　号 | ×××  |
|---|---|---|---|
| **工 程 名 称** | ××市××路××桥梁工程 | 日　　期 | 2015 年 8 月 19 日 |

致_____××市政建设集团有限公司_____(施工单位)：

　　根据施工合同条款____×____条的规定,我方对你方提出的第(__×__)号关于_____××市××路×××桥梁工程_____延期申请,要求延长工期____3____日历天,经过我方审核评估：

☑　同意工期延长_____3_____日历天,竣工日期(包括已指令延长的工期)从原来的__2015__年__12__月__15__日延长到__2015__年__12__月__18__日。请你方执行。

☐　不同意延长工期,请按约定竣工日期组织施工。

说明：

　　工程延期事件发生在被批准的网络进度计划的关键线路上,经甲乙方协商,同意延长工期。

监理单位名称：××建设监理公司　　　　　总监理工程师(签字)：×××

**本表由监理单位签发,建设单位、监理单位、施工单位各存一份。**

## 3.3.4　工程质量控制报审、验收资料

| 工程物资进场报验表 | | | | 编　号 | ××× |
|---|---|---|---|---|---|
| 工程名称 | ××市××路××桥梁工程 | | | 日　期 | 2015年5月9日 |

现报上关于_____上部结构_____工程的物资进场检验记录,该批物资经我方检验符合设计、规范及合约要求,请予以批准使用。

| 物资名称 | 主要规格 | 单位 | 数量 | 选样报审表编号 | 使用部位 |
|---|---|---|---|---|---|
| 钢筋 | $\phi18$、$\phi20$、$\phi25$、$\phi32$ | t | ×× | ××× | 上部结构 |
| 水泥 | P·O 42.5 | t | ×× | ××× | 上部结构 |
| | | | | | |
| | | | | | |
| | | | | | |

附件：　　名　称　　　　　　　　　页　数　　　　　　　　　　　编　号
1. ☑ 出厂合格证　　　　　×页　　　　　×××
2. ☑ 厂家质量检验报告　　×页　　　　　×××
3. ☐ 厂家质量保证书　　　　页
4. ☐ 商检证　　　　　　　　页
5. ☐ 进场检验记录　　　　　页
6. ☑ 进场复试报告　　　×页　　　　　×××
7. ☐ 备案情况　　　　　　页
8. ☐ 　　　　　　　　　页

申报单位名称：××市政建设集团有限公司　　申报人(签字)：×××

施工单位检验意见：
　报验的工程材料的质量证明文件齐全,同意报项目监理部审批。

☑有／☐无 附页

施工单位名称：××市政建设集团有限公司　　技术负责人(签字)：×××　审核日期：2015年5月10日

验收意见：
　1. 物资质量控制资料齐全、有效。
　2. 材料试验合格。

审定结论：　☑同意　　☐补报资料　　☐重新检验　　☐退场
监理单位名称：××建设监理公司　　监理工程师(签字)：×××　验收日期：2015年5月12日

本表由施工单位填报,建设单位、监理单位、施工单位各存一份。

| 分包单位资质报审表 | 编　号 | ×××  |
|---|---|---|

| 工 程 名 称 | ××市地铁××号线土建工程01标段 | 日　期 | 2015 年 4 月 2 日 |
|---|---|---|---|

致＿＿＿＿××建设监理公司＿＿＿＿（监理单位）：

　　经考察，我方认为拟选择的××地矿公司（分包单位）具有承担下列工程的施工资质和施工能力，可以保证本工程项目按合同的约定进行施工。分包后，我方仍然承担总承包单位的责任。请予以审查和批准。

附：

1. ☑ 分包单位资质材料
2. ☑ 分包单位业绩材料
3. ☐ 中标通知书

| 分包工程名称（部位） | 单位 | 工程数量 | 其他说明 |
|---|---|---|---|
| 工程施工降水 | × | × | 劳务承包 |
|  |  |  |  |

施工单位名称：××建设集团有限公司　　　　项目经理（签字）：×××

监理工程师审查意见：

　　经审查，分包单位资质、业绩材料齐全、真实、有效，具有承担分包工程的施工资质和施工能力。

监理工程师（签字）：×××　　　　　　　　　　　　　日期：2015 年 4 月 3 日

总监理工程师审批意见：

　　同意资格审查。

监理单位名称：××建设监理公司　　总监理工程师（签字）：×××　　日期：2015 年 4 月 3 日

本表由施工单位填报，建设单位、监理单位、施工单位各存一份。

| 分项(检验批)/分部(子分部)<br>工程施工报验表 | | 编　号 | ×× |
|---|---|---|---|
| 工程名称 | ××市××道路工程 | 日　期 | 2015 年 8 月 5 日 |

现我方已完成_____/_____(层)_____/_____轴(轴线或房间)_____/_____(高程)_____/_____(部位)的_____路基_____工程,经我方检验符合设计、规范要求,请予以验收。

附件:　　　名　称　　　　　　　　　页　数　　　　　　　　　　　编　号

　1. □质量控制资料汇总表　　　　　_____页　　　　　　_____

　2. □隐蔽工程检查记录　　　　　　_____页　　　　　　_____

　3. □预检记录　　　　　　　　　　_____页　　　　　　_____

　4. □施工记录　　　　　　　　　　_____页　　　　　　_____

　5. □施工试验记录　　　　　　　　_____页　　　　　　_____

　6. ☑分部(子分部)工程质量检验记录　　1　页　　　　　　×××

　7. ☑分项(检验批)工程质量检验记录　　4　页　　　　　　×××

　8. □_____　_____页　　　　　　_____

　9. □_____　_____页　　　　　　_____

质量检验员(签字):×××

施工单位名称:××市政建设集团有限公司　　　　技术负责人(签字):×××

审查意见:

　1. 所报附件材料真实、齐全、有效。

　2. 所报分部实体工程质量符合规范和设计要求。

审查结论:　　　　☑合格　　　　　□不合格

监理单位名称:××建设监理公司　　(总)监理工程师(签字):×××　　审查日期:2015 年 8 月 6 日

　　本表由施工单位填报,监理单位、施工单位各存一份。分项、分部工程不合格,应填写《不合格项处置记录》,分部工程应由总监理工程师签字。

| 监 理 通 知 | | 编　号 | ×××|
|---|---|---|---|
| 工 程 名 称 | ××市××路排水工程 | 日　期 | 2015 年 6 月 10 日 |

致　　　××市政建设集团有限公司　　　(施工单位)：


**事由：**

　　关于预应力钢筋混凝土排水管道安装工程的质量问题。


**内容：**

　　根据我项目监理部的监理人员巡检发现,预应力钢筋混凝土排水管道安装工程的管道接口开裂、脱落、漏水;管道反坡等质量问题。口头对现场的施工人员提出要求时,并未得到施工人员的重视。

　　为此特发通知,要求施工单位对此项目的质量进行认真复查,并将复查结果报项目监理部。


　　　　　　　　　　　　　　　　　　　监理工程师(签字)：×××

监理单位名称:××建设监理公司　　　　　　总监理工程师(签字)：×××

重要监理通知应由总监理工程师签署,监理单位、有关单位各存一份。

| 监理通知回复单 | 编　　号 | ×××　 |
|---|---|---|
| **工程名称**　　　　　××市××路排水工程 | 日　　期 | 2015 年 6 月 10 日 |

致_____××建设监理公司_____(监理单位)：

　　我方接到第(×)号监理通知后,已按要求完成了<u>对预应力钢筋混凝土排水管道安装工程质量问题的整改</u>工作,特此回复,请予以复查。

**详细内容：**

　　我项目部收到(×)号《监理通知》后,立即组织有关人员对现场已完成的预应力钢筋混凝土排水管道安装工程进行了全面的质量复查,共发现此类问题 14 处,并立即进行整改处理：

　　1. 管道接口开裂、脱落、漏水：选择适宜的管道接口形式,并按设计要求做好管基处理。抹带接口施工前,将管子与管基相接触的部分做接茬处理；抹带范围的管外壁凿毛；抹带分 3 次完成,即第 1 次抹 20mm 厚的水泥砂浆,第 2 次抹剩余的厚度,第 3 次修理压光成活。抹带施工完毕及时覆盖养护。

　　2. 管道反坡：加强测量工作的管理,严格执行复测制度,对于新管线接入旧管线,已将旧管线的流水面标高通过实测的方法来确定。

　　经自检达到规范要求,同时对施工人员进行了质量意识教育,并保证在今后的施工中严格控制施工质量,确保工程质量目标的实现。

**施工单位名称：**××市政建设集团有限公司　　　　**项目经理(签字)：**×××

**复查意见：**

　　经复查对(×)号《监理通知》提出的问题,项目部进行了全面的整改处理,达到施工规范要求。

　　　　　　　　　　　　　　　　　监理工程师(签字)：×××　　　　日期：2015 年 6 月 11 日
**监理单位名称：**××建设监理公司　　总监理工程师(签字)：×××　　日期：2015 年 6 月 11 日

本表由施工单位填报,监理单位、施工单位各存一份。

| 监理抽检记录 | 编　号 | ×××　　 |
|---|---|---|
| **工 程 名 称**　×× 市地铁 ×× 号线土建工程 01 标段 | **抽检日期** | 2015 年 9 月 16 日 |

检查项目：钢筋骨架焊接安装

检查部位：1# 竖井灌注桩

检查数量：2 根

被委托单位：

检查结果：　　　　　　　☑合格　　　　　　☐不合格

处置意见：

　　经检查,骨架下料长度、箍筋间距、主筋长度、焊缝长度、宽度、厚度符合设计要求及规范规定,质量合格,可以进行下道工序。

　　　　　　　　　　　　　　　　　　　监理工程师(签字)：×××　　　　日期:2015 年 9 月 16 日

**监理单位名称:**××建设监理公司　**总监理工程师(签字):**×××　　　日期:2015 年 9 月 16 日

**本表由监理单位填写,建设单位、监理单位、施工单位各存一份。如不合格应填写《不合格项处置记录》。**

| 不合格项处置记录 | | 编　号 | ×××  |
|---|---|---|---|
| **工 程 名 称** | ××市××路供水管道工程 | 发 生/<br>发现日期 | 2015 年 6 月 2 日 |

**不合格项发生部位与原因:**

致　　　　××市政建设集团有限公司　　　　(单位):

　　由于以下情况的发生,使你单位在　　　　埋地钢管防腐施工(桩号:1+628.5)　　　　发生

严重□/一般☑不合格项,请及时采取措施予以整改。

**具体情况:**

　　埋地钢管防腐施工(桩号:1+628.5),防腐层空鼓,粘接不牢。

□自行整改

☑整改后报我方验收

**签发单位名称:**××建设监理公司　　　　**签发人(签字):**×××　　　　**日期:**2015 年 6 月 2 日

**不合格项改正措施:**

　　1.防腐施工前,先将管道、焊口表面清理干净,并彻底除锈,露出金属光泽。

　　2.防腐层按设计要求进行施工,层与层间粘接牢固,表面平整,无折皱、封口不严等现象。

　　3.沥青油膜均匀、完整,无空白、漏涂等。

整改限期:2015 年 6 月 3 日前完成

整改责任人(签字):×××

单位负责人(签字):×××

**不合格项整改结果:**

致:　　　　××建设监理公司　　　　(签发单位):

　　根据你方指示,我方已完成整改,请予以验收。

单位负责人(签字):×××　　　　日期:2015 年 6 月 3 日

| 整改结论: | ☑同意验收 | □＿＿＿＿＿ |
|---|---|---|
| | □继续整改 | □＿＿＿＿＿ |

**验收单位名称:**××建设监理公司　　　　**验收人(签字):**×××　　　　**日期:**2015 年 6 月 3 日

本表由下达方填写,整改方填报整改结果,双方各存一份。

| 旁站监理记录 | | 编　号 | ×××                          |
|---|---|---|---|
| 工程名称 | ××市××路××桥梁工程 | 日期及气候 | 2015 年 3 月 18 日<br>天气:晴　风力 1~2 级<br>气温 8℃~11℃ |

旁站监理的部位或工序: 1 号墩西半桥内侧边盖梁

| 旁站监理开始时间:3 月 18 日　9:00 | 旁站监理结束时间:3 月 18 日　9:30 |
|---|---|

施工情况:

　　采用预拌混凝土,混凝土强度等级 C40,配合比编号 2015—0148。现场采用混凝土输送泵、混凝土振捣器进行混凝土的浇筑施工。

监理情况:

　　混凝土在浇筑过程中,随时检查模板、支架、钢筋、预留孔洞的情况,并实测混凝土坍落度;制作混凝土试块 2 组(编号:××、××(见证试块))。

发现问题:

　　混凝土浇筑前,模板内的杂物、积水和钢筋上的污垢未清理干净,模板内面隔离剂有漏涂刷现象。

处理意见:

　　对模板内的杂物、积水和钢筋上的污垢清理干净,模板内面隔离剂漏涂刷处补涂均匀。

备　　注:

| 承包单位名称:××市政建设集团有限公司 | 监理单位名称:　　××建设监理公司 |
|---|---|
| 质检员(签字):　　　×××　　 | 旁站监理人员(签字):　　　×××　　 |
| 日　　　期: 2015 年 3 月 18 日 | 日　　　期: 2015 年 3 月 18 日 |

本表由监理单位签发,建设单位、监理单位、施工单位各存一份。

## 3.3.5 工程造价控制报审资料

| ( 5 )月工程进度款报审表 | | 编　号 | ×××|
|---|---|---|---|
| 工 程 名 称 | ××市××道路工程 | 日　期 | ××年×月×日 |

致_____××建设监理公司_____（监理单位）：

　　兹申报___××___年___×___月份完成的工作量_____见工程量清单_____请予以核定。

附件：月完成工作量统计报表。

施工单位名称：××市政建设集团有限公司　　　　项目经理(签字)：×××

　　经审核以下项目工作量有差异,应以核定工作量为准。本月度认定工程进度款为：
　　施工单位申报数(　元)＋监理单位核定差别数(　元)
　　＝本月工程进度款数(　元)

| 统计表序号 | 项 目名 称 | 单位 | 申报数 | | | 核定数 | | |
|---|---|---|---|---|---|---|---|---|
| | | | 数量 | 单价(元) | 合计(元) | 数量 | 单价(元) | 合计(元) |
| | | | | | | | | |
| | | | | | | | | |
| | | | | | | | | |
| | | | | | | | | |
| 合计 | | | | | | | | |

　　同意按核定后的款项支付×月份工程进度款。

　　　　　　　　　　　　　　　监理工程师(签字)：×××　　　日期：××年×月×日
监理单位名称：××建设监理公司　　总监理工程师(签字)：×××　　日期：××年×月×日

本表由施工单位填报,由监理单位签认,建设单位、监理单位、施工单位各存一份。

<table>
<tr><td colspan="7" rowspan="2"><h1>工程变更费用报审表</h1></td><td>编　号</td><td>×××</td></tr>
<tr><td>日　期</td><td>××年×月×日</td></tr>
</table>

| 工程名称 | ××市××路燃气工程 | | | | | | 日　期 | ××年×月×日 |

致　　××建设监理公司　　(监理单位)：

　　根据第(　×　)号工程变更单，申请费用如下表，请审核。

| 项目名称 | 变更前 | | | 变更后 | | | 工程款(元) |
| --- | --- | --- | --- | --- | --- | --- | --- |
| | 工程量 | 单价(元) | 合价(元) | 工程量 | 单价(元) | 合价(元) | 增(＋)减(－) |
| ××× | 矩形柱 C30 173.00m³ | 604.07 | 104504.11 | 178.50m³ | 604.07 | | 107826.50 |
| 预埋铁件制作安装 | 3.10t | 5501.20 | 17053.72 | 5.16t | 5817.83 | 30020.00 | |
| | | | | | | | |
| | | | | | | | |
| | | | | | | | |
| 合计 | | | 121557.83 | | | 137846.50 | |

施工单位名称：××市政建设集团有限公司　　　　　项目经理(签字)：×××

监理工程师审核意见：

　　1. 工程量符合所报工程实际。

　　2. 符合《工程变更单》所包括的工作内容。

　　3. 定额项目选用准确，单价、合价计算正确。

同意施工单位提出的变更费用申请。

监理工程师(签字)：×××　　　　　日期：××年×月×日

监理单位名称：××建设监理公司　　总监理工程师(签字)：×××　　日期：××年×月×日

本表由施工单位填报，建设单位、监理单位、施工单位各存一份。

| 费用索赔申请表 | | 编　号 | ×××|
|---|---|---|---|
| 工 程 名 称 | ××市××路桥梁工程 | 日　期 | 2015 年 10 月 6 日 |

致　　××建设监理公司　　(监理单位)：

　　根据施工合同第＿＿＿＿×＿＿＿＿条款的规定，由于工程变更单(编号：××)的变更，致使我方造成额外费用增加的原因，我方要求索赔金额共计：

　　人民币(大写)叁万陆仟壹佰捌拾贰元，请批准。

索赔的详细理由及经过：

　　1. 2#墩承台钢筋安装已验收合格，2/3 部分需要拆除重做。

　　2. 工程变更增加的合同外施工项目的费用。

　　3. 因工程变更造成工程延期增加的费用。

索赔金额的计算：(略)

附件：证明材料

　　1. 工程变更单及图纸。

　　2. 工程变更费用报审表。

施工单位名称：××市政建设集团有限公司　　　　项目经理(签字)：×××

本表由施工单位填报，建设单位、监理单位、施工单位各存一份。

| 费用索赔审批表 | | 编　号 | ×××|
|---|---|---|---|
| 工程名称 | ××市××路桥梁工程 | 日　期 | 2015 年 10 月 7 日 |

致　　　　××市政建设集团有限公司　　　　（施工单位）：

　　根据施工合同第　　×　　条款的规定，你方提出的第（　××　）号关于　因工程变更增加额外　　费用索赔申请，索赔金额共计人民币（大写）　　叁万陆仟壹佰捌拾贰元整　　，（小写）　　¥36182.00　　，经我方审核评估：

□　不同意此项索赔。

☑　同意此项索赔，金额为（大写）　　　叁万陆仟壹佰捌拾贰元整　　　。

理由：

　　1. 费用索赔事件属非承包单位原因。

　　2. 费用索赔的情况属实。

　　3. 对因工程延期的索赔费用金额有疑义。

索赔金额的计算：

　　1. 同意 2# 墩承台钢筋 2/3 部分拆除重做的费用。

　　2. 同意工程变更增加的合同外施工项目的费用。

　　3. 工程延期 2 天，增加管理费用 800 元。

　　　　　　　　　　　　　　　　　　　　监理工程师（签字）：×××

监理单位名称：××建设监理公司　　　　　　总监理工程师（签字）：×××

**本表由监理单位签发，建设单位、监理单位、施工单位各存一份。**

| 工程款支付申请表 | | 编　号 | ×××|
|---|---|---|---|
| 工 程 名 称 | ××市地铁×号线土建工程01标段 | 日　期 | 2015 年 9 月 26 日 |

致　　　××建设监理公司　　　(监理单位)：

　　我方已完成了　　××市地铁×号线土建工程01标段(××站～××站区间)部分准备　　工作,按施工合同的规定,建设单位应在　2015　年　　10　月　5　日前支付该项工程款共计(大写)　　　柒拾叁万贰仟伍佰元整　　　,(小写)　￥732500.00　,现报上　　2015 年 9 月　　付款申请表,请予以审查并开具工程款支付证书。

附件:

　　1. 工程量清单。

　　2. 计算方法。

施工单位名称:××建设集团有限公司　　　　　　　　　　项目经理(签字):×××

本表由施工单位填报,监理单位、施工单位各存一份。

| 工程款支付证书 | | 编　号 | ××× |
|---|---|---|---|
| 工 程 名 称 | ××市地铁×号线土建工程01标段 | 日　期 | 2015 年 9 月 29 日 |

致　　××地铁建设管理有限公司　　　(建设单位)：

　　根据施工合同规定,经审核施工单位的付款申请和报表,并扣除有关款项,同意本期支付工程款共计(大写)　　　肆拾叁万元整　　　,(小写)　　￥430000.00　　,请按合同规定及时付款。

其中：

　　**1.** 施工单位申报款为：　　　　柒拾叁万贰仟伍佰元整

　　**2.** 经审核施工单位应得款为：　　陆拾陆万叁仟元整

　　**3.** 本期应扣款为：　　　　　　　贰拾叁万叁仟元整

　　**4.** 本期应付款为：　　　　　　　肆拾叁万元整

附件：

　　1. 施工单位的工程付款申请表及附件。

　　2. 项目监理部审查记录。

监理单位名称:××建设监理公司　　　　　　　　总监理工程师(签字)：　×××

本表由监理单位签发,建设单位、监理单位、施工单位各存一份。

# 第4章　施工资料

# 4.1　施工管理资料

## 4.1.1　施工管理资料内容与要求

4.1.1.1　工程概况表各工程应填写《工程概况表》。

4.1.1.2　项目大事记内容主要包括：项目开、竣工日期，停、复工日期，中间验收及关键部位的验收日期，质量、安全事故，获得的荣誉，重要会议，分包工程招投标、合同签署；上级及专业部门检查、指示等情况的简述。

4.1.1.3　施工日志是以工程施工过程为记载对象，记载内容一般为：生产情况记录，包括施工生产的调度、存在问题及处理情况，文明施工活动及存在问题等；技术质量工作记录，技术质量活动、存在问题、处理情况等。从工程开始施工起至工程竣工验收合格止，由项目负责人或指派专人逐日记载，记载内容须保持连续和完整。

4.1.1.4　工程质量事故资料：凡工程发生重大质量事故，施工单位应在规定时限内向监理、建设、监督及上级主管部门报告。填写《工程质量事故记录》、《工程质量事故调（勘）察记录》和《工程质量事故处理记录》。

4.1.1.5　施工现场质量管理检查记录为本次修订新增表格；本表主要反映工程项目管理部现场各项管理制度及质量责任是否建立健全；施工技术文件及相关标准是否齐全；施工人员资格是否具备等。《施工现场质量管理检查记录》应由施工单位填写，项目总监理工程师（或建设单位项目负责人）检查，并做出检查结论。

4.1.1.6　其他资料：包括施工单位上报给监理单位的各种"报审表、申请表"及报告等，施工单位可根据需要归档保存。

## 4.1.2　施工管理资料表格填写范例

### 4.1.2.1　工程概况表

| 工程概况表 | | 编　号 | ×××  |
|---|---|---|---|
| | | | |
| 工程名称 | ××市××路(××号～××号)热力外线工程 | | |
| 建设地点 | ××市××路(××号～××号) | 工程造价 | ××　　(万元) |
| 开工日期 | 2015 年 7 月 10 日 | 计划竣工日期 | 2015 年 12 月 31 日 |
| 监督单位 | ××市政监督站 | 工程分类 | 市政公用工程 |
| 施工许可证号 | 00(市政)2015·0896 | 监管注册号 | ××× |
| 建设单位 | ××热力集团有限责任公司 | 勘察单位 | ××地质工程勘察院 |
| 设计单位 | ××热力工程设计公司 | 监理单位 | ××建设监理有限公司 |

| 施工单位 | 名　称 | ××市政建设集团有限公司 | 单位负责人 | ××× |
|---|---|---|---|---|
| | 工程项目经理 | ××× | 项目技术负责人 | ××× |
| | 现场管理负责人 | ××× | / | / |

| 工程内容 | 施工图范围内施工场地的平整、热力隧道初衬暗挖、二衬结构、小室结构;管道、设备安装,管道试压;小室回填土方、竣工测量、恢复地容地貌、管线验收。 |
|---|---|
| 结构类型 | 复合衬砌 |
| 主要工程量 | 管径 DN1000,管线全长 4109.484m,供、回水各 1 根。 |
| 主要施工工艺 | 测量定位→锁口圈梁浇筑→土方开挖→一衬喷射→二次衬砌→管道安装、焊接→强度试压→设备、附件安装→保温→总试压→竣工验收 |
| 其　他 | 无 |

本表由施工单位填写。

# 《工程概况表》填表说明

**【填写要点】**

1."工程名称"栏要填写全称,与建设工程规划许可证、建设工程施工许可证、施工图纸中签的名称应一致。

2."建设地点"栏应填写邮政地址,写明区(县)、街道门牌号。

3."单位名称"栏的建设单位、设计单位、监理单位、施工单位均用法人单位的名称。

4."工程内容"栏要填写主要施工内容。如软基处理、路基填筑、路堑开挖、面层铺筑、桥梁基础施工、墩台施工、箱梁预制及安装、桥面系及附属施工、沟槽开挖、管道安装、管道试压、土方回填、竣工测量、竣工验收等。

5."结构类型"栏填写主要工程部位的结构类型。如半刚性基层、沥青混凝土面层、现浇钢筋混凝土、复合衬砌等。

6."主要工程量"栏应填写主体工程工程量。

7."主要施工工艺"栏应填写主体工程施工工艺,附属工程的工艺可在其他栏中备注。

| 项目大事记 | | | 编　号 | | ××× |
|---|---|---|---|---|---|

| 工程名称 | ××市××路(××路～××路)雨污水工程 |
|---|---|
| 施工单位 | ××市政建设集团有限公司 |

| 序号 | 年 | 月 | 日 | 内　容 |
|---|---|---|---|---|
| 1 | 2015 | 2 | 25 | 工程正式开工,西线污水 4#～7# 井段开槽。 |
| 2 | 2015 | 5 | 29 | 4#～7# 井段进行闭水试验,渗水量小于允许渗水量规定,符合设计及规范要求。 |
| 3 | 2015 | 6 | 20 | 工程竣工,并开始竣工测量工作。 |
| 4 | 2015 | 6 | 24 | 该工程在政府质量监督机构的验收下,质量符合设计及施工规范要求,并完成验收备案工作。 |
| | | | | |
| | | | | |
| | | | | |
| | | | | |
| | | | | |

| 项目负责人 | ××× | 整理人 | ××× |
|---|---|---|---|

本表由施工单位填写。

## 《项目大事记》填表说明

【填写要点】

1. 包括:开、竣工日期;停、复工日期;中间验收及关键部位的验收日期;质量;安全事故;获得的荣誉;重要会议;分承包工程招投标、合同签署;上级及专业部门检查、指示等情况的简述。

2. 填写日期要准确,填写内容应简明扼要。

3. 根据情况合理判定相关事宜是否为"项目大事",切忌将"非项目大事"的会议、检查等填入项目大事记表中。

### 4.1.2.3　施工日志

| 施工日志 | | | 编　号 | | ×××  |
|---|---|---|---|---|---|
| 工程名称 | | | ××市××道路工程 | | |
| 施工单位 | | | ××市政建设集团有限公司 | | |
| | 天气状况 | 风力(级) | 大气温度(℃) | 日平均温度(℃) | |
| 白天 | 晴 | 3 | 34 | 29.5 | |
| 夜间 | 晴 | 2 | 25 | | |

生产情况记录:(施工生产的调度、存在问题及处理情况;安全生产和文明施工活动及存在问题等)

　　1. S1挡墙(K0+000~K0+020、K0+030~K0+040)基础混凝土二次浇筑部位的绑扎钢筋,浇筑C25混凝土24m³,绑扎钢筋6人,浇筑混凝土6人。

　　2. 中水(K2+280~K2+420)回填砂基。

　　　　存在问题:K2+350~K2+420段基底出水;

　　　　处理情况:清除泥水,回填砂石,其上再回填砂基。

　　　　人员:8人;机械:装载机。

　　3. 焊接钢梁盖板钢筋:2人。

　　4. 污水3线6#顶坑开挖,5人。

　　5. 清扫道路及洒水。

技术质量工作记录:(技术质量活动、存在问题、处理情况等)

　　1. 办理了污水工程洽商(编号:××)。

　　2. 验收S1挡墙(K0+000~K0+020、K0+030~K0+040)基础混凝土二次模板,合格,浇筑混凝土。

| 项目负责人 | ××× | 填写人 | ××× | 日期 | 2015年7月1日　星期五 |
|---|---|---|---|---|---|

**本表由施工单位填写。**

# 《施工日志》填表说明

**【填写要求】**

施工日志应以工程施工过程为记载对象,记载内容一般为:

首页整体性的描述:在施工日志的首页,要首先将工程整体性的有关内容描述清楚,主要包括单位工程概况、建设单位、设计单位、监理单位(人)、施工单位、开竣工日期、施工负责人、技术负责人等。当一项工程由若干个施工单位共同施工时,应将各自管辖范围(里程)进行说明。

从工程开始施工起至工程竣工验收合格止,由项目负责人或指派专人逐日记载,并保证内容真实、连续和完整。

1.施工日志是施工活动的原始记录、是编制施工文件、积累资料、总结施工经验的重要依据,由项目技术负责人具体负责。

2.施工日志应以单位工程为记载对象,从工程开工起至工程竣工止,按专业指定专人负责逐日记载,并保证内容真实、连续和完整。

3.施工日志可采用计算机录入、打印,也可按规定式样(印制的施工日志)用手工填写方式记录,并装订成册,但必须保证字迹清楚、内容齐全。施工日志填写须及时、准确、具体,不潦草,不能随意撕毁,妥善保管,不得丢失。

4.当对工程资料进行核查时,或工程出现某些问题时,往往需要检查施工日志中的记录,以了解当时的施工情况。借助对某些施工资料中作业时间、作业条件、材料进场、试块养护等方面的横向检查对比,能够有效地核查资料的真实性与可靠性。

**【填写要点】**

1.施工日志填写内容,应根据工程实际情况确定,一般应有以下内容:

(1)当日生产情况记录(施工部位、施工内容、机械作业、班组工作、生产存在问题等),当日技术质量安全工作记录(技术质量安全活动、检查评定验收、技术质量安全问题等)。

(2)每个工程项目的开、竣工日期、施工勘测资料、工程进度及上级有关指示;实际管网、拆迁、地质及水文地质情况。

(3)施工中发生的问题,如变更设计、施工与设计图不符情况、变更施工方法、工程质量事故及其处理情况等。

2.施工日志中,除记录生产情况和技术质量安全工作外,若施工中出现其他问题,也要反映在日志中。

3.施工日志中不应填写与工程施工无关的内容(注意施工日志与工作日记的区别)。

4.1.2.4 工程质量事故处理记录

| 工程质量事故记录 | | 编 号 | ×××  |
|---|---|---|---|
| 工程名称 | ××市政街道工程 | 建设地点 | ××市××路 |
| 建设单位 | ××股份公司 | 设计单位 | ××设计研究院 |
| 监理单位 | ××市政监理公司 | 施工单位 | ××市政建设集团 |
| 主要工程量 | 1200万 | 事故发生时间 | ××年×月×日×时 |
| 预计经济损失 | 2.1 （万元） | 报告时间 | ××年×月×日×时 |

发生质量事故部位、建(构)筑物结构类型、管道断面及规格等：

　　K3+×××~K3+×××线路左侧路堑大面积滑坡。

质量事故原因初步分析：

　　雨季施工措施不到位,开挖方式不符合要求。

质量事故发生后采取的措施：

　　尽快清理滑坡,与设计单位,建设单位联系做设计变更。

| 项目负责人 | ××× | 记录人 | ××× |
|---|---|---|---|

本表由施工单位填写。

| 工程质量事故调(勘)查记录 | | 编　　号 | ×××  |
|---|---|---|---|
| **工程名称** | ××街道工程 | **日　期** | ××年×月×日 |
| **调(勘)查时间** | ××年×月×日×时×分至××年×月×日×时×分 | | |
| **调(勘)查地点** | ××街道工程施工现场 | | |
| **参加人员** | **单位名称** | **姓名(签字)** | **职　务** | **电　话** |
| **调(勘)查人员** | ××市政工程有限公司 | ××× | 技术员 | 136××× |
| | ××市政监理公司 | ××× | 监理工程师 | 130××× |
| | | | | |
| | | | | |
| | | | | |
| **调(勘)查 笔　录** | 略 | | | |
| **现场证物照片** | ☑有　　☒无　　共×张　　共×页 | | | |
| **事故证据资料** | ☑有　　☒无　　共×张　　共×页 | | | |
| **调(勘)查 负责人(签字)** | ××× | **被调查单位负 责人(签字)** | ××× | |

本表由调查单位填写(笔录可另附页)。

| 工程质量事故处理记录 | | 编　号 | ×××  |
|---|---|---|---|
| 工程名称 | | ××市政街道工程 | |
| 施工单位 | | ××市政工程有限公司 | |
| 事故处理编号 | ××× | 直接经济损失（万元） | ×万元 |
| 事故处理情况 | | 已做设计变更 | |
| 事故造成永久缺陷情况 | | 无 | |
| 事故责任分析 | | 责任归属施工单位。 | |
| 对事故责任者的处理 | | 对施工单位罚款××元 | |

| 调查负责人 | ××× | 填表人 | ××× | 填表日期 | ××年×月×日 |
|---|---|---|---|---|---|

本表由事故处理单位填写。

# 《工程质量事故记录》、《工程质量事故调(勘)查记录》、《工程质量事故处理记录》填表说明

**【填写依据】**

凡工程发生重大质量事故,施工单位应在规定时限内向监理、建设及上级主管部门报告,填写《工程质量事故记录》。建设、监理单位应及时组织质量事故的调(勘)查,调查情况须进行笔录,并填写《工程质量事故调(勘)查记录》;施工单位应严肃对待发生的质量事故并及时进行处理,处理后填写《工程质量事故处理记录》,并呈报调查组核查。

1. 工程质量事故分类

(1)按事故造成的后果可分为未遂事故和已遂事故。

(2)按事故产生的原因可分为指导责任事故和操作责任事故。

(3)按事故的性质又分为一般事故、严重事故和重大事故。

(4)依据建设部规定,工程质量事故按其性质分为三大类六个等级。

2. 质量事故的报告程序

(1)重大事故发生后,产生事故的单位必须以最快的方式,将事故的简要情况向上级主管部门和事故发生地的市、县级建设行政主管部门及检察、劳动(如有人身伤亡)部门报告;事故发生单位属于国务院部委的,应同时向国务院有关部门报告。

(2)事故发生地的市、县级建设行政主管部门接到报告后,应当立即向人民政府和省、自治区、直辖市建设行政主管部门报告;省、自治区、直辖市建设行政主管部门接到报告后,应当立即向人民政府和建设部报告。

(3)建设工程(产品)质量事故发生后,事故发生单位,必须在 24h 内,以口头、电话或书面形式及时报告监督机构和有关部门,并在 48h 内依据规定向监督机构填报《建设工程质量事故报告书》。

3. 施工现场存在重大质量隐患,可能造成质量事故或已经造成事故时,由监理、建设其他部门下达工程事故停工通知,在承包单位整改完毕并经有关部门复查,符合规定要求,下达复工通知后才可施工,重大质量事故应按国家有关规定处理,一般工程质量事故发生后,应由建设单位组织设计、监理、施工及有关部门进行事故调查、分析,监督机构参与事故的调查和分析,最后由设计提出处理方案,并及时上报监督机构,施工单位按处理方案处理后,还应请建设、设计、监理单位进行验收,并填写《建设工程质量事故处理报告》。

**【填写要点】**

1. 质量事故发生后,填写质量事故报告时,应写明质量事故发生的时间、工程名称、建设地点、建设单位、设计单位、监理单位、施工单位等。

2. 预计经济损失是指因质量事故进行返工、加固等实际损失的金额,包括人工费、材料费、机械费和一定数额的管理费。

3. 质理事故原因初步分析,包括倒塌情况(整体倒塌或局部倒塌的部位)、损失情况(伤亡人数、损失程度、倒塌面积等);事故原因,包括设计原因(计算错误、构造不合理等)、施工原因(施工粗制滥造、材料、构配件或设备质量低劣等)、设计与施工的共同问题、不可抗力等。

4. 质量事故发生后采取的措施应写明对质量事故发生后采取的具体措施,对事故的控制情况及预防措施。

5. 事故证据资料指可以记录证明现场事故发生情况的施工记录等文件。

6. 事故处理情况,包括现场处理情况、设计和施工的技术措施。

4.1.2.5 施工现场质量管理检查记录

# 施工现场质量管理检查记录

| 工程名称 | ××市政街道工程 | 施工许可证(开工证) | ××－××× |
|---|---|---|---|
| 建设单位 | ××股份公司 | 项目负责人 | ××× |
| 设计单位 | ××设计研究院 | 项目负责人 | ××× |
| 监理单位 | ×××市政监理公司 | 总监理工程师 | ××× |
| 施工单位 | ××市政建设集团　项目经理　××× | 项目技术负责人 | ××× |

| 序号 | 项　目 | 内　容 |
|---|---|---|
| 1 | 现场质量管理制度 | 齐全完备 |
| 2 | 工程质量检验制度 | 齐全完备 |
| 3 | 分包方资质及对分包单位管理制度 | 齐全完备 |
| 4 | 材料、设备管理制度 | 齐全完备 |
| 5 | 质量责任制 | 齐全完备 |
| 6 | 主要专业工种操作上岗证书 | 齐全完备 |
| 7 | 施工技术标准 | 齐全完备 |
| 8 | 施工图审查情况 | 齐全完备 |
| 9 | 施工组织设计(交通导行、环境保护等方案)编制及审批 | 齐全完备 |
| 10 | 地质勘察资料 | 齐全完备 |
| 11 | 施工检测设备与计量器具设置 | 齐全完备 |
| 12 | 数字图文记录 | 齐全完备 |
| 13 | 项目质量管理人员名册 | 齐全完备 |
| | | |
| | | |
| | | |
| | | |

检查结论：

备审查项目均齐全完备,合格。

总监理工程师×××　　　　　　××年×月×日

**本表由施工单位填写。**

# 《施工现场质量管理检查记录》填表说明

1. 表部部分

(1)工程名称:本栏要填写工程名称全称,要与合同或招标文件中的工程名称一致。"施工许可证(开工证)"栏填写当地建设行政主管部门批准发给的施工许可证(开工证)的编号。

(2)建设单位:本栏写合同文件中的甲方,单位名称要与合同签章上的单位相一致。建设单位"项目负责人"栏,要填写合同书上签字人或签字人以文字形式委托的代表——工程的项目负责人。工程完工后竣工验收备案表中的单位项目负责人应与此一致。

(3)设计单位:本栏填写设计合同中签章单位的名称,其全称应与印章上的名称一致。设计单位"项目负责人"栏,应是设计合同书签字人或签字人以文字形式委托的该项目负责人,工程完工后竣工验收备案表中的单位项目负责人应与此一致。

(4)监理单位:本栏填写单位全称,应与合同或协议书中的名称一致。"总监理工程师"栏应是合同或协议书中明确的项目监理负责人,也可以是监理单位以文件形式明确的该项目监理负责人,总监理工程师必须有监理工程师任职资格证书,并要与其各相关专业对口。

(5)施工单位:本栏填写施工合同中签章单位的全称,与签章上的名称一致。"项目经理"栏、"项目技术负责人"栏与合同中明确的项目经理、项目技术负责人一致。

2. 检查项目部分

(1)现场质量管理制度

1)核查现场质量管理制度内容是否健全、有针对性、时效性等。

2)质量管理体系是否建立,是否持续有效。

3)各级专职质量检查人员的配备。

(2)工程质量检验制度

检查工程质量检验制度是否健全。

(3)分包方资质与分包单位的管理制度。审查分包方资质是否符合要求;分包单位的管理制度是否健全。

1)承包单位填写《分包单位资质报审表》,报项目监理部审查。

2)审查分包单位的营业执照、企业资质等级证书、专业许可证、人员岗位证书。

3)审查分包单位的业绩。

4)经审查合格,签发《分包单位资质报审表》。

(4)材料、设备管理制度

现场材料、设备存放与管理。现场平面布置是否能满足现场材料、设备存放及施工;材料、设备是否有管理制度。

根据检查情况,将检查结果填到相对应的栏中。可直接将有关资料的名称写上,资料较多时,也可将有关资料进行编号填写,注明份数。

(5)质量责任制

检查质量责任制度是否具体及落实到位情况。

(6)主要专业工种操作上岗证书

检查主要专业工种的操作上岗证书是否在有效期内。

(7)施工技术标准

检查施工技术标准能否满足本工程的使用。

(8)施工图审查情况

审查设计交底、图纸会审工作是否已经完成。

(9)施工组织设计,施工方案(交通导行,环境保护等方案)编制及审批

1)项目监理部可规定某些主要分部(分项)工程施工前,承包单位应将施工工艺、原材料使用、劳动力配置、质量保证措施等情况编写专项施工方案,填写《工程技术文件报审表》报项目监理部审核。

2)在施工过程中,当承包单位对已批准的施工组织设计进行调整、补充或变动时,应经专业监理工程师审查,并应由总监理工程师签认。

3)专业监理工程师应要求承包单位报送重点部位、关键工序的施工工艺和确保工程质量的措施,审核同意后予以签认。

4)当承包单位采用新材料、新工艺、新设备时,专业监理工程师应要求承包单位报送相应的施工工艺措施和证明材料,组织专题论证,经审定后予以签认。

5)上述方案经专业监理工程师审查,由总监理工程师签认。

(10)地质勘查资料

检查地质勘查资料是否齐全。

(11)施工检测设备与计量器具设置

核查检测设备与计量器具的标定日期。

(12)数字图文记录

检查是否有相关图文记录,是否齐全有效。

(13)项目质量管理人员名册

核查各主要管理部门是否均已登记在目录中。

3. 检查结论栏

由总监理工程师或建设单位项目负责人填写。

总监理工程师或建设单位项目负责人,对施工单位报送的各项资料进行验收核查,验收核查合格后,签署认可意见。

"检查结论"要明确所报送资料是否符合要求。如总监理工程师或建设单位项目负责人验收核查不合格,施工单位必须限期改正,否则不准许开工。

# 4.2　施工技术资料

## 4.2.1　施工技术资料内容与要求

**4.2.1.1　施工组织设计及审批表包括下列内容：**

　　施工组织设计编制的内容主要包括：工程概况、工程规模、工程特点、工期要求、参建单位等；施工平面布置图；施工部署及计划：施工总体部署及区段划分；进度计划安排及施工计划网络图；各种工、料、机、运计划表。施工方法及主要技术措施（包括冬雨期施工措施等）；桥梁、厂（场）、站等土建及设备安装复杂的工程应有针对单项工程需要的专项工艺技术设计，如模板及支架设计；地下基坑、沟槽支护设计；降水设计；施工便桥、便线设计；管涵顶进、暗挖、盾构法等工艺技术设计以及监控量测方案；现浇混凝土结构及（预制构件）预应力张拉设计；大型预制钢及混凝土构件吊装设计；混凝土施工浇筑方案设计；机电设备安装方案设计；各类工艺管道、给排水工艺处理系统的调试运行方案；轨道交通系统以及自动控制、信号、监控、通讯、通风系统安装调试方案等。

　　施工组织设计还应编写安全、质量、绿色文明施工、环保以及节能降耗措施。

　　施工方案是施工组织设计的核心内容，是工程施工技术指导文件。大型道路、桥梁结构、厂（场）站、大型设备工程的施工方案更直接关系着工程结构的质量及耐久性，方案应按相关规程由相应的主管技术负责人负责组织编制，重大工程施工方案的编制应经过专家论证或方案研讨。

　　施工组织设计应经施工单位有关部门会签、归纳汇总后，提出审核意见，报企业技术负责人进行审批，加盖施工单位公章或业务专用章方为有效。报审时应填写《施工组织设计审批表》，审批内容一般应包括：内容完整性、施工指导性、技术先进性、经济合理性、实施可行性等方面，各相关部门根据职责把关；审批人应签署审查结论。在施工过程中如有较大的施工措施或方案变更时，还应有变更审批手续。

　　对于危险性较大的分部分项工程，应符合住房和城乡建设部《危险性较大的分部分项工程安全管理办法》（建质［2009］87 号）和《建筑工程施工现场安全资料管理规范》CECS：2009 的规定。

**4.2.1.2　图纸审查记录、图纸会审记录包括下列内容：**

　　1. 工程开工前应组织图纸审查，由承包工程的施工单位技术负责人（或项目经理）组织施工、技术等有关人员对施工图进行全面学习、审查并做《图纸审查记录》，将图纸审查中的问题整理、报监理（建设）单位，由监理（建设）单位提交给设计单位，以便在图纸会审时予以答复。

　　2. 图纸会审由建设单位组织，设计、监理和施工单位技术负责人及有关人员参加。设计单位对各专业问题进行交底，施工单位负责将设计交底内容按专业汇总、整理形成图纸会审记录，有关单位项目（或专业）负责人签字确认。

**4.2.1.3　技术交底记录包括：**施工组织设计交底、主要工序施工技术交底，各项交底应有文字记录，交底双方应履行签认手续。

**4.2.1.4　设计变更、洽商记录包括下列内容：**

　　1. 工程中如有洽商，应及时办理《工程洽商记录》，内容必须明确具体，注明原图号，必要时应附图。

　　涉及图纸修改的必须注明应修改图纸的图号。不可将不同专业的工程洽商办理在同一份洽商上。"专业名称"栏应按专业填写，如建筑、结构、给排水、电气、通风空调等。

　　2. 有关技术洽商，应有设计单位、施工单位和监理（建设）单位等有关各方代表签认；设计单位如委托监理(建设)单位办理签认,应办理委托手续。变更洽商原件应存档,相同工程如需要同一个洽商时,可用复印件存档并注明原件存放处。设计变更还应按有关规定执行。

3. 分包工程的有关设计变更洽商记录,应通过工程总包单位办理。

4. 洽商记录按签定日期先后顺序编号,工程完工后由总包单位按照所办理的变更及洽商进行汇总,填写《工程设计变更、洽商一览表》。

# 4.2.2　施工技术资料表格填写范例

## 4.2.2.1　施工组织设计审批表

| 施工组织设计审批表 | | 编　号 | ××× |
|---|---|---|---|
| 工程名称 | | ××市××道路工程 | |
| 施工单位 | | ××市政建设集团有限公司 | |
| 编制单位<br>（章） | ××市政建设集团有限公司 | 编制人 | ××× |
| 有关部门会签意见 | 技术部 | 主要施工方案和施工方法编制详细,有针对性、可行性、合理性和先进性,能够按计划实现。<br><br>　　　　　　　　　　签字:×××　　　　　××年3月2日 | | |
| | 质量安全部 | 已明确建立健全质量管理体系、职业健康安全管理体系,并制定质量目标、职业健康安全目标,有关措施编制详细,有可行性、针对性,能够保证目标的实现。同意。<br><br>　　　　　　　　　　签字:×××　　　　　××年3月2日 | | |
| | 环境部 | 已明确建立健全环境管理体系并制定环境目标、指标及管理方案。同意。<br><br>　　　　　　　　　　签字:×××　　　　　××年3月2日 | | |
| | 设备物资部 | 设备材料可按计划供应。同意。<br><br>　　　　　　　　　　签字:×××　　　　　××年3月2日 | | |
| | 财务部 | 资金周转有保证。同意。<br><br>　　　　　　　　　　签字:×××　　　　　××年3月2日 | | |
| | 经营部 | 同意。<br><br>　　　　　　　　　　签字:×××　　　　　××年3月2日 | | |
| 主管部门审核意见 | | 同意。<br><br>　　　　　　　　负责人签字:×××　　　　　××年3月2日 | | |
| 审批结论 | | 　　该施工组织设计技术上可行,进度、质量、安全、环境目标能够实现,符合有关规范、标准和图纸及合同要求。同意按此施工组织设计实施。<br><br>审批人签字:××　　　　××年3月2日 | 审批单位<br>（章） | |

**本表供施工单位内部审批使用,并作为向监理单位报审的依据,由施工单位保存。**

# 《施工组织设计审批表》填表说明

**【填写依据】**

施工组织设计(项目管理规划)为统筹计划施工,科学组织管理,采用先进技术保证工程质量,安全文明生产,环保、节能、降耗,实现设计意图,是指导施工生产的技术性文件。单位工程施工组织设计应在施工前编制,并应依据施工组织设计编制部位、阶段和专项施工方案。施工组织设计编制的内容主要包括:工程概况、工程规模、工程特点、工期要求、参建单位等,施工平面布置图,施工部署及计划,施工总体部署及区段划分,进度计划安排及施工计划网络图,各种工、料、机、运计划表,质量目标设计及质量保证体系,施工方法及主要技术措施(包括冬、雨季施工措施及采用的新技术、新工艺、新材料、新设备等),大型桥梁、厂(场)、站等土建及设备安装复杂的工程应有针对单项工程需要的专项工艺技术设计。如模板及支架设计,地下基坑、沟槽支护设计,降水设计,施工便桥、便线设计,管涵顶进、暗挖、盾构法等工艺技术设计,现浇混凝土结构及(预制构件)预应力张拉设计,大型预制钢及混凝土构件吊装设计,混凝土施工浇筑方案设计,机电设备安装方案设计,各类工艺管道、给排水工艺处理系统的调试运行方案,轨道交通系统及其自动控制、信号、监控、通讯、通风系统安装调试方案等。

施工组织设计还应编写安全、文明施工、环保以及节能降耗措施。

施工方案是施工组织设计的核心内容,是工程施工技术指导文件。大型道路、桥梁结构、厂(场)站、大型设备工程的施工方案更直接关系着工程结构的质量及耐久性,方案必须按相关规程由相应的主管技术负责人负责组织编制,重大工程施工方案的编制应经过专家论证或方案研讨。

施工组织设计填写《施工组织设计审批表》,并经施工单位有关部门会签、主管部门归纳汇总后,提出审核意见,报审批人进行审批,施工单位盖章方为有效。审批内容一般应包括:内容完整性、施工指导性、技术先进性、经济合理性、实施可行性等方面。各相关部门根据职责把关。审批人应签署审查结论、盖章。在施工过程中如有较大的施工措施或方案变动时,还应有变动审批手续。

4.2.2.2　图纸审查记录、图纸会审记录

| 图纸审查记录 | 编　号 | ×××  |
|---|---|---|
| | | |

| 工程名称 | ××市××路道路扩建工程 | | |
|---|---|---|---|
| 施工单位 | ××市政建设集团有限公司 | 技术负责人 | ××× |
| 审查日期 | 2015 年 2 月 9 日 | 共　1　页　　第　1　页 | |

| 序　号 | 内　容 |
|---|---|
| 提出问题及修改建议 | 1.提出问题:(图纸编号:××、××、××)<br>(1)有几个检查井的平面尺寸不明确,并缺施工详图。<br>(2)预留管的长度多少未标注。<br>(3)路基遇水塘如何处理不明确。<br>(4)土路基的回弹模量是多少未标明。<br>(5)DN300 雨水口连接管的坡度是多少未标明。<br>　2.修改建议:<br>(1)$Y_{128}$ 井室尺寸按 1750mm×1750mm 施工,$Y_{124}$ 井室尺寸按 1500mm×1500mm 施工,所有预留井井室尺寸均按 1000mm×1000mm 施工;管径大于 1200mm 及井深大于 4000mm 的检查井由设计院另补出详图。其余检查井套用通用图。<br>(2)所有预留管均以做出路面一节管为准。<br>(3)路基施工如遇水塘,应先彻底清淤,然后采用塘渣回填,塘渣直径应小于 100mm,并分层碾压密实,达到规定的压实度。<br>(4)土路基回弹模量为 23MPa。<br>(5)DN300 雨水口连接管的坡度为 1%。 |

本表由施工单位填写。

| 图纸会审记录 | | | | 编　号 | ×××  |
|---|---|---|---|---|---|
| 工程名称 | | ××市××路道路扩建工程 | 专业名称 | | 道路 |
| 地点 | | 建设单位会议室 | 日期 | | ××年×月×日 |
| 序号 | 图号 | 图纸问题 | 图纸问题交底或答复 | | |
| 1 | 结施—3 | 底板主筋有无主次方向问题 | 有主次方向之分,横纵板筋上下方向不受限制。 | | |
| 2 | 结施—6 | ××段～××段地基标高有误 | 已发设计变更,按变更图纸进行施工。 | | |
| 签字栏 | 建设单位 | | 监理单位 | 设计单位 | 施工单位 |
| | ××× | | ××× | ××× | ××× |

本表由施工单位整理、汇总。

# 《图纸会审记录》填表说明

**【填写依据】**

1. 施工单位领取图纸后,应由项目技术负责人组织技术、生产、预算、测量及分包方等有关部门和人员对图纸进行审查。

2. 监理、施工单位应将各自提出的图纸问题及意见,按专业整理、汇总后报建设单位,由建设单位提交设计单位做交底准备。

3. 图纸会审应由建设单位组织设计、监理和施工单位技术负责人及有关人员参加。设计单位对各专业问题进行交底,施工单位负责将设计交底内容按专业汇总、整理,形成图纸会审记录。

4. 图纸会审记录应由建设、设计、监理和施工单位的项目相关负责人签认,形成正式图纸会审记录。不得擅自在会审记录上涂改或变更其内容。

5. 图纸的会审内容

(1) 图纸会审时,应重点审查施工图的有效性、对施工条件的适应性、各专业之间和全图与详图之间的协调一致性等。

(2) 设计图纸是否齐全,手续是否完备;设计是否符合国家有关的经济和技术政策、规范规定,图纸总的做法说明(包括分项工程做法说明)是否齐全、清楚、明确,与其他分项和节点大样图之间有无矛盾;设计图纸之间相互配合的尺寸是否相符,分尺寸与总尺寸、大、小样图、水电安装图之间互相配合的尺寸是否一致,有无错误和遗漏;设计图纸本身、结构各构件之间,在立体空间上有无矛盾,预留孔洞、预埋件、大样图或采用标准构配件图的型号、尺寸有无错误与矛盾。

(3) 总图的构筑物坐标位置与单位工程建筑平面图是否一致;构筑物的设计标高是否可行;基础的设计与实际情况是否相符;构筑物及管线之间有无矛盾。

(4) 主要结构的设计在强度、刚度、稳定性等方面有无问题,主要部位的构造是否合理,设计能否保证工程质量和安全施工。

(5) 设计图纸的结构方案与施工单位的施工能力、技术水平、技术装备有无矛盾;采用新技术、新工艺,施工单位有无困难;所需特殊材料的品种、规格、数量能否解决,专用机械设备能否保证。

(6) 安装专业的设备、管架、钢结构立柱、金属结构平台、电缆、电线支架以及设备基础是否与工艺图、电气图、设备安装图和到货的设备相一致;传动设备、随机到货图纸和出厂资料是否齐全,技术要求是否合理,是否与设计图纸及设计技术文件相一致,底座同基础是否一致;管口相对位置、接管规格、材质、坐标、标高是否与设计图纸一致;管道、设备及管件需防腐衬里、脱脂及特殊清洗时,设计结构是否合理,技术要求是否切实可行。

#### 4.2.2.3　技术交底记录

| 技术交底记录 | 编　号 | ××× |
|---|---|---|

| 工程名称 | ××市××水厂工程 | | |
|---|---|---|---|
| 分部工程名称 | 主体结构工程 | 分项工程名称 | 装配式混凝土结构 |
| 施工单位 | ××市政建设集团 | 交底日期 | 2015 年 1 月 2 日 |

交底内容：

1. 钢筋成型与安装

成型前必须按设计要求配制钢筋的级别、钢种、根数、形状、直径等；绑扎成型时，钢丝必须扎紧，不得有滑动、折断、移位等情况；成型后的网片或骨架必须稳定牢固，在安装及浇注混凝土时不得松动或变形；受力钢筋同一截面内、同一根钢筋上只准有一个接头；绑扎或焊接接头与钢筋弯曲处相距不应小于 10 倍主筋直径，也不宜位于最大弯矩处；钢筋网片和骨架成型允许偏差应符合(CJJ 2—2008)表 6.5.8 和表 6.5.9 的规定。

2. 模板

模板及支撑不得有松动、跑模或变形等现象；模板必须拼缝严密，不得漏浆，模内必须洁净；凡需起拱的构件模板，其预留拱度应符合规定。

3. 水泥混凝土构件

混凝土的原材料、配合比必须符合有关标准、规范的规定，强度必须符合设计要求；强度的检验可做抗压试验；混凝土构件不得有蜂窝、露筋等现象，如有硬伤、掉角等缺陷均应修补完好；其允许偏差应符合(CJJ 2—2008)的规定。

4. 水泥混凝土构件(梁、板)安装

梁、板安装必须平稳，支点处必须接触严密、稳固；相邻梁或板之间的缝隙必须用细石混凝土或砂浆嵌填密实；伸缩缝必须全部贯通，不得堵塞或变形，活动支座必须按设计要求上油润滑；支座接触必须严密，不得有空隙，位置必须符合设计要求；梁、板安装允许偏差应符合(CJJ 2—2008)表 13.7.3—2 的规定。

| 审　核　人 | 交　底　人 | 接受交底人 |
|---|---|---|
| ××× | ××× | ××× |

本表由施工单位填写。

# 《技术交底记录》填表说明

**【填写依据】**

施工技术交底是指工程施工前由主持编制该工程技术文件的人员向实施工程的人员说明工程在技术上、作业上要注意和明确的问题,是施工企业一项重要的技术管理制度。交底的目的是为了使操作人员和管理人员了解工程的概况、特点、设计意图、采用的施工方法和技术措施等。施工技术交底一般都是在有形物(如文字、影像、示范、样板等)的条件下向工程实施人员交流如何实施工程的信息,以达到工程实施结果符合文字要求或影像、示范、样板的效果。

1. 交底内容及形式

(1) 交底内容

不同的施工阶段、不同的工程特性都必须保持实施工程的管理人员和操作人员始终都了解交底者的意图。

1) 技术交底应包括施工组织设计交底、专项施工方案技术交底、分项工程施工技术交底、"四新"(新材料、新产品、新技术、新工艺)技术交底和设计变更技术交底,各项交底应有文字记录,交底双方签认应齐全;

2) 重点和大型工程施工组织设计交底应由施工企业的技术负责人对项目主要管理人员进行交底。其他工程施工组织设计交底应由项目技术负责人进行交底;施工组织设计交底的内容包括:工程特点、难点、主要施工工艺及施工方法、进度安排、组织机构设置与分工及质量、安全技术措施等;

3) 专项施工方案技术交底应由项目专业技术负责人负责,根据专项施工方案对专业工长进行交底,如有编制关键、特殊工序的作业指导书以及特殊环境、特种作业的指导书,也必须向施工作业人员交底,交底内容为该专业工程、过程、工序的施工工艺、操作方法、要领、质量控制、安全措施等;

4) 分项工程施工技术交底应由专业工长对专业施工班组(或专业分包)进行交底;

5) "四新"技术交底应由项目技术负责人组织有关专业人员编制;

6) 设计变更技术交底应由项目技术部门根据变更要求,并结合具体施工步骤、措施及注意事项等对专业工长进行交底。

(2) 交底形式

施工技术交底可以用会议口头沟通形式或示范、样板等作业形式,也可以用文字、图像表达形式,但都要形成记录并归档。

2. 技术交底的实施

技术交底制度是保证交底工作正常进行的项目技术管理的重要内容之一。项目经理部应在技术负责人的主持下建立适应本工程正常履行与实施的施工技术交底制度。

技术交底实施的主要内容:

(1) 技术交底的责任:明确项目技术负责人、专业工长、管理人员、操作人员等的责任。

(2) 技术交底的展开:应分层次展开,直至交底到施工操作人员。交底必须在作业前进行,并有书面交底资料。

(3) 技术交底前的准备:有书面的技术交底资料或示范、样板演示的准备。

(4) 安全技术交底:施工作业安全、施工设施(设备)安全、施工现场(通行、停留)安全、消防安全、作业环境专项安全以及其他意外情况下的安全技术交底。

（5）技术交底的记录：作为履行职责的凭据，技术交底记录的表格应有统一的标准格式，交底人员应认真填写表格并在表格上签字，接受交底人也应在交底记录上签字。

（6）交底文件的归档：技术交底资料和记录应由交底人整理归档。

（7）交底责任的界定：重要的技术交底应在开工前界定。交底内容编制后应由项目技术负责人批准，交底时技术负责人应到位。

（8）例外原则：外部信息或指令可能引起施工发生较大变化时应及时向作业人员交底。

3. 技术交底注意事项

（1）技术交底必须在该交底对应项目施工前进行，并应为施工留出足够的准备时间。技术交底不得后补。

（2）技术交底应以书面形式进行，并辅以口头讲解。交底人和被交底人应履行交接签字手续。技术交底及时归档。

（3）技术交底应根据施工过程的变化，及时补充新内容。施工方案、方法改变时也要及时进行重新交底。

（4）分包单位应负责其分包范围内技术交底资料的收集整理，并应在规定时间内向总包单位移交。总包单位负责对各分包单位技术交底工作进行监督检查。

【填写要点】

1."工程名称"栏与施工图纸中的图签一致。

2."交底日期"栏按实际交底日期填写。

3."交底内容"应有可操作性和针对性，使施工人员持技术交底便可进行施工。文字尽量通俗易懂，图文并茂。严禁出现详见××规程、××标准的话，而要将规范、规程中的条款转换为通俗语言。

4.2.2.4　工程洽商记录

| 工程洽商记录 | | | 编　　号 | ×××  |
|---|---|---|---|---|
| 工程名称 | ××市××路××桥梁工程 | | 专业名称 | 桥梁 |
| 提出单位名称 | ××市政建设集团 | | 日　　期 | 2015 年 2 月 10 日 |
| 内容摘要 | | 桩间尺寸 | | |
| 序号 | 图号 | 洽商内容 | | |
| 1 | 施结－2 | 原总体布置图,A—A 中间桩间尺寸与平剖面图尺寸不相符 | | |
| 2 | 施结－3 | 原总体布置图,B—B 中间桩间尺寸与平剖面图尺寸不相符 | | |
| 签字栏 | 建设单位 | 监理单位 | 设计单位 | 施工单位 |
| | ××× | ××× | ××× | ××× |

本表由提出单位填写。

<table>
<tr><td colspan="3" rowspan="2">工程设计变更、洽商一览表</td><td rowspan="2">编　号</td><td>×××</td></tr>
</table>

| 工程设计变更、洽商一览表 | | | 编　号 | ××× |
|---|---|---|---|---|
| 工程名称 | | | ××市政桥梁工程 | |
| 施工单位 | | | ××市政工程建设集团 | |
| 序号 | 变更、洽商单号 | 页数 | 主要变更、洽商内容 | |
| 1 | 商—01 | 1 | 桥面铺装层结构变更 | |
| 2 | 商—02 | 1 | 回弹模量数值变更 | |
| | | | | |
| | | | | |
| | | | | |
| | | | | |
| | | | | |
| | | | | |
| | | | | |
| | | | | |
| | | | | |
| | | | | |
| | | | | |
| | | | | |
| 技术负责人：<br><br>×××<br><br>××年×月×日 | | | 填表人：<br><br>×××<br><br>××年×月×日 | |

本表由施工单位填写。

## 《工程设计变更、洽商一览表》、《工程洽商记录》填表说明

**【填写依据】**

设计变更、洽商记录是施工过程中,由于设计图纸本身差错,设计图纸与实际情况不符,施工条件变化,原材料的规格、品种、质量不符合设计要求及职工提出合理化建议等原因,需要对设计图纸部分内容进行修改而办理的工程设计变更、洽商记录文件。设计变更、洽商记录应分专业办理,内容详实,必要时应附图,并逐条注明应修改图纸的图号。

1. 设计变更

(1) 设计单位应及时下达设计变更通知单,设计变更通知单应由设计专业负责人以及建设(监理)和施工单位的相关负责人签认。

(2) 工程设计由施工单位提出变更时,例如钢筋代换、细部尺寸修改等重大技术问题,必须征得设计单位和建设、监理单位的同意。

(3) 工程设计变更由设计单位提出,如设计计算错误、做法改变、尺寸矛盾、结构变更等问题,必须由设计单位提出变更设计联系单或设计变更图纸,由施工单位根据施工准备和工程进展情况,做出能否变更的决定。

(4) 遇有下列情况之一时,由设计单位签发设计变更通知单或变更图纸:

1) 当决定对图纸进行较大修改时。

2) 施工前及施工过程中发现图纸有差错,做法、尺寸有矛盾,结构变更或与实际情况不符时。

3) 由建设单位对构造、细部做法、使用功能等方面提出设计变更时,必须经过设计单位同意,并由设计单位签发设计变更通知单或设计变更图纸。

2. 工程洽商

(1) 工程洽商可由技术人员办理,专业的洽商由相应专业工程师负责办理。工程分包方的有关洽商记录,应经工程总承包单位确认后方可办理。

(2) 工程洽商内容若涉及其他专业、部门及分包方,应征得有关专业、部门、分包方同意后,方可办理。

(3) 工程洽商记录应由设计专业负责人以及建设、监理和施工单位相关负责人签认。设计单位如委托建设(监理)单位办理签认,应办理委托手续。

(4) 设计图纸交底后,应办理一次性工程洽商记录。

(5) 施工过程中增发、续发、更换施工图时,应同时签办洽商记录,确定新发图纸的起用日期、应用范围及与原图的关系;如有已按原图施工的情况,要说明处置意见。

(6) 各责任人在收到工程洽商记录后,应及时在施工图纸上对应的部位标注洽商记录日期、编号、更改内容。

(7) 工程洽商记录需进行更改时,应在洽商记录中写清原洽商记录日期、编号、更改内容,并在原洽商被修正的条款上注明"作废"标记。

(8) 同一地区内相同的工程,如需同一个洽商(同一设计单位,工程的类型、变更洽商的内容和部位相同),可采用复印件或抄件,但应注明原件存放处。

### 4.2.2.5　安全交底记录

| 安全交底记录 | | 编　号 | ××× |
|---|---|---|---|
| 工程名称 | ××市××道路工程 | | |
| 施工单位 | ××市政建设集团有限公司 | | |
| 交底项目(部位) | 道路基层 | 交底日期 | ××年×月×日 |

**交底内容:**

一、一般要求

1. 施工场地应坚实、平坦,无障碍物;路基经验收合格,并形成文件后,方可施工道路基层。

2. 现场调转推土机、平地机、压路机等机械时,应设专人指挥;指挥人员应事先踏勘行驶道路,确认道路平坦、坚实、畅通;沿途的桥涵、便桥、地下管线等构筑物应有足够的承载力,能满足机械通行的安全要求;架空线净高应满足机械通行要求,遇电力架空线时应符合施工用电安全技术交底具体要求;地面无障碍物。

3. 材料运输应符合路基工程土方运相关安全交底的要求。

4. 使用手推车应符合下列要求:

(1)运输杆件材料时,应捆绑牢固。

(2)装土等散状材料时,车应设挡板,运输中不得遗撒。

(3)在坡道上运输应缓慢行驶,控制速度,下坡前方不得有人。

(4)卸土等散状材料时,应待车辆挡板打开后,方可扬把卸料,严禁撒把。

(5)路堑、沟槽边卸料时,距堑、槽边缘不得小于1m,车轮应挡掩牢固,槽下不得有人。

二、材料拌和施工安全要求

1. 在城区、居民区、乡镇、村庄、机关、学校、企业、事业等单位或其附近施工,不得在现场拌和石灰土、水泥土、石灰粉煤灰等混合料。

2. 石灰土类结构道路,现场使用石灰时,对石灰的选择、堆放、消解应符合下列要求:

(1)所用石灰宜为袋装磨细生石灰。

(2)需消解的生石灰应堆于远离居民区、庄稼和易燃物的空旷场地,周围应设护栏,不得堆放在道路上。

(3)作业人员应按规定佩戴劳动保护用品。

(4)施工中应采取环保、文明施工措施。

(5)装运散状石灰不宜在大风天气进行。

(6)采用块状石灰时应符合下列要求:

1)在灰堆内消解石灰,脚下必须垫木板。

2)向灰堆插水管时,严禁喷水管对向人。

3)消解石灰时,不得在浸水的同时边投料、边翻拌,人员不得触及正在消解的石灰。

4)作业人员应站在上风向操作,并应采取防扬尘措施。

5)炎热天气宜早、晚作业。

3. 现场人工拌和石灰土、水泥土应符合下列要求:

(1)作业中,应由作业组长统一指挥,作业人员应协调一致。

(2)拌和作业应在较坚硬的场地上进行;作业人员之间应保持1m以上的安全距离。

(3)摊铺、拌和石灰、水泥应轻拌、轻翻,严禁扬撒。

| 交底人 | ××× | 接受交底班组长 | ××× | 接受交底人数 | ××× |
|---|---|---|---|---|---|

**本表由施工单位填写并保存(一式三份。班组一份、安全员一份、交底人一份)。**

| 安全交底记录 | | 编 号 | ×××|
|---|---|---|---|
| 工程名称 | ××市××道路工程 | | |
| 施工单位 | ××市政建设集团有限公司 | | |
| 交底项目(部位) | 道路基层 | 交底日期 | ××年×月×日 |

交底内容:

(4)5级以上(含)风力不得施工;作业人员应站在上风向。

4. 使用机械拌和石灰土、水泥土应符合下列要求:

(1)拌和过程中,严禁机械急转弯或原地转向或倒行作业。

(2)机械发生故障必须停机后,方可检修。

(3)拌合机运转过程中,严禁人员触摸传动机构。

5. 集中拌和基层材料应符合下列要求:

(1)拌和场应根据材料种类、规模、工艺要求和现场状况进行专项设计,合理布置;各机具设备之间应设安全通道。机具设备支架及其基础应进行受力验算,其强度、刚度、稳定性应满足机具运行的安全要求。

(2)拌合场不得设在电力架空线路下方,需设在其一侧时,应符合施工用电安全技术交底具体要求;拌合场周围应设围挡,实行封闭管理。

(3)拌合机具设备发生故障或检修时,必须关机、断电后可进行,并必须固锁电源闸箱,设专人监护。

(4)拌合机应置于坚实的基础上,安装牢固,防护装置齐全有效,电气接线应符合施工用电安全技术交底的具体要求。

(5)拌合机运转时,严禁人员触摸传动机构;拌合场地应采取降尘措施,空气中粉尘等有害物含量应符合国家现行规定。

(6)拌合场应按消防安全规定配备消防器材。

三、摊铺与碾压施工安全要求

1. 施工现场卸料应由专人指挥,卸料时,作业人员应位于安全地区;基层施工中,各种现状地下管线的检查井(室)应随各结构层相应升高或降低,严禁掩埋。

2. 人工摊铺基层材料应由作业组长统一指挥,协调摊铺人员和运料车辆与碾压机械操作工的相互配合关系;作业人员应相互协调,保持安全作业;作业人员之间应保持1m以上的安全距离;摊铺时不得扬撒。

3. 机械摊铺与碾压基层结构应符合下列要求:

(1)作业中,应设专人指挥机械,协调各机械操作工、筑路工之间的相互配合关系,保持安全作业。

(2)作业中,机械指挥人员应随时观察作业环境,使机械避开人员和障碍物,当人员妨碍机械作业时,必须及时疏导人员离开并撤至安全地方;机械运转时,严禁人员上下机械,严禁人员触摸机械的传动机构。

(3)沥青碎石基层施工时,应符合热拌沥青混合料面层施工安全技术交底要求。

(4)作业后,机械应停放在平坦、坚实的场地,不得停置于临边、低洼、坡度较大处。停放后必须熄火、制动。

(5)使用推土机、平地机、压路机等在道路、公路上行驶时,应遵守现行《中华人民共和国道路交通安全法》《中华人民共和国道路交通安全法实施条例》的有关规定。在施工现场道路上行驶时,应遵守现场限速等交通标识的管理规定。

| 交底人 | ××× | 接受交底班组长 | ××× | 接受交底人数 | ××× |
|---|---|---|---|---|---|

本表由施工单位填写并保存(一式三份。班组一份、安全员一份、交底人一份)。

# 4.3 施工物资资料

## 4.3.1 施工物资资料内容与要求

4.3.1.1 工程物资合格证明：工程物资质量必须合格，并有出厂质量证明文件（包括质量合格证明文件或检验/试验报告、产品生产许可证、产品合格证、产品监督检验报告等），对列入国家强制商检目录或建设单位有特殊要求的进口物资还应有进口商检证明文件。

进口物资应有安装、试验、使用、维修等中文技术文件。

4.3.1.2 质量证明文件的复印件时，应符合 1.1.2 条的相关规定。

4.3.1.3 不合格物资不准使用。

4.3.1.4 特种设备和材料：对国家和地方所规定的特种设备和材料应附有关文件和法定检测单位的检测证明。

4.3.1.5 工程物资资料应进行分级管理。半成品供应单位或半成品加工单位负责收集、整理、保存所供物资或原材料的质量证明文件。施工单位则需收集、整理、保存供应单位或加工单位提供的质量合格证明文件和进场后进行的检验、试验文件。各单位应对各自范围内的工程资料的汇总整理结果负责，并保证工程资料的可追溯性。

1. 钢筋资料的分级管理

如钢筋采用场外委托加工时，钢筋的原材报告、复试报告等原材料质量证明文件由加工单位和委托单位保存；委托单位还应对半成品钢筋进行检查验收。

2. 混凝土资料的分级管理

(1)预拌混凝土供应单位必须向施工单位提供质量合格的混凝土并随车提供预拌混凝土发货单，于 45 天之内提供预拌混凝土出厂合格证；有抗冻、抗渗等特殊要求的预拌混凝土合格证提供时间，由供应单位和施工单位在合同中明确，一般不大于 60 天。

(2)预拌混凝土供应单位除向施工单位提供预拌混凝土上述资料外，还应完整保存以下资料，以供查询：

混凝土配合比及试配记录

水泥出厂合格证及复试报告

水泥混凝土细集料技术性能试验报告（砂子试验报告）

水泥混凝土粗集料技术性能试验报告（碎(卵)石试验报告）

轻集料试验报告

外加剂材料试验报告

掺和料试验报告

碱含量试验报告（用于有规定要求的混凝土）

混凝土开盘鉴定（生产单位使用）

混凝土抗压强度、抗折强度报告（填入预拌混凝土出厂合格证）

混凝土抗渗、抗冻性能试验（根据合同要求提供）

混凝土试块强度统计、评定记录（生产单位取样部分）

混凝土坍落度测试记录（生产单位测试记录）

(3)施工单位应填写、整理以下混凝土资料：

预拌混凝土出厂合格证(生产单位提供)

混凝土抗压强度、抗折强度报告(现场取样检验)

混凝土抗渗、抗冻性能试验记录(有要求时的现场取样检验)

C20 以上混凝土浇筑记录(其中部份内容根据预拌混凝土发货单内容整理)

混凝土坍落度测试记录(现场检验)

混凝土测温记录(有要求时的现场检测)

混凝土试块强度统计、评定记录(施工单位现场取样部分)

混凝土试块有见证取样记录

(4)如果采用现场搅拌混凝土方式,施工单位应提供上述除预拌混凝土出厂合格证、发货单之外的所有资料。

3. 混凝土预制构件资料的分级管理

当施工单位使用混凝土预制构件时,钢筋、钢丝、预应力筋、混凝土等组成材料的原材报告、复试报告等质量证明文件,混凝土性能试验报告等由混凝土预制构件力口工单位保存;加工单位提供的预制构件出厂合格证由施工单位保存。

4. 石灰粉煤灰砂砾混合料资料的分级管理

(1)石灰粉煤灰砂砾混合料生产厂家必须向施工单位提供质量合格的混合料并随车提供混合料运输单,于 15 天之内提供石灰粉煤灰砂砾混合料出厂质量合格证。

(2)石灰粉煤灰砂砾混合料生产厂家施工单位提供上述资料外,还应完整保存以下资料,以供查询:

混合料配比及试配记录

标准击实数据及最佳含水量数据

石灰出厂质量证明及复试报告

粉煤灰出厂质量证明及复试报告

砂砾筛分试验报告

7 天无侧限抗压强度试验报告

(3)施工单位应填写、整理以下资料

石灰粉煤灰砂砾混合料出厂质量合格证(生产厂家提供)

现场检测混合料 7 天无侧限抗压强度(含有见证取样)试验报告

混合料中石灰剂量检测报告

5. 石灰粉煤灰钢渣混合料资料的分级管理

(1)石灰粉煤灰钢渣混合料生产厂家必须向施工单位提供质量合格的混合料并随车提供混合料运输单,于 15 天之内提供石灰粉煤灰钢渣混合料出厂合格证。

(2)石灰粉煤灰钢渣混合料生产厂家除向施工单位提供上述资料外,还应完整保存以下资料,以供查询:

混合料配合比及试配记录

标准击实数据及最佳含水量数据

石灰出厂质量证明及复试报告

粉煤灰出厂质量证明及复试报告

钢渣质量证明及复试报告

7 天无侧限抗压强度试验报告

(3)施工单位应填写、整理以下资料

石灰粉煤灰钢渣混合料出厂质量合格证(生产厂家提供)

现场检测混合料7天无侧限抗压强度(含有见证取样)试验报告

混合料中石灰剂量、粉煤灰含量、钢渣掺量检测报告

6. 水泥稳定砂砾混合料资料的分级管理

(1)水泥稳定砂砾混合料生产厂家必须向施工单位提供质量合格的混合料并随车提供混合料运输单,于15天内提供水泥稳定砂砾出厂质量合格证。

(2)水泥稳定砂砾混合料生产厂家除向施工单位提供上述资料外,还应完整保存以下资料,以供查询:

混合料配合比及试配记录

水泥出厂质量证明及复试报告

砂砾筛分试验报告

7天无侧限抗压强度试验报告

(3)施工单位应填写、整理以下资料

水泥稳定砂砾混合料出厂质量合格证(生产厂家提供)

现场检测混合料7天无侧限抗压强度(含有见证取样)试验报告

7. 沥青混合料资料的分级管理

(1)沥青混合料生产厂家必须向施工单位提供合格的沥青混合料并随车提供混合料运输单、标准密度资料及沥青混合料出厂质量合格证。

(2)沥青混合料生产厂家除向施工单位提供上述资料外,还应完整保存以下资料,以供查询:

沥青混合料配合比设计及检验试验报告

路用沥青、乳化沥青、液体石油沥青出厂合格证及复试报告(按附录A要求试验)

集料试验报告(按附录A要求试验)

添加剂、料试验报告

(3)施工单位应填写、整理以下资料

沥青混合料出厂合格证(生产厂家提供)

沥青混合料标准密度资料(生产厂家提供)

现场取样混合料压实度试验报告

路面弯沉值检测记录

路面结构层厚度检测记录

路面磨擦系数、构造深度检测记录

路面平整度检测记录

4.3.1.6　如合同或其它文件约定,在工程物资订货或进场之前须履行工程物资进场审批手续,施工单位应填写《工程物资选样送审表》,报请监理(建设)单位审批。

4.3.1.7　工程完工后由施工单位汇总填写《主要设备、原材料、构配件质量证明文件及复试报告汇总表》。

设备、原材料、半成品和成品的质量必须合格,供货单位应按产品的相关技术标准、检验要求提供出厂质量合格证明或试验单,凡属特种设备,质量证明文件的内容应符合主管部门的规定。须采取技术措施的,应满足有关规范标准规定,并经有关技术负责人批准(有批准手续方可使用)。

各供货单位提供《半成品钢筋出厂合格证》、《预制混凝土出厂合格证》、《预制钢筋混凝土构件、管材出厂合格证》、《钢构件出厂合格证》、《沥青混凝土出厂合格证》、《石灰粉煤灰砂砾出厂合格证》。

其它产品合格证或质量证明书的形式,以供货方提供的为准。

施工单位在整理产品质量证明文件时,应将非 A4 幅面大小的产品质量证明文件粘贴在《产品合格证粘贴衬纸》上。同产品、同规格、同型号、同厂家、同出厂批次的可以用一个合格证代表(合格证应正反粘贴),但应注明所代表的数量。

4.3.1.8　设备进场后,由施工单位、监理单位、建设单位、供货单位共同开箱检查,填写《设备、配(备)件开箱检验记录》。

4.3.1.9　材料、配件进场后,由施工单位进行检验,需进行抽检的材料、配件按规定比例进行抽检,并进行记录,填写《材料、配件检验记录汇总表》。

4.3.1.10　预制混凝土道牙、平石、大小方砖、地袱、防撞墩等小型混凝土构件进场后,须有预制混凝土小型构件出厂质量合格证,按进场复验、施工试验及实体检验项目抽检批次和检验项目进行尺寸量测、外观检查,抽样进行混凝土抗压、抗折强度试验;管材依照质量验收标准抽检,填写《预制混凝土构件、管材进场抽检记录》。

4.3.1.11　对进场后的产品,按检测规程的要求进行复试,填写产品复试记录/报告。

《材料试验报告(通用)》,本表为本规程未明确规定的或难于列表记录各类物资的通用试验记录(如混凝土管、防腐材料、保温材料等)。需委托试验、检测单位进行试验、检测的产品,应委托有资质试验检测单位进行检测并出具试验报告,如桥梁伸缩装置、桥梁支座等。

4.3.1.12　工程开工初期亦按有关规定制定见证取样计划,作为现场见证取样的依据。施工过程中所作的见证取样工作均亦按有关规定填写见证记录。工程完工后由施工单位对所作的见证试验进行汇总,填写《见证试验汇总表》。

4.3.1.13　钢结构、钢梁在工厂或工地首次焊接之前或材料、工艺变化时,必须分别进行焊接工艺评定。《钢结构、钢梁焊接工艺评定》。桥梁工程(钢梁、钢－混凝土结合梁)焊接工艺评定按现行《铁路钢桥制造规范》(TB10212)进行;建筑钢结构焊接工艺评定应按《钢结构焊接规范》GB50661规定进行。

## 4.3.2　施工物资资料填写范例

### 4.3.2.1　工程物资选样送审表

| 工程物资选样送审表 | | 编　号 | ×××|
|---|---|---|---|
| **工程名称** | | ××市地铁×号线土建工程01标段 | |
| **施工单位** | | ××建设集团有限公司 | |

致　　××建设监理公司　　(监理/建设单位):

现报上本工程下列物资选样文件,为满足工程进度要求,请在　2015　年　8　月　10　日之前予以审批。

| 物资名称 | 规格型号 | 生产厂家 | 拟使用部位 |
|---|---|---|---|
| 预拌混凝土 | 各强度等级 | ××混凝土有限公司 | 车站 |
| | | | |

附件:

　☑ 生产厂家资质文件 ___8___ 页　　☑ 工程应用实例目录 ___12___ 页

　☑ 产品性能说明书 ___6___ 页　　☑ 报价单 ___3___ 页

　☐ 质量检验报告 _____ 页　　☐ _____ 页

　☐ 质量保证书 _____ 页　　☐ _____ 页

技术负责人:×××　　　　申报人:×××　　　　**申报日期:2015年8月5日**

施工单位审核人意见:

　　同意《工程物资选样送审表》报监理、设计、建设单位审核。

☑有/☐无附页

审核人:×××　　　　　　　　　　　　**审核日期:2015年8月5日**

| 监理单位审核人意见:<br><br>　　同意<br><br>监理工程师:×××　　2015年8月6日 | 设计单位审核人意见:<br><br>　　同意<br><br>设计负责人:×××　　2015年8月6日 |
|---|---|

建设单位审定意见:

　　☑ 同意使用　　☐ 规格修改后再报　　☐ 重新选样

技术负责人:×××　　　　　　　　　　　　　2015年8月8日

本表由施工单位填报,经建设单位审定后,建设单位、监理单位、施工单位保存。

#### 4.3.2.2 产品合格证

| 主要设备、原材料、构配件<br>质量证明文件及复试报告汇总表 | | | 编 号 | | | ×××  | |
|---|---|---|---|---|---|---|---|
| 工程名称 | | ×× 市 ×× 路道路桥梁工程 | | | | | |
| 施工单位 | | ×× 市政建设集团有限公司 | | | | | |
| 材料(设备)<br>名 称 | 规格型号 | 生产厂家 | 单位 | 数量 | 使用单位 | 出厂证明或<br>试验、检测<br>单编号 | 出厂或<br>试验日期 |
| 石灰粉煤灰<br>稳定碎石 | | ×× 水泥制品有限公司 | t | 4500 | 道路基层 | ×× | ×× 年 × 月 × 日 |
| 沥青混合料 | AC—16 I | ×× 沥青混凝土公司 | t | 650 | 道路面层 | ×× | ×× 年 × 月 × 日 |
| 板式橡胶支座 | 200×250×37 | ×× 橡胶厂 | 块 | 280 | 桥梁 | ×× | ×× 年 × 月 × 日 |
| 预制预应力梁 | 15m/20m | ×× 预应力构件厂 | 片 | 72 | 上部结构 | ×× | ×× 年 × 月 × 日 |
| APP 改性沥青<br>防水卷材 | 幅宽 1000mm<br>厚度 3mm | ×× 防水材料有限公司 | 卷 | 68 | 桥面<br>防水层 | ×× | ×× 年 × 月 × 日 |
| TST 弹塑体 | | ×× 工程制品有限公司 | m | 73 | 桥面伸缩缝 | ×× | ×× 年 × 月 × 日 |
| 地袱、隔离带、<br>人行道板 | C30 | ×× 水泥构件厂 | 块 | 248 | 桥面系 | ×× | ×× 年 × 月 × 日 |
| 钢管 | | ×× 工程制品有限公司 | m | 116 | 栏杆 | ×× | ×× 年 × 月 × 日 |
| 钢管 | | ×× 工程制品有限公司 | 根 | 40 | 泄水管 | ×× | ×× 年 × 月 × 日 |
| 路缘石 | C30 | ×× 水泥构件厂 | 块 | 224 | 桥面系 | ×× | ×× 年 × 月 × 日 |
| 路缘石 | C30 | ×× 水泥构件厂 | 块 | 766 | 附属道路 | ×× | ×× 年 × 月 × 日 |
| 钢筋 | HRB 335  12 | 首钢 | t | 73.6 | 桥梁梁板 | ×× | ×× 年 × 月 × 日 |
| 钢筋 | HRB 335  16 | 首钢 | t | 27.9 | 桥梁梁板 | ×× | ×× 年 × 月 × 日 |
| 钢筋 | HRB 335  20 | 首钢 | t | 21.5 | 桥梁梁板 | ×× | ×× 年 × 月 × 日 |
| 钢筋 | HRB 335  22 | 首钢 | t | 84.8 | 桥梁梁板 | ×× | ×× 年 × 月 × 日 |
| 钢筋 | HRB 335  25 | 首钢 | t | 40.9 | 桥梁梁板 | ×× | ×× 年 × 月 × 日 |
| | | | | | | | |
| | | | | | | | |
| | | | | | | | |
| 技术负责人 | | ××× | | 填表人 | | ××× | |

本表由施工单位填写,城建档案馆、建设单位、施工单位保存。

| 半成品钢筋出厂合格证 | | | 编　号 | | ××× | |
|---|---|---|---|---|---|---|
| 工程名称 | | | ××市××路桥梁工程 | | | |
| 委托单位 | | | ××市政建设集团有限公司 | | 合格证编号 | ×× |
| 供应总量 | | 89.2　t | 加工日期 | 2015年5月8日 | 供货日期 | 2015年5月10日 |
| 序号 | 级别规格 | 供应数量(t) | 进货日期 | 生产厂家 | 原材报告编号 | 复试报告编　号 | 使用部位 |
| 1 | HRB 335 22 | 34.6 | 2015年4月15日 | ××加工厂 | 2—1142 | 2015—0139 | 梁板 |
| | | | | | | | |
| | | | | | | | |
| | | | | | | | |
| | | | | | | | |
| | | | | | | | |
| | | | | | | | |
| | | | | | | | |
| | | | | | | | |
| | | | | | | | |
| | | | | | | | |
| | | | | | | | |
| | | | | | | | |
| | | | | | | | |
| | | | | | | | |
| | | | | | | | |
| | | | | | | | |
| | | | | | | | |
| | | | | | | | |

结论及备注：
　　符合出厂要求,质量合格,同意出厂。

| 技术负责人 | 填　表　人 | 加工单位(盖章) |
|---|---|---|
| ××× | ××× | |

出厂日期：　　　　2015年5月10日

本表由半成品钢筋供应单位提供,建设单位、施工单位保存。

# 《半成品钢筋出厂合格证》填表说明

本表参照《混凝土结构工程施工质量验收规范》(DB 50204)标准填写。

【填写依据】

1. 钢筋采用场外委托加工时,钢筋资料应分级管理,加工单位应保存钢筋的原材出厂质量证明、复试报告、接头连接试验报告等资料,并保证资料的可追溯性。

2. 场外委托加工的钢筋质量应由加工单位负责,施工单位仅需保留出厂合格证并对进场钢筋做外观检查。但用于承重结构的钢筋和钢筋连接接头,若通过进场外观检查对其质量产生怀疑或监理、设计单位有特殊要求时,可进行力学性能和工艺性能的抽样复试。如监理或设计单位提出复试要求的,应事先约定进场取样复试的原则与要求。

【填写要点】

1. 合格证中应包括:工程名称、委托单位、合格证编号、供应总量、加工及供货日期、钢筋级别规格、生产厂家、原材及复试报告编号、使用部位、加工单位技术负责人(签字)、填表人(签字)、加工单位盖章等内容。

2. 合格证编号指加工单位出具的半成品钢筋出厂合格证的编号。

3. 原材报告编号指生产厂家的钢筋原材出厂质量证明书的编号。

4. 复试报告编号指钢筋进场后取样复试报告的编号。

| 预拌混凝土出厂合格证 | | | 编　　号 | | ××× |
|---|---|---|---|---|---|
| 订货单位 | ××市政建设集团有限公司 | | | | |
| 工程名称 | ××市××路桥梁工程 | | 浇筑部位 | 1－A、1－C桥头搭板 | |
| 强度等级 | C25 | 抗渗等级 | / | 供应数量 | 25.0　m³ |
| 供应日期 | 2015 年 4 月 27 日 | | 配合比编号 | 2015－0871 | |
| 原材料名称 | 水泥 | 砂 | 石 | 掺合料 | 外加剂 |
| 品种及规格 | P·O 42.5 | 中砂 | 碎石 5～20 | 粉煤灰Ⅰ级 | 缓凝高效减水剂 |
| 试验编号 | C2015－0028 | S2015－0036 | G2015－0038 | F2015－0021 | A2015－0012 |
| 每组抗压强度值（MPa） | 试验编号 | 强度值 | 试验编号 | 强度值 | 备注： |
| | 2015－0843 | 36.6 | | | |
| | | | | | |
| | | | | | |
| 每组抗折强度值（MPa） | | | | | |
| | | | | | |
| | | | | | |
| | 试验编号 | 抗冻等级 | 试验编号 | 抗冻等级 | |
| 抗冻试验 | | | | | |
| | | | | | |
| | | | | | |
| | 试验编号 | 抗渗等级 | 试验编号 | 抗渗等级 | |
| 抗渗试验 | | | | | |
| | | | | | |
| | | | | | |

| 抗压强度统计结果 | | | 结论： |
|---|---|---|---|
| 组数（n） | 平均值（MPa） | 最小值（MPa） | |
| 1 | 36.6 | 36.6 | |
| | | | |
| 技术负责人 | | 填　表　人 | |
| ××× | | ××× | |
| 填表日期： | | 2015 年 5 月 25 日 | |

本表由预拌混凝土供应单位提供。

# 《预拌混凝土出厂合格证》填表说明

本表参照《预拌混凝土》(GB/T 14902—2012)标准填写。

【填写依据】

1.预拌混凝土的生产和使用应符合《预拌混凝土》(GB/T 14902)的规定。施工现场使用预拌混凝土前应有技术交底和具备混凝土工程的标准养护条件,并在混凝土运送到浇筑地点15min 内按规定制作试块。

2.预拌混凝土供应单位必须向施工单位提供以下资料:配合比通知单、预拌混凝土运输单、预拌混凝土出厂合格证(32 天内提供)、混凝土氯化物和碱总量计算书。

3.预拌混凝土供应单位除向施工单位提供上述资料外,还应保证以下资料的可追溯性:

试配记录、水泥出厂合格证和试(检)验报告、砂和碎(卵)石试验报告、轻集料试(检)验报告、外加剂和掺合料产品合格证和试(检)验报告,开盘鉴定、混凝土抗压强度报告(出厂检验混凝土强度值应填入预拌混凝土出厂合格证)、抗渗试验报告(试验结果应填入预拌混凝土出厂合格证)、混凝土坍落度测试记录(搅拌站测试记录)和原材料有害物含量检测报告。

【填写要点】

预拌混凝土出厂合格证由供应单位负责提供,应包括以下内容:使用单位、合格证编号、工程名称与浇筑部位、混凝土强度等级、抗渗等级、供应数量、供应日期、原材料品种与规格和试验编号、配合比编号、混凝土 28 天抗压强度值、抗渗等级性能试验、抗压强度统计结果及结论,技术负责人(签字)、填表人(签字)、供应单位盖章。

合格证要填写齐全,无未了项,不得漏项或错填。数据真实,结论正确,符合要求。

# 预制钢筋混凝土构件、管材出厂合格证

| 编　号 | ××× |
| --- | --- |

| 工程名称 | ××市××路桥梁工程 | | | | |
| --- | --- | --- | --- | --- | --- |
| 构件名称 | 空心板 | | | | |
| 构件规格型号 | 1496×124×75cm | | 构件编号 | | ZL15—A |
| 混凝土浇筑日期 | 2015 年<br>5 月 10 日 | 构件出厂日期 | 2015 年 10 月 20 日 | 养护方法 | 标准养护 |
| 设计混凝土强度等级 | C40 | 构件出厂强度 | | 143 | MPa |
| 主筋牌号、种类 | 热轧带肋 | 直　径 | 12　　mm | 试验编号 | 2015—0301 |
| 预应力筋牌号、种类 | 7φ5 | 标准抗拉强度 | 1570　MPa | 试验编号 | 2015—0140 |
| 预应力张拉记录编号 | 007 | | | | |

质量情况(外观、结构性能等):


符合出厂要求

| 技术负责人 | 填表人 | 企业等级: | |
| --- | --- | --- | --- |
| ××× | ××× | |  |
| 签发日期 | 2015 年 10 月 21 日 | | |

本表由预制混凝土构件单位提供。

# 《预制钢筋混凝土构件、管材出厂合格证》填表说明

本表参照《混凝土结构工程施工质量验收规范》(GB 50204)标准填写。

【填写依据】

1. 预制混凝土构件应有出厂合格证,国家实行产品备案的,应按规定有产品备案编号。

2. 预制混凝土构件的出厂合格证应及时收集、整理,不允许涂改、伪造、随意抽撤或损毁。

3. 预制混凝土构件的质量必须合格,如需采取技术处理措施的,应满足有关技术要求,并经有关技术负责人和设计人批准签认后方可使用。

4. 预制混凝土构件合格证的抄件(复印件)应注明原件存放单位,并有抄件人,抄件(复印)单位的签字和盖章。

5. 预制混凝土构件出厂合格证是生产厂家质检部门提供给使用单位作为证明其产品质量合格的依据。资料员应及时催要和验收。预制混凝土构件出厂合格证中应有委托单位、工程名称、合格证编号、合同编号、构件名称、型号、数量和生产日期、混凝土的设计强度等级、配合比编号、出厂强度、主筋的种类及规格、机械性能、结构性能、产品备案证等。各项应填写齐全,不得错漏。

6. 进场预制混凝土构件应逐项进行外观检查并应抽 5% 的构件进行允许偏差项目的实测实量。检查、量测的质量要求详见预制混凝土构件的质量验收规范。

7. 此部分资料应归入原材料、半成品、成品出厂质量证明和质量试(检)验报告分册中;

8. 合格证应折成 16 开纸大小或贴在 16 开纸上;

9. 合格证应按时间先后顺序 排列并编号,不得遗漏;

10. 建立分目录表,不得遗漏。

【填写要点】

1. 预制混凝土构件出厂合格证应有生产厂家质检部门的盖章。

2. 预制混凝土构件出厂合格证应有合格证编号和生产日期,便于和构件厂的有关资料查证核实。

3. 要验看合格证中各项目数据是否符合规范规定值。

4. 如预制混凝土构件有质量问题,经有关技术负责人和设计人批准签认后采取技术措施的,应在合格证上注明使用的工程项目和部位。

5. 预制混凝土构件合格证应与实际所用预制混凝土构件物证吻合。相关施工技术资料有:施工试验记录、施工记录、施工日志、隐检记录、预检记录、施工组织设计、技术交底、工程质量验收记录、设计变更,洽商记录和竣工图。

| 钢构件出厂合格证 | | | | 编　号 | ××× |
|---|---|---|---|---|---|

| 工程名称 | ××市××路跨线桥钢结构工程 | | | 合格证编号 | ××× |
|---|---|---|---|---|---|
| 委托单位 | ××钢结构工程有限公司 | | | | |
| 供应总量 | ××（吨） | 加工日期 | 2015 年 3 月 9 日 | 出厂日期 | 2015 年 3 月 16 日 |

| 序号 | 构件名称 | 构件编号 | 构件单重（kg） | 构件数量 | 使用部位 |
|---|---|---|---|---|---|
| 1 | 钢梁 | 1# | 85 | 6 | 跨线桥 |
| | | | | | |
| | | | | | |
| | | | | | |
| | | | | | |
| | | | | | |
| | | | | | |
| | | | | | |
| | | | | | |
| | | | | | |
| | | | | | |
| | | | | | |

附：

1. 焊工资格报审表
2. 焊缝质量综合评级报告
3. 防腐施工质量检查记录
4. 钢材复试报告

备注：

　　钢构件各项性能均达到规范的规定，质量合格，同意出厂。

| 负责人 | 填表人 | |
|---|---|---|
| ××× | ××× |  |

| 填表日期： | 2015 年 3 月 16 日 | |
|---|---|---|

本表由钢构件供应单位提供。

# 《钢构件出厂合格证》填表说明

本表参照《钢结构工程施工质量验收规范》(GB 50205)标准填写。

**【填写依据】**

1. 钢构件生产厂家除提供构件出厂合格证外,还应保存各种原材料(钢材、焊接材料、涂料)质量合格证明、复验报告等资料并保证各种资料的可追溯性。

2. 钢结构构件进场时,必须提供出厂合格证和试验报告。钢结构构件质量应符合设计及现行国家标准《钢结构工程施工质量验收规范》(GB 50205)的规定。

3. 检查判定

(1)对照图纸,核查构件合格证中的品种、规格、型号、数量是否满足要求。

(2)核查结构性能试验是否满足要求,必要时检查构件厂构件结构性能检验台帐。

(3)对照构件安装隐蔽记录,核对构件出厂(或生产)日期,检查是否存在先安装、后提供合格证或试验报告的现象。

4. 凡出现下列情况之一,本项目核定为"不符合要求"。

(1)钢构件实物与合格证不符或无合格证。

(2)无试验报告或主要检验项目的质量指标不合格或主要检验项目缺、漏。

(3)构件合格证内容不完整,主要技术指标缺漏,不能反映构件质量。

(4)出现先安装、先隐蔽,后提供合格证或检验报告。

**【填写要点】**

1. 钢构件厂家必须提供构件出厂合格证,合格证应有生产厂家名称、使用构件的工程名称、构件规格、型号、数量、出厂日期、质量等级并加盖生产厂家公章。

2. 生产厂家应有生产许可证或资质。各类钢构件合格证应在安装前逐批提供,并在明显部位加盖出厂标记,标明生产单位、构件型号、生产日期和质量验收标志。构件上的预埋件、预留孔洞的规格、位置、数量应符合设计或标准图的要求。所有厂家提供的合格证应涵盖上述表格内容的信息。

3. 本表由预制混凝土构件供应单位提供,建设单位、施工单位各保存一份。

## 沥青混合料出厂合格证

| | 编　号 | ×××　　　　 |
|---|---|---|

| 工程名称及部位 | ××路(三～四环)工程　1合同段 | | |
|---|---|---|---|
| 产品名称及品种规格 | 沥青混合料　AC—25 I | 出厂日期 | ××年×月×日 |
| 试验日期 | 2015 年 7 月 18 日 | 代表数量 | 2.5t |
| 生产厂家 | ××沥青拌和站 | 试验依据 | JTG E20—2011 |

试验结果(一):

| 项目 | 油石比(%) | 理论最大密度(g/cm³) | 马歇尔试件密度(g/cm³) | 稳定度(kN) | 流值(mm) |
|---|---|---|---|---|---|
| 标准值 | 4.0～6.0 | / | / | >7.5 | 20～40 |
| 实例值 | 4.4 | / | / | 11.52 | 33.2 |

试验结果(二):矿料级配筛分试验结果(各筛的通过质量百分率)

| 筛孔尺寸(mm) | 标准值 | 实测值 |
|---|---|---|
| 53.0 | | |
| 37.5 | | |
| 31.5 | 100 | 100 |
| 26.5 | 95～100 | 98.1 |
| 19.0 | 75～90 | 89.5 |
| 16.0 | 62～80 | 78.5 |
| 13.2 | 53～73 | 68.7 |
| 9.5 | 43～63 | 55.4 |
| 4.75 | 32～52 | 42.4 |
| 2.36 | 25～42 | 33.6 |
| 1.18 | 18～32 | 20.8 |
| 0.6 | 13～25 | 14.4 |
| 0.3 | 8～18 | 13.0 |
| 0.15 | 5～13 | 9.9 |
| 0.075 | 3～7 | 5.1 |

备注:
　　按《公路工程沥青及沥青混合料试验规程》(JTG E20—2011)标准评定:合格。

| 技术负责人 | 填表人 | 填表日期 |
|---|---|---|
| ××× | ××× | 2015 年 7 月 20 日 |

本表由厂家提供。

# 《沥青混合料出厂合格证》填表说明

## 【填写依据】

1.取样方法

依据《公路工程沥青及沥青混合料试验规程》(JTG E20－2011)沥青混合料取样法进行取样。

2.取样数量

(1)试验数量根据试验目的决定,一般不少于试验用量的 2 倍。常用沥青混合料试验项目的取样数量见表 4－1。

表 4－1　　　　　　　　　　　　　常用沥青混合料试验项目的样品数量

| 试验项目 | 目的 | 最少试样量/kg | 取样量/kg |
|---|---|---|---|
| 马歇尔试验、抽提筛分 | 施工质量检验 | 12 | 20 |
| 车辙试验 | 高温稳定性检验 | 40 | 60 |
| 浸水马歇尔试验 | 水稳定性检验 | 12 | 20 |
| 冻融劈裂试验 | 水稳定性检验 | 12 | 20 |
| 弯曲试验 | 低温性能检验 | 15 | 25 |

平行试验应加倍取样。在现场取样直接装入试模或盛样盒成型时,也可等量取样。

(2)根据沥青混合料骨料公称最大粒径,取样应不少于下列数量:

细粒式沥青混合料,不少于 4kg;

中粒式沥青混合料,不少于 8kg;

粗粒式沥青混合料,不少于 12kg;

特粗式沥青混合料,不少于 16kg。

(3)取样材料用于仲裁试验时,取样数量取样除本取样方法规定外,还应保存一份有代表性试样,直到仲裁结束。

3.稳定度、流值、密度、油石比、矿料级配等试验项目可依据《公路工程沥青及沥青混合料试验规程》(JTG E20－2011)进行压实沥青混合料密度试验、沥青混合料马歇尔稳定度试验、沥青混合料中沥青含量试验。

| 石灰粉煤灰砂砾出厂合格证 | | 编　号 | ×××| |
| --- | --- | --- | --- | --- |
| 生产厂名称 | ××市政建筑混合料有限公司 | 生产日期 | 2015 年 10 月 10 日 | |
| 出厂数量 | ×× | 出厂日期 | 2015 年 10 月 11 日 | |
| 混合料配比 | 材料名称 | 石　灰 | 粉煤灰 | 砂　砾 | |
| | 设计值 | 4 | 13 | 87 | |
| | 生产实测值 | 4.6 | 14.7 | 88.0 | |
| 含水量 | 最佳含水量 | 7.0 ％ | | | |
| | 出厂含水量 | 7.5 ％ | | | |
| 抗压强度（MPa） | | 7 天 | 14 天 | 28 天 | |
| （后　补） | | | | | |
| 原材料质量 | 石灰活性 CaO＋MgO 含量 | 69.3 ％ | 试验编号 | 2015－0011 | |
| | 粉煤灰 $SiO_2＋Al_2O_3$ 含量 | 83.44 ％ | 试验编号 | 2015－0027 | |
| | 粉煤灰烧失量 | 13.87 ％ | 试验编号 | 2015－0027 | |
| | 砂砾最大粒径 | 1.5 mm | 砂砾试验编号 | 2015－0015 | |
| 备注 | 合格 | | 供货单位（章） | | |
| 填表人 | ××× | 填表日期 | 2015 年 10 月 11 日 | |

本表由厂家提供。

# 《石灰粉煤灰砂砾出厂合格证》填表说明

**【填写依据】**

1.原材料试验项目

(1)土性质试验。

1)颗粒分析(或筛分试验);

2)液限和塑性指数;

3)碎石或砾石的压碎值;

4)有机质含量(必要时做);

5)硫酸盐含量(必要时做)。

(2)石灰的有效氧化钙和氧化镁含量。

(3)粉煤灰的细度、烧失量和化学分析:

原材料试验的过程是选择原材料的过程,通过试验比较,选择符合技术要求、适合石灰稳定、开采及运输成本低的材料进行配合比设计试验。原材料试验按有关试验方法进行。

2.土的配合组成

石灰工业废渣稳定中粒土和粗粒土,对碎石或砾石等粒料的级配有较高的要求,尤其是用作高级路面基层的石灰工业废渣稳定土。因此在原材料试验阶段要尽可能地选择级配良好的原材料,提高试验的成功率。被稳定材料的配合组成设计参考沥青混合料矿料配合比设计方法进行。

为了使拌和出来的成品料的级配符合设计要求,避免混合料离析、不均匀、配合比例不准确等问题,对所用的碎石或砾石应筛分成 3～4 个不同粒级,按矿料配合组成方法配合成级配符合要求的矿质混合料,然后进行击实和强度等试验。

| 产品合格证粘贴衬纸 | 编　号 | ×　×　× |
|---|---|---|
| **工程名称** | \multicolumn{2}{c}{××市××道路工程} |
| **施工单位** | \multicolumn{2}{c}{××市政建设集团有限公司} |

| 合　格　证 | 代表数量 |
|---|---|

冀统化表 Z22Y
河北省水泥协会制　　　　　　　　　　　　　　No.0000886
版权所有翻版必究

### 出厂水泥合格证

产品名称：　普通水泥　　　商　　标：　　　燕山

代　　号：　P・O　　　　强度等级：　　　42.5

出厂编号：　0406　　　　生产许可证号：　XK23—201—06358

包装日期：2015.4.12　　是否"掺火山灰"（　否　）

本产品经检验符合 GB 175—2007 标准，确认为合格品。

签　　发：　××市丰润区××水泥

企业名称（盖章）：

地　　址：河北省唐山市丰润区

化验室

2015 年 4 月 19 日

代表数量：××份

| 粘贴人 | ××× | 日期 | ××年×月×日 |
|---|---|---|---|

本表由施工单位制作。

4.3.2.3　设备、配(备)件开箱检查记录

| 设备、配(备)件开箱检查记录 | | 编　号 | ××× |
|---|---|---|---|
| 工程名称 | | ××市××水泵站工程 | |
| 施工单位 | | ××市政建设集团有限公司 | |
| 设备(配件)名称 | 轴流泵 | 检查日期 | 2015 年 7 月 8 日 |
| 规格型号 | 500QZ—70G (—2°) | 总数量 | 3 台 |
| 装箱单号 | ××× | 检查数量 | 3 台 |

| 检查记录 | 包装情况 | 包装箱完整、无破损 |
|---|---|---|
| | 随机文件 | 齐全 |
| | 质量证明文件 | 出厂合格证、说明书、性能曲线、配(备)件明细表 |
| | 备件与配件 | 配(备)件齐全,无缺损现象 |
| | 外观情况 | 外观良好,无损坏、锈蚀情况 |
| | 检查、测试情况 | 各功能与性能曲线相符 |

缺、损配(备)件明细表

| 序号 | 名　称 | 规格型号 | 单位 | 数量 | 备　注 |
|---|---|---|---|---|---|
| | | | | | |
| | | | | | |
| | | | | | |
| | | | | | |
| | | | | | |
| | | | | | |
| | | | | | |
| | | | | | |

结论:
☑　合　格
☐　不合格

| 监理(建设)单位 | 供应单位 | 施工单位 | |
|---|---|---|---|
| | | 质检员 | 材料员 |
| ××× | ××× | ××× | ××× |

本表由施工单位填写并保存。

# 《设备、配(备)件开箱检查记录》填表说明

**【填写依据】**

1.设备进场后,由施工单位和供货单位共同开箱检验并做记录,填写《设备、配(备)件检查记录》。

2.设备开箱检验的主要内容:设备的产地、品种、规格、外观,数量、附件情况、标识和质量证明文件、相关技术文件。

3.对设备有异议时应由相应资质等级检测单位进行抽样检测,并出具检测报告。

4.所有设备进场时包装应完好,表面无划痕及外力冲击破损。

5.设备开箱应具备的质量证明文件:

(1)设备的合格证。

(2)主要设备、器具的安装使用说明书。

(3)特种设备应有相应的检测报告。

(4)设备上应有相应的标识,包括规格、型号、产地、性能指标等。

6.本表由施工单位填写并保存,材料部门、技术部门、施工部门、质量部门负责人签字。

**【填写要点】**

1.工程名称:单位工程的名称。

2.设备名称:填写检查设备的名称。

3.规格型号:填写检查设备的型号。

4.检查记录

包装情况:填写设备包装的完整情况等。

随机证件:填写技术资料(装箱单、合格证、说明书、设备图等)的份数。

备件及附件:随机的备件如螺栓、垫圈、螺帽等。

外观情况:填目测设备情况如包装、喷涂、铸造、破损情况等。

检查、测试情况:简单手动测试情况。

5.缺、损配(备)件明细表:如有缺、损配(备)件情况按表要求填写。

6.结论:依据包装、证件、备件、外观、测试情况等综合确定是否符合设计及规范要求。

4.3.2.4　材料、配件检验记录汇总表

| 材料、配件检验记录汇总表 | | | | 编　号 | ××× | |
|---|---|---|---|---|---|---|
| 工程名称 | | ××市××路桥梁工程 | | | | |
| 施工单位 | | ××市政建设集团有限公司 | | 检验日期 | ××年×月×日 | |
| 序号 | 名　称 | 规格型号 | 数量 | 合格证号 | 检验记录 | |
| | | | | | 检验量 | 检验方法 |
| 1 | 钢筋混凝土排水管 | φ500×4000mm | 56 根 | ×××× | 1 | 内、外压试验 |
| 2 | 钢筋混凝土排水管 | φ600×4000mm | 78 根 | ×××× | 1 | 内、外压试验 |
| 3 | 钢筋混凝土排水管 | φ800×3000mm | 96 根 | ×××× | 1 | 内、外压试验 |
| 4 | 钢筋混凝土排水管 | φ1000×3000mm | 64 根 | ×××× | 1 | 内、外压试验 |
| 5 | 钢筋混凝土排水管 | φ1200×3000mm | 82 根 | ×××× | 1 | 内、外压试验 |
| 6 | 钢筋混凝土排水管 | φ1600×2500mm | 35 根 | ×××× | 1 | 内、外压试验 |
| 7 | 重型铸铁窨井盖及座(雨) | φ700 | 2 套 | ×××× | 1 | 力学、化学成分 |
| 8 | 重型铸铁窨井盖及座(污) | φ700 | 7 套 | ×××× | 1 | 力学、化学成分 |
| 9 | 铸铁雨水口井盖 | 390mm×510mm | 28 套 | ×××× | 1 | 力学、化学成分 |
| 10 | 轻型铸铁窨井盖及座(雨) | φ700 | 13 套 | ×××× | 1 | 力学、化学成分 |
| 11 | 轻型铸铁窨井盖及座(污) | φ700 | 4 套 | ×××× | 1 | 力学、化学成分 |
| | | | | | | |
| | | | | | | |
| | | | | | | |
| | | | | | | |
| 检验结论：<br>☑　合　格<br>□　不合格 | | | | | | |
| 监理(建设)单位 | | 施工单位 | | | | |
| | | 质检员 | | 材料员 | | |
| ××× | | ××× | | ××× | | |

本表由施工单位填写并保存。

4.3.2.5　预制混凝土构件、管材进场抽检记录

| 预制混凝土构件、管材进场抽检记录 | 编　号 | | ×××  |
|---|---|---|---|
| 工程名称 | | ××市××路雨污水工程 | |
| 施工单位 | | ××市政建设集团有限公司 | |
| 生产厂家 | ××水泥构件厂 | 生产日期 | 2015 年 5 月 15 日 |
| 构件名称 | 钢筋混凝土排水管 | 抽检日期 | 2015 年 6 月 11 日 |
| 抽检数量 | 12 根 | 代表数量 | 40 根 |
| 规格型号 | D1800×180×2400 | 出厂日期 | 2015 年 6 月 11 日 |
| 设计强度等级 | C30 MPa | 合格证号 | ××× |
| 检验项目 | 标准要求 | 检查结果 | |
| 外观检查 | 管材无露筋、裂缝、合缝漏浆 | 合格 | |
| 外形尺寸量测 | 管材的公称内径、长度、壁厚 | 合格 | |
| 结构性能 | 外压荷载(安全、裂缝、破坏) | | |

结论:按____GB 11836____标准评定

☑ 合　格
□ 不合格

| 监理(建设)单位 | 供应单位 | 施工单位 | |
|---|---|---|---|
| | | 质检员 | 材料员 |
| ××× | ××× | ××× | ××× |

本表由施工单位填写,建设单位、施工单位保存。

#### 4.3.2.6　产品复试记录/报告

| 材料试验报告(通用) | | 编　　号 | ××× |
|---|---|---|---|
| | | | |
| | | 试验编号 | 2015－0069 |
| | | 委托编号 | 2015－04307 |
| | | 见证记录编号 | / |
| 工程名称 | ××市××道路工程 | 试样编号 | 001 |
| 委托单位 | ××市政建设集团有限公司 | 委托人 | ××× |
| 材料名称 | 花岗岩路缘石 | 产地、厂别 | 北京　××有限公司 |

**试验项目及说明：**

　　干燥压缩强度、干燥弯曲强度、水饱和弯曲强度

委托日期：2015 年 3 月 6 日　　　　　　　　　　试验日期：2015 年 3 月 8 日

**试验结果：**

　　干燥压缩强度：136MPa

　　干燥弯曲强度：11.0MPa

　　水饱和弯曲强度：10.0MPa

**结论：**

　　该样品经检验,其所检项目符合 GB/T 18601－2009 标准中的技术指标要求。

| 批准人 | 审核人 | 试验人 |
|---|---|---|
| ××× | ××× | ××× |
| **报告日期** | 2015 年 3 月 9 日(章) | |

**本表由试验单位提供,城建档案馆、建设单位、施工单位保存。**

# 《材料试验报告(通用)》填表说明

**【填写依据】**

1. 凡按规范要求需做进场复试的材料、构配件,没有专用复试表格的,可使用《材料检(试)验报告》(通用)表填写,也可以由检(试)验单位提供表格。

2. 材料检(试)验报告应由相应资质的检(试)验单位出具,试验人员、审核人员、试验室负责人、计算人员应进行签字认证,并加盖"试验室资质认定计量认证标志"、"试验室资质认定审查认可标志"以用"试验检测专用章"。

**【填写要点】**

1. 工程名称栏与施工图纸标签栏内名称相一致,部位应明确。

2. 材料名称及规格栏填写物资的名称与进场规格。

3. 生产单位栏应填写物资的生产厂家。

4. 代表数量栏填写物资的数量,且应有计量单位。

5. 试验日期栏按实际日期填写,一般为物资进场日期。

6. 要求试验的项目及说明项目栏应包括物资的质量证明文件、外观质量、数量、规格型号等。

7. 试验结果栏填写该物资的检验情况。

8. 结论栏是对所有物资从外观质量、材质、规格型号、数量做出的综合评价。

| | 水泥试验报告 | 编　号 | ××× |
|---|---|---|---|
| | | 试验编号 | 2015－0230 |
| | | 委托编号 | 2015－00950 |

| 工程名称及部位 | ××市××道路工程 | | |
|---|---|---|---|
| 委托单位 | ××市政建设集团有限公司 | 委托人 | ××× |
| 品种及强度等级 | P·O 42.5 | 试样编号 | 029 |
| 出厂编号及日期 | ×× 2015 年 7 月 12 日 | 代表数量 | 80 t |
| 生产单位 | ××水泥厂 | 委托日期 | 2015 年 7 月 21 日 |
| 试验依据 | GB 175 | 试验日期 | 2015 年 7 月 21 日 |

试验结果

| 一、细度 | 80μm 方孔筛筛余量 | 3.6　% | | | | | |
|---|---|---|---|---|---|---|---|
| | 比表面积 | /　m²/kg | | | | | |
| 二、标准稠度用水量(P) | | 25.6 % | | | | | |
| 三、凝结时间 | 初凝 | 3h　12min | | 终凝 | | 4h　32min | |
| 四、安定性 | 雷氏法 | / | | 饼法 | | | |

五、强度(MPa)

| 抗压强度(MPa) | | | | 抗折强度(MPa) | | | |
|---|---|---|---|---|---|---|---|
| 3 天 | | 28 天 | | 3 天 | | 28 天 | |
| 单块值 | 平均值 | 单块值 | 平均值 | 单块值 | 平均值 | 单块值 | 平均值 |
| 19.0 | | 47.2 | | 3.7 | | 6.8 | |
| | | | | 3.8 | | 7.2 | |
| 19.5 | 19.0 | 49.5 | 47.3 | 4.2 | 3.8 | 6.9 | 6.9 |
| | | | | 3.7 | | 7.1 | |
| 18.5 | | 45.0 | | 3.9 | | 7.0 | |
| | | | | 3.6 | | 6.7 | |

结论：此批水泥安定性、凝结时间符合 GB 175 相关规定,符合 P·O 42.5 水泥强度要求,合格。

| 批　准 | ××× | 审　核 | ××× | 试　验 | ××× |
|---|---|---|---|---|---|
| 检测试验单位 | ××工程试验检测中心 | | | | |
| 报告日期 | 2015 年 8 月 18 日 | | | | |

本表由检测单位提供。

# 《水泥试验报告》填表说明

本表参照《通用硅酸盐水泥》(GB 175)标准填写。

【填写依据】

1. 水泥必须有质量证明文件。水泥生产单位应在水泥出厂 7 天内,提供 28 天强度以外的各项试验结果,28 天强度结果应在水泥发出日起 32 天内补报。

2. 混凝土和砌筑砂浆用水泥应实行有见证取样和送检。

3. 钢筋混凝土结构、预应力混凝土结构中,严禁使用含氯化物的水泥。水泥的检测报告中应有有害物含量检测内容。

4. 混凝土中,氯化物和碱的总含量应符合规范《混凝土结构设计规范》和设计的要求。

5. 有下列情况之一,施工单位必须进行复试:

(1) 用于承重结构的水泥。

(2) 使用部位有强度等级要求的水泥。

(3) 水泥出厂超过三个月(快硬水泥硅酸盐水泥超过一个月)。

(4) 对水泥的质量有怀疑。

(5) 进口水泥。

6. 水泥检验报告是建设单位档案部门长期保管的档案资料,并且由城建档案馆保存的档案资料。

7. 常用水泥标准:《通用硅酸盐水泥》(GB 175)。

表 4—2　　　　　　　　　　　　　常用水泥的技术要求

| 种类<br>项目 | | 矿渣硅酸盐水泥 | 普通硅酸盐水泥 | 复合硅酸盐水泥 | 硅酸盐水泥 |
|---|---|---|---|---|---|
| 细度 | | 80μm 方孔筛筛余不得超过 10.0%。 | | | 比表面积在于 300m²/kg |
| 标准稠度 | | 28±2 | | | |
| 凝结<br>时间 | 初凝 | 不早于 45min | | | |
| | 终凝 | 不迟于 10h | 不迟于 12h | | 不迟于 6.5h |
| 安定性 | | 用沸煮法检验必须合格 | | | |

注:常用水泥的强度要求参见各规范。

表 4—3　　　　　　　　　　　　　　　强度

| 品种 | 强度等级 | 抗压强度 | | 抗折强度 | |
|---|---|---|---|---|---|
| | | 3d | 28d | 3d | 28d |
| 硅酸盐水泥 | 42.5 | ≥17.0 | ≥42.5 | ≥3.5 | ≥6.5 |
| | 42.5R | ≥22.0 | | ≥4.0 | |
| | 52.5 | ≥23.0 | ≥52.5 | ≥4.0 | ≥7.0 |
| | 52.5R | ≥27.0 | | ≥5.0 | |
| | 62.5 | ≥28.0 | ≥62.5 | ≥5.0 | ≥8.0 |
| | 62.5R | ≥32.0 | | ≥5.0 | |

| 品种 | 强度等级 | 抗压强度 | | 抗折强度 | |
|---|---|---|---|---|---|
| | | 3d | 28d | 3d | 28d |
| 普通硅酸盐水泥 | 42.5 | ≥17.0 | ≥42.5 | ≥3.5 | ≥6.5 |
| | 42.5R | ≥22.0 | | ≥4.0 | |
| | 52.5 | ≥23.0 | ≥52.5 | ≥4.0 | ≥7.0 |
| | 52.5R | ≥27.0 | | ≥5.0 | |
| 矿渣硅酸盐水泥<br>火山灰硅酸盐水泥<br>粉煤灰硅酸盐水泥 | 32.5 | ≥10.0 | ≥32.5 | ≥2.5 | ≥5.5 |
| | 32.5R | ≥15.0 | | ≥3.5 | |
| | 42.5 | ≥15.0 | ≥42.5 | ≥3.5 | ≥6.5 |
| | 42.5R | ≥19.0 | | ≥4.0 | |
| | 52.5 | ≥21.0 | ≥52.5 | ≥4.0 | ≥7.0 |
| | 52.5R | ≥23.0 | | ≥4.5 | |

8.组批原则及取样:

(1) 散装水泥:

1)对同一水泥厂生产同期出厂的同品种、同强度等级、同一出厂编号的水泥为一验收批,但一验收批的总量不得超过 500t。

2)随机从不少于 3 个车罐中各取等量水泥,经混拌均匀后,再从中称取不少于 12kg 的水泥作为试样。

(2) 袋装水泥:

1)对同一水泥厂生产同期出厂的同品种、同强度等级、同一出厂编号的水泥为一验收批,但一验收批的总量不得超过 200t。

2)随机从不少于 20 袋中各取等量水泥,经拌和均匀后,再从中称取不少于 12kg 的水泥作为试样。

【填写要点】

1.试验报告内容应包括标准规定的各项技术要求及试验结果。

2.水泥各龄期抗压、抗折强度指标均应达到规定要求。

3.每张试验报告单中的各项目必须填写齐全、准确、真实,无未了项。试验结论明确,编号必须填写,签字盖章齐全。

4.检查报告单上的试验数据是否达到规范标准值。

5.若发现问题应及时报有关部门处理,并将处理结论一并存档。

6.核实试验报告单是否齐全,核实复试报告日期和实际使用日期是否有超期漏检查,不允许先施工后试验。

7.单位工程的水泥复试批量和实际用量应一致。

8.本报告由检验单位提供,试验、计算、审核、负责人签字,单位盖章。

| 砂试验报告 | | 编　　号 | ×××　 |
| --- | --- | --- | --- |
| | | 试验编号 | 2015－0022 |
| | | 委托编号 | 2015－00626 |

| 工程名称及部位 | ××市××道路工程 | | |
| --- | --- | --- | --- |
| 委托单位 | ××市政建设集团有限公司 | 委托人 | ×××　 |
| 种类 | 中砂 | 试样编号 | 008 |
| 产地 | 密云 | 代表数量 | 600 t |
| 委托日期 | 2015 年 2 月 17 日 | 试验日期 | 2015 年 2 月 18 日 |
| 试验依据 | GB/T 14684 | | |

| | | | | |
| --- | --- | --- | --- | --- |
| 试验结果 | 一、筛分析 | 细度模数($\mu f$) | | 2.3 |
| | | 级配区域 | | 2 区 |
| | | 级配情况 | | / |
| | 二、含泥量 | | (％) | 1.8 |
| | 三、泥块含量 | | (％) | 0.4 |
| | 四、堆积密度 | | (kg/cm³) | 2560 |
| | 五、紧密堆积密度 | | (kg/cm³) | / |
| | 六、表观密度 | | (kg/cm³) | 1480 |
| | 七、压碎指标 | | (％) | |
| | 八、亚甲蓝试验 | | | |
| | 九、石粉含量 | | (％) | |
| | 十、碱活性指标 | | | |
| | 十一、坚固性(质量损失) | | (％) | |
| | 十二、其他 | | | |

结论:

　　依据 GB/T 14684 标准,含泥量、泥块含量合格,属 2 区中砂。

| 批　　准 | ×××　 | 审　　核 | ×××　 | 试　　验 | ×××　 |
| --- | --- | --- | --- | --- | --- |
| 检测试验单位 | ××工程试验检测中心 | | | | |
| 报告日期 | 2015 年 2 月 18 日 | | | | |

本表由检测单位提供。

# 《砂试验报告》填表说明

本表参照《建筑用砂》(GB/T 14684)标准填写。

**【填写依据】**

1. 普通混凝土用砂检验报告依据的规范《普通混凝土用砂质量标准及检验方法》,适用于一般工业与民用建筑和构筑物中普通混凝土用砂的质量检验。

2. 砂的粗细程度按细度模数分为粗、中、细规格,其范围应符合以下规定:

中砂:细度模数＝3.0～2.3;细砂:细度模数＝2.2～1.6;

粗砂:细度模数＝3.7～3.1;

3. 配制混凝土时宜优先选用Ⅱ区砂。当采用Ⅰ区砂时,应提高砂率,并保持足够的水泥用量,以满足混凝土的和易性;当采用Ⅲ区砂时,宜适当降低砂率,以保证混凝土强度。

对于泵送混凝土用砂,宜选用中砂。

4. 表观密度——集料颗粒单位体积(包括内封闭孔隙)的质量。大于 $2500kg/m^3$。

堆积密度——集料在自然堆积状态下单位体积的质量。大于 $1350kg/m^3$。

紧密密度——集料按规定方法颠实后单位体积的质量。

孔隙率＝(表观密度—堆积密度)/表观密度×100%。小于47%。

5. 细度模数 $= \dfrac{A_1+A_2+A_3+A_4+A_5+A_6-5A_1}{100-A_1}$

注:$A_1$ 为 4.75 筛孔筛余量,$A_2$ 为 2.36 筛孔筛余量,以此类推。

6. 砂取样:应以同一产地、同一规格、同一进场时间,要 $400m^3$ 或 600t 时为一验收批。不足 $400m^3$ 或 600t 时,按一验收批检测。

当质量比较稳定、进料较大时,可定期检验。

取样部位应均匀分布,在料堆上从 8 个不同部位抽取等量试样(每份 11kg)。然后用四分法缩至 20kg。取样前先将取样部位表面铲除。

7. 普通混凝土用砂主要技术指标见表 4—4:

表 4—4　　　　　　　　　　　普通混凝土用砂主要技术指标

| 项　目 | 指　标 | |
| --- | --- | --- |
| | 大于或等于 C30 | 小于 C30 |
| 含泥量(按重量计%) | ＜3.0 | ＜5.0 |
| 泥块含量(按重量计%) | ＜1.0 | ＜2.0 |
| 云母(按重量计%)＜ | ≤2.0 | |
| 轻物质(按重量计%)＜ | ≤1.0 | |
| 有机物(比色法试验) | 颜色不应深于标准色,如深于标准色,则应按水泥胶砂强度试验方法进行强度对比试验,抗压强度比不应低于 0.85 | |
| 硫酸盐硫化物(%)＜ | ≤1.0 | |

续表

| 项　目 | | 指　标 | |
|---|---|---|---|
| | | 大于或等于 C30 | 小于 C30 |
| 坚固性 | 在严寒地区经常处于潮湿或干湿交替的混凝土 | 循环后的重量损失≤8% | |
| | 其他条件下使用的混凝土 | 循环后的重量损失≤10% | |
| 氯离子含量(以干砂重量计%) | | | |

**【填写要点】**

1.砂使用前应按规定取样复试,有试验报告。砂的必试项目、验收批划分及取样数量应符合相关规定。

2.按规定应预防碱集料反应的工程或结构部位所使用的砂,供应单位应提供砂的碱活性检验报告。

3.砂试验报告

(1)检查砂试验报告上各项目是否齐全、准确、真实、无未了项,试验室签字盖章是否齐全;检查试验编号是否填写;试验数据是否达到规范规定标准值。若发现问题应及时取双倍试样做复试,并将复试合格报告或处理结论附于此报告后一并存档。同时核查试验结论,核对使用日期,严禁先使用后试验。

(2)用于地下结构时"试验结果"栏应有"碱活性指标"项目内容。

(3)核对各试验报告单批量总和是否与单位工程总需求量相符。

(4)检查报告单产品的种类、产地、筛分析、含泥量、试验编号等是否和混凝土(砂浆)配合比申请单、通知单相应项目一致。

| | | 编　　号 | ××× |
|---|---|---|---|
| **碎(卵)石试验报告** | | 试验编号 | 2015－0018 |
| | | 委托编号 | 2015－00952 |

| 工程名称及部位 | ××市××路雨污水工程 | | |
|---|---|---|---|
| 委托单位 | ××市政建设集团有限公司 | 委托人 | ××× |
| 种类及规格 | 碎石 | 试样编号 | 005 |
| 产地 | 琉璃河 | 代表数量 | 600 t |
| 委托日期 | 2015 年 6 月 12 日 | 试验日期 | 2015 年 6 月 13 日 |
| 试验依据 | GB/T 14685 | | |

| 试验结果 | 一、筛分析 | 级配情况 | ☐ 连续粒级<br>☑ 单粒级 | 七、有机物含量(%) | / |
|---|---|---|---|---|---|
| | | 级配结果 | / | 八、针片状颗粒含量(%) | 1.2 |
| | | 最大粒径(mm) | 31.5 | 九、压碎指标值(%) | / |
| | 二、含泥量(%) | | 0.6 | 十、坚固性(%) | / |
| | 三、泥块含量(%) | | 0.2 | 十一、含水率(%) | / |
| | 四、堆积密度(kg/m³) | | / | 十二、吸水率(%) | / |
| | 五、紧密堆积密度(kg/m³) | | / | 十三、碱活性指标 | / |
| | 六、表观密度(kg/m³) | | / | 十四、其他 | / |

结论：

依据 GB/T 14685－2011 标准,含泥量、泥块含量、针片状颗粒含量、筛分析合格。

| 批　　准 | ××× | 审　　核 | ××× | 试　　验 | ××× |
|---|---|---|---|---|---|
| 检测试验单位 | ××工程试验检测中心 | | | | |
| 报告日期 | 2015 年 6 月 13 日 | | | | |

本表由检测单位提供。

# 《碎(卵)石试验报告》填表说明

本表参照《建筑用卵石、碎石》(GB 14685)标准填写。

【填写依据】

1. 本表依据的规范《普通混凝土用砂、石质量标准及检验方法标准》(JGJ 52—2006)。

2. 按碎石、卵石粒径尺寸分为单粒粒级和连续粒级。也可以根据需要采用不同单粒级碎石、卵石混合成特殊的碎石、卵石。不宜用单一的单粒级配制混凝土。

3. 对重要的混凝土所使用的碎石、卵石，应进行碱活性检验。

4. 表观密度、堆积密度、空隙率符合如下规定：表观密度大于 2500kg/m³，堆积密度大于 1350kg/m³，空隙率小于 47%。

5. 主要技术指标见表 4—5：

表 4—5　　　　　　　　　　　　主要技术指标

| 项　　目 | | 指　　标 | |
| --- | --- | --- | --- |
| | | 大于或等于 C30 | 小于 C30 |
| 针片状颗粒(按重量计%) | | ≤15 | ≤25 |
| 含泥量(按重量计%) | | ≤1.0 | ≤2.0 |
| 泥块含量(按重量计%) | | ≤0.5 | ≤0.7 |
| 卵石的压碎指标% | | ≤12 | ≤16 |
| 坚固性 | 在严寒地区经常处于潮湿或干湿交替的混凝土 | 循环后的重量损失≤8% | |
| | 其他条件下使用的混凝土 | 循环后的重量损失≤12% | |
| 卵石中有机物含量(用比色法试验) | | 颜色不应深于标准色,如深于标准色,则应配制成混凝土进行强度对比试验,抗压强度比不应低于 0.95。 | |
| 硫酸盐硫化物(折算成 SO₃,按重量计%) | | ≤1.0 | |

6. 组批原则及取样：以同一产地、同一规格分批验收，用大型工具(如汽车)运输的要 400m³ 或 600t 时为一验收批。用小型工具(如马车)运输的要 200m³ 或 300t 时为一验收批。不足以上数量，按一验收批论。

当质量比较稳定、进料较大时，可定期检验。

当最大粒径 10、16、20mm 一组试样 40kg 或当最大粒径 31.5、40mm 一组试样 80kg。

取样部位应均匀分布，在粒堆上从 5 个不同部位抽取每份 5～40kg，然后缩分到 40kg 或 80kg。

## 外加剂试验报告

| 编　　号 | ××× |
|---|---|
| 试验编号 | 2015－0036 |
| 委托编号 | 2015－00975 |

| 工程名称及部位 | ××市××道路工程 | | |
|---|---|---|---|
| 委托单位 | ××市政建设集团有限公司 | 委托人 | ××× |
| 种类及型号 | CON－3 高效减水剂 | 试样编号 | 008 |
| 生产单位 | ××建材厂 | 代表数量 | 50 t |
| 委托日期 | 2015 年 3 月 14 日 | 试验日期 | 2015 年 4 月 11 日 |
| 试验依据 | GB 8076－2008 | | |

| 试验结果 | 试验项目 | | 试验结果 | 试验项目 | | 试验结果 |
|---|---|---|---|---|---|---|
| 试验结果 | 一、净浆凝结时间（min） | 初凝 | | 七、限制膨胀率（%） | 水中 7d | |
| 试验结果 | 一、净浆凝结时间（min） | 终凝 | | 七、限制膨胀率（%） | 水中 28d | |
| 试验结果 | 二、凝结时间差（min） | | | 七、限制膨胀率（%） | 空气中 21d | |
| 试验结果 | 三、抗压强度比（%） | 1d | | 八、细度（%） | | |
| 试验结果 | 三、抗压强度比（%） | 3d | | 九、密度（g/mL） | | |
| 试验结果 | 三、抗压强度比（%） | －7d 和＋28d | | 十、pH 值 | | |
| 试验结果 | 三、抗压强度比（%） | 28d | 121.0 | | | |
| 试验结果 | 四、钢筋锈蚀 | | 无锈蚀 | | | |
| 试验结果 | 五、减水率（%） | | 15.2 | | | |
| 试验结果 | 六、含气量（%） | | | | | |

结论：

　　按 GB 8076－2008 规范规定，产品质量评定为合格。

| 批　准 | ××× | 审　核 | ××× | 试　验 | ××× |
|---|---|---|---|---|---|
| 检测试验单位 | ××工程试验检测中心 | | | | |
| 报告日期 | 2015 年 4 月 11 日 | | | | |

本表由检测单位提供。

# 《外加剂试验报告》填表说明

本表参照《混凝土外加剂》(GB 8076)标准填写。

【填写依据】

1. 掺外加剂混凝土性能指标应符合表4—6的要求。

表4—6　掺外加剂混凝土性能指标

| 试验项目 | | 普通减水剂 | | 高级减水剂 | | 早强减水剂 | | 缓凝高效减水剂 | | 缓凝减水剂 | | 引气减水剂 | | 早强剂 | | 缓凝剂 | | 引气剂 | |
|---|---|---|---|---|---|---|---|---|---|---|---|---|---|---|---|---|---|---|---|
| | | 一等品 | 合格品 | 一等品 | 合格品 | 一等品 | 合格品 | 一等品 | 合格品 | 一等品 | 合格品 | 一等品 | 合格品 | 一等品 | 合格品 | 一等品 | 合格品 | 一等品 | 合格品 |
| 减水率,%,不小于 | | 8 | 5 | 12 | 10 | 8 | 5 | 12 | 10 | 8 | 5 | 10 | 10 | — | — | — | — | 6 | 6 |
| 泌水率比,%,不大于 | | 95 | 100 | 90 | 95 | 95 | 100 | 100 | 100 | 100 | 100 | 70 | 80 | 100 | 100 | 100 | 110 | 70 | 80 |
| 含水量,% | | ≤3.0 | ≤4.0 | ≤3.0 | ≤4.0 | ≤3.0 | ≤4.0 | <4.5 | | <5.5 | | >3.0 | | — | | — | | >3.0 | |
| 凝结时间之差 min | 初凝 终凝 | -90~+120 | | -90~+120 | | -90~+90 | | >+90 | | >+90 | | -90~+120 | | -90~+90 | | >+90 | | -90~+120 | |
| 抗压强度比,% 不小于 | 1d | — | | 140 | 130 | 140 | 130 | — | | — | | — | | 135 | 125 | — | | — | |
| | 3d | 115 | 110 | 130 | 120 | 130 | 120 | 125 | 120 | 100 | 100 | 115 | 110 | 130 | 120 | 100 | 90 | 95 | 80 |
| | 7d | 115 | 110 | 125 | 115 | 115 | 110 | 125 | 115 | 110 | 110 | 110 | 110 | 110 | 105 | 100 | 90 | 95 | 80 |
| | 28d | 110 | 105 | 120 | 110 | 105 | 100 | 120 | 110 | 110 | 110 | 105 | 105 | 100 | 100 | 95 | 100 | 90 | 80 |
| 收缩率比,% 不大于 | 28d | 135 | | 135 | | 135 | | 135 | | 135 | | 135 | | 135 | | 135 | | 135 | |
| 相对耐久性指标,% 200次,不小于 | | — | | — | | — | | — | | — | | 80 | 60 | — | | — | | 80 | 60 |
| 对钢筋锈蚀作用 | | 应说明对钢筋有无锈蚀危害 | | | | | | | | | | | | | | | | | |

注：

1　除含量外，表中所列数据为掺外加剂混凝土与基准混凝土的差值或比值。

2　凝结时间指标，"—"号表示提前，"+"号表示延缓。

3　相对耐久性指标一栏中，"200次≥80"表示将掺外加剂混凝土试件冻融循环200次后，动弹性模量保留值≥80%或≥60%。

4　对于可以用高频振捣排除的，由外加剂所引入的气泡的产品，允许用高频振捣，达到某类型性能指标要求的外加剂，可按本表进行命名和分类，但须在产品说明书和包装上注明"用于高频振捣的××剂"

2.匀质性指标应符合表 4-7 的要求。

表 4-7　　　　　　　　　　　　　　　匀质性指标

| 试验项目 | 指　标 |
|---|---|
| 含固量或含水量 | a.对液体外加剂,应在生产厂控制值的相对量的 3% 内;<br>b.对固体外加剂,应在生产厂控制值的相对量的 5% 之内 |
| 密　度 | 对液体外加剂,应在生产厂所控制值的 $\pm0.02g/cm^3$ 之内 |
| 氯离子含量 | 应在生产厂控制值相对量的 5% 之内 |
| 水泥净浆流动度 | 应不小于生产厂控制值的 95% |
| 细度 | 0.315mm 筛筛余应小于 15% |
| pH 值 | 应在生产厂控制值 $\pm1$ 之内 |
| 表面张力 | 应在生产厂控制值 $\pm1.5$ 之内 |
| 还原糖 | 应在生产厂控制值 $\pm3\%$ |
| 总碱量($Na_2O+0.658K_2O$) | 应在生产厂控制值的相对量的 5% 之内 |
| 硫酸钠 | 应在生产厂控制值的相对量的 5% 之内 |
| 泡沫性能 | 应在生产厂控制值的相对量的 5% 之内 |
| 砂浆减水率 | 应在生产厂控制值 $\pm1.5\%$ 之内 |

3.检验规则

(1)取样及编号

1)试样分点样和混合样。点样是在一次生产的产品中所得试样,混合样是三个或更多的点样等量均匀混合而取得的试样。

2)生产厂应根据产量和生产设备条件,将产品分批编号,掺量大于 1%(含 1%)同品种的外加剂每一编号为 100t,掺量小于 1% 的外加剂每一编号为 50t,不足 100t 或 50t 的也可按一个批量计,同一编号的产品必须混合均匀。

3)每一编号取样量不少于 0.2t 水泥所需用的外加剂量。

(2)试样及留样

每一编号取得的试样应充分混匀,分为两等份,一份按表 2 中规定部分项目进行试验。另一份要密封保存半年,以备有疑问时提交国家指定的检验机关进行复验或仲裁。

【填写要点】

1.检查试验报告单上各项目是否齐全、准确、真实、无未了项,试验室签字盖章是否齐全;检查试验编号是否填写;试验数据是否达到规范规定标准值。若发现问题应及时取双倍试样做复试,并将复试合格报告或处理结论附于此报告后一并存档。同时核查试验结论。

2.核对使用日期,与混凝土(砂浆)试配单比较是否合理,不允许先使用后试验。

3.核对各试验报告单批量总和是否与单位工程总需求量相符。

| | | 编　　号 | ××× |
|---|---|---|---|
| **掺合料试验报告** | | 试验编号 | 2015－0015 |
| | | 委托编号 | 2015－01380 |

| 工程名称及部位 | ××市××道路工程 | | |
|---|---|---|---|
| 委托单位 | ××市政建设集团有限公司 | 委托人 | ××× |
| 种类及等级 | 粉煤灰　Ⅱ级 | 试样编号 | 002 |
| 产地 | 北京 | 代表数量 | 60 t |
| 委托日期 | ××年×月×日 | 试验日期 | 2015 年 1 月 6 日 |
| 试验依据 | 《用于水泥和混凝土中的粉煤灰》(GB/T 1596) | | |

| 试验结果 | 一、细度 | 1.45μm 方孔筛筛余(%) | 17.4 |
|---|---|---|---|
| | | 2.80μm 方孔筛筛余(%) | / |
| | 二、需水量比(%) | | 99 |
| | 三、烧失量(%) | | 7.5 |
| | 四、吸铵值(%) | | / |
| | 五、20 天抗压强度比(%) | | / |
| | 六、其他 | | 1.29 |

结论：

依据 GB/T 1596－2005 标准,符合Ⅱ级粉煤灰要求。

| 批　　准 | ××× | 审　核 | ××× | 试　　验 | ××× |
|---|---|---|---|---|---|
| 检测试验单位 | ××工程试验检测中心 | | | | |
| 报告日期 | 2015 年 1 月 6 日 | | | | |

本表由检测单位提供。

# 《掺合料试验报告》填表说明

## 【填写依据】

1. 性能要求

（1）粉煤灰

1）粉煤灰质量指标应满足表 4－8 的要求。

表 4－8　　　　　　　　　　　　　　　　粉煤灰质量指标

| 序号 | 项　目 | | 级　别 | | |
| --- | --- | --- | --- | --- | --- |
| | | | Ⅰ | Ⅱ | Ⅲ |
| 1 | 细度（0.045mm 方孔筛筛余），% | 不大于 | 12 | 20 | 45 |
| 2 | 需水量比，% | 不大于 | 95 | 105 | 115 |
| 3 | 烧失量，% | 不大于 | 5 | 8 | 15 |
| 4 | 含水量，% | 不大于 | 1 | 1 | 不规定 |
| 5 | 三氧化硫，% | 不大于 | 3 | 3 | 3 |

注：1 Ⅲ级粉煤灰主要用于无筋混凝土，不得用于钢筋混凝土。当用于钢筋混凝土时，必须经过专门试验。

　　2 高钙粉煤灰的游离氧化钙含量不得大于 2.5% 且体积安定性合格。

2）试验方法

①表 1 中项目按《用于水泥和混凝土中的粉煤灰》（GB/T 1596）进行。

②游离氧化钙含量按《水泥化学分析方法》（GB/T 176）进行；体积安定性按《水泥标准稠度用水量、凝结时间，安定性检验方法》（GB/T 1346）规定的试验方法进行，水泥采用 42.5 硅酸盐水泥，高钙粉煤灰掺量 30%，并按重量等量取代水泥。

（2）粒化高炉矿渣粉

1）粒化高炉矿渣粉质量指标应满足表 4－9 要求。

表 4－9　　　　　　　　　　　　粒化高炉矿渣粉质量指标

| 项　目 | | | 级　别 | | |
| --- | --- | --- | --- | --- | --- |
| | | | S105 | S95 | S75 |
| 密度，g/cm³ | | 不大于 | 2.8 | | |
| 比表面积，m²/kg | | 不大于 | 350 | | |
| 活性指数，% | 7d | 不小于 | 95 | 75 | 55 |
| | 28d | 不小于 | 105 | 95 | 75 |
| 流动度比，% | | 不小于 | 85 | 90 | 95 |
| 含水量，% | | 不大于 | 1.0 | | |
| 烧失量，% | | 不大于 | 3.0 | | |

注：当掺加石膏或其他助磨剂时，应在报告中注明其种类及掺量。

2）试验方法按《用于水泥和混凝土中的粒化高炉矿渣粉》GB/T 18046 进行。

(3)硅灰

1)硅灰质量指标应满足表4—10要求。

表4—10　　　　　　　　　硅灰质量指标

| 项　目 | | 指　标 |
|---|---|---|
| 比表面积,m²/kg | 不小于 | 18000 |
| 二氧化硅,% | 不小于 | 85 |

2)试验方法

①比表面积按《水泥比表面积测定方法(勃氏法)》(GB/T 8074)进行。

②SiO₂含量按《水泥化学分析方法》(GB/T 176)进行。

(4)沸石粉

1)沸石粉质量指标应满足表4—11要求。

2)试验方法按《天然沸石粉在混凝土与砂浆中应用技术规程》(JGJ/T 112)进行。

表4—11　　　　　　　　　沸石粉质量指标

| 项　目 | | 级　别 | | |
|---|---|---|---|---|
| | | Ⅰ | Ⅱ | Ⅲ |
| 吸铵值,meq/100g | 不小于 | 130 | 100 | 90 |
| 细度(80μm方孔筛筛余),% | 不大于 | 4 | 10 | 15 |
| 需水量比,% | 不大于 | 125 | 120 | 120 |
| 28天抗压强度比,% | 不小于 | 75 | 70 | 62 |

(5)复合掺合料

1)复合掺合料质量指标应符合表4—12要求。

表4—12　　　　　　　　　复合掺合料质量指标

| 项　目 | | | 级　别 | | |
|---|---|---|---|---|---|
| | | | F105 | F95 | F75 |
| 比表面积,m²/kg | | 不小于 | 350 | | |
| 细度(0.045mm方孔筛筛余),% | | 不大于 | 10 | | |
| 活性指数,% | 7d | 不小于 | 90 | 70 | 50 |
| | 28d | 不小于 | 105 | 95 | 75 |
| 流动度比,% | | 不小于 | 85 | 90 | 95 |
| 含水量,% | | 不大于 | 1.0 | | |
| 三氧化硫,% | | 不大于 | 3.0 | | |
| 烧失量,% | | 不大于 | 5.0 | | |

注:高钙粉煤灰不宜用于掺合料。

2）试验方法

细度（筛余）试验方法按《用于水泥和混凝土中的粉煤灰》（GB/T 1596）进行。

其他项目试验方法按《用于水泥和混凝土中的粒化高炉矿渣粉》（GB/T 18046）进行。

2. 检验与验收

（1）矿物掺合料应按批进行检验，每批数量按重量计算，并应有生产单位的出厂合格证，合格证的内容应包括：厂名、合格证编号、级别、批号、出厂日期、代表数量等，并应按年度提供法定检测单位的质量检测报告。

（2）矿物掺合料的取样应符合下列规定：

1）散装矿物掺合料取样时，应从连续进厂的任意 3 个罐体中各取试样一份，每份不少于 5.0kg，混合搅拌均匀，并用四分法缩取出比试验所需量大一倍的试样。

2）袋装矿物掺合料取样时，应从每批中任抽 10 袋，从每袋中各取样不得少于 1.0kg，按上款规定的方法缩取。

（3）矿物掺合料的检验应符合下列规定

1）粉煤灰进场时应按表 1 的要求对其细度、需水量比、烧失量进行检验，其他项目可根据需要进行检验。应以连续供应 200t 同一厂家、相同级别的粉煤灰为一批，不足 200t 者应按一批计。

注：当采用高钙粉煤灰时应增加游离氧化钙和体积安定性的检验。

2）粒化高炉矿渣粉进场时应按表 2 的要求对其比表面积、活性指数、流动度比进行检验，其他项目可根据需要进行检验。应以连续供应 200t 同一厂家、相同级别的粒化高炉矿渣粉为一批，不足 200t 者应按一批计。

3）硅灰进场时应按表 3 的要求对其 $SiO_2$ 含量进行检验，其细度可根据需要进行检验。应以连续供应 30t 同一厂家、相同级别的硅灰为一批，不足 30t 者应按一批计。

4）沸石粉进场时应按表 4 的项目进行检验。应以连续供应 120t 同一厂家、相同级别的沸石粉为一批，不足 120t 者应按一批计。

5）复合掺合料进场时应按表 5 的要求对其比表面积（或细度）、活性指数、流动度，进行检验，其他项目可根据需要进行检验。应以连续供应 200t 同一厂家、相同种类、级别的复合掺合料为一批，不足 200t 者应按一批计。

（4）当矿物掺合料的质量指标不符合要求时，应降级使用或按不合格品处理。

（5）矿物掺合料储存时，严禁与其他材料混杂，不得受潮。存放超过一年时应按规定重新进行复试，合格后方可使用。

| | 编　　号 | ××× |
|---|---|---|
| **钢材试验报告** | 试验编号 | 2015－0198 |
| | 委托编号 | 2015－09101 |

| 工程名称及部位 | ××市××路桥梁工程　6#墩承台 | | |
|---|---|---|---|
| 委托单位 | ××市政建设集团有限公司 | 委托人 | ××× |
| 钢材种类及规格 | HRB 335　Φ25 | 试样编号 | ××－××× |
| 公称直径(厚度) | 25mm | 公称面积 | 490.6mm² |
| 生产单位 | ××钢铁有限公司 | 代表数量 | 14t |
| 委托日期 | ××年×月×日 | 试验日期 | 2015 年 6 月 15 日 |
| 试验依据 | GB 1499.2 | | |

| | 力学性能 | | | | | 冷弯性能 | | |
|---|---|---|---|---|---|---|---|---|
| | 屈服点 $\sigma_s$(MPa) | 抗拉强度 $\sigma_b$(MPa) | 伸长率 (%) | $\sigma_{b实}/\sigma_{s实}$ | $\sigma_{s实}/\sigma_{s标}$ | 弯心直径 (mm) | 角度 (°) | 结果 |
| 试验结果 | 405 | 595 | 24 | 1.47 | 1.21 | 75 | 180 | 合格 |
| | 400 | 595 | 27 | 1.49 | 1.19 | 75 | 180 | 合格 |
| | | | | | | | | |
| | | | | | | | | |
| | | | | | | | | |
| | | | | | | | | |
| | 其他： | | | | | | | |

结论：

　　经检查,符合设计与规范规定要求,合格。

| 批　准 | ××× | 审　核 | ××× | 试　验 | ××× |
|---|---|---|---|---|---|
| 检测试验单位 | ××工程试验检测中心 | | | | |
| 报告日期 | 2015 年 6 月 15 日 | | | | |

本表由检测单位提供。

# 《钢材试验报告》填表说明

本表参照《钢筋混凝土用钢筋第 2 部分:热轧带肋钢筋》(GB 1499.2－2007)、《钢筋混凝土用钢筋第 1 部分:热轧光圆钢筋》(GB 1499.1－2008)、《低碳钢热轧圆盘条》(GB/T 701－2008)标准填写。

**【填写依据】**

1.钢材化学分析检验报告是建设单位档案部门长期保管的档案资料。

2.盘条表面应光滑、不得有裂纹、折叠、耳子、结疤。盘条不得有夹杂及其他有害缺陷。

3.有抗震要求时,其纵向受力钢筋的进场复试,应有强屈比和屈标比计算值。

4.当使用进口钢材、钢筋脆断、焊接性能不良或力学性能显著不正常时,应进行化学成分检验或其他专项检验,有相应检验报告。

5.承重结构钢筋及重要钢材应实行有见证取样和送检。

6.热轧带肋钢筋的牌号由 HRB 和牌号的屈服点最小值构成。H、R、B 分别为热轧(Hot rolled)、带肋(Ribbed)、钢筋(Bars)三个词的英文首位字母。热轧带肋钢筋分为 HRB 335,HRB 400,HRB 500 三个牌号。钢筋的公称直径范围为 6~50mm,相关规范推荐的钢筋公称直径为 6,8,10,12,16,20,25,32,40,50mm。

7.盘条应按批验收,组批原则:同一厂别、同一炉罐号、同一规格、同一交货状态每 60t 为一验收批。不足 60t 也按一批计。

8.盘条的取样数量:

化学分析　　　1 根

拉伸试验　　　1 根

弯曲试验　　　2 根(取自不同盘)

9.热轧带肋钢筋应按批验收,组批原则:同一厂别、同一炉罐号、同一规格、同一交货状态每 60t 为一验收批。不足 60t 也按一批计。

10.热轧带肋钢筋的取样数量(在任选的 2 根钢筋中切取):

化学分析　　　1 根

拉伸试验　　　1 根

弯曲试验　　　2 根

11.热轧光圆钢筋的化学成分见表 4—13:

表 4—13　　　　　　　　热轧光圆钢筋的化学成分

| 编号 | 化学成分(质量分数)/%　不大于 | | | | |
| --- | --- | --- | --- | --- | --- |
| | C | Si | Mn | P | S |
| HPB235 | 0.22 | 0.30 | 0.65 | 0.045 | 0.050 |
| HPB300 | 0.25 | 0.55 | 1.50 | | |

12. 热轧带肋钢筋的化学成分不大于表 4－14：

表 4－14　　　　　　　　　　　　　　热轧带肋钢筋的化学成分

| 牌　号 | 化　学　成　分 | | | | |
|---|---|---|---|---|---|
| | C | Si | Mn | P | S |
| HRB335 | 0.25 | 0.80 | 1.6 | 0.045 | 0.045 |
| HRB400 | 0.25 | 0.80 | 1.6 | 0.045 | |
| HRB500 | 0.25 | 0.80 | 1.6 | 0.045 | |

13. 盘圆钢筋的力学、工艺性能见表 4－15：

表 4－15　　　　　　　　　　　　　　力学、工艺性能

| 牌　号 | 力　学　性　能 | | 冷弯 180° |
|---|---|---|---|
| | 抗拉强度 $R_m/(N/mm^2)$ 不大于 | 断后伸长率 $A_{11.3}/\%$ 不小于 | $d$＝弯心直径 $a$＝试样直径 |
| Q195 | 410 | 30 | $d=0$ |
| Q215 | 435 | 28 | $d=0$ |
| Q235 | 500 | 23 | $d=0.5a$ |
| Q275 | 540 | 21 | $d=1.5a$ |

14. 热轧带肋钢筋的力学性能见表 4－16：

表 4－16　　　　　　　　　　　　　　钢筋的力学性能

| 牌　号 | 公称直径 （mm） | $\sigma_s$（或 $\delta_{P0.2}$）(MPa) | $\sigma_b$(MPa) | $\delta_5$（％） |
|---|---|---|---|---|
| | | 不大于 $\delta_{P0.2}$ | | |
| HRB335 | 6～25；28～50 | 335 | 490 | 17 |
| HRB400 | 6～25；28～50 | 400 | 570 | 16 |
| HRB500 | 6～25；28～50 | 500 | 630 | 15 |

15. 弯曲性能，按下表规定的弯心直径弯曲 180°后，钢筋受弯曲部位表面不得产生裂纹。

表 4－17　　　　　　　　　　　　　　　　　　　　　　　　　　　　单位为毫米

| 牌号 | 公称直径　d | 弯心直径 |
|---|---|---|
| HRB335 | 6～25 | 3d |
| RRB335 | 28～50 | 4d |
| HRB400 | 6～25 | 4d |
| RRB400 | 28～50 | 5d |
| HRB500 | 6～25 | 5d |
| RRB500 | 28～50 | 6d |

| 硬度试验报告 | | | | 编　号 | | |
|---|---|---|---|---|---|---|
| | | | | 试验编号 | | |
| | | | | 委托编号 | | |
| 工程名称及部位 | | | | | | |
| 委托单位 | | | 委托人 | | | |
| 产品名称 | | | 规格型号 | | | |
| 生产厂家 | | | | | | |
| 送检数量 | | | 代表数量 | | | |
| 来样日期 | | | 试验日期 | | | |
| 试验依据 | | | 试验方法 | | | |

| 试验结果 | | | | | | | |
|---|---|---|---|---|---|---|---|
| 编号 | 夹片硬度 | | | 锚环硬度 | | | 备注 |
| | 1 | 2 | 3 | 1 | 2 | 3 | |
| | | | | | | | |
| | | | | | | | |
| | | | | | | | |
| | | | | | | | |
| | | | | | | | |
| | | | | | | | |
| | | | | | | | |
| | | | | | | | |

结论：

| 批　准 | | 审　核 | | 试　验 | |
|---|---|---|---|---|---|
| 检测试验单位 | | | | | |
| 报告日期 | | | | | |

本表由检测单位提供。

| 静载锚固性能试验报告 | 编　　号 | |
|---|---|---|
| | 试验编号 | |
| | 委托编号 | |

| 工程名称及部位 | | | |
|---|---|---|---|
| 委托单位 | | 委托人 | |
| 产地 | | 锚具型号 | |
| 送检数量 | | 预应力筋 | |
| 来样日期 | | 试验日期 | |
| 试验依据 | | | |

| 试样编号 | 预应力筋实际极限拉力 $F_{pm}$(kN) | 组装件实测极限拉力 $F_{apu}$(kN) | 效率系数 Ha | 总应变 $\varepsilon_{apu}$(%) | 断口位置 | 断筋检查 | | 试验后锚具检查 |
|---|---|---|---|---|---|---|---|---|
| | | | | | | 颈缩根数 | 斜口根数 | |
| 1 | | | | | | | | |
| 2 | | | | | | | | |
| 3 | | | | | | | | |

结论：

| 批　准 | | 审　核 | | 试　验 | |
|---|---|---|---|---|---|
| 检测试验单位 | | | | | |
| 报告日期 | | | | | |

本表由检测单位提供。

<table>
<tr><td rowspan="3" colspan="2" style="text-align:center"><h1>钢绞线力学性能试验报告</h1></td><td>编　号</td><td>×××</td></tr>
<tr><td>试验编号</td><td>××－×××</td></tr>
<tr><td>委托编号</td><td>××－×××</td></tr>
</table>

| 工程名称及部位 | | ××市政道路工程 | | |
|---|---|---|---|---|
| 委托单位 | | ××市政建设集团 | 委托人 | ××× |
| 强度级别 | | ×× | 代表数量 | 40t |
| 生产厂 | | ××钢铁有限公司 | | |
| 来样日期 | | ××年×月×日 | 试验日期 | ××年×月×日 |
| 试验依据 | | GB/T 5224 | | |

| 试样编号 | 试样规格（mm） | 公称截面积（mm²） | 规定非比例延伸力 $F_{p0.2}$（kN） | 规定总伸长为1.0%的力 $F_{t1}$（kN） | 最大力 $F_m$（kN） | 抗拉强度 $R_m$（MPa） | 伸长率 $A_{gt}$（%） | 弹性模量 $E$（GPa） |
|---|---|---|---|---|---|---|---|---|
| 1 | 1×3 I | 59.96 | 66.1 | / | 60.6 | 1570 | 3.6 | 197 |
| 2 | 1×3 I | 59.96 | 65.4 | / | 64.5 | 1670 | 3.6 | 199 |
| 3 | 1×3 I | 59.96 | 66.2 | / | 71.8 | 1860 | 3.6 | 187 |
| | | | | | | | | |
| | | | | | | | | |
| | | | | | | | | |

结论：

　　经检查，符合《预应力混凝土用钢绞线》(GB/T 5224)规范规定，合格。

| 批　准 | ××× | 审　核 | ××× | 试　验 | ××× |
|---|---|---|---|---|---|
| 检测试验单位 | | ××工程试验检测中心 | | | |
| 报告日期 | | ××年×月×日 | | | |

本表由检测单位提供。

# 《钢绞线力学性能试验报告》填表说明

**【核查要点】**

1. 厂家提供的出厂合格证(或质量证明书)的厂名、材料名称、品种规格、生产日期、执行标准、签字盖章等应齐全,复印件应加盖原件存放单位红章。

2. 项目材料管理人员应根据材料实际进场情况,将材料的进场日期、进场数量、使用部位标注在出厂合格证(或质量证明书)上,经办人签字。

3. 厂家提供的检验报告、注意检验报告是否在有效期内;检验报告所反映的产品名称、品种规格等是否与出厂合格证的内容一致。

4. 出厂质量证明中的品种、规格应与隐蔽工程检查记录、施工日志、检验批质量验收记录、洽商记录、施工技术文件(图纸、方案、交底)等交圈。

5. 预应力工程质量证明书应由专业施工单位的材料员负责收集,专业资料员汇总整理,移交总承包施工单位、建设单位留存归档。

**【填写依据】**

1. 1×2 结构绞线的力学性能应符合表 4—18 规定。

表 4—18　　　　　　　　　　1×2 结构钢绞线力学性能

| 钢绞线结构 | 钢绞线公称直径 $D_n$/mm | 公称抗拉强度 $R_m$/MPa | 整根钢绞线最大力 $F_m$/kN ≥ | 整根钢绞线最大力的最大值 $F_{m,max}$/kN ≤ | 0.2%屈服力 $F_{p0.2}$/kN ≥ | 最大力总伸长率 ($L_0 \geq 400$ mm) $A_{gt}$/% ≥ | 应力松弛性能 | |
|---|---|---|---|---|---|---|---|---|
| | | | | | | | 初始负荷相当于实际最大力的百分数/% | 1 000 h 后应力松弛率 $r$/% ≤ |
| 1×2 | 8.00 | 1 470 | 36.9 | 41.9 | 32.5 | 对所有规格 | 对所有规格 | 对所有规格格 |
| | 10.00 | | 57.8 | 65.6 | 50.9 | | | |
| | 12.00 | | 83.1 | 94.4 | 73.1 | | | |
| | 5.00 | 1 570 | 15.4 | 17.4 | 13.6 | | | |
| | 5.80 | | 20.7 | 23.4 | 18.2 | | | |
| | 8.00 | | 39.4 | 44.4 | 34.7 | | | |
| | 10.00 | | 61.7 | 69.6 | 54.3 | | | |
| | 12.00 | | 88.7 | 100 | 78.1 | | | |
| | 5.00 | 1 720 | 16.9 | 18.9 | 14.9 | 3.5 | 70 | 2.5 |
| | 5.80 | | 22.7 | 25.3 | 20.0 | | | |
| | 8.00 | | 43.2 | 48.2 | 38.0 | | | |
| | 10.00 | | 67.6 | 75.5 | 59.6 | | | |
| | 12.00 | | 97.2 | 108 | 85.5 | | | |
| | 5.00 | 1 860 | 18.3 | 20.2 | 16.1 | | 80 | 4.5 |
| | 5.80 | | 24.6 | 27.2 | 21.6 | | | |
| | 8.00 | | 46.7 | 51.7 | 41.1 | | | |
| | 10.00 | | 73.1 | 81.0 | 64.3 | | | |
| | 12.00 | | 105 | 116 | 92.5 | | | |
| | 5.00 | 1 960 | 19.2 | 21.2 | 16.9 | | | |
| | 5.80 | | 25.9 | 28.5 | 22.8 | | | |
| | 8.00 | | 49.2 | 54.2 | 43.3 | | | |
| | 10.00 | | 77.0 | 84.9 | 67.8 | | | |

2.1×3 结构绞线的力学性能应符合表 4－19 规定。

表 4－19　　　　　　　　　　　　　　1×3 结构钢绞线力学性能

| 钢绞线结构 | 钢绞线公称直径 $D_n$/mm | 公称抗拉强度 $R_m$/MPa | 整根钢绞线最大力 $F_m$/kN ≥ | 整根钢绞线最大力的最大值 $F_{m,max}$/kN ≤ | 0.2%屈服力 $F_{p0.2}$/kN ≥ | 最大力总伸长率 ($L_0 \geq 400$ mm) $A_{gt}$/% ≥ | 应力松弛性能 | |
|---|---|---|---|---|---|---|---|---|
| | | | | | | | 初始负荷相当于实际最大力的百分数/% | 1 000 h 后应力松弛率 $r$/% ≤ |
| 1×3 | 8.60 | 1 470 | 55.4 | 63.0 | 48.8 | 对所有规格 | 对所有规格 | 对所有规格格 |
| | 10.80 | | 86.6 | 98.4 | 76.2 | | | |
| | 12.90 | | 125 | 142 | 110 | | | |
| | 6.20 | 1 570 | 31.1 | 35.0 | 27.4 | | | |
| | 6.50 | | 33.3 | 37.5 | 29.3 | | | |
| | 8.60 | | 59.2 | 66.7 | 52.1 | | | |
| | 8.74 | | 60.6 | 68.3 | 53.3 | | | |
| | 10.80 | | 92.5 | 104 | 81.4 | | | |
| | 12.90 | | 133 | 150 | 117 | | | |
| | 8.74 | 1 670 | 64.5 | 72.2 | 56.8 | | | |
| | 6.20 | 1 720 | 34.1 | 38.0 | 30.0 | 3.5 | 70 | 2.5 |
| | 6.50 | | 36.5 | 40.7 | 32.1 | | | |
| | 8.60 | | 64.8 | 72.4 | 57.0 | | | |
| | 10.80 | | 101 | 113 | 88.9 | | | |
| | 12.90 | | 146 | 163 | 128 | | 80 | 4.5 |
| | 6.20 | 1 860 | 36.8 | 40.8 | 32.4 | | | |
| | 6.50 | | 39.4 | 43.7 | 34.7 | | | |
| | 8.60 | | 70.1 | 77.7 | 61.7 | | | |
| | 8.74 | | 71.8 | 79.5 | 63.2 | | | |
| | 10.80 | | 110 | 121 | 96.8 | | | |
| | 12.90 | | 158 | 175 | 139 | | | |
| | 6.20 | 1 960 | 38.8 | 42.8 | 34.1 | | | |
| | 6.50 | | 41.6 | 45.8 | 36.6 | | | |
| | 8.60 | | 73.9 | 81.4 | 65.0 | | | |
| | 10.80 | | 115 | 127 | 101 | | | |
| | 12.90 | | 166 | 183 | 146 | | | |
| 1×3I | 8.70 | 1 570 | 60.4 | 68.1 | 53.2 | | | |
| | | 1 720 | 66.2 | 73.9 | 58.3 | | | |
| | | 1 860 | 71.6 | 79.3 | 63.0 | | | |

3. 1×7 结构绞线的力学性能应符合表 4—20 规定。

表 4—20　　　　　　1×7 结构钢绞线力学性能 1×3 结构钢绞线力学性能

| 钢绞线结构 | 钢绞线公称直径 $D_n$/mm | 公称抗拉强度 $R_m$/MPa | 整根钢绞线最大力 $F_m$/kN ≥ | 整根钢绞线最大力的最大值 $F_{m,max}$/kN ≤ | 0.2%屈服力 $F_{p0.2}$/kN ≥ | 最大力总伸长率($L_0 \geq 400$ mm) $A_{gt}$/% ≥ | 应力松弛性能 | |
|---|---|---|---|---|---|---|---|---|
| | | | | | | | 初始负荷相当于实际最大力的百分数/% | 1 000 h 后应力松弛率 $r$/% ≤ |
| 1×7 | 15.20 (15.24) | 1 470 | 206 | 234 | 181 | 对所有规格 | 对所有规格 | 对所有规格格 |
| | | 1 570 | 220 | 248 | 194 | | | |
| | | 1 670 | 234 | 262 | 206 | | | |
| | 9.50 (9.53) | 1 720 | 94.3 | 105 | 83.0 | 3.5 | 70 | 2.5 |
| | 11.10 (11.11) | | 123 | 142 | 113 | | | |
| | 12.70 | | 170 | 190 | 150 | | | |
| | 15.20 (15.24) | | 241 | 269 | 212 | | | |
| | 17.80 (17.78) | | 327 | 365 | 288 | | | |
| | 18.90 | 1 820 | 400 | 444 | 352 | | | |
| | 15.70 | 1 770 | 266 | 296 | 234 | | | |
| | 21.60 | | 504 | 561 | 444 | | | |
| | 9.50 (9.53) | 1 860 | 102 | 113 | 89.8 | | | |
| | 11.10 (11.11) | | 138 | 153 | 121 | | | |
| | 12.70mm | | 184 | 203 | 162 | | | |
| | 15.20 (15.24) | | 260 | 288 | 229 | | | |
| | 15.70 | | 279 | 309 | 246 | | 80 | 4.5 |
| | 17.80 (17.78) | | 355 | 391 | 311 | | | |
| | 18.90 | | 409 | 453 | 360 | | | |
| | 21.60 | | 530 | 587 | 466 | | | |
| | 9.50 (9.53) | 1 960 | 107 | 118 | 94.2 | | | |
| | 11.10 (11.11) | | 145 | 160 | 128 | | | |
| | 12.70 | | 193 | 213 | 170 | | | |
| | 15.20 (15.24) | | 274 | 302 | 241 | | | |
| 1×7I | 12.70 | 1 860 | 184 | 203 | 162 | | | |
| | 15.20 (15.24) | | 260 | 288 | 229 | | | |
| (1×7)C | 12.70 | 1 860 | 208 | 231 | 183 | | | |
| | 15.20 (15.24) | 1 820 | 300 | 333 | 264 | | | |
| | 18.00 | 1 720 | 384 | 428 | 338 | | | |

4. 供方每一交货批钢绞线的实际强度不能高于其抗拉强度级别 200MPa。

5. 钢绞线弹性模量为(195±10)GPa,但不作为交货条件。

6. 允许使用推算法确定 1000h 松弛率。

| 防水卷材试验报告 | | 编　号 | ××× |
|---|---|---|---|
| | | 试验编号 | 2015—0514 |
| | | 委托编号 | 2015—03797 |

| 工程名称及部位 | ××市××道路工程　地下人行通道 | | |
|---|---|---|---|
| 委托单位 | ××市政建设集团有限公司 | 委托人 | ××× |
| 种类、等级、牌号 | APP 改性沥青防水卷材　Ⅱ型 ××牌 | 试件编号 | 006 |
| 生产单位 | ××建材公司 | 代表数量 | 10000m² |
| 委托日期 | 2015 年 8 月 23 日 | 试验日期 | 2015 年 8 月 24 日 |
| 试验依据 | GB 18243 | | |

| 试验结果 | 一、拉力 | 纵向 | 963　N | |
|---|---|---|---|---|
| | | 横向 | 912　N | |
| | 二、拉伸强度 | 纵向 | /　MPa | |
| | | 横向 | /　MPa | |
| | 三、断裂伸长率(延伸率) | 纵向 | 66　% | |
| | | 横向 | 85　% | |
| | 四、不透水性 | 0.3MPa,30min 不透水 | | |
| | 五、耐热度 | 温度(℃) | 130 | 结果 | 无滑动、无流淌、无滴落 |
| | 六、柔韧性(低温柔性、低温弯折性) | 温度(℃) | —15 | 结果 | 无裂纹 |

结论：

　　依据《塑性体改性沥青防水卷材》(GB 18243)标准,所检项目符合 APP 改性沥青防水卷材Ⅱ型指标要求。

| 批　准 | ××× | 审　核 | ××× | 试　验 | ××× |
|---|---|---|---|---|---|
| 检测试验单位 | ××工程试验检测中心 | | | | |
| 报告日期 | 2015 年 8 月 25 日 | | | | |

本表由检测单位提供。

# 《防水卷材试验报告》填表说明

**【填写依据】**

1. 防水卷材检验报告是建设单位档案部门长期保管的档案资料。

2. 防水卷材试验报告适用于所有卷材的试验报告。现以塑性体改性沥青防水卷材为例,执行的标准:《塑性体改性沥青防水卷材》(GB 18243—2008)。其他防水卷材参见相应标准。

3. 塑性体改性沥青防水卷材是以聚酯毡或玻纤毡为胎基、无规聚丙烯(APP)或聚烯烃类聚合物(APAO,APO)作为改性剂,两面覆以隔离材料所制成的建筑防水材料(统称 APP 卷材)。

按胎基分为聚脂胎(PY)、玻纤胎(G)、玻纤增强聚酯毡(PYG)。

按上表面材料分为聚乙烯膜(PE)、细砂(S)与矿物粒料(M)三种。

按下表面隔离材料分为细砂(S),聚乙烯膜(PE)等。

按材料性能分为Ⅰ型和Ⅱ型。

卷材按不同胎基,不同上表面材料分为 6 个品种。

4. APP 卷材的物理、力学性能如表 4—21:

表 4—21　　　　　　　　　　　　　　材料性能

| 序号 | 项目 | | 指标 | | | | |
|---|---|---|---|---|---|---|---|
| | | | Ⅰ | | Ⅱ | | |
| | | | PY | G | PY | G | PYG |
| 1 | 可溶物含量(g/m²) ≥ | 3mm | 2100 | | | | — |
| | | 4mm | 2900 | | | | — |
| | | 5mm | 3500 | | | | |
| | | 试验现象 | — | 胎基不燃 | — | 胎基不燃 | — |
| 2 | 耐热性 | ℃ | 110 | | 130 | | |
| | | ≤mm | 2 | | | | |
| | | 试验现象 | 无流淌、滴落 | | | | |
| 3 | 低温柔性/℃ | | —7 | | —15 | | |
| | | | 无裂缝 | | | | |
| 4 | 不透水性 30min | | 0.3MPa | 0.2MPa | 0.3MPa | | |
| 5 | 拉力 | 最大峰拉力/(N/50mm) ≥ | 500 | 350 | 800 | 500 | 900 |
| | | 次高峰拉力/(N/50mm) ≥ | — | — | — | — | 800 |
| | | 试验现象 | 拉伸中部无沥青涂盖层开裂或与胎基分离现象 | | | | |
| 6 | 延伸率 | 最大峰时延伸率/% ≥ | 25 | | 40 | | — |
| | | 第二峰时延伸率/% ≥ | — | | — | | 15 |

续表

| 序号 | 项目 | | | 指标 | | | | |
|---|---|---|---|---|---|---|---|---|
| | | | | I | | II | | |
| | | | | PY | G | PY | G | PYG |
| 7 | 浸水后质量增加/% ≥ | | PE、S | 1.0 | | | | |
| | | | M | 2.0 | | | | |
| 8 | 热老化 | 拉力保持率/% | ≥ | 90 | | | | |
| | | 延伸率保持率/% | ≥ | 80 | | | | |
| | | 低温柔性/℃ | | −2 | | −10 | | |
| | | | | 无裂缝 | | | | |
| | | 尺寸变化率/% | ≤ | 0.7 | — | 0.7 | — | 0.3 |
| | | 质量损失/% | ≤ | 1.0 | | | | |
| 9 | 接缝剥离强度/(N/mm) | | ≥ | 1.0 | | | | |
| 10 | 钉杆撕裂强度/N | | ≥ | — | | | | 300 |
| 11 | 矿物粒料粘附性/g | | ≤ | 2.0 | | | | |
| 12 | 卷材下表面沥青涂盖层厚度/mm | | ≥ | 1.0 | | | | |
| 13 | 人工气候加速老化 | 外观 | | 无滑动、流淌、滴落 | | | | |
| | | 拉力保持率% | ≥ | 80 | | | | |
| | | 低温柔性℃ | | −2 | | −10 | | |
| | | | | 无裂缝 | | | | |

注：表 1～6 项为强制性项目。

5. 取样：

(1) 以同一类型、同一规格 10000m² 为一批，不足 10000m² 时亦可作为一批。

(2) 以同一生产厂的同一品种、同一等级的产品，大于 1000 卷抽 5 卷，1000～500 卷抽 4 卷，100～499 卷抽 3 卷，100 卷以下抽 2 卷，进行规格尺寸和外观质量检验。在外观质量检验合格的卷材中，任取一卷作物理性能检验。

(3) 取样时将取样卷材切除距外层卷头 2500mm 后，顺纵向切取长度为 800mm 的全幅卷材试样 2 块，一块作物理力学性能检测用，另一块备用。

| | 编　　号 | ×××　 |
|---|---|---|
| **防水涂料试验报告** | 试验编号 | 2015－0012 |
| | 委托编号 | 2015－01660 |

| 工程名称及部位 | ××市××污水处理厂　办公楼1～5层厕浴间 | | |
|---|---|---|---|
| 委托单位 | ××市政建设集团有限公司 | 委托人 | ××× |
| 种类及型号 | 聚氨酯防水涂料(单组分) | 试件编号 | 002 |
| 生产单位 | ××建材公司 | 代表数量 | 5 t |
| 委托日期 | 2015年7月23日 | 试验日期 | 2015年7月24日 |
| 试验依据 | GB/T 19250 | | |

| 试验结果 | 一、延伸度 | / mm | | | |
|---|---|---|---|---|---|
| | 二、拉伸强度 | 1.93 MPa | | | |
| | 三、断裂伸长率 | 558 ％ | | | |
| | 四、粘结性 | / MPa | | | |
| | 五、耐热度 | 温度℃ | / | 结果 | / |
| | 六、不透水性 | 合　格 | | | |
| | 七、柔韧性(低温) | 温度℃ | －40 | 结果 | 合格 |
| | 八、固体含量 | 96 ％ | | | |
| | 九、其他 | | | | |

结论：

依据《聚氨脂防水涂料》(GB/T 19250)标准,符合单组分聚氨酯防水涂料合格品要求。

| 批　　准 | ××× | 审　核 | ××× | 试　　验 | ××× |
|---|---|---|---|---|---|
| 检测试验单位 | ××工程试验检测中心 | | | | |
| 报告日期 | 2015年7月25日 | | | | |

本表由检测单位提供。

# 《防水涂料试验报告》填表说明

**【填写依据】**

1. 规范名称

(1)《聚氨酯防水涂料》(GB/T 19250)

(2)《溶剂型橡胶沥青防水涂料》(JC/T 852)

(3)《水性沥青基防水涂料》(JC/T 408)

(4)《聚合物乳液建筑防水涂料》(JC/T 864)

(5)《地下防水工程施工质量验收规程》(GB 50208)

2. 技术要求

(1)溶剂型橡胶沥青防水涂料。

溶剂型橡胶沥青防水涂料物理力学性能见表4—22。

表4—22　　　　　　　　　　溶剂性橡胶沥青防水涂料物理力学性能

| 项　目 | | 技术指标 | |
|---|---|---|---|
| | | 一等品 | 合格品 |
| 固体含量(%)　　　　≥ | | 48 | |
| 抗裂性 | 基层裂缝(mm) | 0.3 | 0.2 |
| | 涂膜状态 | 无裂纹 | |
| 低温柔性(φ10mm,2h) | | —15℃ | —10℃ |
| | | 无裂纹 | |
| 粘结性(MPa)　　　　≥ | | 0.20 | |
| 耐热性(80℃,5h) | | 无流淌、鼓包、滑动 | |
| 不透水性(0.2MPa,30min) | | 不渗水 | |

(2)水性沥青基防水涂料。

水性沥青基防水涂料物理力学性能见表4—23。

表4—23　　　　　　　　　　水乳型沥青防水涂料物理力学性能

| 项　目 | | L | H |
|---|---|---|---|
| 固体含量(%)　　　　≥ | | 45 | |
| 耐热度(℃) | | 80±2 | 110±2 |
| | | 无流淌、滑动、滴落 | |
| 不透水性 | | 0.10MPa,30min 无渗水 | |
| 粘结强度(MPa)　　　≥ | | 0.30 | |
| 表干时间(h)　　　　≤ | | 8 | |
| 实干时间(h)　　　　≤ | | 24 | |
| 低温柔度[a](℃) | 标准条件 | —15 | 0 |
| | 碱处理 | | |
| | 热处理 | —10 | 5 |
| | 紫外线处理 | | |
| 断裂伸长率(%)　≥ | 标准条件 | | |
| | 碱处理 | | |
| | 热处理 | 600 | |
| | 紫外线处理 | | |

注:[a] 供需双方可以商定温度更低的低温柔度指标。

（3）聚氨酯防水涂料。

聚氨酯防水涂料物理力学性能见表4—24、表4—25。

表4—24　　　　　　　　　　单组分聚氨酯防水涂料物理力学性能

| 序号 | 项目 | | | I | II |
|---|---|---|---|---|---|
| 1 | 拉伸强度（MPa） | | ≥ | 1.90 | 2.45 |
| 2 | 断裂伸长率（%） | | ≥ | 550 | 450 |
| 3 | 撕裂强度（N/mm） | | ≥ | 12 | 14 |
| 4 | 低温弯折性（℃） | | ≤ | —40 | |
| 5 | 不透水性（0.3MPa30min） | | | 不透水 | |
| 6 | 固体含量（%） | | ≥ | 80 | |
| 7 | 表干时间（h） | | ≤ | 12 | |
| 8 | 实干时间（h） | | ≤ | 24 | |
| 9 | 加热伸缩率（%） | | ≤ | 1.0 | |
| | | | ≥ | —4.0 | |
| 10 | 潮湿基面粘结强度[a]（MPa） | | ≥ | 0.50 | |
| 11 | 定伸时老化 | 加热老化 | | 无裂纹及变形 | |
| | | 人工气候老化[b] | | 无裂纹及变形 | |
| 12 | 热处理 | 拉伸强度保持率（%） | | 80～150 | |
| | | 断裂伸长率（%） | ≥ | 500 | 400 |
| | | 低温弯折性（℃） | ≤ | —35 | |
| 13 | 碱处理 | 拉伸强度保持率（%） | | 60～150 | |
| | | 断裂伸长率（%） | ≥ | 500 | 400 |
| | | 低温弯折性（℃） | ≤ | —35 | |
| 14 | 酸处理 | 拉伸强度保持率（%） | | 80～150 | |
| | | 断裂伸长率（%） | ≥ | 500 | 400 |
| | | 低温弯折性（℃） | ≤ | —35 | |
| 15 | 人工气候老化[b] | 拉伸强度保持率（%） | | 80～150 | |
| | | 断裂伸长率（%） | ≥ | 500 | 400 |
| | | 低温弯折性（℃） | ≤ | —35 | |

注：[a]仅用于地下工程潮湿基面时要求。

　　[b]仅用于外露使用的产品。

表 4—25　　　　　　　　　　　　多组分聚氨酯防水涂料物理力学性能

| 序号 | 项目 | | | Ⅰ | Ⅱ |
|---|---|---|---|---|---|
| 1 | 拉伸强度（MPa） | | ≥ | 1.90 | 2.45 |
| 2 | 断裂伸长率（%） | | ≥ | 450 | 450 |
| 3 | 撕裂强度（N/mm） | | ≥ | 12 | 14 |
| 4 | 低温弯折性（℃） | | ≤ | −35 | |
| 5 | 不透水性（0.3MPa30min） | | | 不透水 | |
| 6 | 固体含量（%） | | ≥ | 92 | |
| 7 | 表干时间（h） | | ≤ | 8 | |
| 8 | 实干时间（h） | | ≤ | 24 | |
| 9 | 加热伸缩率（%） | | ≤ | 1.0 | |
| | | | ≥ | −4.0 | |
| 10 | 潮湿基面粘结强度ª（MPa） | | ≥ | 0.50 | |
| 11 | 定伸时老化 | 加热老化 | | 无裂纹及变形 | |
| | | 人工气候老化ᵇ | | 无裂纹及变形 | |
| 12 | 热处理 | 拉伸强度保持率（%） | | 80~150 | |
| | | 断裂伸长率（%） | ≥ | 400 | |
| | | 低温弯折性（℃） | ≤ | −30 | |
| 13 | 碱处理 | 拉伸强度保持率（%） | | 60~150 | |
| | | 断裂伸长率（%） | ≥ | 400 | |
| | | 低温弯折性（℃） | ≤ | −30 | |
| 14 | 酸处理 | 拉伸强度保持率（%） | | 80~150 | |
| | | 断裂伸长率（%） | ≥ | 400 | |
| | | 低温弯折性（℃） | ≤ | −30 | |
| 15 | 人工气候老化ᵇ | 拉伸强度保持率（%） | | 80~150 | |
| | | 断裂伸长率（%） | ≥ | 400 | |
| | | 低温弯折性（℃） | ≤ | −30 | |

注：ª 仅用于地下工程潮湿基面时要求。

　　ᵇ 仅用于外露使用的产品。

（4）聚合物乳液建筑防水涂料。

聚合物乳液建筑防水涂料物理力学性能见表 4—26。

表 4—26　　　　　　　　　　　　　物理力学性能

| 序号 | 试验项目 | | 指标 | |
|---|---|---|---|---|
| | | | Ⅰ | Ⅱ |
| 1 | 拉伸强度（MPa） | ≥ | 1.0 | 1.5 |
| 2 | 断裂延伸率（%） | ≥ | 300 | |
| 3 | 低温柔性，绕 φ10mm 棒弯 180° | | −10℃，无裂纹 | −20℃，无裂纹 |
| 4 | 不透水性（0.3MPa，30min） | | 不透水 | |
| 5 | 固体含量（%） | ≥ | 65 | |
| 6 | 干燥时间（h） | 表干时间 ≤ | 4 | |
| | | 实干时间 ≤ | 8 | |
| 7 | 处理后的拉伸强度保持率（%） | 加热处理 ≥ | 80 | |
| | | 碱处理 ≥ | 60 | |
| | | 酸处理 ≥ | 40 | |
| | | 人工气候老化处理[a] | — | 80～150 |
| 8 | 处理后的断裂延伸率（%） | 加热处理 ≥ | 200 | |
| | | 碱处理 ≥ | | |
| | | 酸处理 ≥ | | |
| | | 人工气候老化处理[a] ≥ | — | 200 |
| 9 | 加热伸缩率（%） | 伸长 ≤ | 1.0 | |
| | | 缩短 ≤ | 1.0 | |

注：[a] 仅用于外露使用产品。

【填写要点】

1. 检查报告单上各项目是否齐全、准确、无未了项，试验室签字盖章是否齐全；检查试验编号是否填写；试验数据是否真实，将试验结果与性能指标对比，以确定其是否符合规范技术要求。不合格的材料不能用在工程上。若发现问题应及时取双倍试样做复试，并将复试合格报告或处理结论附于此报告后一并存档，同时核查试验结论。

2. 检查各试验报告代表数量总和是否与总需求量相符。

| 环氧煤沥青涂料性能试验报告 | | | | 编　号 | ×××|
|---|---|---|---|---|---|
| | | | | 试验编号 | 2015－0082 |
| | | | | 委托编号 | 2015－01413 |

| 工程名称及部位 | ××市××路供水管道工程 | | | | |
|---|---|---|---|---|---|
| 委托单位 | ××市政建设集团有限公司 | | 委托人 | ××× | |
| 厂家 | ××涂料厂 | | 委托日期 | ××年×月×日 | |
| 试验依据 | | | 试验日期 | ××年×月×日 | |
| 底漆与固化剂配比 | 表干时间 | 实干时间 | 固化时间 | 试验环境温度 | |
| 10∶1.1 | 1 | 2 | 10 | 20～29℃ | |
| | | | | | |
| 面漆与固化剂配比 | 表干时间 | 实干时间 | 固化时间 | 试验环境温度 | |
| 10∶1 | 1.5 | 3 | 11 | 16～25℃ | |
| | | | | | |
| 防腐层等级及结构 | | 厚度(mm) | 电火花检查(kV) | 粘结力检查 | |
| 加强级 | | 4.1 | 3.0 | 撕开切口处无金属表面外露情况 | |

其他说明：

结论：

　　符合设计与规范要求,合格。

| 批　准 | ××× | 审　核 | ××× | 试　验 | ××× |
|---|---|---|---|---|---|
| 检测试验单位 | ××工程试验检测中心 | | | | |
| 报告日期 | ××年×月×日 | | | | |

本表由检测单位提供。

| 止水带试验报告 | | 编　号 | ××× |
| --- | --- | --- | --- |
| | | 试验编号 | ××－××× |
| | | 委托编号 | ××－××× |
| 工程名称及部位 | | ⑥轴变形缝 | |
| 委托单位 | ××市政建设集团 | 委托人 | ××× |
| 生产单位 | ××材料生产厂 | 代表数量 | ××kg |
| 样品型号或规格 | BG－12000mm×380mm×8mm | 委托日期 | ××年×月×日 |
| 试验依据 | GB 18173.2 | 试验日期 | ××年×月×日 |
| 检验结果 | 一、拉伸强度 | 17　MPa | |
| | 二、扯断伸长率 | 420　％ | |
| | 三、撕裂强度 | 32　kN/m | |
| | 四、其他 | | |

结论：经检查，符合《高分子防水材料　第 2 部分：止水带》(GB 18173.2)规范规定，合格。

| 批　准 | ××× | 审　核 | ××× | 试　验 | ××× |
| --- | --- | --- | --- | --- | --- |
| 检测试验单位 | ××工程试验检测中心 | | | | |
| 报告日期 | ××年×月×日 | | | | |

本表由检测单位提供。

# 《止水带试验报告》填表说明

**【填写依据】**

1. 止水带表面不允许有开裂、缺胶、海绵状等影响使用的缺陷,中心孔偏心不允许超过管状断面厚度的 1/3。

2. 止水带表面允许有深度不大于 2mm、面积不大于 16mm² 的凹痕、气泡、杂质、明疤等缺陷不超过 4 处;但设计工作面仅允许有深度不大于 1mm、面积不大于 10mm² 的缺陷不超过 3 处。

3. 物理性能

止水带的物理性能应符合表 4—27 的规定。

表 4—27　　　　　　　　　　　　　　止水带的物理性能

| 序号 | 项目 | | | 指标 | | |
|---|---|---|---|---|---|---|
| | | | | B | S | J |
| 1 | 硬度(邵尔 A),度 | | | 60±5 | 60±5 | 60±5 |
| 2 | 拉伸强度,MPa | | ≥ | 15 | 12 | 10 |
| 3 | 扯断伸长率,% | | ≥ | 380 | 380 | 300 |
| 4 | 压缩永久变形 | 70℃×24h,% | ≤ | 35 | 35 | 35 |
| | | 23℃×168h,% | ≤ | 20 | 20 | 20 |
| 5 | 撕裂强度,kN/m | | ≥ | 30 | 25 | 25 |
| 6 | 脆性温度,℃ | | ≤ | -45 | -40 | -40 |
| 7 | 热空气老化 | 70℃×168h | 硬度变化(邵尔 A)度 ≤ | +8 | +8 | —— |
| | | | 拉伸度,MPa ≥ | 10 | 10 | |
| | | | 扯断伸长率,% ≥ | 300 | 300 | |
| | | 100℃×168h | 硬度变化(邵尔 A)度 ≤ | —— | —— | +8 |
| | | | 拉伸度,MPa ≥ | | | 9 |
| | | | 扯断伸长率,% ≥ | | | 250 |
| 8 | 臭氧老化 50pphm:20%,48h | | | 2 级 | 2 级 | 0 级 |
| 9 | 橡胶与金属粘合 | | | 断面在弹性体内 | | |

注:1. 橡胶与金属粘合项仅适用于具有钢边的止水带。

　　2. 若有其他特殊需要时,可由供需双方协议适当增加检验项目,如根据用户需求酌情考核霉菌试验,但其防霉性能应等于或高于 2 级。

4. 止水带接头部位的拉伸强度指标不得低于上表标准性能的 80%(现场施工接头除外)。

| 伸缩缝密封填料试验报告 | | 编　　号 | |
| | | 试验编号 | |
| | | 委托编号 | |
| 工程名称及部位 | | | |
| 委托单位 | | 委托人 | |
| 产品名称 | | 合格证号 | |
| 生产厂家 | | 材质 | |
| 委托日期 | | 试验日期 | |
| 试验依据 | | 代表数量 | |
| 试验项目 | 检验内容与质量标准要求 | | 检验结果 |
| | | | |
| 结论: | | | |
| 批　　准 | | 审　核 | | 试　　验 | |
| 检测试验单位 | | | |
| 报告日期 | | | |

本表由检测单位提供。

| | 编　号 | ×××|
|---|---|---|
| 砖(砌块)试验报告 | 试验编号 | 2015－0036 |
| | 委托编号 | 2015－01582 |

| 工程名称及部位 | ××市××道路工程 | | |
|---|---|---|---|
| 委托单位 | ××市政建设集团有限公司 | 委托人 | ××× |
| 种类及等级 | 页岩烧结普通砖 | 试样编号 | 009 |
| 生产单位 | ××建材有限公司 | 代表数量 | 12万块 |
| 委托日期 | 2015年4月2日　试件处理日期　××年×月×日 | 试验日期 | 2015年4月5日 |
| 试验依据 | GB/T 5101－2003 | | |

<table>
<tr><td rowspan="13">试验结果</td><td colspan="3">烧结普通砖</td></tr>
<tr><td>抗压强度平均值 f<br>（MPa）</td><td>变异系数 δ≤0.21<br>强度标准值 f_k<br>（MPa）</td><td>变异系数 δ>0.21<br>单块最小强度值 f_min<br>（MPa）</td></tr>
<tr><td>14.8</td><td>12.1</td><td>13.1</td></tr>
<tr><td colspan="3">轻集料混凝土小型空心砌块</td></tr>
<tr><td colspan="2">砌块抗压强度（MPa）</td><td rowspan="2">砌块干燥表观密度（kg/m³）</td></tr>
<tr><td>平均值</td><td>最小值</td></tr>
<tr><td></td><td></td><td></td></tr>
<tr><td colspan="3">其他种类：</td></tr>
</table>

抗压强度(MPa) / 大面 / 条面 / 抗折强度(MPa) 平均值 最小值 ... (空)

结论：
经检查,符合设计及规范要求,合格。

| 批　准 | ××× | 审　核 | ××× | 试　验 | ××× |
|---|---|---|---|---|---|
| 检测试验单位 | ××工程试验检测中心 | | | | |
| 报告日期 | 2015年4月8日 | | | | |

本表由检测单位提供。

| | | 编　号 | ×××|
|---|---|---|---|
| | 轻集料试验报告 | 试验编号 | 2015—0017 |
| | | 委托编号 | 2015—01004 |

| 工程名称及部位 | ××市××道路工程 | | |
|---|---|---|---|
| 委托单位 | ××市政建设集团有限公司 | 委托人 | ××× |
| 种类及等级 | 黏土陶粒 | 试样编号 | 002 |
| 产地 | 北京 | 代表数量 | 100m³ |
| 委托日期 | 2015 年 3 月 22 日 | 试验日期 | 2015 年 3 月 23 日 |
| 试验依据 | GB/T 17431.2 | | |

| 试验结果 | 一、筛分析 | 细度模数(细骨料) | / |
|---|---|---|---|
| | | 最大粒径(粗骨料) | 20　mm |
| | | 级配情况 | ☑连续粒级　　□单粒级 |
| | 二、表观密度 | | /　kg/cm³ |
| | 三、堆积密度 | | 680　kg/cm³ |
| | 四、筒压强度 | | 3.9　MPa |
| | 五、吸水率(1h) | | 9.7　% |
| | 六、粒型系数 | | |
| | 七、其他 | | / |

结论：

　　依据《轻集料及其试验方法　第2部分:轻集料试验方法》(GB/T 17431.2—2010)标准,该黏土陶粒检验项目合格。

| 批　准 | ××× | 审　核 | ××× | 试　验 | ××× |
|---|---|---|---|---|---|
| 检测试验单位 | ××工程试验检测中心 | | | | |
| 报告日期 | 2015 年 3 月 23 日 | | | | |

本表由检测单位提供。

# 《轻集料试验报告》填表说明

**【填写依据】**

依据《轻集料及其试验方法　第 2 部分：轻集料试验方法》(GB/T 17431.2－2010)进行检验。

**【填写要点】**

1.轻集料必须有质量证明文件，并按规定取样复试，有复试报告。

2.轻集料合格证的核查

轻集料出厂时，生产厂应提供质量合格证书，其内容包括：轻集料品种名称和生产厂名；合格证编号及发放日期；检验结果及执行标准编号；批量编号及供货数量；检验部门及检验人员签盖。

3.轻集料试验报告的核查

(1)检查试验报告单上各项目是否齐全、准确、无未了项，试验室签字盖章是否齐全；检查试验编号是否填写，试验数据是否真实，以确定其是否符合规范要求。若发现问题应及时取双倍试样做复试，并将复试合格单或处理结论附于报告后一并存档，同时核查试验结论明确。

(2)检查各试验单代表数量总和是否与单位工程总需求量相符。

| 石灰(水泥)剂量试验报告 | | 编　　号 | ×××|
|---|---|---|---|
| | | 试验编号 | 2015-0017 |
| | | 委托编号 | 2015-01004 |

| 工程名称及部位 | ××市××路道路改扩建工程 | | |
|---|---|---|---|
| 委托单位 | ××市政建设集团有限公司 | 委托人 | ××× |
| 试验方法 | EDTA滴定法 | 设计要求 | |
| 委托日期 | ××年×月×日 | 试验日期 | ××年×月×日 |
| 试验依据 | JTG E51-2009 | | |

| 取样日期 | 检验段桩号 | 取样位置桩号 | 代表数量(m²) | 实测值(%) | 结论 |
|---|---|---|---|---|---|
| 2015年9月19日 | 东铺路K0+700~ K1+060中层 | B12~B23 | 1000 | 6.4 | 合格 |
| | | | | | |
| | | | | | |
| | | | | | |
| | | | | | |
| | | | | | |
| | | | | | |
| | | | | | |
| | | | | | |
| | | | | | |
| | | | | | |
| | | | | | |

| 备注: | | | | | |
|---|---|---|---|---|---|
| 批　准 | ××× | 审　核 | ××× | 试　验 | ××× |
| 检测试验单位 | ××工程试验检测中心 | | | | |
| 报告日期 | ××年×月×日 | | | | |

本表由检测单位提供。

| | | 编　号 | ×××　 |
|---|---|---|---|
| 沥青试验报告 | | 试验编号 | 2015－0026 |
| | | 委托编号 | 2015－00969 |

| 工程名称及部位 | ××市××道路工程 | 试样编号 | 018 |
|---|---|---|---|
| 委托单位 | ××市政建设集团有限公司 | 委托人 | ××× |
| 品种及标号 | AH　110 | 产地 | 北京 |
| 代表数量 | 100t | 委托日期 | 2015 年 2 月 12 日 | 试验日期 | 2015 年 2 月 13 日 |
| 试验依据 | JTG E20－2011 | | |

**石　油　沥　青**

| 试样编号 | 针入度 25℃ (1/10mm) | 延度(cm) | | 软化点 (℃) | 其他 |
|---|---|---|---|---|---|
| | | 15℃ | 25℃ | | |
| 018 | 109 | 104.0 | | 43.5 | |

**煤　沥　青**

| 试样编号 | 粘度 | 其他 | 其他 |
|---|---|---|---|
| | | | |

**乳　化　沥　青**

| 试样编号 | 粘度 | 沥青含量(%) | 其他 |
|---|---|---|---|
| | | | |

结论：

　　经检查,符合设计及《公路工程沥青及沥青混合料试验规程》(JTG E20－2011)规范要求,合格。

| 批　准 | ××× | 审　核 | ××× | 试　验 | ××× |
|---|---|---|---|---|---|
| 检测试验单位 | ××工程试验检测中心 | | | | |
| 报告日期 | 2015 年 2 月 15 日 | | | | |

本表由检测单位提供。

| | | 编　号 | ××× |
|---|---|---|---|
| **沥青胶结材料试验报告** | | 试验编号 | 2015—0125 |
| | | 委托编号 | 2015—00969 |

| 工程名称及部位 | ××市××道路工程 | 试样编号 | 006 |
|---|---|---|---|
| 委托单位 | ××建设集团有限公司 | 委托人 | ××× |
| 沥青品种 | 石油沥青　60号 | 胶结材料标号 | 75号 |
| 掺合料 | 石棉　六级 | 胶结材料配合比通知单编号 | 2015—0121 |
| 委托日期 | 2015年6月2日 | 试验日期 | 2015年6月5日 |
| 试验依据 | | | |

| 施工配合比 | | | | | | |
|---|---|---|---|---|---|---|
| 材料名称 | | | | | | |
| 每次熬制用量(kg) | | | | | | |

| 试验结果 | | | |
|---|---|---|---|
| 粘结力 | 柔韧性 | 耐热度(℃) | 其他 |
| 粘贴在一起的油纸撕开部分≤粘贴面积1/2 | 在18±2℃时,围绕20mm圆棒弯曲成半周无裂纹 | 75 | |

结论:

　　经检查,符合设计及规范规定,合格。

| 批　准 | ××× | 审　核 | ××× | 试　验 | ××× |
|---|---|---|---|---|---|
| 检测试验单位 | ××工程试验检测中心 | | | | |
| 报告日期 | 2015年6月8日 | | | | |

本表由检测单位提供。

# 沥青混合料试验报告

| 编　　号 | ××× |
|---|---|
| 试验编号 | 2015－0105 |
| 委托编号 | 2015－09983 |

| 工程名称及部位 | ××路(三～四环)工程　1合同段 | | |
|---|---|---|---|
| 委托单位 | ××建设集团有限公司 | 委托人 | ××× |
| 混合料种类 | 沥青混合料　AC－25 I | 委托日期 | 2015 年 7 月 17 日 |
| 生产厂家 | ××沥青拌和站 | 试验日期 | 2015 年 7 月 18 日 |
| 试验依据 | JTG E20－2011 | | |

| 试验项目 | 标准值 | 实测值 |
|---|---|---|
| 稳定度(kN) | ＞7.5 | 11.52 |
| 流值(mm) | 20～40 | 33.2 |
| 密度(g/cm³) | 实测值 | 2.506 |
| 油石比(%) | 4.0～6.0 | 4.4 |

下列各筛的通过质量百分率(%)

| 筛孔尺寸(mm) | 标准值 | 实测值 |
|---|---|---|
| 31.5 | 100 | 100 |
| 26.5 | 95～100 | 98.1 |
| 19.0 | 75～90 | 89.5 |
| 16.0 | 62～80 | 78.5 |
| 13.2 | 53～73 | 68.7 |
| 9.5 | 43～63 | 55.4 |
| 4.75 | 32～52 | 42.4 |
| 2.36 | 25～42 | 33.6 |
| 1.18 | 18～32 | 20.8 |
| 0.6 | 13～25 | 14.4 |
| 0.3 | 8～18 | 13.0 |
| 0.15 | 5～13 | 9.9 |
| 0.075 | 3～7 | 5.1 |

结论:

　　按《公路工程沥青及沥青混合料试验规程》(JTG E20－2011)标准评定:合格。

| 批　　准 | ××× | 审　核 | ××× | 试　　验 | ××× |
|---|---|---|---|---|---|
| 检测试验单位 | ××工程试验检测中心 | | | | |
| 报告日期 | 2015 年 7 月 18 日 | | | | |

本表由检测单位提供。

| 锚具检验报告 | | 编 号 | ××× |
|---|---|---|---|
| | | 试验编号 | ××× |
| | | 委托编号 | ××× |

| 工程名称 | ××道路工程 | | |
|---|---|---|---|
| 施工单位 | ××市政建设集团有限公司 | | |
| 产品规格 | AM15-1 | 材质 | |
| 合格证号 | ××× | 生产厂家 | ××× |
| 检验项目 | 检验内容与质量标准要求 | | 检验结果 |
| 夹片 | 外观、硬度、静载性能检验、疲劳性能检验、周期荷载性能检验、辅助性试验 | | 合格 |
| 锚具 | 外观、硬度、静载性能检验、疲劳性能检验、周期荷载性能检验、辅助性试验 | | 合格 |
| 连接器 | 外观、硬度、静载性能检验 | | 合格 |

结论：

预应力筋用锚具检验结果数值符合《预应力筋用锚具、夹具和连接器》(GB/T 14370)的规范规定。

| 负责人 | 审核人 | 试验人 |
|---|---|---|
| ××× | ××× | ××× |
| 报告日期 | ××年×月×日 | |

本表由检验单位提供。

| 阀门试验报告 | | | 编　号 | | | | | | ××× | | |
|---|---|---|---|---|---|---|---|---|---|---|---|

| 工程名称 | ××市××路燃气工程 | | | | | | | | | | |
|---|---|---|---|---|---|---|---|---|---|---|---|
| 施工单位 | ××市政建设集团有限公司 | | | | | | | | | | |
| 试验采用标准名称 | 《铁制和铜制螺纹连接阀门》(GB/T 8464-2008) | | | | | | | | | | |

| 试验日期 | 位置编号 | 类型 | 规格型号 | | 强度试验 | | | 严密性试验 | | | 外观检查及试验结果 |
|---|---|---|---|---|---|---|---|---|---|---|---|
| | | | 公称直径 | 公称压力 | 试验介质 | 压力(MPa) | 时间(min) | 试验介质 | 压力(MPa) | 时间(min) | |
| 2015.8.5 | K1+673.8 | Q347F-16C | DN 200 | 1 | 水 | 2.4 | 60s | 水 | 1.8 | 15s | 合格 |
| 2015.8.5 | K1+310.5 | Q347F-16C | DN 150 | 1 | 水 | 2.4 | 60s | 水 | 1.8 | 15s | 合格 |
| | | | | | | | | | | | |
| | | | | | | | | | | | |
| | | | | | | | | | | | |
| | | | | | | | | | | | |
| | | | | | | | | | | | |
| | | | | | | | | | | | |
| | | | | | | | | | | | |
| | | | | | | | | | | | |
| | | | | | | | | | | | |
| | | | | | | | | | | | |
| | | | | | | | | | | | |
| | | | | | | | | | | | |
| | | | | | | | | | | | |
| | | | | | | | | | | | |

| 监理(建设)单位 | 施工单位 | | |
|---|---|---|---|
| | 项目负责人 | 质检员 | 试验员 |
| ××× | ××× | ××× | ××× |

本表由施工单位填写。

| 见证试验汇总表 | | 编　号 | ×××  |
| --- | --- | --- | --- |
| | | | |

| 工程名称 | ××市××路××桥梁工程 | | |
| --- | --- | --- | --- |
| 施工单位 | ××市政建设集团有限公司 | | |
| 建设单位 | ××路桥管理有限责任公司 | | |
| 监理单位 | ××建设监理有限责任公司 | | |

| 见证试验室名称 | ××建设工程测试中心 | 见证人 | ×××<br>××× |
| --- | --- | --- | --- |

| 试验类别 | 试件规格 | 有见证试验组数 | 试验报告份数 | 备　注 |
| --- | --- | --- | --- | --- |
| 普通水泥 | P·O 42.5 | 6 | 6 | 合格 |
| 页岩砖 | 240×115×53mm | 4 | 4 | 合格 |
| 钢筋 | 热轧带肋 HRB 335 | 52 | 52 | 合格 |
| 砌筑砂浆试块 | M10 | 26 | 26 | 合格 |
| 混凝土抗压强度试块 | C15、C20、C35、C40 | 265 | 265 | 合格 |
| 混凝土抗折强度试块 | C15、C20、C35、C40 | 66 | 66 | 合格 |
| | | | | |
| | | | | |
| | | | | |
| | | | | |
| | | | | |
| | | | | |
| | | | | |
| | | | | |

| 负责人 | ××× | 填表人 | ××× | 汇总日期 | 2015 年 12 月 28 日 |
| --- | --- | --- | --- | --- | --- |

本表由施工单位填写。

# 4.4　施工测量监测资料

## 4.4.1　施工测量监测资料内容与要求

4.4.1.1　测量复核记录指施工前对施工测量放线的复测。应填写《测量复核记录》。

  1. 构筑物(桥梁、道路、各种管道、水池等)位置线、现场标准水准点；

  2. 基础尺寸线,包括基础轴线、断面尺寸、标高(槽底标高、垫层标高等)；

  3. 主要结构的模板,包括几何尺寸、轴线、标高、预埋件位置等；

  4. 桥梁下部结构的轴线及高程,上部结构安装前的支座位置及高程等。

4.4.1.2　沉降观测记录按规范和设计要求设置沉降观测点,定期进行观测并作记录、绘制观测点布置图,沉降观测单位应提供真实有效的沉降观测记录和分析意见。

4.4.1.3　初期支护净空测量记录:浅埋暗挖隧道初期支护完成后,应进行初期支护净空的测量检查,并作好记录,主要内容包括:检查里程部位、初期支护的净空尺寸等。

4.4.1.4　隧道净空测量记录:隧道二次衬砌完成后,应进行隧道净空的测量检查,并作好记录,主要内容包括:检查里程部位、结构净空尺寸、施工误差等。

4.4.1.5　结构收敛观测成果记录:隧道工程施工时,应进行结构的收敛变形观测,并作好记录,主要内容包括:测点里程及点位布置、观测日期、变形速率及累计收敛量等。

4.4.1.6　地中位移观测记录:隧道工程施工时,施工引起附近地层位移变化,应进行观测,并作好记录,主要内容包括:测点里程及点位布置、观测日期、变形位移速率及累计位移量等。

4.4.1.7　拱顶下沉观测成果表:隧道工程施工时,应进行结构的拱顶下沉观测,并作好记录,主要内容包括:测点里程及点位布置、观测日期、沉降速率及累计沉降量等。

## 4.4.2　施工测量监测资料表格填写范例

### 4.4.2.1　测量复核记录

| 测量复核记录 | | 编　号 | ××× |
|---|---|---|---|
| **工程名称** | | ××市××路××桥梁工程 | |
| **施工单位** | | ××市政建设集团有限公司 | |
| **复核部位** | 1－B桥台基坑 | **仪器型号** | 全站仪(BTS－3082C) 水准仪(DZS 3－1) |
| **复核日期** | 2015 年 11 月 19 日 | **仪器检定日期** | 2015 年 7 月 7 日　　2015 年 6 月 3 日 |

复核内容(文字及草图):

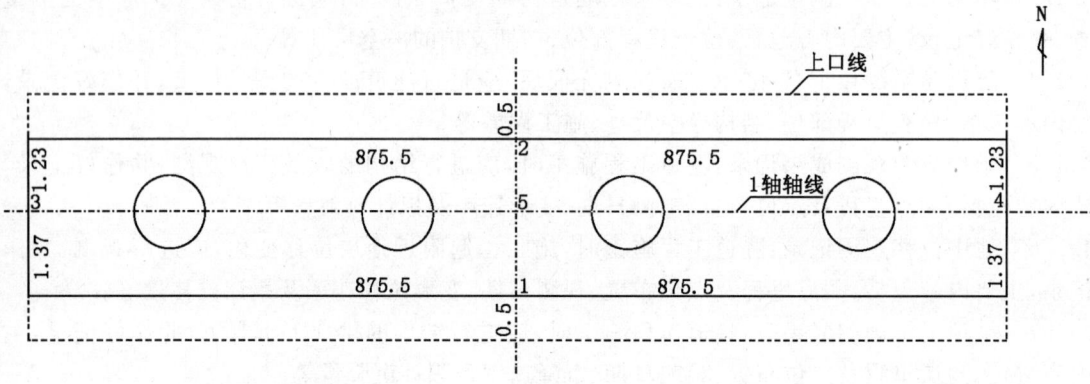

| 序号 | 轴线位移 | | 槽底高程 | | | 备　注 |
|---|---|---|---|---|---|---|
| | 横(mm) | 纵(mm) | 设计高程(m) | 实测高程(m) | 差值(mm) | |
| 1 | 2 | | 38.026 | 38.024 | －2 | |
| 2 | 4 | | 38.026 | 38.024 | －2 | |
| 3 | | 3 | 37.895 | 37.892 | －3 | |
| 4 | | 2 | 37.895 | 37.894 | －1 | |
| 5 | | | 38.026 | 38.026 | 0 | |
| | | | | | | |

复核结论:

　　经复核,符合设计及规范要求,精度合格。

| 技术负责人 | 测量负责人 | 复核人 | 施测人 |
|---|---|---|---|
| ××× | ××× | ××× | ××× |

本表由施工单位填写,城建档案馆、建设单位、施工单位保存。

| 测量复核记录 | 编　号 | ×××<br> |
|---|---|---|

| 工程名称 | ××市××路××桥梁工程 | | |
|---|---|---|---|
| 施工单位 | ××市政建设集团有限公司 | | |
| 复核部位 | 2—C 系梁基槽 | 仪器型号 | 全站仪(BTS—3082C)　水准仪(DZS 3—1) |
| 复核日期 | 2015 年 9 月 7 日 | 仪器检定日期 | 2015 年 7 月 12 日　2015 年 6 月 3 日 |

复核内容(文字及草图):

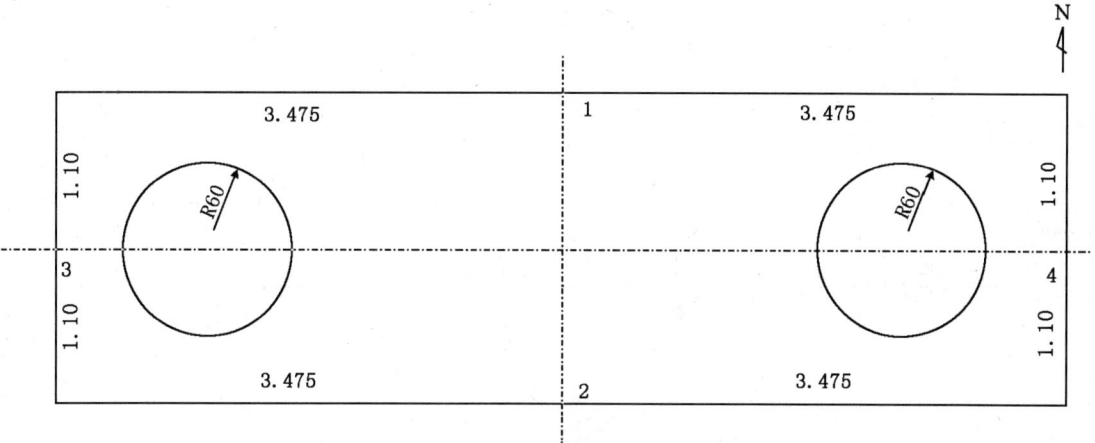

| 序号 | 轴线位移 | | 槽底高程 | | | 备　注 |
|---|---|---|---|---|---|---|
| | 横(mm) | 纵(mm) | 设计高程(m) | 实测高程(m) | 差值(mm) | |
| 1 | 3 | | 31.711 | 31.710 | −1 | |
| 2 | 4 | | 31.711 | 31.711 | 0 | |
| 3 | | 2 | 31.711 | 31.710 | −1 | |
| 4 | | 2 | 31.711 | 31.711 | 0 | |
| | | | | | | |

复核结论:

　　经复核,符合设计及规范要求,精度合格。

| 技术负责人 | 测量负责人 | 复核人 | 施测人 |
|---|---|---|---|
| ××× | ××× | ××× | ××× |

本表由施工单位填写,城建档案馆、建设单位、施工单位保存。

| 测量复核记录 | | 编 号 | ×××  |
|---|---|---|---|

| 工程名称 | ××市××路××桥梁工程 | | |
|---|---|---|---|
| 施工单位 | ××市政建设集团有限公司 | | |
| 复核部位 | 基础工程①轴桩基 | 仪器型号 | 全站仪 DTM—352C |
| 复核日期 | 2015 年 6 月 12 日 | 仪器检定日期 | 2015 年 6 月 5 日 |

复核内容(文字及草图):

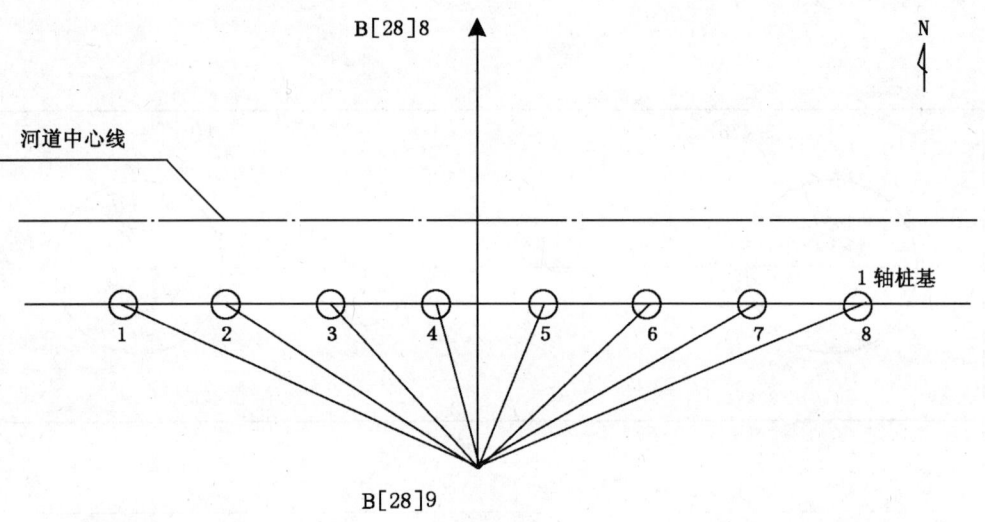

| 点号 | 实测纵坐标(m) | | 设计纵坐标(m) | | 差值(mm) | | 备注 |
|---|---|---|---|---|---|---|---|
| | X | Y | X | Y | X | Y | |
| B[28]8 | | | 300536.642 | 507054.634 | | | 后视点 |
| B[28]9 | | | 300478.633 | 507050.033 | | | 测站点 |
| 桩 1—1 | 300482.303 | 507032.528 | 300482.302 | 507032.526 | 1 | 2 | |
| 桩 1—2 | 300482.072 | 507037.272 | 300482.072 | 507037.270 | 0 | 2 | |
| 桩 1—3 | 300482.097 | 507042.567 | 300482.094 | 507042.568 | 3 | —1 | |
| 桩 1—4 | 300481.897 | 507046.642 | 300481.896 | 507046.643 | 1 | —1 | |
| 桩 1—5 | 300481.700 | 507050.717 | 300481.698 | 507050.718 | 2 | —1 | |
| 桩 1—6 | 300481.500 | 507054.792 | 300481.500 | 507054.794 | 0 | —2 | |
| 桩 1—7 | 300480.961 | 507060.064 | 300480.963 | 507060.063 | —2 | 1 | |
| 桩 1—8 | 300480.730 | 507064.809 | 300480.733 | 507064.807 | —3 | 2 | |

复核结论:

　　经复核,符合设计及规范要求,精度合格。

| 技术负责人 | 测量负责人 | 复核人 | 施测人 |
|---|---|---|---|
| ××× | ××× | ××× | ××× |

本表由施工单位填写,城建档案馆、建设单位、施工单位保存。

| 测量复核记录 | | 编　号 | ×××|
|---|---|---|---|
| 工程名称 | | ×× 市 ×× 路 ×× 桥梁工程 | |
| 施工单位 | | ×× 市政建设集团有限公司 | |
| 复核部位 | 2－3、2－4、2－5、2－6墩柱 | 仪器型号 | 全站仪(BTS－3082C) 水准仪(DZS 3－1) |
| 复核日期 | 2015 年 9 月 24 日 | 仪器检定日期 | 2015 年 7 月 7 日　2015 年 6 月 3 日 |

复核内容(文字及草图)：

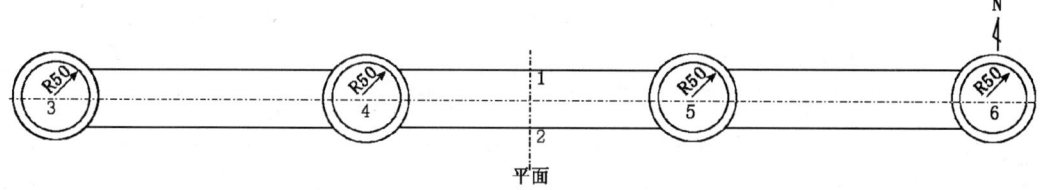

平面

| 序号 | 轴线位移 | | 柱顶高程 | | | 备　注 |
|---|---|---|---|---|---|---|
| | 横(mm) | 纵(mm) | 设计高程(m) | 实测高程(m) | 差值(mm) | |
| 1 | 3 | | | | | |
| 2 | 4 | | | | | |
| 3 | | 2 | | | | |
| 4 | | 5 | | | | |
| 2－3 | | | 38.150 | 38.147 | －3 | |
| 2－4 | | | 38.211 | 38.211 | 0 | |
| 2－5 | | | 38.211 | 38.209 | －2 | |
| 2－6 | | | 38.150 | 38.147 | －3 | |

复核结论：

　　经复核,符合设计及规范要求,精度合格。

| 技术负责人 | 测量负责人 | 复核人 | 施测人 |
|---|---|---|---|
| ××× | ××× | ××× | ××× |

本表由施工单位填写,城建档案馆、建设单位、施工单位保存。

| 测量复核记录 | | 编　号 | ××× |
|---|---|---|---|
| 工程名称 | ××市××路××桥梁工程 | | |
| 施工单位 | ××市政建设集团有限公司 | | |
| 复核部位 | 2－B盖梁 | 仪器型号 | 全站仪(BTS－3082C) 水准仪(DZS 3－1) |
| 复核日期 | 2015 年 11 月 5 日 | 仪器检定日期 | 2015 年 7 月 7 日　2015 年 6 月 3 日 |

复核内容(文字及草图)：

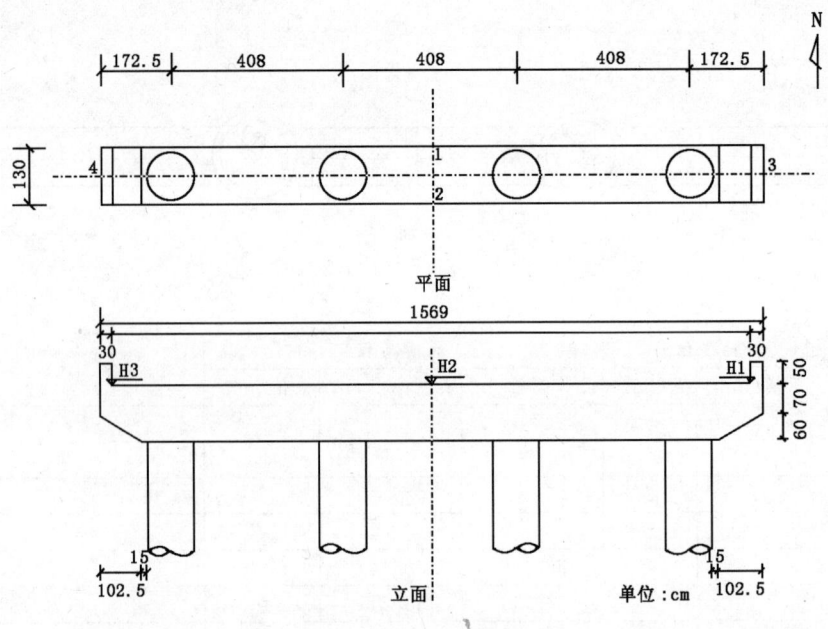

| 序号 | 轴线位移 | | 顶面高程 | | | 备　注 |
|---|---|---|---|---|---|---|
| | 横(mm) | 纵(mm) | 设计高程(m) | 实测高程(m) | 差值(mm) | |
| 1 | 3 | | | | | |
| 2 | 4 | | | | | |
| 3 | | 2 | | | | |
| 4 | | 5 | | | | |
| H1 | | | 39.428 | 39.426 | －2 | |
| H2 | | | 39.428 | 39.425 | －3 | |
| H3 | | | 39.542 | 39.541 | －1 | |

复核结论：
　　经复核,符合设计及规范要求,精度合格。

| 技术负责人 | 测量负责人 | 复核人 | 施测人 |
|---|---|---|---|
| ××× | ××× | ××× | ××× |

**本表由施工单位填写,城建档案馆、建设单位、施工单位保存。**

| 测量复核记录 | | 编 号 | ××× |
|---|---|---|---|

| 工程名称 | ××市××路××桥梁工程 | | |
|---|---|---|---|
| 施工单位 | ××市政建设集团有限公司 | | |
| 复核部位 | 4—B 桥台支座 | 仪器型号 | 水准仪(DZS 3—1) |
| 复核日期 | 2015 年 11 月 5 日 | 仪器检定日期 | 2015 年 6 月 3 日 |

复核内容(文字及草图):

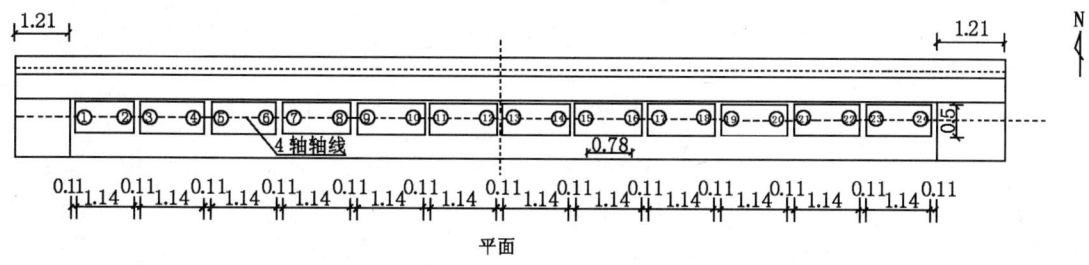

平面

| 序号 | 顶面高程 | | | 序号 | 顶面高程 | | |
|---|---|---|---|---|---|---|---|
| | 设计高程(m) | 实测高程(m) | 差值(mm) | | 设计高程(m) | 实测高程(m) | 差值(mm) |
| 1 | 39.524 | 39.523 | −1 | 13 | 39.617 | 39.614 | −3 |
| 2 | 39.524 | 39.523 | −1 | 14 | 39.617 | 39.614 | −3 |
| 3 | 39.542 | 39.540 | −2 | 15 | 39.598 | 39.597 | −1 |
| 4 | 39.542 | 39.542 | 0 | 16 | 39.598 | 39.596 | −2 |
| 5 | 39.561 | 39.560 | −1 | 17 | 39.580 | 39.578 | −2 |
| 6 | 39.561 | 39.561 | 0 | 18 | 39.580 | 39.578 | −2 |
| 7 | 39.580 | 39.579 | −1 | 19 | 39.561 | 39.560 | −1 |
| 8 | 39.580 | 39.579 | −1 | 20 | 39.561 | 39.560 | −1 |
| 9 | 39.598 | 39.599 | 1 | 21 | 39.542 | 39.542 | 0 |
| 10 | 39.598 | 39.600 | 2 | 22 | 39.542 | 39.541 | −1 |
| 11 | 39.617 | 39.615 | −2 | 23 | 39.524 | 39.523 | −1 |
| 12 | 39.617 | 39.615 | −2 | 24 | 39.524 | 39.522 | −2 |

复核结论:

经复核,符合设计及规范要求,精度合格。

| 技术负责人 | 测量负责人 | 复核人 | 施测人 |
|---|---|---|---|
| ××× | ××× | ××× | ××× |

本表由施工单位填写,城建档案馆、建设单位、施工单位保存。

| 测量复核记录 | | 编　号 | ×××  | |
|---|---|---|---|---|
| 工程名称 | | ××市××路(××路~××路)污水管线工程 | | |
| 施工单位 | | ××市政建设集团有限公司 | | |
| 复核部位 | 污(西)1#~5#井位坐标 | 仪器型号 | | SET 2100 |
| 复核日期 | 2015 年 5 月 4 日 | 仪器检定日期 | | 2015 年 3 月 8 日 |

复核内容(文字及草图):

(图略)

| 点号 | 距离 | 方位角 | 设计坐标 | | 实测坐标 | | 差值 | |
|---|---|---|---|---|---|---|---|---|
| | m | ° ′ ″ | X | Y | X | Y | X | Y |
| D4—1 | | | 299784.818 | 503687.575 | | | | |
| 5# | 65.307 | 211 41 53 | 299772.755 | 503623.392 | 299772.757 | 503623.390 | 2 | —2 |
| 4# | 72.586 | 259 21 20 | 299815.629 | 503621.853 | 299815.627 | 503621.849 | —2 | —4 |
| 3# | 99.830 | 295 07 03 | 299858.601 | 503620.329 | 299858.602 | 503620.327 | 1 | —2 |
| 2# | 134.634 | 329 17 30 | 299900.574 | 503618.822 | 299900.577 | 503618.825 | 3 | 3 |
| 1# | 172.001 | 335 53 35 | 299941.818 | 503617.323 | 299941.821 | 503617.325 | 3 | 2 |

复核结论:

　　经复核,污(西)1#~5#井位坐标位置准确,差值在规范允许偏差范围内,符合设计及规范要求,合格。

| 技术负责人 | 测量负责人 | 复核人 | 施测人 |
|---|---|---|---|
| ××× | ××× | ××× | ××× |

本表由施工单位填写,城建档案馆、建设单位、施工单位保存。

| 测量复核记录 | | 编　号 | ×××|
|---|---|---|---|

| 工程名称 | ××市××道路工程 | | |
|---|---|---|---|
| 施工单位 | ××市政建设集团有限公司 | | |
| 复核部位 | K1+205～K1+285 北侧上下幅混凝土路面模板工程 | 仪器型号 | 水准仪　DZS 3−1 |
| 复核日期 | 2015 年 8 月 17 日 | 仪器检定日期 | 2015 年 6 月 3 日 |

复核内容(文字及草图)：

　1. 直顺度　　　　　（允许偏差：≤5mm）

　2. 相邻板高低差　　（允许偏差：≤3mm）

　3. 高程　　　　　　（允许偏差：±5mm）

　4. 支撑牢固性、严密性

复核结论：

　实测情况：

　1. 直顺度(mm)：　　　3　　1

　2. 相邻板高低差(mm)：1　3　2　2　1　2　0　1

　　　　　　　　　　　　1　2　0　1　0　0　0　1　0

　3. 高程(mm)：

　　设计　4.990　5.080　5.120　5.090　5.030　4.806　4.896　4.936

　　实测　4.991　5.081　5.117　5.091　5.031　4.808　4.897　4.934

　4. 支撑牢固，接缝严密

| 技术负责人 | 测量负责人 | 复核人 | 施测人 |
|---|---|---|---|
| ××× | ××× | ××× | ××× |

本表由施工单位填写，城建档案馆、建设单位、施工单位保存。

| 测量复核记录 | | 编　号 | ×××  |
|---|---|---|---|
| 工程名称 | | ××市××路××桥梁工程 | |
| 施工单位 | | ××市政建设集团有限公司 | |
| 复核部位 | 16m空心板中板L9—1号钢模板 | 仪器型号 | 水准仪　DZS 3—1 |
| 复核日期 | 2015年8月23日 | 仪器检定日期 | 2015年6月3日 |

复核内容(文字及草图)：

    1. 相邻板高低差　　　(允许偏差：≤2mm)

    2. 表面平整度　　　　(允许偏差：≤3mm)

    3. 模内尺寸　　　　　(允许偏差：+3mm,-5mm)

    4. 侧向弯曲　　　　　(允许偏差：$L/1500$)

复核结论：

    实测情况：

    1. 相邻板高低差(mm)：　2　　1　　0　　1

    2. 表面平整度(mm)：　3　　3　　2　　1

    3. 模内尺寸(mm)：　　　长：设计15960　　实测偏差：+3

                  宽：设计1290　　实测偏差：-5

                  高：设计800　　实测偏差：-1

    4. 侧向弯曲(mm)：　　5

    其余项目经检查均符合设计及施工规范要求。

| 技术负责人 | 测量负责人 | 复核人 | 施测人 |
|---|---|---|---|
| ××× | ××× | ××× | ××× |

本表由施工单位填写,城建档案馆、建设单位、施工单位保存。

| 测量复核记录 | | 编　号 | ×××  |
|---|---|---|---|
| **工程名称** | | ××市××路××桥梁工程 | |
| **施工单位** | | ××市政建设集团有限公司 | |
| **复核部位** | 3#～5#桥墩立柱钢模板 | **仪器型号** | 水准仪　DZS3－1 |
| **复核日期** | 2015 年 10 月 6 日 | **仪器检定日期** | 2015 年 6 月 3 日 |

**复核内容(文字及草图):**

1. 相邻板高低差　　(允许偏差: ≤2mm)
2. 表面平整度　　　(允许偏差: ≤3mm)
3. 垂直度　　　　　(允许偏差: $0.1\%H$, ≯6mm)
4. 模内尺寸　　　　(允许偏差: ＋3mm, －5mm)
5. 轴线位移　　　　(允许偏差: ≤8mm)
6. 模板是否松动、跑模、下沉
7. 模内是否清洁、拼缝是否严密

**复核结论:**

实测情况:

1. 相邻板高低差(mm): 1 0 1 2 2 1 1 0 2 0 1 1
2. 表面平整度(mm): 2 3 2 1 0 3 1 1 2 3 1 2
3. 垂直度(mm): 2 1 4 2 2 3
4. 模内尺寸(mm):　　直径:设计 1000　　实测偏差:＋1　＋3　－2

　　　　　　　　　　　高:设计 3500　　实测偏差:－3　－1　－4
5. 轴线位移(mm): 2 3 5 3 1 2

其余项目经检查均符合设计及施工规范要求。

| 技术负责人 | 测量负责人 | 复核人 | 施测人 |
|---|---|---|---|
| ××× | ××× | ××× | ××× |

本表由施工单位填写,城建档案馆、建设单位、施工单位保存。

4.4.2.2　沉降观测记录

| 沉降观测记录 | | 编　号 | ××× |
| --- | --- | --- | --- |
| 工程名称 | | ××市地铁×号线 1 标段××站～××站区间工程 | |
| 施工单位 | | ××城建地铁工程有限责任公司 | |

| 水准点编号:G10 | 仪器型号:WRLDN 3 |
| --- | --- |
| 水准点所在位置:××区××路 | 仪器检定日期:2015 年 2 月 18 日 |
| 水准点高程:45.8569 | 盾构机位置:K11＋313.93 |
| 观测日期: | 温度:25℃ |
| 自 2015 年 6 月 29 日上午至 2015 年 6 月 29 日下午 | |

| 观测点 | 观测值 | | | 上次累计沉降量（mm） | 本次沉降量（mm） | 总沉降量（mm） |
| --- | --- | --- | --- | --- | --- | --- |
| | 首次(m) | 第 69 次 | 第 70 次 | | | |
| 2－1 | 41.0678 | 41.0685 | 41.0677 | 0.7 | －0.8 | －0.1 |
| 2－2 | 41.2312 | 41.2330 | 41.2337 | 1.8 | 0.7 | 2.5 |
| 2－3 | 41.2793 | 41.2772 | 41.2773 | －2.1 | 0.1 | －2.0 |
| 2－4 | 41.3060 | 41.3033 | 41.3036 | －2.7 | 0.3 | －2.4 |
| 2－5 | 41.3336 | 41.3314 | 41.3315 | －2.2 | 0.1 | －2.1 |
| 2－6 | 41.3390 | 41.3376 | 41.3376 | －1.4 | 0.0 | －1.4 |
| 2－7 | 41.1972 | 41.1954 | 41.1959 | －1.8 | 0.5 | －1.3 |

观测点布置简图:

（略）

| 技术负责人 | 复核 | 计算 | 测量员 | 观测单位印章 |
| --- | --- | --- | --- | --- |
| ××× | ××× | ××× | ××× | |

本表由测量单位提供,城建档案馆、建设单位、监理单位、施工单位保存。

### 4.4.2.3 初期支护净空测量记录

| 初期支护净空测量记录 | | | 编号 | ××× |
|---|---|---|---|---|

| 工程名称 | ××市地铁×号线Ⅰ标段 | | | |
|---|---|---|---|---|
| 施工单位 | ××城建地铁工程有限责任公司 | | | |
| 施工部位 | ××区间右线 | 桩号 | ×× | 检查日期 ××年×月×日 |

| 序号 | 桩号 | 拱部边墙 | | | | | | | | | | | | | | | | | | | |
|---|---|---|---|---|---|---|---|---|---|---|---|---|---|---|---|---|---|---|---|---|---|
| | | 线路中心左侧 | | | | | | | | | | 线路中心右侧 | | | | | | | | | |
| 设计 | | 1 | 2 | 3 | 4 | 5 | 6 | 7 | 8 | 9 | 10 | 1 | 2 | 3 | 4 | 5 | 6 | 7 | 8 | 9 | 10 |
| 1 | 251-15 | 2523 | 2630 | 2715 | 2768 | 2772 | 2670 | 2482 | 2201 | 1655 | | 2400 | 2430 | 2500 | 2536 | 2550 | 2411 | 2202 | 1870 | 1361 | |
| 2 | 251+12.5 | 2511 | 2625 | 2710 | 2770 | 2780 | 2659 | 2480 | 2180 | 1660 | | 2310 | 2390 | 2473 | 2490 | 2501 | 2398 | 2180 | 1866 | 1355 | |
| 3 | 251+10 | 2460 | 2598 | 2683 | 2745 | 2750 | 2671 | 2476 | 2170 | 1670 | | 2380 | 2400 | 2501 | 2518 | 2520 | 2401 | 2191 | 1873 | 1370 | |
| 4 | 251+7.5 | 2497 | 2600 | 2693 | 2740 | 2751 | 2670 | 2478 | 2180 | 1654 | | 2391 | 2402 | 2460 | 2520 | 2578 | 2420 | 2200 | 1880 | 1379 | |
| 5 | 251+5 | 2471 | 2602 | 2705 | 2730 | 2748 | 2661 | 2475 | 2165 | 1661 | | 2410 | 2430 | 2452 | 2505 | 2520 | 2418 | 2190 | 1850 | 1340 | |
| 6 | 251+2.5 | 2483 | 2599 | 2700 | 2742 | 2745 | 2660 | 2473 | 2160 | 1655 | | 2371 | 2402 | 2418 | 2479 | 2490 | 2398 | 2184 | 1870 | 1345 | |
| 7 | 251+00 | 2510 | 2610 | 2720 | 2751 | 2748 | 2683 | 2472 | 2173 | 1648 | | 2338 | 2373 | 2420 | 2460 | 2479 | 2402 | 2190 | 1890 | 1360 | |
| 8 | | | | | | | | | | | | | | | | | | | | | |
| 9 | | | | | | | | | | | | | | | | | | | | | |
| 10 | | | | | | | | | | | | | | | | | | | | | |

| 序号 | 桩号 | 仰拱 | | | | | | | | | | | | | | | | | | | |
|---|---|---|---|---|---|---|---|---|---|---|---|---|---|---|---|---|---|---|---|---|---|
| | | 线路中心左侧 | | | | | | | | | | 线路中心右侧 | | | | | | | | | |
| 设计 | | 1 | 2 | 3 | 4 | 5 | 6 | 7 | 8 | 9 | 10 | 1 | 2 | 3 | 4 | 5 | 6 | 7 | 8 | 9 | 10 |
| 1 | 251-15 | 989 | 973 | 965 | 908 | 740 | | | | | | 985 | 974 | 948 | 805 | 561 | | | | | |
| 2 | 251+12.5 | 980 | 981 | 940 | 850 | 680 | | | | | | 978 | 970 | 923 | 789 | 550 | | | | | |
| 3 | 251+10 | 971 | 950 | 928 | 827 | 631 | | | | | | 972 | 967 | 921 | 791 | 570 | | | | | |
| 4 | 251+7.5 | 983 | 982 | 941 | 840 | 600 | | | | | | 980 | 978 | 970 | 842 | 581 | | | | | |
| 5 | 251+5 | 984 | 973 | 939 | 801 | 594 | | | | | | 981 | 975 | 958 | 840 | 592 | | | | | |
| 6 | 251+2.5 | 1010 | 1003 | 956 | 850 | 660 | | | | | | 1032 | 1010 | 991 | 835 | 600 | | | | | |
| 7 | 251+00 | 1032 | 1012 | 977 | 844 | 740 | | | | | | 1034 | 1033 | 1000 | 900 | 617 | | | | | |
| 8 | | | | | | | | | | | | | | | | | | | | | |
| 9 | | | | | | | | | | | | | | | | | | | | | |
| 10 | | | | | | | | | | | | | | | | | | | | | |

| 技术负责人 | ××× | 质检员 | ××× | 记录人 | ××× |
|---|---|---|---|---|---|

注:1.自中线向两侧测量横向尺寸,自轨顶向上每50cm一点(包含拱顶最高点)。

2.仰拱从中线向两侧每50cm一点,测量自轨面线下的竖向尺寸。

3.设计尺寸注于附图中或填在第一栏内。

断面示意图

本表由施工单位填写。

4.4.2.4　隧道净空测量记录

| 隧道净空测量记录 | | 编　号 | ××× |
|---|---|---|---|

| 工程名称 | ××市地铁×号线Ⅰ标段 | | | | |
|---|---|---|---|---|---|
| 施工单位 | ×××城建地铁工程有限责任公司 | | | | |
| 施工部位 | ××区间右线 | 桩号 | ×× | 检查日期 | ××年×月×日 |

| 里程 | 拱顶标高 m | | | 轨顶水平面以上(3200毫米处)宽度(mm) | | | | | | 起拱线水平面以上(1800毫米处)度度(mm) | | | | | | 轨顶水平面以上(1400毫米处)宽度(mm) | | | | | |
|---|---|---|---|---|---|---|---|---|---|---|---|---|---|---|---|---|---|---|---|---|---|
| | | | | 线路左侧 | | | 线路右侧 | | | 线路左侧 | | | 线路右侧 | | | 线路左侧 | | | 线路右侧 | | |
| | 设计 | 竣工 | 误差 | 设计 | 竣工 | 误差 | 设计 | 竣工 | 误差 | 设计 | 竣工 | 误差 | 设计 | 竣工 | 误差 | 设计 | 竣工 | 误差 | 设计 | 竣工 | 误差 |
| 251+00 | 27.431 | 27.448 | +0.017 | 1866 | 1900 | +34 | 1966 | 1987 | +21 | 2300 | 2318 | +18 | 2400 | 2397 | −3 | 2288 | 2317 | +29 | 2388 | 2384 | −4 |
| 251+05 | 27.410 | 27.423 | +0.013 | 1866 | 1879 | +13 | 1966 | 1976 | +10 | 2300 | 2304 | +4 | 2400 | 2411 | +11 | 2288 | 2290 | +2 | 2388 | 2400 | +12 |
| 251+10 | 27.389 | 27.392 | +0.003 | 1866 | 1868 | +2 | 1966 | 1970 | +4 | 2300 | 2300 | 0 | 2400 | 2406 | +6 | 2288 | 2289 | +1 | 2388 | 2397 | +9 |
| 251+15 | 27.369 | 27.382 | +0.013 | 1866 | 1873 | +7 | 1966 | 1974 | +8 | 2300 | 2311 | +11 | 2400 | 2398 | −2 | 2288 | 2302 | +14 | 2388 | 2385 | −3 |
| 251+20 | 27.348 | 27.370 | +0.022 | 1866 | 1888 | +22 | 1966 | 1968 | +2 | 2300 | 2317 | +17 | 2400 | 2394 | −6 | 2288 | 2310 | +22 | 2388 | 2379 | −9 |
| 251+30 | 27.306 | 27.324 | +0.018 | 1866 | 1881 | +15 | 1966 | 1972 | +6 | 2300 | 2297 | −3 | 2400 | 2402 | +2 | 2288 | 2279 | −9 | 2388 | 2392 | +4 |
| 251+40 | 27.265 | 27.258 | −0.007 | 1866 | 1860 | −6 | 1966 | 1964 | −2 | 2300 | 2321 | +21 | 2400 | 2399 | −1 | 2288 | 2291 | +3 | 2388 | 2382 | −6 |

| 里程 | 拱顶标高 m | | | 轨顶水平面以上(432毫米处)宽度(mm) | | | | | | 轨顶水平面处宽度(mm) | | | | | | | | |
|---|---|---|---|---|---|---|---|---|---|---|---|---|---|---|---|---|---|---|
| | | | | 线路左侧 | | | 线路右侧 | | | 线路左侧 | | | 线路右侧 | | | | | |
| | 设计 | | | 设计 | 竣工 | 误差 | 设计 | 竣工 | 误差 | 设计 | 竣工 | 误差 | 设计 | 竣工 | 误差 | | | |
| 251+00 | 27.431 | 27.448 | +0.017 | 2157 | 2178 | +21 | 2257 | 2246 | −11 | 2051 | 2061 | +10 | 2151 | 2132 | −19 | | | |
| 251+05 | 27.410 | 27.423 | +0.013 | 2157 | 2158 | +1 | 2257 | 2268 | +11 | 2051 | 2049 | −2 | 2151 | 2170 | +19 | | | |
| 251+10 | 27.389 | 27.392 | +0.003 | 2157 | 2156 | −1 | 2257 | 2269 | +12 | 2051 | 2047 | −4 | 2151 | 2163 | +12 | | | |
| 251+15 | 27.369 | 27.382 | +0.013 | 2157 | 2172 | +15 | 2257 | 2246 | −11 | 2051 | 2085 | +34 | 2151 | 2145 | −6 | | | |
| 251+20 | 27.348 | 27.370 | +0.022 | 2157 | 2174 | +17 | 2257 | 2240 | −17 | 2051 | 2082 | +31 | 2151 | 2122 | −29 | | | |
| 251+30 | 27.306 | 27.324 | +0.018 | 2157 | 2145 | −12 | 2257 | 2257 | 0 | 2051 | 2040 | −11 | 2151 | 2150 | −1 | | | |
| 251+40 | 27.265 | 27.258 | −0.007 | 2157 | 2168 | +11 | 2257 | 2250 | −7 | 2051 | 2078 | +27 | 2151 | 2134 | −17 | | | |

注:车站净空测量在站台板面处即 y 值为 965mm 处增测一点;车站净空测量线路中线至边墙一侧的净空。

# 《隧道净空测量记录》填表说明

**【填写依据】**

隧道二次衬砌完成后,应进行隧道净空的测量检查并做好记录。主要内容包括:检查桩号部位、结构净空尺寸、施工误差等。

1. 隧道净空变形观测点布置与埋设:隧道净空变形观测点可选择单一测线(一般在拱脚处),也可选择多测线观测。测点加工时应保证测点与量测仪器连接圆滑密贴,埋设时保证测点锚栓与围岩或支护稳固连接,变形一致,并制作明显警示标志,防止人为损坏。净空变形观测点应与地面沉降观测点在同一断面,测点应尽量靠近开挖面布置,其测点距开挖面不得大于 2m,应在每环初次衬砌完成后 24h 以内,并在下一开挖循环开始前,记录初次读数,以两次数据的平均值作为初始读数。

2. 观测方法:用于量测开挖后隧道净空变化的收敛计,可分为重锤式、弹簧式、电动式 3 种,多选用弹簧式收敛计,量测时粗读元件为钢尺,细读元件为百分表,钢尺每隔 10mm 打有小孔,以便根据收敛量调整粗读数,钢尺固定拉力由弹簧提供,由百分表读取隧道周边两点间的相对位移,量测精度为 0.1mm,借助端部球铰可在水平和垂直平面内转动,以适应不同方向基线的要求,观测时将收敛计固定套筒与测点用锚塞连接,选择合适的孔位固定,读取粗读数,旋转手柄拉紧弹簧,读百分表的细读数。

3. 监测频率和停止观测的时间

隧道净空变形监测频率见表 4—28。

表 4—28　　　　　　　　　　　隧道净空变形监测频率

| 开挖面距量测断面 | $<2B$ | $2B\sim5B$ | $>5B$ |
|---|---|---|---|
| 量测频率 | 1~2 次/d | 1 次/2~3d | 1 次/3~7d |

$B$ 为隧道开挖深度。

隧道周边收敛速率有明显减缓趋势时,可减少观测次数到 1 次/月,1 次/3 个月,当收敛量小于 0.15mm/d 时,可停止观测。

4.4.2.5　结构收敛观测成果记录

| 结构收敛观测成果记录 | | | 编　号 | | ××× | | |
|---|---|---|---|---|---|---|---|
| 工程名称 | | ××市地铁×号线 1 标段××车站工程 | | | | | |
| 施工单位 | | ××城建地铁工程有限责任公司 | | | | | |
| 观测点桩号 | | 观测日期 | 自　2015　年　5　月　9　日至　2015　年　5　月　16　日 | | | | |
| 测点位置 | 观测日期 | 时间间隔 | 前本次相差（mm） | 速率（mm/d） | 总收敛（mm） | 初测日期 | 初测值 |
| K4＋841 | 5.9～5.11 | 2 | −0.03 | 0.00 | −0.67 | 2015.1.8 | 31.3845 |
| K4＋847 | 5.9～5.11 | 2 | −0.06 | −0.01 | −1.16 | 2015.1.8 | 31.3744 |
| K4＋853 | 5.9～5.11 | 2 | −0.05 | −0.01 | −1.20 | 2015.1.8 | 31.3802 |
| K4＋859 | 5.11～5.13 | 2 | −0.08 | −0.01 | −1.33 | 2015.1.20 | 31.3643 |
| K4＋865 | 5.11～5.13 | 2 | −0.11 | −0.02 | −1.45 | 2015.1.20 | 31.3827 |
| K4＋871 | 5.11～5.13 | 2 | −0.16 | −0.02 | −1.33 | 2015.1.20 | 31.3517 |
| K4＋877 | 5.13～5.16 | 3 | −0.04 | −0.01 | −1.00 | 2015.1.24 | 31.3724 |
| K4＋883 | 5.13～5.16 | 3 | −0.02 | 0.00 | −1.26 | 2015.1.24 | 31.2458 |
| K4＋889 | 5.13～5.16 | 3 | −0.06 | −0.01 | −0.85 | 2015.1.24 | 31.2913 |
| | | | | | | | |
| | | | | | | | |
| 观测点位布置简图：<br><br>（略） | | | | | | | |
| 技术负责人 | | 复　核 | | 计　算 | | 测量员 | |
| ××× | | ××× | | ××× | | ××× | |

本表由施工单位填写并保存。

4.4.2.6　地中位移观测记录

| 地中位移观测记录 | | | | 编　号 | ××× |
|---|---|---|---|---|---|
| | | | | | |

| 工程名称 | ××市政排水管道暗挖工程 |
|---|---|
| 施工单位 | ××市政建设集团 |

| 观测日期：<br><br>自××年×月×日至××年×月×日 | 点位与结构关系示意图：<br><br>略<br><br>测区里程：<br>K3＋200～K3＋300 |
|---|---|

| 观测点 | 观测日期 | 时间间隔 | 前本次相差<br>（mm） | 总位移值<br>（mm） | 初测日期 | 初测值 |
|---|---|---|---|---|---|---|
| GC－001 | 2015.9.2 | 3 | 0 | 0 | 2015.8.24 | 1.032 |
| | | | | | | |
| | | | | | | |
| | | | | | | |
| | | | | | | |
| | | | | | | |
| | | | | | | |
| | | | | | | |
| | | | | | | |
| | | | | | | |
| | | | | | | |
| | | | | | | |
| | | | | | | |
| | | | | | | |
| | | | | | | |
| | | | | | | |

| 技术负责人 | 测量员 | 计　算 | 复　核 |
|---|---|---|---|
| ××× | ××× | ××× | ××× |

本表由施工单位填写。

4.4.2.7　拱顶下沉观测成果表

| 拱顶下沉观测成果表 | | | | 编　号 | | ××× | |
|---|---|---|---|---|---|---|---|

| 工程名称 | ××市地铁×号线 03 标段××站～××站区间工程 |
|---|---|
| 施工单位 | ××城建地铁工程有限责任公司 |

水准点编号：ES11～ES18　　　　　量测部位：1# 竖井东南 4# 断面

水准点所在位置：　　　　　　　　测量桩号：K4＋800～K4＋860

观测日期：

自 2015 年 4 月 5 日～2015 年 4 月 10 日

| 测点位置 | 观测日期 | 时间间隔 | 前本次相差<br>（mm） | 速率<br>（mm/d） | 累计沉降<br>（mm） | 初测日期 | 初测值 |
|---|---|---|---|---|---|---|---|
| 1#竖井东南4#断面 | 2015.4.5～4.6 | 1 | −0.5 | −0.1 | −4.1 | 2015.11.12 | 31.3978 |
| | 2015.4.5～4.6 | 1 | −0.2 | −0.1 | −7.6 | 2015.11.17 | 31.3658 |
| | 2015.4.6～4.7 | 1 | 0.3 | 0.0 | −15.9 | 2015.11.24 | 31.3751 |
| | 2015.4.6～4.7 | 1 | 0.2 | 0.0 | −12.3 | 2015.12.7 | 31.3697 |
| | 2015.4.7～4.8 | 1 | −0.1 | 0.0 | −23.7 | 2015.12.13 | 31.3811 |
| | 2015.4.7～4.8 | 1 | −0.3 | −0.1 | −16.8 | 2015.12.22 | 31.3711 |
| | 2015.4.8～4.10 | 2 | −0.4 | 0.0 | −18.9 | 2015.1.1 | 31.3540 |
| | 2015.4.8～4.10 | 2 | −1.3 | −0.1 | −25.4 | 2015.1.8 | 31.4652 |
| | | | | | | | |
| | | | | | | | |
| | | | | | | | |
| | | | | | | | |
| | | | | | | | |
| | | | | | | | |

| 技术负责人 | 复　核 | 计　算 | 测量员 |
|---|---|---|---|
| ××× | ××× | ××× | ××× |

本表由施工单位填写并保存。

# 4.5　施工记录

## 4.5.1　施工记录内容与要求

4.5.1.1　施工通用记录应符合下列规定：

1.《施工通用记录》，在专用施工记录不适用的情况下使用。

2.《隐蔽工程检查记录》，适用于各专业。

(1)当国家现行标准有明确规定隐蔽工程检查项目的、设计文件或合同要求时，应进行隐蔽工程验收并填写隐蔽工程检查记录、形成验收文件，验收合格后方可继续施工。

(2)隐蔽工程验收检查意见应明确，检查手续应及时办理。

3.中间检查交接记录

某一工序完成后，移交给另一单位进行下道工序施工前，移交单位和接受单位应进行交接检查，并约请监理(建设)单位参加见证。对工序实体、外观质量、遗留问题、成品保护、注意事项等情况进行记录，填写《中间检查交接记录》。

4.数字图文记录

"在建设工程主体结构施工过程中，对钢筋安装工程、混凝土试件留置、防水工程施工等施工过程和隐蔽工程隐蔽验收时，施工单位必须在监理单位见证下拍摄不少于一张照片留存于施工技术资料中。拍摄照片时，应在照片说明中标明如下内容：拍摄日期和时间，拍摄地点，对应的检验批以及其他应说明的内容。"照片可以为纸质粘贴，也可以为数字格式插入后打印。

4.5.1.2　基础/主体结构工程通用施工记录应符合下列规定：

基础/主体结构工程通用施工记录为道路、桥梁、管道、厂(场)站等各专业工程共同使用的施工记录。

1.地基施工记录

(1)地基验槽检查记录

地基(基槽)土方工程完工后应进行地基验槽，地基验槽应由建设、勘察、设计、监理和施工单位共同进行，并填写地基验槽检查记录表。检查内容包括基坑位置、平面尺寸、持力层核查、基底绝对高程和相对标高、基坑土质及地下水位等，有桩支护或桩基的工程还应进行桩的检查。地基需处理时，应由勘察、设计单位提出处理意见。

(2)地基处理记录

当地基处理采用沉入桩、钻孔桩时，填写《地基处理记录》。包括地基处理部位、处理过程及处理结果简述、审核意见等。并应进行干土质量密度或贯入度试验。处理内容还应包括原地面排降水、清除树根、淤泥、杂物及地面下坟坑、水井及较大坑穴的处理记录。

当地基处理采用碎石桩、灰土桩等桩基处理时，由专业施工单位提供地基处理的施工记录。

2.地基钎探记录

当需要进行地基钎探时，应绘制钎探点布置图，按规定钎探，填写《地基钎探记录》。

当地基需处理时，应由勘察设计部门提出处理意见，将处理的部位、尺寸、高程等情况标注在钎探图上，并应有复验记录。

3.地下连续墙挖槽施工记录

记录挖土设备、挖槽深度、宽度、槽壁垂直度及槽位偏差情况等。

4. 地下连续墙护壁泥浆质量检查记录

地下连续墙施工过程中,应按照规定的检验频率对护壁泥浆的配比、密度、粘度、含砂量等指标进行检查填写本表。

5. 地下连续墙混凝土浇筑记录

地下连续墙混凝土浇筑应对混凝土的强度等级、坍落度、扩散度、导管直径及混凝土浇筑量、浇筑平均进度等进行记录。

6. 沉井(泵站)工程施工记录

沉井(泵站)工程施工,需填写《沉井(泵站)工程施工记录》,本表每班次或每观测一次填写一栏,封底记录只最后填写一张即可。

7. 桩基础施工记录(通用)

桩基包括预制桩、现制桩等,应按规定进行记录,附布桩、补桩平面示意图,并注明桩编号。桩基检测应按国家有关规定进行成桩质量检查(含混凝土强度和桩身完整性)和单桩竖向承载力的检测报告和施工记录。由分包单位承担桩基施工的,完工后应将记录移交总包单位。

8. 桥梁桩基工程施工记录

(1)根据使用的钻机种类不同分别填写《钻孔桩钻进记录(冲击钻)》和《钻孔桩钻进记录(旋转钻)》。

(2)钻孔桩混凝土灌注前检查记录

检查意见栏填写结论性的内容;孔位前后左右偏差是指距中心十字线的偏差。

(3)钻孔桩水下混凝土浇注记录

记录每根桩浇注混凝土时间、步骤、次序及每次浇注量、浇注总量、导管深度、导管拆除及浇注中出现的问题和处理情况等。

关于表中桩位编号,施工单位应绘制桩位平面示意图,图中对桩进行统一编号。同时,仍需填写混凝土浇筑记录。

(4)沉入桩检查记录

记录每根桩的桩位、打桩设备、锤击质量、锤击次数、下沉量、平均下沉量、累计下沉量、累计标高及打桩过程情况等,并画出桩位平面示意图。

9. 土层锚杆施工记录

由于土层锚杆大部分不构成工程实体,只是作为施工支护措施,因此不设记录表格,工程中如出现构成工程实体的锚杆施工内容,由专业施工单位提供相关施工记录及表格。包括《土层锚杆成孔记录》、《土层锚杆注浆记录》、《土层锚杆张拉锁定记录》。

10. 混凝土配合比申请单、通知单

委托单位应依据设计强度等级及其技术要求、施工部位、原材料情况等,分别向试验室提出配合比申请单,试验室依据配合比申请单,经试验室负责人认可后签发配合比通知单。

当原材料更换时,砂浆、混凝土配合比通知单应重新开具。

11. 混凝土浇筑申请书

为保证混凝土施工质量、保证后续工序正常进行,施工单位应根据工程及单位管理实际情况履行混凝土浇筑申请手续。

12. 混凝土开盘鉴定

(1)采用预拌 C20 以上(含 C20)混凝土时,由供应单位组织填写《混凝土开盘鉴定》。

(2)施工单位自供(现场搅拌)C20 以上(含 C20)混凝土时,由施工单位组织监理(建设)单位、搅拌机组、混凝土试配单位进行混凝土开盘鉴定,填写《混凝土开盘鉴定》,共同认定试验室签发的混凝土配合比中组成材料是否与现场所用材料相符、混凝土拌和物性能及标养 28 天的抗压强度结果是否满足设计要求。

13. 混凝土浇筑记录

凡现场浇筑 C20(含 C20)强度等级以上混凝土,须填写《混凝土浇筑记录》。

14. 混凝土养护测温记录

当需要对混凝土进行养护测温(如大体积混凝土和冬期、高温季节混凝土施工)时,可参照《混凝土养护测温记录》填写,也可根据工程实际情况或需要自行制定混凝土养护测温记录表格。

15. 预应力筋张拉记录

预应力筋张拉记录包括《预应力张拉数据记录》、《预应力筋张拉记录(一)》、《预应力筋张拉记录(二)》、《预应力张拉孔道压浆记录》。

16. 构件吊装施工记录

预制钢筋混凝土主要构件、钢结构的吊装,应填写《构件吊装施工记录》。对于大型设备的安装,应由吊装单位提供相应的记录。

吊装过程简要记录重点说明平面位置、高程偏差、垂直度;就位情况、固定方法、接缝处理等需要说明的问题。

17. 圆形钢筋混凝土构筑物缠绕钢丝应力测定记录

《圆形钢筋混凝土构筑物缠绕钢丝应力测定记录》记录构筑物外径、锚固肋数、钢筋环数、钢筋直径、每段钢筋长度,并逐日按环号、肋号测定平均应力、应力损失及应力损失率等。

18. 网架安装检查记录

当工程中有网架安装工作时,专业施工单位须提供网架安装检查记录。

19. 防水工程施工记录

防水工程施工记录由防水施工的单位填写,总包单位组织检查确认。

4.5.1.3　道路、桥梁工程施工记录应符合下列规定:

1. 沥青混合料现场测温记录

沥青混凝土进场、摊铺测温记录

包括沥青混合料规格,到场温度、摊铺温度、摊铺部位等。

2. 碾压沥青混凝土测温记录

记录碾压段落、初压温度、复压温度、终压温度等。

3. 钢箱梁安装检查记录

专业施工单位需提供钢箱梁安装检查记录,记录钢箱梁安装后的轴线位置、梁底标高、支座位置、支座底板、四角相对高差以及箱梁的连接状况等。

4. 高强螺栓连接检查记录

专业施工单位应提供高强螺栓连接检查记录,具体内容包括:高强螺栓规格、数量、螺栓孔径、扩孔数量、磨擦面处理方法、磨擦系数抽验值、终拧扭矩值等。

5. 箱涵顶进施工记录

包括每日早、中、晚三班检查或临时加强检查均采用本记录,检测记录内容包括顶力、进尺,箱体前、中、后高程,中线,土质变化情况等,按规定进尺检测及力口密频度检测均应采用书面记录形式。

6. 桥梁支座安装记录

由专业施工单位提供,着重填写桥梁支座制造厂家、质量证明书号、支座类型及材料性质;并简述支座锚栓位置及锚孔混凝土固封施工质量情况,检查支座位置与线路中心线的距离;填写支座底的设计标高和实际标高,以及各墩台支座安装质量的评述。

4.5.1.4　管(隧)道工程施工记录应符合下列规定:

管道工程施工记录:

1. 焊工资格备案表(特种作业人员审核资格表)

对从事压力管道焊接工程施工的焊工,均应进行资格审查,填写《特种作业人员审核资格表》。

2. 焊缝综合质量检查汇总记录

对焊缝质量进行检查主要包括:焊缝(焊口)编号、焊工代号,按 GB50236 规范要求汇总记录每道焊缝的外观质量、焊缝无损检测结果,按最低质量等级进行焊接质量综合评级,填写《焊缝综合质量检查汇总记录》。

综合说明一栏内应填写钢材的种类、材质、规格、型式(如螺旋管、直缝管、无缝管等),使用的焊条型号等,压力容器压力等级等。

焊接工作完成后应编制《焊口排位记录及示意图》。

《焊缝综合质量检查汇总记录》和《焊口排位记录及示意图》是配套使用的记录表格。

3. 聚乙烯管道连接记录

使用全自动焊机或非热熔焊接时,焊接过程的参数可以不记录;全自动焊机、电熔焊机以焊机打印的记录为准(粘贴在表中,复印后保存)。表中:$P_0$—拖动压力;$P_1$—$P_0+$ 接缝压力;$P_2$—$P_0+$ 吸热压力;$P_3$—$P_0+$ 冷却压力。

连接工作完成后应填写《聚乙烯管道连接记录》和《聚乙烯管道焊接工作汇总表》。

4. 钢(聚乙烯)管变形检查记录

当钢(聚乙烯)管公称直径≥800mm 时应在回填完成后检查管道椭圆度。

5. 管架(固、支、吊、滑等)安装调整记录

管架(固、支、吊、滑)的选择、安装、调整应严格按设计要求进行,记录中包括管架编号、结构型式、安装位置、固定状况、调整值等。

6. 补偿器安装记录

补偿器在安装时,应检查补偿器的型式、规格、材质、固定支架间距、安装质量,校核安装时环境温度、操作温度及安装预拉量等与设计条件是否相符,同时应附安装示意图。

7. 防腐层施工质量检查记录

本表是在施工现场对设备、管道本体(管身)、固定口、转动口进行防腐及防腐层修补施工质量检查以及管道下沟前和回填前检测所做的记录,在加工厂防腐的以出厂质量证明文件为准。现场除锈按《涂装前钢材表面锈蚀等级和除锈等级》GB8923 规定的表示方法填写。

8. 牺牲阳极埋设记录

牺牲阳极埋设时应对阳极埋设位置(管线桩号)、阳极类别、规格、数量、牺牲阳极开路电位等进行检查并记录,埋后应对牺牲阳极的开路电位进行测试,在备注栏内注明该部位防腐材料的种类。

9. 顶管施工记录

顶管施工时,应对管线位置、顶管类型、设备规格、顶进推力、顶进措施、接管形式、土质状况、水文状况进行检查记录,并逐日按班次和检测序号记录日进尺、累计进尺、中线位移、管底高程、

相邻管间错口、对顶管节错口、接缝处理方法、发生意外情况及采取的措施等内容。

10. 浅埋暗挖法施工检查记录

浅埋暗挖法施工记录是采取浅埋暗挖法施工工程在其二衬完工以后对工程施工整体情况进行的检查评价记录。检查内容主要包括：管（隧）道桩号、初衬日期、钢筋格栅合格证号、钢筋格栅间距、喷射混凝土强度等级、开挖土质支护状态、拱顶垂直位移、管（隧）道拱脚水平收敛值、地表布点下沉值、防水层做法、防水层检验编号，二衬做法、二衬施工日期、拆模日期等，并检查混凝土强度、混凝土抗渗等级、结构尺寸、中线左右偏差及外观质量等。

11. 盾构法施工记录、盾构管片拼装记录

盾构法施工记录与盾构管片拼装记录适用于盾构法施工完成的管（隧）道工程，分别记录盾构掘进、管片拼装两项施工过程中的工程质量情况。

表格填写与施工同步完成，依据各工程设计使用的管片规格，按环填写。

12. 小导管施工记录

小导管施工时，应对小导管施工部位、规格尺寸、布设角度、间距及根数、注浆类型及数量等进行检查记录。

13. 大管棚施工记录

大管棚施工时，应注明大管棚的工程部位、钢管规格尺寸，在草图中标明间距及根数、角度、深度并填写成孔质量情况等。情况栏填写管内填充料、管节连接等情况。

14. 隧道支护施工记录

隧道初期支护施工时，应检查格栅的里程部位、间距、中线、标高、连线状况、喷射混凝土厚度、混凝土强度等级等情况并做好记录。

15. 注浆检查记录

顶管、浅埋暗挖等施工需要进行注浆时，施工完毕后，应按要求进行注浆填充，并填写注浆检查记录。记录内容主要包括：注浆位置（桩号）、注浆压力、注入材料量、饱满程度等。

16. 水平定向钻施工检查记录

该类记录《水平定向钻导向孔钻进记录》、《水平定向钻回扩（拖）记录》由定向钻施工单位（分包单位）在施工过程中根据仪器、仪表的显示数据填写，总包单位经检查确认后签署意见。

备注栏内应明确注明：(1)管道回拖前的检查情况，主要包括焊接和防腐质量检验的最终结果，分段压力试验结果，回拖前的各项准备工作是否符合方案要求等内容；(2)施工过程中发现的主要问题和异常情况；(3)其他应当说明的问题。

4.5.1.5　厂（场）、站工程施工记录应符合下列规定：

给水（再生水）、污水处理、燃气、供热、轨道交通、垃圾卫生填埋等厂（场）、站工程的施工记录包括：

1. 设备基础检查验收记录

设备安装前应对设备基础的混凝土强度、外观质量进行检查，并对设备基础纵、横轴线进行复核，对设备基础外形尺寸、水平度、垂直度、预埋地脚螺栓、地脚螺栓孔、预埋栓板以及锅炉设备基础立柱相邻位置、四立柱间对角线等进行量测，并附基础示意图。填写《设备基础检查验收记录》。

2. 钢制平台/钢架制作安装检查记录

钢制平台/钢架材质应符合设计要求，制作安装应达到质量标准要求。对立柱底座与柱基中心线、立柱垂直度、弯曲度、立柱对角线、平台标高、栏杆、阶梯踏步、平台边缘围板等进行全面检

查,并填写《钢制平台/钢架制作安装检查记录》。

3. 设备安装检查记录(通用)

给水(再生水)、污水处理、燃气、供热、轨道交通、垃圾卫生填埋厂(场)、站中使用的通用设备安装均可采用本表。应在安装中检查设备的标高、中心线位置、垂直度、纵横向水平度及设备固定的形式,使之符合设计要求,达到质量标准。

专用设备安装时,可以按照设备供应方提供的技术要求对安装质量进行检查,检查后填写《施工通用记录》,也可以根据安装特点及内容另行制定检查表样。

4. 设备联轴器对中检查记录

设备联轴器安装完后应对联轴器对中情况进行检查并记录,内容包括:径向位移值,轴向倾斜值,端面间隙值,并附联轴器布置示意图。

5. 容器安装检查记录

容器(箱罐)安装前应进行基础检查及容器严密性试验,安装中应对容器安装的标高、中心线、垂直度、水平度、接口方向及液位计、温度计、压力表、安全泄放装置、水位调节装置、取样口位置、内部防腐层、二次灌浆等内容进行检查并记录。

6. 安全附件安装检查记录

本表是对压力表、安全阀、水(液)位计、温度计、报警装置等安全附件安装(试验)的情况进行的检查和记录。

7. 锅炉安装施工记录

锅炉安装施工记录应由安装单位按特种设备安全监察机构颁布的《工业锅炉安装工程质量证明书》(整装、散装)要求的技术文件的规定填写,凡要求盖章的地方,均应由项目负责人签字,有监理的工程,监理工程师还应签字予以确认。

8. 软化水处理设备安装调试记录

软化水处理设备安装和调试,应填写《软化水处理设备安装调试记录》。

9. 燃烧器及燃料管路安装检查记录

燃烧器及燃料管路安装后,应按要求的项目进行检查,并填写《燃烧器及燃料管路安装检查记录》。

10. 管道/设备保温施工检查记录

管道/设备按设计要求有保温要求时,在现场保温施工时需对基层处理与涂漆情况、保温层施工情况、保护层施工情况进行检查并记录。对直埋热力管道的接口保温(套袖连接)还应进行气密性试验。

11. 净水厂水处理工艺系统调试记录

净水厂(站)工程安装完成后,监理工程师对各专业工程的安装质量、使用功能进行全面检查,对发现的问题经承包(安装)单位整改及功能试验后,由监理单位组织,承包(安装)单位、设计单位和建设单位参加,对净水厂(站)水处理工艺系统进行调试,由施工单位填写《净水厂水处理工艺系统调试记录》。

12. 加药、加氯工艺系统调试记录

厂(站)加药加氯工程安装完成时,水处理工艺系统调试后,由监理单位组织,承包(安装)单位进行,必要时请建设单位及设计单位派代表参加,对加药加氯工艺系统调试,由施工单位填写《加药、加氯工艺系统调试记录》。

13. 水处理工艺管线验收记录

水处理工艺管线安装工程完成后,由监理单位组织施工(安装)单位等进行水处理工艺管线验收,由施工单位填写《水处理工艺管线验收记录》。

14. 污泥处理工艺系统调试记录

污泥处理工艺系统安装工程完成后,由监理单位组织施工(安装)单位对污泥处理工艺系统进行调试,必要时请建设单位及设计单位参加,调试合格后由施工单位填写《污泥处理工艺系统调试记录》。

15. 自控系统调试记录

厂(场)、站自控系统工程安装完成后,监理单位组织施工(安装)等单位对自控系统进行调试,调试合格后由施工单位填写《自控系统调试记录》。

16. 自控设备单台安装记录

厂(场)、站自控设备安装完成后,由施工单位填写《自控设备单台安装记录》。

17. 污水处理工艺系统调试记录

污水处理工艺系统调试记录由施工单位或调试单位记录并提供此项表格。

18. 污泥消化工艺系统调试记录

污泥消化工艺系统调试记录由施工单位或调试单位记录并提供此项表格。

4.5.1.6　电气安装工程施工记录应符合下列规定:

1. 电缆敷设检查记录

对电缆的敷设方式、编号、起/止位置、规格、型号进行检查,并按 GB50168 规范要求,对安装工艺质量进行检查,填写《电缆敷设检查记录》。

2. 电气照明装置安装检查记录。

对电气照明装置的配电箱(盘)、配线、各种灯具、开关、插座、风扇等安装工艺及质量按 GB50303 要求进行检查,填写《电气照明装置安装检查记录》。

3. 电线(缆)钢导管安装检查记录

对电线(缆)钢导管的起、止点位置及高程、管径、长度、弯曲半径、联接方式、防腐及排列等情况进行检查,并填写《电线(缆)钢导管安装检查记录》。

4. 成套开关柜(盘)安装检查记录

检查成套开关柜(盘)型钢外廓尺寸、基础型钢的不直度、水平度、位置、不平行度及开关柜的垂直度、水平偏差、柜面偏差、柜间接缝,要求成套开关柜(盘)安装偏差符合规范要求,检查合格后填写《成套开关柜(盘)安装检查记录》。

5. 盘、柜安装及二次结线检查记录

对盘、柜及二次结线安装工艺及质量进行检查。内容包括:盘、柜及基础型钢安装偏差;盘、柜固定及接地状况;盘、柜内电器元件、电气接线、柜内一次设备安装等及电气试验结果是否符合规范要求,检查合格后填写《盘、柜安装及二次结线检查记录》。

6. 避雷装置安装检查记录

检查避雷装置安装质量,对避雷针、避雷网(带)、引下线的材质、规格、长度,结构形式、外观、焊接及防腐情况,引下线断点高度,接地极组数及接地电阻测量数值、防腐处理等情况进行检查,检查合格后填写《避雷装置安装检查记录》。

7. 起重机电气安装检查记录

检查起重机电气安装质量,内容主要包括滑接线及滑接器、悬吊式软电缆、配线、控制箱(柜)、控制器、限位器、安全保护装置、制动装置、撞杆、照明装置、轨道接地、电气设备和线路的绝缘电阻测试并填写《起重机电气安装检查记录》。

8. 电机安装检查记录

包括对电机安装位置；接线、绝缘、接地情况；转子转动灵活性；轴承框动情况；电刷与滑环（换向器）的接触情况；电机的保护、控制、测量、信号等回路工作状态进行检验并填写《电机安装检查记录》。

9. 变压器安装检查记录

按《电气装置安装工程电力变压器》GBJ148 标准要求，对变压器安装的位置；母线连接、接地；变压器器身；瓷套管；储油柜；冷却装置；油位；分接头位置；滚轮制动；测温装置及并列运行条件等进行检验，检查电气试验报告是否齐全、合格并填写《变压器安装检查记录》。

10. 高压隔离开关、负荷开关及熔断器安装检查记录

对开关操动机构、传动装置、闭锁装置、安装位置、合闸时三相不同期值、分闸时触头打开角度、距离、触头接触情况进行检查，核对熔体额定电流与设计值，检查试验报告是否合格、齐全并填写《高压隔离开关、负荷开关及熔断器安装检查记录》。

11. 电缆头（中间接头）制作记录

对电缆头型号、保护壳型式、接地线规格、绝缘带规格、芯线连接方法、相序校对、绝缘填料电阻测试值、电缆编号、规格型号等进行检查并填写《电缆头（中间接头）制作记录》。

12. 厂区供水设备供电系统调试记录

电气设备安装调试应符合国家及有关专业的规定，各系统设备的单项安装调试合格后，由施工（安装）单位进行厂区供水设备供电系统调试并填写《厂区供水设备供电系统调试记录》。

13. 自动扶梯安装记录

自动扶梯安装应根据设计要求检查记录安装条件，包括机房宽度、深度；支承宽度、长度；中间支承强度、支承水平间距；扶梯提升高度；支承予埋铁尺寸；提升设备搬运的连接附件等。

## 4.5.2　施工资料表格填写范例

### 4.5.2.1　施工通用记录

| 施工通用记录 | | 编　号 | ×××　 |
|---|---|---|---|
| | | | |

| 工程名称 | ××市政道路工程 | | |
|---|---|---|---|
| 施工单位 | ××市政建设集团 | 日期 | ×年×月×日 |

施工内容：

　　铺筑改性沥青混凝土路面

施工依据与材质：

　　由于改性沥青混合料粘度较高，摊铺温度较高，阻力较大，故选用履带式摊铺机均匀、连续摊铺，纵向缝采用热接缝。

检查情况：

　　经检查，拌和后的沥青混合料均匀一致，无花白、粗细料分离现象，摊铺厚度和平整度符合要求，压实表面干燥、清洁、无浮土，且平整和路拱度符合要求，搭接处紧密、平顺。

质量问题及处理意见：

　　经检查，各项指标均符合规范要求。

| 负责人 | 质检员 | 记录人 |
|---|---|---|
| ××× | ××× | ××× |

本表由施工单位填写。

| 隐蔽工程检查记录 | | 编　号 | ××× |
|---|---|---|---|

| 工程名称 | ××市××道路工程 | | |
|---|---|---|---|
| 施工单位 | ××市政建设集团有限公司 | | |
| 隐检部位 | 南侧快车道 K0+560～K0+800 | 隐检项目 | 土路基 |

| 隐检内容 | 隐检依据:施工图图号＿＿＿××＿＿,设计变更/洽商(编号＿＿＿＿)及有关国家现行标准等。<br><br>1. 中线高程　　允许偏差　　±20mm<br>　设计:5.150 5.090 5.030 4.970 4.910 4.850 4.910 4.970 5.030 5.090 5.150 5.210 5.270<br>　实测:5.165 5.090 5.022 4.977 4.911 4.833 4.896 4.954 5.013 5.077 5.136 5.218 5.266<br>2. 平整度　　允许偏差　　20mm<br>　实测:12 11 9 8 7 8 12 13 11 10 14 13 9<br>3. 宽度　　允许偏差　　＋200mm,0<br>　设计:13.85<br>　实测:13.98 13.88 13.87 13.90 13.92 13.85 13.93 13.95 13.88 13.91 13.93 13.90 13.89<br>4. 横坡　　允许偏差　　±20mm且不大于±0.3%<br>　设计:1.5%<br>　实测:1.3% 1.4% 1.4% 1.3% 1.25% 1.6% 1.2% 1.25% 1.3% 1.1% 1.3% 1.25% 1.35%<br>　　　1.2% 1.55%<br><br>　　　　　　　　　　　　　　　　　　　　　　　填表人:××× |
|---|

| 检查结果及处理意见 | 符合有关标准的规定,经抽检复测其有关数据与实际情况相符<br>抽检复测数据如下:中线高程　　5.165　　5.218<br>　　　　　　　　平整度　　10　　2<br>　　　　　　　　宽度　　13.95　13.86<br>　　　　　　　　横坡　　1.2%　1.4%<br><br>同意下道工序施工。<br><br>　　　　　　　　　　　　　　　　　　　检查日期:2015 年 6 月 2 日 |
|---|

| 复查结果 | 复查人:　　　　　　　　　　　　　　复查日期:　　年　月　日 |
|---|

| 监理(建设)单位 | 设计单位 | 施工单位 | |
|---|---|---|---|
| ××× | ××× | ××× | |

本表由施工单位填报,城建档案馆、建设单位、施工单位保存。

| 隐蔽工程检查记录 | 编　号 | ××× |
|---|---|---|

| 工程名称 | ××市××路××桥梁工程 | | |
|---|---|---|---|
| 施工单位 | ××市政建设集团有限公司 | | |
| 隐检部位 | 桥墩桩基3～5# | 隐检项目 | 钢筋安装 |

| 隐检内容 | 隐检依据:施工图图号＿＿××＿＿,设计变更/洽商(编号＿＿＿＿＿)及有关国家现行标准等。<br><br>1. 钢筋的品种、规格、数量、位置、接头情况。<br>2. 骨架的长度:设计11720mm,实测偏差值为:−3,−5,−8(允许偏差:＋5,−10);<br>　　　直径:设计φ1368mm,实测偏差值为:−6,2,−2 (允许偏差:＋5,−10)。<br>3. 受力钢筋间距:实测偏差值为:＋2,＋8,−6,−5。<br>4. 箍筋间距:实测偏差值为:＋2,＋5,−6,＋2,−9。<br>5. 保护层厚度:实测偏差值为:＋3,−6,＋4,＋5,＋4,＋1。<br><br>　　　　　　　　　　　　　　　　　填表人:××× |
|---|---|
| 检查结果及处理意见 | 经检查,符合设计及规范要求,同意下道工序施工。<br><br>　　　　　　　　　　　　　　检查日期:2015年8月20日 |
| 复查结果 | <br><br>复查人:　　　　　　　　　　　　复查日期:　　年　月　日 |

| 监理(建设)单位 | 设计单位 | 施工单位 | | |
|---|---|---|---|---|
| ××× | ××× | ××× | | |

本表由施工单位填报,城建档案馆、建设单位、施工单位保存。

| 隐蔽工程检查记录 | | 编　号 | ×××　 |
|---|---|---|---|
| 工程名称 | ××市××路桥梁工程 | | |
| 施工单位 | ××市政建设集团有限公司 | | |
| 隐检部位 | 0号墩东半桥挡墙基础 | 隐检项目 | 混凝土 |

| 隐检内容 | 隐检依据:施工图图号____××____,设计变更/洽商(编号_____)及有关国家现行标准等。<br><br>　1. 钢筋混凝土现浇段的混凝土配合比按照有关标准经过计算、试配,使用预拌混凝土,有出厂合格证。<br>　2. 结构尺寸及高程符合要求,无缺边掉角现象。<br>　3. 无蜂窝、露筋和裂缝。光滑、平整、颜色一致。<br><br><br><br>　　　　　　　　　　　　　　　　　　　　　　　填表人:××× |
|---|---|
| 检查结果及处理意见 | 　经检查,符合设计要求及施工规范规定,同意进入下道工序。<br><br><br>　　　　　　　　　　　　　　　　　　　检查日期:2015 年 10 月 18 日 |
| 复查结果 | <br><br>　　　　复查人:　　　　　　　　　　　　复查日期:　 年 月 日 |

| 监理(建设)单位 | 设计单位 | 施工单位 | |
|---|---|---|---|
| ××× | ××× | ××× | |

本表由施工单位填报,城建档案馆、建设单位、施工单位保存。

| 隐蔽工程检查记录 | | 编　号 | ×××|
|---|---|---|---|
| 工程名称 | | ××市××路桥梁工程 | |
| 施工单位 | | ××市政建设集团有限公司 | |
| 隐检部位 | 3#墩东半桥挡墙基础 | 隐检项目 | 二灰 |

| 隐检内容 | 隐检依据:施工图图号＿＿＿＿××＿＿＿＿,设计变更/洽商(编号＿＿＿＿＿＿)及有关国家现行标准等。<br><br>1. 混合料的配比及质量情况符合要求。<br>2. 混合料的粒径符合要求。<br>3. 混合料的压实度及平整度符合要求。<br>4. 二灰的摊铺部位要求。<br><br><br>　　　　　　　　　　　　　　　　　　填表人:××× |
|---|---|
| 检查结果及处理意见 | 经检查,符合设计要求及施工规范规定,同意进入下道工序。<br><br><br>　　　　　　　　　　　　　检查日期:2015 年 10 月 20 日 |
| 复查结果 | <br><br>复查人:　　　　　　　　　　　　　复查日期:　　年　月　日 |

| 监理(建设)单位 | 设计单位 | 施工单位 | | |
|---|---|---|---|---|
| ××× | ××× | ××× | | |

本表由施工单位填报,城建档案馆、建设单位、施工单位保存。

| 隐蔽工程检查记录 | | 编　号 | ×××  |
|---|---|---|---|
| 工程名称 | | ××市××路桥梁工程 | |
| 施工单位 | | ××市政建设集团有限公司 | |
| 隐检部位 | 主路0+315～0+405 | 隐检项目 | 基层冷底子油 |

| 隐检内容 | 隐检依据:施工图图号_____××_____,设计变更/洽商(编号_____)及有关国家现行标准等。<br><br>1. 冷底子油涂刷前,确认基层表面已处理完毕,并经职能部门验收合格。<br>2. 采用滚刷铺涂,铺涂时必须保证铺涂均匀,不留空白。检查油的表面平整、坚实、颗粒分布、有无裂缝、涌动、烂边等情况。<br>3. 油面的接茬平顺、烫缝等情况。<br>4. 油面的宽度、中线高程及横断高程情况。<br><br>　　　　　　　　　　　　　　　　　　　　　　　　填表人:××× |
|---|---|
| 检查结果及处理意见 | 经检查,符合设计要求及施工规范规定,同意进入下道工序。<br><br>　　　　　　　　　　　　　　　　　　　检查日期:2015 年 10 月 23 日 |
| 复查结果 | 　<br><br>　复查人:　　　　　　　　　　　　　复查日期:　　年　月　日 |

| 监理(建设)单位 | 设计单位 | 施工单位 |
|---|---|---|
| ××× | ××× | ××× |

本表由施工单位填报,城建档案馆、建设单位、施工单位保存。

| 隐蔽工程检查记录 | | 编　号 | ×××　|

| 工程名称 | ××市××路桥梁工程 |
| 施工单位 | ××市政建设集团有限公司 |
| 隐检部位 | 西半桥桥面 | 隐检项目 | 卷材防水 |

隐检内容

隐检依据:施工图图号____××____,设计变更/洽商(编号_____)及有关国家现行标准等。

1. APP改性沥青防水卷材有产品合格证、检测报告、使用说明书,进场复试合格,复试报告编号××;辅助材料有合格证,与防水卷材材性相容。

2. APP改性沥青防水卷材厚度为3mm,幅宽为1m。

3. 卷材铺贴顺序自边缘最低处开始,顺流水方向搭接,长边搭接100mm,短边搭接150mm,相邻卷材短边搭接错开1.5m以上,并将搭接边缘用喷灯烘烤一遍。

4. 检查防水层之间及防水层与基层之间是否粘贴紧密,结合牢固,油层厚度及搭接长度是否符合设计规定。

填表人:×××

检查结果及处理意见

经检查,防水层表面平整,无空鼓、脱层、裂缝、翘边、油包、气泡和折皱现象,符合设计要求及施工规范规定,同意进入下道工序。

检查日期:2015年10月7日

复查结果

复查人:　　　　　　　　　　　复查日期:　　年　月　日

| 监理(建设)单位 | 设计单位 | 施工单位 |
| ××× | ××× | ××× |

本表由施工单位填报,城建档案馆、建设单位、施工单位保存。

| 隐蔽工程检查记录 | | 编　号 | ×××　 |
|---|---|---|---|

| 工程名称 | ××市××路排水工程 | | |
|---|---|---|---|
| 施工单位 | ××市政建设集团有限公司 | | |
| 隐检部位 | Y057～Y058 | 隐检项目 | 沟槽 |

| 隐检内容 | 隐检依据:施工图图号____××____,设计变更/洽商(编号____)及有关国家现行标准等。<br><br>1. 槽底高程:允许偏差 ±20mm<br>　设计:3.937　3.697　3.451<br>　实测:3.921　3.688　3.440<br>2. 槽底中心线每侧宽度:允许偏差　不小于施工规定<br>　设计:1800(每侧900)<br>　实测:915　910　920　915　910　905<br>3. 两侧边坡　允许偏差　不小于施工规定<br>　设计 1:0.25<br>　实测 1:0.28　1:0.25　1:0.27　1:0.30　1:0.29　1:0.26<br><br><div align="right">填表人:×××</div> |
|---|---|
| 检查结果及处理意见 | <br><br>经检查,符合设计及规范要求,同意下道工序施工。<br><br><br><br><div align="right">检查日期:2015 年 5 月 2 日</div> |
| 复查结果 | <br><br><br><br><div align="right">复查人:　　　　　　　　　　　　复查日期:　　年　月　日</div> |

| 监理(建设)单位 | 设计单位 | 施工单位 | |
|---|---|---|---|
| ××× | ××× | ××× | |

本表由施工单位填报,城建档案馆、建设单位、施工单位保存。

| 隐蔽工程检查记录 | | 编 号 | ×××  |
|---|---|---|---|

| 工程名称 | ××市××路排水工程 | | |
|---|---|---|---|
| 施工单位 | ××市政建设集团有限公司 | | |
| 隐检部位 | Y110～Y111～Y112 | 隐检项目 | 碎石垫层 |

**隐检内容**

隐检依据:施工图图号____××____,设计变更/洽商(编号_____)及有关国家现行标准等。

1. 中线每侧宽度:允许偏差  不小于设计规定
   设计（每侧868）
   实测 871  875  879  880  876  874
2. 高程:允许偏差  0,—15
   设计 2.805  2.845  2.785
   实测 2.800  2.837  2.778

填表人:×××

**检查结果及处理意见**

经检查,符合设计及规范要求,同意下道工序施工。

检查日期:2015 年 9 月 6 日

**复查结果**

复查人:                         复查日期:    年  月  日

| 监理(建设)单位 | 设计单位 | 施工单位 | |
|---|---|---|---|
| ××× | ××× | ××× | |

本表由施工单位填报,城建档案馆、建设单位、施工单位保存。

| 隐蔽工程检查记录 | | 编　号 | ×××　 |
|---|---|---|---|
| 工程名称 | ××市××路排水工程 | | |
| 施工单位 | ××市政建设集团有限公司 | | |
| 隐检部位 | Y165～Y166 | 隐检项目 | DN800 管道 平基 |

| 隐检内容 | 隐检依据:施工图图号_____××_____,设计变更/洽商(编号_____)及有关国家现行标准等。<br><br>　1. 中心线每侧宽度:允许偏差　不小于设计规定<br>　　　设计(每侧602)<br>　　　实测 610 608 602 603 607 610 609 608<br>　2. 高程:允许偏差 0,−10<br>　　　设计 1.902 1.872 1.842 1.866<br>　　　实测 1.896 1.867 1.838 1.864<br>　3. 厚度:允许偏差　±10<br>　　　设计 80<br>　　　实测 80 82 84 82<br><br>　　　　　　　　　　　　　　　　　　　　　　　填表人:×××　 |
|---|---|

| 检查结果及处理意见 | 经检查,符合设计及规范要求,同意进入下道工序。<br><br>　　　　　　　　　　　　　　　　　　检查日期:2015 年 9 月 12 日 |
|---|---|

| 复查结果 | <br><br>　复查人:　　　　　　　　　　　　　复查日期:　　年　月　日 |
|---|---|

| 监理(建设)单位 | 设计单位 | 施工单位 | | |
|---|---|---|---|---|
| ××× | ××× | ××× | | |

本表由施工单位填报,城建档案馆、建设单位、施工单位保存。

| 隐蔽工程检查记录 | | 编　号 | ××× |
|---|---|---|---|
| 工程名称 | ××市××路排水工程 | | |
| 施工单位 | ××市政建设集团有限公司 | | |
| 隐检部位 | Y105～Y106 | 隐检项目 | DN 800 管座 |

<table>
<tr><td rowspan="2">隐检内容</td><td colspan="3">

隐检依据:施工图图号_____××_____,设计变更/洽商(编号_____)及有关国家现行标准等。

1. 肩宽　允许偏差　+10,-5
　　设计　71
　　实测　72　76　74　72
2. 肩高　允许偏差　±10
　　设计　303
　　实测　306　304　301　303
3. 蜂窝面积　允许偏差　≤1%
　　实测　0.3%

填表人:×××
</td></tr>
</table>

| 检查结果及处理意见 | 经检测肩宽、肩高数据与所测数据基本吻合,同意进入下道工序。<br><br><br><div align="right">检查日期:2015 年 10 月 16 日</div> |
|---|---|

| 复查结果 | 　<br><br><br>复查人:　　　　　　　　　　　复查日期:　　年　月　日 |
|---|---|

| 监理(建设)单位 | 设计单位 | 施工单位 | | |
|---|---|---|---|---|
| ××× | ××× | ××× | | |

本表由施工单位填报,城建档案馆、建设单位、施工单位保存。

| 隐蔽工程检查记录 | | 编 号 | ×××  |
|---|---|---|---|
| 工程名称 | | ××市××路排水工程 | |
| 施工单位 | | ××市政建设集团有限公司 | |
| 隐检部位 | Y135～Y136 | 隐检项目 | DN 800 管道 铺设 |

| 隐检内容 | 隐检依据:施工图图号 ____×× ____,设计变更/洽商(编号 _____)及有关国家现行标准等。<br><br>1. 中心位移　允许偏差　≤10<br>　　实测　4　5<br>2. 管内底高程　允许偏差　±10<br>　　设计　4.288　4.042<br>　　实测　4.289　4.040<br>3. 相邻管内底错口　允许偏差　≤3<br>　　实测　2　2　1<br><br><br><br>填表人:××× |
|---|---|
| 检查结果及处理意见 | <br><br><br>经检查,符合设计及规范要求,同意进入下道工序。<br><br><br>检查日期:2015 年 10 月 6 日 |
| 复查结果 | <br><br><br>复查人:　　　　　　　　　　复查日期: 　年　月　日 |

| 监理(建设)单位 | 设计单位 | 施工单位 | |
|---|---|---|---|
| ××× | ××× | ××× | |

本表由施工单位填报,城建档案馆、建设单位、施工单位保存。

| 隐蔽工程检查记录 | | 编　号 | ×××　　　　　 |
|---|---|---|---|

| 工程名称 | ××市地铁×号线××站～××站盾构区间工程 | | |
|---|---|---|---|
| 施工单位 | ××城建地铁工程有限公司 | | |
| 隐检部位 | 左线隧道01～10环 | 隐检项目 | 盾构掘进及管片拼装 |

| 隐检内容 | 隐检依据:施工图图号____××____,设计变更/洽商(编号_____)及有关国家现行标准等。<br><br>　　盾构掘进中线平面位置和高程、衬砌环外观质量、螺栓质量及拧紧度、椭圆度、衬砌环轴线平面位置及高程、同一衬砌环内相邻管片错台、纵向相邻管片错台。<br><br><br><br><br><br><br>填表人:×××　　　 |
|---|---|
| 检查结果及处理意见 | 　　符合设计要求和施工规范规定,同意隐蔽,进行下道工序施工。<br><br><br><br>检查日期:2015 年 5 月 16 日 |
| 复查结果 | <br><br><br><br>复查人:　　　　　　　　　　　复查日期:　年　月　日 |

| 监理(建设)单位 | 设计单位 | 施工单位 | |
|---|---|---|---|
| ××× | ××× | ××× | |

本表由施工单位填报,城建档案馆、建设单位、施工单位保存。

| 隐蔽工程检查记录 | | 编 号 | ×××|
|---|---|---|---|

| 工程名称 | ××市地铁×号线××站～××站盾构区间工程 | | |
|---|---|---|---|
| 施工单位 | ××城建地铁工程有限公司 | | |
| 隐检部位 | 右线隧道1091～1099环 | 隐检项目 | 防水 |

| 隐检内容 | 隐检依据:施工图图号_____×× ____,设计变更/洽商(编号_____)及有关国家现行标准等。<br><br>1.防水材料的品种、规格、性能、构造形式、截面尺寸。<br>2.钢筋混凝土管片的抗渗性能。<br>3.防水密封条粘贴是否牢固、平整、严密、位置正确。<br>4.拼装时有无损坏防水密封条及脱槽、扭曲和移位现象。<br>5.管片拼装接缝及螺栓孔的防水处理情况。<br><br>　　　　　　　　　　　　　　　　　　　　　填表人:××× |
|---|---|
| 检查结果及处理意见 | 符合设计要求和施工规范规定,同意隐蔽,进行下道工序施工。<br><br>　　　　　　　　　　　　　　　　　检查日期:2015年4月7日 |
| 复查结果 | 　<br>　<br>复查人:　　　　　　　　　复查日期:　　年　月　日 |

| 监理(建设)单位 | 设计单位 | 施工单位 | |
|---|---|---|---|
| ××× | ××× | ××× | |

本表由施工单位填报,城建档案馆、建设单位、施工单位保存。

| 隐蔽工程检查记录 | | 编　号 | ×××  |
|---|---|---|---|
| 工程名称 | ××市××生活垃圾卫生填埋场 | | |
| 施工单位 | ××建设集团有限公司 | | |
| 隐检部位 | 盲沟 | 隐检项目 | 渗沥液收集系统及处理系统 |

| 隐检内容 | 隐检依据:施工图图号＿＿×××＿＿,设计变更/洽商(编号＿＿＿＿)及有关国家现行标准等。<br><br>1. 盲沟结构为石料与 HDPE 管盲沟。<br>2. 石料的渗透系数不小于 $1.0 \times 10^{-3}$ cm/s,厚度 40cm。<br>3. HDPE 管的直径干管 250mm,支管 200mm,HDPE 管的开孔率保证强度要求。<br>4. HDPE 管的布置呈直线,其转弯角度小于 20°,其连接处不密封。<br><br><br>　　　　　　　　　　　　　　　　　　　　　填表人:××× |
|---|---|
| 检查结果及处理意见 | 经检查,符合设计要求及施工规范规定,同意进入下道工序。<br><br><br>　　　　　　　　　　　　　　　　　检查日期:2015 年 11 月 1 日 |
| 复查结果 | <br><br><br>　　　复查人:　　　　　　　　　　复查日期:　　年　月　日 |

| 监理(建设)单位 | 设计单位 | 施工单位 | |
|---|---|---|---|
| ××× | ××× | ××× | |

本表由施工单位填报,城建档案馆、建设单位、施工单位保存。

# 《隐蔽工程检查记录》填表说明

**【填写依据】**

隐蔽工程是指被下道工序施工所隐蔽的工程项目。隐蔽工程在隐蔽前必须进行隐蔽工程质量检查,由施工项目负责人组织施工人员、质检人员并请监理(建设)单位代表参加,必要时请设计人员参加,建(构)筑物的验槽,基础/主体结构的验收,应通知质量监督站参加。隐蔽工程的检查结果应具体明确,检查手续应及时办理不得后补。须复验的应办理复验手续,填写复查日期并由复查人作出结论。

隐蔽项目包括:

1. 道路工程中的土路床、底基层、基层、弯沉试验等。

2. 桥梁等结构预应力筋、预留孔道的直径、位置、坡度、接头处理、孔道绑扎、锚具、夹具、连接器的组装等情况。

3. 现场结构构件、钢筋连接:连接形式、接头位置、数量及连接质量等,焊接包括焊条牌号(型号)、坡口尺寸、焊缝尺寸等。

4. 桥梁工程桥面防水层下找平层的平整度、坡度、桥头搭板位置、尺寸。

5. 桥面伸缩装置规格、数量及埋置情况。

6. 管道、构件的基层处理,内外防腐、保温。

7. 管道混凝土管座、管带及附属构筑物的隐蔽部位。

8. 管沟、小室(闸井)防水。

9. 水工构筑物及沥青防水工程防水层下的各层细部做法、工作缝、防水变形缝等。

10. 厂(场)站工程构筑物:伸缩止水带材质、完好情况、安装位置、沉降缝及伸缩缝填充料填充厚度等;工作缝做法、穿墙套管做法等。

11. 各类钢筋混凝土构筑物预埋件位置、规格、数量、安装质量情况。

12. 垃圾卫生填埋场导排层、(渠)铺设材质、规格、厚度、平整度,导排渠轴线位置、花管内底高程、断面尺寸等。

13. 直埋于地下或结构中以及有保温、防腐要求的管道:管道及附件安装的位置、高程、坡度;各种管道间的水平、垂直净距;管道及其焊缝的安排及套管尺寸;组对、焊接质量(间隙、坡口、钝边、焊缝余高、焊缝宽度、外观成型等);管支架的设置等。

**【填写要点】**

1. 工程名称:与施工图纸中图签一致。

2. 施工单位:填写施工单位全称。

3. 隐检部位:填写部位应明确。

4. 隐检项目:应按实际检查项目填写。

5. 隐检内容:应将隐检的项目、具体内容进行量化描述,应真实、全面、详细、清晰,并应注意以下几点:

(1)隐检依据:施工图纸、设计变更、工程洽商及有关国家现行规范、标准、规程;本工程的施工组织设计、施工方案、技术交底等。特殊的隐检项目如新工艺、新材料、新设备等要标注具体的执行标准文号或企业标准文号。

(2)主要材料名称及规格/型号。

(3)附上必需的数据和施工图表,如基坑示意图、轴线示意图、钢筋布置示意图等。

（4）附上必须的设计尺寸和要求，以证明实际尺寸和完成情况已达到要求。

（5）当引用有关的检测/试验报告内容时，一是可直接附上相应的报告复印件（很少用）；二是引用相应的检测/试验报告中的数据及编号（推广采用），以实现可追溯性。

6. 检查情况及处理意见：应明确隐检的内容是否符合要求并描述清楚。然后给出检查结论。在隐检中一次验收未通过的要注明质量问题，并提出复查要求。

7. 复查结果：此栏主要是针对一次验收出现的问题进行复查，因此要对质量问题改正的情况描述清楚。在复查中仍出现不合格项，按不合格品处置。

8. 本表由施工单位填报，其中"检查结果及处理意见"、"复查结果"由监理单位填写。

9. 隐检表格实行"计算机打印，手写签名"，各方签字后生效。

| 中间检查交接记录 | | 编　号 | ××× |
|---|---|---|---|
| 工程名称 | | ××市××泵站工程 | |
| 移交单位 | ××市政建设集团有限公司 | 接收单位 | ××机电工程有限公司 |
| 交接部位 | 设备基础、预留孔、预埋件 | 交接日期 | 2015 年 6 月 8 日 |
| 交接内容 | 　　水泵基础轴线位置、尺寸、混凝土强度及浇筑质量,起重设备预埋件位置及尺寸,拦污机械格栅预埋件位置及尺寸,变压器基础轴线位置、尺寸及混凝土浇筑质量,配电盘进出线槽尺寸及安装预埋件位置。 | | |
| 检查结果 | 　　水泵基础轴线位置正确,强度达到设计要求,表面平整,无蜂窝、麻面。起重设备预埋件位置正确,偏差在允许范围内。拦污机械格栅预埋件位置正确,变压器基础轴线位置正确、尺寸符合设计安装要求,表面平整。配电盘进出线槽尺寸符合设计要求,预埋件位置正确。符合安装要求。<br>　　同意移交,由××机电工程有限公司(接收单位)接收并进行成品保护,可以进行设备安装工序的施工。 | | |
| 其他说明 | | | |
| 移交单位负责人 | 接收单位负责人 | | 见　证　人 |
| ××× | ×× | | ×× |

本表由移交单位填写,移交单位、接收单位保存。

4.5.2.2　基础/主体结构工程通用施工记录

| 地基验槽检查记录 | | 编　号 | ×××  |
|:---:|:---:|:---:|:---:|
| | | | |

| 工程名称 | ××水处理厂改建工程 | 验槽日期 | ××年×月×日 |
|:---:|:---:|:---:|:---:|
| 验槽部位 | ①~⑤/Ⓐ~Ⓕ轴 | | |

依据:施工图纸(施工图纸号＿＿＿＿＿＿＿＿×× ＿＿＿＿＿＿＿＿)、设计变更/洽商(编号＿＿＿＿＿＿＿/＿＿＿＿＿＿＿)及有关规范、规程。

验槽内容:

1、基槽开挖至勘探报告第＿3＿层,持力层为＿＿黄土＿＿层。

2、基底高程和相对标高＿＿43.600/−6.300,44.350/−5.350＿＿。

3、土质情况＿砂质粉土(第1层)、粉质黏土(第2层)、黄土(第3层)＿。

　(附:＿钎探记录及钎探点平面布置图＿)

4、桩位置＿＿/＿＿、桩类型＿＿/＿＿、数量＿＿/＿＿,承载力满足设计要求。

(附:＿施工记录、＿桩检测报告)

＿＿＿＿＿＿＿＿＿＿＿＿＿＿＿＿＿＿＿＿＿＿＿＿＿＿＿＿＿＿＿＿＿

＿＿＿＿＿＿＿＿＿＿＿＿＿＿＿＿＿＿＿＿＿＿＿＿＿＿＿＿＿＿＿＿＿

＿＿＿＿＿＿＿＿＿＿＿＿＿＿＿＿＿＿＿＿＿＿＿＿＿＿＿＿＿＿＿＿＿

注:若工程无桩基或人工支护,则相应在第4条填写处划"/"。　　　　申报人:×××

检查意见:

　基槽尺寸符合要求,基底土质与设计相符。

检查结论:　☑无异常,可进行下道工序　　　　□需要地基处理

| 签字盖章栏 | 建设单位 | 监理单位 | 设计单位 | 勘察单位 | 施工单位 |
|:---:|:---:|:---:|:---:|:---:|:---:|
| | ××× | ××× | ××× | ××× | ××× |

| 地基处理记录 | 编 号 | ××× |
|---|---|---|

| 工程名称 | ××市政道路工程 |
|---|---|
| 施工单位 | ××市政建设集团 |
| 处理依据 | 《城镇道路工程施工与质量验收规范》(CJJ 1—2008) |

**处理部位(或简图):**

K3+××—K3+×× 湿陷性软土路基。

**处理过程简述:**

采用强夯处理共24遍。

**审查意见:**

符合要求。

××年×月×日

| 建设单位 | 监理单位 | 勘查单位 | 设计单位 | 施工单位 |
|---|---|---|---|---|
| ××× | ××× | ××× | ××× | ××× |

本表由施工单位填写。

# 《地基处理记录》填表说明

本表参照《城镇道路工程施工与质量验收规范》(CJJ 1—2008)标准填写。

**【填写依据】**

地基处理一般包括地基处理方案、地基处理的施工试验记录、地基处理检查记录。处理结果应符合加固的原理、技术要求、质量标准等。

1. 地基处理方案:

基槽挖至设计标高,经勘察、设计、建设(监理)、施工单位共同验槽,对实际地基与地质勘探报告不相符或不符合设计要求的基槽,拟定处理方案并办理全过程洽商。

处理方案中应有工程名称、验槽时间、钎探记录分析。标注清楚需要处理的部位;写明需要处理的实际情况、具体方法及是否达到设计、规范要求。最后必须经设计、勘察人员签认。

2. 地基处理的施工试验记录:

(1) 灰土、砂、砂石三合土地基应有土质量干密度或贯入度试验记录,并应做击实试验,提出最大干密度、最佳含水率及根据密实度的要求提供最小干密度的控制指标。混凝土地基应按规定取试样,并做好强度试验记录。

(2) 重锤夯实地基应有试夯报告及最后下沉量和总下沉量记录。试夯后,分别测定和比较坑底以下 2.5m 以内,每隔 0.25m 深度处,夯实土与原状土的密实度,其试夯密实度必须达到设计要求;施工前,应在现场进行试夯,选定夯锤重量(2~3t)、锤底直径和落距(2.5~4.5m)、锤重与底面积的关系应符合锤重在底面上的单位静压力为 1.5~2.0N/cm² 。试夯结束后应做试夯报告及试夯记录,同时在夯实过程中,应做好重锤夯实施工记录。

(3) 强夯地基应对锤重(常用:10~25t;最大:40t)、间距(5~9m)、夯基点布置及夯击次数做好记录。

**【填写要点】**

1. 地基处理记录内容包括处理部位、处理过程简述、审查意见等。

2. 当地基处理范围较大,内容较多,用文字描述较困难时,应附简图示意。地基处理完成,应由勘察、设计单位复查(填写在"审查意见"栏),如勘察、设计单位委托监理单位进行复查,应有书面的委托记录。

| 地基钎探记录 | | | | | | 编 号 | | ××× | | | |
|---|---|---|---|---|---|---|---|---|---|---|---|
| 工程名称 | | | ××市××路排水工程 | | | | | | | | |
| 施工单位 | | | ××市政建设集团有限公司 | | | | | | | | |
| 套锤重 | 10kg | 自由落距 | 50cm | 钎径 | 25mm | 钎探日期 | | 2015 年 4 月 6 日 | | | |
| 顺序号 | 各步锤数 | | | | | 顺序号 | 各步锤数 | | | | |
| | 0−30 (cm) | 31−60 (cm) | 61−90 (cm) | 91−120 (cm) | 121−150 (cm) | 151−210 (cm) | 0−30 (cm) | 31−60 (cm) | 61−90 (cm) | 91−120 (cm) | 121−150 (cm) | 151−210 (cm) |
| 1 | 29 | 58 | 90 | 119 | | | | | | | |
| 2 | 27 | 60 | 87 | 108 | | | | | | | |
| 3 | 28 | 56 | 81 | 105 | | | | | | | |
| 4 | 30 | 51 | 85 | 106 | | | | | | | |
| 5 | 30 | 49 | 81 | 98 | 125 | | | | | | |
| 6 | 26 | 53 | 74 | 93 | 129 | | | | | | |

| 技术负责人 | 施工员 | 质检员 | 记录人 |
|---|---|---|---|
| ××× | ××× | ××× | ××× |

本表由施工单位填写。

# 《地基钎探记录》填表说明

**【填写依据】**

1. 地基钎探用于检验浅层土（如基槽）的均匀性，确定地基的容许承载力及检验填土的质量。

钎探中如发现异常情况，应在地基钎探记录表的备注栏注明。需地基处理时，应将处理范围（平面、竖向）标注，并注明处理依据。形式、方法（或方案）以"洽商"记录下来，处理过程及取样报告等一同汇总进入工程档案。

2. 以下情况可停止钎探：

(1) 若 $N_{10}$（贯入 30cm 的锤击数）超过 100 或贯入 10cm 锤击数超过 50，可停止贯入。

(2) 如基坑不深处有承压水层，钎探可造成冒水涌砂，或持力层为砾石层或卵石层，且厚度符合设计要求时，可不进行钎探。如需对下卧层继续试验，可用钻具钻穿坚实土层后再做试验（根据 GB 50202－2002 中附录 A 的规定）。

(3) 专业工长负责钎探的实施，并做好原始记录。钎探日期要根据现场情况填写，钎探步数应根据槽宽确定。

**【填写要点】**

1. 专业工长负责钎探的实施，并做好原始记录。钎探记录表中工程名称、施工单位要写具体，套锤重、自由落距、钎径、钎探日期要依据现场情况填写，技术负责人、施工员、质检员、记录人的签字要齐全。钎探中若有异常情况，要写在备注栏内。

2. 钎探记录表应附有原始记录表，污染严重的可重新抄写，但原始记录仍要原样保存好，附在新件之后。

| 地下连续墙挖槽施工记录 | | | | | | | | 编　号 | | ×××　 | | |
|---|---|---|---|---|---|---|---|---|---|---|---|---|
| 施工单位 | | ××地铁工程有限公司 | | | | | | 工程名称 | | ××市地铁×号线01标段土建工程 | | |
| 工程部位 | | ③～⑦轴地下连续墙 | | | | | | 挖土设备 | | 钢丝绳抓斗机 | | |
| 设计槽宽 | | 0.6m | | | | | | 设计槽深 | | 22.1m | | |
| 日　期 | 班次 | 槽段编号 | 槽段深度（m） | | 本班挖槽（m） | | | 槽壁垂直度（%） | | 槽位轴线偏差情况（cm） | | |
| | | | 开始 | 结束 | 深度 | 宽度 | 厚度 | | | | | |
| 4月15日 | ×× | XF6 | 0 | 22.3 | 22.3 | 0.6 | 6 | 1/150 | | 3.1 | | |
| 4月15日 | ×× | XF7 | 0 | 22.0 | 22.0 | 0.6 | 6 | 1/150 | | 2.8 | | |
| | | | | | | | | | | | | |
| | | | | | | | | | | | | |
| | | | | | | | | | | | | |
| | | | | | | | | | | | | |
| | | | | | | | | | | | | |
| | | | | | | | | | | | | |
| | | | | | | | | | | | | |
| | | | | | | | | | | | | |
| | | | | | | | | | | | | |
| | | | | | | | | | | | | |
| | | | | | | | | | | | | |
| | | | | | | | | | | | | |
| | | | | | | | | | | | | |
| 监理（建设）单位 | | | 施工单位 | | | | | | | | | |
| | | | 技术负责人 | | | 施工员 | | | 质检员 | | | |
| ××× | | | ××× | | | ××× | | | ××× | | | |
| 记录日期 | | | 2015 年 4 月 15 日 | | | | | | | | | |

本表由施工单位填写。

# 《地下连续墙挖槽施工记录》填表说明

本表参照《地下铁道工程施工及验收规范》(GB 50299)标准填写。

**【填写依据】**

1. 此表适用于施工单位地下连续墙挖槽施工记录,由施工单位填写,建设单位、施工单位保存。

2. 单元槽段长度应符合设计规定,一般情况下 5～8m 较为合适,并采用间隔式开挖,一般地质应间隔一个单元槽段。

3. 清底应自底部抽吸并及时补浆,清底后的槽底泥浆比重不应大于 1.15,沉淀物淤积厚度不应大于 100mm。

4. 地下连续墙允许偏差应符合表 4－29 的规定。

表 4－29                          地下连续墙允许偏差

| 项目 | 允许偏差(mm) | 范围 | | 检查方法 |
|---|---|---|---|---|
| | | 点数检查方法 | 轴线位置 | |
| 轴线偏位 | 30 | 每单元段或每槽段 | 2 | 用经纬仪测量 |
| 外形尺寸 | +30<br>0 | | 1 | 用钢尺量一个断面 |
| 垂直度 | 0.5％墙高 | | 1 | 用超声波测槽仪检测 |
| 顶面高程 | ±10 | | 2 | 用水准仪测量 |
| 沉渣厚度 | 符合设计要求 | | 1 | 用重锤或沉积物测定仪(沉淀盒) |

| 地下连续墙护壁泥浆质量检查记录 | | | | 编　号 | | ×××　 | | | | |

| 施工单位 | ××地铁工程有限公司 | | | | 工程名称 | ××市地铁×号线Ⅰ标段土建工程 | | | | |
|---|---|---|---|---|---|---|---|---|---|---|

工程部位：地下连续墙　搅拌机类型：1.3m³ 型

膨润土种类和特性：人工钠土

| 泥浆配合比 | 1m³ | 1盘 |
|---|---|---|
| 土（kg） | 50 | 65 |
| 水（kg） | 1000 | 1300 |
| 化学掺合剂（kg） | / | / |

| 日期 | 班次 | 泥浆取样位置 | 密度 | 粘度 | 含砂量(%) | 胶体率(%) | 失水量(mm/30min) | 泥皮厚度(mm) | 静切力(mg/cm) | 稳定性(g/cm) | PH |
|---|---|---|---|---|---|---|---|---|---|---|---|
| 4.29 | | XF5 | 1.04 | 20 | 2.0 | 98 | 18 | 1.5 | 60 | 0.01 | 8.5 |

| 监理(建设)单位 | 施工单位 | | |
|---|---|---|---|
| | 技术负责人 | 施工员 | 质检员 |
| ××× | ××× | ××× | ××× |

| 记录日期 | 2015 年 4 月 29 日 |
|---|---|

本表由施工单位填写。

# 《地下连续墙护壁泥浆质量检查记录》填表说明

本表参照《地下铁道工程施工及验收规范》(GB 50299)标准填写。

**【填写依据】**

1. 泥浆拌制材料宜优先选用膨润土,如采用黏土,应进行物理、化学分析和矿物鉴定,其黏粒含量应大于 50%,塑性指数应大于 20,含砂量应小于 5%,二氧化硅与氧化铝含量比值宜为 3～4。

2. 泥浆应根据地质和地面沉降控制要求经试配确定,并应按表 4－30 控制其性能指标。

表 4－30　　　　　　　　　　　　　泥浆配制、管理性能指标

| 泥浆性能 | 新配制 | | 循环泥浆 | | 废弃泥浆 | | 检验方法 |
| --- | --- | --- | --- | --- | --- | --- | --- |
| | 黏性土 | 砂性土 | 黏性土 | 砂性土 | 黏性土 | 砂性土 | |
| 比重(g/cm³) | 1.04～1.05 | 1.06～1.08 | <1.10 | <1.15 | >1.25 | >1.35 | 比重计 |
| 粘度(s) | 20～24 | 25～30 | <25 | <35 | >50 | >60 | 漏斗计 |
| 含砂率(%) | <3 | <4 | <4 | <7 | >8 | >11 | 洗砂瓶 |
| pH 值 | 8～9 | 8～9 | >8 | >8 | >14 | >14 | 试纸 |

3. 地下连续墙施工过程中,应按照规定的检验频率对护壁泥浆的配比、密度、粘度、含砂量等指标进行检查并填写地下连续墙护壁泥浆质量检查记录。

4. 拌制泥浆应储存 24h 以上或加分散剂使膨润土(或黏土)充分水化后方可使用。

挖槽期间,泥浆面必须保持高于地下水位 0.5m 以上。

5. 可回收利用的泥浆应进行分离净化处理,符合标准后方可使用。废弃的泥浆应采取措施,不得污染环境。

6. 有地下水含盐或受化学污染时应采取措施,不得影响泥浆性能指标。

泥浆储备量应满足槽壁开挖使用需要。

| 地下连续墙混凝土浇筑记录 | | | | 编　号 | | ×××　　　　　　 |
|---|---|---|---|---|---|---|

| 工程名称 | ××市地铁×号线Ⅰ标段土建工程 | | 施工单位 | ××地铁工程有限公司 |
|---|---|---|---|---|

| 混凝土 | 设计强度等级 | C25 | 坍落度(mm) | 200 |
|---|---|---|---|---|
| | 扩散度 | | 导管直径(mm) | 250 |

| 日期班次 | 槽段编号 | 本槽段混凝土计算浇筑数量（m³） | 本槽段混凝土实际浇筑数量（m³） | 混凝土浇筑平均进度（m³/h） | 混凝土实测的坍落度（mm） | 导管埋入混凝土深度（m） | 备注 |
|---|---|---|---|---|---|---|---|
| 5.6 | XF5 | 62.1 | 63.0 | 10.35 | 220 | 2.5 | |

| 监理(建设)单位 | 施工单位 | | |
|---|---|---|---|
| | 技术负责人 | 施工员 | 质检员 |
| ××× | ××× | ××× | ××× |

| 记录日期 | 2015 年 5 月 6 日 |
|---|---|

本表由施工单位填写。

# 《地下连续墙混凝土浇筑记录》填表说明

**【填写依据】**

1. 地下连续墙应采用掺外加剂的防水混凝土,水泥用量:采用卵石时不应小于 $370kg/m^3$;采用碎石时不应小于 $400kg/m^3$,坍落度应采用 $200\pm20mm$。其他使用的材料、配合比和搅拌应分别符合《地下铁道工程施工及验收规范》(GB 50299－1999)第 9.2.2 条、第 9.2.3 条和第 9.2.4 条的规定。

2. 混凝土宜采用预拌混凝土,并应采用导管法灌注。导管应采用直径为 $200\sim250mm$ 的多节钢管,管节连接应严密、牢固,施工前应试拼并进行隔水栓通过试验。

3. 导管水平布置距离不应大于 3m,距槽段端部不应大于 1.5m。导管下端距槽底应为 $300\sim500mm$,灌注混凝土前应在导管内邻近泥浆面位置吊挂隔水栓。

4. 混凝土灌注应符合下列规定:

(1) 钢筋笼沉放就位后,应及时灌注混凝土,并不应超过 4h。

(2) 各导管储料斗内混凝土储量应保证开始灌注混凝土时埋管深度不小于 500mm。

(3) 各导管剪断隔水栓吊挂线后应同时均匀连续灌注混凝土,因故中断灌注时间不得超过 30min。

(4) 导管随混凝土灌注应逐步提升,其埋入混凝土深度应为 $1.5\sim3.0m$,相邻两导管内混凝土高差不应大于 0.5m。

(5) 混凝土不得溢出导管落入槽内。

(6) 混凝土灌注速度不应低于 2m/h。

(7) 置换出的泥浆应及时处理,不得溢出地面。

(8) 混凝土灌注宜高出设计高程 $300\sim500mm$。

5. 每一单元槽段混凝土应制作抗压强度试件一组,每 5 个槽段应制作抗渗压力试件一组,并做好记录。

6. 地下连续墙冬季施工应采取保温措施。墙顶混凝土未达到设计强度的 40% 时不得受冻。

7. 地下连续墙混凝土浇筑应对混凝土的强度等级、坍落度、扩散度、导管直径及混凝土浇筑量、浇筑平均进度等进行记录。

| 沉井(泵站)工程施工记录 | | | | 编　号 | | | | | | ×××| | |
|---|---|---|---|---|---|---|---|---|---|---|---|---|
| 工程名称 | | | ××市1～4号泵站工程 | | | | | | | | | |
| 施工单位 | | | ××市政建设集团有限公司 | | | | | | | | | |
| 沉井尺寸 | | | 净空6.0×10.0m,高7.8m | | | | 预制日期 | | 2015年8月10日 | | | |
| 下沉前混凝土强度(MPa) | | | 23.0MPa | | | | 设计刃脚标高 | | −2.6m | | | |

| | 日期及班次 | 测点编号 | 测点标高(m) | 推算刃脚标高(m) | 倾 斜 | | 位 移 | | 地质情况 | 水位标高(m) | 停歇原因及时间 |
|---|---|---|---|---|---|---|---|---|---|---|---|
| | | | | | 横向(%) | 纵向(%) | 横向(cm) | 纵向(cm) | | | |
| 下沉记录 | 9月15日 | 1 | 11.553 | 3.753 | | | E 0.15 | S0.12 | 粉质黏土 | 3.6 | |
| | | 2 | 11.556 | 3.756 | | | E 0.15 | S0.12 | 粉质黏土 | 3.6 | |
| | | 3 | 11.545 | 3.745 | | | E 0.15 | S0.12 | 粉质黏土 | 3.6 | |
| | | 4 | 11.544 | 3.744 | | | E 0.15 | S0.12 | 粉质黏土 | 3.6 | |
| | 9月16日 | 1 | 11.206 | 3.406 | | | E 0.22 | S0.18 | 砂质黏土 | 3.6 | |
| | | 2 | 11.210 | 3.410 | | | E 0.22 | S0.18 | 砂质黏土 | 3.6 | |
| | | 3 | 11.192 | 3.392 | | | E 0.22 | S0.18 | 砂质黏土 | 3.6 | |
| | | 4 | 11.191 | 3.391 | | | E 0.22 | S0.18 | 砂质黏土 | 3.6 | |
| | | | | | | | | | | | |
| 封底记录 | | | | | | | | | | | |

| 监理(建设)单位 | 施工单位 | | |
|---|---|---|---|
| | 技术负责人 | 施工员 | 质检员 |
| ××× | ××× | ××× | ××× |

本表由施工单位填写。

| 桩基施工记录(通用) | | | | 编 号 | ××× |
|---|---|---|---|---|---|
| 工程名称 | 北京××桥梁工程 | | | 施工单位 | ××市政建设集团 |
| 桩基类型 | 摩擦桩 | 孔位编号 | 2# | 轴线位置 | 4# |
| 设计桩径(cm) | 1500mm | 设计桩长(m) | 15m | 桩顶标高(m) | -1.50m |
| 钻机类型 | 反循环 | 护壁方式 | 泥浆 | 泥浆比重 | 1.06 |
| 开钻时间 | ××年×月×日×时 | | | 终孔时间 | ××年×月×日×时 |
| 钢筋笼 | 笼长(m) | 16.2 | | 主筋(mm) | 20mm |
| | 下笼时间 | ××年×月×日×时 | | 箍筋(mm) | φ10mm |
| 孔深计算 | 钻台标高(m) | 28.37 | | 浇注前孔深(m) 18.15m | 实际桩长(m) 15.15m |
| | 终孔深度(m) | 18.25m | | 沉渣厚度(m) 10cm | |
| 混凝土设计强度等级 | C25 | | | 坍落度 | 20~22cm |
| 混凝土理论浇注量 | 32.2m³ | | | 实际浇注量 | 33.5m³ |

施工问题记录:

无

| 监理(建设)单位 | 施工单位 | | |
|---|---|---|---|
| | 技术负责人 | 施工员 | 质检员 |
| ××× | ××× | ××× | ××× |
| 记录日期 | ××年×月×日 | | |

本表由施工单位填写。

# 《桩基施工记录(通用)》填表说明

本表参照《建筑桩基技术规范》(JGJ 94)标准填写。

**【填写依据】**

根据使用的钻机种类不同分别填写《钻孔桩钻进记录(冲击钻)》和《钻孔桩钻进记录(旋转钻)》。各种钻(挖)孔方法的适用范围见表 4-31。

表 4-31　　　　　　　　　　　各种钻(挖)孔方法的适用范围

| 钻孔方法 | 适 用 范 围 | | | 泥浆作用 |
| --- | --- | --- | --- | --- |
| | 土 层 | 孔径(cm) | 孔深(m) | |
| 螺旋钻 | 黏性土、砂类土、含少量砂砾石、卵石(含量少于 30%,粒径小于 10cm)的土 | 长螺旋:40~80 短螺旋:150~300 | 长螺旋:12~30 短螺旋:40~80 | 干作业不需要泥浆 |
| 正循环回转钻 | 黏性土、粉砂,细、中、粗砂,含少量砾石、卵石(含量少于 20%)的土、软岩 | 80~250 | 30~100 | 浮悬钻渣并护壁 |
| 反循环回转钻 | 黏性土、砂类土、含少量砾石、卵石(含量少于 20%,粒径小于钻杆内径 2/3)的土 | 80~300 | 用真空泵<35,用空气吸泥机可达 65,用气举式可达 120 | 护壁 |
| 潜水钻 | 淤泥、腐殖土、黏性土、稳定的砂类土,单轴抗压强度小于 20MPa 的软岩 | 非扩孔型:80~300 扩孔型:80~655 | 标准型:50~80 超深型:50~150 | 正循环浮悬钻渣,反循环护壁 |
| 冲抓钻 | 淤泥、腐殖土、黏性土、砂类土、砂砾石、卵石 | 100~200 | 大于 20m 时进度慢 | 护壁 |
| 冲击钻 | 实心锥:黏性土、砂性土、砾石、卵石、漂石、较软岩石 空心锥:黏性土、砂类土、砾石、松散卵石 | 实心锥:80~200 空心锥(管锥):60~150 | 50 | 浮悬钻渣并护壁 |
| 钻斗钻 | 填土层、黏土层、粉土层、淤泥层、砂土层以及短螺旋不易钻进的含有部分卵石、碎石的地层 | 100~300 | 78 | 干作业时不需要泥浆 |
| 挖 孔 | 各种土石 | 方形或圆形: 一般:120~200 最大:350 | 25 | 支撑护壁不需要泥浆 |

| 钻孔桩钻进记录(冲击钻机) | | | | | | | 编　号 | | ××× |
|---|---|---|---|---|---|---|---|---|---|
| 工程名称 | | ××市政桥梁工程 | | | | | | | |
| 施工单位 | | ××市政建设集团 | | | | | | | |
| 墩台号 | | ×× | | | | 桩号 | | | E2－7 |
| 桩径(mm) | 1200 | 桩长(m) | | 30 | 设计桩尖高程(mm) | | | | 12.2 |
| 钻机型号 | ×× | 钻头形式 | | ×× | 钻头质量 | | | | ××kg |
| 护筒长度(mm) | 2 | 护筒顶高程(m) | | 42.2 | 护筒埋置深度(mm) | | | | 2 |
| 日期 | 时间 | 工作内容 | 冲程 | 冲击次数 | 钻进深度 | 孔底标高 | | | |
| 2015.6.14 | 06:00～08:00 | 开孔 | 0.8m | 7(次/分) | 0.8 | 41.4m | | | |
| | 08:00～10:00 | 冲孔 | 0.8m | 7(次/分) | 0.8 | 40.6m | 清渣 | | |
| | 10:00～12:30 | 冲孔 | 1.0 | 6(次/分) | 1.0 | 39.6m | | | |
| | 12:30～15:30 | 冲孔 | 1.5 | 5(次/分) | 1.5 | 38.1m | 清渣 | | |
| | 15:30～17:30 | 冲孔 | 1.5 | 5(次/分) | 1.5 | 36.6m | | | |
| | 17:30～19:30 | 冲孔 | 2.0 | 4(次/分) | 2 | 34.6m | 清渣 | | |
| | … | … | … | … | … | … | | | |
| 2015.6.15 | 05:00～07:00 | 成孔 | 2.0 | 7(次/分) | 0.8 | 12.1m | 清渣 | | |
| | | | | | | | | | |
| 施工问题及处理方法记录：（略） | | | | | | | | | |
| 施工员 | | ××× | | | 记录人 | | ××× | | |

| 钻孔桩钻进记录(旋转钻) | | | | 编　号 | | ×××| | |
|---|---|---|---|---|---|---|---|---|
| 工程名称 | | ××市××道路工程 | | | | | | |
| 施工单位 | | ××市政建设集团有限公司 | | | | | | |
| 墩台号 | | ×× | | | 桩号 | | B5－1 | |
| 桩径(mm) | 1200 | 桩长(m) | | 30 | 设计桩尖高程(m) | | 12.2 | |
| 钻机型号 | 反循环×× | 钻头形式 | | 三翼式×× | 钻头质量 | | ×× | |
| 护筒长度(m) | 2 | 护筒顶高程(m) | | 42.2 | 护筒埋置深度(m) | | 2 | |

| 时间 | | | 工作内容 | 钻进深度(m) | | 孔底高程(m) | | 记录 |
|---|---|---|---|---|---|---|---|---|
| 日期 | 起 | 止 | | 本次 | 累计 | | | |
| 2015.7.17 | 09:00 | 10:00 | 开孔 | 9.0 | 9.0 | 33.2 | | |
| | 10:00 | 11:00 | 钻进 | 7.5 | 16.5 | 25.7 | | |
| | 11:00 | 12:00 | 钻进 | 5.5 | 22.5 | 20.7 | | |
| | 12:00 | 13:00 | 钻进 | 4.5 | 26.5 | 15.7 | | |
| | 13:00 | 13:30 | 终孔 | 3.5 | 30.0 | 12.2 | | |
| | | | | | | | | |
| | | | | | | | | |
| | | | | | | | | |
| | | | | | | | | |
| | | | | | | | | |
| | | | | | | | | |
| | | | | | | | | |
| | | | | | | | | |
| | | | | | | | | |

施工问题及处理方法记录：

(略)

| 施工员 | ××× | 记录人 | ××× |
|---|---|---|---|

本表由施工单位填写并保存

| 钻孔桩混凝土灌注前检查记录 | | | | | 编　号 | ×××　　　　　　 |
| | | | | | | |

| 工程名称 | ××市××路桥梁工程 | | | | | |
| 施工单位 | ××市政建设集团有限公司 | | | | | |
| 工程部位 | 6#墩台 | | | | 桩位编号 | 6－2 |

| 成孔检查 | 孔位偏差(cm) | 前 | 后 | 左 | 右 | 孔垂直度 | 0.1% |
| | | ＋1 | －1 | ＋1 | －1 | 设计孔底标高(m) | －10.100 |
| | 设计直径(m) | 1.5 | | | | 成孔孔底标高(m) | －10.320 |
| | 成孔直径(m) | ＞1.5 | | | | 灌注前孔底标高(m) | －10.300 |
| 钢筋骨架 | 骨架总长(m) | 11.720 | | | | 骨架底面标高(m) | －10.100 |
| | 骨架每节长(m) | 9＋3.32 | | | | 骨架连接方法 | 单面焊 |

| 检查意见 | 上述检查项目符合设计要求和施工规范规定,合格。 |
| | |

| 技术负责人 | 测量员 | 质检员 | 日期 |
| --- | --- | --- | --- |
| ××× | ××× | ××× | 2015 年 6 月 28 日 |

本表由施工单位填写。

# 《钻孔桩混凝土灌注前检查记录》填表说明

本表参照《建筑桩基技术规范》(JGJ 94)标准填写。

**【填写要点】**

1. 本表适用于钻(挖)孔桩的成孔检查。

2. 本表由项目质检员在项目技术负责人、质检员、监理工程师现场检查验收后填写。

3. 钻孔达到设计标高后,应对孔深、孔径进行检查,符合表4－32的要求后方可清孔。在吊入钢筋骨架后,灌注水下混凝土之前,应再次检查孔内泥浆性能指标和孔底沉淀厚度,如通过规定,应进行第二次清孔,符合要求后方可灌注水下混凝土。

表 4－32　　　　　　　　　　钻、挖孔成孔质量标准

| 项目 | 允许偏差 |
|---|---|
| 孔的中心位置(mm) | 群桩:100;单排桩:50 |
| 孔径(mm) | 不小于设计桩径 |
| 倾斜度 | 钻孔:小于1%;挖孔:小于0.5% |
| 孔深 | 摩擦桩:不小于设计规定<br>支承桩:比设计深度超深不小于50mm |
| 沉淀厚度(mm) | 摩擦桩:符合设计要求,当设计无要求时,对于直径≤1.5m的桩,≤300mm;对桩径>1.5m或桩长>40m或土质较差的桩≤500mm<br>支承桩:不大于设计规定 |

4. 本表中孔垂直度检查成孔的孔口与孔底中心点偏差值。

5. 钻(挖)孔中出现的问题及处理方法:如无异常情况(坍孔、遇孤石等)填正常;有异常情况进行说明并对处理情况予以说明。成孔孔底标高,为灌注前孔底标高;成孔直径,为实测孔壁直径最小值;骨架每节长为未下孔前钢筋笼每节长度。

| 钻孔桩水下混凝土浇注记录 | | | | 编　号 | | ××× |
|---|---|---|---|---|---|---|
| 工程名称 | ××市××路××桥梁工程 | | | 施工单位 | | ××市政建设集团有限公司 |
| 工程部位 | B3—1桩基 | | | 桩位编号 | | B3—1 |
| 墩台号 | B3 | | | 桩号 | | |
| 桩径(mm) | 1500 | 桩长(m) | 12.0 | 设计桩底高程(m) | | −12.3 |
| 浇注前孔底标高(m) | −12.3 | 护筒顶标高(m) | 2.5 | 钢筋骨架底标高(m) | | −12.1 |
| 计算混凝土方量(m³) | 21.2 | 混凝土强度等级 | C25 | 水泥品种等级 | | P·O 42.5 |
| 坍落度(mm) | 190 | 200 | | | | |

| 时间 | 护筒顶至混凝土面深度(m) | 护筒顶至导管下口深度(m) | 导管拆除数量 | | 实灌混凝土数量 | |
|---|---|---|---|---|---|---|
| | | | 节数 | 长度(m) | 本次数量(m³) | 累计数量(m³) |
| 09:10～09:30 | 11.4 | 12.4 | 0 | 0 | 4.0 | 4.0 |
| 09:35～10:15 | 6.4 | 7.4 | 2 | 5.5 | 10.5 | 14.5 |
| 10:20～11:20 | 2.8 | 2.0 | 3 | 7 | 8.0 | 22.5 |
| | | | | | | |
| | | | | | | |
| | | | | | | |
| | | | | | | |
| | | | | | | |
| | | | | | | |
| | | | | | | |
| | | | | | | |
| | | | | | | |
| | | | | | | |
| | | | | | | |
| | | | | | | |
| | | | | | | |
| 钢筋位置、孔内情况、停灌原因、停灌时间、处理情况等记录 | | | | | | |
| 施工员 | ××× | | | 记录人 | | ××× |

本表由施工单位填写。

# 《钻孔桩水下混凝土浇注记录》填表说明

本表参照《建筑桩基技术规范》(JGJ 94)标准填写。

**【填写要点】**

1. 本表适用于钻孔灌注桩的混凝土浇筑记录。

2. 本表由项目质检员负责填写、项目技术负责人、施工负责人、监理工程师签字。

3. 首批灌注混凝土的数量应能满足导管首次埋置深度(≥1.0m)和填充导管底部的需要、所需混凝土数量可参考下式计算:

$$V \geqslant \frac{\pi D^2}{4}(H_1 + H_2) + \frac{\pi d^2}{4}h_1$$

4. 首批混凝土拌合物下落后,混凝土应连续灌注。在灌注过程中,导管的埋置深度宜控制在2～6m。在灌注过程中,应经常测探井孔内混凝土面的位置,及时地调整导管埋深。

5. 灌注顶至混凝土面深度,是浇注混凝土后用测绳测量的深度;护筒顶至导管下口深度,按照导管安装的长度计算;导管拆除节数:是保持高于混凝土面2～6m后实际拆除节数;长度指拆出的导管的长度。

| 沉入桩检查记录 | | | | 编号 | | ××× | |
|---|---|---|---|---|---|---|---|
| 工程名称 | | ××桥梁工程 | | | | | |
| 施工单位 | | ××市政建设集团 | | | | | |
| 桩位及编号 | | 1～3号桩、03号 | | | 桩长 | 25m | |
| 断面形式 | | 矩形 | | 断面规格 | | 40cm×40cm | |
| 材料种类 | | 混凝土 | | 混凝土强度等级 | | C40 | |
| 打桩锤类型 | | D25 | 冲击部分质量(t) | 1.2t | 桩帽及送桩质量 | | 5.56t |
| 桩尖设计标高 | | −21.3 | 停打桩尖标高 | −21.3 | 设计要求贯入度 | | ≤15cm/10击 |

| 日期 | 起止时间 | 锤击次数 | 下沉量(cm) | | | 累计标高(m) | 打桩过程情况记载 |
|---|---|---|---|---|---|---|---|
| | | | 本次下沉 | 平均每锤下沉 | 累计下沉 | | |
| ××× | 8:00−8:30 | 50 | 130 | 2.6 | 130 | ×× | 正常 |
| | | | | | | | |
| | | | | | | | |
| | | | | | | | |
| | | | | | | | |
| | | | | | | | |
| | | | | | | | |
| | | | | | | | |
| | | | | | | | |
| | | | | | | | |

桩位平面示意图:

(略)

| 监理(建设)单位 | 施工单位 | | |
|---|---|---|---|
| | 技术负责人 | 施工员 | 记录人 |
| ××监理站 | ××× | ××× | ××× |

本表由施工单位填写。

| 混凝土开盘鉴定 | | | | | | 编　号 | ××× |
|---|---|---|---|---|---|---|---|
| 工程名称与部位 | ××市××路桥梁工程　B桥桥面铺装 | | | | | 鉴定编号 | ××× |
| 施工单位<br>(混凝土供应单位) | ××混凝土有限公司 | | | | | 搅拌设备 | 强制式搅拌机 |
| 申请强度等级 | C40 | | | | | 要求坍落度 | 140～160(mm) |
| 配合比编号 | 2015-0180 | | | | | 试配单位 | ××试验室 |
| 水灰比 | 0.41 | | | | | 砂率 | 41　% |
| 材料名称 | 水泥 | 砂 | 石 | 水 | 掺合料 | 外加剂 | |
| 每 m³ 用量(kg) | 311 | 753 | 1084 | 170 | 50 | 13.11 | |
| 调整后每盘用量<br>(kg) | 160 | 397 | 528 | 68 | 26 | 6.6 | |
| 注:砂含水率: 5.4%;砂含石率: 0%;石含水率: 0.2% | | | | | | | |

| 鉴定结果 | 鉴定项目 | 混凝土拌合物 | | 混凝土试块抗压强度<br>$f_{cu,28}$ (MPa) | 原材料与申请单<br>是否相符 |
|---|---|---|---|---|---|
| | | 坍落度 | 保水性 | | |
| | 申请 | 140～160<br>mm | 良好 | 50.8 | 相符合 |
| | 实测 | 160mm | 良好 | | |

鉴定意见:

　　混凝土配合比中,组成材料与现场施工所用材料相符合,混凝土拌合物性能满足要求。同意 C40 混凝土开盘鉴定结果,鉴定合格

| 监理(建设)单位 | 混凝土试配单位 | 施工单位<br>(混凝土供应单位) | 搅拌机(站)负责人 |
|---|---|---|---|
| ××× | ××× | ××× | ××× |
| 鉴定日期 | 2015 年 3 月 27 日 | | |

本表由施工单位(或混凝土供应单位)填写并保存。

| 混凝土浇筑记录 | | 编　号 | ××× |
|---|---|---|---|
| 工程名称 | | ××市××路桥梁工程 | |
| 施工单位 | | ××市政建设集团有限公司 | |
| 浇筑部位 | 2—1墩柱 | 设计强度等级 | C30 |
| 浇筑开始时间 | 2015 年 10 月 5 日 20 时 | 浇筑完成时间 | 2015 年 10 月 5 日 21 时 |
| 天气情况 | 晴 | 室外气温 14℃ | 混凝土完成数量 25.25m³ |

| 混凝土来源 | 预拌混凝土 | 生产厂家 | ××混凝土有限公司 | 供料强度等级 | C30 |
|---|---|---|---|---|---|
| | | 运输单编号 | E4070—11323 | | |
| | 自拌混凝土开盘鉴定编号 | | / | | |

| 实测坍落度 | 80 mm | 出盘温度 | 17℃ | 入模温度 | 16℃ |
|---|---|---|---|---|---|

| 试件留置种类、数量、编号 | 抗压试块　　2组　　编号：××、×× 同条件试块　1组　　编号：×× |
|---|---|
| 混凝土浇筑中出现的问题及处理情况 | 浇筑中未出现问题,正常 |
| 施工负责人 | ××× | 填表人 | ××× |

本表由施工单位填写。

| 混凝土养护测温记录 | | | | | 编　号 | | ×××　 | | | | | | |
|---|---|---|---|---|---|---|---|---|---|---|---|---|---|
| 工程名称 | | | ××市××路桥梁工程 | | 工程部位 | | 1—B桥台、2—B、3—B盖梁 | | | | | | |
| 施工单位 | | | ××市政建设集团有限公司 | | | | | | | | | | |
| 测温方法 | | | 温度计 | | 养护方法 | | 电热毯、棉被 | | | | | | |

| 测温时间 | | | 大气温度（℃） | 测点温度　（℃） | | | | | | | | | 平均温度（℃） |
|---|---|---|---|---|---|---|---|---|---|---|---|---|---|
| 月 | 日 | 时 | | 1 | 2 | 3 | 4 | 5 | 6 | 7 | 8 | 9 | |
| 11 | 26 | 6：00 | −3 | 12 | 12 | 11 | 12 | 12 | 12 | 10 | 11 | 13 | 11.7 |
| | | 10：00 | 4 | 14 | 15 | 14 | 16 | 14 | 14 | 16 | 13 | 15 | 14.6 |
| | | 14：00 | 9 | 16 | 16 | 17 | 15 | 16 | 16 | 15 | 17 | 17 | 16.1 |
| | | 18：00 | 3 | 12 | 14 | 12 | 12 | 14 | 13 | 11 | 11 | 14 | 12.8 |
| | | 22：00 | −2 | 12 | 12 | 11 | 12 | 13 | 12 | 11 | 13 | 12 | 12.0 |
| 11 | 27 | 02：00 | −2 | 13 | 12 | 13 | 12 | 13 | 12 | 11 | 11 | 12 | 12.3 |
| | | 06：00 | −2 | 13 | 12 | 13 | 12 | 13 | 13 | 11 | 11 | 12 | 12.3 |
| | | 10：00 | 5 | 14 | 15 | 17 | 15 | 16 | 17 | 15 | 12 | 15 | 15.1 |
| | | 14：00 | 10 | 15 | 18 | 17 | 18 | 15 | 17 | 17 | 18 | 15 | 16.7 |
| | | 18：00 | 3 | 12 | 15 | 12 | 12 | 15 | 13 | 13 | 13 | 16 | 13.4 |
| | | 22：00 | −2 | 11 | 11 | 12 | 12 | 13 | 11 | 10 | 12 | 10 | 11.3 |
| 11 | 28 | 02：00 | −2 | 11 | 11 | 12 | 13 | 11 | 10 | 12 | 10 | | 11.3 |
| | | 06：00 | −2 | 10 | 11 | 12 | 13 | 12 | 10 | 11 | 10 | 12 | 11.2 |

测温点布置示意图：

（略）

| 施工负责人 | 质检员 | 测温员 |
|---|---|---|
| ××× | ××× | ××× |

本表施工单位可参照填写并保存。

# 预应力张拉数据记录

| 工程名称 | ××市××桥梁工程 | 施工单位 | ××市政建设集团有限公司 | 编号 | ××× |
|---|---|---|---|---|---|

| 部位 | 预应力钢筋编号 | 规格:预应力钢筋种类 | 直径(mm) | 根数 | 截面积(mm²) | 张拉方式 | 抗拉标准强度(MPa) | 张拉控制应力(MPa) | 超张控制应力(MPa) | 张拉初始应力(MPa) | 控制张拉力(kN) | 超张张拉力(kN) | 张拉初始力(kN) | 孔道累计转角θ(rad) | 孔道长度x(m) | 钢材弹性模量E | 孔道摩擦系数μ | 孔道偏差系数k | 实测伸长值ΔL(mm) | 理论伸长值(mm) |
|---|---|---|---|---|---|---|---|---|---|---|---|---|---|---|---|---|---|---|---|---|
| 5号板 | $N_{1-1}$ | 钢绞线 | 15.24 | 3 | 139 | 两端 | 1860 | 19.08 19.05 | / | 2.25 2.12 | 585.9 | / | 117.2 | 14° | 17.069 | 196×10³ | 0.19 | 0.0015 | 118 | / |
| | $N_{1-2}$ | 钢绞线 | 15.24 | 3 | 139 | 两端 | 1860 | 19.08 19.05 | / | 2.25 2.12 | 585.9 | / | 117.2 | 14° | 17.069 | 196×10³ | 0.19 | 0.0015 | 118 | / |
| | $N_{2-1}$ | 钢绞线 | 15.24 | 3 | 139 | 两端 | 1860 | 19.08 19.05 | / | 2.25 2.12 | 585.9 | / | 117.2 | 12° | 16.960 | 196×10³ | 0.19 | 0.0015 | 120 | / |
| | $N_{2-2}$ | 钢绞线 | 15.24 | 3 | 139 | 两端 | 1860 | 19.08 19.05 | / | 2.25 2.12 | 585.9 | / | 117.2 | 12° | 16.960 | 196×10³ | 0.19 | 0.0015 | 120 | / |

| 监理(建设)单位 | 技术负责人 | 张拉负责人 | 记录人 | 张拉日期 |
|---|---|---|---|---|
| ××× | ××× | ××× | ××× | ××年×月×日 |
| | | | | ××年×月×日 |

# 预应力筋张拉记录（一）

| 工程名称 | ××桥工程 | 结构部位 | 预制梁板 | 编　号 | ××× | 构件编号 | ××× |
|---|---|---|---|---|---|---|---|
| 施工单位 | ××市政建设集团有限公司 | 张拉方式 | 先张法 | | | 张拉日期 | ××年×月×日 |

| 预应力钢筋种类 | Φ15.24 | 标准抗拉强度(MPa) | 1860 | 张拉时混凝土强度(MPa) | 621 |
|---|---|---|---|---|---|

| 张拉机具设备编号 | A端 | 千斤顶 | QYCW-300 | 油泵 | Y2B2× 1.5/63 | 理论伸长值(mm) | 无 |
|---|---|---|---|---|---|---|---|
| | B端 | | | | | 断、滑丝情况 | 无 |

| 初始应力 (MPa) | 012 |
|---|---|

| 预应力钢筋编号 | 预应力钢筋束长(m) | 张拉初始力(kN) | 初应力阶段油表读数(MPa) A端 | 初应力阶段油表读数(MPa) B端 | 控制张拉力(kN) | 控制力阶段油表读数(MPa) A端 | 控制力阶段油表读数(MPa) B端 | 超张拉控制张拉力(kN) | 超张拉控制阶段油表读数(MPa) A端 | 超张拉控制阶段油表读数(MPa) B端 | 实测伸长值(mm) | 伸长值偏差(%) |
|---|---|---|---|---|---|---|---|---|---|---|---|---|
| 1 | 9.194 | 1.8 | 5.1 | | 187.7 | 39.2 | | | | | 613 | −1.3 |
| 2 | 9.194 | 1.8 | 5.1 | | 187.7 | 39.2 | | | | | 620 | −0.2 |
| 3 | 9.194 | 1.8 | 5.1 | | 187.7 | 39.2 | | | | | 615 | −1.0 |
| 4 | 9.194 | 1.8 | 5.1 | | 187.7 | 39.2 | | | | | 626 | −0.8 |
| 5 | 9.194 | 1.8 | 5.1 | | 187.7 | 39.2 | | | | | 618 | −0.5 |
| 6 | 9.194 | 1.8 | 5.1 | | 187.7 | 39.2 | | | | | 623 | +0.3 |
| 7 | 9.194 | 1.8 | 5.1 | | 187.7 | 39.2 | | | | | 617 | −0.6 |

| 监理(建设)单位 | ××× | 技术负责人 | ××× | 施工单位 | 张拉负责人 | ××× | 记录人 | ××× |
|---|---|---|---|---|---|---|---|---|

本表由施工单位填写。

| 预应力筋张拉记录(二) | | | 编　号 | | ×××　 | |
|---|---|---|---|---|---|---|
| 构件编号 | 1号梁板 | 预应力束编号 | $N_{1-2}$ | 张拉日期 | 2015 年 9 月 20 日 | |
| 预应力钢筋种类 | 钢绞线 | 规格　$\phi^j 15.24$ | 标准抗拉强度(MPa)　1860 | | 张拉时混凝土强度 | 46.3MPa |
| 张拉控制应力 $\sigma_k = 0.75 f_{ptk} = 1395 MPa$ | | | | 张拉时混凝土构件龄期 | | 28d |
| 张拉机具设备编号 | A 端 | 千斤顶　1 号 | | 油泵　110A | 压力表 | 003 |
| | B 端 | 　　　2 号 | | 　　110B | | 004 |
| 应力值(MPa) | 初始应力阶段 | 139.5 | 控制应力阶段 | 1395 | 超张拉应力阶段 | 1464.75 |
| 张拉力(kN) | | 100.19 | | 1001.89 | | 1051.98 |
| 压力表读数(MPa) | A 端 | 3.47 | | 36.85 | | 38.64 |
| | B 端 | 3.08 | | 36.06 | | 37.73 |
| 理论伸长值(cm) | | 17.0 | 计算伸长值(cm) | | 顶楔时压力表理论读数(MPa) | 36.85/36.06 |

| 实测伸长值 | | | | |
|---|---|---|---|---|
| 阶段 | A 端 | | B 端 | |
| | 活塞伸出量(mm) | 油表读数(MPa) | 活塞伸出量(mm) | 油表读数(MPa) |
| 初始应力阶段 $\sigma_0$ | 1.9 | 3.46 | 1.9 | 3.10 |
| 相邻级别阶段 $2\sigma_0$ | | | | |
| 倒顶 | | | | |
| 二次张拉 | | | | |
| | | | | |
| | | | | |
| | | | | |
| 超张拉应力阶段 | 10.6 | 38.66 | 10.6 | 37.72 |
| 控制应力阶段 | 10.2 | 36.83 | 10.2 | 36.05 |
| 伸出量差值(mm) | $\Delta L_A =$ | | $\Delta L_B =$ | |
| 顶楔时压力表读数 | A 端 | B 端 | 实测伸长值(mm) | $\Sigma \Delta = 17.2$ |
| 实测伸长值(mm) | | | 伸长值偏差(mm) | −1.2 |
| 张拉应力偏差(%) | 0.4 | | | |
| 滑丝、断丝情况 | 无 | | | |
| 监理(建设)单位 | 施工单位 | | | |
| | 技术负责人 | 施工员 | 记录人 | |
| ××× | ××× | ××× | ××× | |

本表由施工单位填写。

# 《预应力筋张拉记录》填表说明

本表参照《混凝土结构工程施工质量验收规范》(GB 50204)标准填写。

**【填写依据】**

1. 后张法预应力工程的施工应由具有相应资质等级的预应力专业施工单位承担。

2. 预应力筋张拉机具设备及仪表,应定期维护和校验。张拉设备应配套标定,并配套使用。张拉设备的标定期限不应超过半年。当在使用过程中出现反常现象时或在千斤顶检修后,应重新标定。

3. 预应力筋张拉或放张时,混凝土强度应符合设计要求;当设计无具体要求时,不应低于设计的混凝土立方体抗压强度标准值的75%。

4. 预应力筋的张拉力、张拉或放张顺序及张拉工艺应符合设计及施工技术方案的要求,并应符合下列规定:

(1) 当施工需要超张拉时,最大张拉应力不应大于国家现行标准《混凝土结构设计规范》(GB 50010)的规定。

(2) 张拉工艺应能保证同一束中各根预应力筋的应力均匀一致。

(3) 后张法施工中,当预应力筋是逐根或逐束张拉时,应保证各阶段不出现对结构不利的应力状态;同时宜考虑后批张拉预应力筋所产生的结构构件的弹性压缩对先批张拉预应力筋的影响,确定张拉力。

(4) 先张法预应力筋放张时,宜缓慢放松锚固装置,使各根预应力筋同时缓慢放松。

(5) 当采用应力控制方法张拉时,应校核预应力筋的伸长值。实际伸长值与设计计算理论伸长值的相对允许偏差为±6%。

5. 预应力筋张拉锚固后实际建立的预应力值与工程设计规定检验值的相对允许偏差为±5%。

6. 张拉过程中应避免预应力筋断裂或滑脱;当发生断裂或滑脱时,必须符合下列规定:

(1) 对后张法预应力结构构件,断裂或滑脱的数量严禁超过同一截面预应力筋总根数的3%,且每束钢丝不得超过一根;对多跨双向连续板其同一截面应按每跨计算。

(2) 对先张法预应力构件,在浇筑混凝土前发生断裂或滑脱的预应力筋必须予以更换。

7. 预应力分项工程施工技术资料主要内容

(1) 预应力专业施工单位资质;

(2) 施工方案(或技术交底):重点要反映出工程特点,施工强度要求,预应力筋分布情况,张拉力数值,张拉工艺理论伸长值计算等;

(3) 张拉设备校定应由具有计量设备检定资格的单位完成;

(4) 预应力用钢材出厂质量证明及试验报告;

(5) 预应力筋张拉记录:

预应力筋张拉记录(Ⅰ)包括:预应力施工部位、预应力筋规格及抗拉强度、张拉程序、平面示意图、应力记录、伸长量等;

预应力筋张拉记录(Ⅱ):对每根预应力筋的张拉伸长实测值进行记录。

| 预应力张拉孔道压浆记录 | | 编　号 | | ×××　　　|
|---|---|---|---|---|

| 工程名称 | | ××市××路桥梁工程 | | |
|---|---|---|---|---|
| 施工单位 | ××市政建设集团有限公司 | | 施工日期 | ××年×月×日 |
| 构件部位 | 20m 中板 | | 构件部位编号 | 2—3—1 号 |
| 水泥品种及强度等级 | P·O 42.5 | | 外加剂 | / |
| 水灰比 | 0.40 | | 水泥浆稠度 | 15s |

| 孔道编号 | 起止时间<br>（时/分） | 压力<br>（MPa） | 大气温度<br>（℃） | 净浆温度<br>（℃） | 压浆强度（28d）<br>（MPa） |
|---|---|---|---|---|---|
| $N_{1-1}$ | ××—×× | 0.6 | +10 | +16 | 38.3 |
| $N_{1-2}$ | ××—×× | 0.6 | +10 | +16 | 38.3 |
| $N_{2-1}$ | ××—×× | 0.6 | +10 | +16 | 38.3 |
| $N_{2-2}$ | ××—×× | 0.6 | +10 | +16 | 38.3 |
| | | | | | |
| | | | | | |
| | | | | | |
| | | | | | |
| | | | | | |

备注：

| 监理（建设）单位 | 施工单位 | | |
|---|---|---|---|
| | 技术负责人 | 施工员 | 记录人 |
| ××× | ××× | ××× | ××× |

本表由施工单位填写。

# 《预应力张拉孔道压浆记录》填表说明

本表参照《混凝土结构工程施工质量验收规范》(GB 50204)标准填写。

**【填写依据】**

1.孔道压浆:预应力筋张拉后,利用灰浆泵将水泥浆压到预应力孔道中,其作用:一是保护预应力筋;二是使预应力筋与构件混凝土有效粘结,以控制超载时裂缝的间距与宽度并减轻梁端锚具的负荷作用。

2.压浆材料:用普通硅酸盐水泥和矿渣硅酸盐水泥(标号低于 42.5),掺入外水剂(铝粉和木质素磺酸钙等)配制的水泥浆。

3.水泥浆中不得掺入氯化物、硫化物和硝酸盐,防止预应力筋受到腐蚀。

4.水泥浆的水灰比为 0.4~0.45。

5.水泥浆的强度不应低于 M20(灰浆强度等级 M20)系指立方体抗压强度为 20MPa,水泥浆试块用 7.07cm 的立方体无底模制作。

6.后张法预应力张拉施工应实行见证管理,按规定做见证张拉记录,见证人应对所见证的预应力张拉记录进行见证签字并加盖见证印章。

7.预应力工程施工记录,应由专业施工工长组织张拉施工并记录,专业技术负责人组织质检员专业工长、班组长等核验签字认可。

8.预应力工程应由有相应资质的专业施工单位承担施工,其预应力张拉和应力检测的原始记录应归档保存。

**【填写要点】**

1.工程名称:填写单位工程名称。

2.施工单位:填写承包打桩单位名称。

3.构件部位编号:构件为板、梁、等。编号为构件编号。

4.压力:灰浆泵的压力表工作压力。

5.28 天的压浆强度:水泥浆试块 28 天的强度。

| 构件吊装施工记录 | | 编 号 | ×××  |
| --- | --- | --- | --- |

| 工程名称 | ××市××路桥梁工程 | | |
| --- | --- | --- | --- |
| 施工单位 | ××市政建设集团有限公司 | | |
| 吊装单位 | ××工程有限公司 | 吊装构件数量 | 24 片 |
| 构件名称 | 预应力混凝土梁 | 规格型号 | BL15－B、ZL15－B |
| 安装位置 | B桥1～2轴、3～4轴 | 吊装日期 | 2015 年 7 月 5 日 |

**吊装过程及质量情况简要记录:**

　　吊装过程:根据施工现场的条件及板梁的重量,选用 2 台 80t 汽车吊双机作业,吊车在 5 日晚上 10:00 到现场,一辆在南桥台搭板处就位,一辆在东侧辅桥上就位,晚上 10:45 运梁车进场,停在东侧辅桥上两吊车工作半径内,先吊南侧边跨东边梁 BL15－B,自东向西依次就位 6 片梁,再将东侧辅桥上吊移至两侧辅桥上,开始就位南侧边跨西边梁 BL15－B,自西向东依次就位 6 片梁。南侧梁就位至晚 11:50 顺利完成;将两吊车移至北侧,与南侧就位及吊装方法相同,北侧在 6 日早晨 6:20 顺利完成。

　　质量检查情况:经检查,24 片预应力混凝土梁安装位置准确,就位平稳;安装标高符合图纸要求;采用球形支座固定可靠;目测、实测实量质量情况良好,安装偏差分别为××、××,在规范允许偏差范围内。合格。

**发生的问题及处理情况:**

　　吊装顺利完成。

| 施工负责人 | ××× | 记录人 | ××× |
| --- | --- | --- | --- |

本表由施工单位填写。

# 《构件吊装施工记录》填表说明

本表参照《混凝土结构工程施工质量验收规范》(GB 50204)、《钢结构工程施工质量验收规范》(GB 50205)、《木结构工程施工质量验收规范》(GB 50206)标准填写。

**【填写依据】**

1.构件吊装记录适用于大型预制混凝土构件、钢构件、木构件的安装。吊装记录内容包括构件名称、安装位置、搁置与搭接长度、接头处理、固定方法、标高等。

2.有关构件吊装规定,允许偏差和检验方法见相关标准、规范。

预制钢筋混凝土大型构件、钢结构的吊装,应填写《构件吊装施工记录》。对于大型设备的安装,应由吊装单位提供相应的记录。

吊装过程简要记录重点说明平面位置、高程偏差、垂直度;就位情况、固定方法、接缝处理等需要说明的问题。

**【填写要点】**

表中各项均应填写清楚、齐全、准确,并附吊装图。

吊装图:构件类别、型号、编号位置应与施工图纸及结构吊装施工记录一致,并注明图名、制图人、审核人及日期。

| 圆形钢筋混凝土构筑物缠绕钢丝<br>应力测定记录 | | | | 编　号 | | ×××<br> |
|---|---|---|---|---|---|---|

| 工程名称 | ××路冷却塔工程 | | | | | |
|---|---|---|---|---|---|---|
| 施工单位 | ××市政建设有限公司 | | | | | |
| 构筑物名称 | 冷却塔 | | | 构筑物外径 | | 25m |
| 锚固肋数 | 150 | | 钢丝环数 | 350 | | |
| 钢丝直径 | 9mm | | 每段钢筋长度 | 135m | | |

| 日　期<br>(年/月/日) | 环<br>号 | 肋<br>号 | 设计应力<br>(N/mm²) | 平均应力<br>(N/mm²) | 应力损失<br>(N/mm²) | 应力损失率<br>(%) |
|---|---|---|---|---|---|---|
| ××年×月×日 | 3 | 4 | 1820 | 1826 | 4 | 0.3 |
| | | | | | | |
| | | | | | | |
| | | | | | | |
| | | | | | | |
| | | | | | | |
| | | | | | | |
| | | | | | | |
| | | | | | | |
| | | | | | | |
| | | | | | | |
| | | | | | | |

| 监理(建设)单位 | 施工单位 | | |
|---|---|---|---|
| | 技术负责人 | 施工员 | 记录人 |
| ××× | ××× | ××× | ××× |

本表由施工单位填写。

| 防水工程施工记录 | 编　号 | ×××  |
|---|---|---|

| 工程名称 | ××市××路××桥梁工程 | | | |
|---|---|---|---|---|
| 施工单位 | ××市政建设集团有限公司 | | | |
| 分包单位 | ××市政防水有限公司 | | | |
| 施工部位 | 桥面防水层第一层 | | | |
| 施工日期 | 2015 年 10 月 29 日 6 时 | 天气情况 | 晴 | 气温 | 8℃～14℃ |
| 卷材品种及产地 | ×× | 试验编号 | ×× |
| 缓冲层品种及产地 | ×× | 试验编号 | ×× |
| 防水层完成数量 | ××m² | 完成时间 | 2015 年 10 月 29 日 10 时 |

| 防水层接缝检查情况、防水层施工及成品保护情况 | 　　在施工前表面已经清除油脂、灰尘、污物、隔离剂等,并保持基面清洁干净,涂料施工前对基面进行湿润至饱和,桥面无明水现象。<br><br>　　涂料拌和,先将液体倒入容器,然后再将粉剂倒入液体中,同时边倒粉剂边搅拌。充分搅拌至无沉淀的乳胶状,在使用过程中保持间断性的搅拌,以防止沉淀。<br><br>　　施工用辊子及橡胶刮板将浆液均匀的涂于桥面上,涂层厚度 1.5mm,分两层涂刷,在检查涂刷接缝时,每 20m 一个点,并进行双向检查,使接缝控制在 1cm 以上,并自然养护 4h,4h 内避免人在上行走。 |
|---|---|

| 监理(建设)单位 | 施工单位 | | 分包单位 | | 填表人 |
|---|---|---|---|---|---|
| | 施工负责人 | 质检员 | 施工负责人 | 质检员 | |
| ××× | ××× | ××× | ××× | ××× | ××× |
| | | | | | |
| 备注 | 本记录每喷铺设一次记录一张 | | | | |

本表由实施防水作业的单位填写,施工单位保存。

# 《防水工程施工记录》填表说明

## 【填写依据】

1. 防水材料的品种、规格、性能、质量应符合设计要求和相关标准规定。

检查数量：全数检查。

检验方法：检查材料合格证、进场验收记录和质量检验报告。

2. 防水层、粘结层与基层之间应密贴，结合牢固。

检查数量：全数检查。

检验方法：观察、检查施工记录。

3. 混凝土桥面防水层粘结质量和施工允许偏差应符合表 4-33 的规定。

表 4-33　　　　　　　　　　　混凝土桥面防水层粘结质量和施工允许偏差

| 项目 | 允许偏差 (mm) | 检验频率 | | 检验方法 |
|---|---|---|---|---|
| | | 范围 | 点数 | |
| 卷材接茬搭接宽度 | 不小于规定 | 每 20 延米 | 1 | 用钢尺量 |
| 防水涂膜厚度 | 符合设计要求；设计未规定时 ±0.1 | 每 200m² | 4 | 用测厚仪检测 |
| 粘结强度 (MPa) | 不小于设计要求，且≥0.3（常温），≥0.2（气温≥35℃） | 每 200m² | 4 | 拉拔仪 （拉拔速度：10mm/min） |
| 抗剪强度 (MPa) | 不小于设计要求，且≥0.4（常温），≥0.3（气温≥35℃） | 1 组 | 3 个 | 剪切仪 （剪切速度：10mm/min） |
| 剥离强度 (N/mm) | 不小于设计要求，且≥0.3（常温），≥0.2（气温≥35℃） | 1 组 | 3 个 | 90°剥离仪 （剪切速度：100mm/min） |

4. 钢桥面防水粘结层质量应符合表 4-34 的规定。

表 4-34　　　　　　　　　　　钢桥面防水粘结层质量

| 项目 | 允许偏差(mm) | 检验频率 | | 检验方法 |
|---|---|---|---|---|
| | | 范围 | 点数 | |
| 钢桥面清洁度 | 符合设计要求 | 全部 | | GB 8923 规定标准图片对照检查 |
| 粘结层厚度 | 符合设计要求 | 每洒布段 | 6 | 用测厚仪检测 |
| 粘结层与基层结合力(MPa) | 不小于设计要求 | 每洒布段 | 6 | 用拉拔仪检测 |
| 防水层总厚度 | 不小于设计要求 | 每洒布段 | 6 | 用测厚仪检测 |

5. 防水材料铺装或涂刷外观质量和细部做法应符合下列要求：

(1) 卷材防水层表面平整，不得有空鼓、脱层、裂缝、翘边、油包、气泡和皱褶等现象；

(2) 涂料防水层的厚度应均匀一致，不得有漏涂处；

(3) 防水层与泄水口、汇水槽接合部位应密封，不得有漏封处。

检查数量：全数检查。

检验方法：观察。

4.5.2.3　道路、桥梁工程施工记录

| 沥青混凝土进场、摊铺测温记录 | | 编　号 | | ×××× | |
|---|---|---|---|---|---|
| 工程名称 | ××市××路桥梁工程 | | 工程部位 | 主桥及南侧接顺路 | |
| 施工单位 | ××市政建设集团有限公司 | | | | |
| 摊铺日期 | 2015 年 3 月 27 日 | | 环境温度 | 13℃ | |
| 生产厂家 | 运料车号 | 规格/数量 | 进场温度（℃） | 摊铺温度（℃） | 备注 |
| ××沥青混凝土公司 | 0247 | AC—16 I 90♯/26.0t | 144 | 134 | |
| ××沥青混凝土公司 | 0249 | AC—16 I 90♯/23.7t | 146 | 134 | |
| ××沥青混凝土公司 | 0248 | AC—16 I 90♯/27.8t | 155 | 145 | |
| ××沥青混凝土公司 | 0398 | AC—16 I 90♯/39.1t | 157 | 146 | |
| ××沥青混凝土公司 | 0092 | AC—16 I 90♯/23.7t | 145 | 135 | |
| ××沥青混凝土公司 | 0399 | AC—16 I 90♯/39.2t | 140 | 134 | |
| ××沥青混凝土公司 | 0095 | AC—16 I 90♯/30.4t | 145 | 136 | |
| ××沥青混凝土公司 | 0289 | AC—16 I 90♯/27.4t | 135 | 125 | |
| ××沥青混凝土公司 | 0316 | AC—16 I 90♯/27.9t | 145 | 130 | |
| | | | | | |
| | | | | | |
| | | | | | |
| | | | | | |
| | | | | | |
| | | | | | |
| | | | | | |
| 质检员 | | ××× | | 测温人 | ××× |

本表由施工单位填写。

# 《沥青混凝土进场、摊铺测温记录》填表说明

本表参照《热拌再生沥青混合料路面施工及验收规程》(CJJ 43)标准填写。

**【填写依据】**

1.热拌沥青混合料的摊铺应符合下列规定：

(1)热拌沥青混合料应采用机械摊铺。摊铺温度应符合本规范表 4－35 的规定。城市快速路、主干路宜用两台以上摊铺机联合摊铺。每台机器的摊铺宽度宜小于 6m。表面层宜采用多机全幅摊铺,减少施工接缝。

表 4－35　　　　　　　　　沥青混合料搅拌及压实时适宜温度相应的黏度

| 施工工序 | | 石油沥青的标号 | | | |
|---|---|---|---|---|---|
| | | 50 号 | 70 号 | 90 号 | 110 号 |
| 沥青加热温度 | | 150～170 | 155～165 | 150～160 | 145～155 |
| 矿料加热温度 | 间隙式搅拌机 | 集料加热温度比沥青温度高 10～30 | | | |
| | 连续式搅拌机 | 矿料加热温度比沥青温度高 5～10 | | | |
| 沥青混合料出料温度 | | 150～170 | 145～165 | 140～160 | 135～155 |
| 混合料贮料仓贮存温度 | | 贮料过程中温度降低不超过 10 | | | |
| 混合料废弃温度,高于 | | 200 | 195 | 199 | 185 |
| 运输到现场温度,不低于① | | 115～165 | 140～155 | 135～145 | 130～140 |
| 混合料摊铺温度,不低于① | | 140～160 | 135～155 | 130～140 | 125～135 |
| 开始碾压的混合料内部温度不低于① | | 135～150 | 130～145 | 125～135 | 120～130 |

注:1　沥青混合料的施工温度采用具有金属探测目的插入式数显温度计测量。表面温度可采用表面接触式温度测定。当用红外线温度计测量表面温度时,应进行标定。

　2　表中未列入的 130 号、160 号及 30 号沥青的施工温度由试验确定。

　3　①常温下宜用低值、低温下宜用高值。

(2)摊铺机应具有自动或半自动方式调节摊铺厚度及找平的装置、可加热的振动熨平板或初步振动压实装置、摊铺宽度可调整等功能,且受料斗斗容应能保证更换运料车时连续摊铺。

(3)采用自动调平摊铺机摊铺最下层沥青混合料时,应使用钢丝或路缘石、平石控制高程与摊铺厚度,以上各层可用导梁引导高程控制,或采用声纳平衡梁控制方式,经摊铺机初步压实的摊铺层应符合平整度、横坡的要求。

(4)沥青混合料的最低摊铺温度根据气温、下卧层表面温度、摊铺层厚度与沥青混合料种类经试验确定。城市快速路、主干路不宜在气温低于 10℃条件下施工。

2.铺筑注意事项

(1)铺筑沥青混合料前,应检查确认下层的质量。当下层质量不符合要求,或未按规定洒布透层、粘层、铺筑下封层时,不得铺筑沥青混凝土面层。

(2)摊铺前根据虚铺厚度(虚铺系数)垫好垫木,调整好摊铺机,并对烫平板进行充分加热,为保证烫平板不变形,应采用多次加热,温度不宜低于 80℃。

(3)摊铺过程中设专人检测摊铺温度、虚铺厚度,发现问题及时调整解决,并做好记录。包括沥青混合料规格、到场温度、摊铺温度、摊铺部位等。

| 碾压沥青混凝土测温记录 | | 编　号 | ××× |
|---|---|---|---|
| 工程名称 | ××市××路桥梁工程 | 工程部位 | 主桥及南侧接顺路 |
| 施工单位 | ××市政建设集团有限公司 | | |
| 环境温度(℃) | 10 | 检测日期 | 2015 年 3 月 27 日 |

| 时间<br>(时/分) | 生产厂家 | 碾压段落<br>(桩号) | 初压温度<br>(℃) | 复压温度<br>(℃) | 终压温度<br>(℃) | 备注 |
|---|---|---|---|---|---|---|
| ×× | ××沥青混凝土公司 | K0+135～K0+182 | 125 | 100 | 85 | |
| ×× | ××沥青混凝土公司 | K0+135～K0+182 | 125 | 100 | 85 | |
| ×× | ××沥青混凝土公司 | K0+135～K0+182 | 125 | 100 | 85 | |
| ×× | ××沥青混凝土公司 | K0+135～K0+182 | 125 | 100 | 85 | |
| ×× | ××沥青混凝土公司 | K0+135～K0+182 | 125 | 100 | 85 | |
| ×× | ××沥青混凝土公司 | K0+135～K0+182 | 125 | 100 | 85 | |
| | | | | | | |
| | | | | | | |
| | | | | | | |
| | | | | | | |
| | | | | | | |
| | | | | | | |
| | | | | | | |
| | | | | | | |
| | | | | | | |
| | | | | | | |
| | | | | | | |
| | | | | | | |
| 质检员 | ××× | 测温人 | ××× | | | |

本表由施工单位填写。

# 《碾压沥青混凝土测温记录》填表说明

本表参照《热拌沥青混合料路面施工及验收规程》(CJJ 43)标准填写。

**【填写依据】**

1.初压温度应符合表 4-36 的有关规定,以能稳定混合料,且不产生推移、发裂为准。

2.终压温度应符合表 4-36 的有关规定。终压宜选用双轮钢筒式压路机,碾压至无明显轮迹为止。

表 4-36

| 施工工序 | 石油沥青的标号 | | | |
|---|---|---|---|---|
| | 50 号 | 70 号 | 90 号 | 110 号 |
| 开始碾压的混合料内部温度不低于 | 135～150 | 130～145 | 125～135 | 120～130 |
| 碾压终了的表面温度,不低于 | 80～85 | 70～80 | 65～75 | 60～40 |
| | 75 | 70 | 60 | 55 |

注:1 表中未列入的 130 号、160 号及 30 号沥青的施工温度由试验确定。

2 常温下宜用低值、低温下宜用高值。

3 视压路机类型而定,轮胎压路机取高值,振动压路机取低值。

**【填写要点】**

1.本表适用于单位工程沥青混合料施工温度的测试记录。

2.本表由施工单位负责填写,现场监理员负责监督。

3.沥青混合料的到场温度检测,必须每车进行检测,到场的温度不低于 120℃～150℃,若不能满足要求,必须退料,不能使用。

| 箱涵顶进施工记录 | | | | | | | | | 编　号 | | ××× | |
|---|---|---|---|---|---|---|---|---|---|---|---|---|

| 工程名称 | | | | | | ××桥梁工程 | | | | | | |
|---|---|---|---|---|---|---|---|---|---|---|---|---|
| 施工单位 | | | | | | ××市政建设集团 | | | | | | |
| 箱涵断面尺寸 | | | | | | m× m | | | 顶进方式 | | | |
| 千斤顶配备 | | | | | | | | | 箱体重量 | | 5　t | |
| 设计最大顶力 | | | | | | 1000kN | | | 记录开始日期 | | ××年×月×日 | |

| 日期<br>(班次) | | 进尺<br>cm | 高程 | | | | | | 中线 | | 顶力 | 土质情况 | 备注 |
|---|---|---|---|---|---|---|---|---|---|---|---|---|---|
| | | | 前 | | 中 | | 后 | | 左 | 右 | | | |
| | | | 设计 | 实际 | 设计 | 实际 | 设计 | 实际 | | | | | |
| ×日 | 早 | 100 | 85 | 86 | 115 | 135 | 135 | 135 | 3 | 5 | 500 | 砂浆黏土 | |
| | 中 | | | | | | | | | | | | |
| | 晚 | | | | | | | | | | | | |
| 日 | 早 | | | | | | | | | | | | |
| | 中 | | | | | | | | | | | | |
| | 晚 | | | | | | | | | | | | |
| 日 | 早 | | | | | | | | | | | | |
| | 中 | | | | | | | | | | | | |
| | 晚 | | | | | | | | | | | | |
| 日 | 早 | | | | | | | | | | | | |
| | 中 | | | | | | | | | | | | |
| | 晚 | | | | | | | | | | | | |
| 日 | 早 | | | | | | | | | | | | |
| | 中 | | | | | | | | | | | | |
| | 晚 | | | | | | | | | | | | |
| 日 | 早 | | | | | | | | | | | | |
| | 中 | | | | | | | | | | | | |
| | 晚 | | | | | | | | | | | | |

| 施工负责人 | ××× | 施工员 | ××× | 测量员 | ××× |
|---|---|---|---|---|---|

本表由施工单位填写。

# 《箱涵顶进施工记录》填表说明

**【填写依据】**

1.顶进设备及其布置应符合下列规定：

(1)应根据计算的最大顶力确定顶进设备。千斤顶的顶力可按额定顶力的60%～70%计算。

(2)高压油泵及其控制阀等工作压力应与千斤顶匹配。

(3)液压系统的油管内径应按工作压力和计算流量选定,回油管路主油管的内径不得小于10mm,分油管的内径不得小于6mm。

(4)油管应清洗干净,油路布置合理,密封良好,液压油脂应过滤。

(5)顶进过程中,当液压系统发生故障时应立即停止运转,严禁在工作状态下检修。

2.顶进箱涵的后背,必须有足够的强度、刚度和稳定性。墙后填土,宜利用原状土,或用砂砾、灰土(水泥土)夯填密实。

3.安装顶柱(铁),应与顶力轴线一致,并与横梁垂直,应做到平、顺、直。当顶程长时,可在4～8m处加横梁一道。

**【填写要点】**

1.本记录表与顶管工程顶进记录表填写大致相仿,是管道工程顶进一个特殊情况,适用于埋地跨越铁路、公路、城市道路断面以钢性箱体涵顶进施工的质量验收记录。

2.检验批的划分：

按《建筑工程施工质量验收统一标准》(GB 50300－2013)第2.0.6条规定。结合箱涵顶进工序宜按箱涵整个长度划分为一个检验批。

3.填写注意：

(1)进尺：按地下作业条件(早、中、晚)以4h划分;进尺则填作业班实际长度(考虑顶进、纠偏工艺)。

(2)高程：前、中、后是指顶进箱体三点高程,重点在前后两点,中间点可不填,因箱体为刚性,中部不受控。

(3)中线：是左右侧偏差情况(以设计中线为基准)。

(4)顶力：随土质、顶进长度递增。

(5)土质：按掘进土质如实填写。

(6)备注：需示出设计箱涵流水面坡率。

4.本表由施工单位项目测量负责人填写。

箱涵顶进施工每日早、中、晚三班检查或临时增加检查均采用本记录,检测记录内容包括顶力、进尺,箱体前、中、后高程,中线左右偏差,土质变化情况等,按规定进尺检测及加密频度检测均应采用书面记录形式。

4.5.2.4 管(隧)道工程施工记录

| 焊工资格备案表 | | 编 号 | ××× |
|---|---|---|---|
| 工程名称 | | ××市××路(××路~××路)热力外线工程 | |
| 施工单位 | | ××市政建设集团有限公司 | |

致___××建设监理公司___监理(建设)单位:

我单位经审查,下列焊工符合本工程的焊接资格条件,请查收备案。

| 序号 | 焊工姓名 | 焊工证书编号 | 焊工代号(钢印) | 考试合格项目代号 | 考试日期 | 备 注 |
|---|---|---|---|---|---|---|
| 1 | ××× | 22422 | 001 | 20♯WS/D1—17 | 2015.4.20 | |
| 2 | ××× | 22423 | 002 | 20♯WS/D1—17 | 2015.4.20 | |
| 3 | ××× | 22632 | 003 | 20♯WS/D1—17 | 2015.4.20 | |
| 4 | ××× | 22426 | 004 | 20♯WS/D1—17 | 2015.4.20 | |
| | | | | | | |
| | | | | | | |
| | | | | | | |
| | | | | | | |
| | | | | | | |
| | | | | | | |
| | | | | | | |
| | | | | | | |
| | | | | | | |
| | | | | | | |
| | | | | | | |
| | | | | | | |
| | | | | | | |
| | | | | | | |
| | | | | | | |

| 施工单位部门负责人 | 项目经理 | 填表人 | 填表日期 |
|---|---|---|---|
| ××× | ××× | ××× | 2015 年 5 月 28 日 |

本表由施工单位填写,监理(建设)单位、施工单位保存。

注:本表应附焊工证书复印件。

| 焊缝综合质量检查汇总记录 | | | | 编　号 | ×××| | | |
| --- | --- | --- | --- | --- | --- | --- | --- | --- |

| 工程名称 | ××市××路(××路～××路)热力外线工程 | | | | | | | |
| --- | --- | --- | --- | --- | --- | --- | --- | --- |
| 施工单位 | ××市政建设集团有限公司 | | | | | | | |

| 工程部位或起止桩号 | K0+0.00～K0+741.5 | | | 要求焊缝等级 | | 无损探伤 Ⅱ级 | | |
| --- | --- | --- | --- | --- | --- | --- | --- | --- |

| 序号 | 焊缝编号 | 焊工代号 | 焊接日期 | 外观质量 | 内部质量等级 | | 焊缝质量综合评价 | 备注 |
| --- | --- | --- | --- | --- | --- | --- | --- | --- |
| | | | | | 射线 | 超声 | | |
| 1 | K0+01.05-G1 | 001 003 | 2015.5.3 | Ⅱ | Ⅰ4 | | 合格 | |
| 2 | K0+03.75-H1 | 002 004 | 2015.5.8 | Ⅱ | Ⅰ4 | | 合格 | |
| 3 | K0+03.317-G2 | 001 003 | 2015.5.10 | Ⅱ | Ⅰ4 | | 合格 | |
| 4 | K0+05.682-H2 | 002 004 | 2015.5.12 | Ⅱ | Ⅰ4 | | 合格 | |

综合说明：

| 监理(建设)单位 | 施工单位 | | |
| --- | --- | --- | --- |
| | 技术负责人 | 质检员 | 填表人 |
| ××监理站 | ××× | ××× | ××× |

××年×月×日

本表由施工单位填写。

# 《焊缝综合质量检查汇总记录》填表说明

本表参照《钢结构焊接规范》(GB50661—2011)标准填写。

**【填写依据】**

1. 从事钢筋焊接的焊工必须经考试合格后持证上岗。钢筋焊接前,必须根据施工条件进行试焊。

2. 钢筋闪光对焊应符合下列规定:

(1)每批钢筋焊接前,应先选定焊接工艺和参数,进行试焊,在试焊质量合格后,方可正式焊接。

(2)闪光对焊接头的外观质量应符合下列要求:

1)接头周缘应有适当的镦粗部分,并呈均匀的毛刺外形。

2)钢筋表面不得有明显的烧伤或裂纹。

3)接头边弯折的角度不得大于3°。

4)接头轴线的偏移不得大于0.1d,并不得大于2mm。

(3)在同条件下经外观检查合格的焊接接头,以300个作为一批(不足300个,也应按一批计,从中切取6个试件,3个做拉伸试验,3个做冷弯试验)。

(4)拉伸试验应符合下列要求:

1)当3个试件的抗拉强度均不小于该级别钢筋的规定值,至少有2个试件断于焊缝以外,且呈塑性断裂时,应判定该批接头拉伸试验合格;

2)当有2个试件抗拉强度小于规定值,或3个试件均在焊缝或热影响区发生脆性断裂时,则一次判定该批接头为不合格;

3)当有1个试件抗拉强度小于规定值,或2个试件在焊缝或热影响区发生脆性断裂,其抗拉强度小于钢筋规定值的1.1倍时,应进行复验。复验时,应再切取6个试件,复验结果当仍有1个试件的抗拉强度小于规定值,或3个试件在焊缝或热影响区呈脆性断裂,其抗拉强度小于钢筋规定值的1.1倍时,应判定该批接头为不合格。

(5)冷弯试验芯棒直径和弯曲角度应符合表4—37的规定。

表 4—37　　　　　　　　　　冷弯试验指标

| 钢筋牌号 | 芯棒直径 | 弯曲角(″) |
|---|---|---|
| HRB335 | 4d | 90 |
| HRB400 | 5d | 90 |

注:d 为钢筋直径;冷弯试验时应将接头内侧的金属毛刺和镦粗凸起部分消除至与钢筋的外表齐平。焊接点应位于弯曲中心,绕芯棒弯曲90°。3个试件经冷弯后,在弯曲背面(含焊缝和热影响区)未发生破裂,应评定该批接头冷弯试验合格;当3个试件均发生破裂,则一次判定该批接头为不合格。当有1个试件发生破裂,应再切取6个试件,复验结果,仍有1个试件发生破裂时,应判定该批接头为不合格。

(6)焊接时的环境温度不宜低于0℃。冬期闪光对焊宜在室内进行,且室外存放的钢筋应提前运入车间,焊后的钢筋应等待完全冷却后才能运往室外。

在困难条件下,对以承受静力荷载为主的钢筋,闪光对焊的环境温度可降低,但最低不得低于—10℃。

3. 热轧光圆钢筋和热轧带肋钢筋的接头采用搭接或帮条电弧焊时,应符合下列规定:

(1)接头应采用双面焊缝,在脚手架上进行双面焊困难时方可采用单面焊。

(2)当采用搭接焊时,两连接钢筋轴线应一致。双面焊缝的长度不得小于 $5d$,单面焊缝的长度不得小于 $10d$($d$ 为钢筋直径)。

(3)当采用帮条焊时,帮条直径、级别应与被焊钢筋一致,帮条长度,双面焊缝不得小于 $5d$,单面焊缝不得小于 $10d$($d$ 为主筋直径)。帮条与被焊钢筋的轴线应在同一平面上,两主筋端面的间隙应为 $2\sim4$mm。

(4)搭接焊和帮条焊接头的焊缝高度应等于或大于 $0.3d$,并不得小于 4mm,焊缝宽度应等于或大于 $0.7d$($d$ 为主筋直径),并不得小于 8mm。

(5)钢筋与钢板进行锚接焊时应采用双面焊接,搭接长度应大于钢筋直径的 4 倍(HPB235 钢筋)或 5 倍(HRB335、HRB400 钢筋)。焊缝高度应等于或大于 $0.35d$,且不得小于 4mm;焊缝宽度应等于或大于 $0.5d$,并不得小于 6mm($d$ 为钢筋直径)。

(6)采用搭接焊、帮条焊的接头,应逐个进行外观检查。焊缝表面应平顺,无裂纹,夹渣和较大的焊瘤等缺陷。

(7)在同条件下完成并经外观检查合格的焊接接头,以 300 个作为一批(不足 300 个,也按一批计),从中切取 3 个试件,做拉伸试验,拉伸试验应符合相关规范规定。

| 焊缝排位记录及示意图 | 编　号 | ××× |
|---|---|---|

| 工程名称 | ××市××路(××路～××路)热力外线工程 | | |
|---|---|---|---|
| 施工单位 | ××市政建设集团有限公司 | | |
| 施工部位 | K0+0.00～K0+741.5 | 绘图日期 | 2015 年 10 月 22 日 |

示意图:应表示出焊缝相对位置及焊缝编号

| 焊缝编号 | 桩号(部位) | 焊工代号 | 备注 | 焊缝编号 | 桩号(部位) | 焊工代号 | 备注 |
|---|---|---|---|---|---|---|---|
| K0+01.05—G1 | K0+01.05 | 001 003 | 供水 | | | | |
| K0+03.317—G2 | K0+03.317 | 001 003 | 供水 | | | | |
| K0+05.682—H2 | K0+05.682 | 002 004 | 回水 | | | | |
| K0+03.75—H1 | K0+03.75 | 002 004 | 回水 | | | | |
| | | | | | | | |
| | | | | | | | |
| | | | | | | | |
| | | | | | | | |
| | | | | | | | |
| | | | | | | | |
| | | | | | | | |
| | | | | | | | |

| 专业负责人 | ××× | 施工员 | ××× | 绘图人 | ××× |
|---|---|---|---|---|---|

本表由施工单位填写。

# 《焊缝排位记录及示意图》填表说明

**【填写依据】**

1.热轧钢筋接头应符合设计要求。当设计无规定时,应符合下列规定:

(1)钢筋接头宜采用焊接接头或机械连接接头。

(2)焊接接头应优先选择闪光对焊。焊接接头应符合国家现行标准《钢筋焊接及验收规程》(JGJ 18)的有关规定。

(3)机械连接接头适用于 HRB 335 和 HRB 400 带肋钢筋的连接。机械连接接头应符合国家现行标准《钢筋机械连接技术规程》(JGJ 107)的有关规定。

(4)当普通混凝土中钢筋直径等于或小于 22mm 时,在无焊接条件时,可采用绑扎连接,但受拉构件中的主钢筋不得采用绑扎连接。

(5)钢筋骨架和钢筋网片的交叉点焊接宜采用电阻点焊。

(6)钢筋与钢板的 T 形连接,宜采用埋弧压力焊或电弧焊。

2.钢筋接头设置应符合下列规定:

(1)在同一根钢筋上宜少设接头。

(2)钢筋接头应设在受力较小区段,不宜位于构件的最大弯短处。

(3)在任一焊接或绑扎接头长度区段内,同一根钢筋不得有两个接头,在该区段内的受力钢筋,其接头的截面面积占总截面面积的百分率应符合表 4-38 规定。

表 4-38　　　　　　　　接头长度区段内受力钢筋接头面积的最大百分率

| 接头类型 | 接头面积最大百分率(%) | |
| --- | --- | --- |
| | 受拉区 | 受压区 |
| 主筋钢筋绑扎接头 | 25 | 50 |
| 主筋焊接接头 | 50 | 不限制 |

注:1.焊接接头长度区段内是指 $35d$($d$ 为钢筋直径)长度范围内,但不得小于 500mm,绑扎接头长度区段是指 1.3 倍搭接长度。

　　2.装配时构件连接处的受力钢筋焊接接头可不受此限制;

　　3.环氧树脂涂层钢筋搭接长度,对受拉钢筋应至少为钢筋锚固长度的 1.5 倍且不小于 375mm;
　　　对受压钢筋为无涂层钢筋锚固长度的 1.0 倍不小于 250mm。

　　4.接头末端至钢筋弯起点的距离不得小于钢筋直径的 10 倍。

　　5.施工中钢筋受力分不清受拉、压的,按受拉办理。

　　6.钢筋接头部位横向净距不得小于钢筋直径,且不得小于 25mm。

<table>
<tr><td colspan="7" rowspan="2" style="text-align:center"><h2>聚乙烯管道连接记录</h2></td><td>编　号</td><td>×××</td></tr>
</table>

| | | | | | | | |
|---|---|---|---|---|---|---|---|
| **工程名称** | ××市政管道工程 | | | | **工程编号** | GH3－2 | |
| **施工单位** | ××市政建设集团 | | | | **单位代码** | ××× | |
| **连接方法** | ☑热熔;□电熔; | | | | **接口形式** | | |
| **管道材质** | DPRR管 | **管道生产厂家** | ××市××公司 | | **标准尺寸比(SDR)** | φ321×5 | |
| **机具编号** | | **施工部位(桩号)** | K0＋210.5 | | | | |

| 焊口编号 | 焊工证号 | 连接时间(月/日) | 规格($D_e$) | 环境温度(℃) | 热板温度(℃) | 压力(bar) | | | | 焊环尺寸(mm) | | 备注 |
|---|---|---|---|---|---|---|---|---|---|---|---|---|
| | | | | | | $P_0$ | $P_1$ | $P_2$ | $P_3$ | 宽 | 高 | |
| 1 | 3416 | 5/2 | | 20 | 150 | | | | | 5 | 5 | |
| 2 | 3416 | 5/2 | | 20 | 150 | | | | | 5 | 5 | |
| | | | | | | | | | | | | |
| | | | | | | | | | | | | |
| | | | | | | | | | | | | |
| | | | | | | | | | | | | |
| | | | | | | | | | | | | |
| | | | | | | | | | | | | |
| | | | | | | | | | | | | |
| | | | | | | | | | | | | |
| | | | | | | | | | | | | |
| | | | | | | | | | | | | |
| | | | | | | | | | | | | |

管材、管件检查情况:

外观:合格　　　　　　　　　　　　　　　　圆度:符合要求

| 质检员 | 施工员 | 填表人 |
|---|---|---|
| ××× | ××× | ××× |

本表由施工单位填写。

# 《聚乙烯管道连接记录》填表说明

本表参照《聚乙烯燃气管道工程技术规程》(CJJ 63)标准填写。

**【填写依据】**

1. 主控项目

(1)管节及管件、橡胶圈等的产品质量应符合相关规范的规定；

检查方法：检查产品质量保证资料；检查成品管进场验收记录。

(2)承插、套筒式连接时，承口、插口部位及套筒连接紧密，无破损、变形、开裂等现象；插入后胶圈应位置正确，无扭曲等现象；双道橡胶圈的单口水压试验合格；

检查方法：逐个接口检查；检查施工方案及施工记录，单口水压试验记录；用钢尺、探尺量测。

(3)聚乙烯管、聚丙烯管接口熔焊连接应符合下列规定：

1)焊缝应完整，无缺损和变形现象；焊缝连接应紧密，无气孔、鼓泡和裂缝；电熔连接的电阻丝不裸露；

2)熔焊焊缝焊接力学性能不低于母材；

3)热熔对接连接后应形成凸缘，且凸缘形状大小均匀一致，无气孔、鼓泡和裂缝；接头处有沿管节圆周平滑对称的外翻边，外翻边最低处的深度不低于管节外表面；管壁内翻边应铲平；对接错边量不大于管材壁厚的 10%，且不大于 3mm。

检查方法：观察；检查熔焊连接工艺试验报告和焊接作业指导书，检查熔焊连接施工记录、熔焊外观质量检验记录、焊接力学性能检测报告。

检查数量：外观质量全数检查；熔焊焊缝焊接力学性能试验每 200 个接头不少于 1 组；现场进行破坏性检验或翻边切除检验(可任选一种)时，现场破坏性检验每 50 个接头不少于 1 个，现场内翻边切除检验每 50 个接头不少于 3 个；单位工程中接头数量不足 50 个时，仅做熔焊焊缝焊接力学性能试验，可不做现场检验。

(4)卡箍连接、法兰连接、钢塑过渡接头连接时，应连接件齐全、位置正确、安装牢固，连接部位无扭曲、变形；

检查方法：逐个检查。

2. 一般项目

(1)承插、套筒式接口的插入深度应符合要求，相邻管口的纵向间隙应不小于 10mm；环向间隙应均匀一致；

检查方法：逐口检查，用钢尺量测；检查施工记录。

(2)聚乙烯管、聚丙烯管的接口转角应不大于 1.5°；硬聚氯乙烯管的接口转角应不大于 1.0°；

检查方法：用直尺量测曲线段接口；检查施工记录。

(3)熔焊连接设备的控制参数满足焊接工艺要求；设备与待连接管的接触面无污物，设备及组合件组装正确、牢固、吻合；焊后冷却期间接口未受外力影响；

检查方法：观察，检查专用熔焊设备质量合格证明书、校检报告，检查熔焊记录。

(4)卡箍连接、法兰连接、钢塑过渡连接件的钢制部分以及钢制螺栓、螺母、垫圈的防腐要求应符合设计要求；

检查方法：逐个检查；检查产品质量合格证明书、检验报告。

## 聚乙烯管道焊接工作汇总表

| | | | 编　号 | ×××　|
|---|---|---|---|---|

| 工程名称 | ××管道工程 | 工程编号 | GH1-3 |
|---|---|---|---|
| 施工单位 | ××市政工程有限公司 | 施工单位代码 | 2107156171348 |
| 施工日期 | ××年×月×日起至××年×月×日止 | | |

**一、工程概况：**

| 管线总长 | 150m | 压力等级 | I 级 | 宏观照片数 | |
|---|---|---|---|---|---|
| 焊口总数 | 20个(其中：电熔焊口数 5 个；热熔焊口数 15 个) | | | | |

**二、操作人员情况：**

| 姓　名 | ××× | ××× |
|---|---|---|
| 焊工证号 | 0522760 | 0683442 |

**三、施工机具：**

| 机具编号 | | | | |
|---|---|---|---|---|
| 品　牌 | | | | |
| 规　格 | | | | |
| 校验证书编号 | | | | |

**四、管材情况：**

| 规格($D_e$) | φ328×6 | 管道材质 | 无缝钢管 | 存放时间 | 2个月 | 标准尺寸比 | |
|---|---|---|---|---|---|---|---|

**五、管件情况：**

| 管件名称 | 电熔管件 | 钢塑接头 | 弯　头 | 端　帽 | 阀　门 |
|---|---|---|---|---|---|
| 规格($D_e$) | | DN328 | | | |
| 数　量 | | 1 | | | |
| 存放时间 | | 2个月 | | | |

**其他说明：**

| 监理(建设)单位 | 施　工　单　位 | |
|---|---|---|
| | 技术负责人 | 质检员 |
| ××× | ××× | ××× |

本表由施工单位填写。

# 《聚乙烯管道焊接工作汇总表》填表说明

本表参照《聚乙烯燃气管道工程技术规程》(CJJ 63)标准填写。

**【填写依据】**

1. 一般规定

(1)管道施工前应制定施工方案,确定连接方法、连接条件、焊接设备及工具、操作规范、焊接参数、操作者的技术水平要求和质量控制方法。

(2)管道连接前应对连接设备按说明书进行检查,在使用过程中应定期校核。

(3)管道连接前,应核对欲连接的管材、管件规格、压力等级;检查管材表面,不宜有磕、碰、划伤,伤痕深度不应超过管材壁厚的 10%。

(4)管道连接应在环境温度-5℃~45℃范围内进行。当环境温度低于-5℃或在风力大于5 级天气条件下施工时,应采取防风、保温措施等,并调整连接工艺。管道连接过程中,应避免强烈阳光直射而影响焊接温度。

使用全自动焊机或非热熔焊接时,焊接过程的参数可以不记录;全自动、电熔焊机以焊机打印的记录为准。表中:$P_0$—拖动压力;$P_1$—接缝压力;$P_2$—吸热压力;$P_3$—冷却压力。

(5)对穿越铁路、公路、河流、城市主要道路的管道,应减少接口,且穿越前应对连接好的管段进行强度和严密性试验。

(6)管材、管件从生产到使用之间的存放时间,黄色管道不宜超过 1 年,黑色管道不宜超过 2 年。超过上述期限时必须重新抽样检验,合格后方可使用。

2. 聚乙烯管道连接

(1)直径在 90mm 以上的聚乙烯燃气管材、管件连接可采用热熔对接连接或电熔连接;直径小于 90mm 的管材及管件宜使用电熔连接。聚乙烯燃气管道和其他材质的管道、阀门、管路附件等连接应采用法兰或钢塑过渡接头连接。

(2)对不同级别、不同熔体流动速率的聚乙烯原料制造的管材或管件,不同标准尺寸比(SDR 值)的聚乙烯燃气管道连接时,必须采用电熔连接。施工前应进行试验,判定试验连接质量合格后,方可进行电熔连接。

(3)热熔连接的焊接接头连接完成后,应进行 100% 外观检验及 10% 翻边切除检验,并应符合国家现行标准《聚乙烯燃气管道工程技术规程》(CJJ 63)的要求。

(4)电熔连接的焊接接头连接完成后,应进行外观检查,并应符合国家现行标准《聚乙烯燃气管道工程技术规程》(CJJ 63)的要求。

(5)电熔鞍形连接完成后,应进行外观检查,并应符合国家现行标准《聚乙烯燃气管道工程技术规程》(CJJ 63)的要求。

(6)钢塑过渡接头金属端与钢管焊接时,过渡接头金属端应采取降温措施,但不得影响焊接接头的力学性能。

(7)法兰或钢塑过渡连接完成后,其金属部分应按设计要求的防腐等级进行防腐,并检验合格。

连接工作完成后应填写《聚乙烯管道焊接工作汇总表》。

| 钢管变形检查记录 | | | 编　号 | ×××　| |
|---|---|---|---|---|---|
| **工程名称** | | | ××市政管道工程 | | |
| **施工单位** | | | ××市政建设集团 | | |
| 检查位置<br>（桩号） | 公称直径<br>（mm） | 横径量测值<br>（mm） | 竖径量测值<br>（mm） | 竖向变形值<br>（％） | 备注 |
| K0＋260.0 | 1000 | | 998 | 0 | |
| K0＋320.0 | 1200 | | 1198 | 0 | |
| | | | | | |
| | | | | | |
| | | | | | |
| | | | | | |
| | | | | | |
| | | | | | |
| | | | | | |
| | | | | | |
| | | | | | |
| | | | | | |
| | | | | | |
| | | | | | |
| | | | | | |

检查结论：

☑　合　格

□　不合格

日期　××年×月×日

| 监理（建设）单位 | 施　工　单　位 | |
|---|---|---|
| | 技术负责人 | 质检员 |
| ××× | ××× | ××× |

**本表由施工单位填写。**

# 《钢管变形检查记录》填表说明

## 【填写依据】

当钢管公称直径≥800mm 时,应在回填完成后检查钢管竖向变形值。

$$竖向变形值 = \frac{|标准内直径(D_i) - 回填后竖向内直径(D)|}{标准内直径(D_i)}$$

柔性管道回填至设计高程时,应在 12～24h 内测量并记录管道变形率,管道变形率应符合设计要求;设计无要求时,钢管或球墨铸铁管道变形率应不超过 2%,化学建材管道变形率应不超过 3%;当超过时,应采取下列处理措施:

(1)当钢管或球墨铸铁管道变形率超过 2%,但不超过 3% 时;化学建材管道变形率超过 3%,但不超过 5% 时;应采取下列处理措施:

1)挖出回填材料至露出管径 85% 处,管道周围内应人工挖掘以避免损伤管壁;

2)挖出管节局部有损伤时,应进行修复或更换;

3)重新夯实管道底部的回填材料;

4)选用适合回填材料按相关规范的规定重新回填施工,直至设计高程;

5)按本条规定重新检测管道变形率。

(2)钢管或球墨铸铁管道的变形率超过 3% 时,化学建材管道变形率超过 5% 时,应挖出管道,并会同设计单位研究处理。

| 管架(固、支、吊、滑)安装调整记录 | | | 编　号 | ××× | |
|---|---|---|---|---|---|
| 工程名称 | | ××市××路热力外线工程 | | | |
| 施工单位 | | ××市政建设集团有限公司 | | | |
| 工程部位<br>(起止桩号) | | 2#固定支架(K0+0.00~K0+118.0) | 调整日期 | 2015年10月20日 | |
| 管架编号 | 型式 | 安装位置 | 固定状况 | 调整值 | 备注 |
| 2 | 2[36a | 供水 | 良好 | 2mm | DN1000 |
| 2 | 2[36a | 回水 | 良好 | 1.8mm | DN1000 |
| | | | | | |
| | | | | | |
| | | | | | |
| | | | | | |
| | | | | | |
| | | | | | |
| | | | | | |
| | | | | | |
| | | | | | |
| | | | | | |
| | | | | | |
| | | | | | |
| | | | | | |
| | | | | | |
| | | | | | |
| | | | | | |
| | | | | | |
| | | | | | |

| 监理(建设)单位 | 施工单位 | | |
|---|---|---|---|
| | 技术负责人 | 施工员 | 质检员 |
| ××× | ××× | ××× | ××× |

本表由施工单位填写。

# 《管架(固、支、吊、滑)安装调整记录》填表说明

本表参照《城镇供热管网工程施工及验收规范》(CJJ 28)标准填写。

**【填写依据】**

1. 管道支、吊架安装前应进行标高和坡降测量并放线,固定后的支、吊架位置的正确,安装应平整、牢固,与管道接触良好。

2. 管沟敷设的管道,在沟口0.5m处应设支、吊架;管道滑托、吊架的吊杆应处于与管道热位移方向相反的一侧。其偏移量应按设计要求进行安装,设计无要求时应为计算位移量的1/2。

两根热伸长方向不同或热伸长量不等的供热管道,设计无要求时,不应共用同一吊杆或同一滑托。

3. 固定支架应按设计规定安装,安装补偿器时,应在补偿器预拉伸(压缩)之后固定。

4. 导向支架或滑动支架的滑动面应洁净平整,不得有歪斜和卡涩现象。其安装位置应从支承面中心向位移反方向偏移,偏移量应为设计计算位移值的1/2或符合设计文件规定,绝热层不得妨碍其位移。

5. 弹簧支、吊架安装高度应按设计要求进行调整。弹簧的临时固定件,应待管道安装、试压、保温完毕后拆除。

6. 支、吊架和滑托应按设计要求焊接,由有上岗证的焊工施焊,不得有漏焊、缺焊、咬肉或裂纹等缺陷。管道与固定支架、滑托等焊接时,管壁上不得有焊痕等现象存在。

7. 管道支架用螺栓紧固在型钢的斜面上时,应配置与翼板斜度相同的钢制斜垫片找平。

8. 管道安装时,不宜使用临时性的支、吊架;必须使用时,应做出明显标记,且应保证安全。其位置应避开正式支、吊架的位置,且不得影响正式支、吊架的安装。管道安装完毕后,应拆除临时支、吊架。

9. 固定支架、导向支架等型钢支架的根部,应做防水护墩。

10. 管道支、吊架安装的质量应符合下列规定:

(1)支、吊架安装位置应正确,埋设应牢固,滑动面应洁净平整,不得有歪斜和卡涩现象。

(2)活动支架的偏移方向、偏移量及导向性能应符合设计要求。

(3)管道支、吊架安装的允许偏差及检验方法应符合表4—39的规定。

表 4—39  管道支、吊架安装的允许偏差及检验方法

| 序号 | 项 目 | | 允许偏差(mm) | 检验方法 |
|---|---|---|---|---|
| 1 | 支、吊架中心点平面位置 | | 25 | 钢尺测量 |
| 2 | 支架标高 | | —10 | 水准仪测量 |
| 3 | 两个固定支架间的其他支架中心线 | 距固定支架每10m处 | 5 | 钢尺测量 |
| | | 中心处 | 25 | 钢尺测量 |

| 补偿器安装记录 | | | | | 编 号 | | ×××  | | | |
|---|---|---|---|---|---|---|---|---|---|---|
| | | | | | | | | | | |

| 工程名称 | ××市××路(××路~××路)热力工程 | | | | | | | | | |
|---|---|---|---|---|---|---|---|---|---|---|
| 施工单位 | ××市政建设集团有限公司 | | | | | | | | | |
| 工程部位 | 1#竖井 | | | | 记录日期 | | 2015 年 9 月 5 日 | | | |

| 安装部位 | 补偿器序号 | 型式 | 规格 | 材质 | 固定支架间距(m) | 设计参数 | | 安装时环境温度(℃) | 安装预拉量(mm) | | 备注 |
|---|---|---|---|---|---|---|---|---|---|---|---|
| | | | | | | 压力(MPa) | 温度(℃) | | 设计 | 实测 | |
| 供水 | G—B1 | | WA52002A | 不锈钢 | 1.05 | 1.6 | 150 | 17 | | | |
| 回水 | H—B1 | | WA52002A | 不锈钢 | 3.75 | 1.6 | 150 | 18 | | | |
| | | | | | | | | | | | |
| | | | | | | | | | | | |
| | | | | | | | | | | | |
| | | | | | | | | | | | |
| | | | | | | | | | | | |
| | | | | | | | | | | | |

补偿器安装记录(示意图)及说明:

补偿器在自然条件下安装。补偿器安装符合设计要求,合格。

| 监理(建设)单位 | 施工单位 | | |
|---|---|---|---|
| | 技术负责人 | 施工员 | 质检员 |
| ××× | ××× | ××× | ××× |

本表由施工单位填写。

# 《补偿器安装记录》填表说明

**【填写依据】**

1. 补偿器安装前,应检查下列内容:

(1) 使用的补偿器应符合国家现行标准《金属波纹管膨胀节通用技术条件》(GB/T 12777)、《城市供热管道用波纹管补偿器》(CJ/T 3016)、《城市供热补偿器焊制套筒补偿器》(CJ/T 3016.2)的有关规定。

(2) 对补偿器的外观进行检查。

(3) 按照设计图纸核对每个补偿器的型号和安装位置。

(4) 检查产品安装长度,应符合管网设计要求。

(5) 检查接管尺寸,应符合管网设计要求。

(6) 校对产品合格证。

2. 需要进行预变形的补偿器,预变形量应符合设计要求,并记录补偿器的预变形量。

3. 安装操作时,应防止各种不当的操作方式损伤补偿器。

4. 补偿器安装完毕后,应按要求拆除运输、固定装置,并应按要求调整限位装置。

5. 施工单位应有补偿器的安装记录,记录内容包括补偿器的型式、规格、材质、固定支架间距、安装质量,校核安装时环境温度、操作温度及安装预拉量等与设计条件是否相符,同时应附安装示意图。

6. 补偿器宜进行防腐和保温处理,采用的防腐和保温材料不得影响补偿器的使用寿命。

7. 波纹管补偿器安装应符合下列规定:

(1) 波纹管补偿器应与管道保持同轴。

(2) 有流向标记(箭头)的补偿器,安装时应使流向标记与管道介质流向一致。

8. 焊制套筒补偿器安装应符合下列规定:

(1) 焊制套筒补偿器应与管道保持同轴。

(2) 焊制套筒补偿器芯管外露长度及大于设计规定的伸缩长度,芯管端部与套管内挡圈之间的距离应大于管道冷收缩量。

(3) 采用成型填料圈密封的焊制套筒补偿器,填料的品种及规格应符合设计规定,填料圈的接口应做成与填料箱圆柱轴线成 45°的斜面,填料应逐圈装入,逐圈压紧,各圈接口应相互错开。

(4) 采用非成型填料的补偿器,填注密封填料时应按规定依次均匀注压。

9. 直埋补偿器的安装应符合下列规定:

(1) 回填后固定端应可靠锚固,活动端应能自由活动。

(2) 带有预警系统的直埋管道中,在安装补偿器处,预警系统连线应做相应的处理。

10. 一次性补偿器的安装应符合下列规定:

(1) 一次性补偿的预热方式视施工条件可采用电加热或其他热媒预热管道,预热升温温度应达到设计的指定温度。

(2) 预热到要求温度后,应与一次性补偿器的活动端缝焊接,焊缝外观不得有缺陷。

11. 球形补偿器的安装应符合下列规定:

(1) 与球形补偿器相连接的两垂直臂的倾斜角度应符合设计要求,外伸部分应与管道坡度保持一致。

(2) 试运行期间,应在工作压力和工作温度下进行观察,应转动灵活,密封良好。

12. 方型补偿器的安装应符合下列规定：

（1）水平安装时，垂直臂应水平放置，平行臂应与管道坡度相同。

（2）垂直安装时，不得在弯管上开孔安装放风管和排水管。

（3）方形补偿器处滑托的预偏移量应符合设计要求。

（4）冷紧应在两端同时、均匀、对称地进行，冷紧值的允许误差为 10mm。

# 防腐层施工质量检查记录

| | | 编 号 | ×××|
|---|---|---|---|

| 工程名称 | ××市××路燃气管线工程 | | |
|---|---|---|---|
| 施工单位 | ××市政建设集团有限公司 | | |
| 管道(设备)规格 | DN 500 | 防腐材料 | 环氧煤沥青 |
| 执行标准 | CJJ 33—2005 | 防腐等级 | 加强级 |
| 设计最小厚度 | 0.6mm | 检查日期 | 2015 年 6 月 7 日 |
| 设计检漏电压 | 5 kV | 实际检漏电压 | 5 kV |

| 检查区域(桩号) | 检查部位 | | 检查项目及结果 | | | | |
|---|---|---|---|---|---|---|---|
| | 本体 | 固定口 | 厚度(最小值)(mm) | 电绝缘性检查 | 外观检查 | 粘结力检查 | 现场除锈 |
| T1—T2 | | T19 | 0.8 | 合格 | 合格 | 合格 | |
| T2—T3 | | T22 | 0.8 | 合格 | 合格 | 合格 | |
| T3—T4 | | T34 | 0.8 | 合格 | 合格 | 合格 | |
| T4—T5 | | T48 | 0.8 | 合格 | 合格 | 合格 | |
| T5—T8 | | T72 | 0.8 | 合格 | 合格 | 合格 | |
| T5—T8 | | T81 | 0.8 | 合格 | 合格 | 合格 | |
| T5—T8 | | T114 | 0.8 | 合格 | 合格 | 合格 | |
| T8—T9 | | T107 | 0.8 | 合格 | 合格 | 合格 | |
| T9—T10 | | T102 | 0.8 | 合格 | 合格 | 合格 | |
| T10—T11 | | T91 | 0.8 | 合格 | 合格 | 合格 | |
| | | | | | | | |
| | | | | | | | |
| | | | | | | | |
| | | | | | | | |

检查结论：

☑ 合 格

☐ 不合格

| 监理(建设)单位 | 施工单位 | | |
|---|---|---|---|
| | 技术负责人 | 施工员 | 质检员 |
| ××× | ××× | ××× | ××× |

本表由施工单位填写。

# 《防腐层施工质量检查记录》填表说明

本表参照《给水排水管道工程施工及验收规范》(GB 50268)标准填写。

**【填写依据】**

外防腐层的外观、厚度、电火花试验、粘结力应符合设计要求,设计无要求时应符合表4—40的规定:

表4—40　　　　　　外防腐层的外观、厚度、电火花试验、粘结力的技术要求

| 材料种类 | 防腐等级 | 构造 | 厚度(mm) | 外观 | 电火花试验 | | 粘结力 |
|---|---|---|---|---|---|---|---|
| 石油沥青涂料 | 普通级 | 三油二布 | ≥4.0 | 外观均匀无褶皱、空泡、凝块 | 16kV | 用电火花检漏仪检查无打火花现象 | 以夹角为45°~60°边长10~50mm的切口,从角尖端撕开防腐层:首层沥青层应100%地粘附在管道的外表面 |
| | 加强级 | 四油三布 | ≥5.5 | | 18kV | | |
| | 特加强级 | 五油四布 | ≥7.0 | | 20kV | | |
| 环氧煤沥青涂料 | 普通级 | 三油 | ≥0.3 | | 2kV | | 以小刀割开一舌形切口,用力撕开切口处的防腐层,管道表面仍为漆皮所覆盖,不得露出金属表面 |
| | 加强级 | 四油一布 | ≥0.4 | | 2.5kV | | |
| | 特加强级 | 六油二布 | ≥0.6 | | 3kV | | |
| 环氧树脂玻璃钢 | 加强级 | — | ≥3 | 外观平整光滑、色泽均匀,无脱层、起壳和固化不完全等缺陷 | 3~3.5kV | | 以小刀割开一舌形切口,用力撕开切口处的防腐层,管道表面仍为漆皮所覆盖,不得露出金属表面 |

| 牺牲阳极埋设记录 | | 编　号 | ××× |
|---|---|---|---|

| 工程名称 | ××市××路燃气管线工程 | | |
|---|---|---|---|
| 施工单位 | ××市政建设集团有限公司 | | |
| 安装单位 | ××工程技术有限公司 | | |

| 序号 | 埋设位置（桩号） | 阳极类型 | 规　格 | 数量 | 埋设日期 | 阳极开路电位（−V） | | | 备注 |
|---|---|---|---|---|---|---|---|---|---|
| A1 | K0+100 | 镁合金 | 11kg/支 | 3 | 2015.5.20 | 1.521 | 1.569 | 1.518 | |
| A2 | K0+400 | 镁合金 | 11kg/支 | 3 | 2015.6.19 | 1.564 | 1.541 | 1.578 | |
| A3 | K0+510 | 锌阳极 | 25kg/支 | 1 | 2015.6.19 | | 1.041 | | |
| AD1 | K0+540 | 镯式阳极 | DN500 | 1 | 2015.6.19 | | | | 穿越××铁路 |
| A4 | K0+600 | 锌阳极 | 25kg/支 | 1 | 2015.6.22 | | 1.082 | | |
| AD2 | K0+670 | 镯式阳极 | DN500 | 1 | 2015.6.19 | | | | 穿越规划暗河 |
| AD3 | K0+697 | 镯式阳极 | DN500 | 1 | 2015.6.19 | | | | 穿越规划暗河 |
| A5 | K0+750 | 镁合金 | 11kg/支 | 3 | 2015.4.12 | 1.565 | 1.547 | 1.566 | |
| C1 | K0+900 | | | | 2015.4.12 | | | | 中间点测试桩 |
| A6 | K0+000 | 镁合金 | 11kg/支 | 3 | 2015.6.22 | 1.561 | 1.578 | 1.591 | |
| | | | | | | | | | |
| | | | | | | | | | |
| | | | | | | | | | |
| | | | | | | | | | |
| | | | | | | | | | |
| | | | | | | | | | |
| | | | | | | | | | |
| | | | | | | | | | |
| | | | | | | | | | |

| 技术负责人 | 施工员 | 质检员 |
|---|---|---|
| ××× | ××× | ××× |

本表由施工单位填写。

# 《牺牲阳极埋设记录》填表说明

本表参照《给水排水管道工程施工及验收规范》(GB 50268)标准填写。

【填写依据】

1. 牺牲阳极保护法的施工应符合下列规定：

(1)根据工程条件确定阳极施工方式,立式阳极宜采用钻孔法施工,卧式阳极宜采用开槽法施工；

(2)牺牲阳极使用之前,应对表面进行处理、清除表面的氧化膜及油污；

(3)阳极连接电缆的埋设深度不应小于 0.7m,四周应垫有 50～100mm 厚的细砂,砂的顶部应覆盖水泥护板或砖,敷设电缆要留有一定富裕量；

(4)阳极电缆可以直接焊接到被保护管道上,也可通过测试桩中的连接片相连。与钢质管道相连接的电缆应采用铝热焊接技术,焊点应重新进行防腐绝缘处理,防腐材料、等级应与原有覆盖层一致；

(5)电缆和阳极钢芯宜采用焊接连接,双边焊缝长度不得小于 50mm；电缆与阳极钢芯焊接后,应采取防止连接部位断裂的保护措施；

(6)阳极端面、电缆连接部位及钢芯均要防腐、绝缘；

(7)填料包可在室内或现场包装,其厚度不应小于 50mm；并应保证阳极四周的填料包厚度一致、密实；预包装的袋子须用棉麻织品,不得使用人造纤维织品；

(8)填包料应调拌均匀,不得混入石块、泥土、杂草等；阳极埋地后应充分灌水,并达到饱和；

(9)阳极埋设位置一般距管道外壁 3～5m,不宜小于 0.3m,埋设深度(阳极顶部距地面)不应小于 1m。

2. 牺牲阳极埋设时应由安装单位对阳极埋设位置(管线桩号)、阳极类型、规格、数量、牺牲阳极开路电位等进行检查并记录。

| 顶管施工记录 | | | | | | | | | 编　号 | | ×××　 | |
|---|---|---|---|---|---|---|---|---|---|---|---|---|

| 工程名称 | ××市××路排水工程 | | | | | | | | | | | |
|---|---|---|---|---|---|---|---|---|---|---|---|---|
| 施工单位 | ××市政建设集团有限公司 | | | | | | | | | | | |
| 位置(桩号) | Y10 | | | 管材 | 钢筋混凝土管 | | | 管径 | | 1600mm | | |
| 顶进设备规格 | ×× | | | 顶进推力 | 23167kN | | | 顶进措施 | | | | |
| 接管形式 | 平接口 | | | 土质 | 淤泥质黏土 | | | 水文状况 | | | | |

| 日期(月/日) | 班次 | 进尺(m) | 累计进尺(m) | 中线位移偏差(mm) | | 管底高程偏差(mm) | | 相邻管间错口(mm) | 对顶管节错口(mm) | 最大顶力(t) | 发生意外情况及采取的措施 |
|---|---|---|---|---|---|---|---|---|---|---|---|
| | | | | 偏左 | 偏右 | 偏上 | 偏下 | | | | |
| 8/2 | 8:10 | 1.0 | 5.30 | 12 | | 7 | | 10 | 11 | | |
| 8/2 | 12:05 | 1.0 | 6.30 | 9 | | 5 | | 12 | 9 | | |
| 8/2 | 16:20 | 1.0 | 7.30 | 3 | | 13 | | 7 | 14 | | |
| 8/2 | 20:01 | 1.0 | 8.30 | | 18 | 17 | | 16 | 12 | | |
| 8/2 | 0:03 | 1.0 | 9.30 | | 21 | 10 | | 13 | 18 | | |
| 8/3 | 4:12 | 1.0 | 10.30 | | 29 | | 18 | 10 | 22 | | |
| 8/3 | 8:15 | 1.0 | 11.30 | 14 | | | 11 | 8 | 17 | | |
| | | | | | | | | | | | |
| | | | | | | | | | | | |
| | | | | | | | | | | | |
| | | | | | | | | | | | |
| | | | | | | | | | | | |
| | | | | | | | | | | | |
| | | | | | | | | | | | |
| | | | | | | | | | | | |

备注:

| 技术负责人 | ××× | 质检员 | ××× | 测量人 | ××× |
|---|---|---|---|---|---|

本表由施工单位填写。

# 《顶管施工记录》填表说明

本表参照《给水排水管道工程施工及验收规范》(GB 50268)标准填写。

**【填写依据】**

1. 顶进作业应符合下列规定:

(1)应根据土质条件、周围环境控制要求、顶进方法、各项顶进参数和监控数据、顶管机工作性能等,确定顶进、开挖、出土的作业顺序和调整顶进参数;

(2)掘进过程中应严格量测监控,实施信息化施工,确保开挖掘进工作面的土体稳定和土(泥水)压力平衡;并控制顶进速度、挖土和出土量,减少土体扰动和地层变形;

(3)采用敞口式(手工掘进)顶管机,在允许超挖的稳定土层中正常顶进时,管下部135°范围内不得超挖;管顶以上超挖量不得大于15mm(见图4—1);

(4)管道顶进过程中,应遵循"勤测量、勤纠偏、微纠偏"的原则,控制顶管机前进方向和姿态,并应根据测量结果分析偏差产生的原因和发展趋势,确定纠偏的措施;

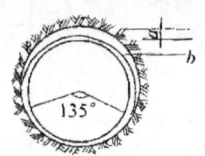

图4—1　超挖示意图

(5)开始顶进阶段,应严格控制顶进的速度和方向;

(6)进入接收工作井前应提前进行顶管机位置和姿态测量,并根据进口位置提前进行调整;

(7)在软土层中顶进混凝土管时,为防止管节飘移,宜将前3~5节管体与顶管机联成一体;

(8)钢筋混凝土管接口应保证橡胶圈正确就位;钢管接口焊接完成后,应进行防腐层补口施工,焊接及防腐层检验合格后方可顶进;

(9)应严格控制管道线形,对于柔性接口管道,其相邻管间转角不得大于该管材的允许转角。

2. 施工的测量与纠偏应符合下列规定:

(1)施工过程中应对管道水平轴线和高程、顶管机姿态等进行测量,并及时对测量控制基准点进行复核;发生偏差时应及时纠正;

(2)顶进施工测量前应对井内的测量控制基准点进行复核;发生工作井位移、沉降、变形时应及时对基准点进行复核;

(3)管道水平轴线和高程测量应符合下列规定:

1)顶进工作井进入土层每顶进300mm,测量不应少于一次;正常顶进时,每顶进1000mm,测量不应少于一次;

2)进入接收工作井前30m应增加测量,每顶进300mm,测量不应少于一次;

3)全段顶完后,应在每个管节接口处测量其水平轴线和高程;有错口时,应测出相对高差;

4)纠偏量较大、或频繁纠偏时应增加测量次数;

5)测量记录应完整、清晰;

(4)距离较长的顶管,宜采用计算机辅助的导线法(自动测量导向系统)进行测量;在管道内增设中间测站进行常规人工测量时,宜采用少设测站的导线法。每次测量均应对中间测站进行复核;

(5)纠偏应符合下列规定:

1)顶管过程中应绘制顶管机水平与高程轨迹图、顶力变化曲线图、管节编号图,随时掌握顶进方向和趋势;

2)在顶进中及时纠偏;

3)采用小角度纠偏方式;

4)纠偏时开挖面土体应保持稳定;采用挖土纠偏方式,超挖量应符合地层变形控制和施工设计要求;

5)刀盘式顶管机应有纠正顶管机旋转措施。

【填写要点】

1.本表适用于非开挖部位地下给排水和小三线管道施工,顶进分项管道工程检验批质量的检查验收记录。

2.本记录按《给水排水管道工程施工及验收规范》(GB 50268—2008)要求,由每班施工队员提拱原始资料,测量员每测一次认真负责填写一次。

3.填写注意事项:

土质应视掘进出土实际情况鉴定;坡度增减按设计变坡点界定。上坡(上游)为"一"、下坡(下游)为"十";高程偏差与中心偏差以毫米计。

| 浅埋暗挖法施工检查记录 | | 编　号 | ××× |
|---|---|---|---|
| 工程名称 | ××市××路(××路～××路)热力外线工程 | | |
| 施工单位 | ××市政建设集团有限公司 | | |
| 施工部位<br>(桩号) | 隧道(K0+008.05～K0+034.4) | 检查日期 | 2015 年 7 月 2 日 |
| 防水层做法 | LDPE 片材防水 | 二衬做法 | C30S8 抗渗混凝土 |
| 检查项目 | 检查内容及要求 | 允许偏差 | 检查结果 |
| 结构尺寸 | 宽度 | | |
| | 拱度 | | |
| | 高度 | | |
| | 接茬平整度 | | |
| | 垂直度 | | |
| | 内壁平整度 | | |
| | 格栅间距 | | |
| | 中线左右偏差 | | |
| | 高程偏差 | | |
| 混凝土质量等级 | 是否符合设计要求(抗压、抗折、抗渗) | | 合格 |
| 外观质量 | 内表面光滑、密实、止水带位置<br>准确、防水层不渗不漏。 | | 合格 |

综合结论:
☑ 合　格
☐ 不合格

| 监理(建设)<br>单位 | 单位 | 施工单位 | | |
|---|---|---|---|---|
| | | 技术负责人 | 施工员 | 质检员 |
| ××× | ××× | ××× | ××× | ××× |

本表由施工单位填写。

# 《浅埋暗挖法施工检查记录》填表说明

本表参照《给水排水管道工程施工及验收规范》(GB 50268)标准填写。

**【填写依据】**

1.原材料的产品质量保证资料应齐全,每生产批次的出厂质量合格证明书及各项性能检验报告应符合国家相关标准规定和设计要求;

检查方法:检查产品质量合格证明书、各项性能检验报告、进场复验报告。

2.伸缩缝的设置必须根据设计要求,并应与初期支护变形缝位置重合;

检查方法:逐缝观察;对照设计文件检查。

3.混凝土抗压、抗渗等级必须符合设计要求。

检查数量:

(1)同一配比,每浇筑一次垫层混凝土为一验收批,抗压强度试块各留置一组;同一配比,每浇筑管道每30m混凝土为一验收批,抗压强度试块留置2组(其中1组作为28d强度);如需要与结构同条件养护的试块,其留置组数可根据需要确定;

(2)同一配比,每浇筑管道30m混凝土为一验收批、留置抗渗试块1组;

检查方法:检查混凝土抗压、抗渗试件的试验报告。

4.模板和支架的强度、刚度和稳定性,外观尺寸、中线、标高、预埋件必须满足设计要求;模板接缝应拼接严密,不得漏浆;

检查方法:检查施工记录、测量记录。

5.止水带安装牢固,浇筑混凝土时,不得产生移动、卷边、漏灰现象;

检查方法:逐个观察。

6.混凝土表面光洁、密实,防水层完整不漏水;

检查方法:逐段观察。

7.二次衬砌模板安装质量、混凝土施工的允许偏差应分别符合表4-41、表4-42的规定。

表 4-41　　　　二次衬砌模板安装质量的允许偏差

| | 检查项目 | 允许偏差 | 检查数量 | | 检查方法 |
| --- | --- | --- | --- | --- | --- |
| | | | 范围 | 点数 | |
| 1 | 拱部高程(设计标高加预留沉降量) | ±10mm | 每20m | 1 | 用水准仪测量 |
| 2 | 横向(以中线为准) | ±10mm | 每20m | 2 | 用钢尺量测 |
| 3 | 侧模垂直度 | ≤3‰ | 每截面 | 2 | 垂球及钢尺量测 |
| 4 | 相邻两块模板表面高低差 | ≤2mm | 每5m | 2 | 用尺量测,取较大值 |

注:本表项目只适用分项工程检验,不适用分部及单位工程质量验收。

表 4—42　　　　　　　　　　二次衬砌混凝土施工的允许偏差

| 序号 | 检查项目 | 允许偏差（mm） | 检查数量 | | 检查方法 |
|---|---|---|---|---|---|
| | | | 范围 | 点数 | |
| 1 | 中线 | ≤30 | 每5m | 2 | 用经纬仪测量，每侧计一点 |
| 2 | 高程 | +20，—30 | 每20m | 1 | 用水准仪测量 |

**【填写要点】**

　　浅埋暗挖法施工检查记录是采取浅埋暗挖法施工工程在其二衬完工以后，对工程整体情况进行检查的评价记录。检查内容主要包括：工程结构混凝土强度，抗压、抗折、抗渗是否符合设计要求；结构尺寸是否达到质量验收标准；外观质量是否合格等。

　　表内"结构尺寸、中线左右偏差、高程偏差、混凝土强度、外观质量"应按设计要求和有关技术规范规定进行施工并按实际检查结果填写。

| 盾构法施工记录 | | | | | | 编　号 | | ××× | |
|---|---|---|---|---|---|---|---|---|---|

| 工程名称 | | ××段隧道工程 | | | | | | | |
|---|---|---|---|---|---|---|---|---|---|
| 施工单位 | | ××市政工程有限分司 | | | | | | | |
| 施工部位<br>（桩号） | | ×××～××× | | | | 地质状况 | | 粉质黏土 | |
| 盾构型号 | | DYL－3A | | | | 管片合格证<br>编　号 | | 05673178 | |
| 注浆设备 | | 螺旋式注浆机 | | | | 注浆材料 | | 水泥浆 | |

| 日期 | 班次 | 环号 | 中心线<br>水平位移<br>（mm） | | 管底<br>高程 | | 圆环垂<br>直变形<br>（＜__‰D） | 环向错台<br>（≤__ mm） | 管片间错台<br>（≤__ mm） | 备注 |
|---|---|---|---|---|---|---|---|---|---|---|
| | | | 偏左 | 偏右 | （＋） | （－） | | | | |
| 2015.6.11 | 1 | 3 | 100 | | 20 | | 12 | 9 | 14 | |
| 2015.6.11 | 1 | 6 | | 80 | 20 | | 10 | 11 | 12 | |
| 2015.6.11 | 1 | 9 | | 80 | 20 | | 12 | 8 | 15 | |
| 2015.6.11 | 1 | 12 | 110 | | | 60 | 8 | 13 | 11 | |
| 2015.6.11 | 1 | 15 | | 120 | | 50 | 6 | 6 | 9 | |
| 2015.6.11 | 1 | 18 | 100 | | | | 9 | 9 | 13 | |
| 2015.6.12 | 2 | 21 | 110 | | | 80 | 7 | 12 | 12 | |
| 2015.6.12 | 2 | 24 | | 90 | 10 | | 5 | 7 | 8 | |
| 2015.6.12 | 2 | 27 | 100 | | 40 | | 11 | 5 | 5 | |
| 2015.6.12 | 2 | 30 | | 120 | | 40 | 12 | 13 | 10 | |
| 2015.6.12 | 2 | 33 | 110 | | 20 | | 15 | 10 | 12 | |
| 2015.6.12 | 2 | 36 | 80 | | | | 30 | 10 | 8 | . |
| | | | | | | | | | | |
| | | | | | | | | | | |
| | | | | | | | | | | |

| 技术负责人 | ××× | 质检员 | ××× | 测量人 | ××× |
|---|---|---|---|---|---|

本表由施工单位填写。

# 《盾构法施工记录》填表说明

本表参照《盾构法隧道施工与验收规范》(GB 50446)标准填写。

**【填写依据】**

盾构法施工记录适用于盾构法施工完成的管(隧)道工程,记录盾构掘进施工过程中的工程质量情况。

表 4—43                       管道贯通后的允许偏差

| 检查项目 | | 允许偏差(mm) | 检查数量 | | 检查方法 |
|---|---|---|---|---|---|
| | | | 范围 | 点数 | |
| 1 | 相邻管片间的高差 环向 | 15 | 每5环 | 4 | 用钢尺量测 |
| | 相邻管片间的高差 纵向 | 20 | | | 用钢尺量测 |
| 2 | 环缝张开 | 2 | | 1 | 插片检查 |
| 3 | 纵缝张开 | 2 | | | 插片检查 |
| 4 | 衬砌环直径圆度 | $8‰D_1$ | | 4 | 用钢尺量测 |
| 5 | 管底高程 输水管道 | ±150 | | 1 | 用水准仪测量 |
| | 管底高程 套管或管廊 | ±100 | | | 用水准仪测量 |
| 6 | 管道中心水平轴线 | ±150 | | | 用经纬仪测量 |

注:环缝、纵缝张开的允许偏差仅指直线段。

## 盾构管片拼装记录表

| 编　号 | |
|---|---|

| 工程名称 | |
|---|---|
| 施工单位 | |

| 盾构机械类型 | | 设计每环长<br>(mm) | | 设计每环管片<br>数量(片) | |
|---|---|---|---|---|---|

| 管片环号及管片类型 | | 循环节起止桩号 | |
|---|---|---|---|
| 拼装时间 | | | |

| 管片拼装 | 盾尾间隙(mm) | | 上 | 下 | 左 | 右 |
|---|---|---|---|---|---|---|
| | | 拼装前 | | | | |
| | | 拼装后 | | | | |
| | 相邻管片错台(mm) | 环　向 | | | | |
| | | 纵　向 | | | | |
| | 螺栓连接数量(个) | 设计 | | | | |
| | | 实际 | | | | |
| | 管片转动量(mm) | | | | | |

| 备注 | |
|---|---|

| 技术负责人 | | 质检员 | | 测量人 | |
|---|---|---|---|---|---|

本表由施工单位填写。

| 小导管施工记录 | | | | 编　号 | | ××× | | | | |

| 工程名称 | ××市××路(××路～××路)热力外线工程 | | | | | | | | | | |

| 施工单位 | ××市政建设集团有限公司 | | | | 工程部位 | | 隧道(K0＋0.00～K0＋741.5) | | | | |

| 钢管规格 | φ32 | | | | 日期 | | 2015年5月18日 | | | | |

| 序号 | 桩号 | 位置 | 长度(m) | 直径(mm) | 角度(°) | 间距(m) | 根数 | 压力(kg/cm²) | 浆量(L) | 施工班次 |
|---|---|---|---|---|---|---|---|---|---|---|
| 1 | K0＋734.85 | 拱顶 | 1.75 | 32 | 11 | 0.3 | 18 | 0.4 | 0.44 | |
| 2 | K0＋734.35 | 拱顶 | 1.75 | 32 | 12 | 0.3 | 18 | 0.3 | 0.42 | |
| 3 | K0＋733.85 | 拱顶 | 1.75 | 32 | 10 | 0.3 | 18 | 0.2 | 0.43 | |
| 4 | K0＋733.35 | 拱顶 | 1.75 | 32 | 13 | 0.3 | 18 | 0.2 | 0.45 | |
| 5 | K0＋732.85 | 拱顶 | 1.75 | 32 | 10 | 0.3 | 18 | 0.2 | 0.46 | |
| | | | | | | | | | | |
| | | | | | | | | | | |
| | | | | | | | | | | |
| | | | | | | | | | | |
| | | | | | | | | | | |
| | | | | | | | | | | |

草图：

| 技术负责人 | 质检员 | 记录人 |
|---|---|---|
| ××× | ××× | ××× |

本表由施工单位填写。

| 大管棚施工记录 | | 编　号 | | ×××|
|---|---|---|---|---|

| 工程名称 | | ××地铁工程 | | | |
|---|---|---|---|---|---|
| 施工单位 | | ××市政建设集团 | 工程部位 | ××～×× | |
| 钢管规格 | φ319×6 | 起止桩号 | K0+085～<br>K0+210 | 施工日期 | ××年×月×日 |

| 钻孔数 | 钻孔<br>角度 | 钻孔<br>深度 | 钻孔间距 | 总进尺 | 开钻<br>时间 | 结束<br>时间 | 钻孔<br>口径 | 钻机<br>型号 |
|---|---|---|---|---|---|---|---|---|
| | 117° | 10m | 3m | 5m | 8:00 | 11:00 | 80mm | ×× |

| 编号 | 情　况 | 长度(m) | 编号 | 情　况 | 长度<br>(m) |
|---|---|---|---|---|---|
| 1 | 管内填充材料采用混凝土<br>管节连续紧固 | 2 | | | |
| | | | | | |
| | | | | | |
| | | | | | |
| | | | | | |
| | | | | | |
| | | | | | |
| | | | | | |

草图：

| 监理(建设)单位 | 施工单位 | | |
|---|---|---|---|
| | 技术负责人 | 施工员 | 质检员 |
| ××× | ××× | ××× | ××× |

本表由施工单位填写。

# 《小导管、大管棚施工记录》填表说明

本表参照《地铁工程施工及验收规范》(GB 50299)标准填写。

**【填写依据】**

1.超前导管或管棚应进行设计,其参数值应符合表4-44要求:

表4-44 导管和管棚设计参数

| 支护形式 | 适用地层 | 钢管直径(mm) | 钢管长度(m) | | 钢管钻设计浆孔的间距 | 钢管沿拱的环向布置间距(mm) | 钢管沿拱的环向外侧角 | 沿隧道纵向的两排钢管搭接长度(mm) |
|---|---|---|---|---|---|---|---|---|
| | | | 每根长 | 总长度 | | | | |
| 导管 | 上层 | 40~50 | 3~5 | 3~5 | 100~150 | 300~500 | 5°~15° | 1 |
| 管棚 | 土层或不稳定岩石 | 80~180 | 4~6 | 10~40 | 100~150 | 300~500 | 不大于3° | 1.5 |

注:1 导管和管棚采用的钢管应直顺,其不钻入围岩部分可不钻孔;

2 导管如锤击打入时,尾部应补强,前端应加工成尖锥形;

3 管棚采用的钢管纵向连接丝扣长度不小于150mm,管棚长200mm,并均采用厚壁钢管制作。

2.导管和管棚安装前应将工作面封闭严密、牢固,清理干净并侧放出钻孔位置后方可施工。

3.导管采用钻孔施工时,其孔眼深度应大于导管长度;采用锤击或钻机顶入时,其顶入长度不应小于管长的90%。

4.管棚施工应符合下列规定:

(1)钻孔的外摆角允许偏差为5%;

(2)钻孔应由高孔位向低孔位进行;

(3)钻孔孔径应比钢管直径大30~40mm;

(4)遇长钻、坍孔时应注浆后重钻;

(5)钻孔合格后应及时安装钢管,其接长时连接必须牢固口。

| 隧道支护施工记录 | | | 编 号 | | | ×××| | | |
|---|---|---|---|---|---|---|---|---|---|

| 工程名称 | ××市××路(××路～××路)热力外线工程 | | | | | | | | |
|---|---|---|---|---|---|---|---|---|---|
| 施工单位 | ××市政建设集团有限公司 | | | | | | | | |

| 桩号 | 施工部位 | 围岩状况 | 格栅间距(mm) | 中线偏差(mm) | 标高偏差(mm) | 格栅连接状况 | 喷混凝土厚度(cm) | 混凝土强度等级(MPa) | 班次 |
|---|---|---|---|---|---|---|---|---|---|
| K0+734.85 | 拱项 | 无 | 500 | 3 | 4 | 符合要求 | 300 | C20 | |
| K0+734.85 | 拱项 | 无 | 500 | 6 | 2 | 符合要求 | 300 | C20 | |
| K0+734.85 | 拱项 | 无 | 500 | 2 | 3 | 符合要求 | 300 | C20 | |
| K0+734.85 | 拱项 | 无 | 500 | 1 | 4 | 符合要求 | 300 | C20 | |
| K0+734.85 | 拱项 | 无 | 500 | 2 | 5 | 符合要求 | 300 | C20 | |
| K0+734.85 | 拱项 | 无 | 500 | 3 | 2 | 符合要求 | 300 | C20 | |
| K0+734.85 | 拱项 | 无 | 500 | 2 | 1 | 符合要求 | 300 | C20 | |
| | | | | | | | | | |
| | | | | | | | | | |
| | | | | | | | | | |
| | | | | | | | | | |
| | | | | | | | | | |
| | | | | | | | | | |
| | | | | | | | | | |

| 监理(建设)单位 | 施工单位 | | |
|---|---|---|---|
| | 技术负责人 | 施工员 | 质检员 |
| ××× | ××× | ××× | ××× |
| ××年×月×日 | ××年×月×日 | ××年×月×日 | ××年×月×日 |

本表由施工单位填写。

# 《隧道支护施工记录》填表说明

本表参照《地铁工程施工及验收规范》(GB 50299)标准填写。

**【填写依据】**

隧道结构竣工后混凝土抗压强度和抗渗压力必须符合设计要求,无露筋露石,裂缝应修补好,结构允许偏差值应符合表4-45规定。

表 4-45　　　　　　　　　　　　　隧道结构允许偏差

| 项目 | 允　许　偏　差 | | | | | | | | | | | | 检查方法 |
|---|---|---|---|---|---|---|---|---|---|---|---|---|---|
| | 垫层 | 先贴防水保护层 | 后贴防水保护层 | 底板 | 顶板 | | 墙 | | 柱子 | 变形缝 | 预留洞 | 预埋件 | |
| | | | | | 上表面 | 下表面 | 内墙 | 外墙 | | | | | |
| 平面位置 | ±30 | — | — | | — | — | ±10 | ±15 | 纵向±20 横向±10 | ±10 | ±20 | ±20 | 以线路中线为准用尺检查 |
| 垂直度(‰) | | | | | — | — | 2 | 3 | 1.5 | 3 | — | — | 线锤加尺检查 |
| 直顺度 | — | — | — | | — | — | — | — | 5 | — | — | — | 拉线检查 |
| 平整度 | 5 | 5 | 10 | 15 | 5 | 10 | 5 | 10 | 5 | | | | 用2m靠尺检查 |
| 高程 | +5 -10 | +0 -10 | +20 -10 | ±20 | +30 0 | +30 0 | — | — | | | | | 用水准仪测量 |
| 厚度 | ±10 | — | | ±15 | ±10 | | ±15 | | — | | | | 用尺检查 |

| 注浆检查记录 | | | 编　号 | ×××  |
|---|---|---|---|---|
| | | | | |

| 工程名称 | ××市地铁×号线××站～××站区间工程 | | | | |
|---|---|---|---|---|---|
| 施工单位 | ××城建地铁工程有限公司 | | | | |
| 注浆材料 | 水泥、膨润土（钠土）、粉煤灰、水玻璃、缓凝剂 | | 注浆设备型号 | 浆液站 | |
| 注浆位置（环号） | 注浆日期 | 注浆压力（MPa） | 注入材料量（kg） | 饱满情况 | 备注 |
| 01 | 2015.5.11 | 0.27 | 2.62 | 饱满 | |
| 02 | 2015.5.12 | 0.28 | 2.95 | 饱满 | |
| 03 | 2015.5.13 | 0.26 | 2.69 | 饱满 | |
| 04 | 2015.5.13 | 0.28 | 2.55 | 饱满 | |
| 05 | 2015.5.14 | 0.26 | 2.74 | 饱满 | |
| 06 | 2015.5.14 | 0.28 | 2.64 | 饱满 | |
| 07 | 2015.5.15 | 0.25 | 2.75 | 饱满 | |
| 08 | 2015.5.15 | 0.27 | 2.64 | 饱满 | |
| 09 | 2015.5.16 | 0.25 | 2.78 | 饱满 | |
| 10 | 2015.5.16 | 0.25 | 2.67 | 饱满 | |
| | | | | | |
| | | | | | |
| | | | | | |
| | | | | | |
| | | | | | |

其他说明：

| 监理（建设）单位 | 施工单位 | | |
|---|---|---|---|
| | 技术负责人 | 质检员 | 记录人 |
| ××× | ××× | ××× | ××× |

本表由施工单位填写。

# 《注浆检查记录》填表说明

本表参照《地铁工程施工及验收规范》(GB 50299)标准填写。

**【填写依据】**

1.锚杆注浆应符合下列规定:

(1)水泥应采用 525 号以上的普通硅酸盐水泥,必要时可掺外加剂。

(2)水泥浆液的水灰比应为 0.4~0.5,水泥砂浆灰砂比宜为 1:1~1:2。

(3)锚固段注浆必须饱满密实,并宜采用二次注浆,注浆压力宜为 0.4~0.6MPa。接近地表或地下构筑物及管线的锚杆,应适当控制注浆压力。

2.超前预注浆施工应符合下列规定:

(1)注浆段的长度应满足设计要求。

(2)注浆管应根据设计要求选用。

(3)注浆孔的布置角度及深度应符合设计要求。

(4)注浆作业应满足下列要求:

1)注浆前应进行压水或压入稀浆试验,发现与设计不符时,应立即调整。

2)在涌水量大、压力高的地段钻孔时,应先设置带闸阀的孔口管;当面围岩破碎时,应先设置止浆墙和孔口管。

3)分段注浆时,应设置止浆塞。

4)注浆过程中应做好施工记录,发现问题应及时处理。

3.质量检验及标准

(1)超前锚杆施工质量应符合表 4—46 的规定

表 4—46　　　　　　　　　　超前锚杆施工质量标准

| 序号 | 项目 | 规定值或允许偏差 | 检查方法 |
|---|---|---|---|
| 1 | 长度 | 不小于设计 | 尺量 |
| 2 | 孔位(mm) | ±50 | 尺量 |
| 3 | 钻孔深度(mm) | ±50 | 尺量 |
| 4 | 孔径 | 符合设计要求 | 尺量 |

(2)超前小导管注浆施工质量应符合表 4—47 的规定

表 4—47　　　　　　　　　　超前小导管注浆施工质量标准

| 序号 | 项目 | 规定值或允许偏差 | 检查方法和频率 |
|---|---|---|---|
| 1 | 长度 | 不小于设计 | 尺量:检查 10% |
| 2 | 孔位(mm) | ±50 | 尺量:检查 10% |
| 3 | 钻孔深度(mm) | ±50 | 尺量:检查 10% |
| 4 | 孔径 | 符合设计要求 | 尺量:检查 10% |
| 5 | 注浆压力 | 符合设计要求 | 压力表:全部检查 |

# 水平定向钻导向孔钻进施工记录

| | | 编　　号 | | |

| 工程名称 | | | | |
|---|---|---|---|---|
| 施工单位 | | | | |
| 分包单位 | | | 项目负责人 | |
| 施工地点(桩号) | | | 施工日期 | |
| 钻机型号 | | | 导向设备 | |
| 开钻时间 | | | 结束时间 | |
| 司钻员 | | | 导向员 | |

| 钻杆 | | 累计长度(m) | 深度(mm) | | 方位角(°) | 左右偏差值(m) | | 倾斜角(°) | | 备注 |
|---|---|---|---|---|---|---|---|---|---|---|
| 编号 | 长度 | | 设计 | 实际 | | 左 | 右 | 设计 | 实际 | |
| 1 | | | | | | | | | | |
| 2 | | | | | | | | | | |
| 3 | | | | | | | | | | |
| 4 | | | | | | | | | | |
| 5 | | | | | | | | | | |
| 6 | | | | | | | | | | |
| 7 | | | | | | | | | | |
| 8 | | | | | | | | | | |
| 9 | | | | | | | | | | |
| 10 | | | | | | | | | | |
| 11 | | | | | | | | | | |
| 12 | | | | | | | | | | |
| 13 | | | | | | | | | | |
| 14 | | | | | | | | | | |
| 15 | | | | | | | | | | |
| 16 | | | | | | | | | | |
| 17 | | | | | | | | | | |
| 18 | | | | | | | | | | |
| 19 | | | | | | | | | | |
| 20 | | | | | | | | | | |

备注：

| 分包单位<br>质量自查结果 | 技术负责人：　　　　质检员：　　　　　施工员(工长)<br><br>年　月　日 |
|---|---|
| 施工单位<br>质量检查结果 | 质检员：<br><br>年　月　日 |
| 监理(建设)<br>单位验收意见 | 监理工程师(建设项目负责人)：<br><br>年　月　日 |

本表由专业施工单位填写。

# 水平定向钻回扩(拖)记录

| 编　号 | |
|---|---|

| 工程名称 | | | |
|---|---|---|---|
| 施工单位 | | | |
| 分包单位 | | 项目经理 | |
| 施工地点(桩号) | | 施工长度 | m |
| 钻机型号 | | 钻杆长度 | m |
| 钻头类型 | | 钻头直径 | mm |
| 旋转接头型号 | | 管道直径 | mm |
| 施工日期 | | 年 月 日—— 年 月 日 | |
| 开机时间 | 时 分 | 结束时间 | 时 分 |
| 作业内容 | □ 回扩；　　□ 回拖； | | |

| 钻杆编号 | 扭矩(kN) | 回拉(拖)力(kN·m) | 泥浆压力(MPa) | 泥浆用量(1/min) | 钻杆编号 | 扭矩(kN) | 回拉(拖)力(kN·m) | 泥浆压力(MPa) | 泥浆用量(1/min) |
|---|---|---|---|---|---|---|---|---|---|
| 1 | | | | | 16 | | | | |
| 2 | | | | | 17 | | | | |
| 3 | | | | | 18 | | | | |
| 4 | | | | | 19 | | | | |
| 5 | | | | | 20 | | | | |
| 6 | | | | | 21 | | | | |
| 7 | | | | | 22 | | | | |
| 8 | | | | | 23 | | | | |
| 9 | | | | | 24 | | | | |
| 10 | | | | | 25 | | | | |
| 11 | | | | | 26 | | | | |
| 12 | | | | | 27 | | | | |
| 13 | | | | | 28 | | | | |
| 14 | | | | | 29 | | | | |
| 15 | | | | | 30 | | | | |

备注：

| 分包单位质量自查结果 | 技术负责人：　　施工员：　　质检员：　　施工员(工长) 年 月 日 |
|---|---|
| 施工单位质量检查结果 | 专业技术负责人：　　　质检员：　　　　　　年 月 日 |
| 监理(建设)单位验收意见 | 监理工程师(建设项目负责人)：　　　　　　年 月 日 |

本表由专业施工单位填写。

# 无损检测委托单

| | | 编　号 | |
|---|---|---|---|

| 工程名称 | | | |
|---|---|---|---|
| 施工单位 | | 质检员 | |
| 监理单位 | | 专业监理工程师 | |
| 委托检测单位 | | | |
| 检测执行标准 | | 合格级别 | |

以下焊口已经焊接完成,经外观检查合格,请按以下方法于＿＿＿年＿＿月＿＿日时后进行:

【□RT(射线)、□UT(超声波)、□MT(磁粉)、□PT(渗透)、□＿＿＿＿＿＿＿】

本检验批焊口(应拍片)总数＿＿＿道(张),要求检验比例:＿＿＿%

委托单位: 　　　　　　　　　　　　　　　　　　　　　　　　联系人及电话:

| 序号 | 焊口编号 | 规格 | 材质 | 焊接方式 | 坡口形式 | 焊工(机组)代号 | 焊接完成时间(月/日/时) | 备注 |
|---|---|---|---|---|---|---|---|---|
| | | | | | | | | |
| | | | | | | | | |
| | | | | | | | | |
| | | | | | | | | |
| | | | | | | | | |
| | | | | | | | | |
| | | | | | | | | |
| | | | | | | | | |
| | | | | | | | | |
| | | | | | | | | |
| | | | | | | | | |
| | | | | | | | | |
| | | | | | | | | |
| | | | | | | | | |
| | | | | | | | | |
| | | | | | | | | |
| | | | | | | | | |
| 其他说明 | | | | | | | | |

监理人员: 　　施工技术负责人(质量检查员): 　　　　　　　检测单位:

日期: 　　　年　　月　　日　　时

此表由施工单位填写。

4.5.2.5　厂(场)、站设备安装工程施工记录

| 设备基础检查验收记录 | | 编　号 | ×××　 |
|---|---|---|---|
| | | | |
| 工程名称 | ××污水处理厂 | 设备名称 | ××× |
| 基础施工单位 | ××市政工程有限公司 | 设备位号 | 16 |
| 设备安装单位 | ××设备安装工程公司 | 验收日期 | 2015 年 6 月 3 日 |

| | 检查项目 | 设计要求<br>(mm) | 允许偏差<br>(mm) | 实测偏差<br>(mm) |
|---|---|---|---|---|
| 1 | 混凝土强度(MPa) | C30 | —— | C30 |
| 2 | 外观检查:(表面平整度、裂缝、孔洞、蜂窝、麻面、露筋) | 无 | —— | 无 |
| 3 | 基础位置(纵、横轴线) | | ±10 | 6 |
| 4 | 基础顶面标高 | | 5 | 2 |
| 5 | 外形尺寸:基础上平面外形尺寸<br>凸台上平面外形尺寸<br>凹穴尺寸 | | ±15 | +8 |
| 6 | 基础上平面的水平度(包括地坪上需安装设备的部分):每米<br>全长 | | 2 | 1 |
| 7 | 垂直度: | | 3 | 2 |
| 8 | 预埋地脚螺栓:标高(顶端)<br>中心距(在根部和顶部处测量) | | 2 | 1 |
| 9 | 预埋地脚螺栓孔:中心位置<br>深度<br>孔壁的铅垂度(全深) | | 2<br>4<br>2 | 1<br>3<br>1 |
| 10 | 预埋活动地脚螺栓锚板:<br>标高<br>中心位置<br>平整度(带槽的锚板)　　　(每米)<br>平整度(带螺纹的锚板)　　　(每米) | | 3<br>5<br>2<br>2 | 2<br>4<br>1<br>1 |
| 11 | 锅炉 相应两柱子定位中心线的间距 | | 5 | 4 |
| 12 | 各组对称四根柱子定位中心点的两对角线长度之差 | | 10 | 6 |

| 说明: | 附基础示意图: |
|---|---|

结论:　　　☑合　格　　　　　□不合格

| 监理(建设)单位 | 基础施工单位 | | 设备安装单位 | |
|---|---|---|---|---|
| | 施工负责人 | 质检员 | 施工负责人 | 质检员 |
| ××× | ××× | ××× | ××× | ××× |

此表由安装单位填写。

# 《设备基础检查验收记录》填表说明

本表参照《机械设备安装工程施工及验收通用规范》(GB 50231)标准填写。

**【填写依据】**

设备安装前应对设备基础的混凝土强度、外观质量进行检查,并对设备基础纵、横轴线进行复核,对设备基础外形尺寸、水平度、垂直度、预埋地脚螺栓、地脚螺栓孔、预埋栓板以及锅炉设备基础立柱相邻位置、四立柱间对角线等进行量测,并附基础示意图。填写《设备基础检查验收记录》。

表 4-48　　　　　　　　　　　**混凝土设备基础尺寸允许偏差和检验方法**

| 项　目 | | 允许偏差(mm) | 检验方法 |
|---|---|---|---|
| 坐标位置 | | 20 | 钢尺检查 |
| 不同平面的标高 | | 0,-20 | 水准仪或拉线、钢尺检查 |
| 平面外形尺寸 | | ±20 | 钢尺检查 |
| 凸台上平面外形尺寸 | | 0,-20 | 钢尺检查 |
| 凹穴尺寸 | | +20,0 | 钢尺检查 |
| 平面水平度 | 每米 | 5 | 水平尺、塞尺检查 |
| | 全长 | 10 | 水准仪或拉线、钢尺检查 |
| 垂直度 | 每米 | 5 | 经纬仪或吊线、钢尺检查 |
| | 全高 | 10 | |
| 预埋地脚螺栓 | 标高(顶部) | +20,0 | 水准仪或拉线、钢尺检查 |
| | 中心距 | ±2 | 钢尺检查 |
| 预埋地脚螺栓孔 | 中心线位置 | 10 | 钢尺检查 |
| | 深度 | +20,0 | 钢尺检查 |
| | 孔垂直度 | 10 | 吊线、钢尺检查 |
| 预埋活动地脚螺栓锚板 | 标高 | +20,0 | 水准仪或拉线、钢尺检查 |
| | 中心线位置 | 5 | 钢尺检查 |
| | 带槽锚板平整度 | 5 | 钢尺、塞尺检查 |
| | 带螺纹孔锚板平整度 | 2 | 钢尺、塞尺检查 |

注:检查坐标、中心线位置时,应沿纵、横两个方向量测,并取其中的较大值。

| 钢制平台/钢架制作安装检查记录 | | 编　号 | ×　×　× |
|---|---|---|---|

| 工程名称 | ××污水处理厂 | | | |
|---|---|---|---|---|
| 施工单位 | ××市政工程有限公司 | | | |
| 安装位置 | ×　×　× | 图号　W—4—1 | 检查日期 | 2015 年 7 月 18 日 |

| 主要检查项目 | | 主要技术要求 | 检查结果 |
|---|---|---|---|
| 立柱 | 底座与柱基中心线偏差 | 中心线偏差≤20mm | 符合标准要求 |
| | 垂直度偏差 | ≤5mm | 符合标准要求 |
| | 弯曲度偏差 | ≤3mm | 符合标准要求 |
| 立柱对角线偏差 | | ≤10mm | 符合标准要求 |
| 平台标高偏差 | | ≤10mm | 符合标准要求 |
| 栏杆 | 水平度偏差 | ≤10mm | 符合标准要求 |
| | 立柱垂直度偏差 | ≤1.5‰ | 符合标准要求 |
| | 外观 | 平直、无锈 | 符合标准要求 |
| 梯子踏步间距偏差 | | ±15mm | 符合标准要求 |
| 平台边缘围板 | | 牢固、结实、材质、规格 | 符合标准要求 |
| 钢结构构件焊接质量 | | 无气孔、夹渣、凸瘤等 | 符合标准要求 |
| | | | |

有关说明：

综合结论：
☑合格
□不合格

| 监理(建设)单位 | 施工单位 | | |
|---|---|---|---|
| | 技术负责人 | 施工员 | 质检员 |
| ×　×　× | ×　×　× | ×　×　× | ×　×　× |

本表由施工单位填写。

| 设备安装检查记录(通用) | | 编 号 | ×××  |
|---|---|---|---|
| 工程名称 | | ××市××设备安装工程 | |
| 施工单位 | | ××设备安装工程有限公司 | |
| 安装部位 | | | |
| 设备名称 | | 水净化器 | 设备位号 | ×× |
| 规格型号 | ××× | 执行标准 | GB 50321 | 检查日期 | ××年×月×日 |

| 主要检查项目 | | 设计要求(mm) | 允许偏差(mm) | 实测偏差(mm) |
|---|---|---|---|---|
| 标高 | | | 5 | 2 |
| 中心线位置 | 纵向 | | 4 | 1 |
| | 横向 | | 4 | 2 |
| 垂直度 | | | 5 | 3 |
| 水平度 | 纵向 | | 5 | 2 |
| | 横向 | | 5 | 1 |
| 设备固定 | 固定方式 | 焊接 | | |
| | 设备垫铁安装 | 合格 | | |
| | | | | |
| | | | | |

说明:

综合结论:
☑合格
□不合格

| 监理(建设)单位 | 施工单位 | | |
|---|---|---|---|
| | 技术负责人 | 施工员 | 质检员 |
| ××× | ××× | ××× | ××× |

本表由施工单位填写。

## 《设备安装检查记录(通用)》填表说明

本表参照《机械设备安装工程施工及验收通用规范》(GB 50231)标准填写。

【填写依据】

1.设备就位前,应按施工图和有关建筑物的轴线或边缘线及标高线,划定安装的基准线。

2.互相有连接、衔接或排列关系的设备,应划定共同的安装基准线。必要时,应按设备的具体要求,埋设一般的或永久性的中心标版或基准点。

3.平面位置安装基准线与基础实际轴线或与厂房墙(柱)的实际轴线、边缘线的距离,其允许偏差为+20mm。

4.设备定为基准的面、线或点对安装基准线的平面位置和标高的允许偏差,应符合表4-49的规定。

表4-49　　　　　设备的平面位置和标高对安装基准线的允许偏差

| 项目 | 允许偏差(mm) | |
|---|---|---|
| | 平面位置 | 标高 |
| 与其他设备无机械联系的 | ±10 | +20;-10 |
| 与其他设备有机械联系的 | ±2 | ±1 |

5.设备找正、调平的定位基准面、线或点确定后,设备的找正、调平均应在给定的测量位置上进行检验;复检时亦不得改变原来测量的位置。

6.设备的找正、调平的测量位置,当设备技术文件无规定时,宜在下列部位中选择:

(1)支撑滑动部件的导向面。

(2)保持转运部件的导向面或轴线。

(3)部件上加工精度较高的表面。

(4)设备上应为水平或铅垂的主要轮廓面。

(5)连续运输设备和金属结构上,宜选在可调的部位,两测点间距离不宜大于6m。

7.设备安装精度的偏差,宜符合下列要求:

(1)能补偿受力或温度变化后所引起的偏差。

(2)能补偿使用过程中磨损所引起的偏差。

(3)不增加功率消耗。

(4)使转运平稳。

(5)使机件在负荷作用下受力较小。

(6)能有利于有关机件的连接、配合。

(7)有利于提高被加工件的精度。

(8)两测点间距离不宜大于6m。

【填写要点】

给水、污水处理、燃气、供热、轨道交通、垃圾卫生填埋厂(场)、站中使用的通用设备安装均可采用本表。应在安装中检查设备的标高、中心线位置、垂直度、纵横向水平度及设备固定的形式,使之符合设计要求,达到质量标准。

| 设备联轴器对中检查记录 | | | 编　号 | ××× |
|---|---|---|---|---|
| | | | | |
| 工程名称 | ××市××设备安装工程 | | | |
| 施工单位 | ××设备安装工程有限公司 | | | |
| 设备名称 | 除渣机 | 规格型号 | ××× | 设备位号 | 3 |
| 安装部位 | — | | | |
| 执行标准 | — | | 检查日期 | ××年×月×日 |

设备联轴器布置示意图

略

| 径　向 | | | | | 轴　向 | | | | | 端面间隙 | |
|---|---|---|---|---|---|---|---|---|---|---|---|
| 径向位移允许值（mm） | 实测值（mm） | | | | 轴向倾斜允许值（mm） | 实测值（mm） | | | | 允许值（mm） | 实测值（mm） |
| | $a_1$ | $a_2$ | $a_3$ | $a_4$ | | $b_1$ | $b_2$ | $b_3$ | $b_4$ | | |
| 0.05 | 0.03 | 0.03 | 0.04 | 0.03 | 0.2/1000 | 0.1/1000 | 0 | 0 | 0.1/1000 | 3～5 | 4 |

综合结论：
☑合格
□不合格

| 技术负责人 | 施工员 | 质检员 |
|---|---|---|
| ××× | ××× | ××× |

本表由施工单位填写。

# 《设备联轴器对中检查记录》填表说明

本表参照《机械设备安装工程施工及验收通用规范》(GB 50231)标准填写。

【填写依据】

设备联轴器安装完成后应对联轴器对中情况进行检查并记录,内容包括:径向位移值,轴向倾斜值,端面间隙值,并附联轴器布置示意图。

1. 凸缘联轴器装配时,两个半联轴器端面应紧密接触,两轴心的径向位移不应大于 0.03mm。

2. 弹性套柱销联轴器装配时,两轴心径向位移、两轴线倾斜和端面间隙的允许偏差应符合表 4—50 的规定。

表 4—50　　　　　　　　　弹性套柱销联轴器装配允许偏差

| 联轴器外形最大尺寸 $D$(mm) | 两轴心径向位移(mm) | 两轴线倾斜 | 端面间隙 $s$(mm) |
|---|---|---|---|
| 71 | 0.04 | 0.2/1000 | 2～4 |
| 80 | | | |
| 95 | | | |
| 106 | | | |
| 130 | 0.05 | | 3～5 |
| 160 | | | |
| 190 | | | |
| 224 | | | 4～6 |
| 250 | | | |
| 315 | | | |
| 400 | | | |
| 475 | 0.08 | | 5～7 |
| 600 | 0.10 | | |

3. 弹性柱销联轴器装配时,两轴心径向位移、两轴线倾斜和端面间隙的允许偏差应符合表 4—51 规定。

**表 4—51**　　　　　　　　　　　**弹性柱销联轴器装配允许偏差**

| 联轴器外形最大直径 $D$(mm) | 两轴心径向位移(mm) | 两轴线倾斜 | 端面间隙 $s$(mm) |
|---|---|---|---|
| 90～160 | 0.05 | 0.2/1000 | 2～3 |
| 195～200 | | | 2.5～4 |
| 280～320 | 0.08 | | 3～5 |
| 360～410 | | | 4～6 |
| 480 | 0.10 | | 5～7 |
| 540 | | | 6～8 |
| 630 | | | |

4. 弹性柱销齿式联轴器装配时,两轴心径向位移、两轴线倾斜和端面间隙的允许偏差应符合表 4—52 的规定。

**表 4—52**　　　　　　　　　　**弹性柱销齿式联轴器装配允许偏差**

| 联轴器外形最大直径 $D$(mm) | 两轴心径向位移(mm) | 两轴线倾斜 | 端面间隙 $s$(mm) |
|---|---|---|---|
| 78～118 | 0.08 | 0.5/1000 | 2.5 |
| 158～260 | 0.1 | | 4～5 |
| 300～515 | 0.15 | | 6～8 |
| 560～770 | 0.2 | | 10 |
| 860～1158 | 0.25 | | 13～15 |
| 1440～1640 | 0.3 | | 18～20 |

| 容器安装检查记录 | | 编　号 | ××× |
|---|---|---|---|
| | | | |
| 工程名称 | ××市××设备安装工程 | | |
| 施工单位 | ××市政设备安装工程有限公司 | 容器名称 | |
| 规格型号 | | 位号 | 检查日期 | ×年×月×日 |

| 主要检查项目 | | 主要技术要求 | 检查结果 |
|---|---|---|---|
| 基础检查 | 带腿容器 | 表面平整、无裂纹和疏松 | 合格 |
| | 平底容器 | 砂浆找平、符合设计要求 | |
| 严密性试验 | 压力容器 | 符合"容规"等规定要求 | 合格 |
| | 压力水箱 | 无渗漏(1.25$P$　10min) | |
| | 无压水箱 | 无渗漏(灌水 24h) | |
| 箱、罐安装 | 标高偏差 | ±10mm | |
| | 中心线偏差 | ≤10mm | 5 |
| | 垂直度偏差 | ≤2mm/m | 3 |
| | 水平度偏差 | ≤2mm/m | 0 |
| | 接口方向 | 符合图纸要求 | 1 |
| | 液位计、温度计 | 零件齐全、无渗漏 | 合格 |
| | 压力表 | 安装齐全、在有效期 | 合格 |
| | 安全泄放装置(无压罐不得安装) | 已校验、铅封齐全 | 合格 |
| | 水位调节装置 | 动作灵活、无渗漏 | 合格 |
| | 取样管 | 畅通、位置正确 | 合格 |
| | 内部防腐层 | 完整、符合设计要求 | 合格 |
| | 二次灌浆 | 符合图纸及标准要求 | 合格 |

有关说明：

综合结论：
☑合格
□不合格

| 监理(建设)单位 | 施工单位 | | |
|---|---|---|---|
| | 技术负责人 | 施工员 | 质检员 |
| ××× | ××× | ××× | ××× |

本表由施工单位填写。

# 《容器安装检查记录》填表说明

本表参照《锅炉安装工程施工及验收规范》(GB 50273)标准填写。

**【填写依据】**

容器(箱罐)安装前应进行基础检查及容器严密性试验,安装中应对容器安装的标高、中心线、垂直度、水平度、接口方向及液位计、温度计、压力表、安全泄放装置、水位调节装置、取样口位置、内部防腐层、二次灌浆等内容进行检查并记录。

锅筒、集箱

1. 吊装前,应对锅筒、集箱进行检查,且应符合下列要求:

(1)锅筒、集箱表面和焊接短管应无机械损伤,各焊缝及其热影响区表面应无裂纹、未熔合、夹渣、弧坑和气孔等缺陷;

(2)锅筒、集箱两端水平和垂直中心线的标记位置应正确,当需要调整时应根据其管孔中心线重新标定或调整;

(3)胀接管孔壁的表面粗糙度不应大于 $12.5\mu m$,且不应有凹痕、边缘毛刺和纵向刻痕;管孔的环向或螺旋形刻痕深度应不大于 0.5mm,宽度应不大于 1mm,刻痕至管孔边缘的距离应不小于 4mm;

注:表面粗糙度数值为轮廓算术平均偏差。

(4)胀接管孔直径及其允许偏差,应符合表 4－53 的规定。

表 4－53　　　　　　　　　　　胀接管孔直径与允许偏差(mm)

| 管孔直径 | | 32.3 | 38.3 | 42.3 | 51.5 | 57.5 | 60.5 | 64.0 | 70.5 | 76.5 | 83.6 | 89.6 | 102.7 |
|---|---|---|---|---|---|---|---|---|---|---|---|---|---|
| 允许偏值 | 直径 | $+0.34$<br>0 | | | $+0.40$<br>0 | | | | | | $+0.46$<br>0 | | |
| | 圆度 | 0.14 | | | 0.15 | | | | | | 0.19 | | |
| | 圆柱度 | 0.14 | | | 0.15 | | | | | | 0.19 | | |

2. 锅筒应在钢架安装找正并固定后,方可起吊就位。非钢梁直接支持的锅筒,应安设牢固的临时性搁架;临时性搁架应在锅炉水压试验灌水前拆除。

3. 锅筒、集箱就位找正时,应根据纵向和横向安装基准线以及标高基准线按图 4－2 所示对锅筒、集箱中心线进行检测,其安装的允许偏差应符合表 5－54 的规定。

表 4－54　　　　　　　　　　　锅筒、集箱安装的允许偏差(mm)

| 检 测 项 目 | 允许偏差 |
|---|---|
| 主锅筒的标高 | ±5 |
| 锅筒纵向和横向中心线与安装基准线的水平方向距离 | ±5 |
| 锅筒、集箱全长的纵向水平度 | 2 |
| 锅筒全长的横向水平度 | 1 |
| 上、下锅筒之间水平方向距离和垂直方向距离 | ±3 |
| 上锅筒与上集箱的轴心线距离 | ±3 |

续表

| 检 测 项 目 | 允许偏差 |
|---|---|
| 上锅筒与过热器集箱的水平和垂直距离;过热器集箱之间的水平和垂直距离 | ±3 |
| 上、下集箱之间的距离,上、下集箱与相邻立柱中心距离 | ±3 |
| 上、下锅筒横向中心线相对偏移 | 2 |
| 锅筒横向中心线和过热器集箱横向中心线相对偏移 | 3 |

注:锅筒纵向和横向中心线两端所测距离的长度之差不应大于 2mm。

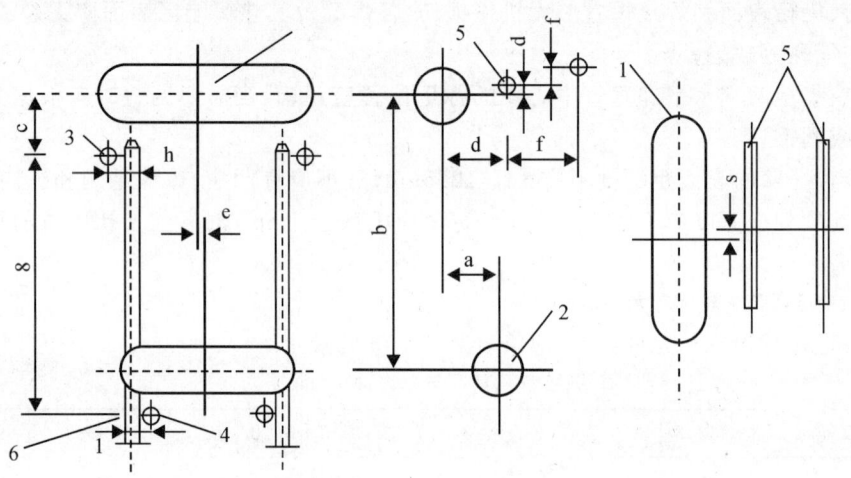

图 4-2　锅筒、集箱间的距离

4.安装前,应对锅筒、集箱的支座和吊挂装置进行检查,且应符合下列要求:

(1)接触部位圆弧应吻合,局部间隙不宜大于 2mm;

(2)支座与梁接触应良好,不得有晃动现象;

(3)吊挂装置应牢固,弹簧吊挂装置应整定,并应进行临时固定。

5.锅筒、集箱就位时,应在其膨胀方向预留支座的膨胀间隙,并应进行临时固定。膨胀间隙应符合随机技术文件的规定。

6.锅筒内部装置的安装,应在水压试验合格后进行。其安装应符合下列要求:

(1)锅筒内零部件的安装,应符合产品图样的要求;

(2)蒸汽、给水连接隔板的连接应严密不漏,焊缝应无漏焊和裂纹;

(3)法兰接合面应严密;

(4)连接件的连接应牢固,且应有防松装置。

| 安全附件安装检查记录 | | 编　号 | ×××× |
|---|---|---|---|

| 工程名称 | ××工程 | | | |
|---|---|---|---|---|
| 施工单位 | ××机电安装工程有限公司 | | | |
| 设备/系统名称 | 锅炉 | 设备规格型号 | WNS 2.8~1.0/95/70 | 设备所在系统 |
| 工作介质 | 水 | 设计(额定)压力 | 1.0MPa | 最大工作压力　1.5MPa |

| 检 查 项 目 | | 检 查 结 果 | |
|---|---|---|---|
| 压力表 | 量程及精度等级 | 0~1.6MPa；　0.4 级 | |
| | 校验日期 | ×年×月×日　数量 | ××块 |
| | 外观检查 | ☑合格 | ☐不合格 |
| | 在最大工作压力处应划红线 | ☑已划； | ☐未划 |
| | 旋塞或针型阀是否灵活 | ☑灵活； | ☐不灵活 |
| | 蒸汽压力表管是否设存水弯管 | ☑已设； | ☐未设 |
| | 铅封是否完好 | ☑完好； | ☐不完好 |
| 安全阀 | 开启压力范围 | 1.0~1.5MPa | |
| | 校验日期 | ×年×月×日　数量 | ××个 |
| | 铅封是否完好 | ☑完好； | ☐不完好 |
| | 安全阀排放管应引至安全地点 | ☑是； | ☐不是 |
| 水位计(液位计) | 水(液)位计应划出高、低水(液)位红线 | ☑已划； | ☐未划 |
| | 水(液)位计旋塞(阀门)是否灵活 | ☑灵活； | ☐不灵活 |
| 温度计 | 量程及精度等级 | 100℃　　　Ⅱ级 | |
| | 校验日期 | ××年×月×日　数量 | 21 支 |
| | 传感系统是否正常 | ☑正常； | ☐不正常 |
| 报警联锁装置 | 高低限位(声、光)报警 | ☑灵敏、准确 | ☐不合格 |
| | 联锁装置工作情况 | ☑动作迅速、正确 | ☐不合格 |

说明：

安全附件安装符合设计和规范要求。

综合结论：

☑　合　格　　　　☐　不合格

| 监理(建设)单位 | 施 工 单 位 | | |
|---|---|---|---|
| | 技术负责人 | 施工员 | 质检员 |
| ××× | ××× | ××× | ××× |

本表由施工单位填写。

# 《安全附件安装检查记录》填表说明

本表参照《锅炉安装工程施工及验收规范》(GB 50273)标准填写。

【填写依据】

1.锅炉交付使用前,必须对锅炉的安全附件进行检查、调试并记录。

2.锅炉和省煤器安全阀的定压和调整应符合表4-55的规定。锅炉上装有两个安全阀时,其中的一个按表中较高值定压,另一个按较低值定压。装有一个安全阀时,应按较低值定压。

表4-55　　　　　　　　　　　安全阀定压规定

| 项次 | 工作设备 | 安全阀开启压力(MPa) |
|---|---|---|
| 1 | 蒸汽锅炉 | 工作压力+0.02MPa |
| | | 工作压力+0.04MPa |
| 2 | 热水锅炉 | 1.12倍工作压力,但不少于工作压力+0.07MPa |
| | | 1.14倍工作压力,但不少于工作压力+0.10MPa |
| 3 | 省煤器 | 1.1倍工作压力 |

3.压力表的刻度极限值,应大于或等于工作压力的1.5倍,表盘直径不得小于100mm。

4.安装水位表应符合下列规定:

(1)水位表应有指示最高、最低安全水位的明显标志,玻璃板(管)的最低可见边缘应比最低安全水位低25mm;最高可见边缘应比最高安全水位高25mm。

(2)玻璃管式水位表应有防护装置。

(3)电接点式水位表的零点应与锅筒正常水位重合。

(4)采用双色水位表时,每台锅炉只能装设一个,另一个装设普通水位表。

(5)水位表应有放水旋塞(或阀门)和接到安全地点的放水管。

5.钢炉的高、低水位报警器和超温、超压报警器及联锁保护装置必须按设计要求安装齐全和有效,并进行启动,联动试验并做好试验记录。

6.蒸汽锅炉安全阀应安装通向室外的排汽管。热水锅炉安全阀泄水管应接到安全地点。在排汽管和泄水管上不得装设阀门。

7.检查项目主要包括压力表、安全阀、水位计(液位计)、报警装置等附件的安装、校验和工作情况。

8.安装检查及记录除应按《建筑给水排水及采暖工程施工质量验收规范》(GB 50242)的要求以外,尚应符合《工业锅炉安装工程施工及验收规范》(GB 50273)等现行国家有关规范、规程、标准的规定及产品样本、使用说明书的要求。

9.安全附件安装检查应由施工单位报请建设(监理)单位共同进行。

【填写要点】

1.记录的内容应包括锅炉型号、工作介质、设计(额定)压力、最大工作压力、各检查项目的检查结果、必要的说明及结论等。

2.检查记录应根据检查的项目,按照实际情况及时、认真填写,不得漏项,填写内容要齐全、清楚、准确,结论应明确。各项内容的填写应符合设计及规范的要求,签字应齐全。

| 软化水处理设备安装调试记录 | 编 号 | ×××× |
|---|---|---|

| 工程名称 | ××配水厂设备安装工程 | | |
|---|---|---|---|
| 施工单位 | ××市政工程有限公司 | | |
| 安装单位 | ××设备安装工程有限公司 | | |
| 设备规格型号 | GFR—IA | 数 量 | 1 |
| 软化设备工艺 | | | |

调试过程记录：

（略）

| 周期制水量 | 100m³ | 再生一次用盐量 | 10kg |
|---|---|---|---|
| 生 水 | | 软 化 水 | |
| YD（mmol/L） | 15 | YD（mmol/L） | 5 |
| JD（mmol/L） | 20 | JD（mmol/L） | 10 |
| $Cl^-$（mg/L） | 5 | $Cl^-$（mg/L） | 3 |
| pH | 9 | pH | 8 |

综合结论：　☑　合　格　　□　不合格

| 监理（建设）单位 | 施工单位 |
|---|---|
| ××× | ××× |

本表由施工单位填写。

| 燃烧器及燃料管道安装检查记录 | | 编　号 | ×××× |
|---|---|---|---|

| 工程名称 | ××市××供热工程 | | | |
|---|---|---|---|---|
| 施工单位 | ××工程技术有限公司 | | | |
| 锅炉型号 | SHL2.9—1.6/150/90 | 位号 | 5# | 检查日期　2015 年 3 月 9 日 |

| 序号 | 项　目 | 要　求 | 实　际 | 备　注 |
|---|---|---|---|---|
| 1 | 燃烧器的标高偏差 | ±5mm | 3 | |
| | 各燃烧器之间的距离偏差 | ±3mm | 2 | |
| | 调风装置调节是否灵活 | 灵活 | 合格 | |
| | 燃烧器装卸是否方便 | 方便 | 合格 | |
| 2 | 室内油箱总容积 | ≤1m³ | 0.2 | |
| | 油位计种类 | 非玻璃 | 合格 | |
| | 室内油箱是否装设紧急排放管 | 装设 | 合格 | 引至安全地点 |
| | 室内油箱是否装设通气管 | 装设 | 合格 | 应装设阻燃器 |
| 3 | 每台锅炉供油干线上是否有关闭阀和快速切断阀 | 装设 | 合格 | |
| | 每个燃烧器前的燃油支管上是否有关闭阀 | 装设 | 合格 | |
| | 每台锅炉的回油管上是否有止回阀 | 装设 | 合格 | |

其他说明：

符合燃烧器及燃料管道的安装要求和设计要求。

| 监理(建设)单位 | 施工单位 | | |
|---|---|---|---|
| | 技术负责人 | 施工员 | 质检员 |
| ××× | ××× | ××× | ××× |

本表由施工单位填写。

| 管道/设备保温施工检查记录 | 编　号 | ×××× |
|---|---|---|

| 工程名称 | ××供热管线工程 | | |
|---|---|---|---|
| 工程部位 | 1＋236～1＋987供热管道 | | |
| 施工单位 | ××设备安装工程公司 | | |
| 设备名称 | | 管线编号/桩号 | K1＋236～K1＋987 |
| 保温材料品种 | 岩棉 | 保温材料厚度 | 100mm |
| 生产厂家 | ××保温材料厂 | 检查日期 | 2015 年 10 月 6 日 |

**基层处理与涂漆情况：**

　　管道基层干净,涂刷防腐漆,已做处理,管道试压合格。

**保温层施工情况：**

　　车阀门、法兰及其他可拆卸部件的周围留出孔隙,保温层断面45°角,并封闭严密。保温支、托架两侧留有空隙,管道能正常转动。

**保护层施工情况：**

　　保温结构层间粘贴紧密、平整,压缝、圆弧均匀,伸缩缝布置合理,接缝错开,嵌缝保满。

**直埋热力管道接口保温(套袖连接)气密性试验结果：**

　　接口气密性试验结果合格。

**综合结论：**

　　☑　合　格
　　□　不合格

| 监理(建设)单位 | 施　工　单　位 | | |
|---|---|---|---|
| | 技术负责人 | 施工员 | 质检员 |
| ××× | ××× | ××× | ××× |

本表由施工单位填写。

| 净水厂水处理工艺系统调试记录 | 编 号 | ×××× | |
|---|---|---|---|
| 工程名称 | ××净水厂水处理工程 | | |
| 施工单位 | ××自来水公司 | | |
| 安装单位 | ××市设备安装工程公司 | | |
| 处理工艺 | | | |
| 处理水量 | 200m³/d(设计产水量) | | |

调试过程记录:

(略)

| 清水池水质 | 优 | | 清水池注满水时间 | | 5h | |
|---|---|---|---|---|---|---|
| 絮凝时间 | 2min | 廊道流速 m/s | 起端 | 5 | 末端 | 3 |
| 沉淀池溢流率 | 50m³/m·d | | 澄清池清水区上升流速 | | 10mm/s | |
| 进入滤池前水浑浊度 | | | | | | |
| 滤池冲洗流速 | 配水干管(渠)进口处流速 | | 20m/s | | | |
| | 配水支管进口处流速 | | 30m/s | | | |
| | 孔眼流速 | | 30m/s | | | |
| 快滤池流速 | 进水管流速 | 50m/s | 出水管速度 | | 30m/s | |
| | 冲洗水管速度 | 40m/s | 排水管速度 | | 50m/s | |

综合结论:
☑ 合 格
☐ 不合格

| 建设单位 | 监理单位 | 设计单位 | 施工单位 |
|---|---|---|---|
| ××× | ××× | ××× | ××× |

**本表由施工单位填写。**

# 《净水厂水处理工艺系统调试记录》填表说明

本表参照《室外给水设计规范》(GB 50013)标准填写。

**【填写依据】**

1.设计隔板絮凝池时,宜符合下列要求:

(1)絮凝时间宜为 20~300min;

(2)絮凝池廊道的流速,应按由大到小渐变进行设计,起端流速宜为 0.5~0.6m/s,末端流速宜为 0.2~0.3m/s;

(3)隔板间净距宜大于 0.5m。

2.设计机械絮凝池时,宜符合下列要求:

(1)絮凝时间为 15~20min;

(2)池内设 3~4 档搅拌机;

(3)搅拌机的转速应根据浆板边缘处的线速度通过计算确定,线速度宜自第一档的 0.5m/s 逐渐变小至末档的 0.2m/s;

(4)池内宜设防止水体短流的设施。

3.设计折板絮凝池时,宜符合下列要求:

(1)絮凝时间为 12~20min;

(2)絮凝过程中的速度应逐段降低,分段数不宜少于三段,各段的流速可分别为:

第一段:0.25~0.35m/s;

第二段:0.15~0.25m/s;

第三段:0.10~0.15m/s。

(3)折板夹角采用 90°~120°;

(4)折板夹角采用直板。

4.设计栅条(网格)絮凝池时,宜符合下列要求:

(1)絮凝池宜设计成多格竖流式;

(2)絮凝时间宜为 12~20min,用于处理低温或低浊水时,絮凝时间可适当延长;

(3)絮凝池竖井流速、过栅(过网)和过孔流速应逐段递减,分段数宜分三段,流速分别为:

竖井平均流速:前段和中段 0.14~0.12m/s,末段 0.14~0.10m/s;

过栅(过网)流速:前段 0.30~0.25m/s,中段 0.25~0.22m/s,末段不安放栅条(网格);

竖井之间孔洞流速:前段 0.30~0.20m/s,中段 0.20~0.15m/s,末段 0.14~0.10m/s。

(4)絮凝池宜布置成 2 组或多组并联形式;

(5)絮凝池内应有排池设施。

5.平流沉淀池的沉淀时间,宜为 1.5~3.0h。

6.平流沉淀池的水平流速可采用 10~25mm/s,水流应避免过多转折。

7.平流沉淀池的有效水深,可采用 3.0~3.5m。沉淀池的每格宽度(或导流墙间距)宜为 3~8m,最大不超过 15m,长度与宽度之比不得小于 4;长度与深度之比不得小于 10。

8.平流沉淀池宜采用穿孔墙配水和溢流堰集水,溢流率不宜超过 300m³/(m·d)。

9.滤池应有下列管(渠),其管径(断面)宜根据表 4—56 所列流速通过计算确定。

表 4—56　　　　　　　　　各种管渠和流速(m/s)

| 管(渠)名称 | 流速 |
|---|---|
| 进　水 | 0.8~1.2 |
| 出　水 | 1.0~1.5 |
| 冲洗水 | 2.0~2.5 |
| 排　水 | 1.0~1.5 |
| 初滤水排放 | 3.0~4.5 |
| 输　气 | 10~15 |

| 加药、加氯工艺系统调试记录 | 编 号 | ×××× |
|---|---|---|

| 工程名称 | ××水厂设备安装工程 | | | |
|---|---|---|---|---|
| 施工单位 | ××市政工程有限公司 | | | |
| 安装单位 | ××设备安装工程公司 | | | |
| 处理工艺 | | | | |
| 调试过程记录： | 略 | | | |
| 水质化验 | 合格 | | | |
| 远方/就地转换开关 | 正常 | | | |
| 输入流量信号 | | | | |
| 输入余氯信号 | | | | |
| 氯气流量信号输出 | 正常 | | | |
| 瓶重报警信号 | | | | |
| 加氯阀门 | 开启 | | | |
| 余氯分析仪 | 正常 | | | |
| 氯气检测器 | 正常 | | | |
| 通风 | 良好 | | | |
| 综合结论：<br>☑ 合 格<br>□ 不合格 | | | | |
| 建设单位 | 监理单位 | | 施工单位 | 安装单位 |
| ××× | ××× | | ××× | ××× |

本表由施工单位填写。

# 《加药、加氯工艺系统调试记录》填表说明

**【填写依据】**

1. 手动。

(1)首先确认水射器前工作水压力满足要求,然后打开压力水阀门,用手试真空接口的抽吸力。如抽吸力小或向外出水,则需检查水射器后的闸阀是否开启及管道是否畅通。

(2)真空调节阀安装完毕,要进行密封性试验。先把氯瓶与调节阀之间所有接头装好拧紧,然后打开氯瓶,用氯水或 pH 试纸依次检查所有的接头。如发生白色烟气或试纸变色,则表明该接头泄漏,需重接,直到无泄漏为止。

(3)排气管至室外,出口应低于流量控制器,并检查所有管道安装是否正确。

(4)检查管道的气密性:关闭调节阀,将黑色旋钮转至"OFF",打开水射器压力管阀门,水射器开始工作,数秒钟内气源指示器转至红色,表明气密性良好。如指示器无变化,则表明气密性不合格。

(5)在管路气密性良好的情况下,将调节阀黑色旋钮转至"ON",使系统运行。调整流量控制阀红色旋钮直到所需要的加氯量。

(6)停止调试:关闭氯瓶阀门,指示器显示红色后关闭电源、水源,调试完毕。

2. 自动控制。

该加氯机有流量配比控制、直接余氯控制和复合环路(流量、余氯)控制等三种控制方式供选用。

(1)检查所有应接入的信号(流量、余氯等)是否正常。

(2)启动已经过手动调试的加氯机。

(3)将加氯机控制按钮转至"自动"位置上。

(4)观察、记录余氯数据,并采取变化水量的办法,检查余氯变化幅度、变化时间值(滞后时间)是否正常。

(5)设置高低余氯报警值,并用手动调节氯量调节阀,检验报警效果。

| 水处理工艺管线验收记录 | | | 编　号 | ××××|
|---|---|---|---|---|
| 工程名称 | | ××污水管线工程 | | |
| 施工单位 | | ××市政工程有限公司 | | |
| 安装单位 | | ××设备安装公司 | | |
| 管线类别 | | | | |

| | | | |
|---|---|---|---|
| 资料审查 | 1 | 施工图纸、设计文件、设计变更文件 | 齐全有效,符合要求 |
| | 2 | 主要材料合格证或试验记录 | 有出厂合格证和试验记录 |
| | 3 | 施工测量记录 | 施工测量记录齐全,符合要求 |
| | 4 | 焊接、水密性、气密性试验记录 | 试验记录齐全,符合要求 |
| | 5 | 吹扫、清洗记录 | 记录齐全,符合要求 |
| | 6 | 施工记录 | 施工记录齐全,符合要求 |
| | 7 | 中间验收记录 | 中间验收记录齐全,符合要求 |
| | 8 | 工程质量事故处理记录 | |
| | 9 | 回填土压实度检验记录 | 压实度检验记录齐全,符合要求 |
| | | | |
| 复验 | 1 | 管道的位置及高程 | 位置和高程符合设计及规范要求 |
| | 2 | 管道及附属构筑物的断面尺寸 | 断面尺寸符合设计及规范要求 |
| | 3 | 管道配件安装的位置和数量 | |
| | 4 | 管道的冲洗及消毒等 | |
| | 5 | | |
| 外观情况 | | 外观质量平直,无污染,防腐处理符合要求。 | |
| 备注 | | | |

综合结论：

☑　合　格

□　不合格

| 建设单位 | 监理单位 | 施工单位 | | |
|---|---|---|---|---|
| ××× | ××× | ××× | | |

本表由施工单位填写。

# 《水处理工艺管线验收记录》填表说明

本表参照《污水处理厂验收规范》(GB 50334)标准填写。

【填写依据】

1.主控项目

(1)管道基础的高程和固定支架的安装位置应符合设计要求。

检验方法:检查施工记录。

(2)管道安装的接口以及和闸阀的连接必须牢固严密。

检验方法:观察检查,检查试验报告。

(3)在管道穿越墙体和楼板处应按规定设置套管。

检验方法:观察检查。

2.一般项目

(1)管道的检查井砌筑应灰浆饱满,灰缝平整,抹面坚实,不得有空鼓、裂缝等现象。

检验方法:观察检查,用小锤敲击。

(2)检查井的允许偏差应符合表4—57的规定。

表4—57　　　　　　　　　　检查井的允许偏差和检验方法

| 项次 | 名称 | 项目 | | 允许偏差(mm) | 检验方法 |
|---|---|---|---|---|---|
| 1 | 检查井 | 标高 | 井盖 | ±5 | 用水准仪测量 |
| | | | 流槽 | ±10 | |
| | | 断面尺寸 | 圆形井(直径) | ±20 | 用尺量检查 |
| | | | 圆形井(内边长与宽) | | 用尺量检查 |

(3)闸、阀启闭时应满足在工作压力下无泄漏。

检验方法:观察检查。

(4)管道焊缝应饱满,表面平整,不得有裂纹、烧伤、结瘤等现象,并按设计要求做探伤检测。

检验方法:观察检查,检查检测报告。

(5)管口粘接应牢固,连接件之间应严密、无孔隙。

检验方法:观察检查。

(6)焊接及粘接的管道允许偏差应符合表4—58的规定。

(7)管道安装的线位应准确、直顺。

检验方法:仪器检测、观察检查。

(8)管道中线位置、高程的允许偏差应符合表4—59的规定。

(9)部件安装应平直、不扭曲,表面不应有裂纹、重皮和麻面等缺陷,外圆弧应均匀。

检验方法:观察检查。

(10)部件安装的允许偏差应符合表4—60的规定。

表 4－58　　　　　　　　　　　焊接及粘接的管道允许偏差和检验方法

| 项次 | 名称 | 项目 | | | 允许偏差(mm) | 检验方法 |
|---|---|---|---|---|---|---|
| 1 | 碳素钢管道 | 焊口平直度 | 管壁厚 | 10mm 以内 | 管壁厚 1/4 | 用样板尺和尺检查 |
| | | | | 10mm 以上 | 3 | |
| | | 焊缝加强层 | 高度 | | +1 | 用焊接工具尺检查 |
| | | | 宽度 | | +3,－1 | |
| | | 咬肉 | 深度 | | 0.5 | 用焊接工具尺和尺检查 |
| | | | 连续长度 | | 25 | |
| | | | 总长度(两侧) | | 小于焊缝长度的 10% | |
| 2 | 不锈钢管道 | 焊口平直度 | 管壁厚 | 10mm 以内 | 管壁厚 1/5 | 用样板尺和尺检查 |
| | | | | 10～20mm | 2 | |
| | | | | 20mm 以上 | 3 | |
| | | 焊缝加强层 | 高度 | | +1 | 用焊接工具尺检查 |
| | | | 宽度 | | +1 | |
| | | 咬肉 | 深度 | | 0.5 | 用焊接工具尺和尺检查 |
| | | | 连续长度 | | 25 | |
| | | | 总长度(两侧) | | 小于焊缝长度的 10% | |
| 3 | 工程塑料管道 | 焊口平直度 | 管壁厚 | 10mm 以内 | 管壁厚的 1/4 | 用样板尺和尺检查 |
| | | | | 10mm 以上 | 3 | |

表 4—59　　　　　　　　　　　管道中线位置、高程的允许偏差

| 项次 | 名称 | 项目 | | | 允许偏差(mm) | 检验方法 |
|---|---|---|---|---|---|---|
| 1 | 混凝土管道 | 位置 | 室外 | 给排水 | 30 | |
| | | | 室内 | | 15 | |
| | | 高程 | 室外 | 给水 | ±20 | |
| | | | | 排水 | ±10 | |
| | | | 室内 | 给排水 | | |
| 2 | 铸铁及球墨铸铁管道 | 位置 | 室内 | 给排水 | 30 | |
| | | | 室外 | | 15 | |
| | | 高程 | 室外给水 | DN400mm 以下 | ±30 | |
| | | | | DN400mm 以上 | ±30 | |
| | | | 室外排水 | | ±10 | |
| | | | 室内给排水 | | ±10 | |
| 3 | 碳素钢管道 | 位置 | 室外 | 加工及地沟 | 20 | |
| | | | | 埋地 | 30 | |
| | | | 室内 | 加工及地沟 | 10 | |
| | | | | 埋地 | 15 | |
| | | 高程 | 室外 | 加工及地沟 | ±10 | |
| | | | | 埋地 | ±15 | 用测量仪器和尺量检查 |
| | | | 室内 | 加工及地沟 | ±5 | |
| | | | | 埋地 | ±10 | |
| 4 | 不锈钢管道 | 位置 | 室内 | 加工及地沟 | 20 | |
| | | | | 埋地 | 10 | |
| | | 高程 | 室外 | 加工及地沟 | ±10 | |
| | | | | 埋地 | ±5 | |
| 5 | 工程塑料管道 | 位置 | 室外 | 加工及地沟 | 20 | |
| | | | | 埋地 | 30 | |
| | | | 室内 | 加工及地沟 | 10 | |
| | | | | 埋地 | 15 | |
| | | 高程 | 室外 | 加工及地沟 | ±10 | |
| | | | | 埋地 | ±15 | |
| | | | 室内 | 加工及地沟 | ±5 | |
| | | | | 埋地 | ±10 | |

注:DN 为管道公称直径。

表 4—60　　　　　　　　　　　　部件安装允许偏差和检验方法

| 项次 | 名称 | 项目 | | | 允许偏差(mm) | 检验方法 |
|---|---|---|---|---|---|---|
| 1 | 碳素钢管道的部件 | 弯管 | 椭圆率 | DN150mm 以内 | 10% * | 用外卡钳和尺检查 |
| | | | | DN400mm 以内 | 8% * | |
| | | | 褶皱不平度 | DN120mm 以内 | 4 | |
| | | | | DN200mm 以内 | 5 | |
| | | | | DN400mm 以内 | 7 | |
| | | 补偿器与拉伸长度 | 填写式和波形 | | ±5 | 检查预拉伸记录 |
| | | | ⅡΩ形 | | ±10 | |
| 2 | 不锈钢管道的部件 | 弯管 | 椭圆率 | 不锈钢管道 | 中低压 8% * | 用外卡钳和尺检查 |
| | | | | | 高压 5% | |
| | | | 褶皱不平度 | 不锈钢管道 | DN150mm 以内 3% | |
| | | | | | DN150~250mm 2.5% | |
| | | | | | DN200mm 以外 2% | |
| | | 不锈钢ⅡΩ形补偿器预拉伸长度 | | | ±10 | 检查预拉伸记录 |
| 3 | 工程塑料管道的部件 | 弯管 | 椭圆率 | | 6% * | 用外卡钳和尺检查 |
| | | | 褶皱不平度 | DN50mm 以内 | 2 | |
| | | | | DN100mm 以内 | 3 | |
| | | | | DN200mm 以内 | 4 | |
| | | 补偿器ⅡΩ形预拉伸长度 | | | +10 | 检查预拉伸记录 |

注:1. * 为管道最大外径与最小外径之差同最大外径之比;
　　2. DN 为管道公称直径。

| 污泥处理工艺系统调试记录 | 编　号 | ×××× |
|---|---|---|
| | | |

| 工程名称 | ××污水厂安装工程 |
|---|---|
| 施工单位 | ××市政工程有限公司 |
| 安装单位 | ××设备安装工程公司 |
| 处理工艺 | |

调试过程记录：

（略）

| 远程/现场控制转换 | 符合要求 |
|---|---|
| 控制室设备、仪表启动及信号 | 符合要求 |
| 污泥处理相关机械启动情况 | 符合要求 |
| 排泥管、槽、池 | 符合要求 |
| 相关闸、阀等附件 | 符合要求 |
| 吸泥机、刮泥机运转情况 | 使用方便，灵活 |
| 反冲洗回流情况 | 符合要求 |
| 排泥池、浓缩池 | 符合要求 |
| 提升泵、脱水机 | 符合要求 |
| 其他 | |

综合结论：

☑　合　格

□　不合格

| 建设单位 | 监理单位 | 施工单位 | | |
|---|---|---|---|---|
| ××× | ××× | ××× | | |

本表由施工单位填写。

| 自控系统调试记录 | | 编 号 | | | |
|---|---|---|---|---|---|
| 工程名称 | | | | | |
| 施工单位 | | | | | |
| 安装单位 | | | | | |
| 调试过程记录： | | | | | |

| 计算机系统 | 模拟量 | 点 | 数字量 | | 点 |
|---|---|---|---|---|---|
| 序号 | 项目 | 测量点数 | 合格 | 不合格 | 返修 |
| 1 | 板闸、电动头 | | | | |
| 2 | 液位计、探头 | | | | |
| 3 | 水头损失仪 | | | | |
| 4 | 浊度计 | | | | |
| 5 | 流量计、传感器 | | | | |
| 6 | 浓度计、传感器 | | | | |
| 7 | 游动电流仪 | | | | |
| 8 | 采样泵 | | | | |
| 9 | 压力变送泵 | | | | |
| 10 | 流量计转换器 | | | | |
| 11 | 电动蝶阀 | | | | |

综合结论：

□合　格

□不合格

| 监理(建设)单位 | 施工单位 | |
|---|---|---|
| | | |

本表由施工单位填写。

| 自控设备单台安装记录 | | 编　号 | | |
|---|---|---|---|---|
| 工程名称 | | | | |
| 施工单位 | | | | |
| 安装部位 | | | | |
| 设备名称 | | | 设备位号 | |
| 规格型号 | | 执行标准 | 安装日期 | 年　月　日 |
| 项目 | 设计要求 | | 允许偏差 | 实际偏差 |
| 安装位置 | | | | |
| 设备固定 | | | | |
| 相关部件 | | | | |
| 机械性能 | | | | |
| 电气性能 | | | | |

说明：

综合结论：
　　□合　格
　　□不合格

| 监理(建设)单位 | 施工单位 | | |
|---|---|---|---|
| | 技术负责人 | 施工员 | 质检员 |
| | | | |

本表由施工单位填写。

4.5.2.6　电气安装工程施工记录

| 电缆敷设检查记录 | | | 编　号 | ×××　 | |
|---|---|---|---|---|---|
| 工程名称 | | ××市政路桥工程 | | | |
| 工程部位 | | | | | |
| 施工单位 | | ××市政建设集团 | | | |
| 检查日期 | ××年×月×日 | | 天气情况 | 晴 | 气温 | 25℃ |
| 敷设方式 | 明敷 | | | | |

| 电缆编号 | 起点 | 终点 | 规格型号 | 用途 |
|---|---|---|---|---|
| N₁ | K5+325 | K6+325 | 380V　2.5mm | 路灯干线 |
|  |  |  |  |  |
|  |  |  |  |  |
|  |  |  |  |  |
|  |  |  |  |  |

| 序号 | 检查项目及要求 | 检查结果 |
|---|---|---|
| 1 | 电缆规格符合设计规定,排列整齐,无机械损伤;标志牌齐全、正确、清晰 | 合格 |
| 2 | 电缆的固定、弯曲半径、有关距离和单芯电力电缆的相序排列符合要求 | 合格 |
| 3 | 电缆终端、电缆接头、安装牢固,相色正确 | 合格 |
| 4 | 电缆金属保护层、铠装、金属屏蔽层接地良好 | 合格 |
| 5 | 电缆沟内无杂物,盖板齐全,隧道内无杂物,照明、通风排水等符合设计要求 | 合格 |
| 6 | 直埋电缆路径标志应与实际路径相符,标志应清晰牢固、间距适当 | 合格 |
| 7 | 电缆桥架接地符合标准要求 | 合格 |

| 监理(建设)单位 | 施工单位 | | |
|---|---|---|---|
| | 技术负责人 | 施工员 | 质检员 |
| ××× | ××× | ××× | ××× |

本表由施工单位填写。

| 电气照明装置安装检查记录 | 编　号 | ××× | |
|---|---|---|---|

| 工程名称 | 北京××工程 | |
|---|---|---|
| 工程部位 | 电气照明装置安装检查 | |
| 施工单位 | ××市政工程有限公司 | 检查日期 | ×年×月×日 |

| 序号 | 检查项目及要求 | 检查结果 |
|---|---|---|
| 1 | 照明配电箱(盘)安装 | 符合要求 |
| 2 | 电线、电缆导管和线槽敷设 | 符合要求 |
| 3 | 电线、电缆导管穿线和线槽敷线 | 符合要求 |
| 4 | 普通灯具安装 | 符合要求 |
| 5 | 专用灯具安装 | 符合要求 |
| 6 | 建筑物景观照明灯、航空障碍标志灯和庭院灯安装 | 符合要求 |
| 7 | 开关、插座、风扇安装 | 符合要求 |
| 8 | | |
| 9 | | |
| 10 | | |
| 11 | | |
| 12 | | |
| 13 | | |
| 14 | | |
| 15 | | |
| 16 | | |

| 监理(建设)单位 | 施　工　单　位 | | |
|---|---|---|---|
| | 技术负责人 | 施工员 | 质检员 |
| ××监理站 | ××× | ××× | ××× |

本表由施工单位填写。

# 《电气照明装置安装检查记录》填表说明

本表参照《电气装置安装工程》(GB 5015)标准填写。

**【填写依据】**

1. 柜、屏、台、箱、盘的安装

(1)柜、屏、台、箱、盘的金属框架及基础型钢必须接地(PE)或接零(PEN)可靠;装有电器的可开启门,门和框架的接地端子间应用裸编织铜线连接,且有标识。

(2)低压成套配电柜、控制柜(屏、台)和动力、照明配电箱(盘)应有可靠的电击保护。柜(屏、台、箱、盘)内保护导体最小截面积 $S_P$ 不应小于表 4-61 的规定。

表 4-61　　　　　　　　　　　　　　保护导体的截面积

| 相线的截面积 S(mm²) | 相应保护导体的最小截面积 $S_P$(mm²) |
| --- | --- |
| S≤16 | S |
| 16＜S≤35 | 16 |
| 35＜S≤400 | S/2 |
| 400＜S≤800 | 200 |
| S＞800 | S/4 |

注:S 指柜(屏、台、箱、盘)电源进线相线截面积,且两者(S,$S_P$)材质相同。

(3)手车、抽出式成套配电柜扒拉应灵活,无卡阻碰撞现象。动触头与静触头的中心线应一致,且触头接触紧密,投入时,接地触头先与主触头接触;退出时,接地触头后与主触头脱开。

(4)高压成套配电柜必须按相关规定交接试验合格,且应符合下列规定:

1)继电保护元器件、逻辑元件、变送器和控制用计算机等单体校验合格,整组试验动作正确,整定参数符合设计要求;

2)凡经法定程序批准,进入市场投入使用的新高压电气设备和继电保护装置,按产品技术文件要求交接试验。

(5)低压成套配电柜交接试验,必须符合相关规定。

(6)柜、屏、台、箱、盘间线路的线间和线对地间绝缘电阻值,馈电线路必须大于 0.5MΩ 时,二次回路必须大于 1MΩ。

(7)柜、屏、台、箱、盘间二次回路交流工频耐压试验,当绝缘电阻大于 10MΩ 时,用 2500V 兆欧表摇测 1min,应无闪路击穿现象;当绝缘电阻值在 1~10MΩ 时,做 1000V 交流工频耐压试验,时间 1min,应无闪络击穿现象。

(8)直流屏试验,应将屏内电子器件从线路上退出,检测主回路线间和线对地间绝缘电阻值应大于 0.5MΩ,直流屏所附蓄电池组的充、放电应符合产品技术文件要求;整流器的控制调整和输出特性试验应符合产品技术文件要求。

(9)照明配电箱(盘)安装应符合下列规定:

1)箱(盘)内配线整齐,无绞接现象。导线连接紧密,不伤芯线,不断股。垫圈下螺丝两侧压的导线截面积相同,同一端子上导线连接不多于 2 根,防松垫圈等零件齐全;

2)箱(盘)内开关动作灵活可靠,带有漏电保护的回路,漏电保护装置动作电流不大于 30mA,动作时间不大于 0.1s。

3)照明箱(盘)内,分别设置零线(N)和保护地线(PE 线)汇流排,零线和保护地线经汇流排配出。

2. 灯具安装

(1)灯具的固定应符合下列规定:

1)灯具重量大于 3kg 时,固定在螺栓或预埋吊钩上;

2)软线吊灯,灯具重量在 0.5kg 以下时,采用软电线自身吊装;大于 0.5kg 的灯具采用吊链,且软电线编叉在吊链内,使电线不受力;

3)灯具固定牢固可靠,不使用木楔。每个灯具固定用螺钉或螺栓不少于 2 个;当绝缘台直径在 75mm 及以下时,采用 1 个螺钉或螺栓固定。

(2)花灯吊钩圆钢直径不应小于灯具挂销直径,且不应小于 6mm。大型花灯的固定及悬吊装置,应按灯具重量的 2 倍做过载试验。

(3)当钢管做灯杆时,钢管内径不应小于 10mm,钢管厚度不应小于 1.5mm。

(4)固定灯具带电部件的绝缘材料以及提供防触电保护的绝缘材料,应耐燃烧和防明火。

(5)当设计无要求时,灯具的安装高度和使用电压等级应符合下列规定:

1)一般敞开式灯具,灯头对地面距离不小于下列数值(采用安全电压时除外):

①室外:2.5m(室外墙上安装);

②厂房:2.5m;

③室内:2m;

④软吊线带升降器的灯具在吊线展开后:0.8m。

2)危险性较大及特殊危险场所,当灯具距地面高度小于 2.4m 时,使用额定电压为 36V 及以下的照明灯具,或有专用保护措施。

(6)当灯具距地面高度小于 2.4m 时,灯具的可接近裸导体必须接地(PE)或接零(PEN)可靠,并应有专用接地螺栓,且有标识。

3. 开关、插座、风扇安装

(1)当交流、直流或不同电压等级的插座安装在同一场所时,应有明显的区别,且必须选择不同结构、不同规格和不能互换的插座;配套的插头应按交流、直流或不同电压等级区别使用。

(2)插座接线应符合下列规定:

1)单相两孔插座,面对插座的右孔或上孔与相线连接,左孔或下孔与零线连接;单相三孔插座,面对插座的右孔与相线连接,左孔与零线连接;

2)单相三孔、三相四孔及三相五孔插座的接地(PE)或接零(PEN)线接在上孔。插座的接地端子不与零线端子连接。同一场所的三相插座,接线的相序一致。

3)接地(PE)或接零(PEN)线在插座间不串联连接。

(3)特殊情况下插座安装应符合下列规定:

1)当接插有触电危险家用电器的电源时,采用能断开电源的带开关插座,开关断开相线;

2)潮湿场所采用密封型并带保护地线触头的保护型插座,安装高度不低于 1.5m。

(4)照明开关安装应符合下列规定:

1)同一建筑物、构筑物的开关采用同一系列的产品,开关的通断位置一致,操作灵活、接触可靠;

2)相线经开关控制;民用住宅无软线引至床边的床头开关。

(5)吊扇安装应符合下列规定:

1)吊扇挂钩安装牢固,吊扇挂钩的直径不小于吊扇挂销直径,且不小于 8mm;有防振橡胶

垫;挂销的防松零件齐全、可靠;

2)吊扇扇叶距地高度不小于 2.5m;

3)吊扇组装不改变扇叶角度,扇叶固定螺栓防松零件齐全;

4)吊杆间、吊杆与电机间螺纹连接,啮合长度不小于 20mm,且防松零件齐全紧固;

5)吊扇接线正确,当运转时扇叶无明显颤动和异常声响。

(6)壁扇安装应符合下列规定:

1)壁扇底座采用尼龙塞或膨胀螺栓固定;尼龙塞或膨胀螺栓的数量不少于 2 个,且直径应小于 8mm,固定牢固可靠;

2)壁扇防护罩扣紧,固定可靠,当运转时扇叶和防护罩无明显颤动和异常声响。

4.柜、屏、台、箱、盘的安装

(1)基础型钢安装应符合表 4—62 的规定。

表 4—62　　　　　　　　　基础型钢安装允许偏差

| 项　　目 | 允　许　偏　差 | |
|---|---|---|
| | (mm/m) | (mm/全长) |
| 不直度 | 1 | 5 |
| 水平度 | 1 | 5 |
| 不平行度 | / | 5 |

(2)柜、屏、台、箱、盘相互间或与基础型钢应用镀锌螺栓连接,且防松零件齐全。

(3)柜、屏、台、箱、盘安装垂直度允许偏差为 1.5‰,相互间接缝不应大于 2mm,成列盘面偏差不应大于 5mm。

(4)柜、屏、台、箱、盘内检查试验应符合下列规定:

1)控制开关及保护装置的规格、型号符合设计要求;

2)闭锁装置动作准确、可靠;

3)主开关的辅助开关切换动作与主开关动作一致;

4)柜、屏、台、箱、盘上的标识器件标明被控设备编号及名称或操作位置,接线端子有编号,且清晰、工整、不易脱色。

5)回路中的电子元件不应参加交流工频耐压试验;48V 及以下回路可不做交流工频耐压试验。

(5)低压电器组合应符合下列规定:

1)发热元件安装在散热良好的位置;

2)熔断器的熔体规格、自动开关的整定值符合设计要求;

3)切换压板接触良好,相邻压板间有安全距离,切换时不触及相邻的压板;

4)信号回路的信号灯、按钮、光字牌、电铃、电笛、事故电钟等动作和信号显示准确;

5)外壳需接地(PE)或接零(PEN)的,连接可靠;

6)端子排安装牢固,端子有序号,强电、弱电端子隔离布置,端子规格与芯线截面积大小适配。

(6)柜、屏、台、箱、盘间配线:电流回路应采用额定电压不低于 750V、芯线截面积不小于 2.5mm² 的铜芯绝缘电线或电缆;除电子元件回路或类似回路外,其他回路的电线应采用额定电压不低于 750V、芯线截面不小于 $1.5mm^2$ 的铜芯绝缘电线或电缆。

二次线路连线应成束绑扎,不同电压等级、交流、直流线路及计算机控制线路应分别绑扎,且有标识;固定后不应妨碍手车开关或抽出式部件的拉出或推入。

(7)连接柜、屏、台、箱、盘成板上的电器及控制台、板等可动部位的电线应符合下列规定:

1)采用多股铜芯软电线,敷设长度留有适当裕量;

2)线束有外套塑料管等加强绝缘保护层;

3)与电器连接时,端部绞紧,且有不开口的终端端子或搪锡,不松散、断股;

4)可转动部位的两端用卡子固定。

(8)照明配电箱(盘)安装应符合下列规定:

1)位置正确,部件齐全,箱体开孔与导管管径适配,暗装配电箱箱盖紧贴墙面,箱(盘)涂层完整;

2)箱(盘)内接线整齐,回路编号齐全,标识正确;

3)箱(盘)不采用可燃材料制作;

4)箱(盘)安装牢固,垂直度允许偏差为 1.5‰;底边距地面为 1.5m,照明配电板底边距地面不小于 1.8m。

5.灯具安装

(1)引向每个灯具的导线线芯最小截面积应符合表 4-63 的规定。

表 4-63                                              导线线芯最小截面积($mm^2$)

| 灯具安装的场所及用途 | | 线芯最小截面积 | | |
|---|---|---|---|---|
| | | 铜芯软线 | 铜线 | 铝线 |
| 灯具线 | 民用建筑室内 | 0.5 | 0.5 | 2.5 |
| | 工业建筑室内 | 0.5 | 1.0 | 2.5 |
| | 室外 | 1.0 | 1.0 | 2.5 |

(2)灯具的外形、灯头及其接线应符合下列规定:

1)灯具及其配件齐全,无机械损伤、变形、涂层剥落和灯罩破裂陷缺;

2)软线吊灯的软线两端做保护扣,两端芯线搪锡;当装升降器时套塑料软管,采用安全灯头;

3)除敞开式灯具外,其他各类灯具灯泡容量在 100W 及以上者采用瓷质灯头;

4)连接灯具的软线盘扣、搪锡压线,当采用螺口灯头时,相线接于螺口灯头中间的端子上;

5)灯头的绝缘外壳无破损的漏电;带有开关的灯头、开关手柄无裸露的金属部分。

(3)变电所内,高低压配电设备及裸母线的正上方不应安装灯具。

(4)装有白炽灯泡的吸顶灯具,灯泡不应紧贴灯罩;当灯泡与绝缘台间距离小于 5mm 时,灯泡与绝缘台间采取隔热措施。

(5)安装在重要场所的林型灯具的玻璃罩,应采取防止玻璃罩碎裂后向下溅落的措施。

(6)投光灯的底座及支架应固定牢固,枢轴应沿需要的光轴方向拧紧固定。

(7)安装在室外的壁灯应有泄水孔,绝缘台与墙面之间应有防水措施。

6.开关、插座、风扇安装

(1)插座安装应符合下列规定:

1)当不采用安全型插座时,托儿所、幼儿园及小学等儿童活动场所安装高度不小于 1.8m;

2）暗装的插座面板紧贴墙面，四周无缝隙，安装牢固，表面光滑整洁、无碎裂、划伤，装饰帽齐全；

3）车间及试（实）验室的插座安装高度距地面不小于 0.3m；特殊场所暗装的插座不小于 0.15m；同一室内插座安装高度一致；

4）地插座面板与地面齐平或紧贴地面，盖板固定牢固，密封良好。

（2）照明开关安装应符合下列规定：

1）开关安装位置便于操作，开关边缘距门框边缘的距离 0.15～0.2m；开关距地面高度 1.3m；拉线开关距地面高度 2～3m，层高小于 3m 时，拉线开关距顶板不小于 100mm，拉线出口垂直向下；

2）相同型号并列安装及同一室内开关安装高度一致，且控制有序不错位。并列安装的拉线开关的相邻间距不小于 20mm；

3）暗装的开关面板应紧贴墙面，四周无缝隙，安装牢固，表面光滑整洁、无碎裂和划伤，装饰帽齐全。

（3）吊扇安装应符合下列规定：

1）涂层完整，表面无划痕、无污染，吊杆上下扣碗安装牢固到位；

2）同一室内并列安装的吊扇开关高度一致，且控制有序不错位。

（4）壁扇安装应符合下列规定：

1）壁扇下侧边缘距地面高度不小于 1.8m；

2）涂层完整，表面无划痕、无污染，防护罩无变形。

| 电线(缆)钢导管安装检查记录 | | 编　号 | | ×××  |
|---|---|---|---|---|
| **工程名称** | ××市政道路工程 | | **分部工程** | |
| **施工单位** | ××市政建设集团 | | **检查日期** | ××年×月×日 |
| 序号 | 用途 | 管径(mm) | 弯曲半径(mm) | 埋深 | 连接方式 | 管口临时封堵 | 接地情况 | 检查结果 |
| 1 | 路灯干线导管 | 25 | 100 | 1.5m | 焊接 | 合格 | 良好 | 合格 |
| | | | | | | | | |
| | | | | | | | | |
| | | | | | | | | |
| | | | | | | | | |
| | | | | | | | | |
| | | | | | | | | |
| | | | | | | | | |
| | | | | | | | | |
| | | | | | | | | |
| | | | | | | | | |
| | | | | | | | | |
| | | | | | | | | |

| 监理(建设)单位 | 施 工 单 位 | | |
|---|---|---|---|
| | 技术负责人 | 施工员 | 质检员 |
| ××× | ××× | ××× | ××× |

本表由施工单位填写。

# 《电线(缆)钢导管安装检查记录》填表说明

本表参照《电气装置安装工程电缆线路施工及验收规范》(GB 50168)标准填写。

**【填写依据】**

1. 电缆管不应有穿孔、裂缝和显著的凹凸不平,内壁应光滑;金属电缆管不应有严重锈蚀;塑料电缆管应有满足电缆线路敷设条件所需保护性能的品质证明文件。在易受机械损伤的地方和在受力较大处直埋时,应采用足够强度的管材。

2. 电缆管的加工应符合下列要求:

(1)管口应无毛刺和尖锐棱角;

(2)电缆管弯制后,不应有裂缝和显著的凹瘪现象,其弯扁程度不宜大于管子外径的 10%;电缆管的弯曲半径不应小于所穿入电缆的最小允许弯曲半径;

(3)无防腐措施的金属电缆管应在外表涂防腐漆,镀锌管锌层剥落处也应涂防腐漆。

3. 电缆管的内径与电缆外径之比不得小于 1.5。

4. 每根电缆管的弯头不应超过 3 个,直角弯不应超过 2 个。

5. 电缆管明敷时应符合下列要求:

(1)电缆管应安装牢固;电缆管支持点间的距离应符合设计规定;当设计无规定时,不宜超过 3m;

(2)当塑料管的直线长度超过 30m 时,宜加装伸缩节;

(3)对于非金属类电缆管在敷设时宜采用预制的支架固定,支架间距不宜超过 2m。

6. 敷设混凝土类电缆管时,其地基应坚实、平整,不应有沉陷。敷设低碱玻璃钢管等抗压不抗拉的电缆管材时,应在其下部添加钢筋混凝土垫层。电缆管直埋敷设应符合下列要求:

(1)电缆管的埋设深度不应小于 0.7m;在人行道下面敷设时,不应小于 0.5m;

(2)电缆管应有不小于 0.1% 的排水坡度。

7. 电缆管的连接应符合下列要求:

(1)金属电缆管不宜直接对焊,宜采用套管焊接的方式,连接时应两管口对准、连接牢固,密封良好;套接的短套管或带螺纹的管接头的长度,不应小于电缆管外径的 2.2 倍。采用金属软管及合金接头作电缆保护接续管时,其两端应固定牢靠、密封良好。

(2)硬质塑料管在套接或插接时,其插入深度宜为管子内径的 1.1～1.8 倍。在插接面上应涂胶合剂粘牢密封;采用套接时套管两端应采取密封措施。

注:成排 19 敷设塑料管多采用橡胶圈密封。

(3)水泥管宜采用管箍或套接方式进行连接,管孔应对准,接缝应严密,管箍应有防水垫密封圈,防止地下水和泥浆渗入。

8. 引至设备的电缆管管口位置,应便于与设备连接并不妨碍设备拆装和进出。并列敷设的电缆管管口应排列整齐。

9. 利用电缆保护钢管作接地线时,应先焊好接地线,再敷设电缆。有螺纹连接的电缆管,管接头处应焊接跳线,跳线截面应不小于 $30mm^2$。

| 成套开关柜(盘)安装检查记录 | | | 编　号 | | ×××  |
|---|---|---|---|---|---|
| 工程名称 | | 北京××工程 | | | |
| 分部工程 | | | 检查日期 | ××年×月×日 | |
| 施工单位 | | ××市政工程有限公司 | | | |
| 开关柜(盘)名称 | ×× | 型号 | ×× | 数量 | ×× |
| 生产厂 | | ××电气设备公司 | 出厂日期 | ××年×月×日 | |

| 项目 | 检查项目 | | | 允许偏差(mm) | 最大偏差(mm) |
|---|---|---|---|---|---|
| 基础型钢安装 | 基础位置 | 中心线 | 纵 | | |
| | | | 横 | | |
| | | 高　程 | | | |
| | 不直度 | | | <1mm/m,且<5 | 0 |
| | 水平度 | | | <1mm/m,且<5 | 0 |
| | 位置及不平行度 | | | <5 | |
| | 型钢外廓尺寸(长×宽) | | | | |
| | 接地连接方式 | | | | |
| 开关柜安装 | 垂直度 | | | <1.5mm/m | 0.7 |
| | 水平偏差 | 相临两柜顶部 | | <2 | 1 |
| | | 成列柜顶部 | | <5 | 3 |
| | 柜面偏差 | 相临两柜 | | <1 | 0 |
| | | 成列柜面 | | <5 | 2 |
| | 柜间接缝 | | | <2 | 1 |
| | 与基础型钢接地连接方式 | | | | |

检查结果：

合格

| 监理(建设)单位 | 施　工　单　位 | | |
|---|---|---|---|
| | 技术负责人 | 施工员 | 质检员 |
| | ××× | ××× | ××× |

本表由施工单位填写。

# 盘、柜安装及二次结线检查记录

| | 编　号 | ××× |
|---|---|---|

| 工程名称 | ××污水处理厂改建工程 | | |
|---|---|---|---|
| 工程部位 | 污水处理设备机房控制柜 | 安装地点 | 配电室机房 |
| 施工单位 | ××设备安装工程有限公司 | | |
| 盘、柜名称 | 动力控制柜 | 出厂编号 | ××—××× |
| 序列编号 | APF—3—1A | 额定电压 | 380V | 安装数量 | 1台 |
| 生产厂 | ××电气设备公司 | 检查日期 | ××年×月×日 |

| 序号 | 检 查 项 目 | 检 查 结 果 |
|---|---|---|
| 1 | 盘柜安装位置正确,符合设计要求,偏差符合国家现行规范要求 | 合格 |
| 2 | 基础型钢安装偏差符合设计及规范要求 | 合格 |
| 3 | 盘柜的固定及接地应可靠,漆层应完好,清洁整齐 | 合格 |
| 4 | 盘柜内所装电器元件应符合设计要求,安装位置正确,固定牢固 | 合格 |
| 5 | 二次回路接线应正确,连接可靠,回路编号标志齐全清晰,绝缘符合要求 | 合格 |
| 6 | 手车或抽屉式开关柜在推入或拉出时应灵活,机械闭锁可靠 | 合格 |
| 7 | 柜内一次设备安装质量符合国家现行有关标准规范的规定 | 合格 |
| 8 | 操作及联动试验正确,符合设计要求 | 合格 |
| 9 | 按国家现行规范进行的所有电气试验全部合格 | 合格 |
| 10 | | |
| 11 | | |

| 监理(建设)单位 | 施 工 单 位 | | |
|---|---|---|---|
| | 技术负责人 | 施工员 | 质检员 |
| | ××× | ××× | ××× |

本表由施工单位填写。

# 《盘、柜安装及二次结线检查记录》填表说明

本表参照《建筑电气工程施工质量验收规范》(GB 50303)标准填写。

【填写依据】

1. 盘、柜的安装

(1)基础型钢的安装应符合下列要求:

1)允许偏差应符合表 4-64 的规定。

表 4-64　　　　　　　　　基础型钢安装的允许偏差

| 项　　目 | 允许偏差 | |
|---|---|---|
| | mm/m | mm/全长 |
| 不直度 | <1 | <5 |
| 水平度 | <1 | <5 |
| 位置误差及不平行度 | | <5 |

注:环形布置按设计要求。

2)基础型钢安装后,其顶部宜高出抹平地面 10mm;手车式成套柜按产品技术要求执行。基础型钢应有明显的可靠接地。

(2)盘、柜安装在震动场所,应按设计要求采取防震措施。

(3)盘、柜及盘、柜设备与各构件间连接应牢固。主控制盘、继电保护盘和自动装置盘等不宜与基础型钢焊死。

(4)盘、柜单独或成列安装时,其垂直度、水平偏差以及盘、柜面偏差和盘、柜间接缝的允许偏差应符合表 4-65 的规定。

模拟母线应对齐,其误差不应超过视差范围,并应完整、安装牢固。

(5)端子箱安装应牢固、封闭良好,并应能防潮、防尘。安装的位置应便于检查;成列安装时,应排列整齐。

表 4-65　　　　　　　　　盘、柜安装的允许偏差

| 项　　目 | | 允许偏差(mm) |
|---|---|---|
| 垂直度(每米) | | <1.5 |
| 水平偏差 | 相邻两盘顶部 | <2 |
| | 成列盘顶部 | <5 |
| 盘面偏差 | 相邻两盘边 | <1 |
| | 成列盘顶部 | <5 |
| 盘间接缝 | | <2 |

(6)盘、柜、台、箱的接地应牢固良好。装有电器的可开启的门,应以裸铜软线与接地的金属构架可靠地连接。

成套柜应装有供检修用的接地装置。

(7)成套柜的安装应符合下列要求:

1)机械闭锁、电气闭锁应动作准确、可靠;

2)动触头与静触头的中心线应一致,触头接触紧密;

3）二次回路辅助开关的切换接点应动作准确，接触可靠；

4）柜内照明齐全。

（8）抽屉式配电柜的安装尚应符合下列要求：

1）抽屉推拉应灵活轻便，无卡阻、碰撞现象，抽屉应能互换；

2）抽屉的机械联锁或电气联锁装置应动作正确可靠，断路器分闸后，隔离触头才能分开；

3）抽屉与柜体间的二次回路连接插件应接触良好；

4）抽屉与柜体间的接触及柜体、框架的接地应良好。

（9）手车式柜的安装尚应符合下列要求：

1）检查防止电气误操作的"五防"装置齐全，并动作灵活可靠；

2）手车推拉应灵活轻便，无卡阻、碰撞现象，相同型号的手车应能互换；

3）手车推入工作位置后，动触头顶部与静触头底部的间隙应符合产品要求；

4）手车和柜体间的二次回路连接插件应接触良好；

5）安全隔离板应开启灵活，随手车的进出而相应动作；

6）柜内控制电缆的位置不应妨碍手车的进出，并应牢固；

7）手车与柜体间的接地触头应接触紧密，当手车推入柜内时，其接地触头应比主触头先接触，拉出时接地触头比主触头后断开。

（10）盘柜的漆层应完整，无损伤。固定电器的支架等应刷漆。安装于同一室内且经常监视的盘、柜，其盘面颜色宜和谐一致。

2．盘、柜上的电器安装

（1）电器的安装应符合下列要求：

1）电器元件质量良好，型号、规格应符合设计要求，外观应完好，且附件齐全，排列整齐，固定牢固，密封良好；

2）各电器应能单独拆装更换而不应影响其他电器及导线束的固定；

3）发热元件宜安装在散热良好的地方；两个发热元件之间的连线应采用耐热导线或裸铜线套瓷管；

4）熔断器的熔体规格、自动开关的整定值应符合设计要求；

5）切换压板应接触良好，相邻压板间应有足够安全距离，切换时不应碰及相邻的压板；对于一端带电的切换压板，应使在压板断开情况下，活动端不带电；

6）信号回路的信号灯、光字牌、电铃、电笛、事故电钟等应显示准确，工作可靠；

7）盘上装有装置性设备或其他有接地要求的电器，其外壳应可靠接地；

8）带有照明的封闭式盘、柜应保证照明完好。

（2）端子排的安装应符合下列要求：

1）端子排应无损坏，固定牢固，绝缘良好；

2）端子应有序号，端子排应便于更换且接线方便；离地高度宜大于350mm；

3）回路电压超过400V者，端子板应有足够的绝缘并涂以红色标志；

4）强、弱电端子宜分开布置；当有困难时，应有明显标志并设空端子隔开或设加强绝缘的隔板；

5）正、负电源之间以及经常带电的正电源与合闸或跳闸回路之间，宜以一个空端子隔开；

6）电流回路应经过试验端子，其他需断开的回路宜经特殊端子或试验端子。试验端子应接触良好。

7)潮湿环境宜采用防潮端子;

8)接线端子应与导线截面匹配,不应使用小端子配大截面导线。

3.二次回路的连接件均应采用铜质制品;绝缘件应采用自熄性阻燃材料。

4.盘、柜的正面及背面各电器、端子牌等应标明编号、名称、用途及操作位置,其标明的字迹应清晰、工整,且不易脱色。

5.盘、柜上的小母线应采用直径不小于 6mm 的铜棒或铜管,小母线两侧应有标明其代号或名称的绝缘标志牌,字迹应清晰、工整,且不易脱色。

6.二次回路的电气间隙和爬电距离应符合下列要求:

(1)盘、柜内两导体间,导电体与裸露的不带电的导体间,应符合表 4－66 的要求;

(2)屏顶上小母线不同相或不同极的裸露载流部分之间,裸露载流部分与未经绝缘的金属体之间,电气间隙不得小于 12mm;爬电距离不得小于 20mm。

表 4－66　　　　　　　　　　　允许最小电气间隙及爬电距离(mm)

| 额定电压(V) | 电气间隙 | | 爬电距离 | |
|---|---|---|---|---|
| | 额定工作电流 | | 额定工作电流 | |
| | ≤63A | >63A | ≤63A | >63A |
| ≤60 | 3.0 | 5.0 | 3.0 | 5.0 |
| 60<v≤300 | 5.0 | 6.0 | 6.0 | 8.0 |
| 300<v≤500 | 8.0 | 10.0 | 10.0 | 12.0 |

7.二次回路结线

(1)二次回路结线应符合下列要求:

1)按图施工、接线正确;

2)导线与电气元件间采用螺栓连接、插接、焊接或压接等,均应牢固可靠;

3)盘、柜内的导线不应有接头,导线芯线应无损伤;

4)电缆芯线和所配导线的端部均应标明其回路编号,编号应正确,字迹清晰且不易脱色;

5)配线应整齐、清晰、美观,导线绝缘应良好,无损伤;

6)每个接线端子的每侧接线宜为 1 根,不得超过 2 根。对于插接式端子,不同截面的两根导线不得接在同一端子上;对于螺栓连接端子,当接两根导线时,中间应加平垫片;

7)二次回路接地应设专用螺栓。

(2)盘、柜内的配线电流回路应采用电压不低于 500V 的铜芯绝缘导线,其截面不应小于 2.5mm²;其他回路截面不应小于 1.5mm²;对电子元件回路、弱电回路采用锡焊连接时,在满足载流量和电压降及有足够机械强度的情况下,可采用不小于 0.5mm² 截面的绝缘导线。

(3)用于连接门上的电器、控制台板等可动部位的导线尚应符合下列要求:

1)应采用多股软导线,敷设长度应有适当裕度;

2)线束应有外套塑料管等加强绝缘层;

3)与电器连接时,端部应绞紧,并应加终端附件或搪锡,不得松散、断股;

4)在可动部位两端应用卡子固定。

(4)引入盘、柜内的电缆及其芯线应符合下列要求:

1)引入盘、柜的电缆应排列整齐,编号清晰,避免交叉,并应固定牢固,不得使所接的端子排受到机械应力；

2)铠装电缆在进入盘、柜后,应将钢带切断,切断处的端部应扎紧,并应将钢带接地；

3)使用于静态保护、控制等逻辑回路的控制电缆,应采用屏蔽电缆。其屏蔽层应按设计要求的接地；

4)橡胶绝缘的芯线应外套绝缘管保护；

5)盘、柜内的电缆芯线,应按垂直或水平有规律地配置,不得任意歪斜交叉连接。备用芯长度应留有适当余量；

6)强、弱电回路不应使用同一根电缆,并应分别成束分开排列。

(5)直流回路中具有水银接点的电器,电源正极应接到水银侧接点的一端。

(6)在油污环境,应采用耐油的绝缘导线。在日光直射环境,橡胶或塑料绝缘导线应采取防护措施。

| 避雷装置安装检查记录 | | | 编　号 | | ×××
|---|---|---|---|---|---|

| 工程名称 | ××水泵厂电气设备安装工程 | | | |
|---|---|---|---|---|
| 工程部位 | ××× | 安装地点 | ××× | |
| 施工单位 | ××电气安装工程公司 | | | |
| 施工图号 | 电施-8A | 检查日期 | 2015 年 6 月 21 日 | |

**1. ☑ 避雷针　　　□ 避雷网(带)**

| 序号 | 材质规格 | 长度(m) | 结构形式 | 外观检查 | 焊接质量 | 焊接处防腐处理 |
|---|---|---|---|---|---|---|
| 1 | 镀锌圆钢(HPB235) | 40×4mm | ××× | 合格 | 合格 | 已防腐 |
| 2 | | | | | | |
| 3 | | | | | | |

**2. 引下线**

| 序号 | 材质规格 | 条数 | 断接点高度 | 连接方式 | 防腐 | 接地极组号 | 接地电阻 |
|---|---|---|---|---|---|---|---|
| 1 | φ25 柱筋 | 2 | 1.2m | 焊接 | √ | | 0.4Ω |
| 2 | | | | | | | |
| 3 | | | | | | | |

| 检查结论 | 避雷装置安装符合要求。 |
|---|---|

| 监理(建设)单位 | 施　工　单　位 | | |
|---|---|---|---|
| | 技术负责人 | 施工员 | 质检员 |
| ××× | ××× | ××× | ××× |

本表由施工单位填写。

# 《避雷装置安装检查记录》填表说明

本表参照《电气装置安装工程接地装置施工及验收规范》(GB 50169)标准填写。

【填写依据】

1. 避雷针(线、带、网)的接地应遵守下列规定:

(1)避雷针(带)与引下线之间的连接应采用焊接或热荆焊(放热焊接);

(2)避雷针(带)的引下线及接地装置使用的紧固件均应使用镀锌制品。当采用没有镀锌的地脚螺栓时应采取防腐措施;

(3)建筑物上的防雷设施采用多根引下线时,应在各引下线距地面 1.5～1.8m 处设置断接卡,断接卡应加保护措施;

(4)装有避雷针的金属筒体,当其厚度不小于 4mm 时 ,可作避雷针的引下线。筒体底部应至少有 2 处与接地体对称连接;

(5)独立避雷针及其接地装置与道路或建筑物的出入口等的距离应大于 3m。当小于 3m 时,应采取均压措施或铺设卵石或沥青地面;

(6)独立避雷针(线)应设独立的集中接地装置。当有困难时,该接地装置可与接地网连接,但避雷针与主接地网的地下连接点至 35kV 及以下设备与主接地网的地下连接点,沿接地体的长度不得小于 15m;

(7)独立避雷针的接地装置与接地网的地中距离不应小于 3m;

(8)发电厂、变电站配电装置的架构或屋顶上的避雷针(含悬挂避雷线的构架)应在其附近装设集中接地装置,并与主接地网连接。

2. 建筑物上的避雷针或防雷金属网应和建筑物顶部的其他金属物体连接成一个整体。

3. 装有避雷针和避雷线的构架上的照明灯电源线,必须采用直埋于土壤中的带金属护层的电缆或穿入金属管的导线。电缆的金属护层或金属管必须接地,埋入土壤中的长度应在 10m 以上,方可与配电装置的接地网相连或与电源线、低压配电装置相连接。

4. 发电厂和变电所的避雷线线档内不应有接头。

5. 避雷针(网、带)及其接地装置应采取自下而上的施工程序。首先安装集中接地装置,后安装引下线,最后安装接闪器。

| 起重机电气安装检查记录 | | 编　号 | ×××  |
|---|---|---|---|
| 工程名称 | | ××污水处理厂 | |
| 工程部位 | | 电动葫芦 | |
| 施工单位 | ××市政工程有限公司 | 检查日期 | ××年×月×日 |
| 设备型号 | ZH-4/32 | 额定数据　5T | 安装地点　厂房吊车梁 |

| 序号 | 检　查　项　目 | 检查结果 |
|---|---|---|
| 1 | 滑接线及滑接器安装符合设计及规范要求 | 符合要求 |
| 2 | 安全式滑接线及滑接器安装符合设计及规范要求 | 符合要求 |
| 3 | 悬吊式软电缆安装符合设计及规范要求 | 符合要求 |
| 4 | 配线安装符合产品及规范要求 | 符合要求 |
| 5 | 控制箱(柜)、控制器、限位器、制动装置及撞杆安装等符合产品及规范要求 | 符合要求 |
| 6 | 轨道接地良好,符合设计及规范要求 | 符合要求 |
| 7 | 电气设备和线路绝缘电阻测试 | 符合要求 |
| 8 | 照明装置安装符合产品及规范要求 | 符合要求 |
| 9 | 安全保护装置、制动装置经模拟试验和调整完毕,校验合格。声光信号装置显示正确,清晰可靠 | 符合要求 |
| 10 | | |
| 11 | | |

| 监理(建设)单位 | 施　工　单　位 | | |
|---|---|---|---|
| | 技术负责人 | 施工员 | 质检员 |
| ××× | ××× | ××× | ××× |

本表由施工单位填写。

| 电机安装检查记录 | | 编 号 | ×××  |
|---|---|---|---|
| 工程名称 | | | ××污水处理厂电气工程 |
| 工程部位 | ×× | 安装地点 | 配电室 |
| 施工单位 | | | ××设备安装工程公司 |
| 设备名称 | 三相四线电动机 | 设备位号 | |
| 电机型号 | 10FJ2A | 额定数据 | 380V/25A |
| 生产厂 | ××电动机厂 | 产品编号 | 054617 |
| | | 检查日期 | ××年×月×日 |

| 序号 | 检 查 项 目 及 规 范 要 求 | 检查结果 |
|---|---|---|
| 1 | 安装位置符合设计及规范要求 | 符合要求 |
| 2 | 电机引出线牢固,绝缘层良好,接线紧密可靠,引出线不受外力 | 符合要求 |
| 3 | 盘动转子时转动灵活,无卡阻现象,轴承无异响 | 符合要求 |
| 4 | 轴承上下无框动,前后无窜动 | 符合要求 |
| 5 | 电刷与换向器或集电环的接触良好 | 符合要求 |
| 6 | 电机外壳及油漆完整,接地良好 | 符合要求 |
| 7 | 电机的保护、控制、测量、信号、励磁等回路的调试完毕,运行正常 | 符合要求 |
| 8 | 测定电机定子绕组、转子绕组及励磁绕组绝缘电阻符合要求 | 符合要求 |
| 9 | 电气试验按现行国家标准试验合格 | 符合要求 |
| 10 | | |

| 监理(建设)单位 | 施 工 单 位 | | |
|---|---|---|---|
| | 技术负责人 | 施工员 | 质检员 |
| ××× | ××× | ××× | ××× |

本表由施工单位填写。

# 《电机安装检查记录》填表说明

本表参照《电气装置安装工程旋转电机施工及验收规范》标准填写。

**【填写依据】**

1. 一般规定

(1)本表适用于异步电动机、同步电动机、励磁机及直流电机的安装。

(2)电机性能应符合电机周围工作环境的要求。

(3)电机基础、地脚螺栓孔、沟道、孔洞、预埋件及电缆管位置。

2. 保管和起吊

(1)电机运达现场后,外观检查应符合下列要求:

1)电机应完好,不应有损伤现象;

2)定子和转子分箱装运的电机,其铁饼、转子和轴颈应完整;无锈蚀现象;

3)电机的附件、备件应齐全,无损伤;

4)产品出厂技术资料应齐全。

(2)电机及其附件宜存放在清洁、干燥的仓库或厂房内;当条件不允许时,可就地保管,但应有防火、防潮、防尘及防止小动物进入等措施。

保管期间,应按产品的要求定期盘动转子。

(3)起吊电机转子时,不应将吊绳绑在集电环、换向器或轴颈部分。

起吊定子和穿转子时,不得碰伤定子绕组和铁芯。

3. 检查和安装

(1)电机安装时,电机的检查应符合下列要求:

1)盘动转子应灵活,不得有碰卡声;

2)润滑脂的情况正常,无变色、变质及变硬等现象,其性能应符合电机的工作条件;

3)可测量空气间隙的电机,其间隙的不均匀度应符合产品技术条件的规定,当无规定时,各点空气间隙与平均空气间隙之差与平均空气间隙之比宜为±5%;

4)电机的引出线鼻子焊接或压接应良好,编号齐全,裸露带电部分的电气间隙应符合国家有关产品标准的规定;

5)绕线式电机应检查电刷的提升装置,提升装置应有"启动"、"运行"的标志,动作顺序应是先短路集电环,后提起电刷。

(2)当电机有下列情况之一时,应做轴转子检查:

1)出厂日期超过制造厂保证期限;

2)经外观检查或电气试验,质量可疑的;

3)开启式电机经端部检查可疑时;

4)试运转时有异常情况。

注:当制造厂规定不允许解体者,发生本条所述情况时,另行处理。

(3)电机轴转子检查,应符合下列要求:

1)电机内部清洁无杂物;

2)电机的铁芯、轴颈、集电环和换向器应清洁、无伤痕和锈蚀现象;通风孔无阻塞;

3)绕组绝缘层应完好,绑线无松动现象;

4)定子槽楔应无断裂、凸出和松动现象,按制造厂工艺规范要求检查,端部槽楔必须嵌紧;

5)转子的平衡块及平衡螺丝应紧固锁牢,风扇方向应正确,叶片无裂纹;

6)磁极及铁轭固定良好,励磁绕组紧贴磁极,不应松动;

7)鼠笼式电机转子铜导电条和端环应无裂纹,焊接应良好,浇铸的转子表面应光滑平整,导电条和端环不应有气孔、缩孔、夹渣、裂纹、细条、断条和浇铸不满等现象;

8)电机绕组应连接正确,焊接良好;

9)直流电机的磁极中心线与几何中心线应一致;

10)检查电机的滚动轴承,应符合下列要求;

①轴承工作面应光滑清洁,无麻点、裂纹或锈蚀,并记录轴承型号;

②轴承的滚动体与内外圈接触良好,无松动,转动灵活无卡涩,其间隙符合产品技术条件的规定;

③加入轴承内的润滑脂应填满其内部空隙的 2/3;同一轴承内不得填入不同品种的润滑脂。

(4)电机的换向器或集电环应符合下列要求:

1)表面应光滑,无毛刺、黑斑、油垢,当换向器的表面不平程度达到 0.2mm 时,应进行处理;

2)换向器片间绝缘应凹下 0.5~1.5mm,换向片与绕组的焊接应良好。

(5)电机电刷的刷架、刷握及电刷的安装应符合下列要求:

1)同一组刷握应均匀排列在与轴线平行的同一直线上;

2)刷握的排列,应使相邻不同极性的一对刷架彼此错开;

3)各组电刷应调整在换向器的电气中性线上;

4)带有倾斜角的电刷的锐角尖应与转动方向相反;

5)电机电刷的安装除应符合本条规定外,尚应符合规范要求。

(6)箱式电机的安装,尚应符合下列要求:

1)定子搬运、吊装时应防止定子绕组的变形;

2)定子上下瓣的接触面应清洁,连接后使用 0.05mm 的塞尺检查,接触应良好;

3)必须测量空气间隙,其误差应符合产品技术条件的规定;

4)定子上下瓣绕组的连接,必须符合产品技术条件的规定。

(7)多速电机的安装,应符合下列要求:

1)电机的接线方式,极性应正确;

2)连锁切换装置应动作可靠;

3)电机的操作程序应符合产品技术条件的规定。

(8)有固定转向要求的电机,试车前必须检查电机与电源的相序并应一致。

| 变压器安装检查记录 | | 编　号 | ×××　 |
|---|---|---|---|

| 工程名称 | ××污水处理厂电气工程 | | |
|---|---|---|---|
| 工程部位 | / | 安装地点 | 配电室 |
| 施工单位 | ××市政电力工程公司 | | |
| 变压器型号 | JAZF－13 | 出厂编号 | 0512×21 | 检查日期 | ××年×月×日 |

| 序号 | 检查项目及规范要求 | 检查结果 |
|---|---|---|
| 1 | 安装位置正确,符合设计要求 | 合格 |
| 2 | 变压器与母线的连接紧密,螺栓锁紧装置齐全,瓷套管不受外力 | 合格 |
| 3 | 瓷套管完好、无裂痕、瓷铀无损伤,清洁无污物 | 合格 |
| 4 | 本体、冷却装置及所有附件无缺陷,且不渗油 | 合格 |
| 5 | 轮子的制动装置应牢固 | 合格 |
| 6 | 油漆应完整,相色标志正确 | 合格 |
| 7 | 储油柜、冷却装置等油路阀门均应打开,且指示正确 | 合格 |
| 8 | 接地线与主接地网的连接符合设计要求,接地应可靠 | 合格 |
| 9 | 储油柜与充油套管的油位正常 | 合格 |
| 10 | 分接头的位置应符合运行要求,且指示正确 | 合格 |
| 11 | 相位及接线组别符合变压器并列运行条件 | 合格 |
| 12 | 测温装置指示正确,整定值符合要求 | 合格 |
| 13 | 电气试验合格,报告齐全 | 合格 |
| 14 | | |

| 监理(建设)单位 | 施　工　单　位 | | |
|---|---|---|---|
| | 技术负责人 | 施工员 | 质检员 |
| ××× | ××× | ××× | ××× |

本表由施工单位填写。

# 《变压器安装检查记录》填表说明

本表参照《电气装置安装工程  电力变压器、油浸电抗器、互感器施工及验收规范》(GB 50148)标准填写。

**【填写依据】**

1. 本体就位应符合下列要求:

(1)变压器、电抗器基础的轨道应水平,轨距与轮距应配合;装有气体继电器的变压器、电抗器,应使其顶盖沿气体继电器气流方向有 1‰~1.5‰ 的升高坡度(制造厂规定不须安装坡度者除外)。当与封闭母线连接时,其套管中心线应与封闭母线中心线相符;

(2)装有滚轮的变压器、电抗器,其滚轮应能灵活转动,在设备就位后,应将滚轮用能拆卸的制动装置加以固定。

2. 密封处理应符合下列要求:

(1)所有法兰连接处应用耐油密封垫(圈)密封;密封垫(圈)必须无扭曲、变形、裂纹和毛刺,密封垫(圈)应与法兰面的尺寸相配合;

(2)法兰连接面应平整、清洁;密封垫应擦拭干净,安装位置应准确;其搭接处的厚度应与其原厚度相同,橡胶密封垫的压缩量不宜超过其厚度的 1/3。

3. 有载调压切换装置的安装应符合下列要求:

(1)传动机构中的操作机构、电动机、传动齿轮和框杆应固定牢靠,连接位置正确,且操作灵活,无卡阻现象;传动机构的摩擦部分应涂以适合当地气候条件的润滑脂;

(2)切换开关的触头及其连接线应完整无损,且接触良好,其限流电阻应完好,无断裂现象;

(3)切换装置的工作顺序应符合产品出厂要求;切换装置在极限位置时,其机械联锁与极限开关的电气联锁动作应正确;

(4)位置指示器应动作正常,指示正确。

(5)切换开关油箱内应清洁,油箱应做密封试验,且密封良好;注入油箱中的绝缘油,其绝缘强度应符合产品的技术要求。

4. 冷却装置的安装应符合下列要求:

(1)冷却装置在安装前应按制造厂规定的压力值用气压或油压进行密封试验,并应符合下列要求:

1)散热器、强迫油循环风冷却器,持续 30min 应无渗漏;

2)强迫油循环水冷却器,持续 1h 应无渗漏,水、油系统应分别检查渗漏。

(2)冷却装置安装前应用合格的绝缘油经净油机循环冲洗干净,并将残油排尽;

(3)冷却装置安装完毕后应立即注满油;

(4)风扇电动机及叶片应安装牢固,并应转动灵活无卡阻;试转时应无振动、过热;叶片应无扭曲变形或与风筒碰擦等情况,转向应正确;电动机的电源配线应采用具有耐油性能的绝缘导线;

(5)管路中的阀门应操作灵活,开闭位置应正确;阀门及法兰连接处应密封良好;

(6)外接油管路在安装前,应进行彻底除锈并清洗干净;管道安装后,油管应涂黄漆,水管应涂黑漆,并应有流向标志;

(7)油泵转向应正确,转动时应无异常噪声、振动或过热现象;其密封应良好,无渗油或进气现象;

(8)差压继电器、流速继电器应经校验合格,且密封良好,动作可靠;

(9)水冷却装置停用时,应将水放尽。

5.储油柜的安装应符合下列要求:

(1)储油柜安装前,应清洗干净;

(2)胶囊式储油柜中的胶囊或隔膜式储油柜中的隔膜应完整无破损;胶囊在缓慢充气胀开后检查应无漏气现象;

(3)胶囊沿长度方向应与储油柜的长轴保持平行,不应扭偏;胶囊口的密封应良好,呼吸应通畅;

(4)油位表动作应灵活,油位表或油标管的指示必须与储油柜的真实油位相符,不得出现假油位。油位表的信号接点位置正确,绝缘良好。

6.升高座的安装应符合下列要求:

(1)升高座安装前,应先完成电流互感器的试验;电流互感器出线端子板应绝缘良好,其接线螺栓和固定件的垫块应紧固,端子板应密封良好,无渗油现象;

(2)安装升高座时,应使电流互感器铭牌位置面向油箱外侧,放气塞位置应在升高座最高处;

(3)电流互感器和升高座的中心应一致;

(4)绝缘筒应安装牢固,其安装位置不应使变压器引出线与之相碰。

7.套管的安装应符合下列要求:

(1)套管安装前应进行下列检查:

1)瓷套表面应无裂缝、伤痕;

2)套管、法兰颈部及均压球内壁应清擦干净;

3)套管应经试验合格;

4)充油套管无渗油现象,油位指示正常。

(2)充油套管的内部绝缘已确认受潮时,应予干燥处理;110kV 及以上的套管应真空注油;

(3)高压套管穿缆的应力锥应进入套管的均压罩内,其引出端头与套管顶部接线柱连接处应擦拭干净,接触紧密;高压套管与引出线接口的密封波纹盘结构(魏德迈结构)的安装应严格按制造厂的规定进行;

(4)套管顶部结构的密封垫应安装正确,密封应良好,连接引线时不应使顶部结构松扣;

(5)充油套管的油标应面向外侧,套管末屏应接地良好。

8.气体继电器的安装应符合下列要求:

(1)气体继电器安装前应经检验鉴定。

(2)气体继电器应水平安装,其顶盖上标志的箭头应指向储油柜,其与连通管的连接应密封良好。

9.安全气道的安装应符合下列要求:

(1)安全气道安装前,其内壁应清拭干净;

(2)隔膜应完整,其材料和规格应符合产品的技术规定,不得任意代用;

(3)防爆隔膜信号接线应正确,接触良好。

10.压力释放装置的安装方向应正确;阀盖和升高座内部应清洁,密封良好;电接点应动作准确,绝缘应良好。

11.吸湿器与储油柜间的连接管的密封应良好;管道应通畅;吸湿剂应干燥;油封油位应在油面线上或按产品的技术要求进行。

12. 净油器内部应擦拭干净,吸附剂应干燥;其滤网安装方向应正确并在出口侧;油流方向应正确。

13. 所有导气管必须清拭干净,其连接处应密封良好。

14. 测温装置的安装应符合下列要求:

(1)温度计安装前应进行校验,信号接点应动作正确,导通良好;绕组温度计应根据制造厂的规定进行整定。

(2)顶盖上的温度计座内应注以变压器油,密封应良好,无渗油现象;闲置的温度计座也应密封,不得进水。

(3)膨胀式信号温度计的细金属软管不得有压扁或急剧扭曲,其弯曲半径不得小于 50mm。

15. 靠近箱壁的绝缘导线,排列应整齐,应有保护措施;接线盒应密封良好。

16. 控制箱的安装应符合现行的国家标准《电气装置安装工程盘、柜及二次回路结线施工及验收规范》的有关规定。

17. 电力变压器安装应符合相应规范的规定,并通过电力部门检查认定。

检验方法:检查施工记录及认定报告。

18. 电力变压器安装允许偏差应符合表 4—67 的规定。

表 4—67　　　　　　　　　　电力变压器安装允许偏差及检验方法

| 项次 | 项目 | 允许偏差(mm) | 检验方法 |
|---|---|---|---|
| 1 | 基础轨道平面位置 | 10 | 尺量检查 |
| 2 | 基础轨道标高 | ±10 | 用水准仪和直尺检查 |
| 3 | 基础轨道水平度 | 1/1000 | 用水准仪和直尺检查 |
| 4 | 电力变压器垂直度 | 1/1000 | 用线坠和直尺检查 |

| 高压隔离开关、负荷开关及熔断器<br>安装检查记录 | | | 编　　号 | ×××<br> |
|---|---|---|---|---|

| 工程名称 | ××水泵厂电气工程 | | | |
|---|---|---|---|---|
| 工程部位 | 配电室开关 | 安装地点 | / | |
| 施工单位 | ××市电子设备安装公司 | 检查日期 | ××年×月×日 | |
| 设备名称 | 高压隔离开关 | 额定数据 | 380V/25A | |
| 生产厂 | ××电力设备厂 | 型号　KHF—1A | 出厂编号 | 0213117 |

| 序号 | 检 查 项 目 | 检查结果 |
|---|---|---|
| 1 | 操动机构、传动装置安装应牢固,动作灵活可靠,位置指示正确 | 符合要求 |
| 2 | 合闸时三相不同期值应符合产品的技术规定 | 符合要求 |
| 3 | 相间距离及分闸时触头打开角度和距离,符合产品的技术规定 | 符合要求 |
| 4 | 触头接触紧密良好 | 符合要求 |
| 5 | 油漆完整,相色标志正确,接地良好 | 符合要求 |
| 6 | 安装位置正确,符合设计及规范要求 | 符合要求 |
| 7 | 设备外观完好,瓷绝缘无损伤,无污痕 | 符合要求 |
| 8 | 按现行国家规范进行的所有电气试验全部合格 | 符合要求 |
| 9 | 熔断器熔体的额定电流符合设计要求 | 符合要求 |
| 10 | 开关的闭锁装置动作灵活、准确、可靠 | 符合要求 |
| 11 | | |

| 监理(建设)单位 | 施 工 单 位 | | |
|---|---|---|---|
| | 技术负责人 | 施工员 | 质检员 |
| ××× | ××× | ××× | ××× |

本表由施工单位填写。

# 《高压隔离开关、负荷开关及熔断器安装检查记录》填表说明

**【填写依据】**

1.隔离开关、负荷开关及高压熔断器的试验项目,应包括下列内容:

(1)测量绝缘电阻;

(2)测量高压限流熔丝管熔丝的直流电阻;

(3)测量负荷开关导电回路的电阻;

(4)交流耐压试验;

(5)检查操动机构线圈的最低动作电压;

(6)操动机构的试验。

2.隔离开关与负荷开关的有机材料传动杆的绝缘电限值,不应低于表4-68的规定。

表 4-68　　　　　　　　　　　　绝缘拉杆的绝缘电阻标准

| 额定电压(kV) | 3~15 | 20~35 | 63~220 | 330~500 |
|---|---|---|---|---|
| 绝缘电阻值(MΩ) | 1200 | 3000 | 6000 | 1000 |

3.测量高压限流熔丝管熔丝的直流电阻值,与同型号产品相比不应有明显差别。

4.测量负荷开关导电回路的电阻值,宜采用电流不小于100A的直流压降法。测试结果不应超过产品技术条件规定。

5.交流耐压试验,应符合下述规定:三相同一箱体的负荷开关,应按相间及相对地进行耐压试验,其余均按相对地或外壳进行。试验电压应符合 GB 50150-2006 中表10.0.5的规定。对负荷开关还应按产品技术条件规定进行每个断口的交流耐压试验。

6.检查操动机构线圈的最低动作电压,应符合制造厂的规定。

7.操动机构的试验,应符合下列规定:

(1)动力式操动机构的分、合闸操作,当其电压或气压在下列范围时,应保证隔离开关的主闸刀或接地闸刀可靠地分闸和合闸。

1)电动机操动机构:当电动机接线端子的电压在其额定电压的80%~110%范围内时;

2)压缩空气操动机构:当气压在其额定气压的85%~110%范围内时;

3)二次控制线圈和电磁闭锁装置:当其线圈接线端子的电压在其额定电压的80%~110%范围内时。

(2)隔离开关、负荷开关的机械或电气闭锁装置应准确可靠。

注:1.本条第1款第2项所规定的气压范围为操动机构的储气筒的气压数值;

　　2.具有可调电源时,可进行高于或低于额定电压的操动试验。

| 电缆头(中间接头)制作记录 | | 编　号 | | ×××　|
|---|---|---|---|---|
| 工程名称 | | ××污水处理厂工程 | | |
| 工程部位 | | / | | |
| 施工单位 | | ××市电力设备安装公司 | | |
| 电缆敷设方式 | | 穿管敷设 | 记录日期 | ×年×月×日 |

| 序号 | 电缆编号　施工记录 | | | | |
|---|---|---|---|---|---|
| 1 | 电缆起止点 | | 总配电室—车间动力柜 | | |
| 2 | 制作日期 | | 2015.3.4 | | |
| 3 | 天气情况 | | 晴 | | |
| 4 | 电缆型号 | | YJV22 | | |
| 5 | 电缆截面 | | 4×185+1×120 | | |
| 6 | 电缆额定电压 | | | | |
| 7 | 电缆头型号 | | | | |
| 8 | 保护壳型式 | | | | |
| 9 | 接地线规格 | | 25mm² | | |
| 10 | 绝缘带型号规格 | | | | |
| 11 | 绝缘填料 | 型号规格 | | | |
| | | 绝缘情况 | 制作前 | | |
| | | | 制作后 | | |
| 12 | 芯线连接方法 | | 压接 | | |
| 13 | 相序校对 | | 正常 | | |
| 14 | 工艺标准 | | | | |
| 15 | 备用长度 | | 5m | | |

| 监理(建设)单位 | 施　工　单　位 | | |
|---|---|---|---|
| | 技术负责人 | 质检员 | 操作人员 |
| ××× | ××× | ××× | ××× |

本表由施工单位填写。

# 《电缆头(中间接头)制作记录》填表说明

本表参照《电气装置安装工程电缆线路施工及验收规范》(GB 50168)标准填写。

**【填写依据】**

主控项目

1.高压电力电缆直流耐压试验必须按相关规范的规定交接试验合格。

2.低压电线和电缆,线间和线对地间的绝缘电阻值必须大于 $0.5M\Omega$。

3.铠装电力电缆头的接地线应采用铜绞线或镀锡铜编织线,截面积不应小于表 4－69 的规定。

表 4－69　　　　　　　　　　电缆芯线和接地线截面积($mm^2$)

| 电缆芯线截面积 | 接地线截面积 |
|---|---|
| 120 及以下 | 16 |
| 150 以下 | 25 |

注:电缆芯线截面积在 $16mm^2$ 及以下,接地线截面积与电缆芯线截面积相等。

4.电线、电缆接线必须准确,并联运行电线或电缆的型号、规格、长度、相位应一致。

一般项目

1.芯线与电器设备的连接应符合下列规定:

(1)截面积在 $10mm^2$ 及以下的单股铜芯线和单股铝芯线直接与设备、器具的端子连接;

(2)截面积在 $2.5mm^2$ 及以下的多股铜芯线拧紧搪锡或接续端子后与设备、器具的端子连接;

(3)截面积大于 $2.5mm^2$ 的多股铜芯线,除设备自带插接式端子外,接续端子后与设备或器具的端子连接;多股铜芯线与插接式端子连接前,端部拧紧搪锡;

(4)多股铝芯线接续端子后与设备、器具的端子连接;

(5)每个设备和器具的端子接线不多于 2 根电线。

2.电线、电缆的芯线连接金具(连接管和端子),规格应与芯线的规格适配,且不得采用开口端子。

3.电线、电缆的回路标记应清晰,编号准确。

## 厂区供水设备、供电系统调试记录

| 工程名称 | | | 编　号 | |
|---|---|---|---|---|
| 设备名称 | | 施工单位 | 调试日期 | |
| 规格型号 | | 安装部位 | 产品编号 | |
| | | | 设备位号 | |

| 序号 | 流量(m³/h) | 进口压力(MPa) | 出口压力(MPa) | 转速(r/min) | 水泵轴承温度(℃) 联轴器端 | 水泵轴承温度(℃) 后端 | POTO阀开度(%) | 电动机电流电压(A)(V) | 轴承温度(℃) 联轴器端 | 轴承温度(℃) 后端 | 冷支器空气(℃) 进口 | 冷支器空气(℃) 出口1 | 冷支器空气(℃) 出口2 | 绕组温度(℃) A相 | B相 | C相 | 运行电压(V) A-N(A-B) | B-N(B-C) | C-N(C-A) | 运行电流(A) A相 | B相 | C相 | 运行时间 起 | 止 |
|---|---|---|---|---|---|---|---|---|---|---|---|---|---|---|---|---|---|---|---|---|---|---|---|---|
| 1 | | | | | | | | | | | | | | | | | | | | | | | | |
| 2 | | | | | | | | | | | | | | | | | | | | | | | | |
| 3 | | | | | | | | | | | | | | | | | | | | | | | | |
| 4 | | | | | | | | | | | | | | | | | | | | | | | | |
| 5 | | | | | | | | | | | | | | | | | | | | | | | | |
| 6 | | | | | | | | | | | | | | | | | | | | | | | | |
| 7 | | | | | | | | | | | | | | | | | | | | | | | | |
| 8 | | | | | | | | | | | | | | | | | | | | | | | | |
| 9 | | | | | | | | | | | | | | | | | | | | | | | | |

综合结论：
□合格
□不合格

| 监理(建设)单位 | | 施工单位 | | |
|---|---|---|---|---|
| | 技术负责人 | 施工员 | | 质检员 |

说明：

本表由施工单位填写。

| | 自动扶梯安装记录 | | 编 号 | ×××| |
|---|---|---|---|---|---|

| 工程名称 | ××工程 |
|---|---|
| 施工单位 | ××市政工程有限公司 |
| 安装单位 | ××电梯公司 |

| 序号 | 检测项目 | 设计要求 | 检测数值 | 偏差数值 |
|---|---|---|---|---|
| 1 | 机房宽度 | 1630 | 1630 | |
| 2 | 机房深度 | 1000 | 1000 | |
| 3 | 支承宽度 | 1600 | 1600 | |
| 4 | 支承长度 | 1630 | 1630 | |
| 5 | 中间支承强度 | — | — | |
| 6 | 支承水平间距 | 11486 | 11486 | 0～+15 |
| 7 | 扶梯提升高度 | 4500 | 4510 | −15～+15 |
| 8 | 支承预埋铁尺寸 | 1630×160×25 | 1630×160×25 | |
| 9 | 提升设备搬运的连接附件 | φ130预留孔 | φ130预留孔 | |

检查意见：

符合设计及规范要求。

日期：××年×月×日

| 监理(建设)单位 | 施工单位 | 安 装 单 位 | | | |
|---|---|---|---|---|---|
| | | 技术负责人 | 测量员 | 质检员 | |
| ××× | ××× | ××× | ××× | ××× | |

本表由施工单位填写。

# 《自动扶梯安装记录》填表说明

本表参照《电梯工程施工质量验收规范》(GB 50310)标准填写。

**【填写依据】**

主控项目

1. 自动扶梯的梯级或自动人行道的踏板或胶带上空,垂直净高度严禁小于 2.3m。

2. 在安装前,井道周围必须设有保证安全的栏杆或屏障,其高度严禁小于 1.2m。

一般项目

1. 土建工程应按照土建布置图进行施工,且其主要尺寸允许误差应为:

提升高度 $-15\sim+15$mm;跨度 $0\sim+15$mm。

2. 根据产品供应商的要求应提供设备进场所需的通道和搬运空间。

3. 在安装之前,土建施工单位应提供明显的水平基准线标识。

4. 电源零线和接地线应始终分开。接地装置的接地电阻值不应大于 $4\Omega$。

# 4.6 施工试验记录及检测报告

## 4.6.1 施工试验记录及检测报告内容与要求

4.6.1.1 施工试验记录(通用)是在专用施工试验记录不适用的情况下,对施工试验方法和试验数据进行记录的表格,《施工试验通用记录》。

4.6.1.2 基础/主体结构工程通用施工试验记录包括下列内容:

1. 回填土(包括素土、灰土、砂和砂石地基的夯实填方和柱基、基坑、基槽的回填夯实)

(1)当设计图纸中对回填土有压实度要求时,应有《最大干密度与最佳含水率试验报告》,报告中应提供回填土的最大干密度、最佳含水率控制值。

(2)当合同对回填土土质有要求时,应对土壤进行液塑限、含水量和湿松密度试验,测定有机质含量。按《土的分类标准》GBJ145确定土质。

(3)回填土干密度试验应有分层、分段的干密度数据(进行试验并标明取样位置)。

(4)道路工程、桥梁工程、管道工程应按相关施工技术规范、验收标准规定和设计要求对回填土最大干密度、最佳含水率、土质、压实度等进行测试,填写相应表式。

2. 砌筑砂浆

(1)应有配合比申请单和试验室签发的配合比通知单。

(2)应有按规定留置的龄期为28天标养试块的抗压强度试验报告。《砂浆抗压强度试验报告》。

(3)应按单位工程分种类、强度等级汇总填写《砂浆试块强度统计、评定记录》。

(4)砌筑砂浆试块的留置及试验项目按相关规定进行。

(5)用于承重结构的砌筑砂浆试块按规定实行有见证取样和送检的管理。

3. 混凝土

(1)应有配合比申请单和由试验室签发的配合比通知单,施工中如材料有变化时,应有修改配合比的试验资料,应及时调整混凝土配合比并保留试验资料。

(2)应有按规定组数留置的28天龄期标养试块和足够数量的同条件养护试块,并按相关施工技术规范、验收标准规定和设计要求规程关的要求行。

现浇结构混凝土和冬期施工混凝土的同条件养护试块抗压强度试验报告,作为拆模、张拉、施力口临时荷载、检验抗冻能力等的据。

(3)冬期施工应有受冻临界强度试块和转常温试块的抗压强度试验报告。

(4)应按单位工程分种类、强度等级汇总填写《混凝土试块强度统计、评定记录》。

同一验收项目、同等强度等级、同龄期(28天标养)、配合比基本相同(是指施工配制强度相同,并能在原材料有变化时,及时调整配合比使其施工配制强度目标值不变)、生产工艺条件基本相同的混凝土为一个验收批。

(5)抗渗混凝土、抗冻混凝土、特种混凝土除应具有上述资料外还应有其它专项试验报告。

(6)抗压强度试块、抗折强度试块、抗渗性能试块、冻融性能试块的留置及强度统计方法按有关规定进行。

(7)潮湿环境、直接与水接触的混凝土工程和外部有碱环境并处于潮湿环境的混凝土工程,应预防碱集料反应并按有关规定执行。

4. 钢筋连接

(1)用于焊接、机械连接的钢筋接头其接头的力学性能和工艺性能应符合现行国家标准。

(2)在正式施工开始前及施工过程中,应对每批进场的钢筋,在现场条件下进行焊接性能试验(可焊性),机械连接应进行工艺检验。可焊性试验、工艺检验合格后方可进行焊接或机械连接施工。

(3)钢筋焊接接头或焊接制品应按焊接类型分批进行质量验收并进行记录《钢筋连接试验报告》。验收批的划分、取样数量和试验项目符合相关规定。

(4)机械连接接头的现场检验按验收批进行。

机械连接的工艺检验、现场检验验收批的划分、取样数量及试验项目按相关规定进行。

(5)施工中采用机械连接接头型式施工时,技术提供单位应提交法定检测机构出具的型式检验报告。

(6)结构工程中的主要受力钢筋接头按规定实行有见证取样和送检的管理。

5. 焊接质量无损检测记录

焊接工作完成并对外观质量检查合格后,施工单位应填写《无损检测委托单》,表中技术参数应符合标准或设计文件的要求,监理单位签字确认后送具有资质的无损检测机构。检测机构人员接收委托单后应签字,并签署日期。

对管道、钢构件、钢箱梁、钢制容器等承受拉力或压力的焊缝进行无损检测后,检测单位应将检测结果以焊接质量无损检测报告的形式及时通知委托单位。无损检测报告包括:《射线检测报告》、《射线检测底片评定记录》、《超声波检测报告》、《超声波检测记录表》、《磁粉检测报告》、《渗透检测报告》。检测结论主要应包含实际检测量、一次检测合格率、返修的最高次数、最终质量结果等内容。报告(评片)人和审核人的检测资格应符合规定要求。

对因故未能按委托要求完成检测任务以及存在其他应当说明的问题时,检测单位应予以说明。

4.6.1.3　道路、桥梁工程试验记录包括下列内容:

道路、桥梁工程试验记录包括道路、桥梁工程各工序、部位、整体质量的试验资料数据及其安全性能、功能质量的试验结论。

1. 道路工程基础和结构层施工试验记录:包括路基基层、连接层等结构层,必须严格控制每层结构的密实度、平整度、高程、厚度等。在施工中应按相关施工技术规范、验收标准规定和设计要求进行试验并记录。

2. 桥梁功能性试验记录:合同要求时须进行桥梁桩基、动(静)荷载试验、防撞栏杆防撞等功能性试验。试验前应与有资质的试验单位签订(桥梁功能性试验委托书),由试验单位进行桥梁桩基、动(静)荷载、防撞试验方案设计,按方案设计进行试验,试验后出具《桥梁功能性试验报告》。

4.6.1.4　管(隧)道工程试验记录包括给水、排水、燃气、供热管道工程的结构安全及功能质量的试验资料和数据。

1. 给水管道工程试验

给水管道安装经质量检查符合标准和设计文件规定后,应按标准规定的长度进行水压试验并对管网进行清洗,试验后填写《给水管道水压试验记录》或《PE给水管道水压试验记录》以及《给水、供热管网冲洗记录》。

2. 热管道工程试验

供热管道安装经质量检查符合标准和设计文件规定后,应分别按标准规定的长度进行分段和全长的管道水压试验,管道清洗可分段或整体联网进行。试验后填写《供热管道水压试验记录》《给水、供热管网冲洗记录》。

供热管网应按标准要求进行整体热运行,填写《供热管网(场、站)热运行记录》。

《供热管道水压试验记录》中的"试验压力"应按《城市供热管网工程施工及验收规范》(CJ28)的要求填写。"试验情况及结果"主要记录:试验性质(强度试验、严密性试验)、实际试验压力、检查方法、实际最大压力降、管道支架变形等项目的检查结果以及在试验过程中发生的应当记录的有关事项等内容。强度试验时试验压力下的"稳压时间"应分别按试验压力下和设计压力下的稳压时间填写。

管道补偿器安装时应按设计文件要求进行预拉伸,并填写《补偿器冷拉记录》。

3. 燃气管道工程试验

燃气管道为输送人工煤气、天然气、液化石油气的压力管道,管道及安全附件的校验、防腐绝缘、阴极保护、管道清洗、强度、严密性等试验,均是确保管道使用安全的重要条件。管道及管道附件在施工质量检查合格后应根据规范要求,严格进行下列试验:

(1)强度/严密性试验后填写《燃气管道强度试验验收单》《燃气管道严密性试验验收单》、《燃气管道气压严密性试验记录》,其中表《燃气管道气压严密性试验记录》适用于 U 型压力计、指针式或数字式压力计。

表《燃气管道强度试验验收单》《燃气管道严密性试验验收单》中的"试验压力"应按《城镇燃气输配工程施工及验收规范》(CJJ33)要求填写,《燃气管道严密性试验验收单》中的"保压时间"记录自达到试验压力起至开始正式记录试验过程止的实际时间。

表《燃气管道强度试验验收单》《燃气管道严密性试验验收单》中的"试验情况及结果"主要记录:实际试验压力、稳压时间、检查方法、检查结果等内容以及在试验过程中发生的应当记录的其他有关事项。

(2)防腐钢质管道安装后应按标准进行防腐层完整性(地面)检测,由检测单位填写《埋地钢质管道防腐层完整性检测报告》。此表适用于人体电容法、管中电流法、变频选频法。当所采用的某一种检测方法无相应的检测项目时,在数据栏内以"/"划去。

(3)管道工程施工后,应按设计要求对燃气管道进行内部处理,处理后填写《管道通球试验记录》《管道系统吹洗(脱脂)记录》。

(4)阴极保护系统安装全部完成后,在监理(建设)单位的组织下,应对被保护系统的保护电位进行测量验收,填写《阴极保护系统验收测试记录》。表中电位为相对于饱和硫酸铜电极电位(−V),测试位置(桩号)为设计图纸的位置(桩号)。

4. 污水(无压)管道闭水试验

污水、雨污水合流(无压)管道完工后应分段进行管道闭水试验,填写《污水管道闭水试验记录》。

**4.6.1.5** 厂(场)、站设备安装工程施工试验记录包括下列内容:

给水、污水处理、供热、燃气、轨道交通、垃圾卫生填埋厂(场)、站设备的安装,均须进行设备调试,部分设备须进行有关试运行。

1. 调试记录(通用)

一般设备、设施在调试时,在无专用表格的情况下均可采用本表进行记录。

2. 设备单机试运行记录(通用)

各种运转设备试运行在无专用表格的情况下一般均应采用本表进行行记录。

3. 设备强度/严密性试验

气柜、容器、箱罐等设备安装后,应按设计要求进行强度、严密性试验,填写《设备强度/严密性试验记录》。

4. 起重机试运转试验记录

起重机包括桥式起重机、电动葫芦等,起重设备安装后,应进行静负荷、动负荷试验,填写《起重机试运转试验记录》。

5. 设备负荷联动(系统)试运行记录

厂站设备(系统)进行负荷联动试运行时,应采用本表记录。

负荷联动试运行时间如无特殊要求一般为 72 小时。另外,污水厂站工程设备(系统)负荷联动试运行包括清水情况下及污水情况下两个过程,每个过程按本表分别作记录。

6. 安全阀调试记录

燃气、热力管道系统及厂(场)、站工程中安装的安全阀,在使用前均须进行开启压力的调整并填写《安全阀调试记录》。

7. 厂(场)、站构筑物功能试验

厂(场)、站工程水工构筑物(如消防水池、污水处理厂中的集水池、消化池、曝气池、沉淀池、自来水厂中的清水池、沉淀池等)须进行设计或标准规定的功能试验。

(1)《水池满水试验记录》

(2)《消化池气密性试验记录》

(3)《曝气均匀性试验记录》,适用于污水厂站工程水池池底安装曝气头或曝气器情况,当在池顶部或污水上表面安装曝气设施时(如转刷等)不需做曝气均匀性试验。

8. 防水工程试水记录

防水工程完成后,若需要进行试水试验,应填写防水工程试水记录,并明确检查采用方式。如采用蓄水方式,应填写蓄水起止时间。

4.6.1.6　电气工程施工试验记录应符合下列规定:

电气设备安装调试记录应符合国家及有关专业的规定,施工试验包括各个系统设备的单项安装调整试验记录、综合系统调整试验记录及设备试运转记录。

电气设备安装工程各系统的安装调整试验记录必须按系统收集齐全归档,分包的工程由分承包单位按承包范围收集齐全交总包单位整理归档。各个系统安装调整试验记录整理收集齐全后,单位工程方可申报竣工验收。

1. 电气绝缘电阻测试记录

电气安装工程安装的所有高、低压电气设备、线路、电缆等在送电试运行前必须全部按规范要求进行绝缘电阻测试,填写《电气绝缘电阻测试记录》。

2. 电气照明全负荷试运行记录

建筑照明系统通电连续全负荷试运行时间为 24 小时,所有灯具均应开启,且每 2 小时对照明电路各回路的电压、电流等运行数据进行记录。

3. 电机试运行记录

新安装的电动机,验收前必须进行通电试运行。对电压、电流、转速、温度、振动、噪音等数据及控制系统运行状态进行记录,电动机空载试运行时间宜为 2 小时。

4. 电气接地装置隐检/测试记录

电气接地装置安装时应对防雷接地、保护接地、重复接地、计算机接地、防静电接地、综合接地、工作接地、逻辑接地等各类接地形式的接地系统的接地极、接地干线的规格、形式、埋深、焊接及防腐情况进行隐蔽检查验收,测量接地电阻值,并附接地装置平面示意图。

5. 变压器试运行检查记录

新安装的变压器必须进行通电试运行,对一、二次电压、电流、油温等数据进行测量,检查分接头位置、瓷套管有无闪络放电、冲击合闸情况、风扇工作情况及有无渗油等,并做记录。

## 4.6.2　施工试验记录及检测报告填写范例

### 4.6.2.1　施工试验记录(通用)

| 施工试验记录(通用) | | 编　号 | ××× |
|---|---|---|---|
| | | 试验编号 | |
| **工程名称及部位** | ××市××人行过街平桥 | | |
| **规格、材质** | 不锈钢复合管 | **试验日期** | 2015 年 9 月 18 日 |

**试验项目：**

荷载试验

**试验内容：**

将压力传感器通过支座安装在垂直于天桥走向方向，且垂直于栏杆，另一段通过螺旋丝杠施加压力，并随时监测水平压力的变化。待达到设计压力时暂停加载，并保持荷载稳定。

1 号点：≥×××；　2 号点：≥×××；　3 号点：≥×××；

4 号点：≥×××；　5 号点：≥×××；　6 号点：≥×××；

7 号点：≥×××；　8 号点：≥×××；　9 号点：≥×××；

10 号点：≥×××；　11 号点：≥×××；　12 号点：≥×××；

13 号点：≥×××；　14 号点：≥×××；　15 号点：≥×××。

**结论：**

根据测试数据分析，栏杆抗水平推力大于×××，符合相关设计要求。

| **批准** | ××× | **审核** | ××× | **试验** | ××× |
|---|---|---|---|---|---|
| **检测试验单位** | ××工程试验检测中心 | | | | |
| **报告日期** | 2015 年 9 月 18 日 | | | | |

本表由施工单位填写。

4.6.2.2　基础/主体结构工程通用施工试验记录

| 最大干密度与最佳含水率试验报告 | 编　号 | ×××|
|---|---|---|
| | 试验编号 | ××－××× |
| | 委托编号 | ××－××× |

| 工程名称及部位 | ××市××路综合市政工程 | | |
|---|---|---|---|
| 委托单位 | ×××市政建设集团有限公司 | 委托人 | ××× |
| 种类 | 轻型素土 | 取样地点 | ××× |
| 委托日期 | 2015 年 6 月 12 日 | 试验日期 | 2015 年 6 月 12 日 |
| 试验方法 | 环刀法 | | |
| 试验依据 | JTG E40－2007 | | |

结论：　　　最大干密度＝1.82g/cm³　　　最佳含水率＝14.0%

| 批准 | ××× | 审核 | ××× | 试验 | ××× |
|---|---|---|---|---|---|
| 检测试验单位 | ××工程试验检测中心 | | | | |
| 报告日期 | 2015 年 6 月 12 日 | | | | |

本表由施工单位填写。

| 土壤压实度试验报告(环刀法) | | | | 编　号 | | ×××  | | |
|---|---|---|---|---|---|---|---|---|
| | | | | 试验编号 | | ××－××× | | |
| | | | | 委托编号 | | ××－××× | | |
| 工程名称 | | | ××市××路××桥梁工程 | | | | | |
| 委托单位 | | ××市政建设集团有限公司 | | | 委托人 | ××× | | |
| 部　位 | | 顶管以上50mm内 | | | 种　类 | 2∶8灰土 | | |
| 最大干密度 | | 1.83g/cm³ | | | 要求压实度 | 90% | | |
| 试验依据 | | JTG E40—2007 | | | 试验日期 | 2015年12月16日 | | |
| 检验桩号 | | | 东辅路 | 东主路 | 西辅路 | | | |
| 取样位置 | | | 顶管以上50mm内 | 顶管以上50mm内 | 顶管以上50mm内 | | | |
| 取样深度 | | | 20cm | 20cm | 20cm | | | |
| 湿密度 | 环刀＋土质量(g) | | 602 | 607 | 610 | | | |
| | 环刀质量(g) | | 200 | 200 | 200 | | | |
| | 土质量(g) | | 402 | 407 | 410 | | | |
| | 环刀容积(cm³) | | 200 | 200 | 200 | | | |
| | 湿密度(g/cm³) | | 2.01 | 2.035 | 2.05 | | | |
| 干密度 | 盒　号 | 7 | 8 | 9 | 10 | 11 | 12 | |
| | 盒＋湿土质量(g) | 37.2 | 38.0 | 38.8 | 41.3 | 37.6 | 39.3 | |
| | 盒＋干土质量(g) | 34.8 | 35.5 | 36 | 38.8 | 35 | 36.5 | |
| | 水质量(g) | 2.4 | 2.5 | 2.8 | 3.0 | 2.6 | 2.8 | |
| | 盒质量(g) | 17.3 | 17.2 | 16.6 | 16.9 | 17.3 | 16.7 | |
| | 干土质量(g) | 17.5 | 18.3 | 19.4 | 21.4 | 17.7 | 19.8 | |
| | 含水率(%) | 13.5 | 13.8 | 14.3 | 14.2 | 14.6 | 14.2 | |
| | 平均含水率(%) | 15.5 | | 15.6 | | 15.8 | | |
| | 干密度(g/cm³) | 1.74 | | 1.76 | | 1.77 | | |
| 压实度(%) | | 95.1 | | 96.2 | | 96.7 | | |
| 备注 | 本试验经二次平行测定后,其平行差值不得大于规定。取其算术平均值。 | | | | | | | |
| 批准 | | ××× | 审核 | | ××× | 试验 | ××× | |
| 检测试验单位 | | ××工程试验检测中心 | | | | | | |
| 报告日期 | | ××年×月×日 | | | | | | |

本表由试验单位填写。

| 土壤(或道路基层材料)压实度检验报告 | | | 编 号 | | ×××| |
|---|---|---|---|---|---|---|
| | | | 试验编号 | | ××－××× | |
| | | | 委托编号 | | ××－××× | |
| 工程名称及部位 | | ××道路工程 | | | | |
| 委托单位 | | ××市政建设集团有限公司 | 委托人 | | ××× | |
| 回填材料 | | 2∶8灰土 | 试验日期 | | ××年×月×日 | |
| 最大干密度 | | 1.83g/cm³ | 要求压实度 | | 90％ | |
| 试验依据 | | 《公路土工试验规程》<br>(JTG E40－2007) | 试验日期 | | ××年×月×日 | |
| 序号 | 检验桩号 | 取样位置 | 取样深度 | 干密度<br>(g/cm³) | 压实度<br>(％) | 结论 |
| 1 | K30＋280 | 左 3m | 10cm | 1.75 | 95.6 | 合格 |
| 2 | K30＋300 | 中 | 10cm | 1.73 | 94.5 | 合格 |
| 3 | K30＋320 | 右 5m | 10cm | 1.76 | 96.2 | 合格 |
| | | | | | | |
| | | | | | | |
| | | | | | | |
| | | | | | | |
| | | | | | | |
| | | | | | | |
| | | | | | | |
| | | | | | | |
| 备注 | | | | | | |
| 批准 | ××× | 审核 | ××× | 试验 | | ××× |
| 检测试验单位 | | ××工程试验检测中心 | | | | |
| 报告日期 | | ××年×月×日 | | | | |

本表由检测单位填写。

# 《土壤压实度试验记录(环刀法)》填表说明

**【填写依据】**

依据《公路土工试验规程》(JTG E40-2007)检验土壤压实度。

1. 目的和适用范围

本试验方法适用于细粒土。

2. 仪器设备

(1)环刀:内径6~8cm,高2~5.4cm,壁厚1.5~2.2mm。

(2)天平:感量0.1g。

(3)其他:修土刀、钢丝锯、凡士林等。

3. 试验步骤

(1)按工程需要取原状土或制备所需状态的扰动土样,整平两端,环刀内壁涂一薄层凡士林,刀口向下放在土样上。

(2)用修土刀或钢丝锯将土样上部削成略大于环刀直径的土柱,然后将环刀垂直下压,边压边削,至土样伸出环刀上部为止。削去两端余土,使土样与环刀口面齐平,并用剩余土样测定含水率。

(3)擦净环刀外壁,称环刀与土合质量$m_1$,准确至0.1g。

4. 结果整理

(1)按下列公式计算湿密度及干密度:

$$\rho = \frac{m_1 - m_2}{V}$$

$$\rho_d = \frac{\rho}{1 + 0.01w}$$

式中:$\rho$——湿密度(g/cm³),计算至0.01;

   $m_1$——环刀与土合质量(g);

   $m_2$——环刀质量(g);

   $V$——环刀体积(cm³);

   $\rho_d$——干密度(g/cm³),计算至0.01;

   $w$——含水率(%)。

(2)精密度和允许差。

本试验须进行二次平行测定,取其算术平均值,其平行差值不得大于0.03g/cm³。

5. 试验报告

(1)土的鉴别分类和状态描述。

(2)土的含水率$w$(%)。

(3)土的湿密度$\rho$(g/cm³)。

(4)土的干密度$\rho_d$(g/cm³)。

## 砂浆配合比申请单

| 编　号 | ×××  |
|---|---|
| 委托编号 | ××－××× |

| 工程名称及部位 | ××市××道路改扩建工程(K2＋310～K3＋460) | | |
|---|---|---|---|
| 委托单位 | ××市政建设集团有限公司 | 委托人 | ××× |
| 砂浆种类 | 水泥砂浆 | 强度等级 | M 10 |
| 水泥品种 | P・O　42.5 | 试验编号 | 2015－0014 |
| 水泥厂别 | ××水泥厂 | 水泥进场日期 | 2015 年 2 月 13 日 |
| 砂产地 | 密云　中砂　　粗细级别　　中砂 | 试验编号 | 2015－0011 |

| 掺合料名称 | 种类 | 掺量(％) | 试验编号 | 外加剂 | 种类 | 掺量(％) | 试验编号 |
|---|---|---|---|---|---|---|---|
| | 粉煤灰 | 8.6％ | ××－××× | | | | |

| 申请日期 | 2015 年 2 月 17 日 | 要求使用日期 | 2015 年 2 月 27 日 |
|---|---|---|---|

## 砂浆配合比通知单

| 编　号 | ××× |
|---|---|
| 配合比编号 | ××－××× |
| 试验编号 | ××－××× |
| 委托编号 | ××－××× |

| 强度等级 | M 10 | 试验日期 | 2015 年 2 月 20 日 |
|---|---|---|---|

配 合 比

| 材料名称 | 水泥 | 砂 | 白灰膏 | 掺合料 | 外加剂 |
|---|---|---|---|---|---|
| 每立方米用量(kg/m³) | 190 | 1450 | / | 155 | |
| 比例 | 1 | 7.63 | / | 0.82 | |

注:砂浆稠度为 70～100mm,白灰膏稠度为 120±5mm。

| 批准 | ××× | 审核 | ××× | 试验 | ××× |
|---|---|---|---|---|---|
| 检测试验单位 | ×××工程试验检测中心 | | | | |
| 报告日期 | | | | | |

申请单由施工单位填写,通知单由试验室填写。

## 《砂浆配合比申请表》填表说明

**【填写依据】**

1. 委托单位应依据设计强度等级、技术要求、施工部位、原材料情况等,向试验部门提出配合比申请单,试验部门依据配合比申请单,按照《砌体结构工程施工质量验收规范》(GB 50203—2011)的相关规定,并执行《砌筑砂浆配合比设计规程》(JGJ/T 98—2010)签发配合比通知单。

2. 砌筑砂浆应采用经试验确定的重量配合比,施工中要严格按配合比计量施工,不得随意变更。

3. 如砂浆的组成材料(水泥、骨料、外加剂等)有变化,其配合比应重新试配选定。

4. 砂浆的品种、强度等级、稠度、分层度、强度必须满足设计要求及《砌筑砂浆配合比设计规程》(JGJ/T 98—2010),如品种、强度等级有变动,应征得设计单位的同意,并办理洽商。

5. 混合砂浆所用生石灰、黏土及电石渣均应化膏使用,其使用稠度宜为 120±5mm 计量。

水泥砂浆和水泥石灰砂浆中掺用微沫剂,其掺量应事先通过试验确定。水泥黏土砂浆中,不得掺入有机塑化剂。

**【填写要点】**

1. "砂浆种类"栏应填写清楚,如水泥砂浆,混合砂浆。

2. "强度等级"栏应按照设计要求填写。

3. 所用的水泥、砂、掺合料、外加剂等要据实填写,并要在复试合格后再做试配,填好试验编号。

4. 配合比通知单应字迹清楚,无涂改,签字齐全。

## 《砂浆配合比通知单》填表说明

**【填写依据】**

1. 现场搅拌的砂浆应有试验室签发的配合比通知单。

2. 委托单位应依据设计强度等级、技术要求、施工部位、原材料情况等向试验部门进行砂浆配合比试配委托,试验部门出具砂浆配合比通知单。

3. 砌筑砂浆应采用经试验室确定的重量配合比,施工中应严格按配合比计量施工,不得随意变更。

4. 砂浆拌制前,应测定砂的含水率,并根据测试结果调整材料用量,提出施工配合比。

5. 如砂浆的组成材料(水泥、骨料、外加剂)发生变化,其配合比应重新试配选定。

6. 依据的标准:《砌筑砂浆配合比设计规程》。

7. 砂浆配合比通知单由有相应资质等级的试验室签发。检验人、审核人、负责人签字,单位盖章。

<table>
<tr><td colspan="2" rowspan="3" align="center">砂浆抗压强度试验报告</td><td>编　　号</td><td>×××</td></tr>
<tr><td>试验编号</td><td>××－×××</td></tr>
<tr><td>委托编号</td><td>××－×××</td></tr>
</table>

| 工程名称及部位 | ××市××道路工程挡土墙(K3＋260～K4＋330) | | | |
|---|---|---|---|---|
| 委托单位 | ××市政建设集团有限公司 | 委托人 | ××× | |
| 砂浆种类及等级 | 水泥砂浆 M10 | 试样编号 | ××× | |
| 配合比编号 | ××－××× | 稠　度 | 70mm | |
| 水泥品种及强度等级 | P·O　42.5 | 试验编号 | 2015－0082 | |
| 砂产地及种类 | 潮白河　中砂 | 试验编号 | 2015－0071 | |
| 掺合料种类 | / | 试验编号 | / | |
| 外加剂名称 | / | 试验编号 | / | |
| 试件成型日期 | 2015.4.12 | 要求龄期　28d | 要求试验日期 | 2015.5.10 |
| 养护条件 | 标准养护 | 试件制作人 | ××× | |
| 试验依据 | ××× | 委托日期 | 2015.4.12 | |

<table>
<tr><td rowspan="9" align="center">试验结果</td><td rowspan="2" align="center">试压日期</td><td rowspan="2" align="center">实际龄期(d)</td><td rowspan="2" align="center">试件边长(mm)</td><td colspan="2" align="center">荷载(kN)</td><td rowspan="2" align="center">抗压强度<br>(MPa)</td><td rowspan="2" align="center">达设计强度等级(%)</td></tr>
<tr><td align="center">单块</td><td align="center">平均</td></tr>
<tr><td rowspan="7" align="center">2015.5.10</td><td rowspan="7" align="center">28</td><td rowspan="7" align="center">70.7</td><td align="center">54.6</td><td rowspan="7" align="center">62.7</td><td rowspan="7" align="center">12.5</td><td rowspan="7" align="center">125</td></tr>
<tr><td align="center">56.3</td></tr>
<tr><td align="center">69.8</td></tr>
<tr><td align="center">65.5</td></tr>
<tr><td align="center">60.7</td></tr>
<tr><td align="center">69.4</td></tr>
<tr><td></td></tr>
</table>

结论:
　　合格

| 批准 | ××× | 审核 | ××× | 试验 | ××× |
|---|---|---|---|---|---|
| 检测试验单位 | ××工程试验检测中心 | | | | |
| 报告日期 | ××年×月×日 | | | | |

本表由试验单位填写。

# 《砂浆抗压强度试验报告》填表说明

**【填写依据】**

(1) 配制砂浆用的材料要求。

1) 水泥进场使用前,应分批对其强度、安定性进行复验。检验批应以同一生产厂家、同一编号为一批。

当在使用中对水泥质量有怀疑或水泥出厂超过 3 个月(快硬硅酸盐水泥超过 1 个月)时,应复查试验,并按其结果使用。不同品种的水泥,不得混合使用。

2) 砂浆用砂不得含有有害杂物。砂浆用砂的质量应满足《建筑用砂》(GB/T 14684)的规定。

3) 拌制砂浆用水,其水质应符合《混凝土拌合用水标准》(JGJ 63)的规定。

(2) 砌筑砂浆应有配合比申请单和试验室签发的配合比通知单。当砌筑砂浆的组成材料有变更时,其配合比应重新确定。

(3) 凡在砂浆中掺入有机塑化剂、早强剂、缓凝剂、防冻剂等,应经检验和试配符合要求后,方可使用。有机塑化剂应有砌体强度的型式检验报告。

(4) 砂浆现场拌制时,各组分材料应采用重量计量。

(5) 砌筑砂浆应采用机械搅拌,自投料完算起,搅拌时间应符合下列规定:

1)水泥砂浆不得少于 2min;

2)水泥粉煤灰砂浆和掺用外加剂的砂浆不得少于 3min;

3)掺用有机塑化剂的砂浆,应为 3~5min。

(6) 砂浆应随拌随用,水泥砂浆应分别在 3h 内使用完毕;当施工期间最高气温超过 30℃时,应分别在拌成后 2h 内使用完毕。

注:对掺用缓凝剂的砂浆,其使用时间可根据具体情况延长。

(7) 应有按规定留置的龄期为 28 天标养试块的抗压强度试验报告。

(8) 应按单位工程分种类、强度等级汇总填写《砂浆试块强度统计、评定记录》。

(9) 按同类、同强度等级砂浆为一验收批,并应符合下列要求:

$$f_{2,m} \geqslant f_2$$
$$f_{2,min} \geqslant 0.75 f_2$$

式中:　　$f_{2,m}$——同一验收批中砂浆立方体抗压强度各组平均值(MPa);

　　　　　$f_{2,min}$——同一验收批中砂浆立方体抗压强度最小一组值(MPa);

　　　　　$f_2$——验收批砂浆设计强度等级所对应的立方体抗压强度(MPa)。

当施工出现下列情况时,可采用非破损或微破损检验方法对砂浆和砌体强度进行原位检测,推定砂浆强度,并应有法定单位出具的检测报告:

1)砂浆试块缺乏代表性或试块数量不足;

2)对砂浆试块的试验结果有怀疑或有争议。

3)砂浆试块的试验结果,已判定不能满足设计要求,需要确定砂浆和砌体强度。

(10) 砌筑砂浆试块的留置及必试项目按规定进行。

(11) 用于承重结构的砌筑砂浆试块按规定实行有见证取样和送检的管理。

# 砂浆试块强度统计、评定记录

| 编　号 | ×××  |
| --- | --- |

| 工程名称 | ××市××路雨污水工程 | 强度等级 | M7.5 |
| --- | --- | --- | --- |
| 施工单位 | ××市政建设集团有限公司 | 养护方法 | 标准养护 |
| 统计期 | 2015 年 3 月 20 日～2015 年 5 月 12 日 | 结构部位 | 检查井 |

| 试块组数<br>n | 强度标准值<br>$f_2$<br>（MPa） | 平均值<br>$f_{2,m}$<br>（MPa） | 最小值<br>$f_{2,min}$<br>（MPa） | $0.75f_2$ |
| --- | --- | --- | --- | --- |
| 8 | 7.5 | 11.5 | 9.1 | 5.6 |

| 每组强度值（MPa） | 12.6 | 10.6 | 9.8 | 10.6 | 14.6 | 11.0 | 9.1 | 13.4 | | |
| --- | --- | --- | --- | --- | --- | --- | --- | --- | --- | --- |
| | | | | | | | | | | |
| | | | | | | | | | | |
| | | | | | | | | | | |
| | | | | | | | | | | |
| | | | | | | | | | | |
| | | | | | | | | | | |
| | | | | | | | | | | |
| | | | | | | | | | | |
| | | | | | | | | | | |

| 判定式 | $f_{2,m} \geq f_2$ | $f_{2,min} \geq 0.75f_2$ |
| --- | --- | --- |
| 结果 | 11.5＞7.5 | 9.1＞5.6 |

结论：

　　该批砂浆试块强度统计评定满足判定式要求，合格。

| 批准 | 审核 | 统计 |
| --- | --- | --- |
| ××× | ××× | ××× |

| 报告日期 | 2015 年 5 月 23 日 |
| --- | --- |

本表由施工单位填写。

# 《砂浆试块强度统计、评定记录》填表说明

**【填写依据】**

1. 砂浆试块试压后,应将混凝土试块试压报告按施工部位及时间顺序编号,及时登记在混凝土试块试压报告目录中。

2. 结构验收前,按单位工程同品种、同强度等级砂浆为同一验收批,参加评定的必须是标准养护 28d 的试块抗压强度。工程所用的各品种、各强度等级的砂浆都应分别进行统计评定。

3. 砂浆强度检验评定应以同批内标准试件的全部强度代表值进行检验评定。当出现下列情况时,可委托有资质的单位采用非破损或微破损的检验方法对砂浆和砌体的强度进行原位检测和取样检测,按有关规定对砂浆强度进行推定。

(1)当砂浆强度的代表性有怀疑;

(2)现场未按要求留置试块时;

(3)砂浆试块的强度不符合设计要求。

4. 凡砂浆强度评定未达到要求的或未按要求留置试块的,均视为质量问题,必须依据法定单位检测后出具的检测报告进行技术处理,结构处理必须经设计单位提出加固处理方案,其处理方案资料必须纳入施工技术资料。

## 混凝土配合比申请单

| 编　号 | ××× |
|---|---|
| 委托编号 | ××－××× |

| 工程名称及部位 | ××市××路桥梁工程　桥面铺装 2015－00955 | | |
|---|---|---|---|
| 委托单位 | ××市政建设集团有限公司 | 委托人 | ××× |
| 设计强度等级 | C40 | 要求坍落度 | 140～160　　（mm） |
| 其他技术要求 | / | | |
| 搅拌方法 | 机械 | 浇捣方法 | 振捣 | 养护方法 | 标准养护 |
| 水泥品种及<br>强度等级 | P·O 42.5 | 厂别牌号 | | 试验编号 | C2015－0020 |
| 砂产地及种类 | 三河　中砂 | | | 试验编号 | S2015－0016 |
| 石子产地及种类 | 密云　碎石 | 最大粒径 | mm | 试验编号 | G2015－0015 |
| 外加剂名称<br>及掺量 | 缓凝高效减水剂 | | | 试验编号 | A2015－0012 |
| | | | | 试验编号 | |
| 掺合料名称及掺量 | 粉煤灰 | | | 试验编号 | F2015－0010 |
| 其他材料 | / | | | 试验编号 | |
| 申请日期 | 2015 年 2 月 12 日 | 要求使用日期 | 2015 年 2 月 20 日 | 联系电话 | ×××× |

## 混凝土配合比通知单

| 编　　号 | ××× |
|---|---|
| 配合比编号 | 2015－0081 |
| 试配编号 | 2015P－0081 |
| 委托编号 | |

| 强度等级 | C40 | 水胶比 | | 水灰比 | 0.41 | 砂率 | 41% |
|---|---|---|---|---|---|---|---|

| 材料名称<br>项　目 | 水泥 | 水 | 砂 | 石 | 外加剂 (1) | 外加剂 (2) | 掺合料 | 其他 |
|---|---|---|---|---|---|---|---|---|
| 每 m³ 用量(kg) | 311 | 170 | 753 | 1084 | 12.5 | | 50 | |
| 每盘用量(kg) | 100 | 55 | 242 | 349 | 4 | | 16 | |

| 混凝土碱含量<br>(kg/m³) | 注:此栏只有遇Ⅱ类工程(按京建科[1999]230 号规定分类)时填写 |
|---|---|

说明:本配合比所使用材料均为干材料,使用单位应根据材料含水情况随时调整。

| 批　准 | ××× | 审　核 | ××× | 试　验 | ××× |
|---|---|---|---|---|---|
| 检测试验单位 | ××工程试验检测中心 | | | | |
| 报告日期 | ××年×月×日 | | | | |

申请单由施工单位填写,通知单由试验室填写。

# 《混凝土配合比申请单》、《混凝土配合比通知单》填表说明

**【填写依据】**

1. 现浇搅拌混凝土应有配合比申请单和配合比通知单。预拌混凝土应有试验室签发的配合比通知单。委托单位应依据设计强度等级、技术要求、施工部位、原材料情况等向试验部门提出配合比申请单,试验部门依据配合比申请单签发配合比通知单。

2. 依据《混凝土结构工程施工质量验收规范》(GB 50204－2015)中的规定,并执行《普通混凝土配合比设计规程》(JGJ55－2011)和《轻集料混凝土技术规程》(JGJ51－2002)。

3. 配制混凝土时,应根据配制的混凝土的强度等级,选用适当品种、强度等级的水泥,以使在既满足混凝土强度要求,符合为满足耐久性所规定的最大水灰比,最小水泥用量要求的前提下,减少水泥用量,达到技术可行、经济合算。

4. 结构用混凝土应采用经试验室确定的重量配合比,施工中要严格按配合比计量施工,不得随意变更。

5. 混凝土拌制前,应测定砂、石含水率并根据测试结果调整材料用量,提出施工配合比。

检查数量:每工作班检查一次。

检验方法:检查含水率测试结果和施工配合比通知单。

6. 如混凝土的组成材料(水泥、骨料、外加剂等)有变化,其配合比应重新试配选定。不同品种的水泥不得混合使用。

<table>
<tr><td colspan="4" rowspan="3" align="center"><h1>混凝土抗压强度试验报告</h1></td><td align="center">编　号</td><td align="center">×××</td></tr>
<tr><td align="center">试验编号</td><td align="center">2015－01217</td></tr>
<tr><td align="center">委托编号</td><td align="center">2015－0552</td></tr>
</table>

| 工程名称及部位 | ×× 市 ×× 路 ×× 桥梁工程　2－1、2－2 墩柱 | | | | |
|---|---|---|---|---|---|
| 委托单位 | ×× 市政建设集团有限公司 | | | 委托人 | ××× |
| 设计强度等级 | C30 | 实测坍落度<br>扩展度 | 160mm | 试件编号 | 089 |
| 水泥品种及强度等级 | P·O 42.5 | | | 试验编号 | C2015－0126 |
| 砂种类 | 中砂 | | | 试验编号 | S2015－0135 |
| 石种类、公称直径 | 碎石　5～20mm | | | 试验编号 | G2015－0136 |
| 外加剂名称 | UNF－5AE 引气减水剂 | | | 试验编号 | A2015－0109 |
| | / | | | 试验编号 | / |
| 掺合料名称 | 粉煤灰 | | | 试验编号 | F2015－0120 |
| 混凝土生产<br>企业名称 | ×× 预拌混凝土中心 | | | 配合比编号 | 2015－××× |
| 成型日期 | 2015.9.21 | 要求龄期(d) | 28 | 要求试验日期 | 2015.10.19 |
| 养护方法 | 标准养护 | 委托日期 | 2015.9.29 | 试块制作人 | ××× |
| 试验依据 | GB/T 50107 | | | | |

<table>
<tr>
<td rowspan="6" align="center">试<br>验<br>结<br>果</td>
<td rowspan="2" align="center">试验日期</td>
<td rowspan="2" align="center">实际<br>龄期<br>(d)</td>
<td rowspan="2" align="center">试件<br>边长<br>(mm)</td>
<td rowspan="2" align="center">受压<br>面积<br>(mm²)</td>
<td colspan="2" align="center">荷载(kN)</td>
<td rowspan="2" align="center">平均抗<br>压强度<br>(MPa)</td>
<td rowspan="2" align="center">折合 150mm<br>立方体抗压<br>强度(MPa)</td>
<td rowspan="2" align="center">达到设<br>计强度<br>(%)</td>
</tr>
<tr>
<td align="center">单块值</td>
<td align="center">平均值</td>
</tr>
<tr>
<td rowspan="4" align="center">2015.10.19</td>
<td rowspan="4" align="center">28</td>
<td rowspan="4" align="center">150</td>
<td rowspan="4" align="center">22500</td>
<td align="center">910</td>
<td rowspan="4" align="center">884.0</td>
<td rowspan="4" align="center">39.3</td>
<td rowspan="4" align="center">39.3</td>
<td rowspan="4" align="center">131</td>
</tr>
<tr><td align="center">828</td></tr>
<tr><td align="center">914</td></tr>
<tr><td></td></tr>
</table>

| 备注: | | | | | |
|---|---|---|---|---|---|
| 批准 | ××× | 审核 | ××× | 试验 | ××× |
| 检测试验单位 | ×× 工程试验检测中心 | | | | |
| 报告日期 | 2015 年 10 月 19 日 | | | | |

本表由检测单位提供。

# 《混凝土抗压强度试验报告》填表说明

本表参照《混凝土强度检验评定标准》(GB/T 50107)、《混凝土结构工程施工质量验收规范》(GB 50204)标准填写。

**【填写依据】**

1.混凝土工程施工应有按规定留置龄期为 28 天标养试件和同条件养护的试件,作抗压强度试验。冬施还应有受冻临界强度试件和转常温的抗压强度试件。

2.承重结构的混凝土抗压强度试件,应按规定实行有见证取样和送检。

3.抗渗混凝土、特种混凝土除应具备上述资料外应有专项试验报告。

4.潮湿环境、直接与水接触的混凝土工程和外部有供碱环境并处于潮湿环境的混凝土工程,应预防混凝土碱集料反应,按混凝土中氯化物和碱的总含量应符合《混凝土结构设计规范》和设计要求的有关规定执行,由混凝土供应单位出具《混凝土碱总量计算书》等相关检测报告。

5.混凝土结构子分部工程,对涉及结构安全的重要部位应进行结构实体检验。结构实体检验用同条件养护试件的强度试验报告,应填写《结构实体混凝土强度检验报告》。

6.抗压强度试件的留置数量及试验项目见规范。

7.结构混凝土出现不合格检验批的,或未按规定留置试件的,应有结构处理的相关资料;需要检测的,应由有相应资质检测机构的检测报告。

8.试件的制作每组三块,每组试件应从同一盘搅拌或从同一车混凝土中取出。取出后立即制作。

9.混凝土的试块的养护有标准养护、自然养护和同条件养护等几种形式。

采用标准养护的试件,成型后应覆盖,以防止水分蒸发,并应在室温 20±3℃ 情况下静置一至二昼夜,然后编号、拆模。拆模后的试件,应立即在温度为 20±3℃、相对湿度为 90% 以上的标准养护室中养护。

采用与结构同条件养护的试件,成型后应立即覆盖,试件的拆模时间应与实际结构的拆模时间相同,拆模后仍需保持同条件养护。

采用自然养护的试件,应放置在干燥通风的室内,每块试件之间留有一定的间隙。

| 混凝土试块强度统计、评定记录 | | | 编　号 | | ×××| | |
|---|---|---|---|---|---|---|---|

| 工程名称及部位 | 北京××工程 | | | | | | |
|---|---|---|---|---|---|---|---|
| 施工单位 | ××市政工程有限公司 | | | | | | |
| 养护方法 | 标准养护 | | 强度等级 | | C30 | | |
| 统计期 | 2015 年 6 月 1 日　至　2015 年 6 月 29 日 | | | | | | |

| 试块组数(n) | 强度标准值 $f_{cu,k}$ (MPa) | 平均值 $m_{fcu}$ (MPa) | 标准差 $S_{fcu}$ (MPa) | 最小值 $f_{cu,min}$ (MPa) | 合格判定系数 | |
|---|---|---|---|---|---|---|
| | | | | | $\lambda_1$ | $\lambda_2$ |
| 13 | 30.0 | 46.52 | 8.84 | 36.1 | 1.70 | 0.90 |
| 试件编号 | 01 | 02 | 03 | 04 | 05 | |
| 每组强度值 (MPa) | 50.4 | 36.1 | 40.8 | 39.4 | 58.0 | |
| 试件编号 | 06 | 07 | 08 | 09 | 10 | |
| 每组强度值 (MPa) | 37.7 | 36.8 | 57.3 | 56.7 | 51.6 | |
| 试件编号 | 11 | 12 | 13 | | | |
| 每组强度值 (MPa) | 57.5 | 42.5 | 39.9 | | | |

| 评定界限 | ☑统计方法(二) | | | □非统计方法 | |
|---|---|---|---|---|---|
| | $f_{cu,k}$ | $f_{cu,k}+\lambda_1 \times S_{fcu}$ | $\lambda_2 \times f_{cu,k}$ | $1.15f_{cu,k}$ $1.10f_{cu,k}$ | $0.95f_{cu,k}$ |
| | 27 | 31.49 | 27 | | |
| 判定式 | $m_{fcu} \geqslant f_{cu,k}+\lambda_1 \times S_{fcu}$ | | $f_{cu,min} \geqslant \lambda_2 \times f_{cu,k}$ | $m_{fcu} \geqslant 1.15f_{cu,k}$ (强度等级＜C60) $m_{fcu} \geqslant 1.10f_{cu,k}$ (强度等级≥C60) | $f_{cu,min} \geqslant 0.95f_{cu,k}$ |
| 结果 | 31.49＞27 | | 36.1＞27 | | |

结论：符合《混凝土强度检验评定标准》(GB/T 50107—2010)要求,合格。

| 批准 | ××× | 审核 | ××× | 试验 | ××× |
|---|---|---|---|---|---|
| 检测试验单位 | ××工程试验检测中心 | | | | |
| 报告日期 | 2015 年 6 月 29 日 | | | | |

本表由施工单位填写。

# 《混凝土试块强度统计、评定记录》填表说明

本表参照《混凝土强度检验评定标准》(GB/T 50107)标准填写。

**【填写依据】**

1.统计方法评定

(1)当混凝土的生产条件在较长时间内能保持一致且同一品种混凝土的强度变异性能保持稳定时应由连续的三组试件组成一个验收批其强度应同时满足下列要求:

$$m_{fcu} \geqslant f_{cu,k} + 0.7\sigma_0$$

$$f_{cu,min} \geqslant f_{cu,k} - 0.7\sigma_0$$

当混凝土强度等级不高于 C20 时其强度的最小值尚应满足下式要求:

$$f_{cu,min} \geqslant 0.85 f_{cu,k}$$

当混凝土强度等级高于 C20 时其强度的最小值尚应满足下式要求:

$$f_{cu,min} \geqslant 0.95 f_{cu,k}$$

式中: $m_{fcu}$ ——同一验收批混凝土立方体抗压强度的平均值,(N/mm²);

　　　$f_{cu,k}$ ——混凝土立方体抗压强度标准值,(N/mm²);

　　　$\sigma_0$ ——验收批混凝土立方体抗压强度的标准差,(N/mm²);

　　　$f_{cu,min}$ ——同一验收批混凝土立方体抗压强度的最小值,(N/mm²)

(2)验收批混凝土立方体抗压强度的标准差应根据前一个检验期内同一品种混凝土试件的强度数据按下列公式确定:

$$\sigma_0 = \frac{0.59}{m} \sum_{i=1}^{m} \triangle f_{cu,i}$$

式中: $\triangle f_{cu,i}$ ——第 $i$ 批试件立方体抗压强度中最大值与最小值之差;

　　　$m$ ——用以确定验收批混凝土立方体抗压强度标准差的数据总批数。

注:上述检验期不应超过三个月且在该期间内强度数据的总批数不得少于 15。

(3)当混凝土的生产条件在较长时间内不能保持一致且混凝土强度变异性不能保持稳定时或在前一个检验期内的同一品种混凝土没有足够的数据用以确定验收批混凝土立方体抗压强度的标准差时,应由不少于 10 组的试件组成一个验收批,其强度应同时满足下列公式的要求:

$$m_{fcu} - \lambda_1 s_{fcu} \geqslant 0.9 f_{cu,k}$$

$$f_{cu,min} \geqslant \lambda_2 f_{cu,k}$$

式中: $s_{fcu}$ ——同一验收批混凝土立方体抗压强度的标准差,(N/mm²)。当 $s_{fcu}$ 的计算值小于 $0.06 f_{cu,k}$ 时,取 $s_{tcu} = 0.06 f_{cu,k}$

　　　$\lambda_1$、$\lambda_2$ ——合格判定系数,按表 4-70 取用。

表 4-70　　　　　　　　　　混凝土强度的合格判定系数

| 试件组数 | 10~14 | 15~24 | ≥25 |
|---|---|---|---|
| $\lambda_1$ | 1.70 | 1.65 | 1.60 |
| $\lambda_2$ | 0.90 | 0.85 | |

(4)混凝土立方体抗压强度的标准差 $s_{fcu}$ 可按下列公式计算:

$$s_{fcu} = \sqrt{\frac{\sum_{i=1}^{n} f_{cu,i}^2 - n m_{fcu}^2}{n-1}}$$

式中：$f_{cu,i}$——第 $i$ 组混凝土试件的立方体抗压强度值（N/mm²）；

　　　　$n$——一个验收批混凝土试件的组数。

2.非统计方法评定

按非统计方法评定混凝土强度时，其所保留强度应同时满足下列要求：

$$m_{f_{cu}} \geqslant 1.15 f_{cu,k}$$

$$f_{cu,min} \geqslant 0.95 f_{cu,k}$$

3.混凝土强度的合格性判断

（1）检验结果能满足《混凝土强度检验评定标准》（GB 50107）的规定时则该批混凝土强度判为合格，当不能满足上述规定时该批混凝土强度判为不合格。

（2）由不合格批混凝土制成的结构或构件应进行鉴定，对不合格的结构或构件必须及时处理。

（3）当对混凝土试件强度的代表性有怀疑时，可采用从结构或构件中钻取试件的方法或采用非破损检验方法，按有关标准的规定对结构或构件中混凝土的强度进行推定。

（4）结构或构件拆模出池出厂、吊装预应力筋张拉或放张以及施工期间需短暂负荷时的混凝土强度，应满足设计要求或现行国家标准的有关规定。

| 混凝土抗渗试验报告 | | 编 号 | ××× |
|---|---|---|---|
| | | 试验编号 | 11805－0214 |
| | | 委托编号 | 2015－23518 |

| 工程名称及部位 | ××市地铁×号线03标段土建工程××站～××站区间 右线 K4＋984～K4＋993.6 边墙及顶拱 | | |
|---|---|---|---|
| 委托单位 | 中铁××局集团公司 | 委托人 | ××× |
| 抗渗等级 | P·O 42.5 | 试件编号 | 2015－0044 |
| 成型日期 | 2015.6.15 | 委托日期 | 2015.6.24 |
| 配合比编号 | 试B－商配－05－1643 | 实测坍落度 | 80mm |
| 养护条件 | 标准养护 | 要求试验龄期 | 28d－ 65d |
| 试验依据 | GB/T 50082－2009 | 试验日期 | 2015.8.19 |

试验结果：

试件解剖渗水高度(mm)：

1  4.2    2  5.6    3  3.9    4  4.3    5  4.4    6  4.7

结论：依据 GB/T 50082－2009 试验方法，以上所检项目符合 P10 抗渗等级要求。

| 批准 | ××× | 审核 | | 试验 | ××× |
|---|---|---|---|---|---|
| 检测试验单位 | | ××工程试验检测中心 | | | |
| 报告日期 | | 2015 年 8 月 19 日 | | | |

本表由检测单位填写。

# 《混凝土抗渗试验报告》填表说明

**【填写依据】**

1. 防水混凝土和有特殊要求的混凝土,应有配合比通知单和抗渗试验报告和专项试验报告。

2. 承重结构的混凝土抗渗试件,应按规定实行有见证取样和送检。

3. 防水混凝土要进行稠度、强度和抗渗性能三项试验。稠度和强度试验同普通混凝土。防水混凝土抗渗性能,应采用标准条件下养护的防水混凝土抗渗性能的试块的试验结果评定。

4. 有抗渗要求的混凝土应留置检验抗渗性能的试块,留置原则:对连续浇筑混凝土每 500m³ 应留置一组抗渗试块,且每项工程不得少于两组,其中至少一组在标准条件下养护。

5. 抗渗等级以每组 6 个试块中有 3 个试块端面呈现渗水现象时的水压($H$)计算出的 $P$ 值进行评定。若 6 个试块均无渗水现象,应试压至 $P+1$ 时的水压,方可评为大于 $P$。

6. 执行的标准:《普通混凝土长期性能和耐久性能试验方法》(GB/T 50082)。

7. 混凝土抗渗性能检验报告由有相应资质等级的试验室签发。检验人、审核人、负责人签字,单位盖章。

| 混凝土抗冻试验报告(慢冻法) | 编　号 | |
| | 试验编号 | |
| | 委托编号 | |

| 工程名称及部位 | | | |
|---|---|---|---|
| 委托单位 | | 委托人 | |
| 抗冻等级 | | 试件编号 | |
| 成型日期 | | 要求龄期 | d |
| 配合比编号 | | 试块制作人 | |
| 养护条件 | | 实测坍落度 | mm |
| 试验日期 | | 委托日期 | |
| 试验依据 | | | |
| 经( )次冻融循环后重量损失(％)<br>(3个试件平均值) | | | |
| 经( )次冻融循环后重量损失(％)<br>(3个试件平均值) | | | |
| 结论： | | | |
| 备注： | | | |

| 批准 | | 审核 | | 试验 | |
|---|---|---|---|---|---|
| 检测试验单位 | | | | | |
| 报告日期 | | | | | |

本表由检测单位提供。

| 混凝土抗冻试验报告(快冻法) | 编　号 | |
| | 试验编号 | |
| | 委托编号 | |

| 工程名称及部位 | | | |
|---|---|---|---|
| 委托单位 | | 委 托 人 | |
| 抗冻等级 | | 试件编号 | |
| 成型日期 | | 要求龄期 | d |
| 配合比编号 | | 试块制作人 | |
| 养护条件 | | 实测坍落度 | mm |
| 试验日期 | | 委托日期 | |
| 试验依据 | | | |

| 经( )次冻融循环后试件的相对动弹性模量(％)<br>(3 个试件平均值) | |
|---|---|
| 经( )次冻融循环后试件的相对动弹性模量(％)<br>(3 个试件平均值) | |

结论：

备注：

| 批准 | | 审核 | | 试验 | |
|---|---|---|---|---|---|
| 检测试验单位 | | | | | |
| 报告日期 | | | | | |

本表由检测单位提供。

| 混凝土抗折强度试验报告 | | 编　号 | ×××  |
|---|---|---|---|
| | | 试验编号 | ××－××× |
| | | 委托编号 | ××－××× |

| 工程名称及部位 | 北京××工程 | | |
|---|---|---|---|
| 委托单位 | ××市工程有限公司 | 委托人 | ××× |
| 设计强度等级 | C40 | 试件编号 | ××－××× |
| 要求坍落度 | 80mm | 实测坍落度 | 80mm |
| 配合比编号 | ××－××× | | |

| 成型日期 | 2015.7.16 | 龄　期(d) | 28 | 试验日期 | 2015.8.13 |
|---|---|---|---|---|---|
| 养护方法 | 标准养护 | 委托日期 | 2015.8.13 | 试块制作人 | ××× |
| 试验依据 | GB/T 50081 | | | | |

| | 试验日期 | 实际龄期(d) | 试件尺寸(mm) | | | 跨度(mm) | 荷载(kN) | | 平均极限抗折强度(MPa) | 折合标准试件强度(MPa) | 达到设计强度(%) |
|---|---|---|---|---|---|---|---|---|---|---|---|
| | | | 长 | 宽 | 高 | | 单块 | 平均 | | | |
| 试验结果 | 2015年8月13日 | 28 | 400×100×100 | | | 100 | 20.7 | 22.3 | 6.7 | 5.7 | 127 |
| | | | | | | | 22.5 | | | | |
| | | | | | | | 23.6 | | | | |

备注：经检查，符合《普通混凝土力学性能试验方法》(GB/T 50081)相关规定，合格。

| 批准 | ××× | 审核 | ××× | 试验 | ××× |
|---|---|---|---|---|---|
| 检测试验单位 | ××工程试验检测中心 | | | | |
| 报告日期 | 2015 年 8 月 13 日 | | | | |

本表由检测单位提供。

# 钢筋连接试验报告

| 编　号 | ×××× |
|---|---|
| 试验编号 | ××－××× |
| 委托编号 | ××－××× |

| 工程名称及部位 | ××市政道路工程 | | |
|---|---|---|---|
| 委托单位 | ××建设集团有限公司 | 委托人 | ××× |
| 接头类型 | 滚压直螺纹连接 | 试样编号 | ××－××× |
| 设计要求<br>接头性能等级 | Ⅰ级 | 检验形式 | 工艺检验 |
| 连接钢筋<br>种类及牌号 | 热轧带肋　HRB 335 | 原材试验<br>编号 | ××－××× |
| 公称直径 | 20mm | 代表数量 | 1050 个 |
| 操作人 | ××× | 委托日期 | ××年×月×月 | 试验日期 | ××年×月×月 |
| 试验依据 | JGJ 107 | | | | |

| 接头试件 | | | 母材试件 | | 弯曲试件 | | | 备注 |
|---|---|---|---|---|---|---|---|---|
| 公称<br>面积<br>(mm²) | 抗拉<br>强度<br>(MPa) | 断裂特征<br>及位置 | 实测<br>面积<br>(mm²) | 抗拉<br>强度<br>(MPa) | 弯心<br>直径<br>(mm) | 角度<br>(°) | 结果 | |
| 314.2 | 590 | 母材拉断<br>104mm | 312.9 | 600 | | | | |
| 314.2 | 590 | 母材拉断<br>128mm | 311.7 | 605 | | | | |
| 314.2 | 590 | 母材拉断<br>89mm | 310.6 | 600 | | | | |
| | | | | | | | | |
| | | | | | | | | |

结论：

　　依据《钢筋机械连接技术规程》(JGJ107)标准,以上所检项目符合机械连接Ⅰ级接头要求。

| 批准 | ××× | 审核 | ××× | 试验 | ××× |
|---|---|---|---|---|---|
| 检测试验单位 | ××工程试验检测中心 | | | | |
| 报告日期 | ××年×月×日 | | | | |

本表由检测单位填写。

# 《钢筋连接试验报告》填表说明

本表依据《钢结构焊接规范》(GB50661－2011)、《钢筋机械连接技术规程》(JGJ 107－2010)标准填写。

**【填写要点】**

1."工程名称及部位"栏:应填写具体,与施工图、施工方案一致,施工部位应明确层、轴线梁、柱等。

2."接头类型"栏:应明确具体,如:电渣压力焊、滚轧直螺纹连接。

3."试件编号"栏:同一单位工程应按取样时间先后连续编号。

4."检验形式"栏:应注明工艺检验、可焊性检验或现场检验。

5."代表数量"栏:按照实际的数量填写,不得超过规范验收批的最大批量。

6."操作人"栏:应与焊工岗位证书的名称对应。

7. 报告中的施工部位、规格、数量、试验日期等应与施工图、隐蔽工程验收、检验批质量验收记录的相关内容相符。

8. 核对使用日期和试验日期,不允许先使用后试验。

**【填写依据】**

1. 组批原则。

(1)闪光对焊接头的质量检验,应按下列规定分批进行外观检查和力学性能试验。

1)在同一台班内,由同一焊工完成的 300 个同牌号、同直径钢筋焊接接头应作为一批。当同一台班内焊接的接头数量较少,可在一周内累计计算;累计仍不足 300 个接头时,应按一批计算。

2)力学性能检验时,应从每批接头中随机切取 6 个接头,其中 3 个做拉伸试验,3 个做弯曲试验。

3)封闭环式箍筋闪光对焊接头,以 600 个同牌号、同规格的接头作为一批,只做拉伸试验。

(2)钢筋电弧焊,电渣压力焊的质量检验,应按下列规定分批进行外观检查和力学性能试验:

在现浇混凝土结构中,应以 300 个同牌号钢筋、同形式接头作为一批;在房屋结构中,应在不超过二层楼中 300 个同牌号钢筋、同形式接头作为一批。每批随机切取 3 个接头,做拉伸试验。在同一批中,若有几种不同直径的钢筋焊接接头,应在最大直径钢筋接头中切取 3 个试件。

2. 钢筋机械连接。

(1)接头应根据抗拉强度、残余变形以及高应力和大变形条件下反复拉压性能的差异,分为下列三个性能等级。

1)Ⅰ级。接头抗拉强度等于被连接钢筋的实际接断强度或不小于 1.10 倍钢筋抗拉强度标准值,残余变形小并具有高延性及反复拉压性能。

2)Ⅱ级。接头抗拉强度不小于被连接钢筋抗拉强度标准值,残余变形较小并具有高延性及反复拉压性能。

3)Ⅲ级。接头抗拉强度不小于被连接钢筋屈服度标准值的 1.25 倍,残余变形较小并具有一定的延性及反复拉压性能。

(2)Ⅰ级、Ⅱ级、Ⅲ级接头的抗拉强度必须符合表 4－71 的规定。

表 4—71　　　　　　　　　　　　　　接头的抗拉强度

| 接应等级 | Ⅰ级 | | Ⅱ级 | Ⅲ级 |
|---|---|---|---|---|
| 抗拉强度 | $f_{mst}^0 \geqslant f_{stk}$ 或 $f_{mst}^0 \geqslant 1.10 f_{stk}$ | 断于钢筋 断于接头 | $f_{mst}^0 \geqslant f_{stk}$ | $f_{mst}^0 \geqslant 1.25 f_{yk}$ |

注：1. $f_{yk}$——钢筋屈服强度标准值；

　　2. $f_{stk}$——钢筋抗拉强度标准值；

　　3. $f_{mst}^0$——钢筋接头试件实测抗拉强度。

（3）对每种型式、级别、规格、材料、工艺的钢筋机械连接接头，型式检验试件不应小于 9 个：单向拉伸试件不应少于 3 个，高应力反复拉压试件不应少于 3 个，大变形反复拉压试件不应少于 3 个。同时应另取 3 根钢筋试件作抗拉强度试验。全部试件均应在同一根钢筋上截取。

（4）用于型式检验的直螺纹或锥螺纹接头试件应散件送达检验单位，由型式检验单位或在其监督下由接头技术提供单位按标准规定的拧紧扭矩进行装配，拧紧扭矩值应记录在检验报告中，型式检验试件必须采用未经过预拉的试件。

（5）钢筋连接工程开始前，应对不同钢筋生产厂的进场钢筋进行接头工艺检验；施工过程中，更换钢筋生产厂时，应补充进行工艺检验。工艺检验应符合下列规定：

1）每种规格钢筋的接头试件不应少于 3 根；

2）每根试件的抗拉强度和 3 根接头试件的残余变形的平均值均应符合标准的规定；

3）接头试件在测量残余变形后可再进行抗拉强度试验，并宜按《钢筋机械连接技术规程》（JGJ 107—2010）附录 A 表 A.1.3 中的单向拉伸加载制度进行试验；

4）第一次工艺检验中 1 根试件抗拉强度或 3 根试件的残余变形平均值不合格时，允许再抽 3 根试件进行复检，复检仍不合格时判为工艺检验不合格。

（6）对接头的每一验收批，必须在工程结构中随机截取 3 个接头试件作抗拉强度试验，按设计要求的接头等级进行评定。当 3 个接头试件的抗拉强度均符合《钢筋机械连接技术规程》相应等级的强度要求时，该验收批应评为合格。如有 1 个试件的抗拉强度不符合要求，应再取 6 个试件进行复检，复检中如仍有 1 个试件的抗拉强度不符合要求，则该验收批应评为不合格。

（7）现场截取抽样试件后，原接头位置的钢筋可采用同等规格的钢筋进行搭接连接，或采用焊接及机械连接方法补接。

3. 钢结构焊接。

（1）抽样检查时，应符合下列要求：

1）焊缝处数的计数方法：工厂制作焊缝长度小于等于 1000mm 时，每条焊缝为 1 处；长度大于 1000mm 时，将其划分为每 300mm 为 1 处；现场安装焊缝每条焊缝为 1 处；

2）可按下列方法确定检查批：

①按焊接部位或接头形式分别组成批；

②工厂制作焊缝可以同一工区（车间）按一定的焊缝数量组成批；多层框架结构可以每节柱的所有构件组成批；

③现场安装焊缝可以区段组成批；多层框架结构可以每层（节）的焊缝组成批。

3）批的大小宜为 300～600 处。

4）抽样检查除设计指定焊缝外应采用随机取样方式取样。

（2）抽样检查的焊缝数如不合格率小于 2％时，该批验收应定为合格；不合格率大于 5％时，该批验收应定为不合格;不合格率为 2%～5%时,应加倍抽检,且必须在原不合格部位两侧的焊缝延长线各增加一处,如在所有抽检焊缝中不合格率不大于 3%时,该批验收应定为合格,大于 3%时,该批验收应定为不合格。当批量验收不合格时,应对该批余下焊缝的全数进行检查。当检查出一处裂纹缺陷时,应加倍抽查。如在加倍抽检焊缝中未检查出其他裂纹缺陷时,该批验收应定为合格,当检查出多处裂纹缺陷或加倍抽查又发现裂纹缺陷时,应对该批余下焊缝的全数进行检查。

4. 其他要求。

(1)用于焊接、机械连接钢筋的力学性能和工艺性能应符合现行国家标准。

(2)正式焊(连)接工程开始前及施工过程中,应对每批进场钢筋在现场条件下进行工艺检验。工艺检验合格后方可进行焊接或机械连接的施工。

(3)钢筋焊接接头或焊接制品、机械连接接头应按焊(连)接类型和验收批的划分进行质量验收并现场取样复试。

(4)承重结构工程中的钢筋连接接头应按规定实行有见证取样和送检的管理。

(5)采用机械连接接头型式施工时,技术提供单位应提交由有相应资质等级的检测机构出具的型式检验报告。

(6)焊(连)接工人必须具有有效的岗位证书。

# 射线检测报告

编　号

| 委托编号 | | 报告编号 | | 共　页　第　页 | |
|---|---|---|---|---|---|

**基本情况**

| 工程名称 | | | | | |
|---|---|---|---|---|---|
| 施工单位 | | | | | |
| 委托单位 | | | | | |
| 检测委托人 | | 联系电话 | | 坡口型式 | |
| 委托检测比例 | % | 焊接方法 | | 构件材质 | |
| 构件名称 | | 构件规格 | | 母材厚度 | mm |

**检测条件**

| 设备型号 | 透照方式 | 射线能量 | | 管电流 (mA) | 焦距($L_1$) (mm) | 曝光时间 (min) | 要　求 象质指数 |
|---|---|---|---|---|---|---|---|
| | | 源强度(Ci) | 电压(kV) | | | | |
| | | | | | | | |

| 胶片牌号 | | 增感方式 | | | 照相质量等级 | |
|---|---|---|---|---|---|---|
| 胶片规格 | mm | 焦点尺寸 | | mm | 像质计型号 | |
| 一次透照长度 | mm | 显影条件 | ℃ ; min | 冲洗形式 | | |
| | | | | 底片黑度 | — | |
| 检测标准 | | 合格级别 | 代号说明 | $R_x$ | | |
| | | | | 返修次数 | | |

**检测结果**

| 实际检测总数 | | | 评定结果（张） | | | | |
|---|---|---|---|---|---|---|---|
| 焊口(道) | 焊缝(m) | Ⅰ级 | Ⅱ级 | Ⅲ级 | Ⅳ级 | 总计 | 其中:返修片 |
| | | | | | | | |

钢熔化焊对接接头底片评定详见:《射线检测报告底片(评定记录表)》(共_____页)

检测结论及说明(可加附页):

| 拍片人(签字): (证号:　　) 　　　年　月　日 | 检测单位资格证号:_____ |
|---|---|
| 评片(报告)人(签字): (证号:　　) 　　　年　月　日 | (检测单位章) |
| 审核人(签字): (证号:　　) 　　　年　月　日 | 检测单位名称: |

本表由检测单位填写。

| | | 射线检测报告底片评定记录 | | | | | | | | | | 编　号 | | | | |
|---|---|---|---|---|---|---|---|---|---|---|---|---|---|---|---|---|

工程名称

| 委托编号 | | 报告编号 | | | 共　页　第　页 |
|---|---|---|---|---|---|

| 序号 | 底片编号 | | 象质指数 | 缺陷性质 | | | | | | 缺陷尺寸(mm) | 评定级别 | | | | 返修次数(Rx) | 备注 |
|---|---|---|---|---|---|---|---|---|---|---|---|---|---|---|---|---|
| | 焊缝代号 | 底片号 | | 圆形 | 条形 | 未透 | 未熔 | 裂纹 | 内凹 | | Ⅰ | Ⅱ | Ⅲ | Ⅳ | | |
| | | | | | | | | | | | | | | | | |
| | | | | | | | | | | | | | | | | |
| | | | | | | | | | | | | | | | | |
| | | | | | | | | | | | | | | | | |
| | | | | | | | | | | | | | | | | |
| | | | | | | | | | | | | | | | | |
| | | | | | | | | | | | | | | | | |
| | | | | | | | | | | | | | | | | |
| | | | | | | | | | | | | | | | | |
| | | | | | | | | | | | | | | | | |
| | | | | | | | | | | | | | | | | |
| | | | | | | | | | | | | | | | | |
| | | | | | | | | | | | | | | | | |
| | | | | | | | | | | | | | | | | |
| | | | | | | | | | | | | | | | | |
| | | | | | | | | | | | | | | | | |
| | | | | | | | | | | | | | | | | |
| | | | | | | | | | | | | | | | | |
| | | | | | | | | | | | | | | | | |
| | | | | | | | | | | | | | | | | |
| | | | | | | | | | | | | | | | | |

评片人(签字)：

本表由检测单位填写。

# 《射线检测报告底片评定记录》填表说明

**【填写依据】**

依据《金属熔化焊接接头射线照相》(GB/T 3323－2005)进行检验。

1. 通则

(1)射线防护。

X 射线和 $\gamma$ 射线对人体健康会造成极大危害。无论使用何种射线装置,应具备必要的防护设施,尽量避免射线的直接或间接照射。

射线照相的辐射防护应遵循 GB 4792、GB 16357、GB 18465 及相关各级安全防护法规的规定。

(2)工件表面处理和检测时机。

当工件表面不规则状态或覆层可能给辨认缺陷造成困难时,应对工件表面进行适当处理。

除非另有规定,射线照相应在制造完工后进行。对有延迟裂纹倾向的材料,通常至少应在焊后 24h 以后进行射线照相检测。

(3)射线底片上焊缝定位。

当射线底片上无法清晰地显示焊缝边界时,应在焊缝两侧放置高密度材料的识别标记。

(4)射线底片标识。

被检工件每一透照区段,均须放置高密度材料的识别标记,如:产品编号、焊缝编号、部位编号、返修标记、透照日期等。底片上所显示的标记应尽可能位于有效评定区之处,并确保每一区段标记明确无误。

(5)工件标记。

工件表面应作出永久性标记,以确保每张射线底片可准确定位。

若材料性质或使用条件不允许在工件表面作永久性标记时,应采用准确的底片分布图来记录。

(6)胶片搭接。

当透照区域要采用两张以上胶片照相时,相邻脱离危险片应有一定的搭接区域,以确保整个受检区域均被透照。应将高密度搭接标记置于搭接区的工件表面,并使之能显示在每张射线底片上。

(7)像质计(IQI)。

影像质量应使用 JB/T 7902 或 EN 462－1 及 EN 462－2 所规定的像质计来验证和评定。

所用像质计的材质应与被检工件相同或相似,或其射线吸收小于被检材料。像质计应优先放置在射线源侧,并紧贴工件表面放置,且位于厚度均匀的区域。

按所选用的像质计型式,应注意以下两种情况:

1)使用线型像质计时,强丝应垂直于焊缝,其位置应确保至少有 10mm 丝长显示在黑度均匀的区段。按透照布置曝光时,细丝应平行于管子环缝,并不得投影在焊缝影像上。

2)使用阶梯孔型像质计时,像质度的放置应使所要求的孔号紧靠焊缝。

采用透照布置时,像质计可放在射线源侧也可放在胶片侧。只有当射线源侧无法放置像质计时,才可放置在胶片侧,但至少应作一次对比试验,方法是在射线源侧和胶片侧各放一个像质计,采用与工件相同的透照条件,观察所得底片以确定像质计数值。但采用双壁单影法且像质计放在胶片一侧时,毋需作对比试验。此时像质计数值按表格来确定。

像质计放在胶片侧时,应紧贴像质计放置高密度材料识别标记"F",并在检测报告中注明。

外径 $D_e$ 大于等于 200mm 的管子或容器环缝,有用射线源中心作周向曝光时,整圈环焊缝应

426 市政基础设施工程资料表格填写范例

等间隔放置至少三个像质计。

(8)像质评定。

底片的观察条件应满足 JB/T 7903 的规定要求。

通过观察底片上的像质计影象,确定可识别的最细丝径编号或最小孔径编号,以此作为像质计数值。对线型像质,若在黑度均匀的区域内有至少 10mm 丝长连续清晰可见,该丝就视为可识别。对阶梯孔型像质计,若阶梯上有两个同径孔,则两孔应均可识别,该阶梯孔才视为可识别。

在射线照相检测报告中,应注明所使用的像质计型式、型号及所达到的像质计数值。

(9)像质计数值。

钢类材料射线照相时应达到的像质计数值应符合 JB/T 7903 附录 B 要求。对其他金属材料要求的最低像质计数值,可由合同各方商定采用此表或有关标准的规定值。

(10)检测人员。

进行射线照相检测的人员,应按 GB/T 9445 或其他相关标准进行相应工业门类级别的培训、考核,并持有相应考核机构颁发的资格证书。

2.射线照相检测报告

射线照相后,应对检测结果及有关各项进行详细记录,并填写检测报告。检测报告的主要内容包括:

(1)检测部位;

(2)产品名称;

(3)材质;

(4)热处理状况;

(5)公称厚度;

(6)焊接方法;

(7)检测标准:包括验收要求;

(8)透照技术及等级:包括像质计和要求达到的像质计数值;

(9)透照布置;

(10)标记;

(11)布片图;

(12)射线源种类和焦点尺寸及所选用的设备;

(13)胶片、增感屏和滤光板;

(14)管电压和管电流或 γ 源的活度;

(15)曝光时间及射线源—胶片距离;

(16)胶片处理:手工/自动;

(17)像质计的型号和位置;

(18)检测结果:包括底片黑度、像质计数值;

(19)由合同各方之间商定的与 GB/T 3323 规定的差异说明;

(20)有关人员的签字及资格;

(21)透照及检测报告日期。

| 超声波检测报告 | | 编 号 | | ×××| | |
|---|---|---|---|---|---|---|
| 委托编号 | ××－××× | 报告编号 | ××－××× | 共 × 页 第 × 页 | | |

| 基本情况 | 工程名称 | ××市××路跨线桥上横梁钢结构工程 | | | | |
|---|---|---|---|---|---|---|
| | 施工单位 | ××钢结构工程有限公司 | | | | |
| | 委托单位 | ××钢结构工程有限公司 | | | | |
| | 检测委托人 | ××× | 联系电话 | ×××× | | |
| | 委托检测比例 | 100％ | 焊接方法 | 手工焊 | 构件材质 | Q345B |
| | 构件名称 | 上横梁 | 构件规格 | | 母材厚度 | 12～16mm |
| | 检测部位 | 钢管焊缝 | 坡口型式 | V | 表面状态 | 修整 |
| 检测条件 | 仪器型号 | TS－2028C | 试块型号 | CSK－ⅠA CSK－ⅢA | 检测方法 | 超声波探伤 |
| | 探头型号 | 斜8×12k2.5－D | 评定灵敏度 | 60dB | 扫查方式 | 深度 |
| | 耦合剂 | 浆糊 | 表面补偿 | 2dB | 检测面 | 焊缝及热影响区 |
| | 扫描调节 | 1∶1 | | | | |
| | 检测标准 | GB 50205－2001 GB 11345 | 合格级别 | B Ⅱ 级 | | |

检测结论及说明(可加附页):

　　受××钢结构工程有限公司的委托,按照《钢结构工程施工质量验收规范》(GB 50205－2001)(一、二级焊缝)的质量要求,对××市××路跨线桥上横梁(P50、P51)钢结构工程钢管焊缝进行100％超声波探伤。依据《钢焊缝手工超声波探伤方法和探伤结果分级》(GB 11345)为BⅡ级合格,未发现超标缺陷,所检焊缝全部合格。

　　注:本报告包括:

　　(1)结论报告(本页);

　　(2)焊缝位置示意图(第2页) (略)。

| 检测人(签字):××× | | |
|---|---|---|
| (证号:×××) | 2015 年 5 月 10 日 | 检测单位资格证号:××× |
| 报告人(签字):××× | | |
| (证号:×××) | 2015 年 5 月 10 日 | (检测单位章) |
| 审核人(签字):××× | | |
| (证号:×××) | 2015 年 5 月 10 日 | 检测单位名称:××工程试验检测中心 |

本表由检测单位出具。

| 超声波检测报告评定记录 | | | | | | | | 编　号 | | | | | |
|---|---|---|---|---|---|---|---|---|---|---|---|---|---|

| 工程名称 | | | | | | | | | | | | | |
|---|---|---|---|---|---|---|---|---|---|---|---|---|---|
| 委托编号 | | | 报告编号 | | | | | 共　页　第　页 | | | | | |

| 序号 | 焊缝代号 | 区段编号 | 缺陷编号 | 缺陷状况 | | | | 评定级别 | | | 备　注 |
|---|---|---|---|---|---|---|---|---|---|---|---|
| | | | | 长度 | 高度 | 埋藏深度 | 缺陷波反射区域 | Ⅰ | Ⅱ | Ⅲ | |
| | | | | | | | | | | | |
| | | | | | | | | | | | |
| | | | | | | | | | | | |
| | | | | | | | | | | | |
| | | | | | | | | | | | |
| | | | | | | | | | | | |
| | | | | | | | | | | | |
| | | | | | | | | | | | |
| | | | | | | | | | | | |
| | | | | | | | | | | | |
| | | | | | | | | | | | |
| | | | | | | | | | | | |
| | | | | | | | | | | | |
| | | | | | | | | | | | |
| | | | | | | | | | | | |
| | | | | | | | | | | | |
| | | | | | | | | | | | |
| | | | | | | | | | | | |
| | | | | | | | | | | | |
| | | | | | | | | | | | |
| | | | | | | | | | | | |
| | | | | | | | | | | | |
| | | | | | | | | | | | |

| 检测人（签字）： | 日期：　年　月　日 |
|---|---|

本表由检测单位出具。

# 《超声波检测报告(评定记录)》填表说明

**【填写依据】**

依据《钢焊缝手工超声波探伤方法和探伤结果分级》(GB 11345)进行检验。

1. 检验人员

(1)从事焊缝探伤的检验人员必须掌握超声波探伤的基础技术,具有足够的焊缝超声波探伤经验,并掌握一定的材料、焊接基础知识。

(2)焊缝超声检验人员应按有关规程或技术条件的规定经严格的培训和考核,并持有相应考核组织颁发的等级资格证书,从事相对应考核项目的检验工作。

注:一般焊接检验专业考核项目分为焊缝、管件对接焊缝、管座角焊缝、节点焊缝等四种。

(3)超声检验人员的视力应每年检查一次,校正视力不得低于 1.0。

2. 探伤仪、探头及系统性能

(1)探伤仪。

使用 A 型显示脉冲反射式探伤仪,其工作频率范围至少为 $1\sim5MHz$,探伤仪应配备衰减器或增益控制器,其精度为任意相邻 12dB 误差在 $\pm1dB$ 内。步进级每档不大于 2dB,总调节量应大于 60dB,水平线性误差不大于 $1\%$,垂直线性误差不大于 $5\%$。

(2)探头。

1)探头应按 ZB Y 344 标准的规定作出标志。

2)晶片的有效面积不应超过 $500mm^2$,且任一边长不应大于 25mm。

3)声束轴线水平偏离角应不大于 $2°$。

4)探头主声束垂直方向的偏离,不应有明显的双峰,其测试方法见 ZBY 231。

5)斜探头的公称折射角 $\beta$ 为 $45°$、$60°$、$70°$ 或 $K$ 值为 1.0、1.5、2.0、2.5,折射角的实测值与分称值的偏差应不大于 $2°$($K$ 值偏差不应超过 $\pm0.1$),前沿距离的偏差应不大于 1mm。如受工件几何形状或探伤面曲率等限制也可选用其他小角度的探头。

6)当证明确能提高探测结果的准确性和可靠性,或能够较好地解决一般检验时的困难而又确保结果的正确,推荐采用聚焦等特种探头。

(3)系统性能。

1)灵敏度余量。

系统有效灵敏度必须大于评定灵敏度10dB以上。

2)远场分辨力。

①直探头:X≥30dB;

②斜探头:Z≥6dB。

(4)探伤仪、探头及系统性能和周期检查。

1)探伤仪、探头及系统性能,除灵敏度余量外,均应按国家标准的规定方法进行测试。

2)探伤仪的水平线性和垂直线性,在设备首次使用及每隔 3 个月应检查一次。

3)斜探头及系统性能,在表 4—72 规定的时间内必须检查一次。

表 4—72

| 检查项目 | 检查周期 |
|---|---|
| 前沿距离折射角或 K 值偏离角 | 开始使用及每隔 6 个工作日 |
| 灵敏度余量分辨力 | 开始使用、修补后及每隔 1 个月 |

| 磁粉检测报告 | | | 编　号 | | |
|---|---|---|---|---|---|
| 委托编号 | | 报告编号 | | 共　页　第　页 | |

| 基本情况 | 工程名称 | | | | | | |
|---|---|---|---|---|---|---|---|
| | 施工单位 | | | | | | |
| | 委托单位 | | | | | | |
| | 检测委托人 | | 联系电话 | | | | |
| | 委托检测比例 | ％ | 焊接方法 | | 构件材质 | | |
| | 构件名称 | | 构件规格 | | 表面状态 | | |
| | 所属设备 | | 检测部位 | | 管道系统编号 | | |

| 检测条件 | 仪器型号 | | 磁化方法 | | 磁粉种类 | | |
|---|---|---|---|---|---|---|---|
| | 灵敏度试片型号 | | 磁悬液浓度 | g/L | 磁化方向 | | |
| | 磁化电流 | A | 提升力 | N | 磁化时间 | | s |
| | 磁轭间距 | mm | | | | | |
| | 检测标准 | | 合格级别 | 级 | | | |

### 检 测 部 位 及 缺 陷 情 况

| 检测部位编号 | 缺陷编号 | 缺陷类型 | 缺陷磁痕尺寸(mm) | 打磨/补焊后复检缺陷 | | 最终评级 | 备　注 |
|---|---|---|---|---|---|---|---|
| | | | | 性质 | 磁痕尺寸(mm) | | |
| | | | | | | | |
| | | | | | | | |
| | | | | | | | |
| | | | | | | | |

检测结论(检验部位及缺陷位置详见示意图)：

| 检测人(签字)： | 检测单位资格证号_____ |
|---|---|
| (证号：　)　　年　月　日 | |
| 报告人(签字)： | (检测单位章) |
| (证号：　)　　年　月　日 | |
| 审核人(签字)： | 检测单位名称： |
| (证号：　)　　年　月　日 | |

本表由检测单位填写。

# 《磁粉检测报告》填表说明

**【填写依据】**

依据《承压设备无损检测　第 4 部分　磁粉检测》(JB/T 4730.4)进行检测。

1.一般要求

磁粉检测的一般要求除应符合 JB/T 4730.1 有关规定外,还符合下列规定。

(1)磁粉检测人员。

磁粉检测人员未经矫正或经矫正的近(距)视力和远(距)视力应不低于 5.0(小数记录值为 1.0),测试方法应符合 GB 11533 的规定。并 1 年检查 1 次,不得有色盲。

(2)磁粉检测程序。

磁粉检测程序如下:

1)预处理;

2)磁化;

3)施加磁粉或磁悬液;

4)磁痕的观察与记录;

5)缺陷评级;

6)退磁;

7)后处理。

(3)磁粉检测设备。

1)设备。

磁粉检测设备应符合 JB/T 8290 的规定。

2)提升力。

当使用磁最大间距时,交流电磁至少应有 45N 的提升力;直流电磁至少应有 177N 的提升力;交叉磁至少应有 118N 的提升力(磁极与试件表面间隙为 0.5mm)。

3)断电相位控制器。

采用磁法检测时,交流探伤机应配备断电相应控制器。

4)黑光辐照度及波长。

当采用荧光磁粉检测时,使用的黑光辐照度应大于或等于 $1000\mu W/cm^2$。黑光的波长应为 320~400mm,中心波长约为 365mm。

5)退磁装置。

退磁装置应能保证工件退磁后表面剩磁小于或等于 0.3mT(240A/m)。

6)辅助器材。

一般应包括下列器材:

①磁场强度计;

②$A_1$、C 型、D 型和 $M_1$ 型试片、标准试块和磁场指示器;

③磁悬液浓度沉淀管;

④2~10 倍放大镜;

⑤白光照度计;

⑥黑光灯;

⑦黑光辐照计;

⑧毫特斯拉计;

(4)磁粉、载体及磁悬液。

1)磁粉。

磁粉应具有高磁导率、低矫顽力和低剩磁,并应与被检工件表面颜色有较高的对比度。磁粉度和性能的其他要求应符合 JB/T 6063 的规定。

2)载体。

湿法应采用水或低粘度油基载体作为分散媒介。若以水为载体时,应加入适当的防锈剂和表面活性剂,必要时添加消泡剂。油基载体的运动粘度在 35℃时小于或等于 3.0mm²/s,使用温度下小于或等于 5.0mm²/s,闪点不低于 94℃,且无荧光和无异味。

3)磁悬液。

磁悬液浓度应根据磁粉种类、粒度、施加方法和被检工作表面状态等因素来确定。一般情况下,磁悬液浓度范围应符合规定。测定前应对磁悬液进行充分的搅拌。

2.磁粉检测质量分级

(1)不允许存在的缺陷。

1)不允许存在任何裂纹和白点;

2)紧固件和轴类零件不允许任何横向缺陷显示。

(2)焊接接头的磁粉检测质量分级。

焊接接头的磁粉检测质量分级见表 4—73。

表 4—73　　焊接接头的磁粉检测质量分级

| 等级 | 线性缺陷磁痕 | 圆形缺陷磁痕<br>(评定框尺寸为 35mm×100mm) |
|---|---|---|
| I | 不允许 | $d \leqslant 1.5$,且在评定框内不大于 1 个 |
| II | 不允许 | $d \leqslant 3.0$,且在评定框内不大于 2 个 |
| III | $l \leqslant 3.0$ | $d \leqslant 4.5$,且在评定框内不大于 4 个 |
| IV | 大于 III 级 | |

注:$l$ 表示线性缺陷磁痕长度,mm;$d$ 表示圆形缺陷磁痕长径,mm。

(3)受压加工部件和材料磁粉检测质量分级。

受压加工部件和材料磁粉检测质量分级见表 4—74。

表 4—74　　受压加工部件和材料磁粉检测质量分级

| 等级 | 线性缺陷磁痕 | 圆形缺陷磁痕<br>(评定框尺寸为 2500mm²,其中一条矩形边长最大为 150mm) |
|---|---|---|
| I | 不允许 | $d \leqslant 2.0$,且在评定框内不大于 1 个 |
| II | $l \leqslant 4.0$ | $d \leqslant 4.0$,且在评定框内不大于 2 个 |
| III | $l \leqslant 6.0$ | $d \leqslant 6.0$,且在评定框内不大于 4 个 |
| IV | 大于 III 级 | |

注:$l$ 表示线性缺陷磁痕长度,mm;$d$ 表示圆形缺陷磁痕长径,mm。

(4)综合评级。

在圆形缺陷评定区内同时存在多种缺陷时,应进行综合评级。对各类缺陷分别评定级别,取质量级别低的级别作为综合评级的级别;当各类缺陷的级别相同时,则降低一级作为综合评级的级别。

3.磁粉检测报告

磁粉检测报告至少应包括以下内容:

(1)委托单位;

(2)被检工件:名称、编号、规格、材质、坡口形式,焊接方法和热处理状况;

(3)检测设备:名称、型号;

(4)检测规范:磁化方法及磁化规范,磁粉种类及磁悬液浓度和施加磁粉的方法,检测灵敏度校验及标准试片、标准试块;

(5)磁痕记录及工件草图(或示意图);

(6)检测结果及质量分级、检测标准名称和验收等级;

(7)检测人员和责任人员签字及其技术资格;

(8)检测日期。

# 渗透检测报告

| 编　号 | |
|---|---|

| 委托编号 | | 报告编号 | | 共　页　第　页 |
|---|---|---|---|---|

<table>
<tr><td rowspan="9">基本情况</td><td>工程名称</td><td colspan="6"></td></tr>
<tr><td>施工单位</td><td colspan="6"></td></tr>
<tr><td>委托单位</td><td colspan="6"></td></tr>
<tr><td>检测委托人</td><td colspan="2"></td><td>联系电话</td><td colspan="3"></td></tr>
<tr><td>委托检测比例</td><td>%</td><td>焊接方法</td><td></td><td>构件材质</td><td colspan="2"></td></tr>
<tr><td>构件名称</td><td></td><td>构件规格</td><td></td><td>表面状态</td><td colspan="2"></td></tr>
<tr><td>所属设备</td><td></td><td>检测部位</td><td></td><td>管道系统</td><td colspan="2"></td></tr>
</table>

<table>
<tr><td rowspan="6">检测条件</td><td>渗透剂种类</td><td></td><td>对比试块类型</td><td></td><td>检测方法</td><td colspan="2"></td></tr>
<tr><td>清洗剂</td><td></td><td>渗透剂</td><td></td><td>显像剂</td><td colspan="2"></td></tr>
<tr><td>清洗方法</td><td></td><td>渗透剂施加方式</td><td></td><td>显像剂施加方式</td><td colspan="2"></td></tr>
<tr><td>工件温度</td><td>℃</td><td>渗透时间</td><td>min</td><td>显像时间</td><td colspan="2">min</td></tr>
<tr><td>检测标准</td><td></td><td>合格级别</td><td>级</td><td></td><td colspan="2"></td></tr>
</table>

**检测部位及缺陷情况**

| 检测部位编号 | 缺陷编号 | 缺陷类型 | 缺陷迹痕尺寸(mm) | 打磨/补焊后复检缺陷 性质 | 迹痕尺寸(mm) | 最终评级 | 备　注 |
|---|---|---|---|---|---|---|---|
| | | | | | | | |
| | | | | | | | |
| | | | | | | | |
| | | | | | | | |
| | | | | | | | |
| | | | | | | | |

检测结论(检验部位及缺陷位置详见示意图)：

| 检测人(签字)：<br>(证号：　) 　年　月　日 | 检测单位资格证号_____ |
|---|---|
| 报告人(签字)：<br>(证号：　) 　年　月　日 | (检测单位章) |
| 审核人(签字)：<br>(证号：　) 　年　月　日 | 检测单位名称： |

本表由检测单位出具。

# 《渗透检测报告》填表说明

【填写依据】

依据《承压设备无损检测　第 5 部分　渗透检测》(JB/T 4730.5—2005)进行检测。

1.一般要求。

渗透检测的一般要求除应符合 JB/T 4730.1~6 的有关规定外,还应符合下列规定。

(1)渗透检测人员。

渗透检测人员的未经矫正或经矫正的近(距)视力和远(距)视力应不低于 5.0(小数记录值为 1.0),测试方法应符合 GB 11533 的规定。并 1 年检查 1 次,不得有色盲。

(2)渗透检测剂。

渗透检测剂包括渗透剂、乳化剂、清洗剂和显像剂。

1)渗透剂的质量控制要求。

①在每一批新的合格散装渗透剂中应取出 500mL 贮藏在玻璃容器中保存起来,作为校验基准。

②渗透剂应装在密封容器中,放在温度为 10℃~50℃的暗处保存,并应避免阳光照射。各种渗透剂的相对密度应根据制造厂说明书的规定采用相对密度计进行校验,并应保持相对密度不变。

③散装渗透剂的浓度应根据制造厂说明书规定进行校验。校验方法是将 10mL 待校验的渗透剂和基准渗透剂分别注入到盛有 90mL 无色煤油或其他惰性溶剂的量筒中,搅拌均匀,然后将两种试剂分别放在比色计纳式试管中进行颜色浓度的比较。如果被校验的渗透剂与基准渗透剂的颜色浓度差超过 20%时,就应作为不合格。

④对正在使用的渗透剂进行外观检验,如发现有明显的混浊或沉淀物、变色或难以清洗,则应予以报废。

⑤被检渗透剂与基准渗透剂利用试块进行性能对比试验,当被检渗透剂显示缺陷的能力低于基准渗透剂时,应予报废。

⑥荧光渗透剂的荧光效率不得低于 75%。试验方法按 GB/T 5097 附录 A 中的有关规定执行。

2)显像剂的质量控制要求。

①对干式显像剂应经常进行检查,如发现粉末凝聚、显著的残留荧光或性能低下时要废弃。

②湿式显像剂的浓度应保持在制造厂规定的工作浓度范围内,其比重应经常进行校验,校验方法是用比重计进行测定。

③当使用的湿式显像剂出现混浊、变色或难以形成薄而均匀的显像层时,则应予以报废。

3)渗透检测剂必须标明生产日期和有效期,要附带产品合格证和使用说明书。

4)对于喷罐式渗透检测剂,其喷罐表面不得有锈蚀,喷罐不得出现泄漏。

5)渗透检测剂必须具有良好的检测性能,对工件无腐蚀,对人体基本无毒害作用。

6)对于镍基合金材料,一定量渗透检测剂蒸发后残渣中的硫元素含量的重量比不得超过 1%。如有更高要求,可由供需双方另行商定。

7)对于奥氏体钢和钛及钛合金材料,一定量渗透检测剂蒸发后残渣中的氯、氟元素含量的重量比不得超过 1%。如有更高要求,可由供需双方另行商定。

8)渗透检测剂的氯、硫、氟含量的测定可按下述方法进行。

取渗透检测剂试样 100g,放在直径 150mm 的表面蒸发皿中沸水浴加热 60min 进行蒸发。如蒸发后留下的残渣超过 0.005g,则应分析残渣中氯、硫、氟的含量。

9)渗透检测剂应根据承压设备的具体情况进行选择。对同一检测工件,不能混用不同类型的渗透检测剂。

(3)设备、仪器和试块。

1)暗室或检测现场。

暗室或检测现场应有足够的空间,能满足检测的要求,检测现场应保持清洁,荧光检测时暗室或暗处可见光照度应不大于 20lx。

2)黑光灯。

黑光灯的紫外线波长应在 320～400nm 的范围内,峰值波长为 365nm,距黑光灯滤光片 38cm 的工件表面的辐照度大于或等于 $1000\mu W/cm^2$,自显像时距黑光灯滤光片 15cm 的工件表面的辐照度大于或等于 $3000\mu W/cm^2$。黑光灯的电源电压波动大于 10% 时应安装电源稳压器。

3)黑光辐照度计。

黑光辐照度计用于测量黑光辐照度,其紫外线波长应在 320～400nm 的范围内,峰值波长为 365nm。

4)荧光亮度计。

荧光亮度计用于测量渗透剂的荧光亮度,其波长应在 430～600nm 的范围内,峰值波长为 500～520nm。

5)照度计。

照度计用于测量白光照度。

2.质量分级。

(1)不允许任何裂纹和白点,紧固件和轴类零件不允许任何横向缺陷显示。

(2)焊接接头和坡口的质量分级按表 4—75 进行。

表 4—75　　　　　　　　　　焊接接头和坡口的质量分级

| 等级 | 线性缺陷 | 圆形缺陷<br>(评定框尺寸 35mm×100mm) |
| --- | --- | --- |
| Ⅰ | 不允许 | $d\leqslant 1.5$,且在评定框内少于或等于 1 个 |
| Ⅱ | 不允许 | $d\leqslant 1.5$,且在评定框内少于或等于 4 个 |
| Ⅲ | $L\leqslant 4$ | 且在评定框内少于或等于 6 个 |
| Ⅳ | 大于Ⅲ级 | |

注:$L$ 为线性缺陷长度,mm;$d$ 为圆形缺陷在任何方向上的最大尺寸,mm。

(3)其他部件的质量分级评定见表 4—76。

表 4—76　　　　　　　　　　其他部件的质量分级

| 等级 | 线性缺陷 | 圆形缺陷<br>(评定框尺寸 2500mm³,其中一条矩形边的最大长度为 150mm) |
| --- | --- | --- |
| Ⅰ | 不允许 | $d\leqslant 1.5$,且在评定框内少于或等于 1 个 |
| Ⅱ | $L\leqslant 4$ | $d\leqslant 4.5$,且在评定框内少于或等于 4 个 |
| Ⅲ | $L\leqslant 8$ | $d\leqslant 8$,且在评定框内少于或等于 6 个 |
| Ⅳ | 大于Ⅲ级 | |

注:$L$ 为线性缺陷长度,mm;$d$ 为圆形缺陷在任何方向上的最大尺寸,mm。

3.在用承压设备渗透检测。

对在用承压设备进行渗透检测时,如制造时采用高强度钢以及对裂纹(包括冷裂纹、热裂纹、再热裂纹)敏感的材料;或是长期工作在腐蚀介质环境下,有可能发生应力腐蚀裂纹的场合,其内壁宜采用荧光渗透检测方法进行检测。检测现场环境应符合要求。

4.渗透检测报告。

报告至少应包括下列内容:

(1)委托单位;

(2)被检工件:名称、编号、规格、材质、坡口型式、焊接方法和热处理状况;

(3)检测设备:渗透检测剂名称和牌号;

(4)检测规范:栅吡例、检测灵敏度校验及试块名称,预清洗方法、渗透剂施加方法、乳化剂施加方法、去除方法、干燥方法、显像剂施加方法、观察方法和后清洗方法,渗透温度、渗透时间、乳化时间、水压及水温、干燥温度和时间、显像时间;

(5)渗透显示记录及工件草图(或示意图);

(6)检测结果及质量分级、检测标准名称和验收等级;

(7)检测人员和责任人员签字及其技术资格;

(8)检测日期。

# 无损检测委托单

| 编　号 | |
|---|---|

| 工程名称 | | | |
|---|---|---|---|
| 施工单位 | | 质检员 | |
| 监理单位 | | 专业监理工程师 | |
| 委托检测单位 | | | |
| 检测执行标准 | | 合格级别 | |

以下焊口已经焊接完成,经外观检查合格,请按以下方法于＿＿年＿＿月＿＿日＿＿时后进行:
【□RT(射线)、□UT(超声波)、□MT(磁粉)、□PT(渗透)、□＿＿＿＿＿＿】
本检验批焊口(应拍片)总数＿＿＿＿道(张),要求检验比例:＿＿％

委托单位:　　　　　　　　　　　　联系人及电话:

| 序号 | 焊口编号 | 规格 | 材质 | 焊接方式 | 坡口形式 | 焊工(机组)代号 | 焊接完成时间(月/日/时) | 备注 |
|---|---|---|---|---|---|---|---|---|
| | | | | | | | | |
| | | | | | | | | |
| | | | | | | | | |
| | | | | | | | | |
| | | | | | | | | |
| | | | | | | | | |
| | | | | | | | | |
| | | | | | | | | |
| | | | | | | | | |
| | | | | | | | | |
| | | | | | | | | |
| | | | | | | | | |
| | | | | | | | | |

| 其他说明 | |
|---|---|

监理人员:　　　施工技术负责人(质量检查员):　　　检测单位:

日期:　　　　年　　月　　日　　时

本表由施工单位填写。

| 喷射混凝土配合比申请单 | | 编　号 | ×××|
|---|---|---|---|
| | | 委托编号 | 2015－01678 |

| 工程名称 | ××市地铁×号线××车站主体暗挖结构工程初支喷护 | | |
|---|---|---|---|
| 委托单位 | ××城建集团有限公司 | 试验委托人 | ××× |
| 设计强度等级 | C20　喷射 | 申请强度等级 | C20　喷射 |
| 其他技术要求 | / | | |
| 搅拌方法 | 机械 | 养护方法 | |
| 水泥品种及强度等级 | P·O 42.5 | 水泥进场日期　2015 年 11 月 17 日 | 试验编号　2015－0306 |
| 砂产地及品种 | ××　中砂 | 试验编号 | 2015－0295 |
| 石产地及品种 | ××　豆石 | 试验编号 | 2015－0264 |
| 外加剂名称 | (1)　速凝剂 8880－A | 试验编号 | 2015－0051 |
| | (2) | | |
| 掺合料名称 | / | 试验编号 | / |
| 其他材料 | / | | |
| 申请日期 | 2015 年 11 月 24 日 | 要求使用日　期　2015 年 11 月 29 日 | 联系电话　×××× |

| 喷射混凝土配合比通知单 | | 配合比编号 | 2015－0084 |
|---|---|---|---|
| | | 试配编号 | 2015P－0084 |

| 强度等级 | C20 | 水胶比 | | 水灰比 | | 砂率 | 50％ | |
|---|---|---|---|---|---|---|---|---|
| 材料名称＼项目 | 水泥 | 水 | 砂 | 石 | 掺合料 | 外加剂 | | |
| 每 m³ 用量(kg) | 460 | | 920 | 920 | 27.6 | | | |
| 重量比 | 1 | | 2.00 | 2.00 | 0.06 | | | |

说明:本配合比所使用材料均为干燥状态,使用单位应根据材料含水情况随时调整。

| 负责人 | 审核人 | 试验人 |
|---|---|---|
| ××× | ××× | ××× |

| 报告日期 | 2015 年 11 月 28 日 |
|---|---|

申请单由施工单位填写,通知单由试验室填写。

# 《喷射混凝土配合比申请单》、
# 《喷射混凝土配合比通知单》填表说明

## 【填写依据】

1.喷射混凝土应掺速凝剂,原材料应符合下列规定:

(1)水泥优先选用普通硅酸盐水泥,标号不应低于 525 号。性能符合现行水泥标准;

(2)细骨料:采用中砂或粗砂,细度模数应大于 2.5,含水率控制在 5%～7%;

(3)粗骨料采用卵石或碎石粒径不应大于 15mm;

(4)骨料级配通过各筛径统计重量百分数应控制在表 4－77 的范围内:

表 4－77　　　　　　　　　　　　　　骨料级配筛分率(%)

| 项　　目 \ 骨料粒径(mm) | 0.15 | 0.30 | 0.60 | 1.20 | 2.5 | 5 | 10 | 15 |
|---|---|---|---|---|---|---|---|---|
| 优 | 5～7 | 10～15 | 17～22 | 23～31 | 35～43 | 50～60 | 73～82 | 100 |
| 良 | 4～8 | 5～22 | 13～31 | 18～41 | 26～54 | 40～70 | 62～90 | 100 |

注:使用碱性速凝剂时,不得使用活性二氯化硅石料。

(5)水:采用饮用水;

(6)速凝剂:质量合格、使用前应做与水泥相容性试验及水泥净浆凝结效果试验,初凝时间不应超过 5min,终凝时间不应超过 10min。

2.喷射混凝土的喷射机应具有良好的密封性,输料连接均匀,输料能力应满足混凝土施工的需要。

3.混合料应搅拌均匀并符合下列规定:

(1)配合比:水泥与砂石重量比应取 1.4～4.5。砂率应取 45%～55%,水灰比应取 0.4～0.45。速凝剂掺量应通过试验确定;

(2)原材料称量允许偏差为:水泥和速凝剂±2%,砂石±3%;

(3)运输和存放中严防受潮,大块石等杂物不得混入,装入喷射机前应过筛,混合料应随拌随用,存放时间不应超过 20min。

4.喷射混凝土前应清理场地,清扫受喷面;检查开挖尺寸,清除浮渣及堆积物;埋设控制喷射混凝土厚度的标志;对机具设备进行试运转。就绪后方可进行喷射混凝土作业。

5.喷射混凝土作业应紧跟开挖工作面,并符合下列规定:

(1)混凝土喷射应分片依次自下而上进行并先喷钢筋格栅与壁面间混凝土,然后再喷两钢筋格栅之间混凝土;

(2)每次喷射厚度为:边墙 70～100mm;拱顶 50～60mm;

(3)分层喷射时,应在前一层混凝土终凝后进行,如终凝 1h 后再喷射,应清洗喷层表面;

(4)喷层混凝土回弹量,边墙不宜大于 15%,拱部不宜大于 25%;

(5)爆破作业时,喷射混凝土终凝到下一循环放炮间隔时间不应小于 3h。

6.喷射混凝土 2h 后应养护,养护时间不应少于 14d,当气温低于＋5℃时,不得喷水养护。

7.喷射混凝土施工区气温和混合料进入喷射机温度均不得低于＋5℃。

喷射混凝土低于设计强度的 40%时不得受冻。

8.喷射混凝土结构试件制作及工程质量符合下列规定:

(1)抗压强度和抗渗压力试件制作组数:同一配合比,区间或小于其断面的结构,每 20m 拱和墙各取一组抗压强度试件,车站各取二组;抗渗压力试件区间结构每 40m 取一组;车站每 20m 取一组。

(2)喷层与围岩以及喷层之间粘结应用锤击法检查。对喷层厚度,区间或小于区间断面的结构每 20m 检查一个断面,车站每 10m 检查一个断面。每个断面从拱顶中线起,每 2m 凿孔检查一个点。断面检查点 60% 以上喷射厚度不小于设计厚度,最小值不小于设计厚度的 1/3,厚度总平均值不小于设计厚度时,方为合格。

(3)喷射混凝土应密实、平整,无裂缝、脱落、漏喷、漏筋、空鼓、渗漏水等现象。平整度允许偏差为 30mm,且矢弦比不应大于 1/6。

4.6.2.3　道路、桥梁工程施工试验记录

| 无侧限抗压强度试验报告 | | 编　　号 | |
| | | 试验编号 | |
| | | 委托编号 | |

| 工程名称 | | | |
|---|---|---|---|
| 委托单位 | | 委托人 | |
| 混合料厂家(产地) | | 合格证号 | |
| 混合料种类、配合比 | | 设计要求 | |
| 试件规格(mm) | | 受压面积(mm²) | 要求龄期 | d |
| 委托日期 | | 成型日期 | |
| 试验依据 | | 试验日期 | |

| 试件编号 | 检验段桩号 | 取样位置桩号 | 抗压强度平均值(MPa) | $R_d / (1 - Z_\alpha C_v)$ | 结论 |
|---|---|---|---|---|---|
| | | | | | |
| | | | | | |
| | | | | | |
| | | | | | |
| | | | | | |
| | | | | | |
| | | | | | |
| | | | | | |
| | | | | | |
| | | | | | |
| | | | | | |

| 批准 | | 审核 | | 试验 | |
|---|---|---|---|---|---|
| 检测试验单位 | | | | | |
| 报告日期 | | | | | |

本表由检测单位提供。

| 道路基层材料压实度试验报告(灌砂法) | | | | 编　号 | ×××| | |
|---|---|---|---|---|---|---|---|
| | | | | 试验编号 | ×××| | |
| | | | | 委托编号 | ×××| | |
| 工程名称 | | | | ××道路工程 | | | |
| 委托单位 | ××市政建设集团有限公司 | | | 委托人 | ×××| | |
| 试验依据 | 《公路土工试验规程》(JTG E40) | | | 回填材料 | 砂夹碎石 | | |
| 桩号/层次 | | | | K3+450 | K3+470 | K3+490 | K3+500 |
| 灌砂前砂+容器质量 (g) | (1) | | | 13251 | 13399 | 13621 | 12861 |
| 灌砂后砂+容器质量 (g) | (2) | | | 6428 | 5714 | 5755 | 6206 |
| 灌砂筒下部锥体内砂质量 (g) | (3) | | | 2442 | 2442 | 2442 | 2442 |
| 试坑灌入砂的质量 (g) | (4) | (1)−(2)−(3) | | 4381 | 5243 | 5424 | 4213 |
| 砂堆积密度 (g/cm³) | (5) | | | 1.36 | 1.36 | 1.36 | 1.36 |
| 试坑体积 (cm³) | (6) | (4)/(5) | | 3221 | 3855 | 3856 | 3098 |
| 试坑中挖出的湿料质量 (g) | (7) | | | 6668 | 7748 | 7828 | 6165 |
| 试样湿密度 (g/cm³) | (8) | (7)/(6) | | 2.07 | 2.01 | 2.03 | 1.99 |

| 含水率 W (%) | 盒号 | (9) | 03 | 05 | 11 | 08 | 02 | 14 | 06 | 01 |
|---|---|---|---|---|---|---|---|---|---|---|
| | 盒质量 (g) | (10) | 16.7 | 17.2 | 16.9 | 17.0 | 17.0 | 16.9 | 16.7 | 16.7 |
| | 盒+湿料质量 (g) | (11) | 511.0 | 516.6 | 535.1 | 531.7 | 522.7 | 546.6 | 539.6 | 546.3 |
| | 盒+干料质量 (g) | (12) | 492.9 | 498.3 | 517.1 | 513.3 | 505.1 | 527.0 | 521.9 | 527.9 |
| | 水质量 (g) | (13) (11)−(12) | 18.1 | 18.3 | 18.0 | 18.4 | 17.6 | 19.4 | 17.7 | 18.4 |
| | 干料质量 (g) | (14) (12)−(10) | 476.2 | 481.1 | 500.2 | 496.3 | 488.1 | 510.1 | 505.2 | 511.2 |
| | 含水率 (%) | | 3.8 | 3.8 | 3.6 | 3.7 | 3.6 | 3.8 | 3.5 | 3.6 |
| | 平均含水率 (%) | (15) [(13)/(14)]×100 | 3.8 | | 3.7 | | 3.7 | | 3.6 | |

| 干密度 (g/cm³) | (16) | (8)[1+(15)/100] | 1.99 | 1.94 | 1.96 | 1.92 |
|---|---|---|---|---|---|---|
| 最大干密度 (g/cm³) | (17) | | 2.09 | | | |
| 压实度 (%) | (18) | [(16)/(17)×100] | 95 | 93 | 94 | 92 |

备　注：

K3+440～K3+515 段第 2 层压实度检测

| 批　准 | ×××| 审　核 | ×××| 试　验 | ×××|
|---|---|---|---|---|---|
| 检测试验单位 | ××试验检测中心 | | | | |
| 报告日期 | ××年×月×日 | | | | |

本表由施工单位填写。

| | 编　号 | ×××　　　　　 |
|---|---|---|
| **沥青混合料压实度试验报告** | 试验编号 | 2015－02067 |
| | 委托编号 | 2015－0109 |

| 工程名称及部位 | | ××市××路桥梁工程 | | | |
|---|---|---|---|---|---|
| 委托单位 | ××市政建设集团有限公司 | | 委托人 | | ××× |
| 混合料类型 | AC－16Ⅰ | | 标准密度 | | 2.478g/cm³ |
| 委托日期 | 2015.9.24 | 试验日期　2015.9.28 | 要求压实度 | | 95％ |
| 试验依据 | JTJ 052 | | 试验方法 | | 蜡封法 |

| 试件编号 | 代表桩号(部位) | 试件密度<br>(g/cm³) | 压实度<br>(％) | 结论 |
|---|---|---|---|---|
| 001 | K0＋110 | 2.382 | 96.1 | 合格 |
| 002 | K0＋105 | 2.384 | 96.2 | 合格 |
| 003 | K0＋095 | 2.380 | 96.0 | 合格 |
| | | | | |
| | | | | |
| | | | | |
| | | | | |
| | | | | |
| | | | | |
| | | | | |
| | | | | |
| | | | | |
| | | | | |
| | | | | |

| 备　注： | | | | | |
|---|---|---|---|---|---|
| 批准 | ××× | 审核 | ××× | 试验 | ××× |
| 检测试验单位 | ××工程试验检测中心 | | | | |
| 报告日期 | 2015 年 9 月 28 日 | | | | |

本表由检测单位提供。

# 《沥青混合料压实度试验报告》填表说明

【填写依据】

依据《公路工程沥青及沥青混合料试验规程》(JTG E20－2011) 检验沥青混合料压实度。

1. 目的与适用范围

(1)蜡封法适用于测定吸水率大于 2% 的沥青混凝土或沥青碎石混合料试件的毛体积相对密度或毛体积密度。

(2)本方法测定的毛体积相对密度适用于计算沥青混合料试件的空隙率、矿料间隙率等各项体积指标。

2. 仪具与材料

(1)浸水天平或电子秤：当最大称量在 3kg 以下时,感量不大于 0.1g；最大称量 3kg 以上时,感量不大于 0.5g；最大称量 10kg 以上时,感量不大于 5g,应有测量水中重的挂钩。

(2)网篮。

(3)溢流水箱：使用洁净水,有水位溢流装置,保持试件和网篮浸入水中后的水位一定。

(4)试件悬吊装置：天平下方悬吊网篮及试件的位置。吊线应采用不吸水的细尼龙线绳,并有足够的长度。对轮碾成型机成型的板块状试件可用铁丝悬挂。

(5)熔点已知的石蜡。

(6)冰箱：可保持温度 4℃～5℃。

(7)铅或铁块等重物。

(8)滑石粉。

(9)秒表。

(10)电风扇。

(11)其他：电炉或燃气炉。

3. 方法与步骤

(1)选择适宜的浸水天平或电子秤,最小称量应不小于试件质量的 1.25 倍,且不大于试件质量的 5 倍。

(2)称取干燥试件的空中质量($m_a$),根据选择的天平感量读数,准确至 0.1g、0.5g 或 5g。当为钻芯法取得的非干燥试件时,应用电风扇吹干 12h 以上至恒重作为空中质量,但不得用烘干法。

(3)将试件置于冰箱中,在 4℃～5℃ 条件下冷却不少于 30min。

(4)将石蜡熔化至其熔点以上 5.5℃±0.5℃。

(5)从冰箱中取出试件立即浸入石蜡液中,至全部表面被石蜡封住后迅速取出试件,在常温下放置 30min,称取蜡封试件的空中质量($m_p$)。

(6)挂上网篮,浸入溢流水箱中,调节水位,将天平调平或复零。将蜡封试件放入网篮浸水约 1min,读取水中质量($m_c$)。

(7)如果试件在测定密度后还需要做其他试验时,为便于除去石蜡,可事先在干燥试件表面涂一薄层滑石粉,称取涂滑石粉后的试件质量($m_s$),然后再蜡封测定。

(8)用蜡封法测定时,石蜡对水的相对密度按下列步骤实测确定：

1)取一块铅或铁块之类的重物,称取空中质量($m_g$)；

2)测定重物的水中质量($m'_g$)；

3)待重物干燥后,按上述试件蜡封的步骤将重物蜡封后测定其空中质量($m_d$)及水中质量($m'_d$);

4)按下式计算石蜡对水的相对密度。

$$\gamma_p = \frac{m_d - m_g}{(m_d - m_g) - (m'_d - m'_g)}$$

式中:$\gamma_p$——在常温条件下石蜡对水的相对密度;

$m_g$——重物的空中质量,g;

$m'_g$——重物的水中质量,g;

$m_d$——蜡封后重物的空中质量,g;

$m'_d$——蜡封后重物的水中质量,g。

4. 计算。

(1)计算试件的毛体积相对密度,取3位小数。

1)蜡封法测定的试件毛体积相对密度按下式计算。

$$\gamma_f = \frac{m_a}{m_p - m_c - (m_p - m_a)/\gamma_p}$$

式中:$\gamma_f$——由蜡封法测定的试件毛体积相对密度;

$m_a$——试件的空中质量,g;

$m_p$——蜡封试件的空中质量,g;

$m_c$——蜡封试件的水中质量,g。

2)涂滑石粉用蜡封法测定的试件毛体积相对密度按下式计算。

$$\gamma_f = \frac{m_a}{m_p - m_c - [(m_p - m_s)/\gamma_p + (m_s - m_a)/\gamma_s]}$$

式中:$m_s$——试件涂滑石粉后的空中质量,g;

$\gamma_s$——滑石粉对水的相对密度。

3)试件的毛体积密度按下式计算。

$$\rho_f = \gamma_f \times \rho_w$$

式中:$\rho_f$——蜡封法测定的试件毛体积密度,g/cm³;

$\rho_w$——常温水的密度,取1g/cm³。

(2)按规范JTJ 052标准中T 0706的方法计算试件的理论最大相对密度及空隙率、沥青的体积百分率、矿料间隙率、粗集料骨架间隙率、沥青饱和度等各项体积指标。

# 沥青混凝土路面厚度检测报告

| 编　　号 | ×　×　× |
| --- | --- |
| 试验检测编号 | ×　×　－　×　×　× |
| 委托编号 | ×　×　－　×　×　× |

| 工程名称及部位 | ×　×市×　×路桥梁工程 | | |
| --- | --- | --- | --- |
| 委托单位 | ×　×市政建设集团有限公司 | 委托人 | ×　×　× |
| 材料类型 | AC－16 I | 设计结论厚度（mm） | 主路 70mm，辅路 40mm |
| 委托日期 | 2015 年 12 月 19 日 | 试验日期 | 2015 年 12 月 21 日 |
| 试验依据 | CJJ 1－2008 | | |

| 序号 | 检验段桩号 | 测定位置桩号 | 实测平均值（mm） | 结论 |
| --- | --- | --- | --- | --- |
| 1 | K0＋080 | 主路 | 7.6 | 合格 |
| 2 | K0＋105 | 铺路 | 5.7 | 合格 |
| 3 | K0＋110 | 铺路 | 6.2 | 合格 |
| | | | | |
| | | | | |
| | | | | |
| | | | | |
| | | | | |
| | | | | |
| | | | | |
| | | | | |
| | | | | |
| | | | | |
| | | | | |

备　注：

| 批准 | ×　×　× | 审核 | ×　×　× | 试验 | ×　×　× |
| --- | --- | --- | --- | --- | --- |
| 检测试验单位 | ×　×工程试验检测中心 | | | | |
| 报告日期 | 2015 年 12 月 21 日 | | | | |

本表由检测单位提供。

# 《沥青混凝土路面厚度检测报告》填表说明

**【填写依据】**

### 1.仪具与材料

厚度检测方法根据需要选用下列仪具和材料：

(1)挖坑用镐、铲、凿子、锤子、小铲、毛刷。

(2)取样用路面取芯钻机及钻头、冷却水。钻头的标准直径为 φ100mm，如芯样仅供测量厚度，不作其他试验时，对沥青面层与水泥混凝土板也可用直径 φ50mm 的钻头，对基层材料有可能损坏试件时，也可用直径 φ150mm 的钻头，但钻孔深度均必须达到层厚。

(3)量尺：钢板尺、钢卷尺、卡尺。

(4)补坑材料：与检查层位的材料相同。

(5)补坑用具：夯、热夯、水等。

(6)其他：搪瓷盘、棉纱等。

### 2.方法与步骤

(1)基层或砂石路面的厚度可用挖坑法测定，沥青面层及水泥混凝土路面板的厚度应用钻孔法测定。

(2)用挖坑法测定厚度应按下列步骤执行：

1)如为旧路，该点有坑洞等显著缺陷或接缝时，可在其旁边检测。

2)选一块约 40cm×40cm 的平坦表面作为测试地点，用毛刷将其清扫干净。

3)根据材料坚硬程度，选择镐、铲、凿子等适当的工具，开挖这一层材料，直至层位底面。在便于开挖的前提下，开挖面积应尽量缩小，坑洞大体呈圆形，边开挖边将材料铲出，置搪瓷盘中。

4)用毛刷将坑底清扫，确认为下一层的顶面。

5)将钢板尺平放横跨于坑的两边，用另一把钢尺或卡尺等量具在坑的中部位置垂直伸至坑底，测量坑底至钢板尺的距离，即为检查层的厚度，以 cm 计，精确至 0.1cm。

(3)用钻孔取样法测定厚度应按下列步骤进行：

1)如为旧路，该点有坑洞等显著缺陷或接缝时，可在其旁边检测。

2)仔细取出芯样，清除底面灰土，找出与下层的分界面。

3)用钢板尺或卡尺沿圆周对称的十字方向四处取表面至上下层界面的高度，取其平均值，即为该层的厚度，准确至 0.1cm。

(4)在施工过程中，当沥青混合料尚未冷却时，可根据需要随机选择测点，用大改锥插入量取或挖坑量取沥青层的厚度（必要时用小锤轻轻敲打），但不得使用铁镐等扰动四周的沥青层。挖坑后清扫坑边，架上钢板尺，用另一钢板尺量取层厚，或用改锥插入坑内量取深度后用尺读数，即为层厚，以 cm 计，精确至 0.1cm。

(5)按下列步骤用取样层的相同材料填补试坑或钻孔：

1)适当清理坑中残留物，钻孔时留下的积水应用棉纱吸干。

2)对无机结合料稳定层及水泥混凝土路面板，应按相同配比用新拌的材料分层填补并用小锤压实。水泥混凝土中宜掺加少量快凝早强的外掺剂。

3)对无机结合料粒料基层，可用挖坑时取出的材料，适当加水拌和后分层填补，并用小锤压实。

4)对正在施工的沥青路面，用相同级配的热拌沥青混合料分层填补并用加热的铁锤或热夯压实。旧路钻孔也可用乳化沥青混合料修补。

5)所有补坑结束时,宜比原面层鼓出少许,用重锤或压路机压实平整。

注:补坑工序如有疏忽、遗留或补的不好,易成为隐患而导致开裂,因此所有挖坑、钻孔均应仔细做好。

3.计算

(1) 按下式计算实测厚度 $T_{1i}$ 与设计厚度 $T_{0i}$ 之差。

$$\Delta T_i = T_{1i} - T_{0i}$$

式中: $T_{1i}$ ——路面的实测厚度,cm;

$T_{0i}$ ——路面的设计厚度,cm;

$\Delta T_i$ ——路面实测厚度与设计厚度的差值,cm。

(2) 当测定路面总厚度时,则将各层平均厚度相加即为路面总厚度。

4.报告

路面厚度检测报告应列表填写,并记录与设计厚度之差,不足设计厚度为负,大于设计厚度为正。

| 弯沉检测报告 | | 编　　号 | |
| --- | --- | --- | --- |
| | | 试验编号 | |
| | | 委托编号 | |
| 工程名称及部位 | | | |
| 委托单位 | | | |
| 委托人 | | 委托日期 | |
| 路面(基)密度 | | 路面(基)厚度 | |
| 设计弯沉值 | | 检测日期 | |
| 检测依据 | | 检测方法 | |
| 面层平均温度 | | 检测设备 | |
| 检测结果: | | | |
| 检测结论: | | | |
| 备　注: | | | |
| 批准 | | 审核 | | 试验 | |
| 检测试验单位 | | | |
| 报告日期 | | | |

本表由检测单位提供。

## 《弯沉检测报告》填表说明

【填写依据】

依据《公路路基路面现场测试规程》(JTG E60—2008)中规定的试验方法进行检测,T0951—2008 贝克曼梁测定路基路面回弹弯沉试验方法;T0952—2008 自动弯沉仪测定路面弯沉试验方法;T0953—2008 落锤式弯沉仪测定弯沉试验方法。

| 路面平整度检测报告 | | 编　　号 | ×××× |
|---|---|---|---|
| | | 试验编号 | ××－××× |
| | | 委托编号 | ××－××× |

| 工程名称及部位 | ××市××道路工程 | | |
|---|---|---|---|
| 委托单位 | ××市政建设集团有限公司 | 委托人 | ××× |
| 路面宽度 | 9m | 路面厚度 | 11cm |
| 平整度标准<br>允差(σ) | (　　)≤5mm | 检验日期 | 2015 年 8 月 21 日 |
| 检测依据 | CJJ 1－2008 | 检验方法 | |

| 序号 | 检查段桩号 | 检验结果 |
|---|---|---|
| 1 | K9＋950 | 合格 |
| 2 | K10＋150 | 合格 |
| | | |
| | | |
| | | |
| | | |
| | | |
| | | |
| | | |
| | | |
| | | |
| | | |
| | | |
| | | |
| | | |

检测结论：

| 批准 | ××× | 审核 | ××× | 试验 | ××× |
|---|---|---|---|---|---|
| 检测试验单位 | ××工程试验检测中心 | | | | |
| 报告日期 | 2015 年 8 月 21 日 | | | | |

本表由检测单位提供。

# 《路面平整度检测报告》填表说明

**【填写依据】**

1.连续式平整度仪测定平整度试验方法,用连续式平整度仪量测路面的不平整度的标准差($\sigma$),以表示路面的平整度,以 mm 计。

适用于测定路表面的平整度,评定路面的施工质量和使用质量,但不适用于在已有较多坑槽、破损严重的路面上测定。

(1) 仪具。

本试验需要下列仪具:

1)连续式平整度仪:除特殊情况外,连续式平整度仪的标准长度为 3m,其质量应符合仪器标准的要求。中间为一个 3m 长的机架,机架可缩短或折叠,前后各有 4 个行走轮,前后两组轮的轴间距离为 3m。机架中间有一个能起落的测定轮。机架上装有蓄电池电源及可拆卸的检测箱,检测箱可采用显示、记录、打印或绘图等方式输出测试结果。测定轮上装有位移传感器、距离传感器等检测器,自动采集位移数据时,测定间距为 10cm,每一计算区间的长度为 100m,输出一次结果。当为人工检测、无自动采集数据及计算功能时,应能记录测试曲线。机架头装有一牵引钩及手拉柄,可用人力或汽车牵引。

2)牵引车:小面包车或其他小型牵引汽车。

3)皮尺或测绳。

(2)试验步骤。

1)准备工作。

①选择测试路段。

②当为施工过程中质量检测需要时,测试地点根据需要决定;当为路面工程质量检查验收或进行路况评定需要时,通常以行车道一侧车轮轮迹带作为连续测定的标准位置。对已形成车辙的旧路路面,取一侧车辙中间位置为测定位置。按下文中"2)试验步骤"的规定在测试路段路面上确定测试位置,当以内侧轮迹带(IWP)或外侧轮迹带(OWP)作为测定位置时,测定位置距车道标线 80~100cm。

③清扫路面测定位置处的脏物。

④检查仪器检测箱各部分是否完好、灵敏,并将各连接线接妥,安装记录设备。

2)试验步骤。

①将连续式平整度测定仪置于测试路段路面起点上。

②将牵引架挂在牵引汽车的后部,放下测定轮,启动检测器及记录仪,随即启动汽车,沿道路纵向行驶,横向位置保持稳定,并检查平整度检测仪表上测定数字显示、打印、记录的情况。如遇检测设备中某项仪表发生故障,即须停止检测。牵引平整仪的速度应保持匀速,速度宜为 5km/h,最大不得超过 12km/h。

在测试路段较短时,亦可用人力拖拉平整仪测定路面的平整度,但拖拉时应保持匀速前进。

(3)计算。

1)连续平整度测定仪测定后,可按每 10cm 间距采集的位移自动计算每 100m 计算区间的平整度标准差(mm),还可记录测试长度(m)、曲线振幅大于某一定值(如 3mm、5mm、8mm、10mm 等)的次数、曲线振幅的单向(凸起或凹下)累计值及以 3m 机架为基准的中点路面偏差曲线图,计算打印。当为人工计算时,在记录曲线上任意设一基准线,每隔一定距离(宜为 1.5m)读取曲线偏离基准线的偏离位移值 $d_i$。

2)每一计算区间的路面平整度以该区间测定结果的标准差表示,按下式计算:

$$\sigma_i = \sqrt{\frac{\Sigma d_i^2 - (\Sigma d_i)^2/N}{N-1}}$$

式中:　　$\sigma_i$——各计算区间的平整度计算值(mm);

　　　　　$d_i$——以 100m 为一个计算区间,每隔一定距离(自动采集间距为 10cm,人工采集间距为 1.5m)采集的路面凹凸偏差位移值(mm);

　　　　　$N$——计算区间用于计算标准差的测试数据个数。

(4) 报告。

试验应列表报告每一个评定路段内各测定区间的平整度标准差、各评定路段平整度的平均值、标准差、变异系数以及不合格区间数。

2.车载式颠簸累积仪测定平整度试验方法,规定用车载式颠簸累积仪测量车辆在路面上通行时后轴与车厢之间的单向移积值 $VBI$,表示路面的平整度,以 cm/km 计。适于测定路面表面的平整度,以评定路面的施工质量和使用期的舒适性。但不适用于在已有较多坑槽、破损严重的路面上测定。

(1) 仪具。

本试验需要下列仪具:

1)车载式颠簸累积仪:由机械传感器、数据处理及微型打印机组成,传感器固定安装在测试车的底板上。仪器的主要技术性能指标如下:

①测试速度:可在 30～50km/h 范围内选定;

②最小读数:1cm;

③最大测试幅值:±30cm;

④最大显示值:9999cm;

⑤系统最高反应频率:5kHz;

⑥使用环境温度:0℃～50℃;

⑦使用环境相对湿度:<85%;

⑧稳定性:连续开机 8h 漂移<±1cm;

⑨使用电源:12V DC,1A;

⑩测试路段计算长度选择:100m、200m、300m、400m、500m、600m、700m、800m、900m、1km等 10 种,试验时选择其中之一;

⑪数据显示及输出:可显示数据及打印输出测试路段计算长度内的单向位移颠簸累积值。

2)测试车:旅行车、越野车或小轿车。

(2) 准备工作。

1)仪器安装。

①车载式颠簸累积仪的机械传感器应对准测试车的后桥差速器上方,用螺栓固定在车厢底板上。

②在机械传感器的定量位移轮线槽引出钢丝绳下方的车辆底板上,打一个直径约 2.5cm 的孔洞。将仪器的钢丝绳穿过此孔洞同后桥差速盒联接,但钢丝绳不能与孔洞边缘摩擦或接触。

③将后桥差速器盒盖螺丝卸下,加装一个用 φ3mm 铁丝或 2mm 厚钢板做成的小挂钩再装回

拧紧,以备挂测量钢丝绳之用。

④机械传感器在挂钢丝绳之前,定量位移轮应预先按箭头方向沿其中轴旋转 2～3 圈,使内部发条具有一定的紧度,钢丝绳则绕其线槽 2～3 圈后引出,穿过车厢底板所打的 $\phi2.5cm$ 的孔洞至差速器新装的挂钩上挂住,钢丝绳应张紧,这时仪器即处于测量准备状态。

注:在不测量时应松开挂钩,收回钢丝绳置于车厢内。

2)仪器检查及准备。

①检查装载车,轮胎气压应符合所使用测试汽车的规定值;轮胎应清洁,不得粘附有沥青块等杂物;车上人员及载重应与仪器标定时相符;汽车底盘悬挂没有松动或异常响声。

②按"1)仪器安装"要求挂好的钢丝绳在线槽上应没有重叠,张力良好。

③联接电源,用 12V 直流电源供电,也可使用汽车蓄电池,或加装一插头接于汽车点烟器插座处供电。电源线红色为正极,白色为负极,电源极性不得接错。

④接妥机械传感器、打印机及数据处理器的联接线插头。

⑤打开打印机边上的电源开关,试验开关置于空白处。

⑥设定测试路段计算区间的长度,标准的计算区间长为 100m,根据要求也可为 200m、500m 或 1000m。

(3)测量步骤。

1)汽车停在测量起点前约 300～500m 处,打开数据处理器的电源,打印机打出"VBI"等字头,在数码管上显示"P"字样,表示仪器已准备好。

2)在键盘上输入测试年、月、日,然后按"D"键,打印机打出测试日期。

3)在键盘上输入测试路段编码后按"C"键,路段编码即被打出,如"C0102"。

4)在键盘上输入测试起点公里桩号及百米桩号,然后按"A"键,起点桩号即被打出,如"A:0048+100km"。

注:"F"键为改错键,当输入数据出错时,按"F"键后重新输入正确的数字。

5)发动汽车向被测路段驶去,逐渐加速,保证在到达测试起点前稳定在选定的测试速度范围内,但必须与标定时的速度相同,然后控制测试速度的误差不超过 $\pm3km/h$。除特殊要求外,标准的测试速度为 32km/h。

6)到达测试起点时,按下开始测量键"B",仪器即开始自动累积被测路面的单向颠簸值。

7)当到达预定测试路段终点时,按所选的测试路段计算区间长度相对应的数字键(例如数字键"1"代表长度为 100m,"2"为 200m,"5"为 500m,"0"为 1000m 等),将测试路段的颠簸累积值换算成以公里计的颠簸累积值打印出来,单位为"cm/km"。

8)连续测试。以每段长度 100m 为例,到达第一段终点后按"1"键,车辆继续稳速前进,到达第二段终点时,按数字键"1",依此类推。在测试中被测路段长度可以变化,仪器除能把不足 1km 的路段长度测试结果换算成以公里计的测试结果 VBI 外,还可把测过的路段长度自动累加后连同测试结果一起打印出来。

注:"E"键为暂停键,测试过程中按此键将使所显示数值在 3s 内保持不变,供测试者详细观察或记录测试数字。但内部计数器仍在继续累积计数,过 3s 后数码管重新显示新的数据,暂停期间不会中断或丢失所测数据。

9)测试结果。常规路面调查一般可取一次测量结果,如属重要路面评价测试或与前次测量结果有较大差别时,应重复测试 2～3 次,取其平均值作为测试结果。

10)测试完毕,关闭仪器电源,把挂在差速器外壳的钢丝绳摘开,钢丝绳由车厢底板下拉上来放好,以备下次测试。注意松钢丝绳时要缓慢放松,因机械传感器的定量位移轮内部有张紧的发条,松绳过快容易损坏仪器,甚至会被钢丝绳划伤。

注:装好仪器(挂好钢丝绳子)的汽车不测量时不要长途驾驶。

(4)试验结果与国际平整度指数等其他平整度指标建立相关关系。

1)用车载式颠簸累积仪测定的 VBI 值要与其他平整度指标(如连续式平整度仪测出的标准差、国际平整度指数(IRI)等)进行换算时,应将车载式颠簸累积仪的测试结果进行标定,即与相关的平整度仪测量结果建立相关关系,相关系数均不得小于 0.90。

2)为与其他平整度指标建立相关关系,选择的标定路段应符合下列要求:

①有 5～6 段不同平整度的现有路段,从好到坏不同程度的都应各有一段。

②每段路长宜为 250～300m。

③每一段中的平整度应均匀,段内应无太大差别。

④标定路段应选纵坡变化较小的平坦、直线地段。

⑤选择交通量小或可以疏导的路段,减少标定时车辆的干扰。

标定路段起讫点用油漆作好标记,并每隔一定距离作中间标记,标定宜选择在行车道的正常轮迹上进行。

3)仪器安装及装载车的检查应符合(2)项的要求。

4)用连续式平整度仪进行标定的步骤:

①用于标定的仪器应使用按规定进行校准后能准确测定路面平整度的连续式平整度仪。

②按现行操作规程用连续式平整度仪沿选择的每个路段全程连续测量平整度 3～5 次,取其平均值作为该路段的测试结果(以标准差表示)。

③按(4)的步骤,用车载式颠簸累积仪沿各个路段进行测量,重复 3～5 次后,取其各次颠簸累积值的平均值作为该路段的测试结果,与平整度仪的各段测试结果相对应。标定时的测试车速应在 30～50km/h 范围内选用一种或两种稳定的车速分别进行,记录车速及搭载量,以后测试时的情况应与标定时的相同。

④整理相关关系。

将连续式平整度仪测出的标准差 $\sigma$ 及车载式颠簸累积仪测出颠簸累积值 $VBI_v$ 绘制出曲线并进行回归分析,建立下式的相关关系:

$$\sigma = a + b \cdot VBI_v$$

式中: $\sigma$——用连续式平整度仪测定的以标准差表示的平整度,mm;

$VBI_v$——测试速度为 $V$(km/h)时用颠簸累积仪测得的累积值 $VBI$,(cm/km);

$a$、$b$——回归系数。

5)将车载式颠簸累积仪测定结果换算成国际平整度指数的标定方法:

①将所选择的标定路段在标记上每隔 0.25m 作出补充标记。

②在每个路段上用经过校准的精密水准仪分别测出每隔 0.25m 标点上的标高,按有关方法计算国际平整度指数 $IRI$(m/km)。

③按 4)的方法用车载式颠簸累积仪测试得到各个路段的测试结果。

④将各个路段的国际平整度指数 $IRI$ 与颠簸累积值 $VBI_v$ 绘制出曲线并进行回归分析,建立下式相关关系:

$$IRI = a + b \cdot VBI_v$$

式中: $IRI$——国际平整度指数,(m/km);

$VBI_v$——测试速度为 $V$(km/h)时用颠簸累积仪测得的颠簸累积值 $VBI$,(cm/km);

$a$、$b$——回归系数。

（5）报告。

1)应列表报告每一个评定路段内各测定区间的颠簸累积值,各评定路段颠簸累积值的平均值、标准差、变异系数。

2)测试速度。

3)试验结果与国际平整度指数等其他平整度指标建立的相关关系式、参数值、相关系数。

<table>
<tr><td rowspan="3" colspan="2">路面抗滑性能检测报告</td><td>编　号</td><td></td></tr>
<tr><td>试验编号</td><td></td></tr>
<tr><td>委托编号</td><td></td></tr>
</table>

| 工程名称及部位 | | | | |
|---|---|---|---|---|
| 委托单位 | | | 委托人 | |
| 设计要求 | 摩擦系数(BPN) | | | |
| | 构造深度(mm) | | | |
| 路面材质及等级 | | | 测试温度 | |
| 委托日期 | | | 检测日期 | |
| 检测依据 | | | 检测方法 | |

| 序号 | 检测段桩号 | 测定位置桩号 | 测定结果 $F_{B20}$(BPN)/TD(mm) $F_{B20}$(BPN)/TD(mm) | | | 平均值 $F_{B20}$(BPN)/TD(mm) |
|---|---|---|---|---|---|---|
| | | | 1 | 2 | 3 | |
| | | | | | | |
| | | | | | | |

结论：

| 批　准 | | 审　核 | | 试　验 | |
|---|---|---|---|---|---|
| 检测试验单位 | | | | | |
| 报告日期 | | | | | |

本表由检测单位提供。

## 《路面抗滑性能检验报告》填表说明

### 【填写依据】

测试前现场的准备工作要求：现场尽量的封闭交通；路面清扫干净、干燥，以防路面不洁、潮湿使检测数据不准确。

测试摩擦系数时，潮湿地面的温度应小于 40℃。

填写委托单位时必须填清楚工程名称、委托单位、检测代表桩号、混合料类型、设计要求摩擦系数和构造深度的指标等信息。

| 路面渗水系数检测报告 | | 编　　号 | |
| --- | --- | --- | --- |
| | | 试验编号 | |
| | | 委托编号 | |

| 工程名称及部位 | | | |
| --- | --- | --- | --- |
| 委托单位 | | 委托人 | |
| 路面材质及等级 | | 设计要求 | |
| 委托日期 | | 检测日期 | |
| 检测依据 | | | |

| 序号 | 检验段桩号 | 实测值(mL/min) | | | | | 平均值(mL/min) |
| --- | --- | --- | --- | --- | --- | --- | --- |
| | | 1 | 2 | 3 | 4 | 5 | |
| | | | | | | | |
| | | | | | | | |
| | | | | | | | |
| | | | | | | | |
| | | | | | | | |
| | | | | | | | |
| | | | | | | | |
| | | | | | | | |
| | | | | | | | |
| | | | | | | | |
| | | | | | | | |

结论：

| 批　准 | | 审　核 | | 试　验 | |
| --- | --- | --- | --- | --- | --- |
| 检测试验单位 | | | | | |
| 报告日期 | | | | | |

本表由检测单位提供。

| | 混凝土路面砖试验报告 | | 编　号 | |
| --- | --- | --- | --- | --- |
| | | | 试验编号 | |
| | | | 委托编号 | |

| 工程名称及部位 | | | |
| --- | --- | --- | --- |
| 委托单位 | | 委托人 | |
| 规格及等级 | | 试样编号 | |
| 生产单位 | | 代表数量 | |
| 委托日期 | | 试验日期 | |
| 试验依据 | | | |

| 检验结果 | 一、抗压强度(MPa) | 平均值 | |
| --- | --- | --- | --- |
| | | 单块最小值 | |
| | 二、抗折强度(MPa) | 平均值 | |
| | | 单块最小值 | |
| | 三、防滑性能 | 平均值(BPN) | |
| | 四、渗透性能(渗水系数) | 平均值(mL/min) | |
| | | 标准值(mL/min) | |
| | | 变异系数(%) | |
| | 五、耐磨性 | 磨坑长度(mm) | |
| | | 耐磨度 | |
| | 六、其他 | | |

结论：

| 批　准 | | 审　核 | | 试　验 | |
| --- | --- | --- | --- | --- | --- |
| 检测试验单位 | | | | | |
| 报告日期 | | | | | |

本表由检测单位提供。

| 桥梁功能性试验委托书 | | 编　号 | ×××  |
|---|---|---|---|
| 工程名称 | | ××市××路桥梁工程 | |
| 施工单位 | | ××市政建设集团有限公司 | |
| 受委托试验单位 | | ××建设工程质量检测中心 | |

根据合同要求,现委托贵单位进行桥梁☑动荷载;□静荷载;□栏杆防撞试验设计,并进行试验。

| 受委托单位(签字、盖章)<br><br><br>×××<br><br><br><br><br>××年×月×日 | 施工单位(签字、盖章)<br><br><br><br><br><br>委托人:×××<br><br>单位负责人:×××<br><br>××年×月×日 |
|---|---|

本表由施工单位提供。

## 《桥梁功能性试验委托书》填表说明

### 【填写依据】

合同要求时须进行桥梁柱基、动(静)荷载试验、防撞栏杆防撞等功能性试验。试验前应与有资质的试验单位签定《桥梁功能性试验委托书》,由试验单位进行桥梁桩基、动(静)荷载、防撞试验方案设计并按方案设计进行试验,试验后出具《桥梁功能性试验报告》。

4.6.2.4 管(隧)道工程施工试验记录

<table>
<tr><td colspan="3" rowspan="2"><h2>给水管道水压试验记录</h2></td><td rowspan="2">编 号</td><td>×××</td></tr>
<tr><td></td></tr>
<tr><td>工程名称</td><td colspan="4">××市××路供水管道工程</td></tr>
<tr><td>施工单位</td><td colspan="4">××市××供水工程公司</td></tr>
<tr><td>桩号及地段</td><td colspan="2">K1+928.6~K2+605.3</td><td>试验日期</td><td>2015 年 7 月 4 日</td></tr>
<tr><td>管道内径<br>(mm)</td><td>管道材质</td><td colspan="2">接口种类</td><td>试验段长度(m)</td></tr>
<tr><td>设计最大<br>工作压力<br>(MPa)</td><td>试验压力<br>(MPa)</td><td colspan="2">15 分钟降压值<br>(MPa)</td><td>允许渗水量<br>L/(min)·(km)</td></tr>
<tr><td>0.48</td><td>0.96</td><td colspan="2">0.055</td><td>2.4</td></tr>
<tr><td rowspan="7">严密性试验方法</td><td>次数</td><td>达到试验压力<br>的时间($t_1$)</td><td>恒压结束时间<br>($t_2$)</td><td>恒压时间内注入<br>的水量 $W(L)$</td><td>渗水量 $q$<br>(L/min)</td></tr>
<tr><td>1</td><td>9:25</td><td>11:35</td><td>222</td><td>0.002416</td></tr>
<tr><td>2</td><td>14:40</td><td>16:45</td><td>138</td><td>0.001562</td></tr>
<tr><td>3</td><td></td><td></td><td></td><td></td></tr>
<tr><td colspan="2">折合平均渗水量</td><td colspan="2">1.989</td><td>L/(min)·(km)</td></tr>
<tr><td colspan="2">折合平均渗水量</td><td colspan="2">1.989</td><td>L/(min)·(km)</td></tr>
<tr><td colspan="5"></td></tr>
<tr><td>外 观</td><td colspan="4">管道压力升至试验压力,恒压10min,管道无破损、无可见变形、无渗漏</td></tr>
<tr><td>试验结论</td><td>强度试验</td><td>合格</td><td>严密性试验</td><td>合格</td></tr>
<tr><td rowspan="3">监理(建设)单位</td><td rowspan="3">单位</td><td colspan="3">施工单位</td></tr>
<tr><td colspan="3"></td></tr>
<tr><td></td><td>技术负责人</td><td>质检员</td></tr>
<tr><td>×××</td><td></td><td></td><td>×××</td><td>×××</td></tr>
</table>

**本表由施工单位提供。**

# 《给水管道水压试验记录》填表说明

**【填写依据】**

依据《给水排水管道工程施工及验收规范》(GB 50268－2008)规定的试验方法进行检验。

1. 水压试验前,施工单位应编制试验方案,其内容应包括:

(1)后背及堵板的设计;

(2)进水管路、排气孔及排水孔的设计;

(3)加压设备、压力计的选择及安装的设计;

(4)排水疏导措施;

(5)升压分级的划分及观测制度的规定;

(6)试验管段的稳定措施和安全措施。

2. 试验管段的后背应符合下列规定:

(1)后背应设在原状土或人工后背上,土质松软时应采取加固措施;

(2)后背墙面应平整并与管道轴线垂直。

3. 采用钢管、化学建材管的压力管道,管道中最后一个焊接接口完毕一个小时以上方可进行水压试验。

4. 水压试验管道内径大于或等于600mm时,试验管段端部的第一个接口应采用柔性接口,或采用特制的柔性接口堵板。

5. 水压试验采用的设备、仪表规格及其安装应符合下列规定:

(1)采用弹簧压力计时,精度不低于1.5级,最大量程宜为试验压力的1.3～1.5倍,表壳的公称直径不宜小于150mm,使用前经校正并具有符合规定的检定证书;

(2)水泵、压力计应安装在试验段的两端部与管道轴线相垂直的支管上。

6. 开槽施工管道试验前,附属设备安装应符合下列规定:

(1)非隐蔽管道的固定设施已按设计要求安装合格;

(2)管道附属设备已按要求紧固、锚固合格;

(3)管件的支墩、锚固设施混凝工强度已达到设计强度;

(4)未设置支墩、锚固设施的管件,应采取加固措施并检查合格。

7. 水压试验前,管道回填土应符合下列规定:

(1)管道安装检查合格后,应按GB 50268－2008第4.5.1条第1款的规定回填土;

(2)管道顶部回填土宜留出接口位置以便检查渗漏处。

8. 水压试验前准备工作应符合下列规定:

(1)试验管段所有敞口应封闭,不得有渗漏水现象;

(2)试验管段不得用闸阀做堵板,不得含有消火栓、水锤消除器、安全阀等附件;

(3)水压试验前应清除管道内的杂物。

9. 试验管段注满水后,宜在不大于工作压力条件下充分浸泡后再进行水压试验,浸泡时间应符合表4－78的规定:

表 4—78                                压力管道水压试验前浸泡时间

| 管材种类 | 管道内径 $D_i$ | 浸泡时间($t$) |
|---|---|---|
| 球墨铸铁管(有水泥砂浆衬里) | $D_i$ | ≥24 |
| 钢管(有水泥砂浆衬里) | $D_i$ | ≥24 |
| 化学建材管 | $D_i$ | ≥24 |
| 现浇钢筋混凝土管渠 | $D_i$≥1000 | ≥48 |
| | $D_i$>1000 | ≥72 |
| 预(自)应力混凝土、预应力钢筒混凝土管 | $D_i$≤1000 | ≥48 |
| | $D_i$>1000 | ≥72 |

10. 水压试验应符合下列规定:

(1)试验压力应按表 4—79 选择确定。

表 4—79                                压力管道水压试验的试验压力

| 管材种类 | 工作压力 P | 试验压力 |
|---|---|---|
| 钢管 | P | P+0.5,且不小于 0.9 |
| 球墨铸铁管 | ≤0.5 | 2P |
| | >0.5 | ≥P+0.5 |
| 预(自)应力混凝土、预应力钢筒混凝土管 | ≤0.6 | ≥1.5P |
| | >0.6 | ≥P+0.3 |
| 现浇钢筋混凝土管渠 | ≥0.1 | 1.5P |
| 化学建材管 | ≥0.1 | 1.5P,且不小于 0.8 |

(2)预试验阶段:将管道内水压缓缓升至试验压力并稳压 30min,期间如有压力降可注水补压,但不得高于试验压力;检查管道接口、配件等处有无漏水、损坏现象,有漏水、损坏现象时应及时止试压,查明原因并采取相应措施后重新试压。

(3)主试验阶段:停止注水补水,稳定 15min;当 15min 后压力下降不超过表 4—80 中所列允许压力降数值时,将试验压力降至工作压力并保持恒压 30min,进行外观检查若无漏水现象,则水压试验合格。

表 4—80                            压力管道水压试验的允许压力降(MPa)

| 管材种类 | 试验压力 | 允许压力降 |
|---|---|---|
| 钢管 | $P+0.5$,且不小于 0.9 | 0 |
| 球墨铸铁管 | $2P$ | 0.03 |
| | $P+0.5$ | |
| 预(自)应力钢筋混凝土管、预应力钢筒混凝土管 | $1.5P$ | |
| | $P+0.3$ | |
| 现浇钢筋混凝土管渠 | $1.5P$ | |
| 化学建材管 | $1.5P$,且不小于 0.8 | 0.02 |

(4)管道升压时,管道路的气体应排除;升压过程中,发现弹压力计表针摆动、不稳,且升压较

慢时,应重新排气后再升压。

(5)应分级升压,每升一级应检查后背、管身及接口,无异常现象时再继续升压。

(6)水压试验过程中,后背顶撑、管道两端严禁站人。

(7)水压试验时,严禁修补缺陷;遇有缺陷时,应做出标记,压后修补。

11.压力管道采用允许渗水量进行最终合格判定依据时,实测渗水量应小于或等于表 4-81 的规定及下列公式规定的允许渗水量。

表 4-81　　　　　　　　　　　压力管道水压试验的允许渗水量

| 管道内径 $D_i$(mm) | 允许渗水量(L/min·km) | | |
|---|---|---|---|
| | 焊接接口钢管 | 球墨铸铁管、玻璃钢管 | 预(自)应力混凝土管、预应力钢筒混凝土管 |
| 100 | 0.28 | 0.70 | 1.40 |
| 150 | 0.42 | 1.05 | 1.72 |
| 200 | 0.56 | 1.40 | 1.98 |
| 300 | 0.85 | 1.70 | 2.42 |
| 400 | 1.00 | 1.95 | 2.80 |
| 600 | 1.20 | 2.40 | 3.14 |
| 800 | 1.35 | 2.70 | 3.96 |
| 900 | 1.45 | 2.90 | 4.20 |
| 1000 | 1.50 | 3.00 | 4.42 |
| 1200 | 1.65 | 3.30 | 4.70 |
| 1400 | 1.75 | — | 5.00 |

(1)当管道内径大于上表规定时,实测渗水量应小于或等于按下列公式计算的允许渗水量:

钢管:
$$q=0.05\sqrt{D_i}$$

球墨铸铁管(玻璃钢管):
$$q=0.1\sqrt{D_i}$$

预(自)应力混凝土管、预应力钢筒混凝土管:
$$q=0.14\sqrt{D_i}$$

(2)现浇钢筋混凝土管渠实测渗水量应小于或等于按下式计算的允许渗水量:
$$q=0.014D_i$$

(3)硬聚氯乙烯管实测渗水量应小于或等于按下式计算的允许渗水量:
$$q=3\frac{D_i}{25}\cdot\frac{P}{0.3a}\cdot\frac{1}{1440}$$

式中　$q$——允许渗水量(L/min·km);

$D_i$——管道内径(mm);

$P$——压力管道的工作压力(MPa);

$a$——温度—压力折减系数;当试验水温 0°~25°时,$a$ 取 1;25°~35°时,$a$ 取 0.8;35°~45°时,$a$ 取 0.63。

12. 聚乙烯管、聚丙烯管及其复合管的水压试验除应符合 GB 50268－2008 第 9.2.10 条的规定外,其预试验、主试验阶段应按下列规定执行:

(1)预试验阶段:按 GB 50268－2008 第 9.2.10 条第 2 款的规定完成后,应停止注补压并稳定 30min;当 30min 后压力下降不超过试验压力的 70%,则预试验结束;否则重新注水补压并稳定 30min 再进行观测,直至 30min 后压力下降不超过试验压力的 70%。

(2)主试验阶段应符合下列规定:

1)在预试验阶段结束后,迅速将管道泄水降压,降压量为试验压力的 10%～15% 期间应准确计量降压所泄出的水量($\triangle V$),并按下式计算允许泄出的最大水量 $\triangle V_{max}$:

$$\triangle V_{max} = 1.2 V \triangle P \left( \frac{1}{E_W} + \frac{D_1}{e_n E_P} \right)$$

式中　$V$——试压管段总容积,L;

　　　$\triangle P$——降压量,MPa;

　　　$E_w$——水的体积模量,不同水温时 $E_w$ 值可按下表采用;

　　　$E_P$——管材弹性模量,MPa,与水温及试压时间有关;

　　　$D_1$——管材内径,m;

　　　$e_n$——管材公称壁厚,m。

$\triangle V$ 小于或等于 $\triangle V_{max}$ 时,则按本款的第(2)、(3)(4)项进行作业;$\triangle V$ 大于 $\triangle V_{max}$ 时应停止试压,排除管内气量空气再从预试验阶段开始重新试验。

表 4－82　　　　　　　　　　　　　　　温度与体积模量关系

| 温度(℃) | 体积模量(MPa) | 温度(℃) | 体积模量(MPa) |
|---|---|---|---|
| 5 | 2080 | 20 | 2170 |
| 10 | 2110 | 25 | 2210 |
| 15 | 2140 | 30 | 2230 |

2)每隔 3min 记录一次管道剩余压力,应记录 30min;30min 内管道剩余压力有上升趋势时,则水压试验结果合格。

3)30min 内管道剩余压力无上升趋势时,则应持续观察 60min;整个 90min 内压力下降不超过 0.02MPa,则水压试验结果合格。

4)主试验阶段上述两条均不能满足时,则水压试验结果不合格,应查明原因并采取相应措施后再重新组织试压。

13. 大口径球墨铸铁管、玻璃钢管及预应力钢筒混凝土管道的接口单口水压试验应符合下列规定:

(1)安装时应注意将单口水压试验用的进水口(管材出厂时已加工)置于管道顶部;

(2)管道接口连接完毕后进行单口水压试验,试验压力为管道设计压力的 2 倍,且不得小于 0.2MPa;

(3)试压采用手提式打压泵,管道连接后将试压嘴固定在管道承口的试压孔上,连接试压泵,将压力升至试验压力,恒压 2min,无压力降为合格:

(4)试压合格后,取下试压嘴,在试压孔上拧上 M10×20mm 不锈钢螺栓并拧紧;

(5)水压试验时应先排净水压腔内的空气。

(6)单口试压不合格且确认是接口漏水时,应马上拔出管节,找出原因,重新安装,直至符合要求为止。

# PE 给水管道水压试验记录

| 编 号 | |
|---|---|

| 工程名称 | | | |
|---|---|---|---|
| 施工单位 | | | |
| 试验范围(桩号) | | 试验长度 | m |
| 管道内径(di) | mm | 公称壁厚(en) | mm |
| 接口型式 | □热熔；□电熔；□ | PE 材料级别 | |
| 试验介质 | | 温度 | 环境 | ℃ |
| 规定试验压力 | MPa | | 试验介质 | ℃ |
| 试验范围总容积(V) | m³ | 试验日期 | 年 月 日 |

预试验阶段：

| 实际试验压力 | MPa | 稳压时间 | min |
|---|---|---|---|
| 允许泄压量(△P1) | ≤ MPa | 实际泄压量(△P2) | MPa |
| 预试验阶段试验结论 | □合格(△P2≤△P1)； | □不合格(△P2＞△P1) | |

主试验阶段：

| 初始试验压力 | MPa | 降压量(△P) | MPa |
|---|---|---|---|
| 允许泄水量(△V$_{max}$) | L | 实际泄水量(△V) | L |
| 主试验初步结果 | □合格(△V≤△V$_{max}$)； | □不合格(△V＞△V$_{max}$) | |

| | 次数 | 观测时间 | 观测数值(MPa) | 变化趋势(＋、－) | 次数 | 观测时间 | 观测数值(MPa) | 变化趋势(＋、－) |
|---|---|---|---|---|---|---|---|---|
| 变化趋势 | 初始 | | | | | | | |
| | 1 | | | | 6 | | | |
| | 2 | | | | 7 | | | |
| | 3 | | | | 8 | | | |
| | 4 | | | | 9 | | | |
| | 5 | | | | 10 | | | |
| | 变化趋势结果(＋、－) | 30min | MPa | | | | | |
| | | 90min | MPa | | | | | |

| 外观检查 | |
|---|---|
| 试验结论 | |

| 监理(建设)单位 | | 施工单位 | |
|---|---|---|---|
| | | 技术负责人 | 质检员 |
| | | | |

| 给水、供热管网冲洗记录 | 编 号 | ××× |
|---|---|---|
| | | |

| 工程名称 | ××市××路热力外线工程 |
|---|---|
| 施工单位 | ××机电安装工程有限公司 |
| 冲洗范围(起止桩号) | K0+0.000~K0+741.5 |
| 冲洗长度 | 741.5m |
| 冲洗介质 | 洁净水 |
| 冲洗方法 | 消防泵 |
| 冲洗日期 | 2015 年 10 月 20 日 |

冲洗情况及结果:

1. 冲洗之前管网、清洗装置符合规范要求。

2. 冲洗的时间、遍数、出水口观感合格。

3. 水力冲洗进水管截面积大于被冲洗截面积的 50%,排水管截面积大于进水管截面积,管内的平均流速大于 1m/s,排水时无负压。

排水水样中固形物的含量接近或等于冲洗用水中固形物的含量。

备 注:

| 监理(建设)单位 | | | 施工单位 | |
|---|---|---|---|---|
| | | | 技术负责人 | 质检员 |
| ××× | | | ××× | ××× |

本表由施工单位提供。

# 《给水、供热管网冲洗记录》填表说明

本表参照《建筑给水排水及采暖工程施工质量验收规范》(GB 50242)标准填写。

**【填写依据】**

1. 供热管网的清洗应在试运行前进行。

2. 清洗方法应根据供热管道的运行要求、介质类别而定。宜分为人工清洗、水力冲洗和气体吹洗。

3. 清洗前,应编制清洗方案。方案中应包括清洗方法、技术要求、操作及安全措施等内容。

4. 清洗前,管网及设备应符合下列规定:

(1) 应将减压器、疏水器、流量计和流量孔板(或喷嘴)、滤网、调节阀芯、止回阀芯及温度计的插入管等拆下并妥善存放,待清洗结束后复装;

(2) 不与管道同时清洗的设备、容器及仪表管等应与需清洗的管道隔开或拆除;

(3) 支架的强度应能承受清洗时的冲击力,必要时应经设计同意进行加固;

(4) 水力冲洗进水管的截面积不得小于被冲洗管截面积的 50%,排水管截面积不得小于进水管截面积;

(5) 蒸汽吹洗采用排汽管的管径应按设计计算确定,吹洗口固定及冲洗箱加固应符合设计要求;

(6) 设备和容器应有单独的排水口,在清洗过程中管道中的脏物不得进入设备;

(7) 清洗使用的其他装置已安装完成,并应经检查合格。

5. 热水管网的水力冲洗应符合下列规定:

(1) 冲洗应按主干线、支干线、支线分别进行,二级管网应单独进行冲洗。冲洗前应充满水并浸泡管道,水流方向应与设计的介质流向一致;

(2) 未冲洗管道中的脏物,不应进入已冲洗合格的管道中冲洗,应连续进行并宜加大管道内的流量,管内的平均流速不低于 1m/s,排水时,不得形成负压;

(3) 对大口径管道,当冲洗水量不能满足要求时,宜采用人工清洗或密闭循环的水力冲洗方式。采用循环水冲洗时管内流速宜达到管道正常运行时的流速。当循环冲洗的水质较脏时,应更换循环水继续进行冲洗;

(4) 水力冲洗的合格标准应以排水水样中固形物的含量接近或等于冲洗用水中固形物的含量为合格;

(5) 冲洗时排放的污水不得污染环境,严禁随意排放;

(6) 水力清洗结束前应打开阀门用水清洗。清洗合格后,应对排污管、除污器等装置进行人工清除,保证管道内清洁。

6. 输送蒸汽的管道应采用蒸汽进行吹洗,蒸汽吹洗应符合下列规定:

(1) 吹洗前应缓慢升温进行暖管。暖管速度不宜过快并应及时疏水。应检查管道热伸长、补偿器、管路附件及设备等工作情况,恒温 1h 后进行吹洗;

(2) 吹洗时必须划定安全区,设置标志,确保人员及设施的安全,其他无关人员严禁进入;

(3) 吹洗用蒸汽的压力和流量应按设计计算确定。吹洗压力不应大于管道工作压力的 75%;

(4) 吹洗次数应为 2~3 次,每次的间隔时间宜为 20~30min;

(5) 蒸汽吹洗的检查方法:以出口蒸汽为纯净气体为合格。

7. 清洗合格的管道,不应再进行其他影响管道内部清洁的工作。

8. 供热管网清洗合格后,应填写清洗检验记录。

| 供热管道水压试验记录 | | 编　号 | ×××  |
|---|---|---|---|
| 工程名称 | | ××市××路热力外线工程 | |
| 施工单位 | | ××机电安装工程有限公司 | |
| 试压范围<br>（起止桩号） | K0+0.000～K0+741.5 | 公称直径 | DN1000mm |
| 试压总长度(m) | 741.5 | 设计压力 | 1.6MPa |
| 试验压力 | 2.0MPa | 允许压力降 | 0.05MPa |
| 稳压时间<br>（min） | 试验压力下 | 10min | 试验日期 |
| | 设计压力下 | 30min | 2015 年 9 月 10 日 |

试验情况及结果：

　1.升压到试验压力隐压 10min,无渗漏、无压降后降至设计压力。

　2.稳压 30min 无渗漏、无压降。

试验结论：

　符合设计和规范要求,合格。

| 监理(建设)单位 | | 施工单位 | |
|---|---|---|---|
| | | 技术负责人 | 质检员 |
| ××× | | ××× | ××× |

本表由施工单位提供。

# 《供热管道水压试验记录》填表说明

本表参照《城镇供热管网工程施工及验收规范》(CJJ 28)标准填写。

**【填写依据】**

供热管道工程试验。供热管道安装经质量检查符合标准和设计文件规定后,应分别按标准规定的长度进行分段和全长的管道水压试验,管道清洗可分段或整体联网进行。试验后填写《供热管道水压试验记录》、《供水、供热管网冲洗记录》。供热管网应按标准要求进行整体热运行,填写《供热管网(场站)试运行记录》。

(1)供热管网工程的管道和设备等,应按设计要求进行强度试验和严密性试验;当设计无要求时应按规范的规定进行。

(2)一级管网及二级管网应进行强度试验和严密性试验。强度试验压力应为1.5倍设计压力,严密性试验压力应为1.25倍设计压力,且不得低于0.6MPa。

(3)热力站、中继泵站内的管道和设备的试验应符合下列规定:

1)站内所有系统均应进行严密性试验,试验压力应为1.25倍设计压力,且不得低于0.6MPa;

2)热力站内设备应按设计要求进行试验。当设备有特殊要求时,试验压力应按产品说明书或根据设备性质确定;

3)开式设备只做满水试验,以无渗漏为合格;

4)强度试验应在试验段内的管道接口防腐、保温施工及设备安装前进行;严密性试验应在试验范围内的管道工程全部安装完成后进行,其试验长度宜为一个完整的设计施工段;

5)供热管网工程应采用水为介质做试验;

6)严密性试验前应具备下列条件:

①试验范围内的管道安装质量应符合设计要求及CJJ 28的有关规定,且有关材料、设备资料齐全。

②应编制试验方案,并应经监理(建设)单位和设计单位审查同意。试验前应对有关操作人员进行技术、安全交底。

③管道各种支架已安装调整完毕,固定支架的混凝土已达到设计强度,回填土及填充物已满足设计要求。

④焊接质量外观检查合格,焊缝无损检验合格。

⑤安全阀、爆破片及仪表组件等已拆除或加盲板隔离,加盲板处有明显的标记并做记录,安全阀全开,填料密实。

⑥管道自由端的临时加固装置已安装完成,经设计核算与检查确认安全可靠。试验管道与无关系统应采用盲板或采取其他措施隔开,不得影响其他系统的安全。

⑦试验用的压力表已校验,精度不宜低于1.5级。表的满量程应达到试验压力的1.5~2倍,数量不得少于2块,安装在试验泵出口和试验系统末端。

⑧进行压力试验前,应划定工作区,并设标志,无关人员不得进入。

⑨检查室、管沟及直埋管道的沟槽中应有可靠的排水系统。

⑩试验现场已清理完毕,具备对试验管道和设备进行检查的条件。

7)水压试验应符合下列规定:

①管道水压试验应以洁净水作为试验介质。

②充水时,应排尽管道及设备中的空气。

③试验时,环境温度不宜低于5℃;当环境温度低于5℃时,应有防冻措施。

④当运行管道与试压管道之间的温度差大于100℃时,应采取相应措施,确保运行管道和试压管道的安全。

⑤对高差较大的管道,应将试验介质的静压计入试验压力中。热水管道的试验压力应为最高点的压力,但最低点的压力不得超过管道及设备的承受压力。

8)当试验过程中发现渗漏时,严禁带压处理。消除缺陷后,应重新进行试验。

9)试验结束后,应及时拆除试验用临时加固装置,排尽管内积水。排水时应防止形成负压,严禁随地排放;

10)水压试验的检验内容及检验方法应符合表4－83的规定。

表 4－83　　　　　　　　　　　　水压试验的检验内容及检验方法

| 项次 | 检查项目 | 试验方法及质量标准 | | 检验范围 |
|---|---|---|---|---|
| 1△ | 强度试验 | 升压到试验压力稳压10min无渗漏、无压降后降至设计压力,稳压30min无渗漏、无压降为合格 | | 每个试验段 |
| 2△ | 严密性试验 | 升压至试验压力,并趋于稳定后,应详细检查管道、焊缝、管路附件及设备等无渗漏,固定支架无明显的变形等 | | 全　段 |
| | | 一级管网 | 稳压在1h内压降不大于0.05MPa,为合格 | |
| | | 二级管网 | 稳压在30min内压降不大于0.05MPa,为合格 | |

注:△为主控项目。

| 供热管网(场站)热运行记录 | | 编　　号 | ×××× |
|---|---|---|---|
| 工程名称 | ××市××路(××路~××路)热力外线工程 | | |
| 施工单位 | ××机电安装工程有限公司 | | |
| 热运行范围 | K0+0.000~K2+038.484 | | |
| 热运行时间 | 从5月10日9时20分至5月13日9时20分止 | | |
| 设计温度 | 120℃ | 设计压力 | 1.3MPa |
| 热运行温度 | 150℃ | 热运行压力 | 1.6MPa |
| 是否连续运行 | 是 | 热运行累计时间 | 72h |

热运行情况：

　　在试运行期间,管道法兰、阀门、补偿器及仪表等处的螺栓进行了热拧紧,热拧紧时的运行压力为0.3MPa以下,温度达到设计温度,螺栓对称,均匀适度紧固。试运行缓慢在升温,升温速度小于10℃/h。

　　试运行期间,管道、设备的工作状态正常。

处理意见：

热运行结论：

　　符合设计要求和规范规定,合格。

| 监理(建设)单位 | 设计单位 | 单位 | 施工单位 | |
|---|---|---|---|---|
| | | | 技术负责人 | 质检员 |
| ××× | ××× | | ××× | ××× |

本表由施工单位提供。

# 《供热管网(场站)热运行记录》填表说明

**【填写依据】**

填表说明:依据《城镇供热管网工程施工及验收规范》(CJJ 28－2014)规定的试运行要求进行。

(1)试运行应在单位工程验收合格,热源已具备供热条件后进行。

(2)试运行前,应编制试运行方案。在环境温度低于 5℃进行试运行时,应制定可靠的防冻措施。试运行方案应由建设单位、设计单位进行审查同意并进行交底。

(3)试运行应符合下列要求:

1)供热管线工程宜与热力站工程联合进行试运行。

2)供热管线的试运行应有完善、灵敏、可靠的通讯系统及其他安全保障措施。

3)在试运行期间管道法兰、阀门、补偿器及仪表等处的螺栓应进行热拧紧。热拧紧时的运行压力应为 0.3MPa 以下,温度宜达到设计温度,螺栓应对称,均匀适度紧固。在热拧紧部位应采取保护操作人员安全的可靠措施。

4)试运行期间发现的问题,属于不影响试运行安全的,可待试运行结束后处理。属于必须当即解决的,应停止试运行,进行处理。试运行的时间,应从正常试运行状态的时间起计 72h。

5)供热工程应在建设单位、设计单位认可的参数下试运行,试运行的时间应为连续运行72h。试运行应缓慢地升温,升温速度不应大于 10℃/h。在低温试运行期间,应对管道、设备进行全面检查,支架的工作状况应做重点检查。在低温试运行正常以后,可再缓慢升温到试运行参数下运行。

6)试运行期间,管道、设备的工作状态应正常,并应做好检验和考核的各项工作及试运行资料等记录。

(4)蒸汽管网工程的试运行应带热负荷进行,试运行合格后,可直接转入正常的供热运行。不需继续运行的,应采取停运措施并妥加保护,试运行应符合下列要求:

1)试运行前应进行暖管,暖管合格后,缓慢提高蒸汽管的压力,待管道内蒸汽压力和温度达到设计规定的参数后,保持恒温时间不宜少于 1h。应对管道、设备、支架及凝结水疏水系统进行全面检查;

2)在确认管网的各部位均符合要求后,应对用户的用汽系统进行暖管和各部位的检查,确认热用户用汽系统的各部位均符合要求后再缓慢地提高供汽压力并进行适当的调整,供汽参数达到设计要求后即可转入正常的供汽运行;

3)试运行开始后,应每隔 1h 对补偿器及其他设备和管路附件等进行检查,并应做好记录。

(5)热力站试运行前,准备工作应符合下列规定:

1)供热管网与热用户系统已具备试运行条件;

2)编制试运行方案并经建设单位、设计单位审查同意,应进行技术交底;

3)热力站内所有系统和设备经验收合格;

4)热力站内的管道和设备的水压试验及清洗合格;

5)制软化水的系统,经调试合格后,向系统注入软化水;

6)水泵试运转合格,并应符合下列要求:

①各紧固连接部位不应松动;

②润滑油的质量、数量应符合设备技术文件的规定;

③安全、保护装置灵敏、可靠；

④盘车应灵活、正常；

⑤启动前，泵的进口阀门全开，出口阀门全关；

⑥水泵在启动前应与管网连通，水泵应充满水并排净空气；

⑦在水泵出口阀门关闭的状态下启动水泵，水泵出口阀门前压力表显示的压力应符合水泵的最高扬程，水泵和电机应无异常情况；

⑧逐渐开启水泵出口阀门，水泵的工作扬程与设计选定的扬程相比较，两者应当接近或相等，同时保证水泵的运行安全；

表 4—84

| 转速（r/min） | 600～750 | 750～1000 | 1000～1500 | 1500～3000 |
|---|---|---|---|---|
| 振幅不应超过（mm） | 0.12 | 0.10 | 0.03 | 0.06 |

⑨在 2h 的运转期间内不应有不正常的声音；各密封部位不应渗漏；各紧固连接部位不应松动；滚动轴承的温度不应高于 75℃；填料升温正常，普通软填料宜有少量的渗漏（每分钟 10～20 滴）；电动机的电流不得超过额定值；振动应符合设备技术文件的规定，当设备文件无规定时，用手提式振动仪测量泵的径向振辐（双向）不应超过上表的规定；泵的安全保护装置灵敏、可靠。

7)采暖用户应按要求将系统充满水，并组织做好试运行准备工作；

8)蒸汽用户系统应具备送汽条件；

9)当换热器为板式换热器时，两侧应同步逐渐升压直至工作压力。

(6)热水管网和热力站试运行应符合下列规定：

1)关闭管网所有泄水阀门；

2)排气充水，水满后关闭放气阀门；

3)全线水满后，再次逐个进行放气确认管内无气体后，关闭放气阀并上丝堵；

4)试运行开始后，每隔 1h 对补偿器及其他设备和管路附件等进行检查，并做好记录工作。

(7)试运行合格后，应填写试运行记录。

| 补偿器冷拉记录 | 编　号 | ××× |
|---|---|---|

| 工程名称 | ××市××路燃气工程 | | |
|---|---|---|---|
| 工程部位 | K1+473.6—××路 | | |
| 施工单位 | ××机电安装工程有限公司 | | |
| 补偿器编号 | ××× | 施工图号 | ×× |
| 两固定支架间管段长度 | 104m | 直径（mm） | DN200 |
| 设计冷拉值 | 3.8mm | 实际冷拉值 | 10.0mm |
| 冷拉时间 | 2015 年 4 月 2 日 | 冷拉时气温 | 12℃ |

冷拉示意图：

（略）

说明及结论：

符合设计要求和规范规定,合格。

| 监理(建设)单位 | 设计单位 | 施工单位 | |
|---|---|---|---|
| | | 技术负责人 | 质检员 |
| ××× | ××× | ××× | ××× |

本表由施工单位填写。

| 管道通球试验记录 | | 编　号 | ×××|
|---|---|---|---|
| 工程名称 | ××市××路(××路～××路)煤气管道工程 | | |
| 施工单位 | ××机电安装工程有限公司 | | |
| 试验单位 | ××机电安装工程有限公司 | 试验日期 | 2015年6月9日 |
| 管道公称直径 | φ219×6mm | 起止桩号 | K1+965～K2+075 |
| 发球时间 | 8h30min | 收球时间 | 8h40min |

试验情况：

　　通球时选用与管道内径一致的橡胶球,观察发球装置处压力的变化,当发球处压力表指针时上时下时,说明球在管道内向前推进,当接球、发球两处压力平衡时,说明球已到接球装置处。

试验结果：

　　球已顶过整段管道,管内杂质已清理干净。试验合格。

| 监理(建设)单位 | | 施工单位 | 试验单位 |
|---|---|---|---|
| ××× | | ××× | ××× |

本表由试验单位填写,建设单位、施工单位保存。

| 燃气管道强度试验验收单 | | 编 号 | ×××  |
| --- | --- | --- | --- |
| **工程名称** | ×× 市 ×× 路燃气管线工程 | | |
| **施工单位** | ×× 机电安装工程有限公司 | | |
| **起止桩号<br>(试验范围)** | T1～T11 | **管道材质** | Q235B |
| **公称直径** | 500mm | **接口做法** | 焊接 |
| **设计压力** | 1.0MPa | **试验压力** | 1.5MPa |
| **试验介质** | 气体 | **试验日期** | 2015 年 6 月 25 日 |
| **压力表种类** | 弹簧表☑ 电子表□ U 型压力计□ | **压力表量程及<br>精度等级** | 3.2 MPa；  0.4 级 |

**试验情况及结果：**

   经强度试压,符合设计及规范要求,强度试验合格。

| 监理(建设)单位 | | | 施工单位 |
| --- | --- | --- | --- |
| ××× | | | ××× |

**本表由施工单位填写。**

# 《燃气管道强度试验验收单》填表说明

本表参照《城镇供热管网工程施工及验收规范》(CJJ 28)标准填写。

【填写依据】

1.强度试验前应具备下列条件:

(1)试验用的压力计及温度记录仪应在校验有效期内。

(2)试验方案已经批准,有可靠的通信系统和安全保障措施,已进行了技术交底。

(3)管道焊接检验、清扫合格。

(4)埋地管道回填土宜回填至管上方 0.5m 以上,并留出焊接口。

2.管道应分段进行压力试验,试验管道分段最大长度宜按规定执行。

3.管道试验用压力计及温度记录仪表均不应少于两块,并应分别安装在试验管道的两端。

4.试验用压力计的量程应为试验压力的 1.5～2 倍,其精度不得低于 1.5 级。

5.强度试验压力和介质应符合规定。

6.水压试验时,试验管段任何位置的管道环向应力不得大于管材标准屈服强度的 90％。架空管道采用水压试验前,应核算管道及其支撑结构的强度,必要时应临时加固。试压宜在环境温度 5℃以上进行,否则应采取防冻措施。

7.水压试验应符合现行国家标准《液体石油管道压力试验》(GB/T 16805)的有关规定。

8.进行强度试验时,压力应逐步缓升,首先升至试验压力的 50％,应进行初检,管口无泄漏、异常,继续升压至试验压力,然后宜稳压 1h 后,观察压力计不应少于 30min,无压力降为合格。

9.水压试验合格后,应及时将管道中的水放(抽)净,并按规范要求进行吹扫。

10.经分段试压合格的管段相互连接的焊缝,经射线照相检验合格后,可不再进行强度试验。

| 燃气管道严密性试验验收单 | | 编　号 | ×××<br> |
|---|---|---|---|

| 工程名称 | ××市××路(××路～××路)燃气工程 | | |
|---|---|---|---|
| 施工单位 | ××机电安装工程有限公司 | | |
| 试验范围<br>(起止桩号) | K1+982.8～K2+610.5 | 管道材质 | 螺焊钢管、<br>无缝钢管 |
| 设计压力 | 0.4MPa | 试验压力 | 0.46MPa |
| 试验开始<br>时　间 | ××年4月7日8时30分 | 试验结束<br>时　间 | 09年4月8日<br>8时30分 |

| 管道 | 内径(mm) | φ159×6 | | | 合计长度 | |
|---|---|---|---|---|---|---|
| | 长度(m) | 627.7 | | | 627.7　m | |
| 允许压力降 | | 6531　Pa | | 保压时间 | | 24　h |

试验情况及结果：

　　管道接口做法采用法兰连接、氩电联焊。试验开始时的压力为477000Pa,试验结束时的压力为478000Pa;试验开始时大气压值为102.98kPa,试验结束时大气压值为101.96kPa;试验开始时的管内介质温度为9.7℃,试验结束时的管内介质温度为11.1℃。

试验结论：

　　经严密性试验,修正压力降小于允许压力降,符合设计及规范要求,试验合格。

| 监理(建设)单位 | 单位 | 施工单位 | |
|---|---|---|---|
| ××× | ××× | ××× | |

本表由施工单位填写。

## 《燃气管道严密性试验验收单》填表说明

本表参照《城镇供热管网工程施工及验收规范》(CJJ 28)标准填写。

【填写依据】

1. 严密性试验应在强度试验合格、管线全线回填后进行。

2. 试验用的压力计应在校验有效期内,其量程应为试验压力的 1.5～2 倍,其精度等级、最小分格值及表盘直径应满足表 4—85 的要求。

表 4—85　　　　　　　　　　　试压用压力表选择要求

| 量程(MPa) | 精度等级 | 最小表盘直径(mm) | 最小分格值(MPa) |
|---|---|---|---|
| 0～0.1 | 0.4 | 150 | 0.0005 |
| 0～1.0 | 0.4 | 150 | 0.005 |
| 0～1.6 | 0.4 | 150 | 0.01 |
| 0～2.5 | 0.25 | 200 | 0.01 |
| 0～4.0 | 0.25 | 200 | 0.01 |
| 0～6.0 | 0.16 | 250 | 0.01 |
| 0～10 | 0.16 | 250 | 0.02 |

3. 严密性试验介质宜采用空气,试验压力应满足下列要求:

(1)设计压力小于 5kPa 时,试验压力应为 20kPa。

(2)设计压力大于或等于 5kPa 时,试验压力应为设计压力的 1.15 倍,且不得小于 0.1MPa。

4. 试压时的升压速度不宜过快。对设计压力大于 0.8MPa 的管道试压,压力缓慢上升至 30% 和 60% 试验压力时,应分别停止升压,稳压 30min,并检查系统有无异常情况,如无异常情况继续升压。管内压力升至严密性试验压力后,待温度、压力稳定后开始记录。

5. 严密性试验稳压的持续时间应为 24h,每小时记录不应少于 1 次,当修正压力降小于 133Pa 为合格。修正压力降应按下式确定:

$$\Delta P' = (H_1 + B_1) - (H_2 + B_2)\frac{273 + t_1}{273 + t_2}$$

式中:$\Delta P'$——修正压力降,Pa;

$H_1$、$H_2$——试验开始和结束时的压力计读数,Pa;

$B_1$、$B_2$——试验开始和结束时的气压计读数,Pa;

$t_1$、$t_2$——试验开始和结束时的管内介质温度,℃。

6. 所有未参加严密性试验的设备、仪表、管件,应在严密性试验合格后进行复位,然后按设计压力对系统升压,应采用发泡剂检查设备、仪表、管件及其与管道的连接处,不漏为合格。

| 燃气管道气压严密性试验记录(一) | | | | 编　　号 | | ××× | | |
|---|---|---|---|---|---|---|---|---|

| 工程名称 | ××市××路(××路~××路)低压燃气管道工程 | | | | | | | |
|---|---|---|---|---|---|---|---|---|
| 施工单位 | ××机电安装工程有限公司 | | | | | | | |
| 压力等级 | 20kPa | | | 公称直径 | | φ325×7 | | |
| 起止桩号及长度 | K1+643~K1+768.5　125.5m | | | 管道材质 | | 螺焊钢管 | | |
| 充气时间 | 2015 年 4 月 20 日 7 时 | | | 稳压时间 | | 24　h | | |

| 时　间 | | U 型压力计读数 | | 土壤温度 (℃) | 时　间 | | U 型压力计读数 | | 土壤温度 (℃) |
|---|---|---|---|---|---|---|---|---|---|
| 时 | 分 | 上 | 下 | | 时 | 分 | 上 | 下 | |
| 8 | 00 | 995.5 | 824.5 | 20.5 | 21 | 06 | 995.0 | 825.0 | 20.6 |
| 9 | 01 | 995.5 | 824.5 | 20.5 | 22 | 02 | 995.0 | 825.0 | 20.6 |
| 10 | 02 | 995.5 | 824.5 | 20.5 | 23 | 00 | 995.0 | 825.0 | 20.6 |
| 11 | 04 | 995.5 | 824.5 | 20.5 | 00 | 01 | 995.0 | 825.0 | 20.6 |
| 12 | 00 | 995.5 | 824.5 | 20.5 | 01 | 03 | 995.0 | 825.0 | 20.6 |
| 13 | 00 | 995.5 | 824.5 | 20.5 | 02 | 04 | 995.0 | 825.0 | 20.6 |
| 14 | 04 | 995.5 | 824.5 | 20.5 | 03 | 01 | 995.0 | 825.0 | 20.6 |
| 15 | 00 | 995.5 | 824.5 | 20.5 | 04 | 03 | 995.0 | 825.0 | 20.6 |
| 16 | 05 | 995.5 | 824.5 | 20.5 | 05 | 04 | 995.0 | 825.0 | 20.6 |
| 17 | 03 | 995.5 | 824.5 | 20.6 | 06 | 01 | 995.0 | 825.0 | 20.6 |
| 18 | 02 | 995.5 | 824.5 | 20.6 | 07 | 00 | 995.0 | 825.0 | 20.6 |
| 19 | 02 | 995.5 | 824.5 | 20.6 | 08 | 01 | 995.0 | 825.0 | 20.6 |
| 20 | 00 | 995.0 | 825.0 | 20.6 | | | | | |

| 技术负责人 | 质检员 | 记录人 |
|---|---|---|
| ××× | ××× | ××× |

本表由施工单位填写。

# 燃气管道严密性试验记录(二)

编　号

| 工程名称 | | | | | | |
|---|---|---|---|---|---|---|
| 施工单位 | | | | | | |
| 起止桩号 | | 长　度 | | 公称直径 | | mm |
| 压力等级 | | 管道材质 | | 试验介质 | | |
| 压力计种类 | | 压力计精度等级 | | 压力单位 | | |
| 充气时间 | 年 月 日 时 | | 稳压时间 | | 小时 | |

| 时间 | | 压力 | 时间 | | 压力 | 时间 | | 压力 |
|---|---|---|---|---|---|---|---|---|
| 时 | 分 | | 时 | 分 | | 时 | 分 | |
| | | | | | | | | |
| | | | | | | | | |
| | | | | | | | | |
| | | | | | | | | |
| | | | | | | | | |
| | | | | | | | | |
| | | | | | | | | |
| | | | | | | | | |
| | | | | | | | | |
| | | | | | | | | |
| | | | | | | | | |
| | | | | | | | | |
| | | | | | | | | |

其他说明：

| 技术负责人 | 质检员 | 记录人 |
|---|---|---|
| | | |

本表由施工单位填写。

| 埋地钢质管道防腐层完整性检测报告 | | 委托编号 | |
| | | 报告编号 | |
| 工程名称 | | | |
| 建设单位 | | | |
| 施工单位 | | | |
| 检测起止位置（桩号） | | 检测长度 | m |
| 防腐层种类 | | 公称直径 | mm |
| 检测仪器型号 | | 信号供入点 | |
| 初始电流 | mA | 测量频率 | kHz |
| 电平差 | dB | 最大漏电信号 | mV |
| 发射电流 | mA | 检测依据 | |

检测评价：

（报告共　页,此为第　页）

| 检测单位 | | | （公章） |
| 批准人(签字) | 校对人(签字) | 报告人(签字) | 检测人(签字) |
| | | | |
| 检测日期：　年　月　日 | | 报告日期：　年　月　日 | |

本表由检测单位填写。

| 管道系统吹洗(脱脂)记录 | | | | | 编　号 | | ××× |
|---|---|---|---|---|---|---|---|

| 工程名称 | ××市政桥梁工程 | | | | 工程部位名称 | | 12～17轴雨水管道 |
|---|---|---|---|---|---|---|---|
| 施工单位 | ××市政集团有限公司 | | | | 吹洗(脱脂)日期 | | ××年×月×日 |

| 管道系统编号 | 材质 | 工作介质 | 吹　洗 | | | | | 脱　脂 | |
|---|---|---|---|---|---|---|---|---|---|
| | | | 介质 | 压力(MPa) | 流速(m/s) | 冲洗次数 | 鉴定 | 介质 | 鉴定 |
| 12～17 | PVC | 雨水 | 自来水 | 0.3 | 1.8 | 2 | 合格 | | |
| | | | | | | | | | |
| | | | | | | | | | |
| | | | | | | | | | |
| | | | | | | | | | |
| | | | | | | | | | |
| | | | | | | | | | |
| | | | | | | | | | |
| | | | | | | | | | |
| | | | | | | | | | |
| | | | | | | | | | |
| | | | | | | | | | |
| | | | | | | | | | |
| | | | | | | | | | |
| | | | | | | | | | |
| | | | | | | | | | |
| | | | | | | | | | |
| | | | | | | | | | |
| | | | | | | | | | |
| | | | | | | | | | |
| | | | | | | | | | |

| 监理(建设)单位 | 施工单位 | 技术负责人 | 质检员 | 施工员 |
|---|---|---|---|---|
| ××× | | ××× | ××× | ××× |

本表由施工单位填写。

# 《管道系统吹洗(脱脂)记录》填表说明

本表参照《建筑给水排水及采暖工程施工质量验收规范》(GB 50242)标准填写。

**【填写依据】**

1. 管道吹扫应按下列要求选择气体吹扫或清管球清扫:

(1)球墨铸铁管道、聚乙烯管道、钢骨架聚乙烯复合管道和公称直径小于 100mm 或长度小于 100m 的钢质管道,可采用气体吹扫;

(2)公称直径大于或等于 100mm 的钢质管道,宜采用清管球进行清扫。

2. 管道吹扫应符合下列要求:

(1)吹扫范围内的管道安装工程除补口、涂漆外,已按设计图纸全部完成;

(2)管道安装检验合格后,应由施工单位负责组织吹扫工作,并应在吹扫前编制吹扫方案;

(3)应按主管、支管、庭院管的顺序进行吹扫,吹扫出的脏物不得进入已合格的管道;

(4)吹扫管段内的调压器、阀门、孔板、过滤网、燃气表等设备不应参与吹扫,待吹扫合格后再安装复位;

(5)吹扫口应设在开阔地段并加固,吹扫时应设安全区域,吹扫出口前严禁站人;

(6)吹扫压力不得大于管道的设计压力,且不应大于 0.3MPa;

(7)吹扫介质宜采用压缩空气,严禁采用氧气和可燃性气体;

(8)吹扫合格设备复位后,不得再进行影响管内清洁的其他作业。

3. 气体吹扫应符合下列要求:

(1)吹扫气体流速不宜小于 20m/s;

(2)吹扫口与地面的夹角应在 30°~45°之间,吹扫口管段与被吹扫管段必须采取平缓过渡对焊,吹扫口直径应符合表 4—86 的规定;

表 4—86　　　　　　　　　　　　　　　　吹扫直径(mm)

| 末端管道公称直径 DN | DN<150 | 150≤DN≤300 | DN≥350 |
|---|---|---|---|
| 吹扫口公称直径 | 与管道同径 | 150 | 250 |

(3)每次吹扫管道的长度不宜超过 500m;当管道长度超过 500m 时,宜分段吹扫;

(4)当管道长度在 200m 以上,且无其他管段或储气容器可利用时,应在适当部位安装吹扫阀,采取分段储气,轮换吹扫;当管道长度不足 200m,可采用管道自身储气放散的方式吹扫,打压点与放散点应分别设在管道的两端;

(5)当目测排气无烟尘时,应在排气口设置白布或涂白漆木靶板检验,5min 内靶上无铁锈、尘土等其他杂物为合格。

4. 清管球清扫应符合下列要求:

(1)管道直径必须是同一规格,不同管径的管道应断开分别进行清扫;

(2)对影响清管球通过的管件、设施,在清管前应采取必要措施;

(3)清管球清扫完成后,应按《城镇燃气输配工程施工及验收规范》(CJJ 33—2005)第 12.2.3 条第 5 款进行检验,如不合格可采用气体再清扫至合格。

| 阴极保护系统验收测试记录 | | | | 编　号 | | ×××　 |
|---|---|---|---|---|---|---|
| 工程名称 | | ××市××路燃气管线工程 | | | | |
| 施工单位 | | ××机电安装工程有限公司 | | | | |
| 阴极保护安装单位 | | ××工程技术有限公司 | 参比电极种类 | | | 饱和 Cu/CuSO₄ |
| 测试单位 | | ××工程试验检测中心 | | | | |

| 序号 | 阳极埋设时间 | 测试位置（桩号） | 保护电位（−V） | 阳极开路电位（−V） | 阳极输出电流（mA） | 备　注 |
|---|---|---|---|---|---|---|
| C1 | 2015.4.12 | K0+900 | 1.260 | | | |
| | | | | | | |
| | | | | | | |
| | | | | | | |
| | | | | | | |
| | | | | | | |
| | | | | | | |
| | | | | | | |
| | | | | | | |
| | | | | | | |
| | | | | | | |
| | | | | | | |
| | | | | | | |
| | | | | | | |
| | | | | | | |
| | | | | | | |
| | | | | | | |
| | | | | | | |

验收结论：

☑　合　格　　□　不合格

| 监理(建设)单位 | 设计单位 | 施工单位 | 安装单位 | 测试单位 |
|---|---|---|---|---|
| ××× | ××× | ××× | ××× | ×××(测试单位章) |
| 测试时间 | | | | ××年×月×日 |

本表由测试单位填写，城建档案管理部门、建设单位、施工单位保存。

# 《阴极保护系统验收测试记录》填表说明

**【填写依据】**

钢管阴极保护工程质量应符合下列规定：

1.钢管阴极保护所用的材料、设备等应符合国家有关标准的规定和设计要求。

检查方法：对照产品相关标准和设计文件，检查产品质量保证资料；检查成品管进场验收记录。

2.管道系统的电绝缘性、电连续性经检测满足阴极保护的要求。

检查方法：阴极保护施工前应全线检查；检查绝缘部位的绝缘测试记录、跨接线的连接记录；用电火花检漏仪、高阻电压表、兆欧表测电绝缘性，万用表测跨线等的电连续性。

3.阴极保护的系统参数测试应符合下列规定：

(1)设计无要求时，在施加阴极电流的情况下，测得管地电位应小于或等于—850mV(相对于铜—饱和硫酸铜参比电极)；

(2)管道表面与同土壤接触的稳定的参比电极之间阴极极化电位值最小为100mV；

(3)土壤或水中含有硫酸盐还原菌，且硫酸根含量大于0.5%时，通电保护电位应小于或等于—950mV(相对于铜—饱和硫酸铜参比电极)；

(4)被保护体埋置于干燥的或充气的高电阻率(大于500Ω·m)土壤中时，测得的极化电位小于或等于—750mV(相对于铜—饱和硫酸铜参比电极)；

检查方法：按国家现行标准《埋地钢质管道阴极保护参数测试方法》(SY/T0023)的规定测试；检查阴极保护系统运行参数测试记录。

4.管道系统中阳极、辅助阳极的安装应符合规范的规定。

检查方法：逐个检查；用钢尺或经纬仪、水准仪测量。

5.所有连接点应按规定做好防腐处理，与管道连接处的防腐材料应与管道相同。

检查方法：逐个检查；检查防腐材料质量合格证明、性能检验报告；检查施工记录、施工测试记录。

6.阴极保护系统的测试装置及附属设施的安装应符合下列规定：

(1)测试桩埋设位置应符合设计要求，顶面高出地面400mm以上；

(2)电缆、引线铺设应符合设计要求，所有引线应保持一定松弛度，并连接可靠牢固；

(3)接线盒内各类电缆应接线正确，测试桩的舱门应启闭灵活、密封良好；

(4)检查片的材质应与被保护管道的材质相同，其制作尺寸、设置数量、埋设位置应符合设计要求，且埋深与管道底部相同，距管道外壁不小于300mm；

(5)参比电极的选用、埋设深度应符合设计要求；

检查方法：逐个观察(用钢尺量测辅助检查)；检查测试记录和测试报告。

| 污水管道闭水试验记录 | | 编 号 | ×××  |
|---|---|---|---|
| 工程名称 | | ××市××路雨污水工程 | |
| 施工单位 | | ××市政建设集团有限公司 | |
| 起止井号 | | _1_ 号井段至 _4_ 号井段，带 _1～3_ 号井 | |

| 管道内径 | 400 mm | 接口型式 | 橡胶柔性接口 | 管材种类 | 钢筋混凝土 |
|---|---|---|---|---|---|
| 试验日期 | 2015 年 6 月 17 日 | 试验次数 | | 第 1 次 共试 1 次 | |
| 试验水头 | | 高于上游管顶 1.8m | | | |
| 允许漏水量 | | 20m³/24h·km | | | |
| 试验结果 | | 1.全长 105.6m,经 2h 共渗水 0.138m³ | | | |
| | | 2.折合 15.68m³/24h·km | | | |
| 目测渗漏情况 | | 该段管线无明显渗漏现象 | | | |
| 鉴定意见 | | 经 2h 闭水试验,渗水量小于允许渗水量规定,符合设计、规范要求,合格。 | | | |

| 监理(建设)单位 | | 施工单位 | | |
|---|---|---|---|---|
| | | 技术负责人 | 质检员 | |
| ××× | | ××× | ××× | |

本表由施工单位填写。

# 《污水管道闭水试验记录》填表说明

本表参照《给水排水管道工程施工及验收规范》(GB 50268)标准填写。

**【填写依据】**

市政排水沟渠包括土渠、水泥混凝土及钢筋混凝土渠、石渠、砖渠及管道,污水管(渠)、雨污水合流管(渠)、倒虹吸管和设计有闭水要求的其他排水管(渠)道,必须进行闭水试验,填写《污水管道闭水试验记录》。闭水试验的管(渠)段应按井距分隔,带井试验。

1. 管道闭水试验时,对试验管段的要求

(1) 管道及检查井外观质量检查已合格。

(2) 管道未回填土且沟槽内无积水。

(3) 全部预留孔应封堵,不得渗水。

(4) 管道两端堵板承载力经核对应大于水压力的合力;除预留进出水管外,应封堵坚固,不得渗水。

2. 闭水法试验程序

(1) 试验管段灌满水后浸泡时间不应少于 24h。

(2) 试验水头应符合以下规定:

1)当试验段上游设计水头不超过管顶内壁时,试验水头应以试验段上游管顶内壁加 2m。

2)当试验段上游设计水头超过管顶内壁时,试验水头应以试验段上游设计水头加 2m。

3)当计算出的试验水头小于 10m,但已超过上游检查井井口时,试验水头应以上游检查井井口高度为准。

(3) 当试验水头达到规定水头时开始计时,观测管道的渗水量,直至观测结束时,应不断向试验管道段内补水,保持试验水头恒定。渗水量的观测时间不得小于 30min。

3. 实测渗水量计算公式

试验前应测准试验段管道直径、长度和检查井的规格。实测渗水量时,可从下列两个计算公式中选择一个。

1)计算公式一:

$$q = \frac{W}{T \cdot L}$$

式中: $q$——实测渗水量,$[L/(min \cdot m)]$;

$W$——补水量,L;

$T$——实测渗水观测时间,min;

$L$——试验管段的长度,m。

2)计算公式二:

$$Q = \frac{\pi R^2 \cdot H}{L \cdot t} \cdot 24 \cdot 1000$$

式中: $Q$——每公里 24h 实测渗水量,$[m^3/(24h \cdot km)]$;

$\pi R^2$——圆面积,如量方井,则为长×宽,m;

$H$——检查井内水位水渗高度,m;

$L$——闭水管道长度,m。

带井闭水的检查井身渗水量,应将其容积折算成管道长度,加入 $L$ 后进行计算。

4.严密性合格判定

严密性试验时,应进行外观检查,不得有渗水现象,且应符合下列规定时,管道严密性试验为合格。

(1)排水管(渠)闭水检验频率见表4—87。

表 4—87　　　　　　　　　　　排水管(渠)闭水检验频率

| 序号 | 项　　目 | | 允许偏差 | 检验频率 | | 检验方法 |
|------|----------|--|----------|----------|--|----------|
| | | | | 范围 | 点数 | |
| 1 | 倒虹吸管 | | 渗水量不大于规范规定 | 每道 | 1 | 灌水计算渗水量 |
| 2 | 管径(mm) | $D<700$ | | 每个井段 | 1 | |
| 3 | | $D=700\sim2400$ | | 每三个井段抽检一段 | 1 | |
| 4 | | $D=2500\sim3000$ | | 每五个井段抽检一段 | 1 | |

注:1. 管径 700～2400mm,检验频率按本表规定,如工程不足 3 个井段时,亦抽检 1 个井段,不合格者全线进行闭水检验。

　　2. 管径 2500～3000mm,检验频率按本表规定,不合格者,加倍抽取井段再做检验。如仍不合格者,则全线进行闭水检验。

　　3. 如现场缺少试验用水时,当管内径小于 700mm,可按井段数量的 1/3 抽检进行闭水试验,但须经建设、设计、监理单位确认。当现场水源确有困难,可采用单口试压方法,但是须确认管材符合设计要求后,才能进行单口试压。单口试压标准参见相关标准。

　　4. 管径小于 1200mm 的混凝土沟埋排水管道可采用闭气检验方法,可参见相关标准。

(2)排水管(渠)标准试验水头/闭水试验允许渗水量应符合规范规定。

渠道闭水试验对试验段的要求、试验程序、实测渗水量计算公式、严密性合格的判定与管道闭水试验相同。

4.6.2.5 厂(场)、站工程施工试验记录

| 调试记录(通用) | 编 号 | ×××|
|---|---|---|

| 工程名称 | ××路采暖工程 | | |
|---|---|---|---|
| 施工单位 | ××市政建设集团有限公司 | | |
| 调试单位 | ××市政供热有限公司 | | |
| 工程部位 | 采暖系统 | 调试项目 | 散热器 |
| 设备或设施名称 | 11号楼采暖系统 | 规格型号 | N520 |
| 系统编号 | 002 | 调试时间 | 2015年9月5日 |

| 调试内容及要求 | 　　11号采暖系统共98组散热器,设计供回水温度为130℃/80℃,实际供回水温度为130℃/82℃。<br>　　经全面检查,系统中阀门,自动排气阀件已安装完毕,具备试运转条件。系统试运后,发现有三组散热器有轻微渗漏,经修理已经不漏。逐个房间进行室温测量和散热器表面温度的检查,并调节管路阀门和散热器的温控阀直至所有房间温度符合设计要求。整个试运行进行了72小时,未发现其他质量问题和异常情况。 |
|---|---|
| 调试结果 | 　　经检查,所有散热器、管道未发现渗漏现象,散热器表面温度基本均匀、所有房间温度,经实测符合设计要求。该采暖系统试运行结果符合设计和规范要求。 |

| 监理(建设)单位 | | 施工单位 | | 调试单位 |
|---|---|---|---|---|
| | | 技术负责人 | 质检员 | |
| ××× | | ××× | ××× | ××× |

本表由调试单位填写,城建档案管理部门、建设单位、施工单位保存。

| 设备单机试运转记录(通用) | | 编　号 | ×××  |
|---|---|---|---|
| 工程名称 | ××市政水井工程 | 设备名称 | 变频给水泵 |
| 施工单位 | ××市政建设集团有限公司 | 规格型号 | M2－43 |
| 试验单位 | ××设备公司 | 额定数据 | $Q=54m^3/h$;<br>$H=70.4$;$N=18.5kN$ |
| 设备所在系统 | 排水系统 | 台　数 | 1 |
| 试运行时间 | 试验自　××年×月×日×时×分起至　××年×月×日×时　分止 | | |
| 试运行性质 | ☑空负荷试运行;　　　□负荷试运行 | | |

| 序号 | 重点检查项目 | 主要技术要求 | 试验结论 |
|---|---|---|---|
| 1 | 盘车检查 | 转动灵活,无异常现象 | 合格 |
| 2 | 有无异常音响 | 无异常噪音、声响 | 合格 |
| 3 | 轴承温度 | 1.滑动轴承及往复运动部件的温升不得超过35℃,最高温度不超过65℃<br>2.滚动轴承的温升不得超过40℃,最高温度不超过75℃<br>3.填料或机械密封的温度应符合技术文件的规定 | 合格 |
| 4 | 其他主要部位的温度及各系统的压力参数 | 在规定范围内 | 合格 |
| 5 | 振动值 | 不超过规定值 | 合格 |
| 6 | 驱动电机的电压、电流及温升 | 不超过规定值 | 合格 |
| 7 | 机器各部位的紧固情况 | 无松动现象 | 合格 |
| 8 | | | |

综合结论:
☑　合　格
□　不合格

| 监理(建设)单位 | | | 施工单位 | | 调试单位 |
|---|---|---|---|---|---|
| | | | 技术负责人 | 质检员 | |
| ××× | | | ××× | ××× | |

本表由施工单位填写。

# 设备强度/严密性试验记录

| 编　　号 | |
|---|---|

| 工程名称 | |
|---|---|
| 施工单位 | |

| 设备名称 | | 设备位号 | |
|---|---|---|---|
| 试验性质 | □强度试验；　□严密性试验 | 试验日期 | 年　月　日 |
| 环境温度 | ℃　试验介质温度　℃ | 压力表精度 | 级 |

| 试验部位 | 设计压力（MPa） | 设计温度（℃） | 最大工作压力（MPa） | 工作介质 | 试验压力（MPa） | 试验介质 |
|---|---|---|---|---|---|---|
| 壳程 | | | | | | |
| 管程 | | | | | | |

试验要求：

试验情况记录：

试验结论：

□　合　格

□　不合格

| 监理（建设）单位 | | 施工单位 | |
|---|---|---|---|
| | | | |

本表由施工单位填写。

| 起重机试运转试验记录 | | | 编　号 | ×××  |
|---|---|---|---|---|
| 工程名称 | | ××市××路市政工程 | 设备名称 | ××× |
| 施工单位 | | ××建设有限公司 | 规格型号 | ××× |
| 安装位置 | | | 试验时间 | ××年×月×日 |

| | | 主要检查项目 | 主要技术要求 | 检查结果 |
|---|---|---|---|---|
| 试运转前检查 | 1 | 电气系统、安全联锁装置、制动器、控制器、照明和信号系统 | 动作灵敏、准确 | 符合要求 |
| | 2 | 钢丝绳端的固定及其在吊钩、取物装置、滑轮组和卷筒上的缠绕 | 正确、可靠 | |
| | 3 | 各润滑点和减速器所加油、脂的性能、规格和数量 | 符合设备技术文件的规定 | |
| | 4 | 盘动各运动机构的制动轮 | 均使转动系统中最后一根轴旋转一周无阻滞现象 | |
| 空负荷试运转 | 1 | 操纵机构的操作方向 | 与起重机的各机构运转方向相符 | 符合要求 |
| | 2 | 分别开动各机构的电动机 | 运转正常;大车、小车运行时不卡轨;各制动器能准确地动作;各限位开关及安全装置动作应准确、可靠 | |
| | 3 | 卷筒上钢丝绳的缠绕圈数 | 当吊钩在最低位置时,不少于2圈 | |
| | 4 | 电缆的放缆和收缆速度 | 与相应的机构速度相协调,并满足工作极限位置的要求 | |
| | 5 | 夹轨器、制动器、防风抗滑的锚定装置和大车防偏斜装置;起重机的防碰撞装置、缓冲器等装置 | 动作准确、可靠 | |
| | 6 | 试验的最少次数 | 1、2、3、4项不少于5次,且动作准确无误;5项为1~2次,且动作准确无误 | |

| 起重机试运转试验记录 | | | 编　　号 | ×××　　 | |
|---|---|---|---|---|---|
| 静负荷试验 | 1 | 小车在全行程上空载试运行 | 不少于 3 次 | | 符合要求 |
| | 2 | 升至额定负荷,在全行程上往返数次 | 各部分无异常,卸载后桥架无异常 | | |
| | 3 | 小车在最不利位置处,起升额定起重量 1.25 倍的负荷,在离地面 100mm～200mm 处停留≥10min | 无失稳现象;卸载后,桥架金属结构无裂纹、焊缝无开裂、无油漆脱落、无影响安全的其他缺陷 | | |
| | 4 | 第 3 项试验三次后,检查并测量主梁的实际上拱度或悬臂的上翘度 | 无永久变形;通用桥式(门式)起重机上拱度≥0.7S/1000mm;悬臂式起重机上翘度≥0.7L/350mm | | |
| | 5 | 检查起重机的静刚度 | 应符合 GB 50278 的要求 | | |
| 动负荷试验 | | 在额定起重量的 1.1 倍负荷下起动及运行时间:<br>电动起重机不应小于 1h;<br>手动起重机不小于 10min | 各机构的动作灵敏、平稳、可靠,安全保护、联锁装置和限位开关的动作准确、可靠 | | 符合要求 |

有关说明:

综合结论:
☑　合　格
☐　不合格

| 监理(建设)单位 | | 施 工 单 位 | |
|---|---|---|---|
| | | 技术负责人 | 质 检 员 |
| ××× | | ××× | ××× |

本表由施工单位填写。

# 《起重机试运转试验记录》填表说明

**【填写依据】**

起重机包括桥式起重机、电动葫芦等,起重设备安装后,应进行静负荷、动负荷试验,填写《起重机试运转试验记录》。

1.起重机的试运转,应符合国家现行标准《机械设备安装工程施工及验收通用规范》(GB 50231)等的规定。

2.起重机的试运转应包括试运转前的检查、空负荷试运转、静负荷试验和动负荷试验。在上一步骤未合格之前,不得进行下一步骤的试运转。

3.起重机试运转前,应按下列要求进行检查:

(1)电气系统、安全联锁装置、制动器、控制器、照明和信号系统等安装应符合要求,其动作应灵敏和准确。

(2)钢丝绳端的固定及其在吊钩、取物装置、滑轮组和卷筒上的缠绕应正确、可靠。

(3)各润滑点和减速器所加的油脂的性能、规格和数量应符合设备技术文件的规定。

(4)盘动各运动机构的制动轮,均应使转动系统中最后一根轴(车轮轴、卷筒轴、立柱方轴、加料杆等)旋转一周,不应有阻滞现象。

4.起重机的空负荷试运转,应符合下列规定:

(1)操纵机构的操作方向应与起重机的各机构运转方向相符。

(2)分别开动各机构的电动机,其运转应正常,大车、小车运行时不应卡轨,各制动器能准确、及时地动作,各限位开关及安全装置动作应准确、可靠。

(3)当吊钩下放到最低位置时,卷筒上钢丝绳的圈数不应少于2圈(固定圈除外)。

(4)用电缆导电时,放缆和收缆的速度应与相应的机构速度相协调,并应能满足工作极限位置的要求。

(5)夹轨器、制动器、防风抗滑的锚定装置和大车防偏斜装置应动作准确、可靠;起重机的防碰撞装置、缓冲器等装置应可靠工作。

(6)以上各项试验均应不少于5次,且动作应正确无误。

5.起重机的静负荷试验应符合下列规定:

(1)起重机应停在厂房柱子处。

(2)有多个起升机构的起重机,应先对各起升机构分别进行静负荷试验;对有要求的,再做起升机构联合起吊的静负荷试验;其起升重量应符合设备技术文件的规定。

(3)静负荷试验应按下列程序和要求进行:

1)先开动起升机构,进行空负荷升降操作,并使小车在安全行程上往返运行,此项空载试运转不小于3次,应无异常现象。

2)将小车停在桥式类型起重机的跨中或悬臂起重机的最大有效悬臂处,逐渐加负荷做起升试运转,直至加到额定负荷后,使小车在桥架或悬臂全行程上往返运行数次,各部分应无异常现象,卸去负荷后桥架结构应无异常现象。

3)将小车停在桥式类型起重机的跨中或悬臂起重机的最大有效悬臂处,无冲击地起升额定起重量的1.25倍负荷,在离地面高度为100~200mm处,悬挂停留时间≥10min,并应无失稳现象。然后卸去负荷,将小车开到跨端或支腿处,检查起重机桥架金属结构,应无裂纹、焊缝开裂、油漆脱落及其他影响安全的损坏或松动等缺陷。

4)第三项试验不得超过 3 次,第三次应无永久变形。测量主梁的实际上拱度或悬臂的上翘度,其中桥式起重机的上拱度应≥0.7S/1000mm,悬臂起重机的上翘度应≥$0.7L_0$/350mm。

5)检查起重机的静刚度(主梁或悬臂下挠度)。将小车至桥架跨中或悬臂最大有效处,起升额定起重量的负荷地面 200mm,待起重机及负荷静止后,测量出其上拱值或翘值,此值与第四项结果之差即为起重机的静刚度。起重机的静刚度允许值应符合设备技术文件或表 4-88 的规定。

表 4-88　　　　　　　　　　　起重机的静刚度允许值

| 起 重 机 类 型 | | 测量部位 | 允许值/mm |
| --- | --- | --- | --- |
| 通用桥式起重机 | $A_1\sim A_3$ | 主梁跨中 | S/700 |
| | $A_4\sim A_6$ | 主梁跨中 | S/800 |
| | $A_7\sim A_8$ | 主梁跨中 | S/1000 |
| 电动葫芦单、双梁起重机 | | 主梁跨中 | S/800 |
| 电动单梁悬挂起重机 | | 主梁跨中 | S/700 |
| 手动单、双梁起重机 | | 主梁跨中 | S/400 |

注:1. A1~A8 为起重机的工作级别。

　2. 起重机的静刚度应在主梁跨度中部 S/10 的范围内测量。

　3. $L_0$ 为最大有效悬壁的长度(mm),在最大有效悬壁处测量。

　4. S 为起重机跨度(mm)。

6.起重机的动负荷试验应分别进行;当有联合动作试验要求时,应按设备技术文件的规定进行。

各机构的动负荷试验应在全行程上进行,起重量应为额定起重量的 1.1 倍。累计起动及运行时间,电动起重机 1h;手动起重机 10 min。各机构的运作应灵敏、平稳、可靠,安全保护、连锁装置和限位开关动作应准确、可靠。

| 设备负荷联动(系统)试运行记录 | 编　号 | ×××
|---|---|---|

| 工程名称 | ××路5号楼设备安装工程 |
|---|---|
| 施工单位 | ××市政建设有限公司 |
| 试验系统 | 消火栓系统 |
| 试运行时间 | 自　2015年5月12日　9　时起至　2015年5月12日　11　时止 |

**试运行内容：**

　　启动消防泵后,用水枪试射,充实水柱长度为10米。经实测,静压力为0.1MPa。

**试运行情况：**

　　经多次动作试验,工作正常未发现异常情况。

**说明：**

**综合结论：**

　　☑　合　格

　　☐　不合格

| 监理(建设)单位<br>(签字、盖章) | 设计单位<br>(签字、盖章) | 施工单位<br>(签字、盖章) | 单位<br>(签字、盖章) |
|---|---|---|---|
| ××× | ××× | ××× | ××× |

本表由施工单位填写。

| 安全阀调试记录 | | 编　号 | ×××  |
| --- | --- | --- | --- |
| 工程名称 | | ××市××路市政工程 | |
| 施工单位 | | ××设备安装工程公司 | |
| 安全阀安装地点 | | ××× | |
| 安全阀规格型号 | | A27W—10—15 | |
| 工作介质 | 水 | 设计开启压力 | 0.8MPa |
| 试验介质 | 水 | 试验开启压力 | 0.82MPa |
| 试验次数 | 3 次 | 试验回座压力 | 0.8MPa |

调试情况及结论：

　　经调试当压力达到 0.80MPa 时，安全阀能够自动启闭，动作灵敏，符合要求。

| 审核人 | 试验员 | 调试单位(章) |
| --- | --- | --- |
| ××× | ××× | ××× |
| 调试日期 | | ××年×月×日 |

本表由施工单位填写。

## 《安全阀调试记录》填表说明

本表参照《锅炉安装工程施工及验收规范》(GB 50273)标准填写。

【填写依据】

1. 下列管道的阀门,应逐个进行壳体压力试验和密封试验。不合格者,不得使用。

(1)输送剧毒流体、有毒流体、可燃流体管道的阀门。

(2)输送设计压力大于 1MPa 或设计压力小于等于 1MPa 且设计温度小于−29℃或大于 186℃的非可燃流体、无毒流体管道的阀门。

2. 输送设计压力小于等于 1MPa 且设计温度为−29℃～186℃的非可燃流体、无毒流体管道的阀门,应从每批中抽查 10%,且不得少于 1 个,进行壳体压力试验和密封试验。当不合格时,应加倍抽查,仍不合格时,该批阀门不得使用。

3. 阀门的壳体试验压力不得小于公称压力的 1.5 倍,试验时间不得少于 5min,以壳体填料无渗漏为合格;密封试验宜以公称压力进行,以阀瓣密封面不漏为合格。

4. 试验合格的阀门,应及时排尽内部积水,并吹干。除需要脱脂的阀门外,密封面上应涂防锈油,关闭阀门,封闭出入口,做出明显的标记。

5. 公称压力小于 1MPa,且公称直径大于或等于 600mm 的闸阀,可不单独进行壳体压力试验和闸板密封试验。壳体压力试验宜在系统试压时按管道系统的试验压力进行试验,闸板密封试验可采用色印等方法进行检验,接合面上的色印应连续。

6. 安全阀应按设计文件规定的开启压力进行试调。调压时压力应稳定,每个安全阀启闭试验不得少于 3 次。

7. 带有蒸汽夹套的阀门,夹套部分应以 1.5 倍的蒸汽工作压力进行压力试验。

| 水池满水试验记录 | | 编　　号 | ××× |
|---|---|---|---|
| 工程名称 | | ××厂污水处理工程 | |
| 施工单位 | | ××市政建设有限公司 | |
| 水池名称 | 充水池 | 注水日期 | 2015 年 6 月 17 日 |
| 水池结构 | 砖砌体结构 | 允许渗水量($L/m^2 d$) | 3 |
| 水池平面尺寸($m×m$) | 3.5×2 | 水面面积 $A_1$($m^2$) | 7 |
| 水深($m$) | 1.5 | 湿润面积 $A_2$($m^2$) | 23.5 |
| 测读记录 | 初　读　数 | 末　读　数 | 两次读数差 |
| 测读时间<br>（年 月 日 时 分） | 2015 年 6 月 17 日<br>8 时 00 分 | 2015 年 6 月 18 日<br>18 时 00 分 | 24 时 |
| 水池水位 $E$($m$) | 1.5 | 1.47 | 0.03 |
| 蒸发水箱水位 $e$($m$) | 150 | 145 | 5 |
| 大气温度(℃) | 23 | 30 | 7 |
| 水　温(℃) | 8 | 13 | 5 |

| 实际渗水量 | $m^3/d$ | $L/m^2 d$ | 占允许量的百分率% |
|---|---|---|---|
| | 0.0074 | 0.31 | 10.3 |

| 监理(建设)单位 | | 施工单位 | | |
|---|---|---|---|---|
| | | 技术负责人 | 质检员 | 测量人 |
| ××× | | ××× | ××× | ××× |

本表由施工单位填写。

# 《水池满水试验记录》填表说明

本表参照《给水排水构筑物工程施工及验收规范》(GB 50141)标准填写。

**【填写依据】**

城镇和工业给水排水构筑必须按设计要求和施工图纸施工。水池和处理构筑物应按设计要求进行满水和气密性试验。如果设计未注明要求应按《给水排水构筑物工程施工及验收规范》进行试验。

1.水池施工完毕必须进行满水试验。满水试验中应进行外观检查,不得有漏水现象。水池渗水量按池壁和池底的浸湿总面积计算,钢筋混凝土水池不得超过 $2L/m^2 \cdot d$;砖石砌体水池不得超过 $3L/m^2 \cdot d$;试验方法应符合规范的规定。

(1)水池满水试验应在混凝土或砖石砌体砂浆已达到设计强度,防水层、防腐层和回填土施工之前进行。

(2)水池满水试验过程中,需要了解水池沉降量时,应进行水池满水沉降量的观测,观测结果应符合水池设计沉降量的要求。

2.水池的渗水量按下式计算:

$$q = \frac{A_1}{A_2}\big[(E_1 - E_2) - (e_1 - e_2)\big]$$

式中　$q$——渗水量,$L/m^2 \cdot d$;

　　　$A_1$——水池的水面面积,$m^2$;

　　　$A_2$——水池的浸湿总面积,$m^2$;

　　　$E_1$——水池中水位测针的初读数,即初读数,mm;

　　　$E_2$——测读后 24h 水池中水位测针末的读数,即未读数,mm;

　　　$e_1$——蒸发水箱中水位测针的初读数,mm;

　　　$e_2$——测读后 24h 蒸发水箱中水位测针的末读数,mm。

| 消化池气密性试验记录 | | 编　号 | ×××  |
| --- | --- | --- | --- |
| | | | |

| 工程名称 | ×××焦化厂水处理工程 | | |
| --- | --- | --- | --- |
| 施工单位 | ×××市政建设有限公司 | | |
| 池　号 | 3# | 试验日期 | 2015 年 7 月 5 日 |
| 气室顶面直径(m) | 4.5 | 顶面面积(m²) | 15.9 |
| 气室底面直径(m) | 9.58 | 底面面积(m²) | 72.08 |
| 气室高度(m) | 2.14 | 气室体积(m²) | 86.92 |
| 测读记录 | 初读数 | 末读数 | 两次读数差 |
| 测读时间<br>年　月　日　时　分 | 2015 年 7 月 5 日<br>8:50 | 2015 年 7 月 6 日 8:50 | 24h |
| 池内气压　(Pa) | 102200 | 95100 | 7100 |
| 大气压力　(Pa) | 92500 | 92400 | 100 |
| 池内气温 t(℃) | 28 | 27 | 1 |
| 池内水位　E(mm) | 0 | -200 | -200 |
| 压力降　(Pa) | 7100 | | |
| 压力降占试验压力　(%) | 6.95% | | |

备　注：
　依据《给水排水构筑物工程施工及验收规范》(GB 50141—2008)第 9.3.5 条判定:压力降占试验压力 6.95%,小于 20%,该水池气密性试验合格

| 监理(建设)单位 | | 施工单位 | | |
| --- | --- | --- | --- | --- |
| | | 技术负责人 | 质检员 | 测量人 |
| ××× | | ××× | ××× | ××× |

本表由施工单位填写。

# 《消化池气密性试验记录》填表说明

本表参照《给水排水构筑物工程施工及验收规范》(GB 50141)标准填写。

**【填写依据】**

城镇和工业给水排水构筑物必须按设计要求和施工图纸施工。水池和处理构筑物应按设计要求进行满水和气密性试验。如果设计未注明要求应按《给水排水构筑物工程施工及验收规范》进行试验。

1.水池施工完毕必须进行满水试验。满水试验中应进行外观检查,不得有漏水现象。水池渗水量按池壁和池底的浸湿总面积计算,钢筋混凝土水池不得超过 $2L/m^2 \cdot d$;砖石砌体水池不得超过 $3L/m^2 \cdot d$。试验方法应符合规范的规定。

(1)水池满水试验应在混凝土或砖石砌体砂浆已达到设计强度,防水层、防腐层和回填土施工之前进行。

(2)水池满水试验过程中,需要了解水池沉降量时,应进行水池满水沉降量的观测,观测结果应符合水池设计沉降量的要求。

2.处理构筑物消化池满水试验合格后,必须进行气密性试验。气密性试验压力宜为消化池工作压力的 1.5 倍;24h 的气压降不应超过试验压力的 20%。气密性试验方法应符合规范的规定。

| 曝气均匀性试验记录 | | 编　号 | |
|---|---|---|---|
| 工程名称 | | | |
| 施工单位 | | | |
| 曝气设备名称 | | 曝气设备规格 | |
| 试验时间 | 年　月　日 | | |
| 试验过程 | 清水面在出气口以上50mm处 | | |
| | 清水面在出气口以上1000mm处 | | |
| 结论 | | | |

| 监理(建设)单位 | 施工单位 | | |
|---|---|---|---|
| | 技术负责人 | 质检员 | |
| | | | |

本表由施工单位填写。

| 防水工程试水记录 | | 编　号 | ×× × |
|---|---|---|---|
| 工程名称 | | ××隧道工程 | |
| 施工单位 | | ××市政建设集团有限公司 | |
| 专业施工单位 | | ××市政防水有限公司 | |
| 检查部位 | ⑤～⑨轴 | 检查日期 | ××年×月×日 |
| 试水方式 | □蓄水　☑淋水<br>□　　　□ | 检查时间 | 从××年×月×日×时　起<br>至××年×月×日×时　止 |

检查结果:

　　经检查,⑤～⑨轴隧道采用隧道最低处积水量测,淋水时间 24h,检查结果合格。

复查结果:

复查人　　　　　　　　　　　　　　　　复查日期:　年　月　日

其他说明:

| 监理(建设)单位 | 施工单位 | 专业施工单位 | | |
|---|---|---|---|---|
| | | 技术负责人 | 质　检　员 | 施工员 |
| ××× | ××× | ××× | ××× | ××× |

本表由施工单位填写。

# 《防水工程试水记录》填表说明

**【填写依据】**

1.为保证地下防水工程施工质量,强化地下防水工程的质量验收,《地下防水工程质量验收规范》(GB 50208—2011)中第8.0.8条及附录C增加了关于地下结构验收的渗漏水检查的规定,检查内容包括裂缝、渗漏部位、大小、渗漏情况、处理意见等。地下防水效果检查已列入单位工程重要的安全、功能检查项目,必须引起高度重视。

2.检查地下防水工程渗漏水量,应符合地下工程防水等级标准的规定,见表4—89。

表4—89                                 地下工程防水等级标准

| 防水等级 | 标 准 |
|---|---|
| 1级 | 不允许渗水,结构表面无湿渍 |
| 2级 | 不允许漏水,结构表面可有少量湿渍;<br>工业与民用建筑:湿渍总面积不大于总防水面积的1‰,单个湿渍面积不大于0.1m²,任意100m²防水面积不超过1处;<br>其他地下工程:湿渍总面积不大于总防水面积的6‰,单个湿渍面积不大于0.2m²,任意100m²防水面积不超过4处 |
| 3级 | 有少量漏水点,不得有线流和漏泥砂<br>单个湿渍面积不大于0.3m²,单个漏水点的漏水量不大于2.5L/d,任意100m²防水面积不超过7处 |
| 4级 | 有漏水点,不得有线流和漏泥砂<br>整个工程平均漏水量不大于2L/m²·d,任意100m²防水面积的平均漏水量不大于4L/m²·d |

3.渗漏水调查

(1)地下防水工程质量验收时,施工单位必须提供地下工程"背水内表面的结构工程展开图"。

(2)房屋建筑地下室只调查围护结构内墙和底板。

(3)全埋设于地下的结构(地下商场、地铁车站、军事地下库等),除调查围护结构内墙和底板外,背水的顶板(拱顶)系重点调查目标。

(4)钢筋混凝土衬砌的隧道以及钢筋混凝土管片衬砌的隧道渗漏水调查的重点为上半环。

(5)施工单位必须在"背水内表面的结构工程展开图"上详细标示:

1)在工程自检时发现的裂缝,并标明位置、宽度、长度和渗漏水现象;

2)经修补、堵漏的渗漏水部位;

3)防水等级标准容许的渗漏水现象位置。

(6)地下防水工程验收时,经检查、核对标示好的"背水内表面的结构工程展开图"必须纳入竣工验收资料。

4.渗漏水现象描述使用的术语、定义和标识符号,可按表4—90选用。

5.当被验收的地下工程有结露现象时,不宜进行渗漏水检测。

6.房屋建筑地下室渗漏水现象检测。

(1)地下工程防水等级对"湿渍面积"与"总防水面积"(包括顶板、墙面、地面)的比例作了规定。按防水等级 2 级设防的房屋建筑地下室,单个湿渍的最大面积不大于 $0.1m^2$,任意 $100m^2$ 防水面积上的湿渍不超过 1 处。

表 4—90　　　　　　　渗漏水现象描述使用的术语、定义和标识符号

| 术语 | 定　义 | 标识符号 |
|---|---|---|
| 湿渍 | 地下混凝土结构背水面,呈现明显色泽变化的潮湿斑 | ♯ |
| 渗水 | 水从地下混凝土结构衬砌内表面渗出,在背水的墙壁上可观察到明显的流挂水膜范围 | ○ |
| 水珠 | 悬垂在地下混凝土结构衬砌背水顶板(拱顶)的水珠,其滴落间隔时间超过 1min,称为水珠现象 | ◇ |
| 滴漏 | 地下混凝土结构衬砌背水顶板(拱顶)渗漏水的滴落速度,每 min 至少 1 滴,称为滴漏现象 | ▽ |
| 线漏 | 指渗漏成线或喷水状态 | ↓ |

(2)湿渍的现象:湿渍主要是由混凝土密实度差异造成毛细现象或由混凝土容许裂缝(宽度小于 0.2mm)产生,在混凝土表面肉眼可见的"明显色泽变化的潮湿斑"。一般在人工通风条件下可消失,即蒸发量大于渗入量的状态。

(3)湿渍的检测方法:检查人员用干手触摸湿斑,无水分浸润感觉。用吸墨纸或报纸贴附,纸不变颜色。检查时,要用粉笔勾划出湿渍范围,然后用钢尺测量高度和宽度,计算面积,标示在"展开图"上。

(4)渗水的现象:渗水是由于混凝土密实度差异或混凝土有害裂缝(宽度大于 0.2mm)而产生的地下水连续渗入混凝土结构,在背水的混凝土墙壁表面肉眼可观察到明显的流挂水膜范围,在加强人工通风的条件下也不会消失,即渗入量大于蒸发量的状态。

(5)渗水的检测方法:检查人员用干手触摸可感觉到水分浸润,手上会沾有水分。用吸墨纸或报纸贴附,纸会浸润变颜色。检查时,要用粉笔勾划出渗水范围,然后用钢尺测量高度和宽度,计算面积,标示在"展开图"上。

(6)对房屋建筑地下室检测出来的"渗水点",一般情况下应准予修补堵漏,然后重新验收。

(7)对防水混凝土结构的细部构造渗漏水检测,也应按本条内容执行。若发现严重渗水必须分析、查明原因,应准予修补堵漏,然后重新验收。

7.钢筋混凝土隧道衬砌内表面渗漏水现象检测

(1)隧道防水工程,若要求对湿渍和渗水作检测时,应按房屋建筑地下室渗漏水现象检测方法操作。

(2)隧道上半部的明显滴漏和连续渗流,可直接用有刻度的容器收集量测,计算单位时间的渗漏量(如 L/min,或 L/h 等)。还可用带有密封缘口的规定尺寸方框,安装在要求测量的隧道内表面,将渗漏水导入量测容器内。同时,将每个渗漏点位置、单位时间渗漏水量,标示在"隧道渗漏水平面展开图"上。

(3)若检测器具或登高有困难时,允许通过目测计取每分钟或数分钟内的滴落数目,计算出该点的渗漏量。经验告诉我们,当每分钟滴落速度 3~4 滴的漏水点,24h 的渗水量就是 1L。如果滴落速度每分钟大于 300 滴,则形成连续细流。

(4)为使不同施工方法、不同长度和断面尺寸隧道的渗漏水状况能够相互加以比较,必须确定一个具有代表性的标准单位。国际上通用 $L/m^2\cdot d$,即渗漏水量的定义为隧道的内表面,每平

方米在一昼夜(24h)时间内的渗漏水立升值。

(5)隧道内表面积的计算应按下列方法求得：

1)竣工的区间隧道验收(未实施机电设备安装)。

通过计算求出横断面的内径周长,再乘以隧道长度,得出内表面积数值,对盾构法隧道不计取管片嵌缝槽、螺栓孔盒子凹进部位等实际面积；

2)即将投入运营的城市隧道系统验收(完成了机电设备安装)。

通过计算求出横断面的内径周长,再乘以隧道长度,得出内表面积数值,不计取凹槽、道床、排水沟等实际面积。

8.隧道总渗漏水量的量测

隧道总渗漏水量可采用以下 4 种方法,然后通过计算换算成规定单位：$L/m^2 \cdot d$。

(1)集水井积水量测。

量测在设定时间内的水位上升数值,通过计算得出渗漏水量。

(2)隧道最低处积水量测。

量测在设定时间内的水位上升数值,通过计算得出渗漏水量。

(3)有流动水的隧道内设量水堰。

靠量水堰上开设的 V 形槽口量测水流量,然后计算得出渗漏水量。

(4)通过专用排水泵的运转计算隧道专用排水泵的工作时间,计算排水量,换算成渗漏水量。

【填写要点】

1."检查方法及内容"栏：按《地下防水工程质量验收规范》(GB 50208—2011)中第 8.0.8 条及附录 C 和施工技术方案填写。

2."检查结果"栏：检查无湿渍及渗水现象,防水工程质量验收合格,可填写"符合设计要求及《地下防水工程质量验收规范》(GB 50208—2011)的规定。"

| 电气绝缘电阻测试记录 | | | | | 编　号 | | ××× | | |
|---|---|---|---|---|---|---|---|---|---|
| 工程名称 | | ××市××路6号泵房机房 | | | | 部位名称 | ××市政建设有限公司 | | |
| 施工单位 | | ××市政建设有限公司 | | | | | | | |
| 仪表型号 | | ZC25-3 | 仪表电压 | 500V | | 计量单位 | MΩ | | |
| 测试日期 | | 2015年5月18日 | | 天气情况 | | 晴 | 气温 | 17℃ | |

| 电缆（线）编号（电气设备名称） | 规格型号 | 相　间 | | | 相对零 | | | 相对地 | | | 零对地 |
|---|---|---|---|---|---|---|---|---|---|---|---|
| | | $L_1-L_2$ | $L_2-L_3$ | $L_3-L_1$ | $L_1-N$ | $L_2-N$ | $L_3-N$ | $L_1-PE$ | $L_2-PE$ | $L_3-PE$ | $N-PE$ |
| K×3-0 | | 165 | 185 | 205 | 135 | 135 | 125 | 165 | 125 | 145 | 120 |
| K×4-0 | | 145 | 165 | 185 | 175 | 165 | 145 | 125 | 155 | 135 | 138 |
| TK 1-03 | | 195 | 205 | 175 | 135 | 125 | 145 | 125 | 165 | 155 | 135 |
| K×5-0 | | 160 | 175 | 195 | 200 | 135 | 185 | 175 | 125 | 165 | 145 |
| K×6-0 | | 165 | 175 | 175 | 135 | 125 | 165 | 175 | 145 | 125 | 135 |
| TK 2-0 | | 185 | 195 | 175 | 145 | 165 | 125 | 185 | 195 | 170 | 180 |
| TK 3-0 | | 175 | 170 | 160 | 185 | 175 | 135 | 125 | 165 | 185 | 170 |

| 测试结论 | 合格√ <br><br><br><br> 不合格 |
|---|---|

| 监理（建设）单位 | 施工单位 | | |
|---|---|---|---|
| | 技术负责人 | 质检员 | 测量人 |
| ××× | ××× | ××× | ××× |

本表由施工单位填写。

# 《电气绝缘电阻测试记录》填表说明

【填写依据】

1.绝缘电阻测试是保证电气设备及线路安全运行的重要步骤。电气绝缘电阻测试的范围主要包括电气设备和动力、照明线路及其他必须摇测绝缘电阻的内容。

2.电气绝缘电阻测试应符合下列要求：

(1)电气绝缘电阻测试一般由专业工长组织质检员、施工班(组)长等进行。施工单位自检合格后，填写电气绝缘电阻测试记录，申报建设(监理)单位复查。专业工长应认真做好记录，向有关单位办理签认手续。

(2)电气设备绝缘电阻的测试，根据《电气装置安装工程电气设备交接试验标准》(GB 50150—2006)的要求，不同设备有不同的绝缘电阻测试规定，且采用兆欧表的电压等级也有相应的规定。如：500V以下至100V的电气设备和线路，采用500V兆欧表；100V以下采用250V兆欧表；500～3000V的采用1000V兆欧表；3000～10000V的采用2500V兆欧表。

(3)电气配线系统绝缘电阻测试，需测试两次。第一次测试记录是在配线工程穿线、焊接包头后，第二次测试是在电气设备安装完毕后，通电调试前再进行一次全面测试。即配管及管内穿线分项质量验收前和单位工程质量竣工验收前，应分别按系统回路进行测试，不得遗漏。

注：测量该电线绝缘电阻时，应将断路器、用电设备、电气仪表等断开。

3.电气设备线路的绝缘电阻测试应按系统、层段、回路进行，不得遗漏。

【填写要点】

1.工程名称：填写测试所在的单位和分部、分项工程名称。

2.工作电压：指电气设备和动力照明的电源电压。

3.仪表型号：指测试采用兆欧表的型号。测试仪表必须在检定有效期内。

4.计量单位：根据受测设备或回路正确确定计量单位。

5.气象及气温：填写测试当日的气候情况。

6.试验内容：按层段、路别、名称及编号，如实记录相间、相对零、相对地、零对地等绝缘电阻测试值。

7.结论栏：根据记录情况同规范《电气装置安装工程电气设备交接试验标准》(GB 50150—2006)的规定对比作出正确结论。

8.会签栏：参加检查的单位及人员签章手续齐全。

| 电气照明全负荷试运行记录 | | 编　号 | ××× |
|---|---|---|---|

| 工程名称 | ××路水源厂电气工程 |
|---|---|
| 部位名称 | 厂房照明 |
| 施工单位 | ××市政建设有限公司 |
| 试运行时间 | 自 2015 年 5 月 1 日 10 时 20 分,开始至 2015 年 5 月 1 日 17 时 20 分结束 |
| 填写日期 | 2015 年 5 月 1 日 |

| 序号 | 回路名称 | 设计容量(kW) | 记录时间 | 试运行电压(V) | | | 运行电流(A) | | |
|---|---|---|---|---|---|---|---|---|---|
| | | | | $L_1-N$ ($L_1-L_2$) | $L_2-N$ ($L_2-L_3$) | $L_3-N$ ($L_3-L_1$) | $L_1$ 相 | $L_2$ 相 | $L_3$ 相 |
| 1 | 1AL1－1 | 10 | 7h | 220 | 221 | 222 | 40 | 41 | 42 |
| 2 | 1AL1－2 | 9 | 7h | 221 | 220 | 220 | 40.2 | 40.3 | 40 |
| 3 | 1AL1－1 | 8 | 7h | 221 | 221 | 220 | 36 | 35 | 36 |

试运行情况记录及运行结论:

　　从 10 时开始,到 17 时结束。先第一个回路试运行,接着第二个回路试运行。

运行期间无短路、跳现象,一切正常。

　　运行结果:合格

| 监理(建设)单位 | 施工单位 | | |
|---|---|---|---|
| | 项目技术负责人 | 质检员 | 测试人 |
| ××× | ××× | ××× | ××× |

本表由施工单位填写。

| 电机试运行记录 | | | 编 号 | | ×××  |
|---|---|---|---|---|---|

| 工程名称 | ××水源厂电气工程 | | 部位名称 | |
|---|---|---|---|---|
| 施工单位 | ××市政电力设备安装公司 | | | |
| 设备名称 | 污水净化泵 | 安装位置 | 污水净化车间 | |
| 施工图号 | 电施05 | 电机型号 J022—4 | 设备位号 | 25 |
| 电机额定数据 | 7.0kW    15A | | 环境温度 | 20℃ |
| 试运行时间 | 自 2015 年 4 月 3 日 12 时 20 分开始至 2015 年 4 月 3 日 19 时 20 分 结束 | | | |

| 序号 | 试 验 项 目 | 试 验 状 态 | 试 验 结 果 | 备 注 |
|---|---|---|---|---|
| 1 | 电源电压 | ☐空载 ☑负载 | 38V | |
| 2 | 电机电流 | ☐空载 ☑负载 | 22A | |
| 3 | 电机转速 | ☐空载 ☑负载 | 2550r/min | |
| 4 | 定子绕组温度 | ☐空载 ☑负载 | 60℃ | |
| 5 | 外壳温度 | ☐空载 ☑负载 | 60℃ | |
| 6 | 轴承温度 | ☑前 ☐后 | 45℃ | |
| 7 | 起动时间 | | 3s | |
| 8 | 振动值(双倍振幅值) | | 0.2mm | |
| 9 | 噪声 | | 25dB | |
| 10 | 碳刷与换向器或滑环 | 工作状态 | 正常 | |
| 11 | 冷却系统 | 工作状态 | 正常 | |
| 12 | 润滑系统 | 工作状态 | 正常 | |
| 13 | 控制柜继电保护 | 工作状态 | 正常 | |
| 14 | 控制柜控制系统 | 工作状态 | 正常 | |
| 15 | 控制柜调速系统 | 工作状态 | 正常 | |
| 16 | 控制柜测量仪表 | 工作状态 | 正常 | |
| 17 | 控制柜信号指示 | 工作状态 | 正常 | |
| | | | | |
| 试验结论 | | 合格 | | |

| 监理(建设)单位 | 施工单位 | | |
|---|---|---|---|
| | 项目技术负责人 | 质检员 | 测试人 |
| ××× | ××× | ××× | ××× |

本表由施工单位填写。

# 《电机试运行记录》填表说明

**【填写依据】**

1.电机试运行前的检查应符合下列要求：

(1)建筑工程全部结束,现场清扫整理完毕;

(2)电机本体安装检查结束,启动前应进行的试验项目已按现行国家标准《电气装置安装工程电气设备交接试验标准》(GB 50150－2006)试验合格;

(3)冷却、调速、润滑、水、氢、密封油等附属系统安装完毕,验收合格,水质\油质或氢气质量符合要求,分部试运行情况良好;

(4)发电机出口母线应设有防止漏水、油、金属及其他物体掉落等设施;

(5)电机的保护\控制\测量、信号\励磁等回路的调试完毕,动作正常;

(6)测定电机定子绕组\转子绕组及励磁回路的绝缘电阻,应符合现行国家标准《电气装置安装工程电气设备交接试验标准》(GB 50150－2006)的有关规定;有绝缘的轴承座的绝缘板\轴承座及台板的接触面应清洁干燥,使用 1000V 兆欧表测量,绝缘电阻值不得小于 0.5MΩ;

(7)电刷与换向器或集电环的接触应良好;

(8)盘动电机转子时应转动灵活,无碰卡现象;

(9)电机引出线应相序正确,固定牢固,连接紧密;

(10)电机外壳油漆应完整,接地良好;

(11)照明\通讯\消防装置应齐全。

2.电动机宜在空载情况下做第一次启动,空载运行时间宜为 2h,并记录电机的空载电流。

3.电机试运行中的检查应符合下列要求:

(1)电机的旋转方向符合要求,无异声;

(2)换向器\集电环及电刷的工作情况正常;

(3)检查电机各部温度,不应超过产品技术条件的规定;

(4)滑动轴承温度不应超过 80℃,滚动轴承温度不应超过 95℃;

(5)电机振动的双倍振幅值不应大于表 4－91 的规定。

表 4－91　　　　　　　　　　　电机振动的双倍振幅值

| 同步转速(r/min) | 3000 | 1500 | 1000 | 750 及以下 |
|---|---|---|---|---|
| 双倍振幅值(mm) | 0.05 | 0.085 | 0.10 | 0.12 |

| 电气接地装置隐检/测试记录 | | | | 编　号 | |
|---|---|---|---|---|---|
| 工程名称 | | | | 部位名称 | |
| 施工单位 | | | | | |
| 接地类别 | | | 组数 | 设计要求 | ≤　Ω |

接地装置平面示意图(比例要适当,并注明主要尺寸)

接 地 装 置 敷 设 检 查 测 试 记 录

| 接地装置规格 | 接地体 | 水平 | mm | 打进深度 | m |
|---|---|---|---|---|---|
| | | 垂直 | mm | 埋设深度 | m |
| | 接地干线 | | mm | 搭接焊长度 | mm |
| 接地电阻 | 隐蔽前 | | Ω(最大阻值) | 土质情况 | |
| | 隐蔽后 | | Ω(最大阻值) | 焊接部位及接地体引出线防腐处理 | |
| 隐蔽日期 | | 年　月　日 | | 测试日期 | 年　月　日 |
| 测试结论 | | | | | |

| 监理(建设)单位 | 施 工 单 位 | | |
|---|---|---|---|
| | 技术负责人 | 质检员 | 测试人 |
| | | | |

本表由施工单位填写。

## 《电气接地装置隐检/测试记录》填表说明

【填写依据】

1.电气接地装置平面示意图与隐蔽验收记录应由建设(监理)单位及施工单位共同进行检查。

2.绘制示意图时应将建筑物的轴线及各测试点的位置及电阻值标出。

3.本表与电气接地电阻测试记录日期相一致。

4.接地电阻填写最大电阻值。

5.接地类型:防雷接地、计算机接地、工作接地、保护接地、防静电接地、逻辑接地、重复接地、综合接地、医疗设备接地等。

| 变压器试运行检查记录 | | 编　号 | |
|---|---|---|---|
| 工程名称 | | | |
| 施工单位 | | | |
| 施工图号 | | 生产厂 | |
| 设备型号 | | 额定数据 | |
| 接线组别 | | 出厂编号 | 环境温度　　　　℃ |
| 试运行时间 | 自　年月日　时　分开始至　　年月日　时　分结束 | | |

| 序号 | 检 查 项 目 | 测试结果 | 结　　论 |
|---|---|---|---|
| 1 | 电源电压 | | |
| 2 | 二次空载电压 | | |
| 3 | 分接头位置 | | |
| 4 | 噪声 | | |
| 5 | 二次电流 | | |
| 6 | 瓷套管有无放电闪络 | | |
| 7 | 引线接头、电缆、母线有无过热 | | |
| 8 | 5次空载全压冲击合闸情况 | | |
| 9 | 风冷变压器风扇工作状态是否符合制造厂规定 | | |
| 10 | 上层油温 | | |
| 11 | 并联运行的变压器核相试验 | | |
| 12 | 检查变压器各部位应无渗油 | | |
| 13 | 测温装置指示是否正常 | | |
| | | | |

| 监理(建设)单位 | 施 工 单 位 | | |
|---|---|---|---|
| | 技术负责人 | 质 检 员 | 测 试 人 |
| | | | |

本表由施工单位填写。

# 《变压器试运行检查记录》填表说明

**【填写依据】**

电力变压器的试验项目,应包括下列内容:

1. 绝缘油试验或 $SF_6$ 气体试验;

2. 测量绕组连同套管的直流电阻;

3. 检查所有分接头的电压比;

4. 检查变压器的三相接线组别和单相变压器引出线的极性;

5. 测量与铁芯绝缘的各紧固件(连接片可拆开者)及铁芯(有外引接地线的)绝缘电阻;

6. 非纯瓷套管的试验;

7. 有载调压切换装置的检查和试验;

8. 测量绕组连同套管的绝缘电阻、吸收比或极化指数;

9. 测量绕组连同套管的介质损耗角正切值 $\tan\theta$;

10. 测量绕组连同套管的直流泄漏电流;

11. 变压器绕组变形试验;

12. 绕组连同套管的交流耐压试验;

13. 绕组连同套管的长时感应电压试验带局部放电试验;

14. 额定电压下的冲击合闸试验;

15. 检查相位;

16. 测量噪音。

4.6.2.6　电气工程施工试验记录

| 电气绝缘电阻测试记录 | | 编　号 | ××× | | | | | | | | |
|---|---|---|---|---|---|---|---|---|---|---|---|
| 工程名称 | ××市××泵站工程 | | | 部位名称 | | | 机房 | | | | |
| 施工单位 | ××机电安装工程有限公司 | | | | | | | | | | |
| 仪表型号 | 2C—7 | 仪表电压 | | 500V | | 计量单位 | | | MΩ | | |
| 测试日期 | ××年3月15日 | | | 天气情况 | | 晴 | | | 气温 | | 14℃ |
| 电缆(线)编号<br>(电气设备名称) | 规格型号 | 相　间 | | | 相对零 | | | 相对地 | | | 零对地 |
| | | $L_1-L_2$ | $L_2-L_3$ | $L_3-L_1$ | $L_1-N$ | $L_2-N$ | $L_3-N$ | $L_1-PE$ | $L_2-PE$ | $L_3-PE$ | $N-PE$ |
| KX3—0 | | 165 | 185 | 205 | 135 | 135 | 125 | 163 | 125 | 145 | 120 |
| KX4—0 | | 145 | 165 | 185 | 175 | 165 | 145 | 125 | 155 | 135 | 135 |
| TX1—3 | | 195 | 205 | 175 | 135 | 125 | 145 | 125 | 165 | 155 | 135 |
| KX5—0 | | 160 | 175 | 195 | 200 | 135 | 185 | 175 | 125 | 165 | 145 |
| KX6—0 | | 165 | 175 | 175 | 135 | 125 | 165 | 175 | 145 | 125 | 135 |
| TK2—0 | | 185 | 195 | 175 | 145 | 165 | 125 | 185 | 195 | 170 | 180 |
| TK3—0 | | 175 | 170 | 160 | 185 | 175 | 135 | 125 | 165 | 185 | 170 |
| | | | | | | | | | | | |
| | | | | | | | | | | | |
| | | | | | | | | | | | |
| | | | | | | | | | | | |
| | | | | | | | | | | | |
| | | | | | | | | | | | |
| | | | | | | | | | | | |
| | | | | | | | | | | | |
| | | | | | | | | | | | |
| 测试结论 | ☑ 合　格<br>□ 不合格 | | | | | | | | | | |
| 监理(建设)单位 | 施　工　单　位 | | | | | | | | | | |
| | 技术负责人 | | | 质检员 | | | 测量人 | | | | |
| ××× | ×× | | | ××× | | | ××× | | | | |

本表由施工单位填写,城建档案馆、建设单位、施工单位保存。

# 第 5 章　施工质量检验与验收资料

# 5.1　市政基础设施工程施工质量验收资料内容与要求

1. 检验批质量验收记录：检验批施工完成、施工单位自检合格后，由施工单位填写《检验批质量验收记录表》报监理单位，监理工程师（建设单位项目技术负责人）按规定进行验收、签字。

2. 分项工程质量验收记录：分项工程施工完成、施工单位自检合格后，由施工单位填写《分项工程质量验收记录表》，报监理单位，监理工程师（建设单位项目技术负责人）按规定进行验收、签字。

3. 分部（子分部）工程质量验收记录：在分部（子分部）工程或配套专业系统工程完成后，监理（建设）单位组织设计单位、施工单位、勘察单位、分包等单位进行工程验收，填写《分部（子分部）工程质量验收记录》，各参加验收单位签字。设备安装验收亦采用本表。

涉及地基基础工程分部时，勘察单位项目负责人应参加验收并签字。

# 5.2　市政基础设施工程施工质量验收资料填写范例

## 5.2.1　城镇道路工程施工质量检验与验收资料填写范例

### 5.2.1.1　单位工程质量检验记录

| 单位工程质量检验记录 | | 编　号 | ××× |
|---|---|---|---|
| | | | ××× |
| 单位工程名称 | | ××市××道路工程 | |
| 施工单位 | | ××市政建设集团有限公司 | |
| 序号 | 外观检查 | 质量情况 | |
| 1 | 路面平整坚实,无沉降破损 | 合格 | |
| 2 | 道牙直顺美观 | 合格 | |
| 3 | 方砖步道,平整、美观 | 合格 | |
| 4 | | | |
| 5 | | | |
| 序号 | 分部(子分部)工程名称 | 合格率(%) | 质量情况 |
| 1 | 路基 | 97.3 | 合格 |
| 2 | 基层 | 96.2 | 合格 |
| 3 | 路面 | 95.8 | 合格 |
| 4 | 附属构筑物 | 98.0 | 合格 |
| 5 | | | |
| 平均合格率(%) | | 96.8 | |
| 检验意见 | 该单位工程各分部、分项工程质量控制资料齐全,外观检查及量测、复测符合质量检验标准规定。 | 检验结果 | 合格√　不合格 |
| 项目经理 | 技术负责人 | 施工员 | 质检员 |
| ××× | ××× | ××× | ××× |
| 日　期 | 2015 年 10 月 9 日 | | |

5.2.1.2　分部工程质量检验记录

| 分部工程质量检验记录 | | | 编　号 | ×××  ××× |
|---|---|---|---|---|
| 单位工程名称 | ××市××道路工程 | | 分部工程名称 | 路基 |
| 施工单位 | ××市政建设集团有限公司 | | | |
| 序号 | 分项工程名称 | 主控项目 | 合格率(%) | 质量情况 |
| 1 | 路基土方 | 压实度 | 100 | 合格 |
| 2 | 路床 | 压实度、中线高程、弯沉值 | 100 | 合格 |
| 3 | 路肩 | 压实度 | 100 | 合格 |
| 4 | 预制混凝土边沟 | 混凝土边沟抗压强度 | 100 | 合格 |
| 5 | | | | |
| 序号 | 分项工程名称 | 一般项目 | 合格率(%) | 质量情况 |
| 1 | 路基土方 | 4.1.2 | 96.2 | 合格 |
| 2 | 路床 | 4.3.2 | 97.3 | 合格 |
| 3 | 路肩 | 4.4.2 | 98.3 | 合格 |
| 4 | 预制混凝土边沟 | 4.6.2 | 98.4 | 合格 |
| 5 | | | | |
| 检验意见 | 该分部工程主控项目、一般项目符合标准规定,质量控制资料齐全有效,安全和功能检验(检测)报告符合规定要求,观感质量好。 | | 检验结果 | 合格√　不合格 |
| 项目技术负责人 | | 施工员 | | 质量检验员 |
| ××× | | ××× | | ××× |
| 日　期 | 2015年1月5日 | | | |

| 分部工程质量检验记录 | | | 编　　号 | ×××|
| | | | | ××× |
| 单位工程名称 | ××市××道路工程 | | 分部工程名称 | 基层 |
| 施工单位 | ××市政建设集团有限公司 | | | |
| 序号 | 分项工程名称 | 主控项目 | 合格率(%) | 质量情况 |
| 1 | 沥青贯入式碎石基层 | 密实度 | 100 | 合格 |
| | | | | |
| | | | | |
| | | | | |
| | | | | |
| 序号 | 分项工程名称 | 一般项目 | 合格率(%) | 质量情况 |
| 1 | 沥青贯入式碎石基层 | 5.3.2 | 96.3 | 合格 |
| | | | | |
| | | | | |
| | | | | |
| | | | | |
| | | | | |
| 检验意见 | 　该分部工程主控项目、一般项目符合标准规定,质量控制资料齐全有效,安全和功能检验(检测)报告符合规定要求,观感质量好。 | | 检验结果 | 合格√　不合格 |
| 项目技术负责人 | | 施工员 | | 质量检验员 |
| ××× | | ××× | | ××× |
| 日　　期 | 2015 年 3 月 9 日 | | | |

| 分部工程质量检验记录 | | | 编　号 | ××× |
| --- | --- | --- | --- | --- |
| | | | | ××× |
| 单位工程名称 | ××市××道路工程 | | 分部工程名称 | 路面 |
| 施工单位 | ××市政建设集团有限公司 | | | |
| 序号 | 分项工程名称 | 主控项目 | 合格率(%) | 质量情况 |
| 1 | 沥青混凝土路面 | 压实度、厚度、弯沉值 | 100 | 合格 |
| | | | | |
| | | | | |
| | | | | |
| | | | | |
| 序号 | 分项工程名称 | 一般项目 | 合格率(%) | 质量情况 |
| 1 | 沥青混凝土路面 | 6.2.2 | 94.3 | 合格 |
| | | | | |
| | | | | |
| | | | | |
| | | | | |
| | | | | |
| 检验意见 | 该分部工程主控项目、一般项目符合标准规定,质量控制资料齐全有效,安全和功能检验(检测)报告符合规定要求,观感质量好。 | | 检验结果 | 合格√　不合格 |
| 项目技术负责人 | | 施工员 | 质量检验员 | |
| ××× | | ××× | ××× | |
| 日　期 | 2015 年 7 月 12 日 | | | |

| 分部工程质量检验记录 | | 编　　号 | ×××　 |
| --- | --- | --- | --- |
| | | | ×××　 |
| 单位工程名称 | ××市××道路工程 | 分部工程名称 | 广场 |
| 施工单位 | ××市政建设集团有限公司 | | |

| 序号 | 分项工程名称 | 主控项目 | 合格率(%) | 质量情况 |
| --- | --- | --- | --- | --- |
| 1 | 现场浇筑水泥混凝土面层广场 | 压实度、抗压强度、抗折强度 | 100 | 合格 |
| | | | | |
| | | | | |
| | | | | |
| | | | | |

| 序号 | 分项工程名称 | 一般项目 | 合格率(%) | 质量情况 |
| --- | --- | --- | --- | --- |
| 1 | 现场浇筑水泥混凝土面层广场 | 7.2.2 | 95 | 合格 |
| | | | | |
| | | | | |
| | | | | |
| | | | | |

| 检验意见 | 　　该分部工程主控项目、一般项目符合标准规定,质量控制资料齐全有效,安全和功能检验(检测)报告符合规定要求,观感质量好。 | 检验结果 | 合格√　不合格 |
| --- | --- | --- | --- |

| 项目技术负责人 | 施工员 | 质量检验员 | |
| --- | --- | --- | --- |
| ××× | ××× | ××× | |
| 日　　期 | | 2015 年 8 月 24 日 | |

| 分部工程质量检验记录 | | 编　号 | ×××|
| | | | ×××|
| 单位工程名称 | ××市××道路工程 | 分部工程名称 | 附属构筑物 |
| 施工单位 | ××市政建设集团有限公司 | | |

| 序号 | 分项工程名称 | 主控项目 | 合格率(%) | 质量情况 |
|---|---|---|---|---|
| 1 | 路面砖人行道 | 压实度、抗压、抗折强度 | 100 | 合格 |
| 2 | 雨水口、支管 | 砂浆强度 | 100 | 合格 |
| 3 | 栏杆、地袱、扶手 | 混凝土抗压强度 | 100 | 合格 |
| 4 | 隔离墩、防撞墩 | 混凝土抗压强度 | 100 | 合格 |
| 序号 | 分项工程名称 | 一般项目 | 合格率(%) | 质量情况 |
| 1 | 路缘石、平石 | 8.1.1 | 97 | 合格 |
| 2 | 路面砖人行道 | 8.2.2 | 97.8 | 合格 |
| 3 | 雨水口、支管 | 8.7.2 | 96.5 | 合格 |
| 4 | 栏杆、地袱、扶手 | 8.11.2 | 96 | 合格 |
| 5 | 隔离墩、防撞墩 | 8.12.2 | 97.5 | 合格 |
| 6 | 防眩设施 | 8.14.1 | 95 | 合格 |
| | | | | |

| 检验意见 | 该分部工程主控项目、一般项目符合标准规定,质量控制资料齐全有效,安全和功能检验(检测)报告符合规定要求,观感质量好。 | 检验结果 | 合格√　不合格 |
|---|---|---|---|

| 项目技术负责人 | 施工员 | 质量检验员 |
|---|---|---|
| ××× | ××× | ××× |

| 日　期 | 2015 年 9 月 26 日 |
|---|---|

| 分部工程质量检验记录 | | | 编　　号 | ×××  ××× | |
|---|---|---|---|---|---|
| 单位工程名称 | ××市××道路工程 | | 分部工程名称 | 钢筋混凝土挡土墙 | |
| 施工单位 | ××市政建设集团有限公司 | | | | |
| 序号 | 分项工程名称 | 主控项目 | 合格率(%) | 质量情况 | |
| 1 | 挡土墙基础 | 地基承载力 | 100 | 合格 | |
| 2 | 挡土墙钢筋加工 | 品种、等级、规格、直径 | 100 | 合格 | |
| 3 | 挡土墙钢筋成型与安装 | 级别、钢种、根数、直径 | 100 | 合格 | |
| 4 | 现浇混凝土挡土墙基础模板 | 预埋件高程、位移 | 100 | 合格 | |
| 5 | 现浇混凝土挡土墙基础 | 混凝土抗压强度 | 100 | 合格 | |
| 6 | 现浇混凝土挡土墙 | 混凝土抗压强度 | 100 | 合格 | |
| 序号 | 分项工程名称 | 一般项目 | 合格率(%) | 质量情况 | |
| 1 | 挡土墙钢筋加工 | 9.2.2 | 100 | 合格 | |
| 2 | 挡土墙钢筋成型与安装 | 9.3.2 | 97.3 | 合格 | |
| 3 | 现浇混凝土挡土墙基础模板 | 9.4.2 | 97.5 | 合格 | |
| 4 | 现浇混凝土挡土墙基础 | 9.5.2 | 98.4 | 合格 | |
| 5 | 现浇混凝土挡土墙模板 | 9.6.1 | 96.7 | 合格 | |
| 6 | 现浇混凝土挡土墙 | 9.7.2 | 96.7 | 合格 | |
| 检验意见 | 该分部工程主控项目、一般项目符合标准规定,质量控制资料齐全有效,安全和功能检验(检测)报告符合规定要求,观感质量好。 | | 检验结果 | 合格✓　不合格 | |
| 项目技术负责人 | | 施工员 | | 质量检验员 | |
| ××× | | ××× | | ××× | |
| 日　　期 | | 2015 年 9 月 30 日 | | | |

5.2.1.3 分项工程质量检验记录

## 分项工程质量检验记录

| 工程名称 | 分项工程 | | 分部(子分部)工程名称 | 路基 | | 编　号 | ××× |
|---|---|---|---|---|---|---|---|
| 施工单位 | ×××市政建设集团有限公司 | | 分项工程名称 | 路床 | | 编　号 | ××× |
| | | | 桩　号 | 0+000~0+100 | | 主要工程数量 | 2000 |

| 序号 | 主控项目 | 检验依据/允许偏差(规定值±偏差值) | 检验结果/实测点偏差值或实测值 | | | | | | | | | | | | | | | 应量测点数 | 合格点数 | 合格率(%) |
|---|---|---|---|---|---|---|---|---|---|---|---|---|---|---|---|---|---|---|---|---|
| | | | 1 | 2 | 3 | 4 | 5 | 6 | 7 | 8 | 9 | 10 | 11 | 12 | 13 | 14 | 15 | | | |
| 1 | 压实度 | ≥95% | 97 | 95 | 96 | 95 | 96 | 97 | | | | | | | | | | 6 | 6 | 100 |
| 2 | 中线高程 | ±15mm | 11 | -5 | 6 | -7 | -9 | | | | | | | | | | | 5 | 5 | 100 |
| 3 | 弯沉值 | 设计值(258)(1/100mm) | 代表弯沉值(242) | | | | | | | | | | | | | | | | | 100 |
| 4 | | | | | | | | | | | | | | | | | | | | |

| 序号 | 一般项目 | 检验依据/允许偏差(规定值±偏差值) | 检验结果/实测点偏差值或实测值 | | | | | | | | | | | | | | | 应量测点数 | 合格点数 | 合格率(%) |
|---|---|---|---|---|---|---|---|---|---|---|---|---|---|---|---|---|---|---|---|---|
| | | | 1 | 2 | 3 | 4 | 5 | 6 | 7 | 8 | 9 | 10 | 11 | 12 | 13 | 14 | 15 | | | |
| 1 | 中线线位 | 30mm | 28 | 23 | | | | | | | | | | | | | | | 2 | 2 | 100 |
| 2 | 平整度 | ≤10mm | 8 | 2 | 7 | 2 | 1 | 6 | 5 | 7 | 5 | 11 | 9 | 8 | 2 | 1 | | 15 | 14 | 93.3 |
| 3 | 宽度 | 设计值+B | 20 | 25 | 30 | | | | | | | | | | | | | 3 | 3 | 100 |
| 4 | 横段高程 | ±15mm且横坡差不大于0.3% | 10 | 11 | 10 | 8 | 9 | 9 | 8 | 6 | 8 | 7 | 8 | 11 | 5 | 19 | 17 | 30 | 27 | 90.0 |
| | | | -6 | -9 | -9 | 16 | -9 | -8 | 13 | 10 | -5 | -6 | -6 | 12 | 10 | -6 | 13 | | | |
| 5 | | | | | | | | | | | | | | | | | | | | |

| | | 平均合格率(%) | | 97.6 |
|---|---|---|---|---|
| 交方班组 | ××× | 接方班组 | 验收结论 | 合格√　不合格 |
| 施工负责人 | ××× | 监理工程师 | 验收日期 | 2015 年 3 月 5 日 |

## 5.2.2　桥梁工程施工质量检验与验收资料填写范例

### 5.2.2.1　单位工程质量检验记录

| 单位工程质量检验记录 | | 编　号 | ×××  ××× |
|---|---|---|---|
| 单位工程名称 | | ××市××路××桥梁工程 | |
| 施工单位 | | ××市政建设集团有限公司 | |
| 序号 | 外 观 检 查 | 质 量 情 况 | |
| 1 | 下部结构(桥台、墩柱、盖梁) | 好,符合要求 | |
| 2 | 上部结构(预制T梁、预制板梁) | 好,符合要求 | |
| 3 | 上部结构(现浇预应力箱梁) | 好,符合要求 | |
| 4 | 上部结构(钢梁、钢筋混凝土叠合梁等) | 好,符合要求 | |
| 5 | 桥面系 | 好,符合要求 | |
| 6 | 附属工程 | 好,符合要求 | |
|  |  |  | |
| 序号 | 分部(子分部)工程名称 | 合格率(%) | 质量情况 |
| 1 | 地基与基础 | 100 | 符合设计要求和验收标准规定 |
| 2 | 下部结构 | 100 | 符合设计要求和验收标准规定 |
| 3 | 上部结构 | 100 | 符合设计要求和验收标准规定 |
| 4 | 桥面系 | 100 | 符合设计要求和验收标准规定 |
| 5 | 附属工程 | 100 | 符合设计要求和验收标准规定 |
|  |  |  | |
| 平均合格率(%) | | 100 | |
| 检验意见 | 本工程经检查:质量控制资料齐全有效,安全和功能检验(检测)报告合格,外观质量好,符合设计要求和现行检验标准规定 | 检验结果 | 合格√　不合格 |
| 项目经理 | 技术负责人 | 施工员 | 质检员 |
| ××× | ××× | ××× | ××× |
| 日　期 | | 2015 年 9 月 10 日 | |

5.2.2.2 分部工程质量检验记录

| 分部工程质量检验记录 | | | 编 号 | ×××<br>××× |
|---|---|---|---|---|
| 单位工程名称 | ××市××路××桥梁工程 | | 分部工程名称 | 地基与基础 |
| 施工单位 | ××市政建设集团有限公司 | | | |

| 序号 | 分项工程名称 | 主控项目 | 合格率(%) | 质量情况 |
|---|---|---|---|---|
| 1 | 明挖基础工程 | 2 | 100 | 合格 |
| 2 | 钻孔灌注桩工程 | 100 | 100 | 合格 |
| 3 | 桩基承台 | 50 | 100 | 合格 |
| | | | | |
| | | | | |
| | | | | |
| | | | | |
| | | | | |

| 序号 | 分项工程名称 | 一般项目 | 合格率(%) | 质量情况 |
|---|---|---|---|---|
| 1 | 明挖基础工程 | 2 | 100 | 合格 |
| 2 | 钻孔灌注桩工程 | 100 | 100 | 合格 |
| 3 | 桩基承台 | 50 | 100 | 合格 |
| | | | | |
| | | | | |
| | | | | |
| | | | | |
| | | | | |

| 检验意见 | 该分部工程主控项目、一般项目符合标准规定,质量控制资料齐全有效,安全和功能检验(检测)报告符合规定要求,观感质量好 | 检验结果 | 合格√  不合格 |
|---|---|---|---|

| 项目技术负责人 | 施工员 | 质量检验员 |
|---|---|---|
| ××× | ××× | ××× |
| 日 期 | 2015 年 3 月 12 日 | |

| 分部工程质量检验记录 | | | 编　号 | ×××<br>××× |
|---|---|---|---|---|
| **单位工程名称** | ××市××路××桥梁工程 | | **分部工程名称** | 下部结构 |
| **施工单位** | ××市政建设集团有限公司 | | | |

| 序号 | 分项工程名称 | 主控项目 | 合格率(％) | 质量情况 |
|---|---|---|---|---|
| 1 | 现浇桥台 | 2 | 100 | 合格 |
| 2 | 现浇混凝土柱 | 30 | 100 | 合格 |
| 3 | 钢管混凝土柱 | 20 | 100 | 合格 |
| 4 | 预应力混凝土盖梁 | 30 | 100 | 合格 |
|  |  |  |  |  |
|  |  |  |  |  |
|  |  |  |  |  |

| 序号 | 分项工程名称 | 一般项目 | 合格率(％) | 质量情况 |
|---|---|---|---|---|
| 1 | 现浇桥台 | 2 | 100 | 合格 |
| 2 | 现浇混凝土柱 | 30 | 100 | 合格 |
| 3 | 钢管混凝土柱 | 20 | 100 | 合格 |
| 4 | 预应力混凝土盖梁 | 30 | 100 | 合格 |
|  |  |  |  |  |
|  |  |  |  |  |
|  |  |  |  |  |
|  |  |  |  |  |

| 检验意见 | 该分部工程主控项目、一般项目符合标准规定,质量控制资料齐全有效,安全和功能检验(检测)报告符合规定要求,观感质量好 | 检验结果 | 合格√　不合格 |
|---|---|---|---|

| 项目技术负责人 | 施工员 | 质量检验员 |
|---|---|---|
| ××× | ××× | ××× |

| 日　期 | 2015 年 4 月 15 日 |
|---|---|

| 分部工程质量检验记录 | 编 号 | ×××<br>××× |
|---|---|---|

| 单位工程名称 | ××市××路××桥梁工程 | 分部工程名称 | 上部结构 |
|---|---|---|---|

| 施工单位 | ××市政建设集团有限公司 |
|---|---|

| 序号 | 分项工程名称 | 主控项目 | 合格率(%) | 质量情况 |
|---|---|---|---|---|
| 1 | 预制梁架设 | 32 | 100 | 合格 |
| 2 | 现浇预应力连续梁 | 10 | 100 | 合格 |
| 3 | 钢箱梁制作与吊装 | 10 | 100 | 合格 |
| | | | | |
| | | | | |
| | | | | |
| | | | | |
| | | | | |

| 序号 | 分项工程名称 | 一般项目 | 合格率(%) | 质量情况 |
|---|---|---|---|---|
| 1 | 预制梁架设 | 32 | 100 | 合格 |
| 2 | 现浇预应力连续梁 | 10 | 100 | 合格 |
| 3 | 钢箱梁制作与吊装 | 10 | 100 | 合格 |
| | | | | |
| | | | | |
| | | | | |
| | | | | |
| | | | | |

| 检验意见 | 该分部工程主控项目、一般项目符合标准规定,质量控制资料齐全有效,安全和功能检验(检测)报告符合规定要求,观感质量好 | 检验结果 | 合格√ 不合格 |
|---|---|---|---|

| 项目技术负责人 | 施工员 | 质量检验员 |
|---|---|---|
| ××× | ××× | ××× |

| 日 期 | 2015 年 6 月 22 日 |
|---|---|

| 分部工程质量检验记录 | | 编　号 | ×　×　× |
| --- | --- | --- | --- |
| | | | ×　×　× |

| 单位工程名称 | ××市××路××桥梁工程 | 分部工程名称 | 桥面系与附属工程 |
| --- | --- | --- | --- |

| 施工单位 | ××市政建设集团有限公司 | | |
| --- | --- | --- | --- |

| 序号 | 分项工程名称 | 主控项目 | 合格率(%) | 质量情况 |
| --- | --- | --- | --- | --- |
| 1 | 桥面防水、铺装 | 10 | 100 | 合格 |
| 2 | 支座安装 | 50 | 100 | 合格 |
| 3 | 伸缩装置安装 | 10 | 100 | 合格 |
| 4 | 地袱、挂板安装 | 10 | 100 | 合格 |
| 5 | 防撞隔离设施 | 10 | 100 | 合格 |
| 6 | 桥头搭板 | 1 | 100 | 合格 |
| | | | | |
| | | | | |

| 序号 | 分项工程名称 | 一般项目 | 合格率(%) | 质量情况 |
| --- | --- | --- | --- | --- |
| 1 | 桥面防水、铺装 | 10 | 100 | 合格 |
| 2 | 支座安装 | 50 | 100 | 合格 |
| 3 | 伸缩装置安装 | 10 | 100 | 合格 |
| 4 | 地袱、挂板安装 | 10 | 100 | 合格 |
| 5 | 防撞隔离设施 | 10 | 100 | 合格 |
| 6 | 桥头搭板 | 1 | 100 | 合格 |
| | | | | |
| | | | | |

| 检验意见 | 该分部工程主控项目、一般项目符合标准规定,质量控制资料齐全有效,安全和功能检验(检测)报告符合规定要求,观感质量好 | 检验结果 | 合格√　不合格 |
| --- | --- | --- | --- |

| 项目技术负责人 | 施工员 | 质量检验员 |
| --- | --- | --- |
| ×　×　× | ×　×　× | ×　×　× |

| 日　期 | 2015 年 10 月 29 日 |
| --- | --- |

5.2.2.3 分项工程质量检验记录

## 分项工程质量检验记录

| 工程名称 | ××市××路××桥梁工程 | 分部(子分部)工程名称 | Z3 匝道桥台 | 分项工程名称 | Z3-1-1 匝道桥台工程 | 编号 | ××× |
|---|---|---|---|---|---|---|---|
| 施工单位 | ××市政建设集团有限公司 | 工号 | ××××× | 桩号 | ××××× | 主要工程数量 | ××m³ |

| 序号 | 主控项目 | 检验依据/允许偏差(规定值±偏差值) | 检验结果/实测点偏差值或实测值 | 合格率(%) |
|---|---|---|---|---|
| 1 | 8.2.1 | 混凝土抗压强度C30 | 符合设计要求。见试块试验报告和强度统计、评定记录 | 合格 |
| 2 | 8.2.2 | 外观质量 | 本桥台无受力裂缝,无蜂窝、无露筋 | 合格 |

| 序号 | 一般项目 | 检验依据/允许偏差(规定值±偏差值) | 检验结果/实测点偏差值或实测值 1 | 2 | 3 | 4 | 5 | 6 | 7 | 8 | 9 | 10 | 应量测点点数 | 合格点数 | 合格率(%) |
|---|---|---|---|---|---|---|---|---|---|---|---|---|---|---|---|
| 1 | 8.2.5.1 | 长 0,+15 | +5 | +5 |  |  |  |  |  |  |  |  | 2 | 2 | 100 |
|  |  | 高 0,+10 | +5 | +5 |  |  |  |  |  |  |  |  | 2 | 2 | 100 |
|  |  | 厚+10,−8 | −5 | −5 | −4 | −3 |  |  |  |  |  |  | 4 | 4 | 100 |
| 2 | 8.2.5.2 | 顶面高程±10 | +5 | +5 | −5 | −5 |  |  |  |  |  |  | 4 | 4 | 100 |
| 3 | 8.2.5.3 | 轴线位移≤10 | 2 | 3 | 3 | 2 |  |  |  |  |  |  | 4 | 4 | 100 |
| 4 | 8.2.5.4 | 垂直度 0.25%H=12.5 | 3 | 2 | 2 |  |  |  |  |  |  |  | 2 | 2 | 100 |
| 5 | 8.2.5.5 | 平整度≤3 | 2 | 2 | 2 |  |  |  |  |  |  |  | 4 | 4 | 100 |
| 6 | 8.2.5.6 | 麻面≤1% | 0.1 | 0.3 | 0.4 |  |  |  |  |  |  |  | 3 | 3 | 100 |
| 7 | 8.2.6 | 表面质量 | 混凝土表面平整、施工缝平顺、线条直顺、清晰,棱角无损伤 |  |  |  |  |  |  |  |  |  |  |  | 合格 |
| 8 | 5.1.7 | 保护层厚度±10 | 见保护层厚度无损检测报告 |  |  |  |  |  |  |  |  |  |  |  | 合格 |

| 交方班组 | ××× | 接方班组 | ××× | 平均合格率(%) | 100 |
|---|---|---|---|---|---|
| 施工负责人 | ××× | 监理工程师 | ××× | 验收结论 | 合格√　不合格 |
|  |  |  |  | 验收日期 | 2015 年 3 月 26 日 |

# 分项工程质量检验记录

| 工程名称 | ××市×××路××桥梁工程 | 分部（子分部）工程名称 | Z3匝道钻孔桩基 | 分项工程名称 | Z3匝道钻孔灌注桩工程 轴1—1—1 | 编号 | ××× |
|---|---|---|---|---|---|---|---|
| 施工单位 | ××市政建设集团有限公司 | 桩号 | ×××××× | 主要工程数量 | ××m³ | | ××× |

**主控项目**

| 序号 | 检验依据/允许偏差值（规定值±偏差值） | 检验结果/实测点/实测点偏差值或实测值 1 2 3 4 5 6 7 8 9 10 | 应量测点数 | 合格点数 | 合格率（%） |
|---|---|---|---|---|---|
| 1 | 7.4.1 | 钻孔桩钻孔质量　符合设计要求和现行标准规定。见表C5—2—7,8,9,10 | | | 合格 |
| 2 | 7.4.2 | 混凝土强度　符合设计要求。见试验报告 | | | 合格 |
| 3 | 7.4.3 | 桩身混凝土完整性检验　符合设计要求和合同规定。见检测报告 | | | 合格 |
| 4 | 5.1.3、5、6 | 钢筋笼质量　符合设计要求和现行标准规定 | | | 合格 |

**一般项目**

| 序号 | 检验依据/允许偏差（规定值±偏差值） | 检验结果/实测点偏差值或实测值 1 2 3 4 5 6 7 8 9 10 | 应量测点数 | 合格点数 | 合格率（%） |
|---|---|---|---|---|---|
| 1 | 7.4.6 | 外露锚固钢筋长度　符合设计要求 | | | 合格 |

平均合格率（%）：×××

| 交方班组 | ××× | 接方班组 | ××× |
|---|---|---|---|
| 施工负责人 | ××× | 监理工程师 | ××× |
| 验收结论 | 合格√ | | 合格 不合格 |
| 验收日期 | 2015年2月18日 | | |

## 分项工程质量检验记录

| 工程名称 | ××市××路××桥梁工程 | | 分部（子分部）工程名称 | Z3 匝道墩柱 | | 编　号 | | ××× |
|---|---|---|---|---|---|---|---|---|
| 施工单位 | ××市政建设集团有限公司 | | 分项工程名称 | Z3 匝道墩柱 | | | | ××× |
| | | 桩　号 | ×××××× | 主要工程数量 | ××× m³ | | | |

| 序号 | 主控项目 | 检验依据/允许偏差（规定值±偏差值） | 检验结果/实测值或偏差值实测点 | | | | | | | | | | 应量测点数 | 合格点数 | 合格率（%） |
|---|---|---|---|---|---|---|---|---|---|---|---|---|---|---|---|
| | | | 1 | 2 | 3 | 4 | 5 | 6 | 7 | 8 | 9 | 10 | | | |
| 1 | 8.2.4.1 | 墩柱钢管质量 | 符合设计要求和现行验收标准规定，见钢管检验批记录 | | | | | | | | | | | | 合格 |
| 2 | 8.2.4.2 | 墩柱钢管混凝土强度 | 符合设计要求和现行验收标准规定，见抗压强度试块检测报告 | | | | | | | | | | | | 合格 |
| 3 | 8.2.4.3 | 墩柱钢管混凝土饱满度 | 符合设计要求和现行验收标准规定，见超声波检测报告 | | | | | | | | | | | | 合格 |
| 4 | 5.1.3、5.6 | 钢筋质量 | 符合设计要求和现行标准规定。见钢筋加工、安装检验批记录 | | | | | | | | | | | | 合格 |

| 序号 | 一般项目 | 检验依据/允许偏差（规定值±偏差值） | 检验结果/实测点偏差值或实测值 | | | | | | | | | | 应量测点数 | 合格点数 | 合格率（%） |
|---|---|---|---|---|---|---|---|---|---|---|---|---|---|---|---|
| | | | 1 | 2 | 3 | 4 | 5 | 6 | 7 | 8 | 9 | 10 | | | |
| 1 | 12.2.2−5−1 | 桩底面到顶面距离±5 | +4 | −3 | | | | | | | | | 2 | 2 | 100 |
| 2 | 12.2.2−5−2 | 柱身截面±3 | +3 | −3 | | | | | | | | | 2 | 2 | 100 |
| 3 | 12.2.2−5−3 | 垂直度±5 | +4 | −3 | | | | | | | | | 2 | 2 | 100 |
| 4 | 12.2.2−5−4 | 支承面±3 | +2 | −3 | | | | | | | | | 2 | 2 | 100 |
| 5 | 12.2.2−5−5 | 柱身挠曲≤10 | 3 | 5 | | | | | | | | | 2 | 2 | 100 |
| 6 | 12.2.2−5−6 | 接口错差≤3 | 2 | 2 | | | | | | | | | 2 | 2 | 100 |
| 7 | 12.2.3.2 | 外观质量 | 焊缝均匀，无裂纹，夹渣等缺陷 | | | | | | ××× | | | | | | 合格 |
| 8 | 12.2.3.3 | 防护层 | 防护层完好，颜色均匀，无漏涂，涂层无剥落、划伤等缺陷 | | | | | | ××× | | | | | | 合格 |

| | | | 平均合格率（%） | 100 |
|---|---|---|---|---|

| 交方班组 | 接方班组 | 验收结论 | 合格√　不合格 |
|---|---|---|---|
| 施工负责人 | 监理工程师 | 验收日期 | 2015 年 3 月 20 日 |

## 分项工程质量检验记录

| 工程名称 | ××市××路××桥梁工程 | 分部（子分部）工程名称 | Z3匝道盖梁 | 分项工程名称 | Z3匝道①轴盖梁 | 编号 | ××× |
|---|---|---|---|---|---|---|---|
| 施工单位 | ××市政建设集团有限公司 | 桩号 | ×××××× | 主要工程数量 | ××m³ | 编号 Z3-1-1 | ××× |

| 序号 | 检验依据/允许偏差（规定值±偏差值） | | 检验结果/实测点偏差值或实测值 1 2 3 4 5 6 7 8 9 10 | | 应量测点数 | 合格点数 | 合格率（%） |
|---|---|---|---|---|---|---|---|
| 主控项目 | | | | | | | |
| 1 | 8.4.1 | 混凝土质量 | 符合设计和验收标准规定。见试块试验报告和强度统计、评定记录 | | | | 合格 |
| 2 | 8.4.2 | 盖梁外观质量 | 本盖梁无受力裂缝，无蜂窝，无露筋 | | | | 合格 |

| 序号 | 检验依据/允许偏差（规定值±偏差值） | | 检验结果/实测点偏差值或实测值 | | 应量测点数 | 合格点数 | 合格率（%） |
|---|---|---|---|---|---|---|---|
| 一般项目 | | | 1　2　3　4　5　6　7　8　9　10 | | | | |
| 1 | 8.4.3.1 | 盖梁（长）+20,-10 | +10　-10 | | 2 | 2 | 100 |
| 2 | 8.4.3.1 | 盖梁（宽）0,+10 | +9　+8　+9 | | 3 | 3 | 100 |
| 3 | 8.4.3.1 | 盖梁（高）±5 | +1　+2　+2 | | 3 | 3 | 100 |
| 4 | 8.4.3.2 | 轴线位移≤8 | 2　2　1　1 | | 4 | 4 | 100 |
| 5 | 8.4.3.3 | 顶面高程0,-5 | -2　-1　-1　-2 | | 4 | 4 | 100 |
| 6 | 8.4.3.4 | 预埋件高程±2 | -2　-1　-1　-2　-1　-2 | | 6 | 6 | 100 |
| 7 | 8.4.3.4 | 预埋件轴线±5 | +2　+2　+2　-2　-3　+2 | | 6 | 6 | 100 |
| 8 | 8.4.3.5 | 平整度≤5 | 2　3 | | 2 | 2 | 100 |
| 9 | 8.4.3.6 | 底面≤1% | 0.5 | | 1 | 1 | 100 |
| | | | | 平均合格率（%） | | | 100 |

| 交方班组 | ××× | 接方班组 | ××× | 验收结论 | 合格√ 不合格 |
|---|---|---|---|---|---|
| 施工负责人 | ××× | 监理工程师 | ××× | 验收日期 | 2015年4月18日 |

## 分项工程质量检验记录

| 工程名称 | ×××市×××路×××桥梁工程 | | 分部(子分部)工程名称 | Z3匝道支座 | 分项工程名称 | Z3匝道轴2墩柱支座 | 编　号 | ××× |
|---|---|---|---|---|---|---|---|---|
| 施工单位 | ×××市政建设集团有限公司 | | 桩　号 | ×××××× | 主要工程数量 | 1 | | ××× |

### 主控项目

| 序号 | | 检验依据/允许偏差（规定值±偏差值） | 检验结果/实测点偏差值或实测值 | | | | | | | | | | 应量测点数 | 合格点数 | 合格率（%） |
|---|---|---|---|---|---|---|---|---|---|---|---|---|---|---|---|
| | | | 1 | 2 | 3 | 4 | 5 | 6 | 7 | 8 | 9 | 10 | | | |
| 1 | 8.5.1 | 支座规格、质量、性能 | 符合设计要求。支座外观无损伤。 | | | | | | | | | | | | 合格 |
| 2 | 8.5.2 | 粘结灌浆材料 | 符合设计要求 | | | | | | | | | | | | 合格 |
| 3 | 8.5.3 | 支座安装 | 符合技术规程和验收标准要求，灌浆密实、无空洞，全部密贴 | | | | | | | | | | | | 合格 |

### 一般项目

| 序号 | | 检验依据/允许偏差（规定值±偏差值） | 检验结果/实测点偏差值或实测值 | | | | | | | | | | 应量测点数 | 合格点数 | 合格率（%） |
|---|---|---|---|---|---|---|---|---|---|---|---|---|---|---|---|
| | | | 1 | 2 | 3 | 4 | 5 | 6 | 7 | 8 | 9 | 10 | | | |
| 1 | 8.5.8 | 支座受力 | 支座受力均匀，四周无脱空现象 | | | | | | | | | | | | 合格 |
| 2 | 8.5.7.1 | 支座高程±2 | +1 | 0 | 0 | −1 | | | | | | | 4 | 4 | 100 |
| 3 | 8.5.7.2 | 支座位置≤3 | 2 | 2 | 3 | 1 | | | | | | | 4 | 4 | 100 |
| 4 | 8.5.7.3 | 支座平整度≤2 | 1 | 1 | | | | | | | | | 2 | 2 | 100 |

| 平均合格率（%） | 100 |
|---|---|

| 交方班组 | ××× | 接方班组 | ××× | 验收结论 | 合格√　不合格 |
|---|---|---|---|---|---|
| 施工负责人 | ××× | 监理工程师 | ××× | 验收日期 | 2015年4月19日 |

## 分项工程质量检验记录

| 工程名称 | ××市××路××桥梁工程 | 分部（子分部）工程名称 | Z3 匝道现浇箱梁 | | | | | 分项工程名称 | | | 箱梁 | 编　号 | | | ××× |
|---|---|---|---|---|---|---|---|---|---|---|---|---|---|---|---|
| 施工单位 | ××市政建没集团有限公司 | 桩　号 | ×××××× | | | | | 主要工程数量 | | | ×× | | | | Z3-1-1 匝道①～②轴箱梁 ××× |

| 序号 | 主控项目 | 检验依据/允许偏差<br>（规定值±偏差值） | 检验结果/实测值偏差值或实测值 | | | | | | | | | | 应量测点数 | 合格点数 | 合格率（%） |
|---|---|---|---|---|---|---|---|---|---|---|---|---|---|---|---|
| | | | 1 | 2 | 3 | 4 | 5 | 6 | 7 | 8 | 9 | 10 | | | |
| 1 | 9.2.1 | 混凝土质量 | 符合设计和验收标准规定。见试块试验报告和强度统计、评定记录 | | | | | | | | | | | | 合格 |
| 2 | 9.2.2 | 箱梁外观质量 | 本箱梁无受力裂缝，无空洞，无露筋 | | | | | | | | | | | | 合格 |
| 3 | 9.2.5 | 预埋件、预留孔位置 | 符合设计要求 | | | | | | | | | | | | 合格 |
| 4 | 9.2.6.2 | 断面尺寸宽　±5 | +1 | +2 | +1 | +2 | +1 | | | | | | 5 | 5 | 100 |
| 5 | 9.2.6.2 | 断面尺寸高　±5 | +1 | +2 | +1 | +2 | +1 | | | | | | 5 | 5 | 100 |
| 6 | 9.2.6.2 | 断面尺寸壁厚　±5 | +1 | +1 | +1 | +2 | +1 | | | | | | 5 | 5 | 100 |
| 7 | 9.2.6.3 | 长度　+0，−10 | −5 | −5 | −4 | −6 | | | | | | | 4 | 4 | 100 |
| 8 | 9.2.6.4 | 顶面高程　±10 | +4 | −5 | +3 | −5 | | | | | | | 4 | 4 | 100 |
| 9 | 9.2.6.5 | 轴线偏位　≤10 | 3 | 5 | 4 | 3 | 2 | | | | | | 2 | 2 | 100 |
| 10 | 9.2.6.5 | 横隔梁轴线　≤10 | 4 | 5 | 3 | | | | | | | | 2 | 2 | 100 |
| 11 | 9.2.6.6 | 平整度　8 | 2 | 3 | 4 | 3 | 2 | | | | | | 5 | 5 | 100 |

| 序号 | 一般项目 | 检验依据/允许偏差<br>（规定值±偏差值） | 检验结果/实测点值偏差值或实测值 | | | | | | | | | | 应量测点数 | 合格点数 | 合格率（%） |
|---|---|---|---|---|---|---|---|---|---|---|---|---|---|---|---|
| | | | 1 | 2 | 3 | 4 | 5 | 6 | 7 | 8 | 9 | 10 | | | |
| 1 | 9.2.7 | 表面质量 | 混凝土表面平整，施工缝平顺 | | | | | | ××× | | | | | | 合格 |
| 2 | 9.2.8 | 裂缝宽度 | 符合检验标准规定，无大于规定宽度的非受力裂缝 | | | | | | ××× | | | | | | 合格 |
| 3 | 9.2.9 | 蜂窝、麻面 | 符合检验标准规定，无蜂窝、麻面 | | | | | | | | | | | | 合格 |

| 交方班组 | 接方班组 | 平均合格率（%） | 100 | 合格√ 不合格 |
|---|---|---|---|---|
| 施工负责人 | 监理工程师 | 验收结论 | | |
| | | 验收日期 | | 2015 年 5 月 19 日 |

## 分项工程质量检验记录

| 工程名称 | ×× 市 ×× 路 ×× 桥梁工程 | 分部（子分部）工程名称 | 现浇预应力箱梁 | 分项工程名称 | 主路立交桥预应力混凝土连续箱梁（⑤～⑥轴） | 编号 | ××× |
|---|---|---|---|---|---|---|---|
| 施工单位 | ×× 市政建设集团有限公司 | 桩号 | ××××× | 主要工程数量 | ×× | | ×××  ×× |

**主控项目**

| 序号 | 检验项目 | 检验依据/允许偏差（规定值±偏差值） | 检验结果/实测值或偏差值实测值 | | | | | | | | | | 应量测点数 | 合格点数 | 合格率（%） |
|---|---|---|---|---|---|---|---|---|---|---|---|---|---|---|---|
| | | | 1 | 2 | 3 | 4 | 5 | 6 | 7 | 8 | 9 | 10 | | | |
| 1 | 9.2.1 混凝土质量 | 符合设计和验收标准规定。见试块试验报告和强度统计、评定记录 | | | | | | | | | | | | | 合格 |
| 2 | 9.2.2 箱梁外观质量 | 本箱梁无受力裂缝，无空洞，无露筋 | | | | | | | | | | | | | 合格 |
| 3 | 9.2.5 预埋件、预留孔位置 | 符合设计要求 | | | | | | | | | | | | | 合格 |
| 4 | 9.2.6.2 断面尺寸宽 | ±5 | +1 | +2 | +1 | +2 | +1 | | | | | | 5 | 5 | 100 |
| 5 | 9.2.6.2 断面尺寸高 | ±5 | +1 | +2 | +1 | +2 | +1 | | | | | | 5 | 5 | 100 |
| 6 | 9.2.6.2 断面尺寸壁厚 | ±5 | +1 | +2 | +1 | +2 | +1 | | | | | | 5 | 5 | 100 |
| 7 | 9.2.6.3 长度 | +0，−10 | −5 | −5 | −4 | −7 | | | | | | | 4 | 4 | 100 |
| 8 | 9.2.6.4 顶面高程 | ±10 | +4 | −5 | +6 | −5 | | | | | | | 4 | 4 | 100 |
| 9 | 9.2.6.5 轴线偏位 | ≤10 | 4 | 5 | | | | | | | | | 2 | 2 | 100 |
| 10 | 9.2.6.5 横隔梁轴线 | ≤10 | 4 | 5 | | | | | | | | | 2 | 2 | 100 |
| 11 | 9.2.6.6 平整度 | 8 | 2 | 3 | 4 | 3 | 2 | | | | | | 5 | 5 | 100 |

**一般项目**

| 序号 | 检验项目 | 检验依据/允许偏差（规定值±偏差值） | 检验结果/实测点偏差值实测值 | | | | | | | | | | 应量测点数 | 合格点数 | 合格率（%） |
|---|---|---|---|---|---|---|---|---|---|---|---|---|---|---|---|
| | | | 1 | 2 | 3 | 4 | 5 | 6 | 7 | 8 | 9 | 10 | | | |
| 1 | 9.2.7 表面质量 | 混凝土表面平整，施工缝平顺 | | | | | | | | | | | | ××× | 合格 |
| 2 | 9.2.8 裂缝宽度 | 符合检验标准规定，无大于规定宽度的非受力裂缝 | | | | | | | | | | | | ××× | 合格 |
| 3 | 9.2.9 蜂窝、麻面 | 符合检验标准规定，无蜂窝、麻面 | | | | | | | | | | | | ××× | 合格 |

| | | 平均合格率（%） | 100 |
|---|---|---|---|
| 交方班组 | ××× | 接方班组 | 验收结论 | 合格 √　不合格 |
| 施工负责人 | ××× | 监理工程师 | 验收日期 | 2015 年 6 月 16 日 |

5.2.2.4　检验批工程质量检验记录

## 检验批工程质量检验记录

| 工程名称 | ××市×××路××桥梁工程 | 编　号 | ××× ××× |
|---|---|---|---|
| 施工单位 | ××市政建设集团有限公司 | | |
| 分项工程名称 | Z3匝道明挖基础 | 检验批工程名称 | Z3-1-1匝道桥台扩大基础基坑开挖 |
| 桩　号 | ×××××× | 主要工程数量 | 2300m³ |

| 序号 | 主控项目 | 检验依据/允许偏差值（规定值±偏差值） | 检验结果/实测点偏差值或实测值 |  |  |  |  |  |  |  |  |  | 应量测点数 | 合格点数 | 合格率（%） |
|---|---|---|---|---|---|---|---|---|---|---|---|---|---|---|---|
|  |  |  | 1 | 2 | 3 | 4 | 5 | 6 | 7 | 8 | 9 | 10 |  |  |  |
| 1 | 4.2.1 | 基底原状土 | 原状土未扰动 |  |  |  |  |  |  |  |  |  |  |  | 合格 |
| 2 | 4.2.2 | 地基承载力 | 基底土质符合地质勘察报告描述（见地基钎探记录） |  |  |  |  |  |  |  |  |  |  |  | 合格 |
| 3 | 4.2.4 | 基坑放坡 | 基坑放坡符合设计和施工方案要求 |  |  |  |  |  |  |  |  |  |  |  | 合格 |
| 4 | 4.2.3-1 | 基底高程 0，-20 | -5 | -15 | -10 | -8 | -12 |  |  |  |  |  | 5 | 5 | 100 |
| 5 | 4.2.3-2 | 轴线位移≤50 | 25 | 15 | 20 | 15 |  |  |  |  |  |  | 4 | 4 | 100 |
| 6 | 4.2.3-3 | 基坑尺寸 20×10m | 20.3 | 20.4 | 10.3 | 10.2 |  |  |  |  |  |  | 4 | 4 | 100 |

| 序号 | 一般项目 | 检验依据/允许偏差值（规定值±偏差值） | 检验结果/实测点偏差值或实测值 |  |  |  |  |  |  |  |  |  | 应量测点数 | 合格点数 | 合格率（%） |
|---|---|---|---|---|---|---|---|---|---|---|---|---|---|---|---|
|  |  |  | 1 | 2 | 3 | 4 | 5 | 6 | 7 | 8 | 9 | 10 |  |  |  |
| 1 | 4.2.5 | 积水和杂物 | 基坑内无积水和杂物 |  |  |  |  |  |  |  |  |  |  |  | 合格 |

| 交方班组 | ××× | 接方班组 | ××× | 平均合格率（%） | 100 |
|---|---|---|---|---|---|
| 施工负责人 | ××× | 监理工程师 | ××× | 验收结论 | 合格✓/不合格 |
|  |  |  |  | 验收日期 | 2015年1月18日 |

## 检验批工程质量检验记录填写说明

1. 本表是填写基坑开挖的内容,因此按《桥梁工程施工质量检验标准》(DBJ 01—12)第4章内容填写。

2. 表中"工程名称"通常按合同中的名称填写,检验批,分项、分部工程名称或合同名称或有关规范、规程的规定填写;原则上使工程各有关方(承包商、监理、设计和建设单位等或业内人员)均不会产生歧义的名称。编号的上一行下一行按《市政基础设施工程资料管理规程》(DBJ 01—71)附录C编号;编号的下一行顺序码,应按施工工艺流程和实际发生的时间、顺序编码(不得顺序颠倒)。

3. 主控项目,一般项目的填写:主控项目有具体量化值,一般项目有关标准的规定检验;有的无具体量化值,无法进行定量检验时,应进行定性检验(文字表述)。

主控项目,一般项目可根据具体情况填写,有规定的应填写,无具体量化值、无法定量检验的可不填写;发生相关条款时填写,未发生时不填。

定性检验项目栏中"应量测点数,合格点数"可不填、"合格率"栏目中填写"合格"、"不合格"。

表中"主控项目"序号1栏中检验项目 4.2.1:当原状土扰动时,必须按设计、勘察要求或规定进行基底处理,并有处理记录和相关试验报告(换填时应有地基处理记录,换填材质试验报告,压实度试验报告)。

表中"主控项目"序号2栏中检验项目 4.2.2:地基承载力必须符合地质勘察报告。表述必须清楚准确,发生地基钎探,应填写记录,未发生时不必填写。

表中"主控项目"序号3栏中检验项目 4.2.4:应进行定性检验(文字表述)。

"放坡和支护"是依据设计或现场调查的实际情况未确定的,有时在施基坑附近或基坑内有地下管线等情况需要处理的还应将现况管线处理情况进行记录。施工方案是指导基坑开挖(机挖、人挖、爆破开挖等)、基坑支护、基槽放坡、基槽降水、现况降水、现况管线处理等工序要求依据之一,因此符合方案规定也必须满足。

同理:当发生降水处理时,应对降水施工程序和降水过程进行记录,并填报相应的通用记录表格(注:降水工序虽不是工程实体,但降水对工程质量的影响很大,因此对此项的检验记录必须对其有资料记录)。

有具体量测值的检验项目如 4.2.3:应根据实际情况填写具体实测值、偏差值。

4. "检验结果/实测点偏差值或实测值"栏中的文字表述栏(长格)、偏差值栏(短格)可根据实际填写栏之数量进行调整(增减长格或短格的数量格)。

# 检验批工程质量检验记录

| 工程名称 | ×××市×××路××桥梁工程 | | | | | | | | | | | 编　号 | ××× |
|---|---|---|---|---|---|---|---|---|---|---|---|---|---|
| 分项工程名称 | Z3 匝道明挖基础 | | | | | | | | | | 检验批工程名称 | Z3-1-1 匝道桥台扩大基础基坑开挖 | |
| 施工单位 | ××市政建设集团有限公司 | 桩　号 | ××××× | | | | | 主要工程数量 | 2000m³ | | | | |

**检验结果/实测点偏差值或实测值**

| 序号 | 主控项目 | 检验依据/允许偏差（规定值±偏差值） | 1 | 2 | 3 | 4 | 5 | 6 | 7 | 8 | 9 | 10 | 应量测点数 | 合格点数 | 合格率(%) |
|---|---|---|---|---|---|---|---|---|---|---|---|---|---|---|---|
| 1 | 4.2.1 | 基底原状土 | 原状土未扰动 | | | | | | | | | | | | 合格 |
| 2 | 4.2.2 | 地基承载力 | 基底土质符合地质勘察报告3.2条的描述,见地基钎探记录 | | | | | | | | | | | | 合格 |
| 3 | 4.2.4 | 基坑支护(钢木支护) | 符合设计和施工组织设计要求。见基坑支护施工记录 | | | | | | | | | | | | 合格 |
| 4 | 4.2.3-1 | 基底高程 0,-20 | -5 | -15 | -10 | -8 | -12 | | | | | | 5 | 5 | 100 |
| 5 | 4.2.3-2 | 轴线位移≤50 | 25 | 30 | | | | | | | | | 5 | 2 | 100 |
| 6 | 4.2.3-4 | 对角线 0,50 | 30 | 20 | | | | | | | | | 2 | 2 | 100 |

**检验结果/实测点偏差值或实测值**

| 序号 | 一般项目 | 检验依据/允许偏差（规定值±偏差值） | 1 | 2 | 3 | 4 | 5 | 6 | 7 | 8 | 9 | 10 | 应量测点数 | 合格点数 | 合格率(%) |
|---|---|---|---|---|---|---|---|---|---|---|---|---|---|---|---|
| 1 | 4.2.5 | 积水和杂物 | 基坑内无积水和杂物 | | | | | | | | | | | | 合格 |

| | | 平均合格率(%) | 100 |
|---|---|---|---|
| 交方班组 | ××× | 接方班组 | ××× |
| | | 验收结论 | 合格√　不合格 |
| 施工负责人 | ××× | 监理工程师 | ××× |
| | | 验收日期 | 2015年2月24日 |

## 检验批工程质量检验记录

| 工程名称 | ××市××路××桥梁工程 | | 编号 | ××× |
|---|---|---|---|---|
| 施工单位 | ××市政建设集团有限公司 | | | ××× |
| 分项工程名称 | Z3匝道明挖基础 | 检验批工程名称 | Z3-1-1匝道桥台扩大基础基坑回填 | |
| 桩号 | ××××× | 主要工程数量 | 500m³ | |

| 序号 | 检验依据/允许偏差（规定值/偏差值） | | 检验结果/实测点偏差值或实测值 |||||||||| 应量测点数 | 合格点数 | 合格率（%） |
|---|---|---|---|---|---|---|---|---|---|---|---|---|---|---|---|
| 主控项目 | | | 1 | 2 | 3 | 4 | 5 | 6 | 7 | 8 | 9 | 10 | | | |
| 1 | 4.3.1 | 填前 | 坑底（槽底）在填筑前已清理干净，无影响填筑质量的杂质 ||||||||| | | 合格 |
| 2 | 4.3.2 | 填料 | 填料符合设计要求。见（附）填料试验报告 ||||||||| | | 合格 |
| 3 | 4.3.3 | 第1层 ≥90% | 92 | 93 | 91 | 90 | | | | | | | 4 | 4 | 100 |
| | | 第2层 ≥90% | 90 | 94 | 95 | 93 | | | | | | | 4 | 4 | 100 |
| | | 第3层 ≥93% | 93 | 95 | 94 | 96 | | | | | | | 4 | 4 | 100 |
| | | N1层 ≥93% | 93 | 94 | 94 | 96 | | | | | | | 4 | 4 | 100 |
| | | N2层 ≥95% | 95 | 95 | 96 | 96 | | | | | | | 4 | 4 | 100 |
| | | N3层 ≥95% | 95 | 95 | 95 | 96 | | | | | | | 4 | 4 | 100 |

| 序号 | 检验依据/允许偏差（规定值/偏差值） | | 检验结果/实测点偏差值或实测值 |||||||||| 应量测点数 | 合格点数 | 合格率（%） |
|---|---|---|---|---|---|---|---|---|---|---|---|---|---|---|---|
| 一般项目 | | | 1 | 2 | 3 | 4 | 5 | 6 | 7 | 8 | 9 | 10 | | | |
| 1 | 4.3.4 | 分层厚度（回填标高） | 符合设计及施工质量检验标准要求。见（附）回填施工记录 ||||||||| ××× | ××× | 合格 |

| 交方班组 | ××× | 接方班组 | ××× | 平均合格率（%） | 100 |
|---|---|---|---|---|---|
| 施工负责人 | ××× | 监理工程师 | ××× | 验收结论 | 合格√　不合格 |
| | | | | 验收日期 | 2015年2月6日 |

# 检验批工程质量检验记录

| 工程名称 | ×××市××路××桥梁工程 | 分项工程名称 | Z3匝道现浇桥台 | 检验批工程名称 | ××× | 编号 | ××× |
|---|---|---|---|---|---|---|---|
| 施工单位 | ×××市政建设集团有限公司 | 桩号 | ××××× | 主要工程数量 | 1000kg | 编号 | Z3—1—1匝道桥台钢筋加工工程 |

| 序号 | | 检验依据/允许偏差（规定值±偏差值） | 检验结果/实测点偏差值或实测值 | | | | | | | | | | 应量测点数 | 合格点数 | 合格率（%） |
|---|---|---|---|---|---|---|---|---|---|---|---|---|---|---|---|
| 主控项目 | | | 1 | 2 | 3 | 4 | 5 | 6 | 7 | 8 | 9 | 10 | | | |
| 1 | 5.1.3.1 | 钢筋品种、规格、技术性能 | 符合设计要求和现行标准规定。见（附）ф22、ф18、ф14钢筋质量证明书、复验报告各1份 | | | | | | | | | | | | 合格 |
| | 5.1.3.2 | 化学成分报告 | 钢筋化学成分符合设计要求，见钢筋化学成分报告1份 | | | | | | | | | | | | 合格 |
| 2 | 5.1.5.1 | 受力钢筋连接型式 | 符合设计要求 | | | | | | | | | | | | 合格 |
| | 5.1.5.2 | ф22、ф18接头焊接性能 | 符合设计要求和检验标准规定，见ф22、ф18接头焊接性能试验报告 | | | | | | | | | | | | 合格 |
| 3 | 5.1.4 | 钢筋弯制和末端弯钩 | 符合设计和规范要求 | | | | | | | | | | | | 合格 |

| 序号 | | 检验依据/允许偏差（规定值±偏差值） | 检验结果/实测点偏差值或实测值 | | | | | | | | | | 应量测点数 | 合格点数 | 合格率（%） |
|---|---|---|---|---|---|---|---|---|---|---|---|---|---|---|---|
| 一般项目 | | | 1 | 2 | 3 | 4 | 5 | 6 | 7 | 8 | 9 | 10 | | | |
| 1 | 5.1.8.1 | 外观质量 | 符合质量检验标准要求，表面无损伤、无污物 | | | | | | | | | | | | 合格 |
| | 5.1.8.2 | 钢筋调直 | 符合质量检验标准要求，钢筋直顺 | | | | | | | | | | | | 合格 |
| | 5.1.7.3 | 钢筋长度 ±10 | +8 | +8 | +5 | +5 | +10 | -8 | +7 | -8 | -7 | | 9 | 9 | 100 |
| | 5.1.7.4 | 弯起钢筋位置 ±20 | +8 | +10 | +8 | +8 | -10 | -5 | +8 | -15 | -15 | | 9 | 9 | 100 |

| | | 平均合格率（%） | 100 |
|---|---|---|---|
| 交方班组 | ××× | 接方班组 | ××× |
| 施工负责人 | ××× | 监理工程师 | ××× |
| | | 验收结论 | 合格√　不合格 |
| | | 验收日期 | 2015年3月11日 |

# 检验批工程质量检验记录

| 工程名称 | ×××市×××路×××桥梁工程 | | | | | | | | | | | | 编　号 | | ××× |
|---|---|---|---|---|---|---|---|---|---|---|---|---|---|---|---|
| 施工单位 | ×××市政建设集团有限公司 | | | | | | | | | | | | | | ××× |
| 分项工程名称 | Z3 匝道现浇桥台 | | | | | | | | | | | | | | ××× |
| 检验批工程名称 | Z3 匝道现浇桥台模板工程 | | | | | | | | | | | | | Z3-1-1 | |
| 主要工程数量 | ××××× | | | | | | | | | | | | | | |
| 桩　号 | ××××× | | | | | | | | | | | | | | |

**主控项目**

| 序号 | | 检验依据/允许偏差值（规定值±偏差值） | 检验结果/实测点偏差值或实测值 | | | | | | | | | | 合格率（%） |
|---|---|---|---|---|---|---|---|---|---|---|---|---|---|
| 1 | 6.2.1 | 模板材质、规格、型号及支撑安装质量 | 符合专项施工方案要求。见模板施工记录 | | | | | | | | | | 合格 |

**一般项目**

| 序号 | | 检验依据/允许偏差值（规定值±偏差值） | 检验结果/实测点偏差值或实测值 | | | | | | | | | | 应量测点数 | 合格点数 | 合格率（%） |
|---|---|---|---|---|---|---|---|---|---|---|---|---|---|---|---|
| | | | 1 | 2 | 3 | 4 | 5 | 6 | 7 | 8 | 9 | 10 | | | |
| 1 | 6.2.4.1 | 相邻两板表面高低差 ≤2 | 2 | 1 | 2 | 1 | | | | | | | 4 | 4 | 100 |
| | 6.2.4.2 | 表面平整度 ≤3 | 2 | 1 | 1 | 2 | | | | | | | 4 | 4 | 100 |
| | 6.2.4.3 | 垂直度 >20 | 5 | 4 | 2 | 4 | | | | | | | 4 | 4 | 100 |
| | 6.2.4.4 | 模内尺寸 +5，−8 | +2 | +5 | −6 | +2 | +3 | −4 | | | | | 6 | 6 | 100 |
| | 6.2.4.5 | 轴线位移 ≤10 | 1 | 3 | 3 | 5 | | | | | | | 4 | 4 | 100 |
| | 6.2.4.6 | 支承面高程 +2，−5 | +2 | +1 | −4 | +2 | | | | | | | 4 | 4 | 100 |
| | 6.2.4.8 | 预埋件位置 ≤5 | 4 | 2 | 3 | 5 | | | | | | | 4 | 4 | 100 |
| | 6.2.4.8 | 预埋件平面高差 ≤2 | 1 | 2 | 2 | 1 | | | | | | | 4 | 4 | 100 |
| | 6.2.4.13 | 侧向弯曲 ≤10 | 4 | 8 | 6 | 3 | | | | | | | 4 | 4 | 100 |
| 2 | 6.2.5.1 | 模板外观质量 | 模内无杂物，无积水，表面平整、光洁，接缝严密 | | | | | | | | | | | | 合格 |
| 2 | 6.2.5.2 | 隔离剂 | 隔离剂涂刷均匀，隔离剂材质符合要求。见隔离剂合格证书 | | | | | | | | | | | | 合格 |
| 3 | 6.2.7 | 预埋件安装 | 预埋件安装牢固 | | | | | | | | | | | | 合格 |

| | | 平均合格率（%） | 100 |
|---|---|---|---|
| 交方班组 | ××× | 验收结论 | 合格√　不合格 |
| 接方班组 | ××× | | |
| 施工负责人 | ××× | 验收日期 | 2015 年 3 月 17 日 |
| 监理工程师 | ××× | | |

# 检验批工程质量检验记录

| 工程名称 | ××市××路××桥梁工程 | 分项工程名称 | Z3 匝道现浇桥台 | 检验批工程名称 | Z3 匝道现浇桥台 | 编号 | ××× |
|---|---|---|---|---|---|---|---|
| 施工单位 | ××市政建设集团有限公司 | 桩号 | ×××× | 主要工程数量 | Z3-1-1 匝道桥台钢筋工程　1000kg | | ××× |

| 序号 | 主控项目 | 检验依据/允许偏差（规定值±偏差值） | 检验结果/实测值偏差值或实测值 | | | | | | | | | | 应量测点数 | 合格点数 | 合格率（%） |
|---|---|---|---|---|---|---|---|---|---|---|---|---|---|---|---|
| | | | 1 | 2 | 3 | 4 | 5 | 6 | 7 | 8 | 9 | 10 | | | |
| 1 | 5.1.5.2 | 同一截面接头数量、位置 | 符合设计要求和规范规定 | | | | | | | | | | | | | 合格 |
| | | 绑扎接头搭接长度 | 符合设计要求和规范规定 | | | | | | | | | | | | | 合格 |
| 2 | 5.1.6 | 钢筋规格、数量、位置 | 符合设计要求 | | | | | | | | | | | | | 合格 |
| | | 预埋件 | 预埋件规格、数量和位置符合设计要求 | | | | | | | | | | | | | 合格 |

| 序号 | 一般项目 | 检验依据/允许偏差（规定值±偏差值） | 检验结果/实测点偏差值或实测值 | | | | | | | | | | 应量测点数 | 合格点数 | 合格率（%） |
|---|---|---|---|---|---|---|---|---|---|---|---|---|---|---|---|
| | | | 1 | 2 | 3 | 4 | 5 | 6 | 7 | 8 | 9 | 10 | | | |
| 1 | 5.1.7.1 | 受力钢筋排距 ±5 | +4 | +4 | +4 | +2 | +3 | −5 | −5 | −3 | −3 | −5 | 10 | 10 | 100 |
| | 5.1.7.1 | 受力钢筋间距 ±20 | −5 | +4 | −5 | +4 | −10 | +8 | +8 | +4 | −5 | +4 | 10 | 10 | 100 |
| 2 | 5.1.7.2 | 横向水平筋间距 +0,−20 | −10 | −5 | −10 | −10 | −5 | | | | | | 5 | 5 | 100 |
| 3 | 5.1.7.4 | 钢筋弯起位置 ±20 | +7 | −5 | +4 | −5 | −10 | −8 | +10 | −5 | +4 | −5 | 15 | 15 | 100 |
| 4 | 5.1.7.5 | 保护层厚度 ±5 | +2 | −5 | +4 | −5 | +4 | −5 | +3 | −5 | +4 | −5 | 24 | 24 | 100 |
| | | | +4 | +5 | +4 | −5 | +4 | −5 | +4 | +3 | +4 | −5 | | | |
| 5 | 5.1.8 | 外观质量 | 符合质量检验标准要求，钢筋直顺，钢筋直顺，表面无损伤，无污物。钢筋绑扎牢固 | | | | | | | | | | | | 合格 |
| 6 | 5.1.9 | 钢筋支持 | 符合施工方案规定要求 | | | | | | | | | | | | 合格 |

| | | 平均合格率（%） | 100 |
|---|---|---|---|
| 接方班组 | ××× | | |
| 监理工程师 | ××× | 验收结论 | 合格√　合格/不合格 |
| 支方班组 | ××× | | |
| 施工负责人 | ××× | 验收日期 | 2015 年 1 月 27 日 |

## 检验批工程质量检验记录

| 工程名称 | ×××市×××路×××桥梁工程 | | 分项工程名称 | Z3匝道桥台 | | | | | | | | 编　号 | ××× |
|---|---|---|---|---|---|---|---|---|---|---|---|---|---|
| 施工单位 | ×××市政建设集团有限公司 | | 桩　号 | ×××××× | | | | | | | | | ××× |
| | | | 检验批工程名称 | Z3—1—1匝道桥台混凝土（原材料及配合比） | | | | | | | | | |
| | | | 主要工程数量 | | | | | | | | | | |

| 序号 | 检验项目 | 检验依据/允许偏差<br>（规定值或偏差值） | 检验结果/实测点偏差值或实测值 | | | | | | | | | | 应量测点数 | 合格点数 | 合格率（%） |
|---|---|---|---|---|---|---|---|---|---|---|---|---|---|---|---|
| | | | 1 | 2 | 3 | 4 | 5 | 6 | 7 | 8 | 9 | 10 | | | |
| 主控项目 | | | | | | | | | | | | | | | |
| 1 | 8.2.1 | 水泥进场检验 | 复验合格，见进场验收记录和水泥试验报告 | | | | | | | | | | | | 合格 |
| | | 外加剂检验 | 有出厂合格证书，进场验收记录。复验合格 | | | | | | | | | | | | 合格 |
| | | 氯化物、碱的总含量控制 | 经测试，计算，合格 | | | | | | | | | | | | 合格 |
| | | 配合比设计 | 符合设计要求和相关标准规定。见混凝土配合比申请单 | | | | | | | | | | | | 合格 |

| 序号 | 检验项目 | 检验依据/允许偏差<br>（规定值或偏差值） | 检验结果/实测点偏差值或实测值 | | | | | | | | | | 应量测点数 | 合格点数 | 合格率（%） |
|---|---|---|---|---|---|---|---|---|---|---|---|---|---|---|---|
| | | | 1 | 2 | 3 | 4 | 5 | 6 | 7 | 8 | 9 | 10 | | | |
| 一般项目 | | | | | | | | | | | | | | | |
| 1 | 1.0.4 | 矿物掺合料质量及掺量 | 有出厂合格证书，进场复验报告和进场验收记录。掺量经试验符合设计要求和相关标准规定 | | | | | | | | | | | | 合格 |
| | | 粗细骨料的质量 | 复验合格，有出厂合格证书，进场复验报告和进场验收记录 | | | | | | | | | | | | 合格 |
| | | 拌制混凝土用水 | 符合设计要求和相关标准规定 | | | | | | | | | | | | 合格 |
| | | 开盘鉴定 | 见开盘鉴定报告，满足设计配合比要求 | | | | | | | | | | | | 合格 |
| | | 按砂、石含水率调整配合比 | 见含水率测试报告及施工配合比通知单 | | | | | | | | | | | | 合格 |

| | | 平均合格率（%） | | ××× | | | | | | | | | 验收结论 | 合格√<br>不合格 | |
|---|---|---|---|---|---|---|---|---|---|---|---|---|---|---|---|
| 交方班组 | 接方班组 | | ××× | | | | | | | | | | | | |
| 施工负责人 | 监理工程师 | | ××× | | | | | | | | | 验收日期 | 2015年2月1日 | |

## 检验批工程质量检验记录

| 工程名称 | ××市××路××桥梁工程 | | | 分项工程名称 | | | Z3 匝道钻孔桩基 | | | 检验批工程名称 | | | Z3 匝道钻孔灌注工程（钢筋笼）轴 1－1－1 | | 编　号 | ××× |
|---|---|---|---|---|---|---|---|---|---|---|---|---|---|---|---|---|
| 施工单位 | ××市政建设集团有限公司 | | | 桩　号 | | | ×××××× | | | 主要工程数量 | | | 5000kg | | | ××× |

| 序号 | 主控项目 | 检验依据/允许偏差<br>（规定值±偏差值） | 检验结果/实测点偏差值或实测值 | | | | | | | | | | 应量测点数 | 合格点数 | 合格率（%） |
|---|---|---|---|---|---|---|---|---|---|---|---|---|---|---|---|
| | | | 1 | 2 | 3 | 4 | 5 | 6 | 7 | 8 | 9 | 10 | | | |
| 1 | 5.1.3 | 钢筋品种、牌号、规格、质量 | 符合设计要求和现行标准规定。见钢筋质量证明书、复验报告 | | | | | | | | | | | | 合格 |
| 2 | 5.1.5 | 受力钢筋连接型式和质量 | 符合设计要求和规范规定。见焊接接头性能检验报告 | | | | | | | | | | | | 合格 |

| 序号 | 一般项目 | 检验依据/允许偏差<br>（规定值±偏差值） | 检验结果/实测点偏差值或实测值 | | | | | | | | | | 应量测点数 | 合格点数 | 合格率（%） |
|---|---|---|---|---|---|---|---|---|---|---|---|---|---|---|---|
| | | | 1 | 2 | 3 | 4 | 5 | 6 | 7 | 8 | 9 | 10 | | | |
| 1 | 5.1.7.1 | 受力钢筋间距　±20 | ＋5 | ＋5 | | | | | | | | | 2 | 2 | 100 |
| 2 | 5.1.7.3 | 钢筋笼长度　±10 | ＋5 | ＋7 | | | | | | | | | 2 | 2 | 100 |
| 3 | 5.1.7.3 | 钢筋笼直径　±5 | ＋2 | ＋3 | ＋2 | | | | | | | | 3 | 3 | 100 |
| 4 | 5.1.7.2 | 螺旋筋间距　＋0，－20 | －5 | －5 | －4 | －3 | －6 | | | | | | 5 | 5 | 100 |
| 5 | 5.1.7.5 | 保护层厚度 | 按规范要求设置垫块 | | | | | | | | | | | | 合格 |
| | | | | | | | | | | | | 平均合格率（%） | | | 100 |

| 交方班组 | ××× | 接方班组 | ××× | 验收结论 | 合格√　不合格 |
|---|---|---|---|---|---|
| 施工负责人 | ××× | 监理工程师 | ××× | 验收日期 | 2015 年 1 月 2 日 |

# 检验批工程质量检验记录

| 工程名称 | ××市××路××桥梁工程 | 分项工程名称 | Z3匝道钻孔桩基 | 检验批工程名称 | Z3匝道灌注桩（成孔与混凝土灌注）轴1—1 | 编号 | ××× |
|---|---|---|---|---|---|---|---|
| 施工单位 | ××市政建设集团有限公司 | 桩号 | ×××××× | 主要工程数量 | ××m³ | 编号 | ××× |

| 序号 | 主控项目 | 检验依据/允许偏差值（规定值±偏差值） | 检验结果/实测点偏差值或实测值 | | | | | | | | | | 应量测点数 | 合格点数 | 合格率（%） |
|---|---|---|---|---|---|---|---|---|---|---|---|---|---|---|---|
| | | | 1 | 2 | 3 | 4 | 5 | 6 | 7 | 8 | 9 | 10 | | | |
| 1 | 7.4.5 | 孔径（φ1200） | +200 | | | | | | | | | | 1 | 1 | 100 |
| 2 | 7.4.5 | 孔深 29m | +200 | | | | | | | | | | 1 | 1 | 100 |
| 3 | 7.4.5 | 桩位 ≤50 | 10 | 10 | 10 | 5 | | | | | | | 4 | 4 | 100 |
| 4 | 7.4.5 | 沉渣厚度 ≤150 | 130 | | | | | | | | | | 1 | 1 | 100 |
| 5 | 7.4.2 | 混凝土强度及试块留置 | 有预拌混凝土运输单，按规定留置3组试件 | | | | | | | | | | | | 合格 |
| 6 | 5.1.6 | 钢筋笼安装 | 符合设计要求 | | | | | | | | | | | | 合格 |

| 序号 | 一般项目 | 检验依据/允许偏差值（规定值±偏差值） | 检验结果/实测点偏差值或实测值 | | | | | | | | | | 应量测点数 | 合格点数 | 合格率（%） |
|---|---|---|---|---|---|---|---|---|---|---|---|---|---|---|---|
| | | | 1 | 2 | 3 | 4 | 5 | 6 | 7 | 8 | 9 | 10 | | | |
| 1 | 7.4.6 | 锚固钢筋长度 | 符合设计要求 | | | | | | | | | | | | 合格 |

| 平均合格率（%） | 100 |
|---|---|
| 验收结论 | 合格√　不合格 |
| 验收日期 | 2015年1月18日 |

| 交方班组 | ××× | 接方班组 | ××× |
|---|---|---|---|
| 施工负责人 | ××× | 监理工程师 | ××× |

# 检验批工程质量检验记录

| 工程名称 | ××市××路××桥梁工程 | 分项工程名称 | Z3匝道盖梁 | 检验批工程名称 | Z3匝道盖梁 | 编号 | Z3-1-1匝道①轴盖梁钢筋加工 |
|---|---|---|---|---|---|---|---|
| 施工单位 | ××市政建设集团有限公司 | 桩号 | ×××××× | 主要工程数量 | 2700kg | 编号 | ×××　×××|

**检验结果/实测点实测值**

| 序号 | 主控项目 | 检验依据/允许偏差值（规定值±偏差值） | 1 | 2 | 3 | 4 | 5 | 6 | 7 | 8 | 9 | 10 | 应量测点数 | 合格点数 | 合格率（%） |
|---|---|---|---|---|---|---|---|---|---|---|---|---|---|---|---|
| 1 | 5.1.3.1 | 钢筋原材料 | 符合设计要求和现行标准规定。见Φ22、Φ20、Φ14、Φ12钢筋质量证明书、复验报告各1份 | | | | | | | | | | | | 合格 |
| 2 | 5.1.4 | 钢筋弯制和末端弯钩 | 符合设计要求和规范要求 | | | | | | | | | | | | 合格 |
| 3 | 5.1.5.1 | 受力钢筋连接接型式 | 符合设计要求 | | | | | | | | | | | | 合格 |
| 4 | 5.1.5.2 | Φ22、Φ20接头焊接性能 | 符合设计要求和检验标准规定，见Φ22、Φ20接头焊接性能试验报告 | | | | | | | | | | | | 合格 |

**检验结果/实测点偏差值或实测值**

| 序号 | 一般项目 | 检验依据/允许偏差值（规定值±偏差值） | 1 | 2 | 3 | 4 | 5 | 6 | 7 | 8 | 9 | 10 | 应量测点数 | 合格点数 | 合格率（%） |
|---|---|---|---|---|---|---|---|---|---|---|---|---|---|---|---|
| 1 | 5.1.7.3 | 钢筋长度 ±10 | +8 | +8 | +8 | -5 | -5 | -8 | +8 | -8 | -3 | -7 | 15 | 15 | 100 |
| 2 | 5.1.7.4 | 弯起钢筋位置 ±20 | +8 | -7 | +8 | +10 | +8 | -4 | +8 | -8 | -7 | -7 | 12 | 12 | 100 |
| 3 | 5.1.8 | 外观质量 | 钢筋平直，表面无污物，无损伤，无裂纹 | | | | | | | | | | | | 合格 |

| 交方班组 | ××× | 接方班组 | ××× | 监理工程师 | ××× | 平均合格率（%） | 100 |
|---|---|---|---|---|---|---|---|
| 施工负责人 | ××× | | | | | 验收结论 | 合格√　不合格 |
| | | | | | | 验收日期 | 2015年2月12日 |

# 检验批工程质量检验记录

| 工程名称 | ×××市×××路××桥梁工程 | | | 分项工程名称 | Z3 匝道盖梁 | | | 检验批工程名称 | Z3-1-1 匝道①轴盖梁预应力原材料 | | | 编　号 | ××× |
|---|---|---|---|---|---|---|---|---|---|---|---|---|---|
| 施工单位 | ×××市政建设集团有限公司 | | | 桩　　号 | ×××××× | | | 主要工程数量 | 1100kg | | | 编　号 | ××× |

| 序号 | 主控项目 | 检验依据/允许偏差<br>（规定值±偏差值） | 检验结果/实测点偏差值或实测值 | | | | | | | | | | | 应量测点数 | 合格点数 | 合格率（%） |
|---|---|---|---|---|---|---|---|---|---|---|---|---|---|---|---|---|
| | | | 1 | 2 | 3 | 4 | 5 | 6 | 7 | 8 | 9 | 10 | | | |
| 1 | 5.2.3.1 | 预应力筋规格、数量、等级和技术性能 | 符合设计要求和产品标准规定。见钢绞线质量证明书、复验报告和进场验收记录各1份 | | | | | | | | | | | | 合格 |
| 2 | 5.2.3.2 | 预应力筋的外观质量 | 符合验收标准规定。钢绞线无断丝 | | | | | | | | | | | | 合格 |
| 3 | 5.2.6 | 张拉设备及器具 | 符合设计要求和验收标准规定。有标识。见锚具检验报告 | | | | | | | | | | | | 合格 |
| | | | | | | | | | | | | | | | |

| 序号 | 一般项目 | 检验依据/允许偏差<br>（规定值±偏差值） | 检验结果/实测点偏差值或实测值 | | | | | | | | | | | 应量测点数 | 合格点数 | 合格率（%） |
|---|---|---|---|---|---|---|---|---|---|---|---|---|---|---|---|---|
| | | | 1 | 2 | 3 | 4 | 5 | 6 | 7 | 8 | 9 | 10 | | | |
| 1 | 5.2.10 | 预应力筋外观质量 | 符合验收标准规定，表面清洁，无污染、无锈蚀 | | | | | | | | | | | | 合格 |
| 2 | 5.2.11 | 锚具、夹具、连接器 | 符合验收标准规定，表面清洁，无裂纹，无锈蚀 | | | | | | | | | | | | 合格 |
| 3 | 5.2.12 | 波纹管尺寸和性能 | 符合现行标准规定。见质量证明书、复验报告和进场验收记录 | | | | | | | | | | | | 合格 |
| 4 | 5.2.13 | 波纹管外观质量 | 波纹管内外清洁，无孔洞，无污染、无锈蚀 | | | | | | | | | | | | |
| | | | | | | | | | | | | | | | |
| | | | | | | | | | | | | | | 平均合格率（%） | ××× |

| 交方班组 | ××× | 接方班组 | ××× | 验收结论 | 合格√ 不合格 |
|---|---|---|---|---|---|
| 施工负责人 | ××× | 监理工程师 | ××× | 验收日期 | 2015年3月2日 |

# 检验批工程质量检验记录

| 工程名称 | ×××路×××桥梁工程 | 分项工程名称 | Z3匝道盖梁 | 编号 | ××× |
|---|---|---|---|---|---|
| 施工单位 | ××市市政建设集团有限公司 | 检验批工程名称 | Z3-1-1匝道①轴梁支架支模板安装 | 编号 | ××× |

**主控项目**

| 序号 | 检验依据/允许偏差值（规定值±偏差值） | 主要工程数量（检验结果/实测值偏差值或实测值） | 应量测点数 | 合格点数 | 合格率（%） |
|---|---|---|---|---|---|
| 1 | 6.2.1.1 | 支（排）架、模板强度、刚度稳定性 | 支架、模板材质、规格、型号符合专项施工方案设计要求。支架地基处理符合专项施工方案要求。 | | 合格 |
| 2 | 6.2.1.2 | 支架、模板安装 | 模板支撑、立柱、斜撑位置符合专项施工方案要求。支架、模板连接及紧固符合施工方案要求。 | | 合格 |

**一般项目**

| 序号 | 检验依据/允许偏差值（规定值±偏差值） | 1 | 2 | 3 | 4 | 5 | 6 | 7 | 8 | 9 | 10 | 应量测点数 | 合格点数 | 合格率（%） |
|---|---|---|---|---|---|---|---|---|---|---|---|---|---|---|
| 1 | 6.2.4.1　相邻两板表面高低差 ≤2 | 2 | 1 | 2 | 1 | | | | | | | 4 | 4 | 100 |
| 2 | 6.2.4.2　表面平整度 ≤3 | 2 | 2 | 1 | 2 | | | | | | | 4 | 4 | 100 |
| 3 | 6.2.4.3　垂直度 ≯20 | 5 | 4 | 2 | 4 | | | | | | | 4 | 4 | 100 |
| 4 | 6.2.4.4　模内尺寸 +3，-5 | +2 | +3 | -1 | +1 | +3 | -4 | | | | | 6 | 6 | 100 |
| 5 | 6.2.4.5　轴线位移 ≤8 | 5 | 2 | 3 | 6 | | | | | | | 4 | 4 | 100 |
| 6 | 6.2.4.6　支承面高程 +2，-5 | +2 | +1 | -4 | +2 | | | | | | | 4 | 4 | 100 |
| 7 | 6.2.4.9　预留孔位置 ≤5 | 3 | 2 | 3 | 4 | | | | | | | 4 | 4 | 100 |
| 8 | 6.2.4.10　设计起拱 ±3 | +2 | | | | | | | | | | 1 | 1 | 100 |
| 9 | 6.2.4.13　侧向弯曲 ≤10 | 4 | 5 | | | | | | | | | 2 | 2 | 100 |
| 10 | 6.2.5　外观质量 | 模板表面整洁、接缝严密，模板内无积水、杂物。 | | | | | | | | | | | | 合格 |
| 11 | 6.2.5　隔离剂 | 隔离剂涂刷均匀，隔离剂材质符合要求。见隔离剂合格证书 | | | | | | | | | | | | 合格 |
| 12 | 6.2.7　预埋件 | 预埋件安装率100% | | | | | | | | | | | | 合格 |

| 平均合格率（%） | 100 |
|---|---|
| 验收结论 | 合格√ |
| 验收日期 | 2015年3月5日 |

| 交方班组 | 接方班组 | |
|---|---|---|
| 施工负责人 ××× | 监理工程师 ××× | 合格　不合格 |

# 检验批工程质量检验记录

| 工程名称 | ×××市×××路×××桥梁工程 | 分项工程名称 | Z3匝道梁 | 检验批工程名称 | Z3-1-1匝道①轴盖梁钢筋安装表 | 编　号 | ××× |
|---|---|---|---|---|---|---|---|
| 施工单位 | ×××市政建设集团有限公司 | 桩号 | ××××× | 主要工程数量 | 9700kg | | ××× |

## 主控项目

| 序号 | 检验依据/允许偏差值（规定值±偏差值） | 检验结果/实测值偏差值或实测值 | 应量测点数 | 合格点数 | 合格率（%） |
|---|---|---|---|---|---|
| 1 | 5.1.5　同一截面接头数量、位置 | 符合设计要求和规范规定 | | | 合格 |
| 2 | 5.1.6　钢筋规格、数量、位置 | 符合设计要求 | | | 合格 |
| 2 | 5.1.6　预埋件 | 预埋件规格、数量和位置符合设计要求 | | | 合格 |

## 一般项目

| 序号 | 检验依据/允许偏差值（规定值±偏差值） | 1 | 2 | 3 | 4 | 5 | 6 | 7 | 8 | 9 | 10 | 应量测点数 | 合格点数 | 合格率（%） |
|---|---|---|---|---|---|---|---|---|---|---|---|---|---|---|
| 1 | 5.1.7.1　受力钢筋排距　±5 | −5 | +4 | −5 | +4 | −5 | +4 | −5 | +4 | −5 | +4 | 10 | 10 | 100 |
| 1 | 5.1.7.1　受力钢筋间距　±10 | +4 | −5 | +4 | −5 | +4 | −5 | +4 | +4 | +4 | | 8 | 8 | 100 |
| 2 | 5.1.7.2　箍筋间距　+0，−20 | −10 | −5 | −8 | −10 | −5 | | | | | | 5 | 5 | 100 |
| 2 | 5.1.7.2　横向水平筋间距　+0，−20 | −10 | −5 | −10 | −10 | −15 | | | | | | 5 | 5 | 100 |
| 3 | 5.1.7.3　钢筋骨架长　±10 | −5 | +4 | −5 | +4 | +4 | +4 | −5 | +4 | −5 | | 9 | 9 | 100 |
| 3 | 5.1.7.3　钢筋骨架宽　±5 | +4 | +4 | +4 | −5 | +4 | −5 | +4 | −5 | +4 | | 9 | 9 | 100 |
| 3 | 5.1.7.3　钢筋骨架高　±5 | +4 | +4 | −5 | −5 | −5 | −5 | +4 | −5 | +4 | | 9 | 9 | 100 |
| 4 | 5.1.7.4　弯起钢筋位置　±20 | −5 | +4 | −5 | +4 | +4 | +4 | −5 | +4 | −5 | | 9 | 9 | 100 |
| 5 | 5.1.7.5　保护层厚度　±5 | −5 | +4 | −5 | +4 | −5 | +4 | −5 | +4 | −5 | +4 | 30 | 30 | 100 |
| | | −5 | +4 | −5 | +4 | −5 | +4 | −5 | +4 | −5 | +4 | | | |
| | | −5 | +4 | −5 | +4 | −5 | +4 | −5 | +4 | −5 | +4 | | | |
| 6 | 5.1.8　钢筋外观质量 | 钢筋平直、表面无损伤、无污物、钢筋绑扎牢固 | | | | | | | | | | | | 合格 |

| | | 平均合格率（%） | 100 |
|---|---|---|---|
| 交方班组 | ××× | 接方班组 | ××× |
| | | 验收结论 | 合格√　不合格 |
| 施工负责人 | ××× | 监理工程师 | ××× |
| | | 验收日期 | 2015年3月10日 |

## 检验批工程质量检验记录

| 工程名称 | ××市××路××桥工程 | | 分项工程名称 | Z3匝道盖梁 | | 检验批工程名称 | Z3-1-1匝道①轴盖梁预应力安装 | 编号 | ××× |
|---|---|---|---|---|---|---|---|---|---|
| 施工单位 | ××市政建设集团有限公司 | | 桩号 | ××××× | | 主要工程数量 | 550kg(3孔道) | 编号 | ××× |

**主控项目**

| 序号 | 检验依据/允许偏差(规定值±偏差值) | 检验结果/实测点值或实测值 | | | | | | | | | | 应量测点数 | 合格点数 | 合格率(%) |
|---|---|---|---|---|---|---|---|---|---|---|---|---|---|---|
| | | 1 | 2 | 3 | 4 | 5 | 6 | 7 | 8 | 9 | 10 | | | |
| 1 | 5.2.3.1 预应力筋 | 钢绞线规格、等级和数量符合设计要求 | | | | | | | | | | | | 合格 |
| 2 | 5.2.3.2 外观质量 | 钢绞线顺直、无断丝、无损伤 | | | | | | | | | | | | 合格 |
| 3 | 5.2.5.6 预应力筋孔道、张应设备器具 | 孔道安装有固定支架、固定牢固,接头密合;张拉设备、器具符合标准规定,见锚具检验报告 | | | | | | | | | | | | 合格 |
| 4 | 5.2.9.1 管道坐标30(梁长方向) | 6 | 5 | 9 | 7 | 8 | 12 | 6 | 10 | 8 | 7 | 30 | 30 | 100 |
| | | 10 | 8 | 7 | 10 | 5 | 4 | 7 | 8 | 8 | 6 | | | |
| | | 6 | 10 | 4 | 7 | 8 | 9 | 4 | 10 | 8 | 7 | | | |
| 5 | 5.2.9.1 管道坐标10(梁高方向) | 7 | 8 | 7 | 6 | 9 | 4 | 7 | 8 | 9 | 6 | 30 | 30 | 100 |
| | | 5 | 4 | 7 | 8 | 9 | 6 | 6 | 8 | 9 | 6 | | | |
| | | 6 | 5 | 4 | 7 | 3 | 9 | 6 | 5 | 8 | 7 | | | |
| 6 | 5.2.9.2 管道间距10(同排) | 4 | 8 | 7 | 6 | 4 | 5 | 7 | 9 | 9 | 6 | 15 | 15 | 100 |
| | | 5 | 4 | 7 | 8 | 9 | 3 | | | | | | | |
| 7 | 5.2.9.2 管道间距10(上下排) | 8 | 8 | 7 | 6 | 5 | 3 | 7 | 8 | 9 | 6 | 15 | 15 | 100 |
| | | 8 | 4 | 7 | 8 | 5 | | | | | | | | |

**一般项目**

| 序号 | 检验依据/允许偏差(规定值±偏差值) | 检验结果/实测点值或实测值 | | | | | | | | | | 应量测点数 | 合格点数 | 合格率(%) |
|---|---|---|---|---|---|---|---|---|---|---|---|---|---|---|
| | | 1 | 2 | 3 | 4 | 5 | 6 | 7 | 8 | 9 | 10 | | | |
| 1 | 5.2.10 预应力筋外观质量 | 符合验收标准规定,表面清洁、无污染、无锈蚀 | | | | | | | | | | | | 合格 |
| 2 | 5.2.11 锚具、夹具、连接器 | 符合验收标准规定,表面无裂纹、表面清洁、无污染、无锈蚀 | | | | | | | | | | | | 合格 |
| 3 | 5.2.12 波纹管尺寸和性能 | 符合现行标准规定,见质量证明书、复验验收记录 | | | | | | | | | | | | 合格 |
| 4 | 5.2.13 波纹管外观质量 | 见质量证明书和进场验收记录,无孔洞、无污染、无锈蚀 | | | | | | | | | | | | 合格 |
| 5 | 5.2.14 预应力筋下料 | 符合技术规范规定 | | | | | | | | | | | | 合格 |

| | | 平均合格率(%) | 100 |
|---|---|---|---|
| 交方班组 ××× | 接方班组 ××× | 验收结论 | 合格√　不合格 |
| 施工负责人 ××× | 监理工程师 ××× | 验收日期 | 2015年3月11日 |

# 检验批工程质量检验记录

| 工程名称 | ×××市×××路×××桥梁工程 | | 分项工程名称 | Z3匝道梁 | | 编号 | ××× |
|---|---|---|---|---|---|---|---|
| 施工单位 | ×××市政建设集团有限公司 | | 检验批工程名称 | ×××××× | | | ××× |
| | | | 主要工程数量 | Z3-1-1匝道①轴盖梁预应力张拉 | | | |

| 序号 | 主控项目 | 检验依据/允许偏差（规定值±偏差值） | 检验结果/实测点偏差值或实测值 | | | | | | | | | | 应量测点数 | 合格点数 | 合格率（%） |
|---|---|---|---|---|---|---|---|---|---|---|---|---|---|---|---|
| | | | 1 | 2 | 3 | 4 | 5 | 6 | 7 | 8 | 9 | 10 | | | |
| 1 | 5.2.7 | 张拉时混凝土强度 | 符合设计要求和规程规定。见同条件试块养护试验报告 | | | | | | | | | | | | 合格 |
| 2 | 5.2.8 | 断丝、滑丝 | 全部预应力筋未发生断丝、滑丝 | | | | | | | | | | | | 合格 |
| 3 | 5.2.9 | 张拉应力值 | 符合设计要求和规程规定。见张拉记录 | | | | | | | | | | | | 合格 |
| 4 | 5.2.9 | 张拉伸长值 ±6% | 符合设计要求和规程规定。见张拉记录 | | | | | | | | | | | | 合格 |

| 序号 | 一般项目 | 检验依据/允许偏差（规定值±偏差值） | 检验结果/实测点偏差值或实测值 | | | | | | | | | | 应量测点数 | 合格点数 | 合格率（%） |
|---|---|---|---|---|---|---|---|---|---|---|---|---|---|---|---|
| | | | 1 | 2 | 3 | 4 | 5 | 6 | 7 | 8 | 9 | 10 | | | |
| 1 | 5.2.16 | 孔道压浆 | 水泥浆强度和压浆符合规程规定，见压浆记录 | | | | | | | | | | | | 合格 |
| 2 | 5.2.17 | 预应力筋切断 | 符合验收标准规定，采用无齿锯切断 | | | | | | | | | | | | 合格 |
| 3 | 5.2.18 | 张拉顺序、张拉工艺 | 符合设计要求和技术规程规定。见张拉记录 | | | | | | | | | | | | 合格 |

| 交方班组 | ××× | 接方班组 | ××× | 平均合格率（%） | ××× |
|---|---|---|---|---|---|
| 施工负责人 | ××× | 监理工程师 | ××× | 验收结论 | 合格√　不合格 |
| | | | | 验收日期 | 2015年3月21日 |

# 检验批工程质量检验记录

| 工程名称 | ××市××路××桥梁工程 | 分项工程名称 | Z3 匝道现浇箱梁 | 检验批工程名称 | Z3 匝道①～②轴现浇梁体钢筋加工工程 | 编　号 | ××× |
|---|---|---|---|---|---|---|---|
| 施工单位 | ×××市政建设集团有限公司 | 桩　号 | ××××××× | 主要工程数量 | ×××kg | | ××× |

| 序号 | 主控项目 | 检验依据/允许偏差（规定值±偏差值） | 检验结果/实测点值或偏差值实测值 | | | | | | | | | | 应量测点数 | 合格点数 | 合格率（%） |
|---|---|---|---|---|---|---|---|---|---|---|---|---|---|---|---|
| | | | 1 | 2 | 3 | 4 | 5 | 6 | 7 | 8 | 9 | 10 | | | |
| 1 | 5.1.3 | 原材料 | 钢筋品种、牌号、规格符合设计要求和产品标准规定。Φ32、Φ28、Φ25、Φ12 有钢筋质量证明书、复验报告各 1 份及进场验收记录 | | | | | | | | | | | | 合格 |
| 2 | 5.1.4 | 钢筋弯制和弯钩 | 符合设计要求和规范规定 | | | | | | | | | | | | 合格 |
| 3 | 5.1.5.1 | 受力筋连接型式 | 符合设计要求 | | | | | | | | | | | | 合格 |
| 4 | 5.1.5.2 | 焊接接头质量 | 符合设计要求和规范规定。见焊接接头性能检验报告 | | | | | | | | | | | | 合格 |

| 序号 | 一般项目 | 检验依据/允许偏差（规定值±偏差值） | 检验结果/实测点偏差值或实测值 | | | | | | | | | | 应量测点数 | 合格点数 | 合格率（%） |
|---|---|---|---|---|---|---|---|---|---|---|---|---|---|---|---|
| | | | 1 | 2 | 3 | 4 | 5 | 6 | 7 | 8 | 9 | 10 | | | |
| 1 | 5.1.7.3 | 钢筋长度 ±10 | +8 -8 | +8 -6 | +8 | +4 | +4 | -8 | +8 | -8 | -7 | -7 | 12 | 12 | 100 |
| 2 | 5.1.7.4 | 弯起钢筋位置 ±20 | +8 -8 | +8 +4 | +6 | +6 | +5 | -8 | -10 | -12 | -7 | -7 | 12 | 12 | 100 |
| 3 | 5.1.8 | 外观质量 | 钢筋平直，表面无污物、无损伤、无裂纹 | | | | | | | | | | | | 合格 |

| 交方班组 | ××× | 接方班组 | ××× | 平均合格率（%） | 100 |
|---|---|---|---|---|---|
| 施工负责人 | ××× | 监理工程师 | ××× | 验收结论 | 合格√　不合格 |
| | | | | 验收日期 | 2015 年 4 月 20 日 |

# 检验批工程质量检验记录

| | | 编号 | ××× |
| --- | --- | --- | --- |
| | | | ××× |

| 工程名称 | ××市××路××桥工程 | 分项工程名称 | Z3匝道现浇箱梁 | 检验批工程名称 | Z3匝道①~②轴现浇梁钢筋安装工程 | 编号 | ××× |
| --- | --- | --- | --- | --- | --- | --- | --- |
| 施工单位 | ××市政建设集团有限公司 | 桩 号 | ××××× | 主要工程数量 | ××kg | | |

**主控项目**

| 序号 | 检验依据/允许偏差值（规定值±偏差值） | 检验结果/实测值偏差值或实测值 | 合格点数 | 合格率（%） |
| --- | --- | --- | --- | --- |
| 1 | 5.1.5 | 同一截面接头数量、位置 | 符合设计要求和规范规定 | | 合格 |
| 2 | 5.1.6 | 钢筋规格、数量、位置 | 符合设计要求 | | 合格 |
| 3 | 5.1.6 | 预埋件 | 预理件规格、数量和位置符合设计要求 | | 合格 |

**一般项目**

| 序号 | 检验依据/允许偏差值（规定值±偏差值） | 1 | 2 | 3 | 4 | 5 | 6 | 7 | 8 | 9 | 10 | 应量测点数 | 合格点数 | 合格率（%） |
| --- | --- | --- | --- | --- | --- | --- | --- | --- | --- | --- | --- | --- | --- | --- |
| 1 | 5.1.7.1 受力钢筋排距 ±5 | -5 | +4 | +3 | -2 | -5 | +2 | +3 | +5 | -5 | +4 | 10 | 10 | 100 |
| 2 | 5.1.7.1 受力钢筋间距 ±10 | +8 | -5 | +4 | -5 | +4 | -5 | -5 | +6 | -5 | | 8 | 8 | 100 |
| 3 | 5.1.7.2 箍筋间距 +0，-20 | -10 | -5 | -15 | -10 | -5 | | | | | | 5 | 5 | 100 |
| 4 | 5.1.7.2 横向水平筋间距 +0，-20 | -10 | -5 | -15 | -10 | -5 | | | | | | 5 | 5 | 100 |
| 5 | 5.1.7.3 钢筋骨架长 ±10 | -5 | +4 | -5 | +4 | +4 | +4 | -5 | +4 | -5 | | 9 | 9 | 100 |
| 6 | 5.1.7.3 钢筋骨架宽 ±5 | +4 | -5 | +4 | -5 | +4 | -5 | +4 | -5 | +4 | | 9 | 9 | 100 |
| 7 | 5.1.7.3 钢筋骨架高 ±5 | +4 | +4 | +4 | -5 | +5 | -5 | -5 | -5 | +4 | | 9 | 9 | 100 |
| 8 | 5.1.7.4 弯起钢筋位置 ±20 | -5 | +4 | -5 | +4 | -5 | +4 | -5 | +4 | -5 | | 9 | 9 | 100 |
| 9 | 5.1.7.5 保护层厚度 ±5 | -3 | +4 | -3 | +4 | +5 | -4 | -5 | +4 | -5 | +4 | 24 | 24 | 100 |
| 10 | | -3 | +4 | -2 | -5 | +5 | -4 | +4 | -5 | -5 | +4 | | | |
| 11 | | -3 | +4 | -3 | +5 | | | | | | | | | |
| 12 | 5.1.8 钢筋外观质量 | 钢筋平直，表面无损伤，无污物。钢筋绑扎牢固 | | | | | | | | | | | 合格 |

| | | 平均合格率（%） | 100 |
| --- | --- | --- | --- |
| 交方班组 | ××× | 接方班组 | ××× | 验收结论 | 合格√　不合格 |
| 施工负责人 | ××× | 监理工程师 | ××× | 验收日期 | 2015年3月10日 |

# 检验批工程质量检验记录

| 工程名称 | ×××市××路××桥××梁工程 | 分项工程名称 | Z3匝道现浇箱梁 | 检验批工程名称 | ×××× | 编号 | |
|---|---|---|---|---|---|---|---|
| 施工单位 | ××市政建设集团有限公司 | 桩号 | ×××××× | 主要工程数量 | Z3匝道①～②轴现浇梁体预应力安装工程1肋 6孔道 | | ××× ××× |

| 序号 | 主控项目 | 检验依据/允许偏差（规定值±偏差值） | 检验结果/实测点偏差值或实测值 1 | 2 | 3 | 4 | 5 | 6 | 7 | 8 | 9 | 10 | 应量测点数 | 合格点数 | 合格率（%） |
|---|---|---|---|---|---|---|---|---|---|---|---|---|---|---|---|
| 1 | 5.2.3.1 | 预应力筋 | 钢绞线规格、等级和数量符合设计要求 | | | | | | | | | | | | 合格 |
| 2 | 5.2.3.2 | 外观质量 | 钢绞线顺直、无断丝、无损伤 | | | | | | | | | | | | 合格 |
| 3 | 5.2.5、5.2.6 | 预应力筋孔道,张拉设备,器具 | 孔道安装有固定支架、固定牢固,接头密合;张拉设备、器具符合标准规定,见锚具检验报告 | | | | | | | | | | | | 合格 |
| 4 | 5.2.9.1 | 管道坐标30(梁长方向) | 共计检查60点,全部合格 | | | | | | | | | 60 | 60 | 100 |
| 5 | 5.2.9.1 | 管道坐标10(梁高方向) | 共计检查60点,全部合格 | | | | | | | | | 60 | 60 | 100 |
| 6 | 5.2.9.2 | 管道间距10(同排) | 共计检查30点,全部合格 | | | | | | | | | 30 | 30 | 100 |
| 7 | 5.2.9.2 | 管道间距10(上下排) | 共计检查30点,全部合格 | | | | | | | | | 30 | 30 | 100 |

| 序号 | 一般项目 | 检验依据/允许偏差（规定值±偏差值） | 检验结果/实测点偏差值或实测值 1 | 2 | 3 | 4 | 5 | 6 | 7 | 8 | 9 | 10 | 应量测点数 | 合格点数 | 合格率（%） |
|---|---|---|---|---|---|---|---|---|---|---|---|---|---|---|---|
| 1 | 5.2.10 | 预应力筋外观质量 | 符合验收标准规定,表面清洁,无污染,无锈蚀 | | | | | | | | | | | | 合格 |
| 2 | 5.2.11 | 夹具 | 符合验收标准规定,表面无裂纹,表面清洁,无污染,无锈蚀 | | | | | | | | | | | | 合格 |
| 3 | 5.2.12 | 波纹管尺寸和性能 | 符合现行标准规定。见质量证明书、复验报告和进场验收记录 | | | | | | | | | | | | 合格 |
| 4 | 5.2.13 | 波纹管外观质量 | 波纹管内外清洁,无孔洞,无污染,无锈蚀 | | | | | | | | | | | | 合格 |
| 5 | 5.2.14 | 预应力筋下料 | 符合技术规范规定 | | | | | | | | | | | | 合格 |

| 交方班组 | ××× | 接方班组 | ××× | 平均合格率（%） | 100 |
|---|---|---|---|---|---|
| 施工负责人 | ××× | 监理工程师 | ××× | 验收结论 | 合格√ | 验收日期 | 2015年3月22日 |

# 检验批工程质量检验记录

| 工程名称 | ××市××路××桥梁工程 | 分项工程名称 | Z3 匝道现浇箱梁 | 检验批工程名称 | Z3 匝道①~②轴现浇梁预应力张拉工程 | 编号 | ××× |
|---|---|---|---|---|---|---|---|
| 施工单位 | ××市政建设集团有限公司 | 桩号 | ×××××× | 主要工程数量 | 4×6 孔道 | | ××× |

## 主控项目

| 序号 | | 检验依据/允许偏差（规定值±偏差值） | 检验结果/实测点偏差值或实测值 | | | | | | | | | | 应量测点数 | 合格点数 | 合格率（%） |
|---|---|---|---|---|---|---|---|---|---|---|---|---|---|---|---|
| | | | 1 | 2 | 3 | 4 | 5 | 6 | 7 | 8 | 9 | 10 | | | |
| 1 | 5.2.7 | 张拉时混凝土强度 | 符合设计要求和规程规定。见同条件试块养护试验报告 | | | | | | | | | | | | 合格 |
| 2 | 5.2.8 | 断丝,滑丝 | 全部预应力筋未发生断丝、滑丝 | | | | | | | | | | | | 合格 |
| 3 | 5.2.9 | 张拉应力值 | 符合设计要求和规程规定。见张拉记录 | | | | | | | | | | | | 合格 |
| 4 | 5.2.9 | 张拉伸长值 ±6% | 符合设计要求和规程规定。见张拉记录 | | | | | | | | | | | | 合格 |

## 一般项目

| 序号 | | 检验依据/允许偏差（规定值±偏差值） | 检验结果/实测点偏差值或实测值 | | | | | | | | | | 应量测点数 | 合格点数 | 合格率（%） |
|---|---|---|---|---|---|---|---|---|---|---|---|---|---|---|---|
| | | | 1 | 2 | 3 | 4 | 5 | 6 | 7 | 8 | 9 | 10 | | | |
| 1 | 5.2.16 | 孔道压浆 | 水泥浆强度和压浆符合设计要求和规程规定、见压浆记录 | | | | | | | | | | | | 合格 |
| 2 | 5.2.17 | 预应力筋切断 | 符合验收标准规定、采用无齿锯切断 | | | | | | | | | | | | 合格 |
| 3 | 5.2.18 | 张拉顺序,张拉工艺 | 符合设计要求和技术规程规定。见张拉记录 | | | | | | | | | | | | 合格 |

| 交方班组 | ××× | 接方班组 | ××× | 平均合格率（%） | ××× |
|---|---|---|---|---|---|
| 施工负责人 | ××× | 监理工程师 | ××× | 验收结论 | 合格√ 不合格 |
| | | | | 验收日期 | 2015 年 4 月 21 日 |

# 检验批工程质量检验记录

| 工程名称 | ××市××路××桥梁工程 | 分项工程名称 | Z3匝道现浇箱梁 | 检验批工程名称 | Z3—1—1匝道①～②轴现浇梁体模板拆除 | 编 号 | ××× |
| --- | --- | --- | --- | --- | --- | --- | --- |
| 施工单位 | ××市政建设集团有限公司 | 桩 号 | ×××××× | 主要工程数量 | 1 | | ××× |

| 序号 | 主控项目 | 检验依据/允许偏差（规定值±偏差值） | 检验结果/实测点偏差值或实测值 | | | | | | | | | | 应量测点数 | 合格点数 | 合格率（%） |
|---|---|---|---|---|---|---|---|---|---|---|---|---|---|---|---|
| | | | 1 | 2 | 3 | 4 | 5 | 6 | 7 | 8 | 9 | 10 | | | |
| 1 | 6.2.2 | 模板拆除时混凝土强度 | 符合设计要求和规范规定。见同条件试块试验报告 | | | | | | | | | | | | 合格 |
| 2 | 6.2.1 | 支架和拱架拆除的顺序及安全措施 | 符合设计和专项施工方案要求 | | | | | | | | | | | | 合格 |

| 序号 | 一般项目 | 检验依据/允许偏差（规定值±偏差值） | 检验结果/实测点偏差值或实测值 | | | | | | | | | | 应量测点数 | 合格点数 | 合格率（%） |
|---|---|---|---|---|---|---|---|---|---|---|---|---|---|---|---|
| | | | 1 | 2 | 3 | 4 | 5 | 6 | 7 | 8 | 9 | 10 | | | |
| 1 | 9.2.7 | 混凝土表面质量 | 模板拆除未损伤混凝土表面质量 | | | | | | | | | | | | 合格 |

| 交方班组 | 接方班组 | ××× | 平均合格率（%） | |
|---|---|---|---|---|
| 施工负责人 | 监理工程师 | ××× | 验收结论 | 合格√ 不合格 |
| | | | 验收日期 | 2015年4月25日 |

# 检验批工程质量检验记录

| 工程名称 | ××市××路××桥梁工程 | 分项工程名称 | 主路立交桥现浇预应力箱梁 | 检验批工程名称 | 主路立交桥⑥~⑨轴连续双支臂箱结构⑥~⑦轴预应力工程 | 编号 | ××× |
|---|---|---|---|---|---|---|---|
| 施工单位 | ××市政建设集团有限公司 | 桩号 | ×××××× | 主要工程数量 | 4×6孔（肋板表） | 编号 | ××× |

**主控项目**

| 序号 | 检验依据/允许偏差（规定值±偏差值） | 检验结果/实测点偏差值或实测值 1 | 2 | 3 | 4 | 5 | 6 | 7 | 8 | 9 | 10 | 应量测点数 | 合格点数 | 合格率（%） |
|---|---|---|---|---|---|---|---|---|---|---|---|---|---|---|
| 1 | 5.2.7　张拉时混凝土强度 | 符合设计要求和规程规定。见同条件试块养护试验报告 | | | | | | | | | | | | 合格 |
| 2 | 5.2.8　断丝、滑丝 | 全部预应力筋未发生断丝、滑丝 | | | | | | | | | | | | 合格 |
| 3 | 5.2.9　张拉应力值 | 符合设计要求和规程规定。见张拉记录 | | | | | | | | | | | | 合格 |
| 4 | 5.2.9　张拉伸长值 ±6% | 符合设计要求和规程规定。见张拉记录 | | | | | | | | | | | | 合格 |

**一般项目**

| 序号 | 检验依据/允许偏差（规定值±偏差值） | 检验结果/实测点偏差值或实测值 1 | 2 | 3 | 4 | 5 | 6 | 7 | 8 | 9 | 10 | 应量测点数 | 合格点数 | 合格率（%） |
|---|---|---|---|---|---|---|---|---|---|---|---|---|---|---|
| 1 | 5.2.16　孔道压浆 | 水泥浆强度和压浆符合设计要求和规程规定，见压浆记录 | | | | | | | | | | | | 合格 |
| 2 | 5.2.17　预应力筋切断 | 符合验收标准规定，采用无齿锯切断 | | | | | | | | | | | | 合格 |
| 3 | 5.2.18　张拉顺序、张拉工艺 | 符合设计要求和技术规程规定。见张拉记录 | | | | | | | | | | | | 合格 |

| 交方班组 | ××× | 接方班组 | ××× | 平均合格率（%） | ××× |
|---|---|---|---|---|---|
| 施工负责人 | ××× | 监理工程师 | ××× | 验收结论 | 合格√ 不合格 |
| | | | | 验收日期 | 2015年5月21日 |

# 检验批工程质量检验记录

| 工程名称 | ××市×××路××桥梁工程 | 分项工程名称 | 主路立支桥现浇预应力箱梁 | 检验批工程名称 | 主路立支桥⑥~⑨轴连续双悬臂结构⑦轴预应力工程 | 编号 | ××× |
|---|---|---|---|---|---|---|---|
| 施工单位 | ×××市政建设集团有限公司 | 桩号 | ××××× | 主要工程数量 | 6孔(⑦轴顶板束) | 编号 | ××× |

| 序号 | 主控项目 | 检验依据/允许偏差值(规定值土偏差值) | 检验结果/实测点偏差值或实测值 1 | 2 | 3 | 4 | 5 | 6 | 7 | 8 | 9 | 10 | 应量测点数 | 合格点数 | 合格率(%) |
|---|---|---|---|---|---|---|---|---|---|---|---|---|---|---|---|
| 1 | 5.2.7 | 张拉时混凝土强度 | 符合设计要求和规程规定。见同条件试块养护试验报告 | | | | | | | | | | | | 合格 |
| 2 | 5.2.8 | 断丝,滑丝 | 全部预应力筋未发生断丝、滑丝 | | | | | | | | | | | | 合格 |
| 3 | 5.2.9 | 张拉应力值 | 符合设计要求和规程规定。见张拉记录 | | | | | | | | | | | | 合格 |
| 4 | 5.2.9 | 张拉伸长值　±6% | 符合设计要求和规程规定。见张拉记录 | | | | | | | | | | | | 合格 |
| | | | | | | | | | | | | | | | |

| 序号 | 一般项目 | 检验依据/允许偏差值(规定值土偏差值) | 检验结果/实测点偏差值或实测值 1 | 2 | 3 | 4 | 5 | 6 | 7 | 8 | 9 | 10 | 应量测点数 | 合格点数 | 合格率(%) |
|---|---|---|---|---|---|---|---|---|---|---|---|---|---|---|---|
| 1 | 5.2.16 | 孔道压浆 | 水泥浆强度和压浆符合设计要求和规程规定,见压浆记录 | | | | | | | | | | | | 合格 |
| 2 | 5.2.17 | 预应力筋切断 | 符合验收标准规定,采用无齿锯切断 | | | | | | | | | | | | 合格 |
| 3 | 5.2.18 | 张拉顺序,张拉工艺 | 符合设计要求和技术规程规定。见张拉记录 | | | | | | | | | | | | 合格 |

| 施方班组 | ××× | 接方班组 | ××× | 平均合格率(%) | |
|---|---|---|---|---|---|
| 施工负责人 | ××× | 监理工程师 | ××× | 验收结论 | 合格√　　不合格 |
| | | | | 验收日期 | 2015 年 5 月 25 日 |

## 检验批工程质量检验记录

| 工程名称 | ××市×××路××桥梁工程 | | | | | | | | | | | 编　号 | ××× |
|---|---|---|---|---|---|---|---|---|---|---|---|---|---|
| 施工单位 | ×××市政建设集团有限公司 | | | | | | | | | | | | ××× |
| 分项工程名称 | 主路立交桥现浇预应力箱梁 | | | | | | | | | | 检验批工程名称 | 主路立交桥⑤～⑩轴连续结构⑨～⑩轴预应力工程 | |
| 桩　号 | ××××× | | | | | | | | | | 主要工程数量 | 4×6孔（肋板束） | |

| 序号 | 主控项目 | 检验依据/允许偏差<br>（规定值±偏差值） | 检验结果/实测点偏差值或实测值 | | | | | | | | | | 应量测点数 | 合格点数 | 合格率（%） |
|---|---|---|---|---|---|---|---|---|---|---|---|---|---|---|---|
| | | | 1 | 2 | 3 | 4 | 5 | 6 | 7 | 8 | 9 | 10 | | | |
| 1 | 5.2.7 | 张拉时混凝土强度 | 符合设计要求和规程规定。见同条件试块养护试验报告 | | | | | | | | | | | | 合格 |
| 2 | 5.2.8 | 断丝、滑丝 | 全部预应力筋未发生断丝、滑丝 | | | | | | | | | | | | 合格 |
| 3 | 5.2.9 | 张拉应力值 | 符合设计要求和规程规定。见张拉记录 | | | | | | | | | | | | 合格 |
| 4 | 5.2.9 | 张拉伸长值±6% | 符合设计要求和规程规定。见张拉记录 | | | | | | | | | | | | 合格 |
| | | | | | | | | | | | | | | | |

| 序号 | 一般项目 | 检验依据/允许偏差<br>（规定值±偏差值） | 检验结果/实测点偏差值或实测值 | | | | | | | | | | 应量测点数 | 合格点数 | 合格率（%） |
|---|---|---|---|---|---|---|---|---|---|---|---|---|---|---|---|
| | | | 1 | 2 | 3 | 4 | 5 | 6 | 7 | 8 | 9 | 10 | | | |
| 1 | 5.2.16 | 孔道压浆 | 水泥浆强度和压浆符合设计要求和规程规定、见压浆记录 | | | | | | | | | | | | 合格 |
| 2 | 5.2.17 | 预应力筋切断 | 符合验收标准规定，采用无齿锯切断 | | | | | | | | | | | | 合格 |
| 3 | 5.2.18 | 张拉顺序、张拉工艺 | 符合设计要求和技术规程规定。见张拉记录 | | | | | | | | | | | | 合格 |
| | | | | | | | | | | | | | | | |

| 交方班组 | 接方班组 | 平均合格率（%） | |
|---|---|---|---|
| ××× | ××× | ××× | |
| 施工负责人 | 监理工程师 | 验收结论 | 合格√　不合格 |
| ××× | ××× | 验收日期 | 2015年6月10日 |

## 检验批工程质量检验记录

| 工程名称 | ×××市×××路××桥梁工程 | 分项工程名称 | 主路立交桥现浇预应力箱梁 | 检验批工程名称 | 主路立交桥⑤～⑩轴连续结构⑨轴预应力工程 | 编号 | | ××× |
|---|---|---|---|---|---|---|---|---|
| 施工单位 | ×××市政建设集团有限公司 | 桩号 | ××××× | 主要工程数量 | 6孔（⑨轴顶板束） | | | ××× |

| 序号 | 主控项目 | 检验依据/允许偏差<br>（规定值±偏差值） | 检验结果/实测点偏差值或实测值 | | | | | | | | | | | 应量测点数 | 合格点数 | 合格率（%） |
|---|---|---|---|---|---|---|---|---|---|---|---|---|---|---|---|---|
| | | | 1 | 2 | 3 | 4 | 5 | 6 | 7 | 8 | 9 | 10 | | | |
| 1 | 5.2.7 | 张拉时混凝土强度 | 符合设计要求和规程规定。见同条件试块养护试验报告 | | | | | | | | | | | | | 合格 |
| 2 | 5.2.8 | 断丝、滑丝 | 全部预应力筋未发生断丝、滑丝 | | | | | | | | | | | | | 合格 |
| 3 | 5.2.9 | 张拉应力值 | 符合设计要求和规程规定。见张拉记录 | | | | | | | | | | | | | 合格 |
| 4 | 5.2.9 | 张拉伸长值　±6% | 符合设计要求和规程规定。见张拉记录 | | | | | | | | | | | | | 合格 |
| | | | | | | | | | | | | | | | |

| 序号 | 一般项目 | 检验依据/允许偏差<br>（规定值±偏差值） | 检验结果/实测点偏差值或实测值 | | | | | | | | | | | 应量测点数 | 合格点数 | 合格率（%） |
|---|---|---|---|---|---|---|---|---|---|---|---|---|---|---|---|---|
| | | | 1 | 2 | 3 | 4 | 5 | 6 | 7 | 8 | 9 | 10 | | | |
| 1 | 5.2.16 | 孔道压浆 | 水泥浆强度和压浆符合设计要求和规程规定，见压浆记录 | | | | | | | | | | | | | 合格 |
| 2 | 5.2.17 | 预应力筋切断 | 符合验收标准规定，采用无齿锯切断 | | | | | | | | | | | | | 合格 |
| 3 | 5.2.18 | 张拉顺序、张拉工艺 | 符合设计要求和技术规程规定。见张拉记录 | | | | | | | | | | | | | 合格 |
| | | | | | | | | | | | | | | | |

| | | | 平均合格率（%） | ××× |
|---|---|---|---|---|
| 交方班组 | 接方班组 | ××× | 验收结论 | 合格√　不合格 |
| 施工负责人 | 监理工程师 | ××× | 验收日期 | 2015年6月21日 |

## 检验批工程质量检验记录

| 工程名称 | ×××市××路×××桥梁工程 | | | 编号 | ×××<br>××× |
|---|---|---|---|---|---|
| 施工单位 | ××市成捷建设集团有限公司 | | | | |
| 分项工程名称 | Z3 匝道砌筑桥台 | 检验批工程名称 | Z3-1-1 匝道砌筑桥台工程 | | |
| 桩　号 | ×××××× | 主要工程数量 | | | |

### 主控项目

| 序号 | | 检验依据/允许偏差值（规定值±偏差值） | 检验结果/实测点偏差值或实测值 | | | | | | | | | | 应量测点数 | 合格点数 | 合格率（%） |
|---|---|---|---|---|---|---|---|---|---|---|---|---|---|---|---|
| | | | 1 | 2 | 3 | 4 | 5 | 6 | 7 | 8 | 9 | 10 | | | |
| 1 | 8.1.1 | 石材（预制混凝土砌块）强度规格 | 符合设计及施工质量检验标准要求。见产品合格证书，石材（预制混凝土砌块）试验报告 | | | | | | | | | | | | 合格 |
| 2 | 8.1.1 | 砂浆配合比 | 符合设计要求。见 C5-2-17 | | | | | | | | | | | | 合格 |
| 3 | 8.1.1 | 砂浆试块取样和留置 | 符合施工质量检验标准要求。按规定每班取 1 组试块 | | | | | | | | | | | | 合格 |
| 4 | 8.1.1 | 砂浆强度 | 符合设计要求。见 C6-2-3 | | | | | | | | | | | | 合格 |
| 5 | 8.1.2 | 泄水孔位置 | 符合设计要求和规范规定 | | | | | | | | | | | | 合格 |
| 6 | 8.1.3 | 砌筑型式 | 符合设计要求和技术规范规定 | | | | | | | | | | | | 合格 |

### 一般项目

| 序号 | | 检验依据/允许偏差值（规定值±偏差值） | 检验结果/实测点偏差值或实测值 | | | | | | | | | | 应量测点数 | 合格点数 | 合格率（%） |
|---|---|---|---|---|---|---|---|---|---|---|---|---|---|---|---|
| | | | 1 | 2 | 3 | 4 | 5 | 6 | 7 | 8 | 9 | 10 | | | |
| 1 | 8.1.4 | 桥台长度 +20，-10 | +15 | -8 | | | | | | | | | 2 | 2 | 100 |
| 2 | 8.1.4 | 砌体厚度 ±10 | +6 | -8 | | | | | | | | | 2 | 2 | 100 |
| | | 顶面高程 ±15 | +10 | -8 | +12 | -8 | | | | | | | 4 | 4 | 100 |
| 3 | 8.1.4 | 轴线位移 ≤15 | 10 | 10 | 10 | 10 | | | | | | | 4 | 4 | 100 |
| 4 | 8.1.4 | 墙面平整度 ≤30 | 10 | 10 | 10 | 10 | | | | | | | 4 | 4 | 100 |
| 5 | 8.1.4 | 墙面坡度 | 符合设计要求 | | | | | | | | | | | | 合格 |

| | | 平均合格率（%） | 100 |
|---|---|---|---|
| 交方班组 | ××× | 接方班组 | ××× |
| 施工负责人 | ××× | 监理工程师 | ××× |
| | | 验收结论 | 合格√　不合格 |
| | | 验收日期 | 2015 年 1 月 15 日 |

## 检验批工程质量检验记录

| 工程名称 | ×××路×××桥梁工程 | 分项工程名称 | Z3 匝道钢箱梁 | 检验批工程名称 | Z3-1-1 匝道①~②轴钢梁××制作段(组装) | 编　号 | ××× |
|---|---|---|---|---|---|---|---|
| 施工单位 | ×××市政建设集团有限公司 | 号 | ××××× | 主要工程数量 | 1 | | ××× |

**主控项目**

| 序号 | | 检验依据/允许偏差值(规定值±偏差值) | 检验结果/实测点/实测值 | | | | | | | | | | 应量测点数 | 合格点数 | 合格率(%) |
|---|---|---|---|---|---|---|---|---|---|---|---|---|---|---|---|
| | | | 1 | 2 | 3 | 4 | 5 | 6 | 7 | 8 | 9 | 10 | | | |
| 1 | 12.2.1 | 钢梁制作材料的品种、规格、性能 | 符合设计要求和现行标准规定。见钢材(板)出厂合格证明书、进场验收记录和复验报告各3份 | | | | | | | | | | | | 合格 |
| 2 | 12.1.2 | 零部件加工质量 | 符合设计要求和现行规范规定。见制作工序质量验收记录 | | | | | | | | | | | | 合格 |

**一般项目**

| 序号 | | 检验依据/允许偏差值(规定值±偏差值) | 检验结果/实测点偏差值或实测值 | | | | | | | | | | 应量测点数 | 合格点数 | 合格率(%) |
|---|---|---|---|---|---|---|---|---|---|---|---|---|---|---|---|
| | | | 1 | 2 | 3 | 4 | 5 | 6 | 7 | 8 | 9 | 10 | | | |
| 1 | 12.2.3 | 外形检查 | 梁段线形平顺,无折弯,符合设计要求和验收标准规定 | | | | | | | | | | | | 合格 |
| 2 | | 梁高　±4 | +1 | +2 | +2 | | | | | | | | 3 | 3 | 100 |
| 3 | | 梁体长度　±5 | -2 | -3 | | | | | | | | | 2 | 2 | 100 |
| 4 | | 腹板中心距　±3 | -2 | -3 | | | | | | | | | 2 | 2 | 100 |
| 5 | 12.2.2 | 横断面对角线差　4 | 2 | 2 | | | | | | | | | 2 | 2 | 100 |
| 6 | | 旁弯　5 | 1 | 2 | | | | | | | | | 2 | 2 | 100 |
| 7 | | 支点高差　5 | 2 | 2 | | | | | | | | | 2 | 2 | 100 |
| 8 | | 腹板平面度　≤8 | 5 | 6 | | | | | | | | | 2 | 2 | 100 |
| 9 | | 扭曲　≤10 | 5 | 6 | | | | | | | | | 2 | 2 | 100 |

| 交方班组 | ×××<br>×××<br>接方班组 | 平均合格率(%) | 100 |
|---|---|---|---|
| 施工负责人 | ×××<br>×××<br>监理工程师 | 验收结论 | 合格√ |
| | | 验收日期 | 2015年6月4日 |
| | | 合格√　不合格 | |

## 检验批工程质量检验记录

| | | | | | | | | | | 编　号 | | | ×××<br>××× |
|---|---|---|---|---|---|---|---|---|---|---|---|---|---|

| 工程名称 | ×××市××路×××桥梁工程 | 分项工程名称 | Z3 匝道钢箱梁 | 检验批工程名称 | Z3-1-1 匝道①～②轴钢梁××制作段（焊接） | |
|---|---|---|---|---|---|---|
| 施工单位 | ××市政建设集团有限公司 | 桩　号 | ×××××× | 主要工程数量 | 1 | |

| 序号 | 主控项目 | 检验依据/允许偏差<br>（规定值±偏差值） | 检验结果/实测点偏差值或实测值 | | | | | | | | | | 应量测点数 | 合格点数 | 合格率（%） |
|---|---|---|---|---|---|---|---|---|---|---|---|---|---|---|---|
| | | | 1 | 2 | 3 | 4 | 5 | 6 | 7 | 8 | 9 | 10 | | | |
| 1 | 12.2.1 | 钢梁焊接材料的品种、规格、性能 | 符合设计要求和现行标准规定。见焊条（丝）出厂合格证明书、进场验收记录和复验报告各2份 | | | | | | | | | | | 1 | 合格 |
| 2 | 12.2.1 | 焊工证书 | 符合技术规范规定。见焊工资格备案表（C5-4-1） | | | | | | | | | | | | 合格 |
| 3 | 12.2.1 | 焊接工艺评定 | 符合技术规范规定。见焊接工艺评定报告及焊接工艺单 | | | | | | | | | | | | 合格 |
| 4 | 12.2.1 | 焊材烘焙 | 符合规定要求。见焊材烘焙记录 | | | | | | | | | | | | 合格 |
| 5 | 12.2.1 | 焊缝内部缺陷检验 | 符合设计及检验标准要求。见无损探伤报告及 C5-4-2 表 | | | | | | | | | | | | 合格 |

| 序号 | 一般项目 | 检验依据/允许偏差<br>（规定值±偏差值） | 检验结果/实测点偏差值或实测值 | | | | | | | | | | 应量测点数 | 合格点数 | 合格率（%） |
|---|---|---|---|---|---|---|---|---|---|---|---|---|---|---|---|
| | | | 1 | 2 | 3 | 4 | 5 | 6 | 7 | 8 | 9 | 10 | | | |
| 1 | 12.1.3 | 焊缝尺寸偏差 | 符合技术规范规定。见焊缝检验记录 | | | | | | | | | | | | 合格 |
| 2 | 12.2.3 | 焊缝外观质量 | 符合技术规范和验收标准规定 | | | | | | | | | | | | 合格 |

| 交方班组 | ××× | 接方班组 | ××× | 平均合格率（%） | ××× |
|---|---|---|---|---|---|
| 施工负责人 | ××× | 监理工程师 | ××× | 验收结论 | 合格√　　不合格 |
| | | | | 验收日期 | 2015 年 3 月 22 日 |

## 5.2.3　排水管(渠)工程施工质量检验与验收资料填写范例

### 5.2.3.1　单位工程质量检验记录

| 单位工程质量检验记录 | | 编　号 | ×××　 |
|---|---|---|---|
| | | | ×××　 |
| 单位工程名称 | | ××市××路污水管线工程 | |
| 施工单位 | | ××市政建设集团有限公司 | |
| 序号 | 外观检查 | 质量情况 | |
| 1 | 混凝土基础 | 混凝土表面平整、直顺 | |
| 2 | 管道铺设 | 接口平顺、光滑,无倒坡、积水 | |
| 3 | 检查井 | 井筒灰缝平整、均匀,井室、流槽平顺圆滑,井圈、井盖完整无损,踏步牢固位置准确 | |
| 4 | | | |
| 5 | | | |
| 序号 | 分部(子分部)工程名称 | 合格率(%) | 质量情况 |
| 1 | 沟槽土方(开挖) | 90 | 合格 |
| 2 | 沟槽土方(回填) | 90 | 合格 |
| 3 | 混凝土基础 | 90 | 合格 |
| 4 | 管道铺设 | 90 | 合格 |
| 5 | 管道闭水 | 100 | 合格 |
| 6 | 检查井 | 80 | 合格 |
| 平均合格率(%) | | 90.0 | |
| 检验意见 | 该文该工程满足合同规定及标准要求。 | 检验结果 | 合格√　不合格 |
| 项目经理 | 技术负责人 | 施工员 | 质检员 |
| ××× | ××× | ××× | ××× |
| 日　期 | 2015 年 5 月 11 日 | | |

5.2.3.2　分部工程质量检验记录

| 分部工程质量检验记录 | | 编　号 | ××× |
|---|---|---|---|
| | | | ××× |
| 单位工程名称 | ××市××路污水管线工程 | 分部工程名称 | 沟槽土方 |
| 施工单位 | ××市政建设集团有限公司 | | |

| 序号 | 分项工程名称 | 主控项目 | 合格率(%) | 质量情况 |
|---|---|---|---|---|
| 1 | 沟槽土方开挖 | 4.1.1.1 | 100 | 合格 |
| 2 | 沟槽土方回填 | 4.1.2.1 | 100 | 合格 |
| | | | | |
| | | | | |
| | | | | |

| 序号 | 分项工程名称 | 一般项目 | 合格率(%) | 质量情况 |
|---|---|---|---|---|
| 1 | 沟槽土方开挖 | 4.1.1.2 | 90 | 合格 |
| 2 | 沟槽土方回填 | 4.1.2.2 | 90 | 合格 |
| | | | | |
| | | | | |
| | | | | |
| | | | | |
| | | | | |
| | | | | |

| 检验意见 | 该分部工程主控项目、一般项目符合标准规定,质量控制资料齐全有效,安全和功能检验(检测)报告符合规定要求,观感质量好 | 检验结果 | 合格√　不合格 |
|---|---|---|---|
| 项目技术负责人 | 施工员 | | 质量检验员 |
| ××× | ××× | | ××× |
| 日　期 | 2015 年 3 月 7 日 | | |

# 5.3　市政基础设施工程竣工验收资料内容与要求

1. 单位(子单位)工程质量竣工验收记录:建设单位应组织设计、监理、施工等单位对工程进行竣工验收,各单位应在单位(子单位)工程质量竣工验收记录上签字并加盖公章。"验收结论"应明确:是否完成设计和合同约定的任务,工程是否符合设计文件和技术标准的要求,验收是否合格。

2. 工程竣工报告:工程完工后由施工单位编写工程竣工报告(施工总结),主要内容包括:

(1)工程概况:工程名称,工程地址,工程结构类型及特点,主要工程量,建设、勘察、设计、监理、施工(含分包)单位名称,施工单位项目经理、技术负责人、质量管理负责人等情况;

(2)工程施工过程:开工、完工及预验收日期,主要/重点施工过程的简要描述;

(3)合同及设计约定施工项目的完成情况;

(4)工程质量自检情况:评定工程质量采用的标准,自评的工程质量结果(对施工主要环节质量的检查结果,有关检测项目的检测情况、质量检测结果,功能性试验结果,施工技术资料和施工管理资料情况);

(5)主要设备调试情况;

(6)其他需说明的事项:有无甩项或增项(量),有无质量遗留问题,需说明的其他问题,建设行政主管部门及其委托的工程质量监督机构等有关部门责令整改问题的整改情况;

(7)经质量自检,工程是否具备竣工验收条件。

项目经理、单位负责人签字,单位盖公章,填写报告日期;实行监理的工程还应由总监理工程师签署意见并签字。

3. 竣工测量委托书、竣工测量报告:由施工单位填写《竣工测量委托书》委托具有地下管线测量资质的单位对工程完成情况进行竣工测量并记录、编制《竣工测量报告》,竣工测量资料及附图并应绘制在竣工图上。

4. 其他工程竣工验收资料:单位(子单位)工程完工自检合格后,由施工单位填写单位工程竣工预验收报验表报监理单位申请工程竣工预验收。总监理工程师组织项目监理部人员与施工单位进行检查预验收。预验收合格后总监理工程师签署单位工程竣工预验收报验表、单位(子单位)工程质量控制资料核查记录、单位(子单位)工程安全和功能检查资料核查及主要功能抽查记录和单位(子单位)工程观感质量检查记录等并报建设单位,申请竣工验收。

表中的"核查意见"和"核查(抽查)人"均由负责核查的总监理工程师(建设单位项目负责人)签署。

检查项目及抽查项目由验收组或检查单位协商确定;当相关专业标准(规范)给出相应的检查项目时应按已给出的项目检查(或抽查)。

单位(子单位)工程观感质量检查记录质量评价为差的项目,应进行返修。

# 5.4　市政基础设施工程竣工验收资料填写范例

## 单位(子单位)工程质量竣工验收记录

编号:×××

| 工程名称 | ××市政道路工程 | 开工时间 | 2015年5月2日 | 竣工时间 | 2015年3月6日 |
|---|---|---|---|---|---|
| 施工单位 | ××市政建设集团 | 技术负责人 | ××× | 项目经理 | ××× |

| 序号 | 项　目 | 验收记录 | 验收结论 |
|---|---|---|---|
| 1 | 分部工程 | 共　5　分部,经查　5　分部符合标准及设计要求　5　分部 | 合格 |
| 2 | 质量控制资料核查 | 共　10　项,经审查符合要求　10　项经核定符合规范要求　10　项 | 合格 |
| 3 | 安全和主要使用功能核查及抽查结果 | 共核查　8　项,符合要求　8　项共抽查　3　项,符合要求　3　项经返工处理符合要求　11　项 | 合格 |
| 4 | 外观质量验收 | 共抽查　3　项,符合要求　3　项不符合要求　0　项 | 合格 |
| 5 | 综合验收结论 | 合格 | |

| 参加验收单位 | 建设单位 | 监理单位 | 施工单位 | 勘察单位 | 设计单位 |
|---|---|---|---|---|---|
| | ××集团开发有限公司(公章)单位(项目)负责人:×××　×年×月×日 | ××工程建设监理有限公司(公章)总监理工程师:×××　×年×月×日 | ××市政建设集团(公章)单位(项目)负责人:×××　×年×月×日 | ××勘察设计研究院(公章)单位(项目)负责人:×××　×年×月×日 | ××工程设计研究院(公章)单位(项目)负责人:×××　×年×月×日 |

# 《单位(子单位)工程质量竣工验收记录》填表说明

单位工程质量竣工验收记录是一个综合性的表,是由建设单位项目负责人组织施工(含分包)、设计、监理、勘察等单位项目负责人进行验收后填写的。

1. 表头部分

(1)工程名称:按项目填写。

(2)开、竣工日期:填写实际开、竣工日期。

(3)施工单位、项目经理和项目技术负责人:按项目填写。

(4)技术负责人:施工单位的技术负责人。

2. 验收项目、验收记录及验收结论的填写

(1)分部工程

首先由施工单位的项目经理组织有关人员逐个进行检查评定。对分部工程检查合格后,由项目经理提交验收。经验收组成员验收合格后,由施工单位填写"验收记录"栏。注明共验收几个分部,经验收符合标准及设计要求的几个分部。审查验收的分部工程全部符合要求后,由监理单位在验收结论栏内,填上"同意验收"的结论。

(2)质量控制资料核查

此项内容是先由施工单位检查合格,再提交监理(建设)单位验收。其全部内容是分部工程中已经审查的内容。通常单位(分部)工程质量控制资料核查,也是按分部工程逐项检查和审查。将审查的资料逐项进行统计,填入验收记录栏内。这项内容也是由施工单位自行检查评定合格后,提交验收,由监理工程师或建设单位项目负责人组织审查符合要求后,在验收记录栏格内填写项数。在验收结论栏内,填上"同意验收"。如果先有核定的项目时,应表明情况,只要是协商验收的内容,在验收结论栏内,填上"同意验收"。

(3)安全和主要使用功能核查及抽查结果

此项内容包括两个方面:一是在分部工程中进行了安全和功能检测的项目,要核查其检测报告结论是否符合设计要求;二是在单位工程进行的安全和功能抽测项目,要核(抽)查其项目是否与设计内容一致,抽测的程序、方法是否符合有关规定,抽测报告的结论是否达到设计要求及规范规定。这个项目也是由施工单位核查评定合格后,再提交验收,由总监理工程师或建设单位项目负责人组织审查,程序和内容基本是一致的。按项目逐个进行核查验收。然后统计核(抽)查的项数和抽查的项数,填入验收记录栏,并分别统计符合要求的项数,也分别填入验收记录栏相应的空格内。通常两个项数是一致的,如果个别项目的检测结果达不到设计要求,则可以进行逐项处理达到符合要求。然后由总监理工程师或建设单位项目负责人在验收结论栏内填写"同意验收"的结论。

(4)外观质量验收

外观质量检查验收项目比较多,是一个综合性检验。实际分部工程验收后,到单位工程竣工前的质量变化;成品保护以及分部工程验收时,还没有达成部分的外观质量等。这个工程也实现由施工单位检查评定合格,提交验收。由总监理工程师或建设单位项目负责人组织审查,程序和内容基本是一致的。按抽查的项目数量符合要求的项目数填写在验收纪录栏内,由总监理工程师或建设单位项目负责人为主导意见,评价好、一般、差,评价为好、一般的项目都可作为符合要求的项目。由总监理工程师或建设单位项目负责人在验收结论栏内填写"同意验收"的结论。

(5)综合验收结论

　　施工单位主要工程完工后,组织有关人员对验收内容逐项进行校对,并将表格中应填写的内容进行填写,自检符合要求后,在验收记录栏内填写各有关项数,交建设单位组织验收。综合验收是指在前4项内容均验收符合要求后进行的验收。即按单位工程质量竣工验收纪录表进行验收,验收是在建设单位组织下,由建设单位相关专业人员及监理单位专业监理工程师和设计单位、施工单位相关人员分别核查验收有关项目,并由总监理工程师组织进行现场外观质量检查。经逐个项目审查符合要求后,由监理单位和建设单位在"验收结论"栏内填写"同意验收"的意见。各栏均同意验收且经各参加验收方共同商定后,由建设单位填写"综合验收结论",可填写为"通过验收"。

　　3. 参加验收单位及签名

　　勘察单位、设计单位、施工单位、监理单位、建设单位都同意验收后,其各单位项目负责人按要求签字,以示对工程质量的负责,并加盖单位公章注明签字验收时的年月日。

# 单位(子单位)工程质量控制资料核查记录

编号：×××

| 工程名称 | | ××市政道路工程 | 施工单位 | | ××市政建设集团 |
|---|---|---|---|---|---|
| 序号 | 项目 | 资料名称 | 份数 | 核查意见 | 检查人 |
| 1 | 道路工程 | 图纸会审、设计变更、洽商记录 | 7 | 资料齐全有效 | ××× |
| 2 | | 工程定位测量、交桩、放线、复核记录 | 32 | 资料齐全有效 | ××× |
| 3 | | 施工组织设计、施工方案及审批记录 | 5 | 资料齐全有效 | ××× |
| 4 | | 原材料出厂合格证明文件及进场检(试)验报告 | 27 | 资料齐全有效 | ××× |
| 5 | | 成品、半成品出厂合格证及试验报告 | 19 | 资料齐全有效 | ××× |
| 6 | | 施工试验报告及见证检测报告 | 187 | 资料齐全有效 | ××× |
| 7 | | 隐蔽工程验收记录 | 35 | 资料齐全有效 | ××× |
| 8 | | 施工记录 | 42 | 资料齐全有效 | ××× |
| 9 | | 工程质量事故及事故调查处理资料 | / | / | / |
| 10 | | 分项、分部工程质量检验记录 | 25 | 资料齐全有效 | ××× |
| 11 | | 新材料、新工艺施工记录 | 3 | 资料齐全有效 | ××× |
| | | | | | |
| | | | | | |

检查结论：

以上资料齐全有效，可以验收。

施工单位项目经理：×××　　　　　　　　　　　　　　　　　×年×月×日

总监理工程师：×××
(建设单位项目负责人)　　　　　　　　　　　　　　　　　　×年×月×日

# 《单位(子单位)工程质量控制资料核查记录》填表说明

1. 表头部分

工程名称、施工单位:按项目填写。

2. 资料名称及份数

施工单位按项目逐一进行检查,并将实际份数填写该栏中。

3. 核查意见

在核查过程中,应对每一个项目进行认真的核查,并根据核查实际情况,写出"符合要求"的核查意见。

4. 核查人

由监理(建设)单位项目负责人本人签名,不得由他人代签。

5. 结论

在各项资料核查合格基础上,施工单位项目经理提交总监理工程师或建设单位项目负责人组织审查符合要求后,在验收结论栏内,填上"通过验收"。施工单位项目经理和总监理工程师(建设单位项目负责人)亲自签认,并负质量责任,以示本工程质量控制资料通过验收。

# 单位(子单位)工程安全和功能检验资料核查及主要功能抽查记录表

## CJJ 1－2008

| 工程名称 | | | ×× 市政道路工程 | | 施工单位 | | | ×× 市政建设集团 | | |
|---|---|---|---|---|---|---|---|---|---|---|
| 序号 | 项目 | 安全和功能检查项目 | | 份数 | 施工单位核查意见 | | | 项目监理抽查结果 | | |
| | | | | | 合格√ | 不合格× | 核查人 | 合格√ | 不合格× | 抽查人 |
| 1 | 道路工程 | 路床、面层弯沉值检验 | | 88 | √ | | ××× | √ | | ××× |
| 2 | | 各结构层压实度试验 | | 32 | √ | | ××× | | | |
| 3 | | 各结构层强度试验 | | 17 | √ | | ××× | | | |
| 4 | | 面层厚度检测 | | 32 | √ | | ××× | | | |
| 5 | | 面层平整度检测 | | 88 | √ | | ××× | | | |
| 6 | | 面层抗滑性能检测 | | 8 | √ | | ××× | √ | | ××× |
| 7 | | 井框与路面高差检查 | | 52 | √ | | ××× | | | |
| | | 盲道、坡道 | | 32 | √ | | ××× | | | |
| | | | | | | | | | | |
| | | | | | | | | | | |

施工单位项目经理意见:

资料齐全有效。

项目经理:×××　　　　　　　　　　　　　　　　　　　　　　×年×月×日

总监理工程师意见:

资料齐全有效,同意验收。

总监理工程师:×××
(建设单位项目专业技术负责人)　　　　　　　　　　　　　　　×年×月×日

建设单位意见:

资料齐全有效,同意验收。

项目负责人:×××　　　　　　　　　　　　　　　　　　　　　×年×月×日

# 单位(子单位)工程安全和功能检验资料核查及主要功能抽查记录

| 工程名称 | | ××市政道路工程 | | 施工单位 | | ××市政建设集团 |
|---|---|---|---|---|---|---|
| 序号 | 项目 | 资 料 名 称 | 份数 | 核查意见 | 抽查结果 | 核查(抽查)人 |
| 1 | 桥梁工程 | 地基土承载力试验记录 | / | | | |
| 2 | | 基桩无损检测记录 | 16 | 符合要求 | 符合要求 | ××× |
| 3 | | 钻芯取样检测记录 | / | | | |
| 4 | | 同条件养护试件试验记录 | 8 | 符合要求 | 符合要求 | ××× |
| 5 | | 斜拉索张拉力振动频率试验记录 | / | | | |
| 6 | | 桥梁动、静载试验记录 | 2 | 符合要求 | 符合要求 | ××× |
| 7 | | 桥梁工程竣工测量资料 | 1 | 符合要求 | 符合要求 | ××× |
| | | | | | | |
| | | | | | | |
| | | | | | | |

施工单位项目经理意见:

资料齐全有效,符合要求。

项目经理:×××　　　　　　　　　　　　　　　　　　　　　　　×年×月×日

总监理工程师意见:

资料齐全有效,同意验收。

总监理工程师:×××
(建设单位项目专业技术负责人)　　　　　　　　　　　　　　　×年×月×日

建设单位意见:

资料齐全有效,同意验收。

项目负责人:×××　　　　　　　　　　　　　　　　　　　　　　×年×月×日

注:抽查项目本表中没有的,在表内空格中填写。

# 单位(子单位)工程结构安全和使用功能性检测记录表

## GB 50268－2008

| 工程名称 | ××市政管道工程 | | |
|---|---|---|---|
| 施工单位 | ××市政建设集团 | | |
| 序号 | 安全和功能检查项目 | 资料核查意见 | 功能抽查结果 |
| 1 | 压力管道水压试验(无压力管道严密性试验)记录 | 资料齐全有效 | 符合要求 |
| 2 | 给水管道冲洗消毒记录及报告 | 资料齐全有效 | 符合要求 |
| 3 | 阀门安装及运行功能调试报告及功能检测 | 资料齐全有效 | 符合要求 |
| 4 | 其他管道设备安装调试报告及功能检测 | 资料齐全有效 | 符合要求 |
| 5 | 管道位置高程及管道变形测量及汇总 | 资料齐全有效 | 符合要求 |
| 6 | 阴极保护安装及系统测试报告及抽查检验 | 资料齐全有效 | 符合要求 |
| 7 | 防腐绝缘检测汇总及抽查检验 | 资料齐全有效 | 符合要求 |
| 8 | 钢管焊接无损检测报告汇总 | 资料齐全有效 | 符合要求 |
| 9 | 混凝土试块抗压强度试验汇总 | / | |
| 10 | 混凝土试块抗渗、抗冻试验汇总 | / | |
| 11 | 地基基础加固检测报告 | / | |
| 12 | 桥管桩基础动测或静载试验报告 | / | |
| 13 | 混凝土结构管道渗漏水调查记录 | / | |
| 14 | 抽升泵站的地面建筑 | / | |
| 15 | 其他 | / | |
| 施工单位项目经理意见:<br>　　　　　　　　　　　资料齐全有效,可以验收。<br><br>　项目经理:×××　　　　　　　　　　　　　　　　　　　　　　　×年×月×日 | | | |
| 总监理工程师意见:<br>　　　　　　　　　　　资料齐全有效,同意验收。<br><br>　总监理工程师:×××<br>　(建设单位项目专业技术负责人)　　　　　　　　　　　　　　　×年×月×日 | | | |
| 建设单位意见:<br>　　　　　　　　　　　资料齐全有效,同意验收。<br><br>　项目负责人:×××　　　　　　　　　　　　　　　　　　　　　×年×月×日 | | | |

# 《单位(子单位)工程安全和功能检验资料核查及 主要功能抽查记录》填表说明

单位(分部)工程安全和功能检验资料核查及主要功能检查记录不仅要全面检查其完整性(不得有漏检和缺项),而且在对单位(分部)工程验收时对进行的见证检测报告也要复核。这种强化验收的手段体现了对安全和主要使用功能的重视。

1. 表头部分

工程名称、施工单位:按项目填写。

2. 安全和功能性检查项目及份数

对安全和使用功能还须进行必要的检查或抽查。使用功能的检查是对市政工程最终质量的综合检验,也是养管单位最为关心的内容。因此在分项、分部工程验收合格的基础上,竣工验收时再作全面检查。抽查项目是在检查资料文件的基础上由参加验收的各方人员协商确定,检查份数按施工单位提供的实际份数填写。

3. 核查意见及抽查结果

检查项目确定后,由监理(建设)单位按工程质量检验标准的要求进行核查,核查意见写明"符合要求",抽查结果写明"合格"。

4. 结论

在各项检查项目核查合格,施工单位项目经理提交总监理工程师或建设单位项目负责人组织审查符合要求后,在验收结论栏内,填上"通过验收"。施工单位项目经理和总监理工程师(建设单位项目负责人)亲自签认,并负质量责任,以示本工程安全和使用功能质量检查已通过验收。

# 第6章 工程档案

# 6.1 竣工图

## 6.1.1 竣工图的内容

6.1.1.1 竣工图应包括与施工图（及设计变更）相对应的全部图纸及根据工程竣工情况需要补充的图纸。

6.1.1.2 各专业竣工图按专业和系统分别进行整理，主要包括：

城市道路工程、城市桥梁工程、供水工程、排水工程、供热工程、地下交通工程、供气工程、公交广场工程、生活垃圾处理工程、交通安全设施工程、市政基础设施机电设备安装工程、轨道交通工程、景观绿化工程等以及招投标文件、合同文件规定的其他方面的竣工图。

## 6.1.2 竣工图的基本要求

6.1.2.1 各项新建、改建、扩建的工程均须编制竣工图。竣工图均按单位工程进行整理。

6.1.2.2 竣工图应满足以下要求：

1. 竣工图的图纸必须是蓝图或绘图仪绘制的白图，不得使用复印的图纸；

2. 竣工图应字迹清晰并与施工图比例一致；

3. 竣工图应有图纸目录，目录所列的图纸数量、图号、图名应与竣工图内容相符；

4. 竣工图使用国家法定计量单位和文字；

5. 竣工图应与工程实际境况相一致；

6. 竣工图应有竣工图章，并签字齐全；

7. 管线竣工测量资料的测点编号、数据及反映的工程内容应编绘在竣工图上。

6.1.2.3 用施工图绘制竣工图应使用专业绘图工具、绘图笔及绘图墨水。

6.1.2.4 按图施工，没有设计洽商变更的，可在原施工图加盖竣工图章形成竣工图。设计洽商变更不多的，可将设计洽商变更的内容直接改绘在原施工图上，并在改绘部位注明修改依据，加盖竣工图章形成竣工图。

6.1.2.5 设计洽商变更较大的，不宜在原施工图上直接修改和补充的，可在原图修改部位注明修改依据后另绘修改图；修改图应有图名、图号。原图和修改图均应加盖竣工图章形成竣工图。

6.1.2.6 使用施工图电子文件（电子施工图）绘制竣工图时，可将设计洽商的结果直接绘制在施工图上，用云图圈出修改部。修改过的图纸应有修改依据备注表（表6—1）。

表 6—1                           修改依据备注表

| 洽商变更编号 | 简要变更内容 |
| --- | --- |
|  |  |
|  |  |

6.1.2.7 使用施工图电子文件绘制的竣工图，应有图签并有原设计人员的签字；没有设计人员签字的，须附有原施工图，原图和竣工图应加盖竣工图章形成竣工图。

6.1.2.8 竣工图章的内容和尺寸应符合图6—1的规定。当合同文件无规定时，对无监理的工程，使用竣工图签（甲），对有监理的工程，使用竣工图签（乙）。

6.1.2.9　竣工图章应加盖在图签附近的空白处,图章应清晰。

6.1.2.10　利用施工蓝图绘制竣工图时所使用的蓝图必须是新图,不得使用刀刮、补贴等方法进行绘制。

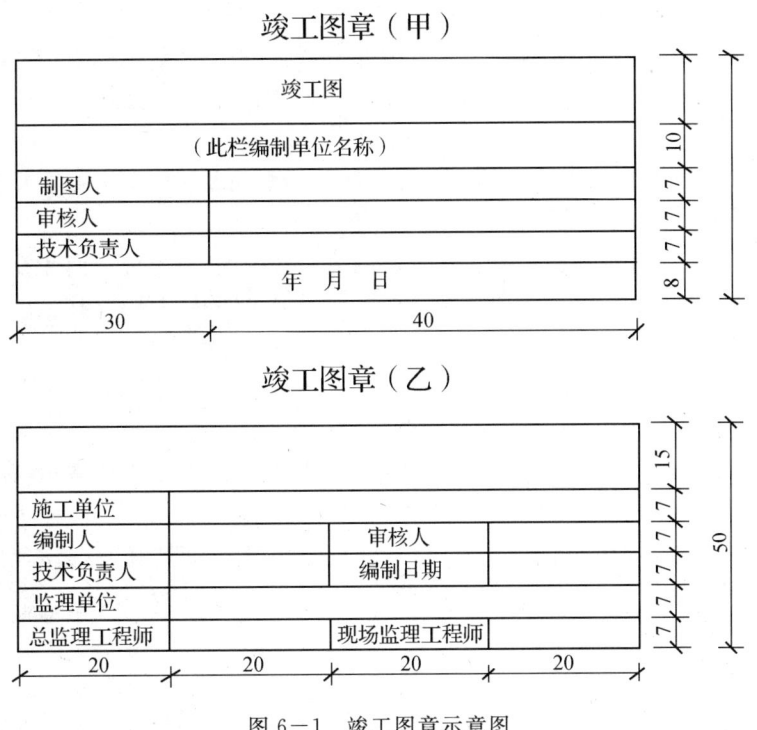

图 6—1　竣工图章示意图

## 6.1.3　竣工图的编制

6.1.3.1　竣工图类型包括重新绘制的竣工图、在二底图(底图)上修改的竣工图、利用施工图改绘的竣工图、用施工图电子文件改绘的竣工图。

6.1.3.2　工程竣工后,由于设计变更、工程洽商数量较大,一张图纸内容变化超过 40％,并已无法清晰改绘时,由竣工图绘制单位根据图纸会审、设计变更、工程洽商等依据,进行部分图纸的重绘。

1. 由施工单位或其他单位重新绘制竣工图时,要求原图内容完整无误,修改内容也必须准确、真实地反映在竣工图上。绘制竣工图要按制图规定和要求进行,必须参照原施工图和该专业的统一图示,并在底图的右下角绘制原施工图签,由原设计单位签字后,在原施工图签的上方加盖竣工图章;没有设计人员签字的,须附有原施工图,原图应加注、说明绘制依据。

2. 由原设计单位绘制竣工图时,设计单位只需将所有变更的内容在图纸上变更后,在设计图签中直接写入“竣工阶段”,即可作为竣工图。

3. 各种专业工程的总平面位置图,比例尺一般采用 1：500～1：10000。管线平面图,比例尺一般采用 1：500～1：2000。要以地形图为依托,摘要地形地物、标注坐标数据。

4. 改、扩建及废弃管线工程在平面图上的表示方法:

(1)利用原建管线位置进行改造、扩建的管线工程,要表示原建管线的走向、管材和管径,表示方法采用加注符号或文字说明。

（2）随新建管线而废弃的管线，无论是否移出埋设现场，均应在平面图上加以说明，并注明废弃管线的起、止点，坐标。

（3）新、旧管线勾头连接时，应标明连接点的位置（桩号）、高程及坐标。

5. 管线竣工测量资料与其在竣工图上的编绘：

竣工测量的测点编号、数据及反映的工程内容（指设备点、折点、变径点、变坡点等）应与竣工图对应一致。并绘制检查井、小室、人孔、管件、进出口、预留管（口）位置、与沿线其它管线、设施相交叉点等。

6. 重新绘制竣工图可以整套图纸重绘，可以部分图纸重绘，也可以某几张或一张图纸重新绘制。

6.1.3.3　在用施工蓝图或设计底图复制的二底图或原底图上，将工程洽商和设计变更的修改内容进行修改，修改后的二底（硫酸纸）图晒制的蓝图作为竣工图是一种常用的竣工图绘制方法。

1. 在二底图上修改，要求在图纸上做修改依据备注表（表6-1）。

2. 修改的内容应与工程洽商和设计变更的内容相一致，修改依据备注表中应注明修改部位和基本内容。实施修改的责任人要签字并注明修改日期。

3. 二底图（底图）上的修改采用刮改，凡修改后无用的文字、数字、符号、线段均应刮掉，需增加的内容应准确绘制在图上。

4. 修改后的二底图（底图）晒制的蓝图作为竣工图时，图面要清晰，反差要明显，并在蓝图上加盖竣工图章。

6.1.3.4　利用施工图改绘的竣工图

1. 改绘方法

具体的改绘方法可视图面、改动范围和位置、繁简程度等实际情况而定。常用的改绘方法有杠改法、叉改法、补绘法、补图法和加写说明法。

（1）杠改法

在施工蓝图上将取消或修改前的数字、文字、符号等内容用一横杠杠掉（不是涂改掉），在适当的位置补上修改的内容，并用带箭头的引出线标注修改依据，即"见××年×月×日洽商×条"或"见×号洽商×条"（见图1），用于数字、文字、符号的改变或取消。

（2）叉改法

在施工蓝图上将去掉和修改前的内容，打叉表示取消，在实际位置补绘修改后的内容，并用带箭头的引出线标注修改依据，用于线段图形、图表的改变与取消，见图2。

（3）补绘法

在施工蓝图上将增加的内容按实际位置绘出，或者某一修改后的内容在图纸的绘大样图修改，并用带箭头的引出线在应修改部分和绘制的大样图处标注修改依据。适用于设计增加的内容、设计时遗漏的内容。如在原修改部位修改有困难，需另绘大样修改。

（4）补图法

当某一修改内容在原图无空白处修改时，采用把应改绘的部位绘制成补图，补在本专业图纸之后。具体做法是在应修改的部位用云圈线圈出，注明修改范围和修改依据，在修改的补图上要绘图签，标明图名、图号、工程号等内容，并在说明中注明是某图某部位的补图，并写清楚修改依据。一般适用于难于在原修改部位修改和本图又无空白处时某一剖面图大样图或改动较大范围的修改。

（5）加写说明法

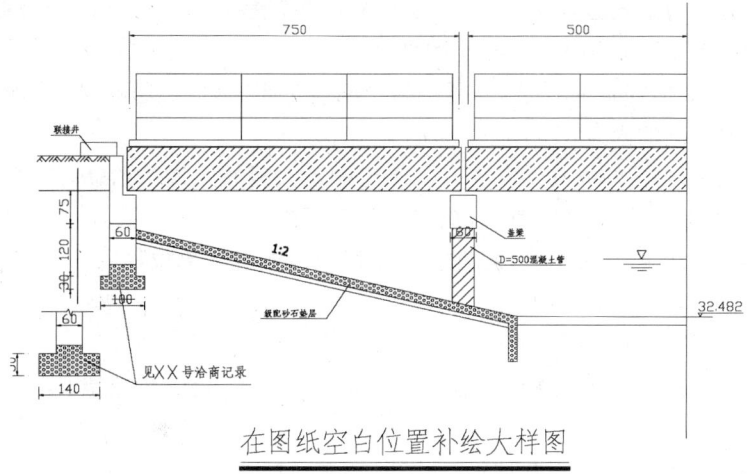

在图纸空白位置补绘大样图

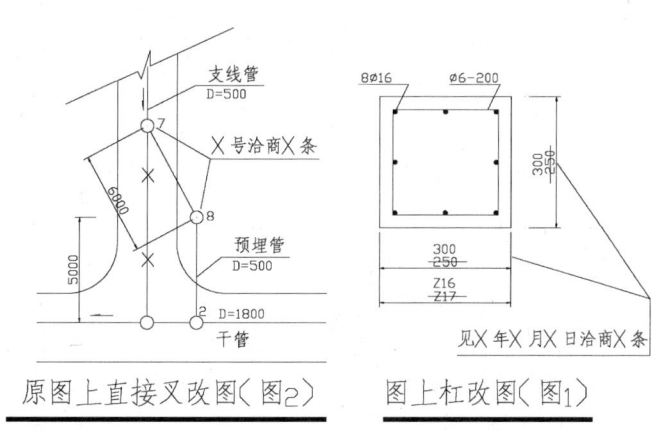

原图上直接叉改图（图2）          图上杠改图（图1）

凡工程洽商、设计变更的内容应当在竣工图上修改的,均应用做图的方法改绘在蓝图上,一律不再加写说明。如果修改后的图纸仍然有些内容没有表示清楚,可用精练的语言适当加以说明。一般适用于图纸说明、注意事项等类型的修改和修改依据的标注等。

6.1.3.5  改绘竣工图应注意下列问题:

1. 原施工图纸目录必须加盖竣工图章,作为竣工图归档,凡有作废的图纸、补充的图纸、增加的图纸、修改的图纸,均要在原施工图目录上标注清楚。即作废的图纸在目录上杠掉,补充、增加的图纸在目录上列出图名、图号。

2. 按施工图施工而没有任何变更的图纸,在原施工图上加盖竣工图章,作为竣工图。

3. 如某一张施工图由于改变大,设计单位重新绘制了修改图的,应以修改图代替原图,原图不再归档。

4. 凡是洽商图作为竣工图,必须进行必要的制作。

如洽商图是按正规设计图纸要求进行绘制的,可直接作为竣工图,但需统一编写图名图号,并加盖竣工图章,作为补图。在图纸说明中注明此图是哪图哪个部位的修改图,还要在原图修改部位标注修改范围,并标明见补图的图号。同时应该在设计变更单上注明附图的去向。

如洽商图未按正规设计图纸要求绘制,应按制图规定另行绘制竣工图,其余要求同上。

5. 某一洽商可能涉及二张或二张以上图纸,某一局部变化可能引起系统变化,凡涉及到的图纸及部位应按规定修改,不能只改其一,不改其二。

6. 不允许将洽商的附图原封不动的贴在或附在竣工图上作为修改。凡修改的内容均应改绘在蓝图上或用作补图的办法附在本专业图纸之后。

7. 某一张图纸,根据规定的要求,需要重新绘制竣工图时,应按绘制竣工图的要求制图。

8. 同一张施工图上的内容,分别有不同的施工单位施工:

(1)原则上应由各施工单位分别在同一张施工图上进行竣工图的绘制,绘制完毕后加盖各自的竣工图章。同时应保持图纸的完整性,确保不丢失图纸。

(2)也可以委托一家单位来绘制竣工图(如委托总包或设计单位等)。

9. 改绘注意事项

(1)修改时,字、线、墨水使用的规定:

字:采用仿宋字,字体的大小要与原图采用字体的大小相协调,严禁错、别、草字。

线:一律使用绘图工具,不得徒手绘制。

墨水:使用黑色墨水。严禁用圆珠笔、铅笔和非黑色墨水。

(2)改绘用图的规定:

改绘竣工图所用的施工蓝图一律为新图,图纸反差要明显,以适应缩微、计算机输入等技术要求。凡旧图、反差不好的图纸不得作为改绘用图。

(3)修改方法的规定:

施工蓝图的改绘不得用刀刮、补贴等办法修改,修改后的竣工图不得有污染、涂抹、覆盖等现象。

(4)修改内容和有关说明均不得超过原图框。

## 6.1.3.6 用施工图电子文件改绘的竣工图

1. 竣工图绘制单位首先应征得设计单位的同意,并从设计单位获得正版(最后一版)的设计文件,以确保原设计图签签章齐全。

2. 在电子版上绘制竣工图,其方法是根据图纸会审、设计变更、工程洽商等依据,将变动后的结果绘制在原施工图上,使其与现状相符合。凡经过变动的部位,应用云圈线标出来。

3. 使用施工图电子文件绘制的竣工图,应有图签并有原设计人员的签字;没有设计人员签字的,须附有原施工图,原图和竣工图均应加盖竣工图章形成竣工图。

4. 凡由原设计单位绘制施工图电子文件的,设计单位只需将所有变更的内容在图纸上变更后,在原设计图签里明确"竣工阶段"即可,加盖竣工图章。

5. 施工图电子文件绘制完成后,出图时一定要保持原比例,不得随意缩小比例,以满足竣工图缩微的技术标准。

## 6.1.3.7 竣工图章

1. 竣工图章应具有明显的"竣工图"字样,并包括有编制单位名称、制图人、审核人、技术负责人和编制日期等项内容,见竣工图章(甲)。如工程监理单位对工程竣工图编制工作进行监理,在竣工图章上还应有监理单位名称、现场监理、总监理工程师等项内容,见竣工图章(乙)。

2. 竣工图章的位置

(1)竣工图章应盖在图纸右下角。

(2)所有竣工图章应盖在原施工图签右上方,不得覆盖原设计图签。如果此处有内容,可在原设计图签附近空白处加盖,如原设计图签周围均有内容,可找一内容比较少的位置加盖。

(3 竣工图章是竣工图的标志和依据,要按规定填写图章上各项内容。加盖竣工图章后,原施工图转化为竣工图,竣工图的编制单位、制图人、审核人、技术负责人以及监理单位要对本竣工图。

4. 原施工蓝图的封面、图纸目录也要加盖竣工图章,做为竣工图归档,并置于各专业图纸之前。

## 6.1.4　竣工图的图纸折叠方法

### 6.1.4.1　一般要求

1. 图纸折叠前要按裁图线裁剪整齐,其图纸幅面均须符合表 6-2 规定:

**表 6-2　尺寸代号**

| 基本幅面代号 | 0 | 1 | 2 | 3 | 4 |
|---|---|---|---|---|---|
| b×L | 841×1189 | 594×841 | 420×594 | 297×420 | 297×210 |
| c | 10 | | | 5 | |
| a | 25 | | | | |

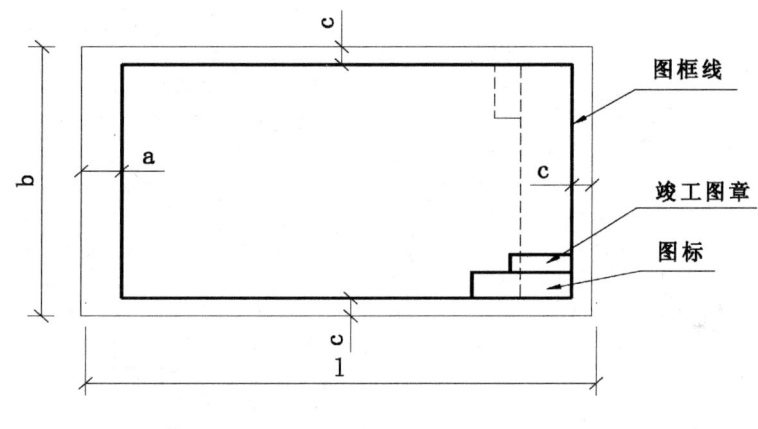

图 6-2

注:①尺寸代号见图 6-2
　　②尺寸单位为 mm

在市政基础设施工程中常使用的一种条图(带状图),一般采用 2# 或 4# 幅面(高 420、297mm),个别的也有 1# 幅面(高 594mm)。

2. 图向折向内,成手风琴风箱式。

3. 折叠后,幅的尺寸应以 4# 图纸基本尺寸(297mm×210mm)为标准。

4. 图标及竣工图章露在外面。

5. 3#～0# 图纸在装订边 297mm 处折一三角或剪一缺口,折进装订边。

### 6.1.4.2　折叠方法

1. 4# 图纸不折叠。

2. 3# 图纸折叠如图 6-3(图中序号表示折叠次序,虚线表示折起的部位,以下同)。

3. 2# 图纸折叠如图 6-4。

4. 1# 图纸折叠如图 6-5。

5. 0# 图纸折叠如图 6-6。

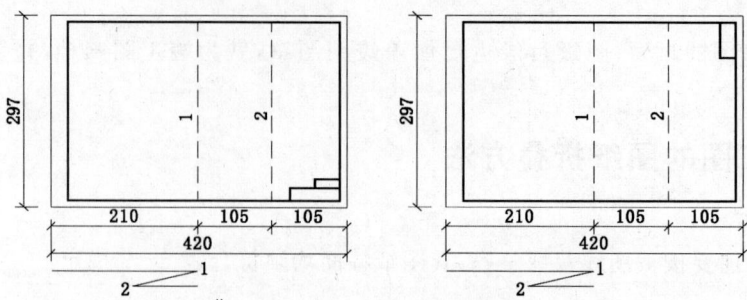

图 6-3  3# 图纸折叠示意图

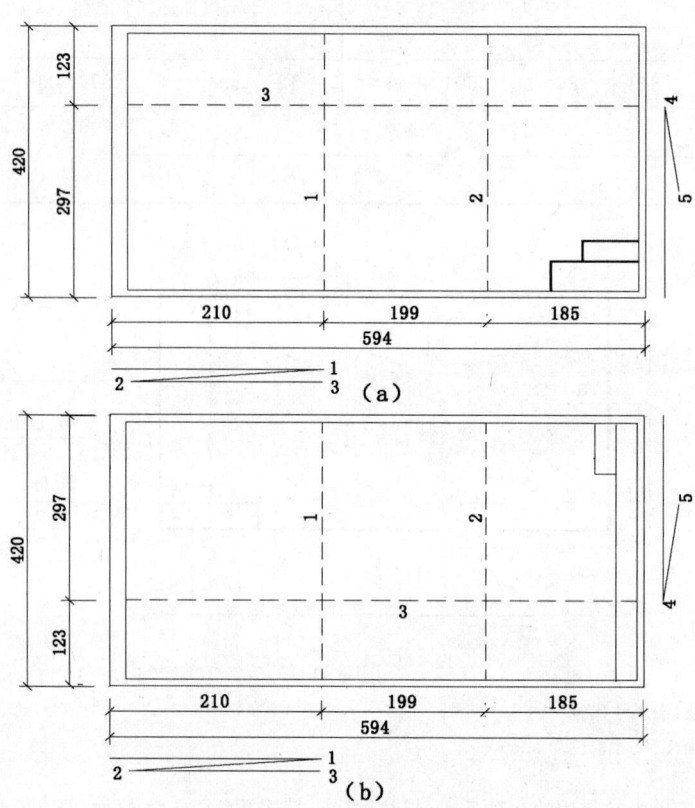

图 6-4  2# 图纸折叠示意图

6.1.4.3　工具使用

图纸折叠前,准备好一块略小于 4# 图纸尺寸(一般为 292mm×205mm)的模板。折叠时,先把图板放在定位线,然后按照折叠方法的编号顺序依次折叠(先横向、再纵向)。

6.1.4.4　带状(条)图的折叠方法

带状(条)图的规格

1. b(宽)=297mm 图纸折叠如图 6-7。

2. b(宽)=594mm 图纸折叠如图 6-8。

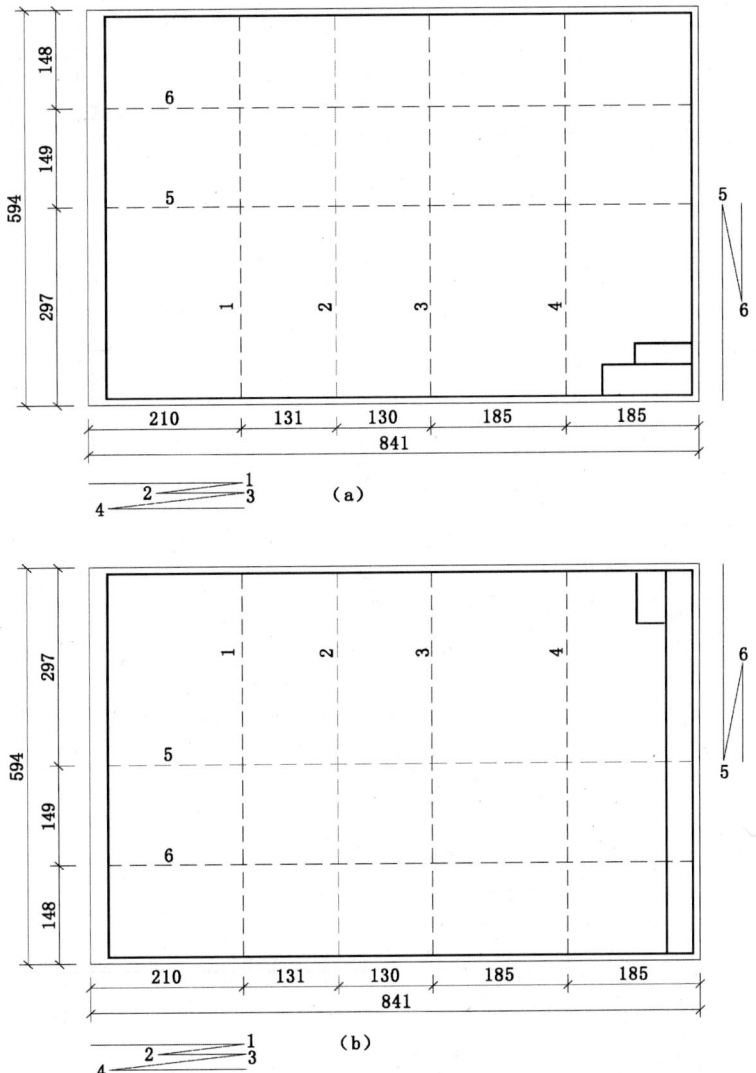

图 6-5　1# 图纸折叠示意图

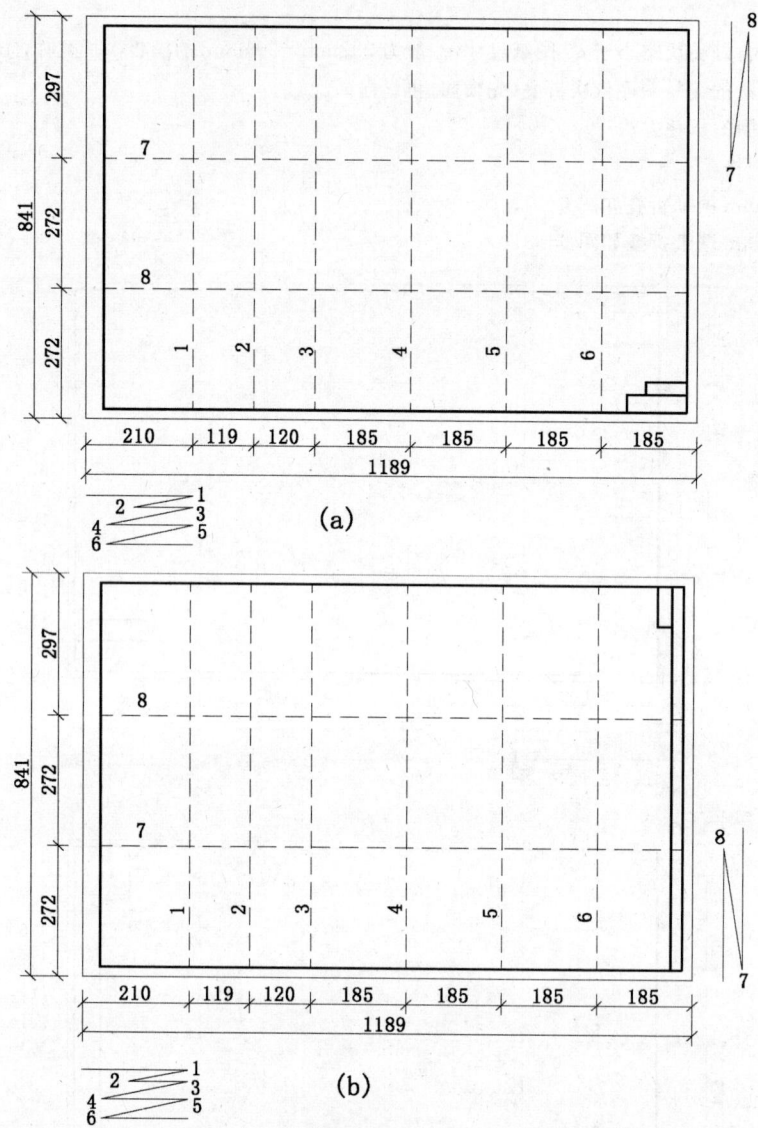

图 6—6　0# 图纸折叠示意图

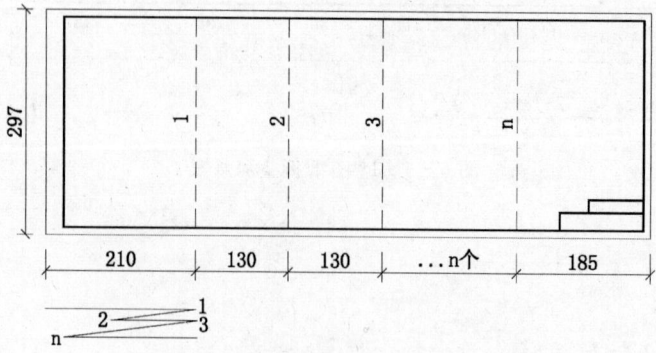

图 6—7　条形图纸折叠示意图

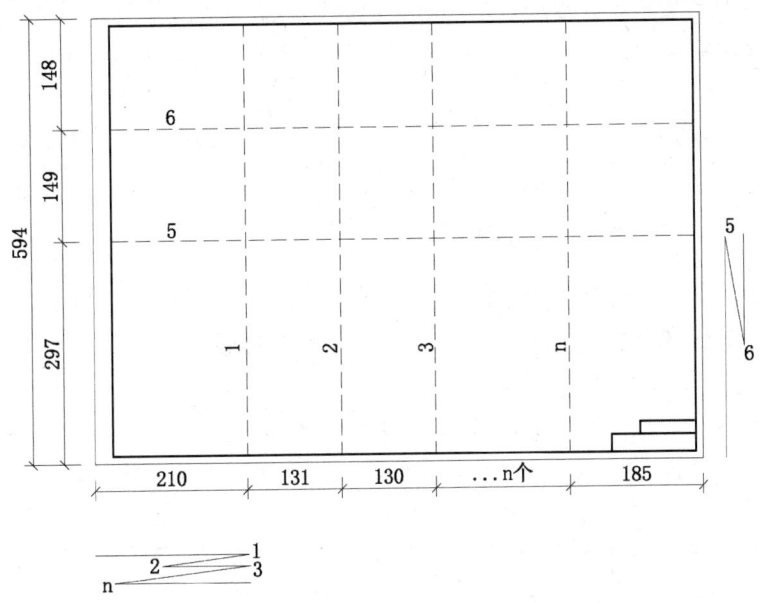

图 6-8　条形图纸折叠示意图

# 6.2　工程资料的编制与组卷

## 6.2.1　编制与组卷的基本要求

6.2.1.1　工程完工后参建各方应对各自的工程资料进行收集整理,编制组卷。

6.2.1.2　工程资料组卷应遵循以下原则:

1.组卷应遵循工程文件资料的形成规律,保证卷内文件资料的内在联系,便于文件资料保管和利用;

2.基建文件和监理资料可按一个项目或一个单位工程进行整理和组卷;

3.施工资料应按单位工程进行组卷,可根据工程大小及资料的多少等具体情况选择按专业或按分部、分项等进行整理和组卷;

4.施工资料管理过程中形成的分项目录应与其对应的施工资料一起组卷;

5.竣工图应按设计单位提供的各专业施工图序列组卷;

6.工程资料可根据资料数量多少组成一卷或多卷;

7.专业承包单位的工程资料应单独组卷;

8.工程系统节能检测资料应单独组卷。

6.2.1.3　工程资料案卷应符合以下要求:

1.案卷应有案卷封面、卷内目录、内容、备考表及封底;

2.案卷不宜过厚,一般不超过 40mm;

3.案卷应美观、整齐,案卷内不应有重复资料。

6.2.1.4　移交城建档案管理部门保存的工程档案案卷封面、卷内目录、备考表应符合城建档案管理部门的有关要求。

6.2.1.5　单位工程档案总案卷数超过 20 卷的,应编制总目录卷。

6.2.1.6　分包单位应按合同约定将工程资料案卷向总包单位进行移交,并应单独组卷,办理相关移交手续。

6.2.1.7　监理单位、施工总包单位应按合同约定将工程资料案卷向建设单位进行移交,并办理相关的移交手续。

## 6.2.2　工程资料案卷封面编制

6.2.2.1　案卷封面内容包括:工程名称、案卷题名、编制单位、技术主管、编制日期(由移交单位填写);保管期限、密级、保存档号、共__册第__册等(由档案接收部门填写)。

6.2.2.2　案卷封面的填写宜按下列要求进行

1. 工程名称:第一行应填写工程建设项目竣工后名称,其中应包括地点名称和所属专业名称。一个建设项目中包括多个子单位工程,应在第二行填写子单位工程名称。

2. 案卷题名:第一行填写案卷分类名称,如基建文件或施工文件等。

第二行当同一资料分类名称相同时,应填写案卷主要内容,如:工程洽商记录、专业人员上岗证、见证管理记录、施工日志等。准确概括和揭示案卷内的主要内容。

3. 编制单位:本卷档案的主要编制责任单位,加盖编制单位公章。

4. 技术主管:编制单位技术负责人签字。

5. 编制日期:填写卷内资料形成的起、止日期。

6. 保管期限:由档案形成单位按照相关规定填写。

7. 密级:由档案形成单位按照相关规定填写。

8. 保存档号:由档案保管单位填写。

9. 电子档案编号(缩微号):由档案保管单位填写。

## 6.2.3　卷内目录编制

6.2.3.1　卷内目录内容包括:序号、文件材料题名、原编字号、编制单位、编制日期、页次和备注。

6.2.3.2　卷内目录的填写:

1. 卷内目录中的序号:应按资料类别名称排序。

2. 文件材料题名:按资料内容填写。

3. 原编字号:资料形成单位的发文号或图纸原编图号。

4. 编制单位:编制组卷单位。

5. 编制日期:资料的形成日期(文字材料为原资料形成日期,竣工图为编制日期)。

6. 页次:填写资料的起、止页次。

7. 备注:填写其他需要说明的问题。

## 6.2.4　备考表编制

6.2.4.1　内容包括卷内文字材料张数、图样材料张数、照片张数等,立卷单位的立卷人、审核人及接收单位的审核人、接收人应签字。

6.2.4.2　备考表的填写:

1. 案卷审核备考表分为上下两栏,上一栏由立卷单位填写,下一栏由接收单位填写。

2. 上栏应标明本案卷已编号资料的总张数,指文字、图纸、照片等的张数。

3. 审核说明填写立卷时资料的完整和质量情况,以及应归档而缺少的资料的名称和原因;立卷人由责任立卷人签名;审核人由案卷审查人签名;年月日按立卷、审核时间分别填写。

4. 下栏应由接收单位根据案卷的完整及质量情况标明审核意见。技术审核人由接收单位工程档案技术审核人签名;档案接收人由接收单位档案管理接收人签名;年月日按审核、接收时间分别填写。

## 6.2.5　案卷脊背编制

案卷脊背项目有档号、案卷题名,由档案保管单位填写。

## 6.2.6　案卷规格

卷内资料、封面、目录、备考表统一采用 A4 幅(297×210mm)尺寸,图纸分别采用 A0(841×1189mm)、A1(594×841mm)、A2(420×594mm)、A3(297×420mm)、A4(297×210mm)幅面。小于 A4 幅面的资料要用 A4 白纸(297×210mm)衬托。

## 6.2.7　案卷装具

案卷采用统一规格尺寸的装具。属于工程档案的文字、图纸材料一律采用城建档案管理部门监制的硬壳卷夹或卷盒,外表尺寸为 310mm(高)×220mm(宽),卷盒厚度尺寸分别为 50、30mm 二种,卷夹厚度尺寸为 25mm;少量特殊的档案也可采用外表尺寸为 310mm(高)×430mm(宽),厚度尺寸为 50mm。案卷软(内)卷皮尺寸为 297mm(高)×210mm(宽)。

## 6.2.8　案卷装订

6.2.8.1　文字材料必须装订成册,图纸材料可散装单独存放。

6.2.8.2　装订时要剔除金属物,装订线一侧根据卷薄厚加垫草板纸。

6.2.8.3　案卷用棉线在左侧三孔装订,棉线装订结打在背面。装 订线距左侧 20mm,上下两孔分别距中孔 80mm。

6.2.8.4　装订时,须将封面、目录、备考表、封底与案卷一起装订。图纸散装在卷盒内时,需将案卷封面、目录、备考表三件用棉线在左上角装订在一起。

## 6.2.9 封面及目录填写范例

| 类　别 汇总表 | 工程资料总目录汇总表 | | | |
|---|---|---|---|---|
| 工程名称 | ××市××道路工程 | | | |
| 案卷类别 | 案卷名称 | 册数 | 汇总日期 | 城建档案管理员 签　字 |
| J | 基建文件 | 2 | 2015.10.8 | ××× |
| L | 监理资料 | 1 | 2015.10.8 | ××× |
| S | 施工资料 | 6 | 2015.10.8 | ××× |
| T | 设计资料 | 1 | 2015.10.8 | ××× |
|  |  |  |  |  |
|  |  |  |  |  |
|  |  |  |  |  |
|  |  |  |  |  |
|  |  |  |  |  |
|  |  |  |  |  |
|  |  |  |  |  |
|  |  |  |  |  |
|  |  |  |  |  |

注:1. 各单位工程资料由各单位城建档案管理员负责组卷并签字。

　　2. 设计资料由建设单位城建档案管理员负责检查验收并签字。

| | | | | 类别 |
|---|---|---|---|---|
| **工程资料总目录** | | | | S |

| 工程名称 | ××市××道路工程 |
|---|---|
| 整理单位 | ××市政建设集团有限公司 |

| 序号 | 案卷号 | 案卷题名 | 起止页数 | 保存单位 | 保存期限 | 整理日期（年、月） |
|---|---|---|---|---|---|---|
| 1 | | 施工管理资料 | ～ | 建设单位 ☐ 监理单位 ☐ 施工单位 ☑ 城建档案馆 ☐ | 永久 ☐ 长期 ☑ 短期 ☐ | 2015.10 |
| 2 | | 施工技术文件 | ～ | 建设单位 ☐ 监理单位 ☐ 施工单位 ☑ 城建档案馆 ☐ | 永久 ☐ 长期 ☑ 短期 ☐ | 2015.10 |
| 3 | | 施工物资资料 | ～ | 建设单位 ☐ 监理单位 ☐ 施工单位 ☑ 城建档案馆 ☐ | 永久 ☐ 长期 ☑ 短期 ☐ | 2015.10 |
| 4 | | 施工测量监测记录 | ～ | 建设单位 ☐ 监理单位 ☐ 施工单位 ☑ 城建档案馆 ☐ | 永久 ☐ 长期 ☑ 短期 ☐ | 2015.10 |
| 5 | | 施工记录 | ～ | 建设单位 ☐ 监理单位 ☐ 施工单位 ☑ 城建档案馆 ☐ | 永久 ☐ 长期 ☑ 短期 ☐ | 2015.10 |
| 6 | | 施工试验记录 | ～ | 建设单位 ☐ 监理单位 ☐ 施工单位 ☑ 城建档案馆 ☐ | 永久 ☐ 长期 ☑ 短期 ☐ | 2015.10 |
| 7 | | 施工验收资料 | ～ | 建设单位 ☐ 监理单位 ☐ 施工单位 ☑ 城建档案馆 ☐ | 永久 ☐ 长期 ☑ 短期 ☐ | 2015.10 |
| 8 | | 施工质量检验与验收资料 | ～ | 建设单位 ☐ 监理单位 ☐ 施工单位 ☑ 城建档案馆 ☐ | 永久 ☐ 长期 ☑ 短期 ☐ | 2015.10 |

城建档案管理员签字：×××

# 工　程　资　料

名　　称：　××市××路××桥梁工程

案卷题名：　施工资料——基础施工卷

编制单位：　××市政建设集团有限公司

单位主管：　×××

编制日期：自 2015 年 5 月 8 日起至 2015 年 12 月 29 日止

保管期限：　　　　　　密　级：

档　　号：

共　册　第　册

| | | | | | 案卷编号 |
|---|---|---|---|---|---|
| **工程资料卷内目录** | | | | | |

| 工程名称 | ××市××路××桥梁工程 | | | | |
|---|---|---|---|---|---|
| 编制单位 | ××市政建设集团有限公司 | | | | |

| 序号 | 资 料 名 称 | 编号 | 资料内容 | 编制日期 | 页次 | 备注 |
|---|---|---|---|---|---|---|
| 1 | 地基处理记录 | C5-2-1 | | 2015.10.9 | 1 | |
| 2 | 地基钎探记录 | C5-2-2 | | 2015.10.7 | 3 | |
| 3 | 预应力筋张拉数据记录 | C5-2-23 | | 2015.6.16 | 10 | |
| 4 | 预应力筋张拉记录(一) | C5-2-24 | | 2015.6.10 | 28 | |
| 5 | 预应力筋张拉记录(二) | C5-2-25 | | 2015.6.10 | 46 | |
| 6 | 预应力张拉孔道压浆记录 | C5-2-26 | | 2015.6.20 | 64 | |
| 7 | 砌筑砂浆试块强度统计、评定记录 | C6-2-8 | | 2015.7.3 | 83 | |
| 8 | 砌筑砂浆抗压强度试验报告 | C6-2-3 | | 2015.6.24 | 86 | |
| 9 | 混凝土试块强度统计、评定记录 | C6-2-9 | | 2015.9.17 | 121 | |
| 10 | 混凝土抗压强度试验报告 | C6-2-4 | | 2015.9.4 | 130 | |
| 11 | 混凝土抗折强度试验报告 | C6-2-5 | | 2015.8.28 | 206 | |
| 12 | 混凝土抗渗试验报告 | C6-2-6 | | 2015.2.27 | 238 | |
| 13 | 钢筋连接试验报告 | C6-2-10 | | 2015.7.14 | 251~322 | |
| | | | | | | |
| | | | | | | |
| | | | | | | |
| | | | | | | |
| | | | | | | |
| | | | | | | |
| | | | | | | |
| | | | | | | |
| | | | | | | |
| | | | | | | |
| | | | | | | |
| | | | | | | |
| | | | | | | |
| | | | | | | |
| | | | | | | |
| | | | | | | |
| | | | | | | |
| | | | | | | |

| 工程资料卷内备考表 | 案卷编号 |
|---|---|
|  |  |

本案卷已编号的文件资料共　322　张,其中:文字资料　316　张,图样资料　6　张,照片　/　张。

对本案卷完整、准确情况的说明:

本案卷完整、准确

立卷人:×××　　2015 年 9 月 2 日

审核人:×××　　2015 年 9 月 2 日

保存单位的审核人说明:

本案卷完整、准确

技术审核人:×××　　2015 年 9 月 5 日

档案接收人:×××　　2015 年 9 月 5 日

档案馆代号

# 城　市　建　设　档　案

名　　　称：　××市××路(××路～××路)道路桥梁改扩建工程

案卷题名：　　　　　施工文件

　　　　　　　原材料质量证明文件及复试报告

编制单位：　　　××市政建设集团有限公司

技术主管：　　　　　　　×××

编制日期：自 2014 年　10 月　8　日起至 2015 年　9　月　15　日止

保管期限：　　　　　　　　　　密　级：

档　　号：　　　　　　　　　　缩微号：

共　　册　第　　册

## 城建档案卷内目录

| 序号 | 文件材料题名 | 原编字号 | 编制单位 | 编制日期 | 页次 | 备注 |
|---|---|---|---|---|---|---|
| 1 | 主要设备、原材料、构配件质量证明文件及复试报告汇总表 | C3-2 | ××市政建设集团 | 2015.9.15 | 1～2 | |
| 2 | 材料试验报告(通用) | C3-4-4 | ××建设工程试验室 | 2015.3.1 | 3 | |
| 3 | 水泥试验报告 | C3-4-5 | ××建设工程试验室 | 2014.10.9～2015.8.5 | 4～23 | |
| 4 | 砌筑块(砖)试验报告 | C3-4-6 | ××建设工程试验室 | 2015.2.4～2015.7.15 | 24～30 | |
| 5 | 砂试验报告 | C3-4-7 | ××建设工程试验室 | 2014.10.9～2015.8.5 | 31～45 | |
| 6 | 碎(卵)石试验报告 | C3-4-8 | ××建设工程试验室 | 2014.10.9～2015.8.5 | 46～59 | |
| 7 | 钢材试验报告 | C3-4-12 | ××建设工程试验室 | 2014.10.8～2015.7.21 | 60～97 | |
| 8 | 防水涂料试验报告 | C3-4-17 | ××建设工程试验室 | 2015.4.8～2015.6.10 | 98～105 | |
| 9 | 防水卷材试验报告 | C3-4-18 | ××建设工程试验室 | 2014.10.10～2015.6.28 | 106～114 | |
| 10 | 橡胶止水带检验报告 | C3-4-20 | ××建设工程试验室 | 2015.4.22～2015.5.9 | 115～118 | |
| 11 | 有见证试验汇总表 | C3-4-27 | ××市政建设集团 | 2015.9.6 | 119 | |
| | | | | | | |
| | | | | | | |
| | | | | | | |
| | | | | | | |
| | | | | | | |
| | | | | | | |
| | | | | | | |
| | | | | | | |
| | | | | | | |
| | | | | | | |
| | | | | | | |
| | | | | | | |
| | | | | | | |
| | | | | | | |
| | | | | | | |

## 城建档案案卷审核备考表

本案卷已编号的文件材料共　119　张,其中:文字材料　119　张,图样材料　/　张,照片　/　张。

对本案卷完整、准确情况的说明:

本案卷完整、准确。

立卷人:×××　　　2015 年 10 月 18 日<br>
审核人:×××　　　2015 年 10 月 18 日

接收单位(档案馆)的审核说明:

基本合格可以接收

技术审核人:×××　　　2015 年 11 月 8 日<br>
档案接收人:×××　　　2015 年 11 月 8 日

# 工程资料移交书

　　　　　　××市政建设集团有限公司　　　　　（单位）按有关规定向　　××公路管理有限责任公司　　（单位）办理　　　××市××路桥梁　　　工程资料移交手续。共计　18　册。其中：图样材料　6　册，文字材料　12　册，其他材料　/　册。

**附：移交明细表**

移交单位：(章)　　　　　　　　　　　　接收单位：(章)

单位负责人：×××　　　　　　　　　　单位负责人：×××

移　交　人：×××　　　　　　　　　　接　收　人：×××

移交日期：××年×月×日

# 城市建设档案移交书

　　_____××公路管理有限责任公司_____（单位）向市城市建设档案馆移交_____××市××路桥梁_____工程档案,共计__18__册。其中:图样材料__6__册,文字材料__12__册,综合材料__/__册,其他材料__/__册。

　　附:城市建设档案移交目录一式三份,共__×__张。

移交单位:(章)　　　　　　　　　　接收单位:(章)

单位负责人:×××　　　　　　　　　单位负责人:×××

移　交　人:×××　　　　　　　　　接　收　人:×××

　　　　　　　　　　　　　　　　移交日期:××年×月×日

# 城市建设档案缩微品移交书

　　　　　　　××公路管理有限责任公司　　　　　　（单位）向市城市建设档案馆移交__
　__××市××路桥梁__　工程缩微品档案。档号　××　，缩微号　××　。卷片
共　×　盘，开窗卡　×　张，其中母片：卷片　×　盘，开窗卡　×　张；拷贝片：
卷片　×　套盘，开窗卡　×　套　×　张。

　　缩微原件共　18　册，其中文字材料　12　册，图样材料　6　册，其他材料__
　/　册。

　　附：城市建设档案缩微品移交目录

移交单位：(章)　　　　　　　　　　　　　接收单位：(章)

单位法定代表人：×××　　　　　　　　　单位法定代表人：×××

移　交　人：×××　　　　　　　　　　　接　收　人：×××

　　　　　　　　　　　　　　　　　　　　　移交日期：××年×月×日

# 城市建设档案移交目录

| 序号 | 工程项目名称 | 案卷题名 | 形成年份 | 数量 | | | | | | 备注 |
|---|---|---|---|---|---|---|---|---|---|---|
| | | | | 文字材料 | | 图样材料 | | 综合卷 | | |
| | | | | 册 | 张 | 册 | 张 | 册 | 张 | |
| 1 | ××市××路道路桥梁改扩建工程 | 基建文件 | 2015 | 2 | 183 | | | | | |
| 2 | ××市××路道路桥梁改扩建工程 | 监理文件 | 2015 | 1 | 168 | | | | | |
| 3 | ××市××路道路桥梁改扩建工程 | 施工文件　施工管理、施工技术 | 2015 | 1 | 36 | | | | | |
| 4 | ××市××路道路桥梁改扩建工程 | 施工文件　原材料质量证明文件及复试报告 | 2015 | 1 | 160 | | | | | |
| 5 | ××市××路道路桥梁改扩建工程 | 施工文件　施工测量 | 2015 | 1 | 127 | | | | | |
| 6 | ××市××路道路桥梁改扩建工程 | 施工文件　施工检测 | 2015 | 1 | 131 | | | | | |
| 7 | ××市××路道路桥梁改扩建工程 | 施工文件　基础施工 | 2015 | 1 | 135 | | | | | |
| 8 | ××市××路道路桥梁改扩建工程 | 施工文件　道路施工 | 2015 | 1 | 94 | | | | | |
| 9 | ××市××路道路桥梁改扩建工程 | 施工文件　桥梁施工 | 2015 | 1 | 128 | | | | | |
| 10 | ××市××路道路桥梁改扩建工程 | 施工文件　施工验收 | 2015 | 1 | 14 | | | | | |
| 11 | ××市××路道路桥梁改扩建工程 | 道路工程竣工图 | 2015 | | | 2 | 65 | | | |
| 12 | ××市××路道路桥梁改扩建工程 | 广场工程竣工图 | 2015 | | | 1 | 12 | | | |
| 13 | ××市××路道路桥梁改扩建工程 | 桥梁工程竣工图 | 2015 | | | 2 | 49 | | | |
| | | | | | | | | | | |
| | | | | | | | | | | |

注：综合卷指文字和图样材料混装的案卷。

# 城建档案缩微品移交目录

缩微号：　　　　××××　　　　工程号：　　　　　××××

工程名称：　　　××市××路道路桥梁改扩建工程

| 序号 | 案 卷 题 名 | 档　号 | 页　数 | 画幅号 |
|:---:|:---:|:---:|:---:|:---:|
| 1 | 基建文件 | ×× | 183 | ×× |
| 2 | 监理文件 | ×× | 168 | ×× |
| 3 | 施工文件　施工管理、施工技术 | ×× | 36 | ×× |
| 4 | 施工文件　原材料质量证明文件及复试报告 | ×× | 160 | ×× |
| 5 | 施工文件　施工测量 | ×× | 127 | ×× |
| 6 | 施工文件　施工检测 | ×× | 131 | ×× |
| 7 | 施工文件　基础施工 | ×× | 135 | ×× |
| 8 | 施工文件　道路施工 | ×× | 94 | ×× |
| 9 | 施工文件　桥梁施工 | ×× | 128 | ×× |
| 10 | 施工文件　施工验收 | ×× | 14 | ×× |
| 11 | 道路工程竣工图 | ×× | 65 | ×× |
| 12 | 广场工程竣工图 | ×× | 12 | ×× |
| 13 | 桥梁工程竣工图 | ×× | 49 | ×× |
| | | | | |
| | | | | |
| | | | | |
| | | | | |
| | | | | |
| | | | | |
| | | | | |
| | | | | |
| | | | | |
| | | | | |
| | | | | |
| | | | | |
| | | | | |
| | | | | |
| | | | | |
| | | | | |
| | | | | |
| | | | | |

## 6.3　工程资料的验收与移交

1. 工程参建各方应将各自的工程资料案卷归档保存。

2. 监理单位、施工单位应根据有关规定合理确定工程资料案卷的保存期限。

3. 建设单位工程资料案卷的保存期限应与工程使用年限相同。

4. 依法列人城建档案管理部门保存的工程档案资料,建设单位在工程竣工验收前应组织有关各方,提请城建档案管理部门对归档保存的工程资料进行预验收,并办理相关验收手续。

5. 国家和重点工程及合同约定的市政基础设施工程,建设单位应将列入城建档案管理部门保存的工程档案资料制作成缩微胶片,提交城建档案管理部门保存。

6. 依法列入城建档案管理部门保存的工程档案资料,经城建档案管理部门收合,建设单位工程工收月内将工程档案案卷或缩微胶片交由城建档案管理部门保存,并办理相关手续。

# 附　录

## 附录 A　工程物资进场复验项目与检验规则

工程物资进场复验项目与检验规则应按表 A 进行。

表 A　工程物资进场复验项目取样规定

| 序号 | 名称与相关标准、规范 | 进场复验项目 | 组批原则及取样规定 |
|---|---|---|---|
| 1 | 水泥 | | |
| | (1)通用硅酸盐水泥<br>(GB175—2007) | 安定性<br>凝结时间<br>强度 | (1)散装水泥：<br>①对同一水泥厂生产的同期出厂的同品种、同强度等级、同一出厂编号的水泥为一验收批，但一验收批的总质量不得超过 500t。<br>②当所取水泥深度不超过 2m 时，随机取样，经混拌均匀后，再从中称取不少于 12kg 的水泥作为检验试样。 |
| | (2)砌筑水泥<br>(GB3183—2003) | 安定性<br>凝结时间<br>强度<br>保水率 | (2)袋装水泥：<br>①对同一水泥厂生产的同期出厂的同品种、同强度等级、以一次进厂(场)的同一出厂编号的水泥为一验收批，但一验收批的总量不得超过 200t。<br>②随机从不少于 20 袋中各取等量水泥，经混拌均匀后，再从中称取不少于 12kg 的水泥作为试样。<br>(3)检验期超过三个月，应再送试。 |
| | (3)快硬铁铝酸盐水泥<br>(JC933—2003) | 比表面积<br>凝结时间<br>强度 | 对同一水泥厂生产的同期出厂的同品种、同强度等级、同一出厂编号的水泥为一验收批。<br>取样方法按 GB/T12573 进行。取样应有代表性，可连续取，也可以从 20 个以上的不同部位取等量样品，混匀后缩分，从中称取不少于 12kg 的水泥作为检验试样。 |
| | (4)硫铝酸盐水泥<br>(GB20742—2006) | | |
| 2 | 砂<br>(GB/T14684—2011)<br>(JGJ52—2006) | 颗粒级配<br>含泥量<br>泥块含量<br>用于抗冻等级<br>F100 级以上的混凝土时，应进行坚固性试验 | (1)以同一产地、同一规格、同一进厂(场)时间，每 400m³ 或 600t 为一验收批，不足 400m³ 或 600t 也按一批计。<br>(2)当质量比较稳定、进料量较大时，可以 1000t 为一验收批。<br>(3)取样部位应均匀分布，在料堆上从 8 个不同部位抽取等量试样(每份 11kg)。然后用四分法缩分至 22kg，取样前先将取样部位表面铲除。 |

| 序号 | 名称与相关标准、规范 | 进场复验项目 | 组批原则及取样规定 |
|---|---|---|---|
| 3 | 石<br>(GB/T14685－2011)<br>(JGJ52－2006) | 颗粒级配<br>含泥量<br>泥块含量<br>针片状颗粒含量<br>压碎值指标(混凝土强度等级≥C50 时为进场复验项目)<br>用于抗冻等级F100 级以上的混凝土时,应进行坚固性试验 | (1)以同一产地、同一规格,同一进厂(场)时间,每 400m³或 600t 为一验收批,不足 400m³或 600t 也按一批计。每一验收批取样一组。<br>(2)当质量比较稳定,进料量较大时,可以 1000t 为一验收批。<br>(3)一组试样 40kg(最大粒径 10mm、16mm、20mm)或 80kg(最大粒径 31.5mm、40mm)取样部位应均匀分布,在料堆的顶部、中部和底部各由均匀分布的五个不同部位抽取大致相等的试样 15 份。每份 5～40kg,然后缩分到 40kg 或 80kg 送检。 |
| 4 | 轻集料<br>(GB/T17431.1－2010)<br>(GB/T17431.2－2010) | 轻粗集料:<br>颗粒级配<br>堆积密度<br>筒压强度<br>粒型系数<br>吸水率<br>轻细集料:<br>细度模数<br>堆积密度 | (1)以同一品种、同一密度等级,每 200m3 为一验收批,不足 200m3 也按一批计。<br>(2)试样可以从料堆自上到下不同部位、不同方向任选 10 点(袋装料应从 10 袋中抽取),应避免取离析的及面层的材料。<br>(3)初次抽取的试样量应不少于 10 份,其总料应多于试验用料量的 1 倍。拌合均匀后,按四分法缩分到试验所需的用料量;轻粗集料为 50L,轻细集料为 10L。 |
| 5 | | 掺合料 | |
| | (1)粉煤灰<br>(GB/T1596－2005)<br>(CJJ4－2011)<br>(JC/T409－2001) | 烧失量<br>需水量比<br>细度 | (1)以连续供应相同等级、相同种类的≤200t 为一编号,不足 200t 按一编号论,每一编号为一取样单位,粉煤灰质量按干灰(含水量小于 1%)的质量计算。每批取试样一组(不少于 3.0kg)。<br>(2)取样方法:<br>当散装灰运输工具的容量超过该厂规定出厂编号吨数时,允许该编号的数量超过取样规定吨数。<br>取样方法按 GBl2573 进行。取样应有代表性,可连续取,也可从 10 个以上不同部位取等量样品,每份 1～3kg,混合拌匀按四分法缩分取出 3kg 送试。 |

| 序号 | 名称与相关标准、规范 | 进场复验项目 | 组批原则及取样规定 |
|---|---|---|---|
| | （2）用于水泥和混凝土中的粒化高炉矿渣粉（GB/T18046—2008） | 烧失量<br>比表面积<br>流动度比 | 取样方法：取样按 GB12573 进行。取样应有代表性，可连续取样，也可以在 20 个以上部位取等量样品，总量至少 20kg。试样应混合均匀，按四分法缩取出比试验所需要量大一倍的试样。 |
| 6 | | | 钢材 |
| | （1）碳素结构钢（GB/T700—2006） | 拉伸试验（上屈服强度、抗拉强度、伸长率）弯曲试验<br>冲击试验（用于钢结构工程时）<br>化学成分（C、Si、Mn、P、S） | （1）同一厂别、同一牌号、同一炉罐号、同一规格、同一交货状态每 60t 为一验收批，不足 60t 也按一批计。<br>（2）每一验收批取一组试件（拉伸、弯曲各 1 个，冲击 3 个）。需要时，化学成分 1 个/每炉号。 |
| | （2）钢筋混凝土用钢第 2 部分：热轧带肋钢筋（GB1499.2—2007） | 拉伸试验（下屈服强度、抗拉强度、伸长率）<br>弯曲试验 | （1）同一厂别、同一炉罐号、同一牌号、同一尺寸、同一交货状态，每一验收批重量通常不大于 60t。<br>　允许由同一牌号、同一冶炼方法，同一浇注方法的不同炉罐号组成混合批。各炉罐号含碳量之差不大于 0.02%，含锰量之差不大于 0.15%，混合批的重量不大于 60t。<br>（2）每一验收批取一组试件（拉抻 2 个、弯曲 2 个）。<br>（3）超过 60t 的部分，每增加 40t（或不足 40t 的余数），增加一个拉伸试验试件和一个弯曲试验试件。<br>（4）在任选的两根钢筋切取。 |
| | （3）钢筋混凝土用钢第 1 部分：热轧光圆钢筋（GB1499.1—2008） | 拉伸试验（下屈服强度、抗拉强度、伸长率）<br>冷弯试验 | （1）同一厂别、同一炉罐号、同一牌号、同一尺寸、同一交货状态，每一验收批重量通常不大于 60t。<br>　允许由同一牌号、同一冶炼方法，同一浇注方法的不同炉罐号组成混合批。各炉罐号含碳量之差不大于 0.02%，含锰量之差不大于 0.15%，混合批的重量不大于 60t。<br>（2）每一验收批取一组试件（拉抻 2 个、弯曲 2 个）。<br>（3）超过 60t 的部分，每增加 40t（或不足 40t 的余数），增加一个拉伸试验试件和一个弯曲试验试件。<br>（4）在任选的两根钢筋切取。 |
| | （4）钢筋混凝土用余热处理钢筋（GB13014—2013） | 拉伸试验<br>弯曲试验<br>反向弯曲试验 | （1）每批由同一牌号、同一炉罐号、同一规格、同一余热处理制度的钢筋组成。每批重量不大于 60 t。超过 60 t 的部分，每增加 40 t（或不足 40 t 的余数），增加一个拉伸试<br>（2）允许由同一牌号、同一冶炼方法、同一浇注方法的不同炉罐号组成混合批，但各炉罐号含碳量之差不大于 0.02%，含锰量之差不大于 0.15%。混合批的重量不大于 60 t。<br>（3）任选两根钢筋切取。 |

| 序号 | 名称与相关标准、规范 | 进场复验项目 | 组批原则及取样规定 |
|---|---|---|---|
| (5)冷轧带肋钢筋<br>(GB13788—2008) | 拉伸试验(抗拉强度、伸长率)<br>弯曲试验 | (1)同一牌号、同一外形、同一规格、同一生产工艺、同一交货状态,每60t为一验取批,不足60t也按一批计。<br>(2)每一检验批取拉伸试件1个(逐盘),弯曲试件2个(每批),应力松弛试件1个(定期)。<br>(3)在每(任)盘中的任意一端截去500mm后切取。 |
| (6)冷轧扭钢筋<br>(JG190—2006) | 拉伸试验(抗拉强度、伸长率)<br>弯曲试验<br>重量<br>节距<br>厚度 | (1)同一牌号、同一规格尺寸、同一台轧机、同一台班每10t为一验收批,不足10t也按一批计。<br>(2)每批取弯曲试件1个,拉伸试件2个,重量、节距、厚度试件各3个。 |
| (7)预应力混凝土用钢丝<br>(GB/T5223—2014) | 抗拉强度<br>伸长率<br>弯曲试验 | (1)同一牌号、同一规格、同一加工状态的钢丝为一验收批,每批重量不大于60t。<br>(2)在每盘钢丝的任一端截取抗拉强度、弯曲和断后伸长率的试件各一根。规定非比例伸长应力和最大力下总伸长率试验每批取3根。 |
| (8)中强度预应力混凝土用钢丝<br>(YB/T156—1999)<br>(GB/T2103—2008)<br>(GB/T10120—2013) | 抗拉强度<br>伸长率<br>反复弯曲 | (1)同一牌号、同一规格、同一强度等级、同一生产工艺的钢丝为一验收批,每批重量不大于60t。<br>(2)每盘钢丝的两端取样进行抗拉强度、伸长率、反复弯曲的检验。<br>(3)规定非比例伸长应力和松弛率试验,每季度抽检一次,每次不少于3根。 |
| (9)预应力混凝土用钢棒<br>(GB/T5223.3—2005) | 抗拉强度<br>断后伸长率<br>伸直性 | (1)同一牌号、同一规格、同一加工状态的钢棒为一验收批,每批重量不大于60t。<br>(2)从任一盘钢棒任意一端截取1根试样进行抗拉强度、断后伸长率试验;每批钢棒不同盘中截取3根试样进行弯曲试验;每5盘取1根伸直性试验试样;规定非比例延伸强度试样为每批3根;应力松弛为每条生产线每月不少于1根。<br>(3)对于直条钢棒,以切断盘条的盘数为取样依据。 |
| (10)预应力混凝土用钢绞线<br>(GB/T 5224—2014) | 整根钢绞线最大力<br>规定非比例延伸力<br>最大力总伸长率 | (1)由同一牌号、同一规格、同一生产工艺捻制的钢绞线为一验收批,每批重量不大于60t。<br>(2)从每批钢绞线中任取3盘,从每盘所选的钢绞线端部正常部位截取一根进行表面质量、直径偏差、捻距和力学性能试验。如每批少于3盘,则应逐盘进行上述检验。 |
| (11)一般用途低碳钢丝<br>(YB/T 5294—2006) | 抗拉强度<br>180度弯曲试验次数<br>伸长率(标距100mm) | (1)同一尺寸、同一锌层级别、同一交货状态的钢丝为一验收批。<br>(2)从每批中抽查5%,但不少于5盘进行形状、尺寸和表面检查。<br>(3)从上述检查合格的钢丝中抽取5%,优质钢抽取10%,不少于3盘,拉伸试验、反复弯曲试验每盘各一个(任意端)。 |

续表

| 序号 | 名称与相关<br>标准、规范 | 进场复验<br>项目 | 组批原则及取样规定 |
|---|---|---|---|
| | (12)预应力混凝<br>土用低合金钢丝<br>(YB/T038—93) | 拔丝用盘条:<br>拉伸<br>弯曲 | 拔丝用盘条:同一牌号、同一炉号、同一尺寸的盘条组成一验<br>收批。每批拉伸1个,弯曲2个(取自不同根盘条)。<br>钢丝:<br>①同一牌号、同一形状、同一尺寸、同一交货状态的钢丝为<br>一验收批。 |
| | | 钢丝:<br>抗拉强度<br>伸长率<br>反复弯曲<br>应力松弛 | ②从每批中抽查5%,但不少于5盘进行形状、尺寸和表<br>面检查。<br>从上述检查合格的钢丝中抽取5%,优质钢抽取10%,不<br>少于3盘,拉伸试验每盘一个(任意端);不少于5盘,反复弯<br>曲试验每盘一个(任意端去掉500mm后取样)。 |
| | (13)碳素结构钢<br>和低合金结构钢<br>热轧厚钢板和钢带<br>(GB/T3274—2007) | 拉伸试验(屈服<br>点、抗拉强度、断<br>后伸长率)<br>弯曲试验<br>冲击试验<br>化学成分(C、<br>Si、Mn、P、S) | (1)同一厂别、同一炉号、同一牌号、同一质量等级、同一交<br>货状态的钢板和钢带组成一验收批、每一验收批重量不大<br>于60t。<br>混合批的组成应符合GB/T700,GB/T1591的有关规定。<br>(2)每一验收批取一组试件(拉抻1个、弯曲1个,冲击试<br>验3个/每批)。<br>需要时。<br>化学成分1个/每炉号。 |
| | (14)低合金高强<br>度结构钢<br>(GB/T1591—2008) | 拉伸试验(下屈<br>服点、抗拉强度、<br>断后伸长率)<br>弯曲试验<br>冲击试验<br><br>化学成分(C、<br>Si、Mn、P、S) | (1)同一厂别、同一炉罐号、同一牌号、同一质量等级、同一<br>规格、同一轧制状态或同一热处理制度的钢筋组成一验收<br>批、每一验收批重量不大于60t。<br>各牌号的A级钢或B级钢允许同一牌号、同一质量等级、<br>同一冶炼方法和浇注方法、不同炉罐号组成混合批。但每批<br>不得多于6个炉罐号,且各炉罐号含碳量之差不大于0.<br>02%,含锰量之差不大于0.15%。<br>(2)每一验收批取一组试件(拉抻1个、弯曲1个,冲击试<br>验3个/每批)。<br><br>需要时<br>化学成分1个/每炉号。 |
| 7 | 焊接材料 | | |
| | 非合金钢及<br>细晶粒钢焊条<br>(GB/T5117—2012) | 屈服点<br>抗拉强度<br>伸长率<br>冲击试验 | 每批焊条由同一批号焊芯、同一批号主要涂料原料、以同<br>样涂料配方及制造工艺制成。EXX01、EXX03及E4313型<br>焊条的每批最高量为100t,其他型号焊条的每批最高量<br>为50t。 |
| 8 | 螺栓 | 预拉力 | |
| | 高强度大六角头<br>螺栓<br>(GB/T1228—2006)<br>(GB/T1231—2006) | 扭矩系数 | 同一性能等级、材料、炉号、螺纹规格、长度(当螺栓长度≤<br>100mm时,长度相差≤15mm;螺栓长度>100mm时,长度相<br>差≤20mm,可视为同一长度)、机械加工、热处理工艺、表面<br>处理工艺的螺栓为一批。 |

| 序号 | 名称与相关标准、规范 | 进场复验项目 | 组批原则及取样规定 |
|---|---|---|---|
| 9 | 扭剪型高强度螺栓连接副<br>(GB/T3632—2008)<br>(GB50205—2001) | 紧固轴力(紧固预拉力) | 同一材料、炉号、螺纹规格、长度(当螺栓长度≤100mm时,长度相差≤15mm;螺栓长度>100mm时,长度相差≤20mm,可视为同一长度)、机械加工、热处理工艺及表面处理工艺的螺栓为一批;同一材料、炉号、螺纹规格、机械加工、热处理工艺及表面处理工艺的螺母为同批;同一材料、炉号、规格、机械加工、热处理工艺及表面处理工艺的垫圈为同批。分别由同批螺栓、螺母及垫圈组成的连接副为同批连接副。 |
| 10 | 高强度螺栓连接<br>(GB50205—2001) | 摩擦面抗滑移系数 | 应以钢结构制造批为单位进行试验,制造批可按分部(子分部)工程划分规定的工程量每2000t为一批,不足2000t的可视为一批。选用两种及两种以上表面处理工艺时,每种处理工艺应单独检验。每批三组试件。 |
| 11 | 机械连接<br>(JGJ107—2010)<br>(1)锥螺纹连接<br>(2)套筒挤压接头<br>(3)镦粗直螺纹钢筋接头 | 抗拉强度残余变形 | (1)工艺检验:<br>　在正式施工前,按同批钢筋、同种机械连接形式的接头试件不少于3根,进行抗拉强度及残余变形试验。<br>(2)现场检验:<br>　接头的现场检验按验收批进行,只做抗拉强度试验。同一施工条件下采用同一批材料的同等级、同形式、同规格的接头每500个为一验收批。不足500个接头也按一批计。每一验收批必须在工程结构中随机截取3个试件做单向拉伸试验。在现场连续10个验收批抽样试件抗拉强度试验1次合格率为100%时,验收批接头数量可扩大一倍。 |
| 12 | 钢筋焊接<br>(JGJ/T27—2014)<br>(JGJ18—2012) | | (1)钢筋焊接种类包括:电阻点焊、闪光对焊、电弧焊、电渣压力焊、气压焊、预埋件埋弧压力焊。<br>(2)检验形式分为:工艺试验和现场检验工艺试验(可焊性能试验):在工程开工或每批钢筋正式焊接前,应进行现场条件下的焊接性能试验。合格后,方可正式生产。试件数量与要求,应与质量检查与验收时相同。<br>　现场检验:施工过程中的焊接接头质量检验。 |
| | (1)电弧焊接头 | 抗拉强度 | (1)在现浇钢筋混凝土结构中,应以300个同牌号钢筋、同形式接头作为一验收批;在房屋结构中,应在不超过连续二楼层中300个同牌号钢筋、同形式接头作为一批;每批随机切取3个接头,做拉伸试验。<br>(2)在装配式结构中,可按生产条件制作模拟试件,每批3个试件,做拉伸试验。<br>(3)当初试结果不符合要求时,应再取6个试件进行复试。<br>(4)钢筋与钢板电弧搭接焊接头可只进行外观检查。<br>(5)在同一批中若有几种不同直径的钢筋焊接接头,应在最大直径钢筋接头中切取3个试件。 |

| 序号 | 名称与相关标准、规范 | 进场复验项目 | 组批原则及取样规定 |
|---|---|---|---|
| (2)闪光对焊接头 | | 抗拉强度<br>弯曲试验 | (1)同一台班内由同一焊工完成的 300 个同级别、同直径钢筋焊接接头应作为一批。当同一台班内焊接的接头数量较少,可在一周内累计计算;累计仍不足 300 个接头时,应按一批计算。<br>(2)力学性能试验时,试件应从成品中随机切取 6 个试件,其中 3 个做拉伸试验,3 个做弯曲试验。<br>(3)焊接等长的预应力钢筋(包括螺丝端杆与钢筋)时,可按生产时同等条件制作模拟试件。<br>(4)螺丝端杆接头可只做拉伸试验。<br>(5)封闭环式箍筋闪光对焊接头,以 600 个同牌号、同规格的接头为一批,只做拉伸试验。<br>(6)当模拟试件试验结果不符合要求时,复试应从现场焊接接头中切取,其数量和要求与初试时相同。 |
| (3)电渣压力焊接头 | | 抗拉强度 | (1)在现浇钢筋混凝土结构中,以 300 个同牌号钢筋接头作为一验收批。<br>(2)试件应从成品中随机切取 3 个接头进行拉伸试验。<br>(3)当初试结果不符合要求时,应再取 6 个试件进行复试。 |
| (4)气压焊接头 | | 抗拉强度<br>弯曲试验(梁、板的水平筋连接) | (1)一般构筑物中以 300 个接头作为一验收批。<br>(2)在现浇钢筋混凝土房屋结构中,应以不超过二楼层中 300 个同牌号接头作为一验收批,不足 300 个接头也按一批计。<br>(3)试件应从成品中随机切取 3 个接头进行拉伸试验;在梁、板的水平钢筋连接中,应另切取 3 个试件做弯曲试验。<br>当初试结果不符合要求时,应再取 6 个试件进行复试。 |
| (5)电阻点焊 | | 抗拉强度<br>抗剪强度 | 电阻点焊制品<br>①现场焊接:<br>凡钢筋牌号、直径及尺寸相同的焊接骨架和焊接网应视为同一类制品,且每 300 件为一验收批,一周内不足 300 件的也按一批计。<br>购买成品:<br>由同一型号、同一原材料来源、同一生产设备并在同一连续时段内制造的钢筋焊接网组成,重量不大于 30t 为一验收批。<br>②试件应从成品中切取,当所切取试件的尺寸小于规定的试件尺寸时,或受力钢筋大于 8mm 时,可在生产过程中制作模拟焊接试验网片,从中切取试件。<br>试件尺寸见下图: |

续表

| 序号 | 名称与相关标准、规范 | 进场复验项目 | 组批原则及取样规定 |
| --- | --- | --- | --- |
| | (5)电阻点焊 | 抗拉强度<br>抗剪强度 | 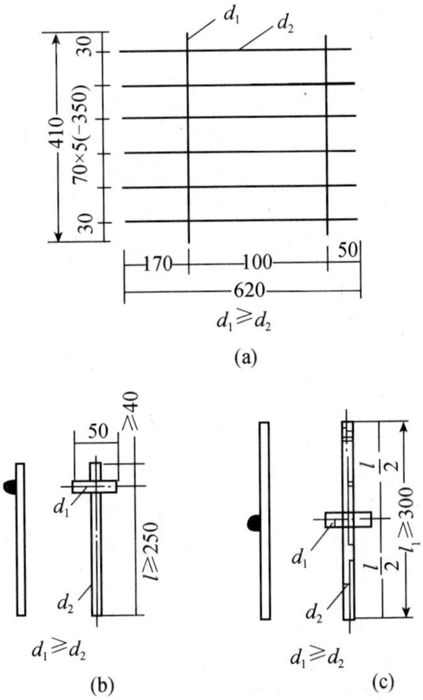<br>钢筋焊接试验网片与试件<br>(a)焊接试验网片简图;(b)钢筋焊点抗剪试件;<br>(c)钢筋焊点拉伸试件<br>③由几种钢筋直径组合的焊接骨架,应对每种组合做力学性能检验。<br>④热轧钢筋焊点,应作抗剪试验,试件数量 3 件;冷轧带肋钢筋焊点除做抗剪试验外,尚应对纵向和横向冷轧带肋钢筋作拉伸试验,试件应各为 1 件。剪切试件纵筋长度应大于或等于 290mm,横筋长度应大于或等于 50mm(见图 b);拉伸试件纵筋长度应大于或等于 300mm(见图 c)。 |
| | (6)预埋件钢筋 T 型接头 | 抗拉强度 | (1)预埋件钢筋埋弧压力焊,同类型预埋件一周内累计每 300 件时为一验收批,不足 300 个接头也按一批计。每批随机切取 3 个试件做拉伸试验。<br>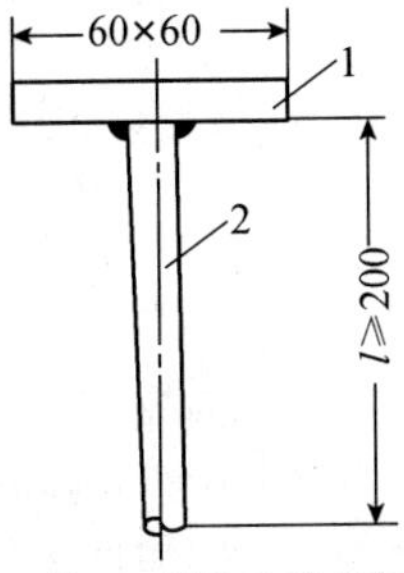<br>预埋件 T 型接头拉伸试样<br>1—钢板;2—钢筋<br>(2)当初试结果不符合规定时,再取 6 个试件进行复试。 |

续表

| 序号 | 名称与相关标准、规范 | 进场复验项目 | 组批原则及取样规定 |
|------|------|------|------|
| 13 | 外加剂<br>(GB50119-2013) | | |
| | (1)普通减水剂<br>(GB8076-2008) | pH 值<br>密度(或细度)<br>含固量(或含水率)<br>减水率<br>1d 抗压强度比(早强型)凝结时间差(缓凝型) | 按每50t为一检验批,不足50t时也应按一个检验批计。每一检验批取样量不应少于0.2t胶凝材料所需用的减水剂量。每一检验批取样应充分混匀,并应分为两等份:其中一份应按规定的项目及要求进行检验,每检验批检验不得少于两次;另一份应密封留样保存半年,有疑问时,应进行对比检验。 |
| | (2)高效减水剂<br>(GB8076-2008) | pH 值<br>密度(或细度)<br>含固量(或含水率)<br>减水率<br>凝结时间差(缓凝型) | 按每50t为一检验批,不足50t时也应按一个检验批计。每一检验批取样量不应少于0.2t胶凝材料所需用的外加剂量。每一检验批取样应充分混匀,并应分为两等份:其中一份应按规定的项目及要求进行检验,每检验批检验不得少于两次;另一份应密封留样保存半年,有疑问时,应进行对比检验。 |
| | (3)聚羧酸系高性能减水剂<br>(GB8076-2008) | pH 值<br>密度(或细度)<br>含固量(或含水率)<br>减水率<br>1d 抗压强度比(早强型)<br>凝结时间差(缓凝型) | 按每50t为一检验批,不足50t时也应按一个检验批计。每一检验批取样量不应少于0.2t胶凝材料所需用的外加剂量。每一检验批取样应充分混匀,并应分为两等份:一份应按规定的项目及要求进行检验,每检验批检验不得少于两次;另一份应密封留样保存半年,有疑问时,应进行对比检验。 |
| | (4)引气剂及引气减水剂<br>(GB8076-2008) | pH 值<br>密度(或细度)含固量(或含水率)<br>含气量<br>减水率 | 引气剂应按每10t为一检验批,不足10t时也应按一个检验批计,引气减水剂应按每50t为一检验批,不足50t时也应按一个检验批计。每一检验批取样量不应少于0.2t胶凝材料所需用的外加剂量。每一检验批取样应充分混匀,并应分为两等份:其中一份应按规定的项目及要求进行检验,每检验批检验不得少于两次;另一份应密封留样保存半年,有疑问时,应进行对比检验。 |
| | (5)早强剂<br>(GB8076-2008) | 密度(或细度)<br>含固量(或含水率)<br>碱含量<br>氯离子含量<br>1d 抗压强度比 | 按每50t为一检验批,不足50t时应按一个检验批计。每一检验批取样量不应少于0.2t胶凝材料所需用的外加剂量。每一检验批取样应充分混匀,并应分为两等份:其中一份应按规定的项目和要求进行检验,每检验批检验不得少于两次;另一份应密封留样保存半年,有疑问时,应进行对比检验。 |
| | (6)缓凝剂<br>(GB8076-2008) | 密度(或细度)<br>含固量(或含水率)<br>混凝土凝结时间差 | 按每20t为一检验批,不足20t时也应按一个检验批计。每一批次检验批取样量不应少于0.2t胶凝材料所需用的外加剂量。每一检验批取样应充分混匀,并应分为两等份:其中一份应按规定的项目和要求进行检验,每检验批检验不得少于两次;另一份应密封留样保存半年,有疑问时,应进行对比检验。 |
| | (7)泵送剂<br>(GB8076-2008) | pH 值<br>密度(或细度)<br>含固量(或含水率)<br>含气量<br>减水率 | 按每50t为一检验批,不足50t时也应按一个检验批计。每一检验批取样量不应少于0.2t胶凝材料所需用的外加剂量。每一检验批取样应充分混匀,并应分为两等份:其中一份应按规定的项目和要求进行检验,每检验批检验不得少于两次;另一份应密封留样保存半年,有疑问时,应进行对比检验。 |

续表

| 序号 | 名称与相关<br>标准、规范 | 进场复验<br>项目 | 组批原则及取样规定 |
|---|---|---|---|
| | (8)防冻剂<br>(JC475—2004) | 氯离子含量<br>密度(或细度)<br>含固量(或含水率)<br>碱含量<br>含气量 | 按每100t为一检验批，不足100t时也应按一个检验批计。每一检验批取样量不应少于0.2t胶凝材料所需用的外加剂量。每一检验批取样应充分混匀，并应分为两等份:一份应按规定的项目和要求进行检验，每检验批检验不得少于两次;另一份应密封留样保存半年，有疑问时，应进行对比检验。 |
| | (9)速凝剂<br>(JC477—2005) | 密度(或细度)<br>水泥净浆初凝和终凝时间 | 按每50t为一检验批，不足50t时也应按一个检验批计。每一检验批取样量不应少于0.2t胶凝材料所需用的外加剂量。每一检验批取样应充分混匀，并应分为两等份:其中一份应按规定的项目和要求进行检验，每检验批检验不得少于两次;另一份应密封留样保存半年，有疑问时，应进行对比检验。 |
| | (10)膨胀剂<br>(GB23439—2009) | 水中7d限制膨胀率<br>细度 | 按每200t为一检验批，不足200t时也应按一个检验批计。每一检验批取样量不应少于10kg。每一检验批取样应充分混匀，并应分为两等份:其中一份应按规定的项目进行检验，每检验批检验不得少于两次;另一份应密封留样保存半年，有疑问时，应进行对比检验。 |
| | (11)防水剂<br>(JC474—2008) | 密度(或细度)<br>含固量(或含水率) | 按每50t为一检验批，不足50t时也应按一个检验批计。每一检验批取样量不应少于0.2t胶凝材料所需用的外加剂量。每一检验批取样应充分混匀，并应分为两等份:其中一份应按规定的项目进行检验，每检验批检验不得少于两次;另一份应密封留样保存半年，有疑问时，应进行对比检验。 |
| | (12)阻锈剂<br>(JGJ/T192—2009) | pH值<br>密度(或细度)<br>含固量(或含水率) | 按每50t为一检验批，不足50t时也应按一个检验批计。每一检验批取样量不应少于0.2t胶凝材料所需用的外加剂量。每一检验批取样应充分混匀，并应分为两等份:其中一份应按规定的项目进行检验，每检验批检验不得少于两次;另一份应密封留样保存半年，有疑问时，应进行对比检验。 |
| 14 | 防水卷材<br>(GB50207—2012)<br>(GB50208—2011) | | |
| | (1)铝箔面石油沥青防水卷材<br>(JC/T504—2007) | 纵向拉力<br>耐热度<br>柔度<br>不透水性 | (1)以同一生产厂的同一品种、同一等级的产品，大于1000卷抽5卷，500~1000卷抽4卷，100~499卷抽3卷，100卷以下抽2卷，进行规格尺寸和外观质量检验。在外观质量检验合格的卷材中，任取一卷作物理性能检验。<br>(2)将试样卷材切除距外层卷头2500mm顺纵向截取600mm的2块全幅卷材送检。 |

| 序号 | 名称与相关标准、规范 | 进场复验项目 | 组批原则及取样规定 |
|---|---|---|---|
| | (2)改性沥青聚乙烯胎防水卷材(GB18967—2009) | 拉力 最大拉力时延伸率(或断裂延伸率) 不透水性 低温柔度(低温柔性) 耐热度(耐热性) | (1)以同一类型、同一规格的10000m²为一验收批,不足10000m²亦可作为一批。(自粘橡胶沥青防水卷材、聚合物改性沥青复合胎防水卷材以同一类型、同一规格的5000m²为一验收批,不足5000m²亦可作为一批。) (2)以同一生产厂的同一品种、同一等级的产品,大于1000卷抽5卷,500~1000卷抽4卷,100~499卷抽3卷,100卷以下抽2卷,进行规格尺寸和外观质量检验。在外观质量检验合格的卷材中,任取一卷作物理性能检验。 (3)将试样卷材切除距外层卷头2500mm后,顺纵向切取800mm的全幅卷材试样2块。一块作物理性能检验用,另一块备用。 |
| | (3)弹性体改性沥青防水卷材(GB18242—2008) | | |
| | (4)塑性体改性沥青防水卷材(GB18243—2008) | | |
| | (5)自粘橡胶沥青防水卷材(GB23441—2009) | | |
| | (6)聚合物改性沥青复合胎防水卷材(DBJ01—53—2001) | | |
| | (8)高分子防水材料第1部分:片材(GB18173.1—2012) | 断裂拉伸强度 扯断伸长率 不透水性 低温弯折性 | (1)以同一类型、同一规格的10000m²为一验收批,不足10000m²亦可作为一批。(高分子防水片材以同品种、同一规格的5000m²为一验收批,不足5000m²亦可作为一批。) (2)以同一生产厂的同一品种、同一等级的产品,大于1000卷抽5卷,500~1000卷抽4卷,100~499卷抽3卷,100卷以下抽2卷,进行规格尺寸和外观质量检验。在外观质量检验合格的卷材中,任取一卷作物理性能检验。 (3)将试样卷材切除距外层卷头300mm后顺纵向切取1500mm的全幅卷材2块,一块作物理性能检验用,另一块备用。 |
| | (9)聚氯乙烯防水卷材(GB12952—2011) | | |
| | (10)氯化聚乙烯(PVC)防水卷材(GB12953—2003) | | |
| | (11)氯化聚乙烯—橡胶共混防水卷材(JC/T684—1997) | | |
| | (12)玻纤胎沥青瓦(GB/T20474—2006) | 可溶物含量 拉力 耐热度 柔度 | (1)以同一生产厂,同一等级的产品,每20000m²为一验收批,不足20000m²也按一批计。 (2)从外观、重量、规格、尺寸、允许偏差合格的油毡瓦中,任取4片试件进行物理性能试验。 |
| | (13)止水带(GB18173.2—2014) | 拉伸强度 扯断伸长率 撕裂强度 | (1)以同一生产厂、同月生产、同标记的产品为一验收批。 (2)在外观检验合格的样品中,随时抽取足够的试样,进行物理检验。 |

续表

| 序号 | 名称与相关<br>标准、规范 | 进场复验<br>项目 | 组批原则及取样规定 |
|---|---|---|---|
| | (14)遇水膨胀<br>橡胶<br>(GB/T18173.3<br>—2014) | 制品型：<br>拉伸强度<br>扯断伸长率<br>体积膨胀倍率<br>腻子型：<br>高温流淌性<br>低温试验<br>体积膨胀倍率 | 以同一类型、同一规格 10000m² 为一批，不足 10000m² 亦可作为一批。 |
| | (15)道桥用改性<br>沥青防水卷材<br>(JC/T974—2005) | 拉力<br>最大拉力时延伸率<br>低温柔性<br>耐热性<br>50℃剪切强度<br>50℃粘结强度<br>热碾压后抗渗性<br>接缝变形能力 | |
| 15 | 防水涂料<br>(GB50207—2012)<br>(GB50208—2012) | | |
| | (1)溶剂型橡胶<br>沥青防水涂料<br>(JC/T852—1999) | 固体含量<br>不透水性<br>低温柔度<br>耐热度<br>延伸率 | (1)同一生产厂每 5t 产品为一验收批，不足 5t 也按一批计。<br>(2)随机抽取，抽样数应不低于 $\sqrt{\dfrac{n}{2}}$（n 是产品的桶数）。<br>(3)从已检的桶内不同部位，取相同量的样品，混合均匀后取两份样品，分别装入样品容器中，样品容器应留有约 5% 的空隙，盖严，并将样品容器外部擦干净立即作好标志。一份试验用，一份备用。 |
| | (2)水乳型沥青<br>防水涂料<br>(JC/T408—2005) | | |
| | (3)道桥用防水<br>涂料<br>(JC/T975—2005) | 拉伸强度<br>断裂延伸率<br>低温柔度<br>耐热度<br>不透水<br>50℃剪切强度<br>50℃粘结强度<br>热碾压后抗渗性<br>接缝变形能力 | 以同一类型、同一规格 15t 为一批，不足 15t 亦作为一批。 |
| | (4)聚氨酯防水<br>涂料<br>(GB/T19250—2013) | 固体含量<br>断裂延伸率<br>拉伸强度<br>低温柔性<br>不透水性 | (1)同一生产厂，以甲组份每 5t 为一验收批，不足 5t 也按一批计算。乙组份按产品重量配比相应增加。<br>(2)每一验收批按产品的配比分别取样，甲、乙组份样品总重为 2kg。<br>(3)搅拌均匀后的样品，分别装入干燥的样品容器中，样品容器内应留有 5% 的空隙，密封并作好标志。 |

| 序号 | 名称与相关<br>标准、规范 | 进场复验<br>项目 | 组批原则及取样规定 |
|---|---|---|---|
| | (5)聚合物乳液<br>建筑防水涂料<br>(JC/T864—2008) | 断裂延伸率<br>拉伸强度<br>低温柔性<br>不透水性<br>固体含量 | 同一生产厂、同一品种、同一原料、同一配方连续生产的产品,每5t产品为一验收批,不足5t也按一批计。<br>抽样按GB/T3186进行。<br>(3)取4kg样品用于检验。 |
| | (6)聚合物水泥<br>防水涂料<br>(GB/T23445—2009) | 断裂延伸率<br>拉伸强度<br>低温柔性<br>不透水性<br>抗渗性 | (1)同一生产厂每10t产品为一验收批,不足10t也按一批计。<br>(2)产品的液体组份取样按GB/T3186的规定进行。<br>(3)配套固体组份的抽样:按GB12573中的袋装水泥的规定进行,两组份共取5kg样品。 |
| 16 | 刚性防水材料<br>(GB50207—2012)<br>(GB50208—2011) | | |
| | (1)水泥基渗透<br>结晶型防水材料<br>(GB18445—2012) | 抗压强度<br>抗折强度<br>粘结强度<br>抗渗压力 | (1)同一生产厂每10t产品为一验收批,不足10t也按一批计。<br>(2)在10个不同的包装中随机取样,每次取样10kg。<br>(3)取样后应充分拌合均匀,一分为二,一份送试;另一份密封保存一年,以备复验或仲裁用。 |
| | (2)无机防水堵<br>漏材料<br>(GB23440—2009) | 抗压强度<br>抗折强度<br>粘结强度<br>抗渗压力 | (1)连续生产同一类别产品,30t为一验收批,不足30t也按一批计。<br>(2)在每批产品中随机抽取。5kg(含)以上包装的,不少于三个包装中抽取样品;少于5kg包装的,不少于十个包装中抽取样品。<br>将所取样充分混合均匀。样品总质量为10kg。将样品一分为二,一份为检验样品;另一份为备用样品。 |
| 17 | 石材 | | |
| | (1)天然花岗石<br>建筑板材<br>(GB/T18601—2009)<br>(GB/T9966.1~<br>9966.8—2001) | 干燥、水饱和压<br>缩强度<br>干燥、水饱和弯<br>曲强度<br>体积密度<br>吸水率 | (1)以同一品种、等级、类别的板材为一验收批。<br>(2)在外观质量,尺寸偏差检验合格的板材中抽取样品进行试验,抽样数量分别按照GB/T18601—2009中7.1.3条及GB/T19766—2005中7.1.4规定执行。<br>(3)弯曲强度试样尺寸为:当试样厚度(H)≤68mm时宽度为100mm;当试样厚度>68mm时,宽度为1.5H。试样长度为(10H+50)mm。每种试验条件下的试样取5块/组(如对干燥、水饱和条件下的垂直和平行层理的弯曲强度试样应制备20块),试样不得有裂纹、缺棱和缺角。 |
| | (2)天然大理石<br>建筑板材(GB/<br>T19766—2005)<br>(GB/T9966.1~<br>9966.8—2001) | | (4)压缩强度试样尺寸:边长50mm的正方体或直径、高度均为50mm的圆柱体;尺寸偏差±0.5mm。每种试验条件下的试样取5块/组,若进行干燥、水饱和条件下的垂直和平行层理的弯曲强度试样应制备20块,试样不得有裂纹、缺棱和缺角。<br>(5)体积密度、吸水率试样尺寸:边长50mm的正方体或直径、高度均为50mm的圆柱体;尺寸偏差±0.5mm。 |

| 序号 | 名称与相关标准、规范 | 进场复验项目 | 组批原则及取样规定 |
|---|---|---|---|
| 18 | 砂浆<br>(JGJ/T70—2009)<br>(GB50203—2011)<br>(GB50209—2010) | 稠度<br>抗压强度 | （1）以同一砂浆强度等级，同一配比，同种原材料 250m³ 砌体为一个取样单位，每取样单位标准养护试块的留置不得少于一组（每组 3 块）。<br>（2）冬期施工砂浆试块的留置，除应按常温规定要求外，尚应增留不少于 1 组与砌体同条件养护的试块，测试检验 28d 强度；<br>（3）干拌砂浆：同强度等级每 400t 为一验收批，不足 400t 也按一批计。每批从 20 个以上的不同部位取等量样品。总质量不少于 15kg，分成两份，一份送试，一份备用。 |
| 19 | 混凝土<br>(GB50010—2010)<br>(GB50204—2015) | | |
| | （1）普通混凝土 | 稠度<br>抗压强度 | 试块的留置<br>①每拌制 100 盘且不超过 100m³ 的同配合比的混凝土，取样不得少于一次；<br>②每工作班拌制的同一配合比的混凝土不足 100 盘时，取样不得少于一次；<br>③当一次连续浇筑超过 1000m³ 时，同一配合比混凝土每 200m³ 混凝土取样不得少于一次；<br>④每次取样应至少留置一组标准养护试件，同条件养护试件的留置组数（如拆模前，拆除支撑前等）应根据实际需要确定；<br>⑤冬期施工时，掺用外加剂的混凝土，还应留置与结构同条件养护的用以检验受冻临界强度试件及与结构同条件养护 28d，再标准养护 28d 的试件；未掺用外加剂的混凝土，应留置与结构同条件养护的用以检验受冻临界强度试件及解除冬期施工后转常温养护 28d 的同条件试件；<br>⑥用于结构实体检验的同条件养护试件留置应符合下列规定：对混凝土结构工程中的各混凝土强度等级，均应留置同条件养护试件；同一强度等级的同条件养护试件，其留置的数量应根据混凝土工程量和重要性确定，不宜少于 10 组，且不应少于 3 组。 |
| | （2）轻集料混凝土 | 干表观密度<br>抗压强度<br>稠度 | （1）抗压强度、稠度的组批原则及取样规定同普通混凝土。<br>混凝土干表观密度试验：连续生产的预制构件厂及预拌混凝土同配合比的混凝土每月不少于 4 次；单项工程每 100m³ 混凝土至少一次，不足 100m³ 也按 100m³ 计。 |

| 序号 | 名称与相关标准、规范 | 进场复验项目 | 组批原则及取样规定 |
|---|---|---|---|
| | (3)抗渗混凝土 | 稠度<br>抗压强度<br>抗渗等级 | (1)试块的留置:<br>①连续浇筑抗渗混凝土每 500m³ 应留置一组抗渗试件(一组为 6 个抗渗试件),且每项工程不得少于两组。采用预拌混凝土的抗渗试件,留置组数应视结构的规模和要求而定。混凝土的抗渗性能,应采用标准条件下养护混凝土抗渗试件的试验结果评定。<br>②冬季施工检验掺用防冻剂的混凝土抗渗性能,应增加留置与工程同条件养护 28d,再标准养护 28d 后进行抗渗试验的试件。<br>留置抗渗试件的同时需留置抗压强度试件并应取自同一盘混凝土拌合物中。取样方法同普通混凝土,试块应在浇筑地点制作。 |
| | (4)抗冻混凝土 | 抗压强度<br>冻融试验<br>稠度 | (1)抗冻混凝土抗压试块的留置与普通混凝土相同,但只留置标准养护试件。<br>(2)供冻融试验的试块留置按同一强度等级、同一冻融指标、同一配合比、同种原材料,每单位工程为一验收批次。<br>(3)冻融试验分慢冻法和快冻法。<br>慢冻法试件尺寸与立方体抗压强度试件一致。<br>快冻法采用截面积 100mm×100mm×400mm 的棱柱体混凝土试件,每组 3 块。 |
| 20 | 砌墙砖和砌块 | | |
| | (1)烧结普通砖<br>(GB5101—2003) | 抗压强度 | (1)3.5 万~15 万块为一验收批,不足 3.5 万块也按一批计。<br>(2)每一验收批随机抽取试样一组(10 块)。 |
| | (2)烧结多孔砖<br>(GB13544—2011)<br>(GB50203—2011) | 抗压强度 | (1)每 5 万块为一验收批,不足 5 万块也按一批计。<br>(2)每一验收批随机抽取试样一组(10 块)。 |
| | (3)烧结空心砖、空心砌块<br>(GB13545—2014) | 抗压强度 | (1)3.5 万~15 万块为一验收批,不足 3.5 万块也按一批计。<br>(2)每批从尺寸偏差和外观质量检验合格的砖中,随机抽取抗压强度试验试样一组(10 块)。 |
| | (4)非烧结垃圾尾矿砖<br>(JC/T422—2007) | 抗压强度<br>抗折强度 | 每 5 万块为一验收批,不足 5 万块也按一批计。<br>每批从尺寸偏差和外观质量检验合格的砖中,随机抽取强度试验试样一组(10 块)。 |
| | (5)蒸压粉煤灰砖<br>(JC/T239—2014) | 抗压强度<br>抗折强度 | (1)每 10 万块为一验收批,不足 10 万块也按一批计。<br>(2)每一验收批随机抽取试样一组(20 块)。 |
| | (6)粉煤灰砌块<br>(JC238—1991)<br>(1996) | 抗压强度 | (1)每 200m³ 为一验收批,不足 200m³ 也按一批计。<br>(2)每批从尺寸偏差和外观质量检验合格的砌块中,随机抽取试样一组(3 块),将其切割成边长 200mm 的立方体试件进行抗压强度试验。 |

| 序号 | 名称与相关标准、规范 | 进场复验项目 | 组批原则及取样规定 |
|---|---|---|---|
| | (7)蒸压灰砂砖<br>(GB11945—1999) | 抗压强度<br>抗折强度 | (1)每 10 万块为一验收批,不足 10 万块也按一批计。<br>(2)每一验收批随机抽取试样一组(10 块)。 |
| | (8)蒸压灰砂多孔砖<br>(JC/T637—2009) | 抗压强度 | (1)每 10 万块砖为一验收批,不足 10 万块也按一批计。<br>从外观合格的砖样中,用随机抽取法抽取 2 组 10 块(NF砖为 2 组 20 块)进行抗压强度试验和抗冻性试验。 |
| | (9)普通混凝土小型砌块<br>(GB8239—2014) | 抗压强度 | (1)每 1 万块为一验收批,不足 1 万块也按一批计。<br>(2)每批从尺寸偏差和外观质量检验合格的砌块中,随机抽取抗压强度试验试样一组(5 块)。 |
| | (10)轻集料混凝土小型空心砌块<br>(GB15229—2011) | 抗压强度 | |
| | (11)蒸压加气混凝土砌块<br>(GB/T11968—2006) | 立方体抗压强度<br>干密度 | (1)同品种、同规格、同等级的砌块,以 10000 块为一验收批,不足 10000 块也按一批计。<br>(2)从尺寸偏差与外观检验合格的砌块中,随机抽取砌块,制作 3 组试件进行立方体抗压强度试验,制作 3 组试件做干密度检验。 |
| 21 | 路基土<br>(CJJ1—2008)<br>(DBJ01—11—2004)<br>(DBJ01—12—2004)<br>(DBJ01—13—2004)<br>(DBJ01—45—2000)<br>(JTCE40—2007) | 最大干密度<br>最佳含水率 | 每批质量相同的土,应检验 1～3 次。 |
| | | 压实度 | 路基土方:每层每 1000m2 取一组,每组三点。<br>沟槽土方:每层每两井之间取一组,每组三点。<br>基坑土方:每一构筑物每层取一组,每组三点。<br>桥梁工程填方:每一构筑物每层取四点。 |
| 22 | 无机结合料稳定材料 | | |
| | (1)混合料<br>(CJJ4—97)<br>(JTGE51—2009) | 最大干密度<br>最佳含水量 | 每单位工程,同一配合比,同一厂家,取样一组。 |
| | | 7d 无侧限抗压强度 | 每层每 2000m² 取样一组,小于 2000m² 按一组取样。 |
| | | 含灰量 | 每层每 1000m² 取样一点,小于 1000m² 按一点取样;但对于石灰粉煤灰钢渣基层每层每 1000m² 取样二点,小于 1000m² 按二点取样。 |
| | (2)石灰<br>(JTGE51—2009) | 有效 CaO、MgO 含量 | 以同一厂家、同一品种、质量相同的石灰,不超过 100t 为一批,且同一批连续生产不超过 5 天。 |
| 23 | 沥青混合料<br>(CJJ1—2008)<br>(GB50092—96)<br>(JTG E20—2011) | 出厂温度<br>摊铺温度<br>碾压温度 | 不少于 1 次/车<br>不少于 1 次/车<br>随时(初压、复压、终压) |
| | | 马歇尔稳定度<br>流值<br>矿料级配<br>油石比<br>密度 | 每台拌和机 1 次或 2 次/日;<br>同一厂家、同一配合比、每连续摊铺 600t 为一检验批,不足 600t 按 600t 计,每批取一组。 |

续表

| 序号 | 名称与相关标准、规范 | 进场复验项目 | 组批原则及取样规定 | |
|---|---|---|---|---|
| 24 | 路基路面检测<br>(JTGE60－2008)<br>(DBJ01－11－2004) | 平整度 | 路宽<9m | 平整度仪:全线检测一遍<br>3m 直尺:全线每100m 测一处,每处 10 尺 |
| | | | 路宽在9~15m | 平整度仪:全线检测两遍<br>3m 直尺:全线每100m 测一处,每处 10 尺。全线测两遍 |
| | | | 路宽>15m | 平整度仪:全线检测三遍<br>3m 直尺:全线每100m 测一处,每处 10 尺。全线测三遍 |
| | | 弯沉 | 路宽<9m | 贝克曼梁法:每 20m 检测一点,全线检测两遍 |
| | | | 路宽在9~15m | 贝克曼梁法:每 20m 检测一点,全线检测四遍 |
| | | | 路宽>15m | 贝克曼梁法:每 20m 检测一点,全线检测六遍 |
| | | 压实度厚度 | 每1000m² 检查 1 次 | |
| | | 抗滑性能　摩擦系数 | 摆式仪法:每车道每 200m 测一处。 | |
| | | 　　　　　构造深度 | 铺砂法:每车道每 200m 测一处。 | |
| | | 渗水系数试验 | 每车道每 200m 测一处。 | |
| | | 马歇尔试验(必要时用于 SMA 路面) | 每1000m² 检查 1 次,1 次不少于钻 1 个芯。 | |
| 25 | 沥青 | | | |
| | (1)石油沥青<br>(GB50092－96)<br>(JTG E20－2011) | 针入度<br>软化点<br>延度<br>含蜡量 | 高速公路、一级公路、城市快速路、主干路<br>每 100t 一次<br>每 100t 一次<br>每 100t 一次<br>需要时 | |
| | (2)煤沥青<br>(GB50092－96)<br>(JTG E20－2011) | 粘度 | 每 50t 一次 | |
| | (3)乳化沥青<br>(GB50092－96)<br>(JTG E20－2011) | 粘度<br>沥青含量 | 每 50t 一次<br>每 50t 一次 | |

续表

| 序号 | 名称与相关<br>标准、规范 | 进场复验<br>项目 | 组批原则及取样规定 |
|---|---|---|---|
| 26 | 集料(沥青混合料用) | | |
| | (1)粗集料<br>(GB50092—96)<br>(JTCE42—2005) | 筛分析<br>含泥量<br>泥块含量<br>针片状颗粒含量<br>压碎值指标<br>湿密度<br>磨光值、吸水率<br>洛杉矶磨耗值<br>含水量<br>松方单位重 | 需要时<br>需要时<br>需要时<br>需要时<br>需要时<br>需要时 |
| | (2)细集料<br>(GB50092—96)<br>(JTGE42—2005) | 筛分析<br>含泥量<br>泥块含量<br>粒径组成<br>含水量<br>松方单位重 | 需要时<br>需要时<br>需要时 |
| | (3)矿粉<br>(GB50092—96)<br>(JTGE42—2005) | 颗粒级配<br>含水量<br>亲水系数 | 需要时<br>需要时<br>需要时 |
| 27 | 附属构筑物 | | |
| | (1)路缘石<br>(JC899—2002)<br>(JGJ/T23—2011) | 尺寸偏差<br>外观质量<br>抗压强度<br>抗折强度 | 应以同一块形,同一颜色,同一强度且以20000块为一验收批,不足20000块按一批计。<br>现场可用回弹法检测混凝土抗压强度,应以同一块形,同一颜色,同一强度且以2000块为一验收批,不足2000块按一批计。每批抽检5块进行回弹。 |
| | (2)混凝土路面砖<br>(JC/T446—2000)<br>(DB11/T152—2003) | 外观质量<br>尺寸偏差<br>抗压强度<br>抗折强度<br>耐磨性<br>防滑性能<br>渗透性能 | 应以同一类别、同一规格、同一等级,每20000块为一验收批,不足20000块按一批计。 |
| | (3)防撞墩、<br>隔离墩<br>(JGJ/T23—2011)<br>(DBJ01—11—2004) | 抗压强度 | 用回弹法检测混凝土抗压强度,应以同一块形,同一颜色,同一强度且以2000块为一验收批,不足2000块按一批计。每批抽检5块进行回弹 |

| 序号 | 名称与相关标准、规范 | 进场复验项目 | 组批原则及取样规定 |
|---|---|---|---|
| | (4)过街通道饰面砖<br>(GB50210—2010)<br>(JGJ126—2015)<br>(JGJ110—2008) | 吸水率<br>抗冻性 | (1)以同一生产厂、同种产品、同一级别、同一规格,实际的交货量大于 5000m² 为一批,不足 5000m² 也按一批计。<br>(2)吸水率试验试样:<br>①如每块砖的表面积不大于 0.04m² 时,需取 10 块整砖;如每块砖的表面积大于 0.04m² 时,只需取 5 块整砖。<br>②每块砖的质量小于 50g,则需足够数量的砖使每个测试样品达到 50g~100g。<br>(3)抗冻性试验试样:需取不少于 10 块整砖,并且其最小面积为 0.25m²;对于大规格的砖,可切割,以便能装入冷冻机,切割试样应尽可能的大。 |
| | | 粘结强度 | 现场粘贴饰面砖,每 1000m² 同类墙体饰面砖为 1 个检验批,不足 1000m²,应按 1000m² 计。每批应取一组 3 个试样,每个通道应至少取一组试样,试样应随机抽取,取样间距不得小于 500mm。 |
| 28 | 锚具、夹具、连接器<br>(GB/T14370—2007)<br>(GB/T230.1—2009) | | 同种原材料、同一生产工艺条件下,以不超过 1000 套为一个验收批。外观检验抽取 5%~10%。 |
| | | 锚具夹片、锚环硬度 | 按热处理每炉装炉量的 3%~5%抽样。有一个零件不合格时,则应另取双倍数量的零件重做检验;仍有一件不合格时,则应对本批产品逐个检验,合格后方可进入后续检验组批。 |
| | | 静载锚固性能试验 | 在通过外观检查和硬度检验的锚具中抽取 6 套样品,与符合试验要求的预应力筋组装成 3 个预应力筋—锚具组装件进行试验。有一个试件不符合要求时,则应取双倍数量的锚具重做试验;仍有一个试件不符合要求时,则该批锚具应视为不合格。 |
| 29 | 桥梁支座 | | |
| | (1)球形支座<br>(GB/T17955—2009) | 竖向承载力<br>转动力矩<br>摩擦因数 | 1.支座转动试验试样一般应采用实体支座。转动力矩试验采用双支座转动方式。<br>2.摩擦试验采用双剪试验方式,试件数量为 3 组。<br>3.受试验设备能力限制时,经与用户协商可选用有代表性的小型支座进行试验,小型支座的竖向承载力不宜小于 2000kN。 |
| | (2)盆式橡胶支座<br>(JT/T391—2009) | 竖向压缩变形<br>盆环径向变形<br>摩阻系数 | 1.测试支座力学性能原则上应选实体支座,如试验设备不允许对大型支座进行试验,经与用户协商可选用小型支座。整体支座每次抽样最少为 3 个,其中一个支座承载力必须在 10MN 以上。<br>2.测试支座摩阻系数选用支座承载力不大于 2MN 的双向活动支座或用聚四氟乙烯板试件代替,试件厚 7mm,直径 80mm~100mm,试件工况与支座相同。<br>3.摩阻系数测定采用双剪试验方法,试件数量为 3 组。 |

| 序号 | 名称与相关<br>标准、规范 | 进场复验<br>项目 | 组批原则及取样规定 |
|---|---|---|---|
| | (3)板式橡胶<br>支座<br>(JT/T4—2004) | 抗压弹性模量<br>抗剪弹性模量<br>极限抗压强度<br>摩擦系数<br>容许转角 | 1.试样的技术要求:试样应符合 JT3132.2 的有关规定;试样的长边、短边、直径、中间层橡胶片厚度、总厚度等,均以该种试样所属规格系列中的公称值为准。<br>2.摩擦系数试验试样要求:<br>a.板式橡胶支座试样:对支座试样的平面尺寸和高度不作统一规定。<br>b.混凝土试样:混凝土试样的尺寸可用矩形混凝土块,矩形的每一边应长出支座试样相应边长 50~100mm。试样的高度应不小于 50mm,其上下面应平整而不光滑。试样混凝土的标号不应低于 25 号(不低于相应标准),并在试样内适当配置钢筋。<br>c.钢板、不锈钢板试样:钢板试样可直接由热轧钢板上割取,表面不必加工。试样为矩形,每一边应长出支座试样相应边长 50~100mm,钢板厚度不宜小于 10mm。不锈钢板试样采用 0Cr17Ni12Mo2 或 1Cr18Ni9Ti 不锈钢板,表面粗糙度的 Ra 小于 0.8μm,试样为矩形,每边至少应长出支座试样相应边长 100mm,厚度不宜小于 2mm。<br>d.四氟滑板式支座试样:对四氟滑板式支座试样的平面尺寸和高度不作统一规定。<br>3.试样应在仓库内随机抽取,储存条件应满足 JT3132.2 要求。凡与油及其他化学药品接触过的支座不得用作试样使用。 |
| 30 | 混凝土管 | | |
| | (1)混凝土和钢筋<br>混凝土排水管<br>(GB/T11836—2009) | 外观质量<br>尺寸偏差<br>内水压力<br>外压荷载 | 相同原材料、相同工艺生产的同一规格、同一种外压荷载级别的管子组成一个验收批。不同管径批量数分别为:<br><br>表见下<br><br>外观质量、尺寸偏差:从受检批中采用随机抽样的方法抽取 10 根管子,逐根进行外观质量和尺寸偏差检验。<br>内水压力和外压荷载:从混凝土抗压强度、外观质量和尺寸偏差检验合格的管子中抽取二根管子。混凝土管一根检验内水压力,另一根检验外压破坏荷载。钢筋混凝土管一根检验内水压力,另一根检验外压裂缝荷载。 |
| | (2)预应力混凝<br>土管<br>(GB5696—2006) | 外观质量<br>尺寸偏差<br>抗渗性<br>抗裂内压试验 | 同材料、同一工艺制成的同一规格的管子每 200 根为一验收批,不足 200 根时也可作为一批,但至少应为 30 根。<br>外观质量、尺寸逐根检验。<br>抗渗性每批随机抽取十根进行检验。<br>抗裂内压试验每批随机抽取两根进行检验。 |

| 产品<br>品种 | 公称内径<br>$D_0$(mm) | 批量(根) |
|---|---|---|
| 混凝<br>土管 | 100~300 | ≤3000 |
| | 350~600 | ≤2500 |
| 钢筋混<br>凝土管 | 200~500 | ≤2500 |
| | 600~1400 | ≤2000 |
| | 1500~2200 | ≤1500 |
| | 2400~3500 | ≤1000 |

# 参 考 文 献

1　北京市质量技术监督局.DB11/T 808—2011　市政基础设施工程资料管理规程.北京:中国建筑工业出版
　社,2011

2　中华人民共和国住房和城乡建设部.CJJ 1—2008　市政基础设施工程质量检验与验收标准.北京:中国建
　筑工业出版社,2009

3　中华人民共和国住房和城乡建设部.CJJ 2—2008　城市桥梁工程施工与质量验收规范.北京:中国建筑工
　业出版社,2009

4　中华人民共和国住房和城乡建设部.GB 50618—2011　房屋建筑和市政基础设施工程质量检测技术管理规
　范.北京:中国建筑工业出版社,2012

5　中华人民共和国住房和城乡建设部.GB 50268—2008　给水排水管道工程施工及验收规范.北京:中国建
　筑工业出版社,2009

6　北京市质量技术监督局.DB11/ 1070—2014　城镇道路工程施工与质量验收规范.北京:中国建筑工业出版
　社,2014

7　北京土木建筑学会.市政基础设施工程资料表格填写范例.北京:中国经济科学出版社,2011

8　王加生.土木工程资料编制细节与表格填写范例丛书—市政基础设施.北京:华中科技大学出版社,2009

9　郑州市市政工程质量监督专业站.市政基础设施工程施工与监理技术用表.河南:河南人民出版社,2010